CAD/CAM/CAE 工程应用丛书 · AutoCAD 系列

AutoCAD 2014 室内装潢设计完全自学手册

第 2 版

李　波　冯　燕　等编著

机械工业出版社

本书共分为两部分，14 章，第一部分（第 1～5 章）主要讲解了 AutoCAD 2014 软件的基础知识，包括 AutoCAD 2014 基础入门，绘图基础与控制，图形的绘制与编辑，尺寸与文字标注，使用块、外部参照和设计中心；第二部分（第 6～14 章）主要讲解了室内装潢设计的相关专业知识与实用案例，包括室内设计基础与 CAD 制图规范、室内主要配景设施的绘制、室内装潢平面图的设计要点与绘制、室内装潢立面图的设计要点与绘制、室内装潢构造详图的设计要点与绘制、室内装潢水电施工图的绘制、办公室装潢施工图的绘制、汽车展厅装潢施工图的绘制以及茶餐厅室内装潢施工图的绘制。

本书凝聚了众多专业设计师的经验和技能，以“知识与技术并重”为特色，并结合具体实例进行详解，力求达到学以致用，极大提高室内设计工作效率的效果。其内容丰富、实例典型、步骤详实，适合建筑设计、室内装潢设计等相关专业的师生以及各类工程技术人员阅读，也可以作为各大专院校和培训机构的教材。本书配套光盘中不仅提供了书中实例文件，并配套 PPT 课件还提供了多媒体实例教学视频。

图书在版编目（CIP）数据

AutoCAD 2014 室内装潢设计完全自学手册 / 李波等编著. —2 版. —北京：机械工业出版社，2014.10

（CAD/CAM/CAE 工程应用丛书）

ISBN 978-7-111-48235-2

Ⅰ. ①A… Ⅱ. ①李… Ⅲ. ①室内装饰设计－计算机辅助设计－AutoCAD 软件 Ⅳ. ①TU238-39

中国版本图书馆 CIP 数据核字（2014）第 234985 号

机械工业出版社（北京市百万庄大街 22 号 邮政编码 100037）

策划编辑：张淑谦　　责任校对：张艳霞

责任编辑：张淑谦　吴晋瑜

责任印制：李　洋

三河市宏达印刷有限公司印刷

2014 年 11 月第 2 版 • 第 1 次印刷

184mm×260mm • 29 印张 • 716 千字

0001－4000 册

标准书号：ISBN 978-7-111-48235-2

ISBN 978-7-89405-571-2（光盘）

定价：79.00 元（含 1DVD）

凡购本书，如有缺页、倒页、脱页，由本社发行部调换

电话服务

社服务中心：（010）88361066

销售一部：（010）68326294

销售二部：（010）88379649

读者购书热线：（010）88379203

网络服务

教材网：http://www.cmpedu.com

机工官网：http://www.cmpbook.com

机工官博：http://weibo.com/cmp1952

封面无防伪标均为盗版

出 版 说 明

随着信息技术在各领域的迅速渗透，CAD/CAM/CAE 技术已经得到了广泛的应用，从根本上改变了传统的设计、生产、组织模式，对推动现有企业的技术改造、带动整个产业结构的变革、发展新兴技术、促进经济增长都具有十分重要的意义。

CAD 在机械制造行业的应用最早，使用也最为广泛。目前其最主要的应用涉及机械、电子、建筑等工程领域。世界各大航空、航天及汽车等制造业巨头不但广泛采用 CAD/CAM/CAE 技术进行产品设计，而且投入大量的人力、物力及资金进行 CAD/CAM/CAE 软件的开发，以保持自己技术上的领先地位和国际市场上的优势。CAD 在工程中的应用，不但可以提高设计质量，缩短工程周期，还可以节省大量建设投资。

各行各业的工程技术人员也逐步认识到 CAD/CAM/CAE 技术在现代工程中的重要性，掌握其中的一种或几种软件的使用方法和技巧，已成为他们在竞争日益激烈的市场经济形势下生存和发展的必备技能之一。然而，仅仅知道简单的软件操作方法是远远不够的，只有将计算机技术和工程实际结合起来，才能真正达到通过现代的技术手段提高工程效益的目的。

基于这一考虑，机械工业出版社特别推出了这套主要面向相关行业工程技术人员的“CAD/CAM/CAE 工程应用丛书”。本丛书涉及 AutoCAD、Pro/ENGINEER、UG、SolidWorks、Mastercam、ANSYS 等软件在机械设计、性能分析、制造技术方面的应用，以及 AutoCAD 和天正建筑 CAD 软件在建筑和室内配景图、建筑施工图、室内装潢图、水暖、空调布线图、电路布线图以及建筑总图等方面的应用。

本套丛书立足于基本概念和操作，配以大量具有代表性的实例，并融入了作者丰富的实践经验，使得本丛书内容具有专业性强、操作性强、指导性强的特点，是一套真正具有实用价值的书籍。

机械工业出版社

前　言

随着科学技术的不断发展，计算机辅助设计（CAD）技术得到了飞速的推广普及，而当前最为出色的 CAD 设计软件之一就是由美国 Autodesk 公司开发的 AutoCAD。在 20 多年的发展历程中，AutoCAD 相继进行了 20 多次的升级，本书所涉及的 AutoCAD 2014 简体中文版于 2013 年 3 月正式面世，并逐渐在各个领域应用开来。

本书的基本内容

目前，所有工程设计类人员均已采用计算机制图。如果您希望从事室内装潢设计，但对 AutoCAD 软件技能不十分了解，或者对室内装潢设计还感到陌生和茫然，本书将是您的入行首选读物。

本书共分为两部分，14 章。

第一部分（第 1～5 章）讲解了 AutoCAD 2014 软件的基础知识，包括 AutoCAD 2014 基础入门、绘图基础与控制、图形的绘制与编辑、尺寸与文字标注、使用块、外部参照和设计中心。

第二部分（6～14 章）讲解了室内装潢设计的相关专业知识与实用案例，包括室内设计基础与 CAD 制图规范、室内主要配景设施的绘制、室内装潢平面图的设计要点与绘制、室内装潢立面图的设计要点与绘制、室内装潢构造详图的设计要点与绘制、室内装潢水电施工图的设计绘制、办公室装潢施工图的绘制、汽车展厅装潢施工图的绘制以及茶餐厅室内装潢施工图的绘制。

再版升级的特点

自《AutoCAD 2011 室内装潢完全自学手册》出版以来，该书得到了市场和读者的广泛好评，于是就有了再版的《AutoCAD 2014 室内装潢完全自学手册》。

与升级前的《AutoCAD 2011 室内装潢完全自学手册》相比，本书有以下几大特点：

1）内容丰富，结构清晰。从 AutoCAD 软件与室内装潢施工图绘制的实际应用出发，以 AutoCAD 2014 版本为基础，详细、全面地介绍了 AutoCAD 软件基础、室内装潢各种施工图的概述与绘制方法，使读者掌握技能、获得经验，快速成为室内装潢施工图绘制的高手。

2）专家编著，实战演练。由多位专业权威讲师和室内工程师联合编著，融入作者多年的操作经验和绘图心得；针对主要知识要点通过实例进行配套学习，并在每章（第 1～5 章）的最后进行课后练习与项目测试。

3）视频教学，配套课件。随书附赠的 DVD 光盘含有近 500min 的实例教学录像，有 120 多个相关的素材和实例文件。

4）技巧点拨，网络交流。关键内容讲解透彻；提供 QQ 群，可在线解答读者的学习问题，并提供资源的免费下载。

本书的读者对象

1）各类计算机培训机构及工程培训人员。

2）环艺专业的工程师和设计人员。

3）对 AutoCAD 设计软件感兴趣的读者。

4）各高等院校及高职高专辅助设计专业的师生。

附赠光盘内容

1）本书所涉及的全部素材及实例文件。

2）本书所有实例的有声视频录像。

学习 AutoCAD 软件的方法

AutoCAD 软件操作简便，读者可以通过多种方法执行某个工具或命令，如工具栏、命令行、菜单栏等。但是，要学好任何一门软件技术，还需要动力、坚持和自我思考。如果只有三分热度或抱着无所谓的态度，这样是学不好、学不精的。

对此，作者推荐以下 6 点方法给读者：

① 制订目标、克服盲目；② 循序渐进、不断积累；③ 提高认识、加强应用；④ 熟能生巧、自学成才；⑤ 巧用 AutoCAD 帮助文件；⑥ 借助网络解决问题。

本书创作团队

本书主要由李波、冯燕编写，参与本书编写的人员还有师天锐、刘升婷、王利、刘冰、李友、郝德全、王洪令、汪琴、张进、徐作华、姜先菊、王敬艳、李松林、黎铮等。

感谢您选择了本书，希望我们的努力对您的工作和学习有所帮助，也希望您把对本书的意见和建议告诉我们（邮箱：helpkj@163.com　QQ 高级群：329924658、15310023）。书中难免有疏漏与不足之处，敬请专家和读者批评指正。

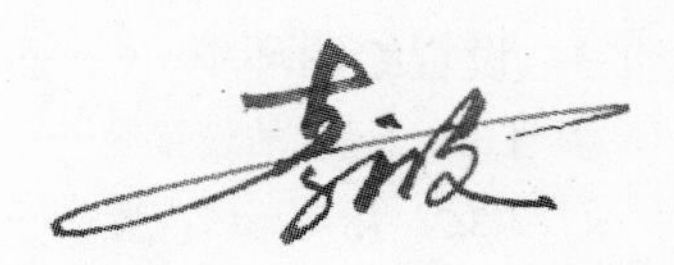

目　录

第 1 章　AutoCAD 2014 基础入门

本章导读

随着计算机辅助绘图技术的普及和发展，用计算机绘图全面代替手工绘图将成为必然趋势。只有熟练掌握计算机图形的生成技术，用户才能灵活自如地在计算机上表现自己的设计才能和天赋。

本章首先介绍了 AutoCAD 2014 的新增功能及操作界面，其次讲解了图形文件的新建、打开、保存、输入与输出等操作，再次讲解了 AutoCAD 选项参数的设置、图形单位和界限的设置等，最后讲解了 AutoCAD 中命令的执行方法、系统变量的设置、鼠标的操作等，使用户能够初步掌握 AutoCAD 2014 软件。

主要内容

☑ 掌握 AutoCAD 2014 的新增功能和界面环境
☑ 熟练操作 AutoCAD 2014 的文件管理
☑ 熟练掌握 AutoCAD 2014 的绘图环境设置与工作空间
☑ 掌握命令的使用方法与系统变量的设置

效果预览

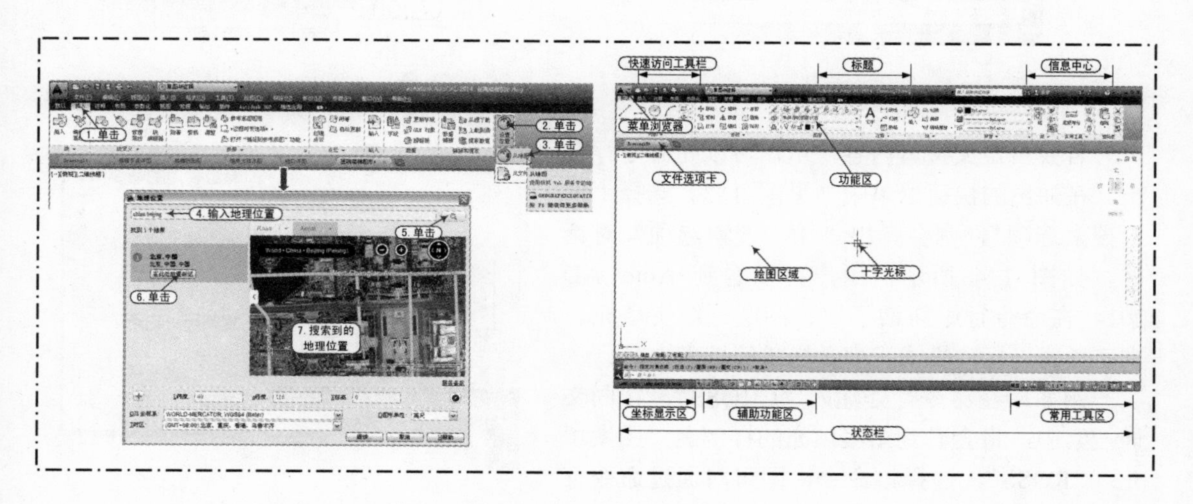

1.1 初识 AutoCAD 2014

AutoCAD 2014 软件是美国 Autodesk 公司开发的产品，是目前世界上应用最广泛的 CAD 软件之一。它已经在机械、建筑、航天、造船、电子、化工等领域得到了广泛的应用，并且取得了显著的成果和巨大的经济效益。目前，AutoCAD 软件的最新版本为 AutoCAD 2014。

1.1.1 AutoCAD 2014 的新增功能

在 AutoCAD 的不同版本中，每一个新的版本都新增了相应的功能，AutoCAD 2014 也是如此。AutoCAD 2014 这一版本主要新增了以下的一些主要功能。

1．自动更正、同义词、自定义搜索功能

如果命令输入错误，不会再显示“未知命令”，而是会自动更正为最接近且有效的 AutoCAD 命令，例如，如果用户误输入了“TABEL”，那就会自动更正为 TABLE 命令，如图 1-1 所示。

用户还可以自定义自动更正和同义词条目：在“管理”选项卡中，通过选择“编辑自动更正列表”或者“编辑同义词列表”命令，来设定适合自己拼写与更正的词汇，如图 1-2 所示。

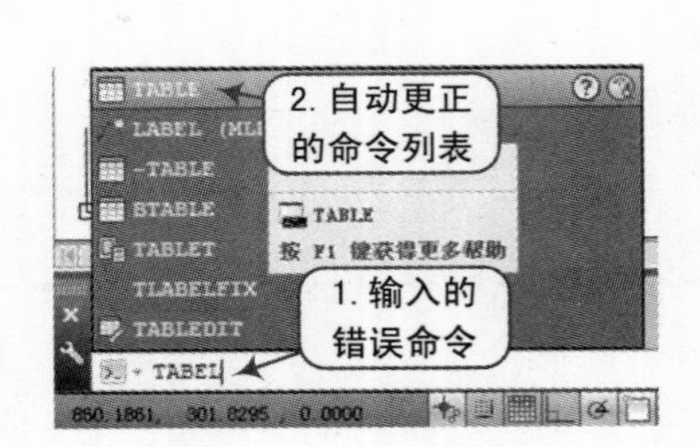

图 1-1　自动更正命令

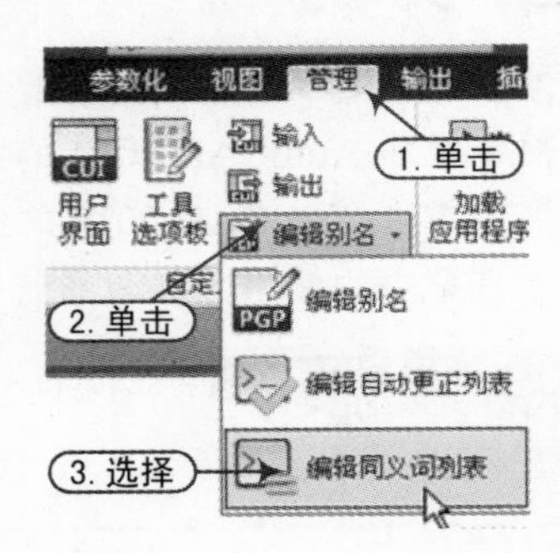

图 1-2　编辑自动更正

若要自定义搜索内容，用户可以在命令行右击，在弹出的快捷菜单中（见图 1-3）选择“输入搜索选项”，则会弹出“输入搜索选项”对话框，如图 1-4 所示，用户可以看到 AutoCAD 2014 在命令行中新增了块、图层、图案填充、文字样式、标注样式、视觉样式等搜索内容。

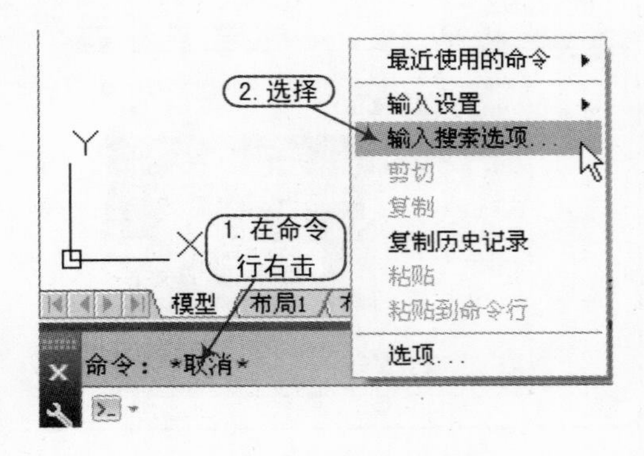

图 1-3　设置搜索选项

例如，在命令行处输入“CROSS”，在同义词搜索中，将会看到图案填充的样例名“图案填充：CROSS”，选择该命令，即可对通过命令行来对图形进行填充操作，如图 1-5 所示。

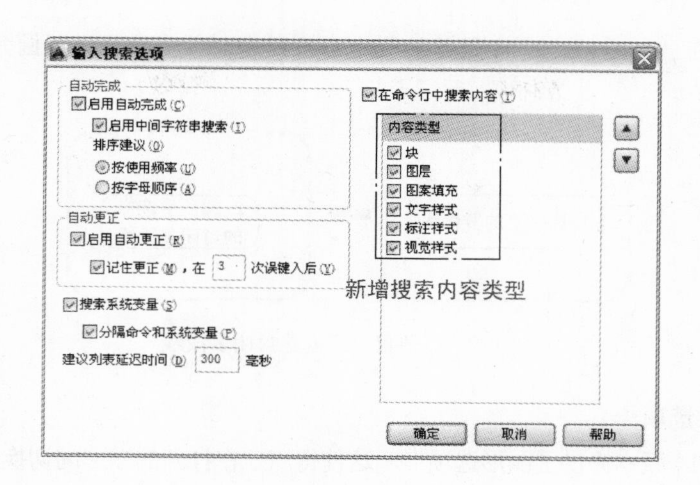

图 1-4　新增搜索类型

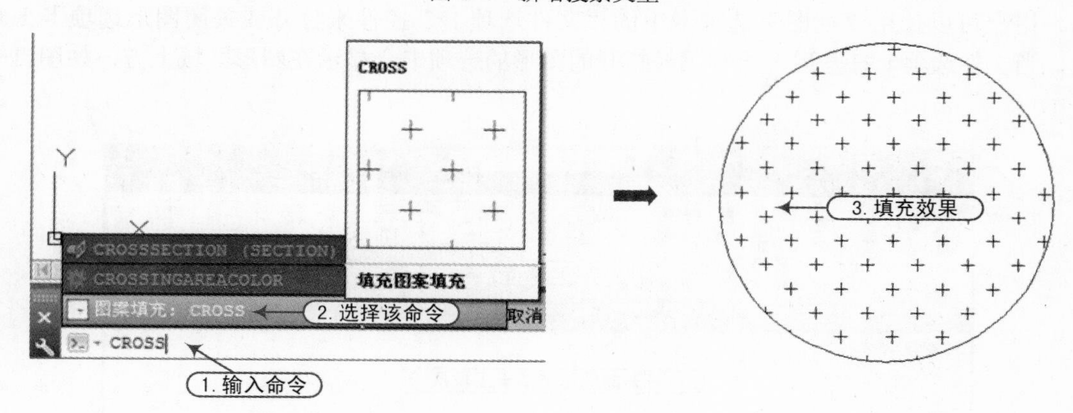

图 1-5　应用命令行填充

2. 绘图增强

AutoCAD 2014 包含了大量的绘图增强功能，可以帮助用户更高效地完成绘图。

1）圆弧：按住〈Ctrl〉键来切换所要绘制圆弧的方向，这样可以轻松地绘制不同方向的圆弧，如图 1-6 所示。

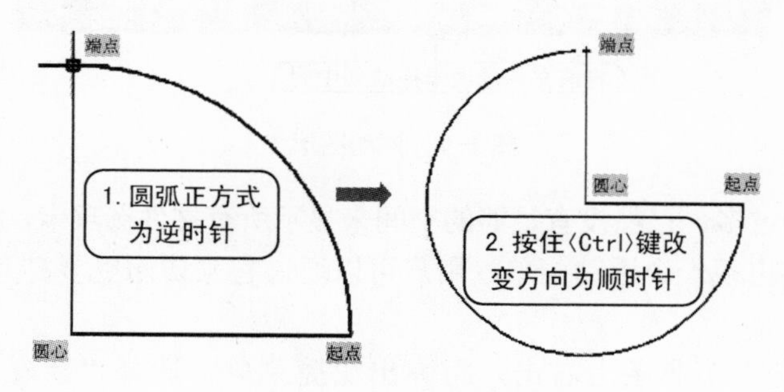

图 1-6　应用命令行填充

2）多段线：在 AutoCAD 2014 中，多段线可以通过自我圆角来创建封闭的多段线，如

图 1-7 所示。而在 AutoCAD 2014 以前的版本中，对未封闭多段线进行圆角或倒角时，会提示“无效”。

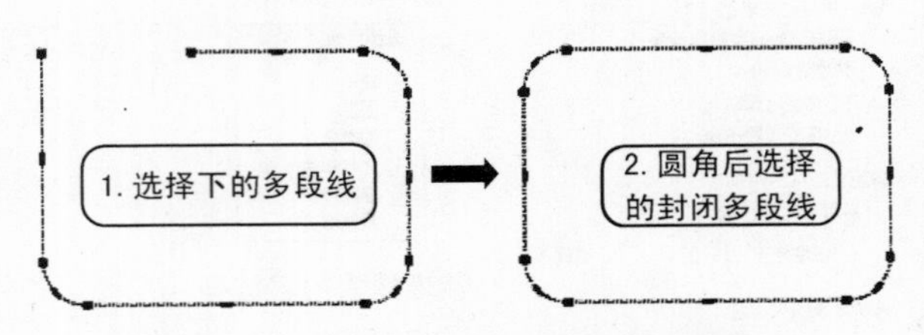

图 1-7　以圆角方式创建封闭多段线

3. 图形文件选项卡

AutoCAD 2014 版本提供了图形选项卡，这使得用户在打开的图形间切换或创建新图形非常方便。

用户可以使用“视图”选项卡中的“文件选项卡”控件来打开或关闭图形选项卡工具条，当文件选项卡打开后，所有已经打开的图形的选项卡会显示在图形区域上方，如图 1-8 所示。

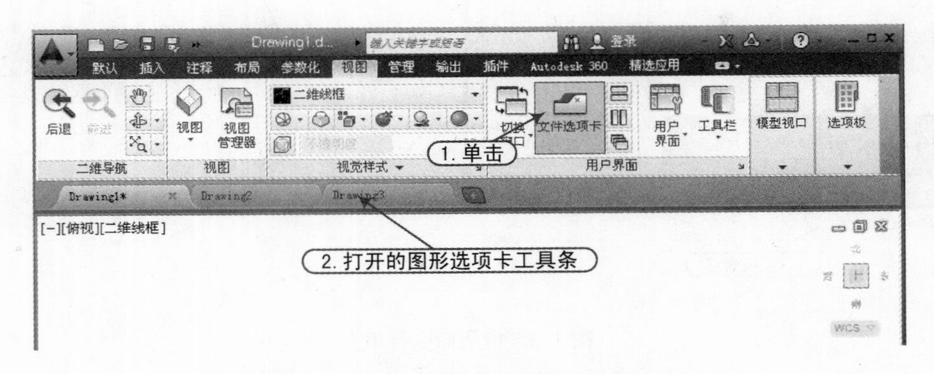

图 1-8　启用“图形选项卡工具条”

文件选项卡是以文件打开的顺序来显示的，用户可以拖动选项卡来更改图形的位置，如图 1-9 所示为拖动图形 1 到中间位置效果。

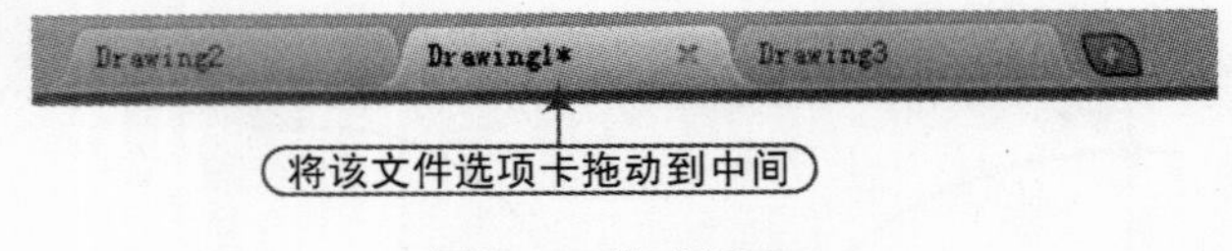

图 1-9　拖动图形 1

如果打开的图形过多，已经没有足够的空间来显示所有文件选项卡，此时会在“文件选项卡”工具条的最右端出现一个浮动菜单，用户可以通过它来访问更多打开的文件，如图 1-10 所示。

在“文件选项卡”工具条上右击，将弹出快捷菜单，选择“新建”“打开”等命令，就可以新建、打开或关闭文件，包括可以关闭除所选中文件外的其他所有已打开的文件（但不关闭软件程序），如图 1-11 所示。用户也可以复制文件的全路径到剪贴板或打开资源管理器并定位到该文件所在的目录。

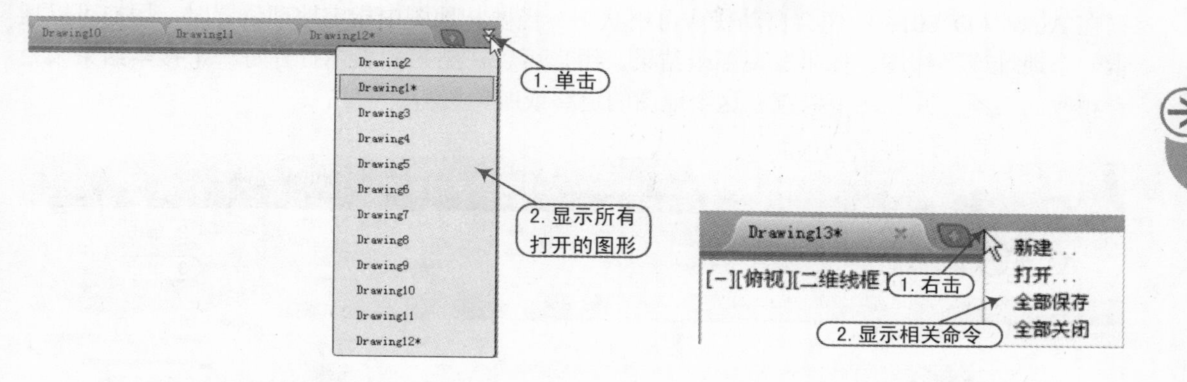

图 1-10　访问隐藏的图形　　　　图 1-11　右键快捷菜单

图形右边的加号图标可以使用户更容易地新建图形，在图形新建后其选项卡会自动添加进来。

4. 图层的排序与合并功能

在 AutoCAD 2014 中，显示功能区上的图层数量增加了。图层现在是以自然排序法显示出来，例如，图层名称是 1、4、25、6、21、2、10，现在的排序法是 1、2、4、6、10、21、25，而不再是以前的 1、10、2、21、25、4、6。

此外，图层管理器上新增了合并选择，用户可以这一功能从图层列表中选择一个或多个图层，并将在这些层上的对象合并到另外的图层上去。而被合并的图层将会自动被图形清理掉。

5. 地理位置

AutoCAD 2014 在支持地理位置方面有较大的增强，按如图 1-12 所示的方法登录 Autodesk 360，才能将“实时地图数据”添加到所绘制的图形中。

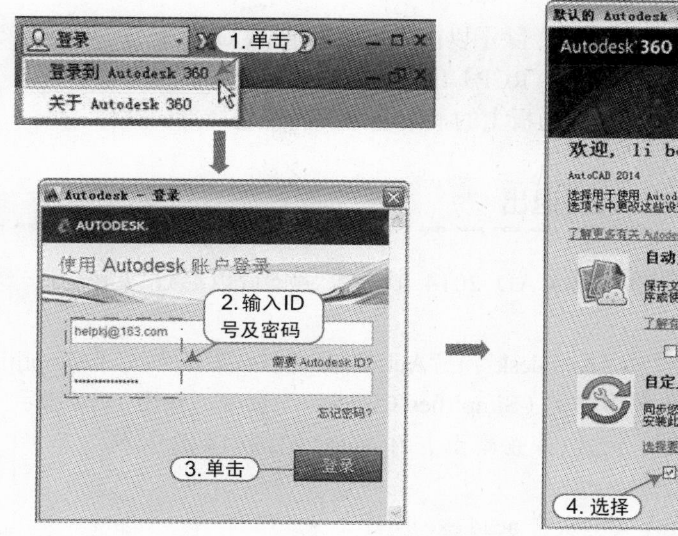

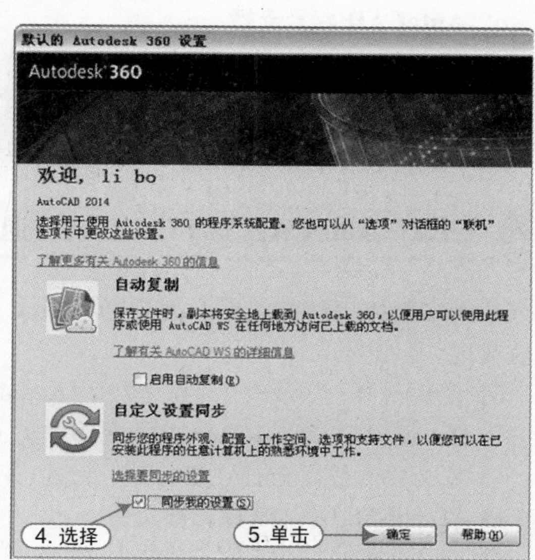

图 1-12　登录 Autodesk 360

当登录到自己的 Autodesk 账户时，用户可按图 1-13 所示的方法进行操作，实时地图数据在 AutoCAD 2014 中便会自动变成可用状态。当要从地图中指定地理位置时，用户可以搜索一个地址或经纬度。如果发现多个结果，用户可以在结果列表中打开每一个搜索结果来查看相应的地图，并且还可以查看这个地图的道路或航拍资料。

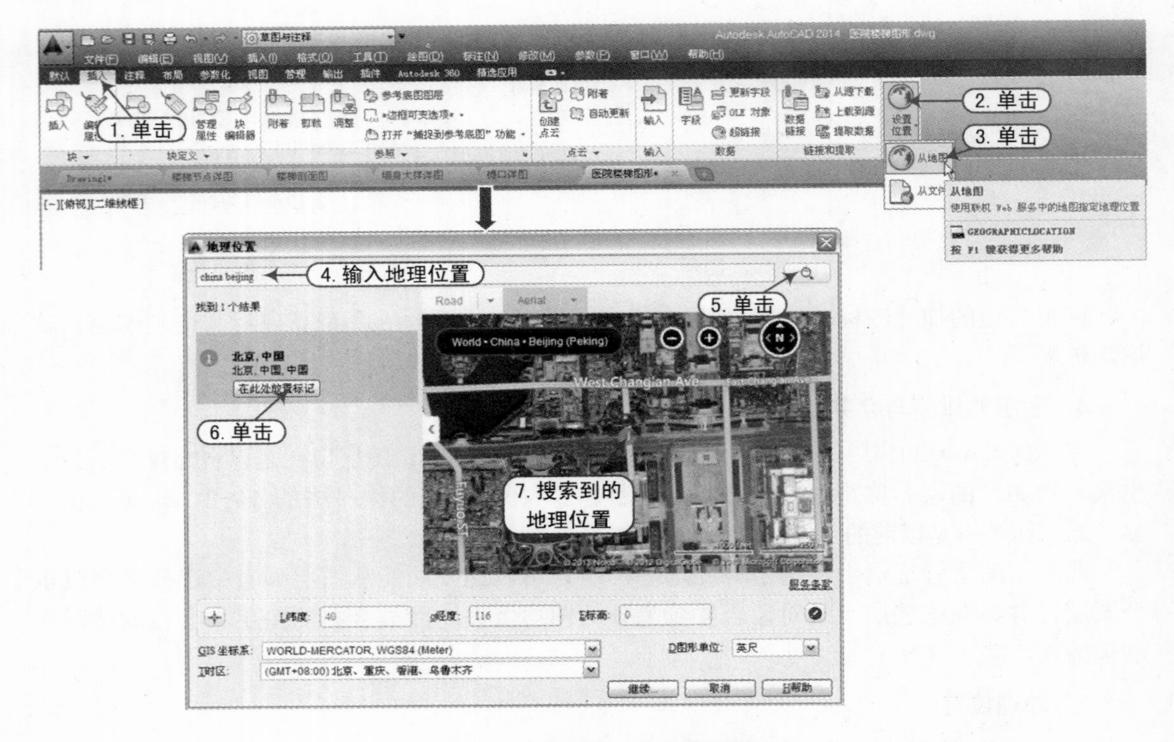

图 1-13　搜索到的实时地图数据

6．AutoCAD 点云支持

点云功能在 AutoCAD 2014 中得到增强，除了以前版本支持的 PCG 和 ISD 格式外，还支持插入由 Autodesk ReCap 产生的点云投影（RCP）和扫描（RCS）文件。

用户可以使用从“插入”选项卡的点云面板上的“附着”工具来选择点云文件。

1.1.2　AutoCAD 2014 的启动与退出

与大多数应用软件一样，要启动 AutoCAD 2014 软件，用户可以通过以下任意一种方法实现。

☑ 依次选择“开始”|“程序”|“Autodesk”|“AutoCAD 2014-简体中文（Simplified Chinese）”|“AutoCAD 2014-简体中文（Simplified Chinese）”命令，如图 1-14 所示。

☑ 成功安装好 AutoCAD 2014 软件后，双击桌面上的 AutoCAD 2014 图标。

☑ 打开任意一个 DWG 图形文件。

☑ 在 AutoCAD 2014 的安装文件夹中双击 acad.exe 执行文件。

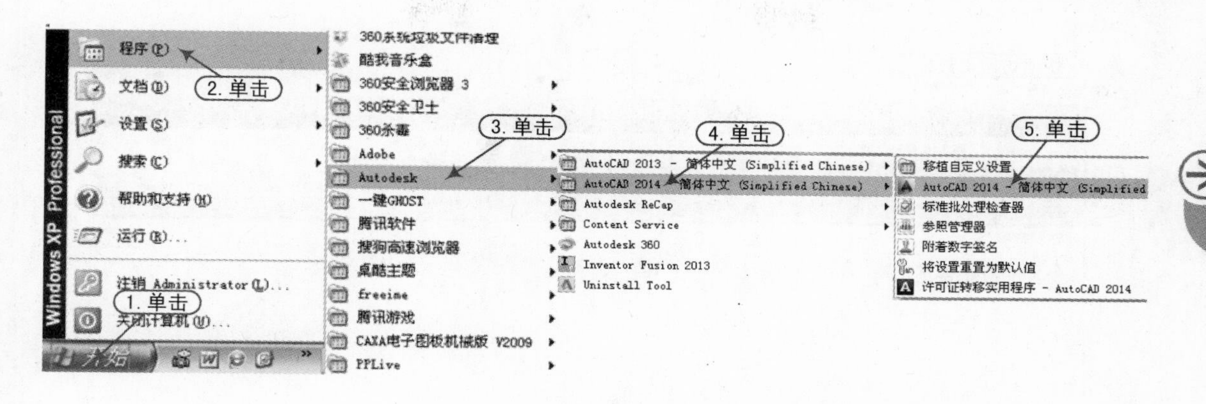

图 1-14　启动 AutoCAD 2014 的方法

要退出 AutoCAD 2014 软件，用户可以通过以下任意一种方法来实现。

☑ 依次选择“文件”|“退出”命令。

☑ 在命令窗口中输入“Quit”或“Exit”命令，然后按〈Enter〉键。

☑ 在键盘上按〈Alt+F4〉组合键。

☑ 在 AutoCAD 2014 软件环境中单击右上角的“关闭”按钮☒

在退出 AutoCAD 2014 时，如果当前所编辑的图形对象没有得到最后的保存，此时会弹出如图 1-15 所示的对话框，提示用户是否对当前的图形文件进行保存操作。

图 1-15　提示是否保存

1.1.3　AutoCAD 2011 的工作界面

AutoCAD 软件从 2009 版本开始，其界面发生了较大的改变，提供了多种工作空间模式，即“草图与注释”“三维基础”“三维建模”和“AutoCAD 经典”。

1．“草图与注释”工作空间

当用户启动了 AutoCAD 2014 软件时，系统将以默认的“草图与注释”的工作空间模式进行启动，其中“草图与注释”空间模式的界面如图 1-16 所示。

AutoCAD 2014 还包括“AutoCAD 经典”“三维基础”“三维建模”等工作空间模式。由于 AutoCAD 的“三维建模”“三维基础”工作空间模式针对的是 AutoCAD 三维设计部分，因此这里只讲解其中最常用的“草图与注释”工作空间模式的各个部分。

☑ 标题栏：包括菜单浏览器按钮、快速访问工具栏（包括新建、打开、保存、另存为、打印、放弃、重做等按钮）、软件名称、标题名称、搜索框、登录按钮、窗口控制区（即“最小化”按钮、“最大化”按钮、“关闭”按钮），如图 1-17 所示。

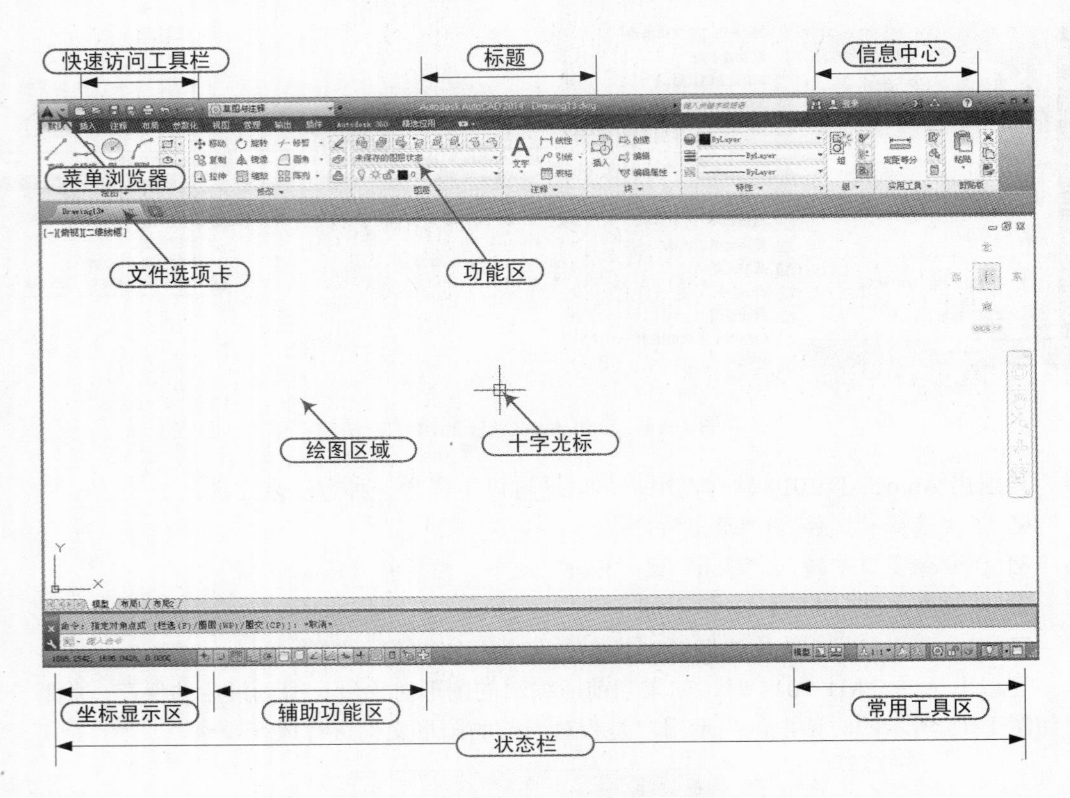

图 1-16　AutoCAD 2014 的工作界面

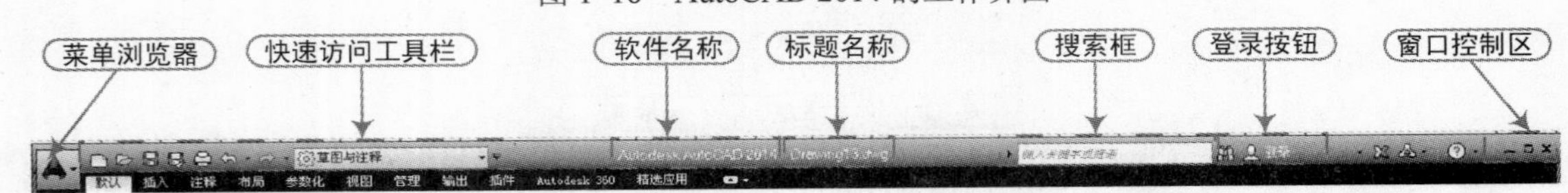

图 1-17　标题栏

☑ 选项卡与选项组：选项卡位于标题栏下方，每个选项卡包括许多选项组，例如“默认”选项卡包括绘图、修改、图层、注释、块、特性、组、实用工具、剪贴板等选项组，如图 1-18 所示。

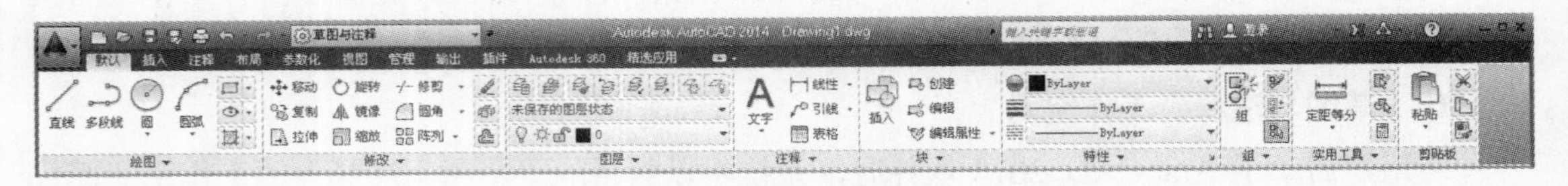

图 1-18　选项卡与选项组

选项组一栏的最右侧有一个倒三角按钮，用户单击此按钮并选择相应的命令，就可以将选项组折叠成不同的样式，如图 1-19 所示。

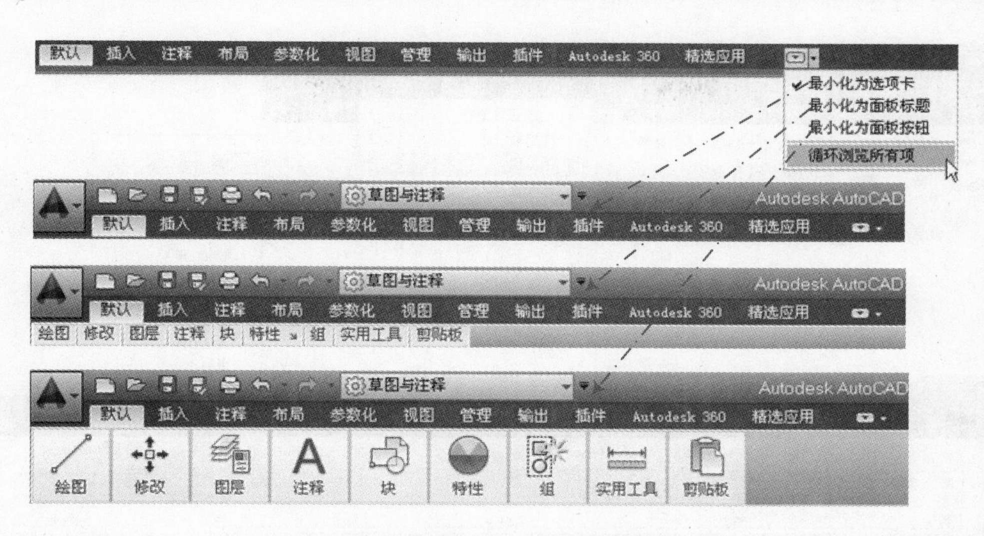

图 1-19　不同的选项组样式

☑ 菜单栏和工具栏：在 AutoCAD 2014 的“草图与注释”工作空间模式下，其菜单栏和工具栏处于隐藏状态。

如果要显示其菜单栏，那么在标题栏的“工作空间”右侧单击其倒三角按钮（即“自定义快速访问工具栏”列表），从弹出的下拉菜单中选择“显示菜单栏”命令，即可显示 AutoCAD 的常规菜单栏，如图 1-20 所示。

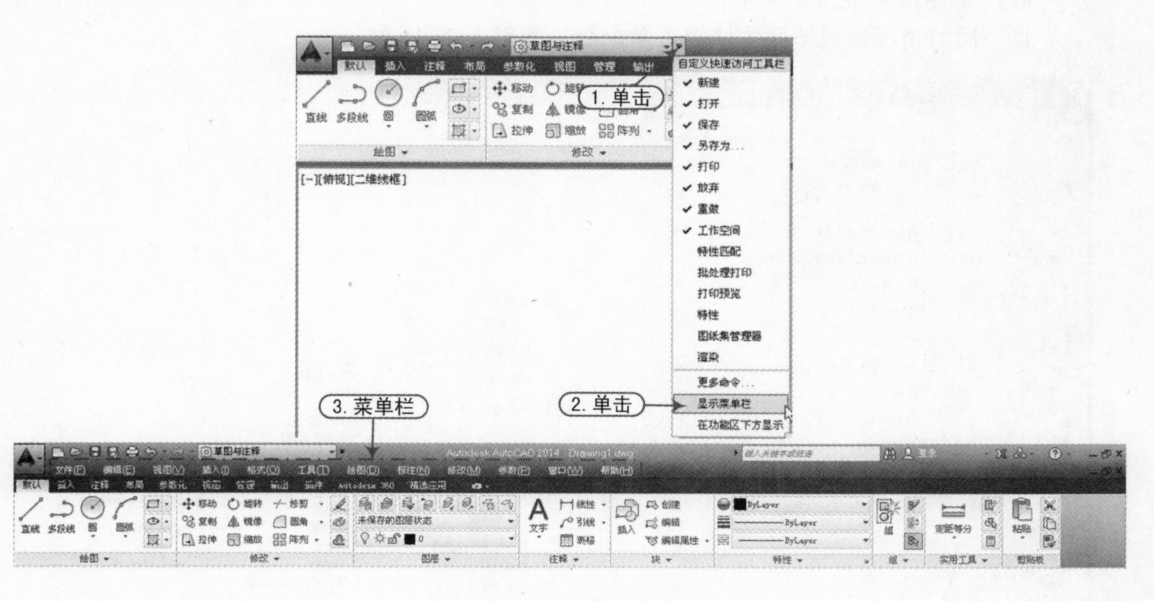

图 1-20　显示菜单栏

如果要将 AutoCAD 2014 的常规工具栏显示出来，用户可以选择“工具”｜“工具栏”命令，再从弹出的下级菜单中选择相应的工具栏即可，如图 1-21 所示。

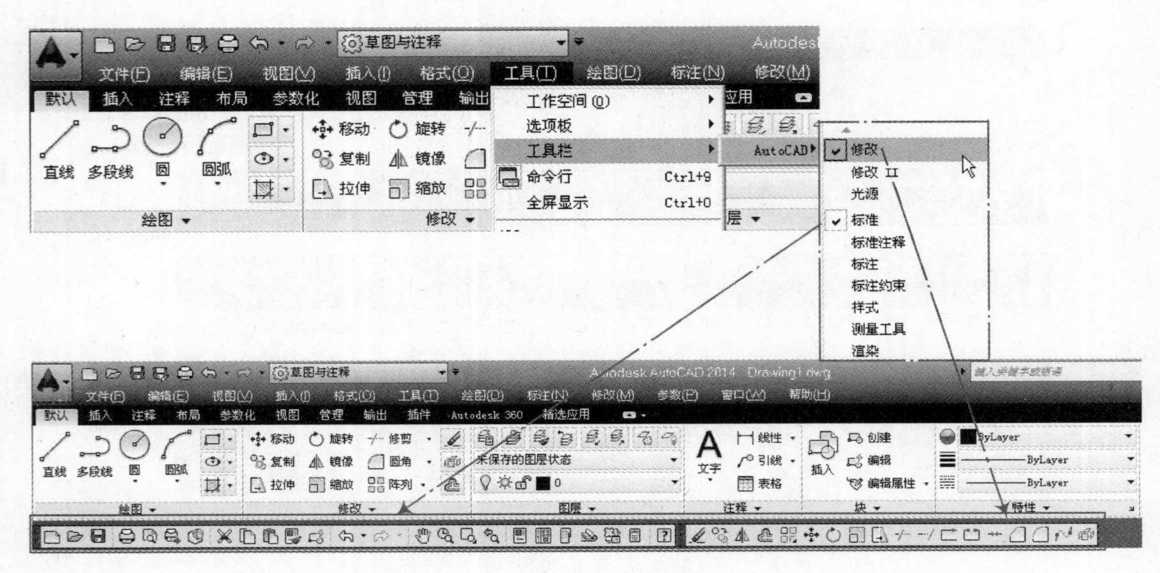

图 1-21　显示工具栏

☑ AutoCAD 菜单浏览器：窗口的最左上角大“A”按钮为“菜单浏览器”按钮，单击该按钮会出现下拉菜单。该下拉菜单包括常用的命令，如“新建”“打开”“保存”“另存为”“输出”“打印”“发布”等，另外还新增加了很多新的命令，如“最近使用的文档”、“打开文档”、“选项”和“退出 AutoCAD”等，如图 1-22 所示。

☑ AutoCAD 快捷菜单：通常用户在绘图区、状态栏、工具栏、模型或布局选项卡上右击时，会弹出一个快捷菜单，该菜单中显示的命令与右击的对象及当前状态相关，会根据不同的情况出现不同的快捷菜单命令，如图 1-23 所示。

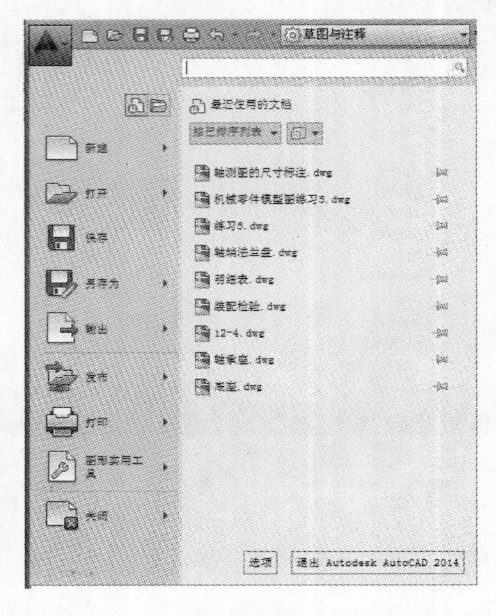

图 1-22　菜单浏览器

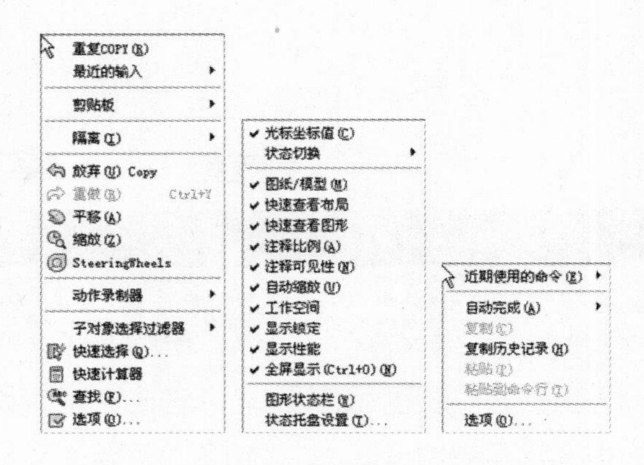

图 1-23　快捷菜单

☑ 绘图区域：用于绘制和编辑图形的主要区域，还包括坐标系、光标符号、视图方向控制盘、视图控制栏等，如图 1-24 所示。

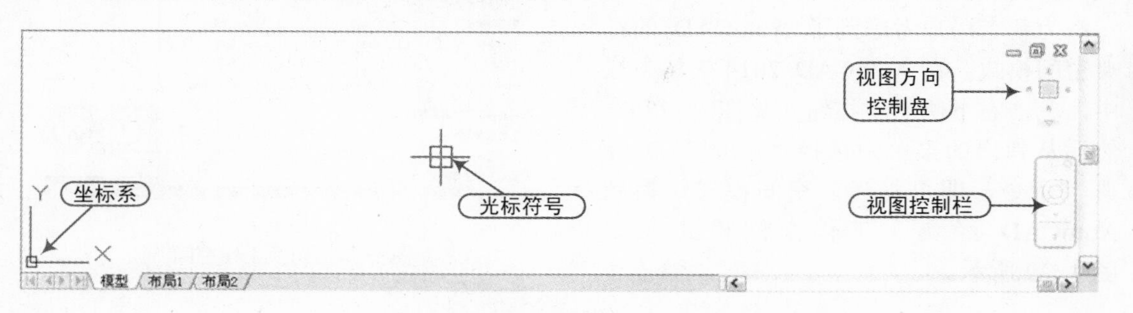

图 1-24　绘图区域

☑ 命令行：命令行位于绘图区域的下侧为命令行，用于显示提示信息和输入数据，如命令、绘图模式、变量名、坐标值和角度值等，如图 1-25 所示。

图 1-25　命令行

用户可以按〈F2〉快捷键将命令行转换为“文本窗口”，再次按〈F2〉快捷键即可关闭“文本窗口”，如图 1-26 所示。

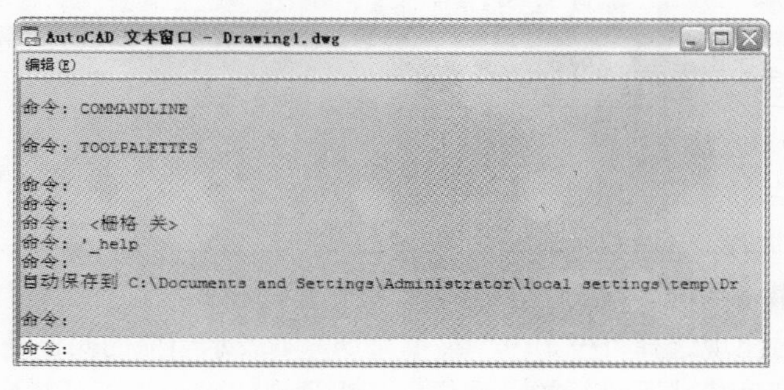

图 1-26　文本窗口

☑ 状态栏：状态栏位于 AutoCAD 2014 窗口的最下方，包括当前光标的状态、功能切换按钮、注释比例、控制按钮等，如图 1-27 所示。

图 1-27　状态栏

2．“AutoCAD经典”工作空间

不论新版的变化怎样，Autodesk 公司都为新老用户考虑到了 AutoCAD 的经典空间模式。在 AutoCAD 2014 的状态栏中，单击右下侧的⚙按钮（见图 1–28），然后从弹出的菜单中选择“AutoCAD 经典”命令，即可将当前空间模式切换到 AutoCAD 经典”工作空间模式，如图 1–29 所示。

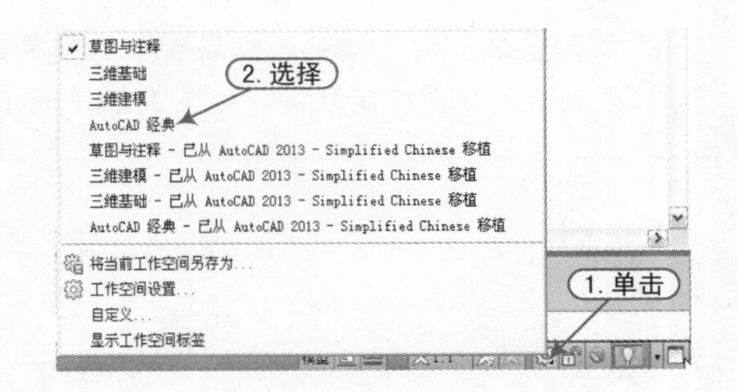

图 1–28　切换工作空间

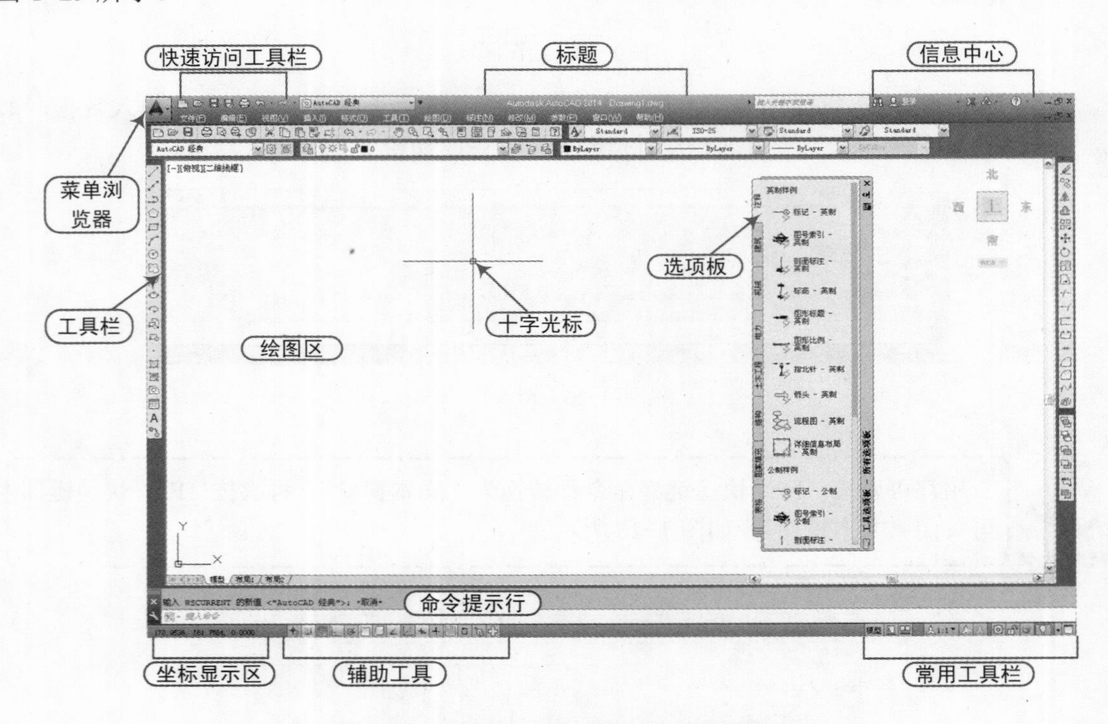

图 1–29　“AutoCAD 经典”工作空间模式

软件技能

本书以最常用的“AutoCAD 经典”工作空间模式来进行讲解，因此，在后面的学习中，若出现选择“… | …”菜单命令，则表示当前的操作是在“AutoCAD 经典”工作空间模式下进行的。同样，若出现在“……”工具栏中单击“……”按钮，则同样是在“AutoCAD 经典”工作空间模式下进行的。

1.2　图形文件的管理

同许多应用软件一样，AutoCAD 2014 的图形文件管理包括文件的新建、打开、保存、

加密、输入及输出等，下面将详细讲解。

1.2.1 新建图形文件

当用户启动 AutoCAD 2014 软件后，系统将以默认的样板文件为基础创建 Drawing1.dwg 文件，并进入到之前设定好的工作环境界面。

如果要在 AutoCAD 2014 的环境中创建新的图形文件，用户可以按照以下方式进行操作。

☑ 菜单栏：选择“文件”|“新建”菜单命令。

☑ 工具栏：单击快速访问工具栏的“新建”按钮□。

☑ 命令行：在命令行输入或动态输入“new”命令（组合键〈Ctrl+N〉）。

以上任意一种方法都可以创建新的图形文件，此时将弹出“选择样板”对话框，选择相应的样板文件后，单击“打开”按钮，便可创建新图形，此时在右侧的“预览”框将显示出该样板的预览图像，如图 1-30 所示。

利用样板来创建新图形，可以避免每次绘制新图时需要进行的有关绘图设置的重复操作，这样不但提高了绘图效率，而且保证了图形的一致性。样板文件中通常含有与绘图相关的一些通用设置，如图层、线性、文字样式、尺寸标注样式、标题栏、图幅框等。

若用户在命令行中输入“startup”命令，并将系统的变量设置为 1（开），且将“Filedia”变量设置为 1（开），则在新建文件时将弹出“创建新图形”对话框，从而可以按照“从草图开始”“使用样板”和“使用向导”3 种方式来创建图形文件，如图 1-31 所示。

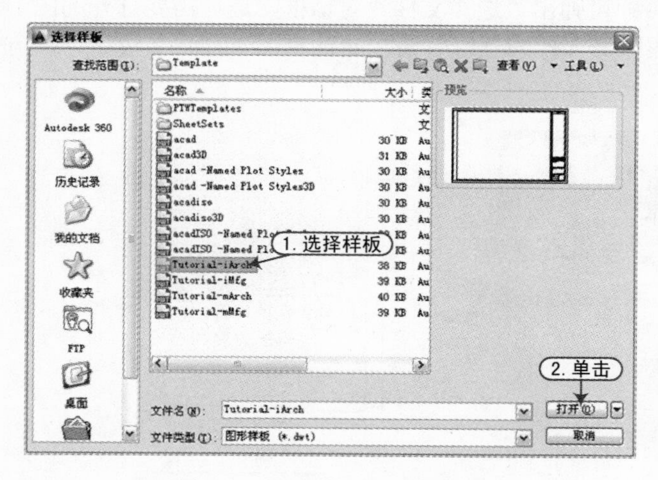

图 1-30 “选择样板”对话框

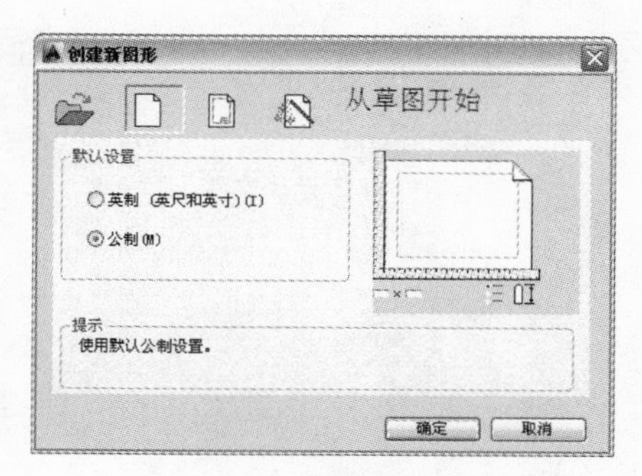

图 1-31 “创建新图形”对话框

软件技能

AutoCAD 样板文件的位置。用户如果要查找样板文件的保存位置，可通过以下操作来实现：选择“工具”|“选项”命令，弹出“选项”对话框，在“文件”选项卡中的下拉列表框中即可找到样板图形文件及图纸集样板文件的位置。如果打开该文件夹，即可看到该文件夹下面的其他样板图形文件及图纸集样板文件，如图 1-32 所示。

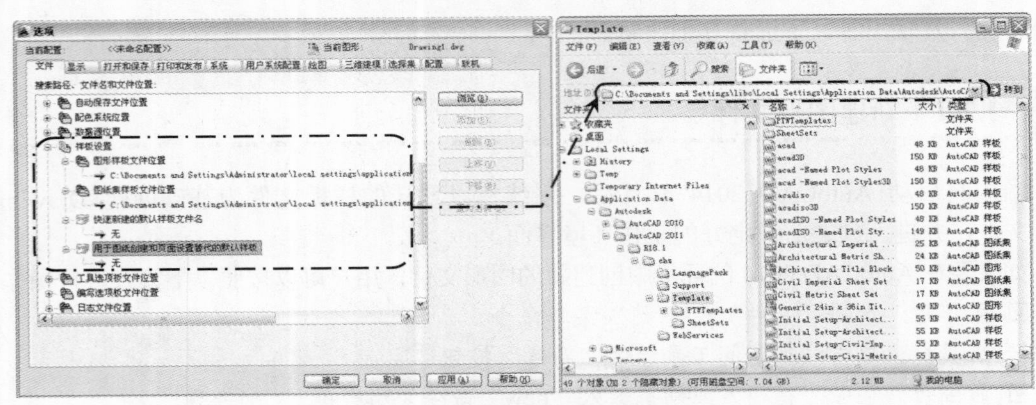

图 1-32　样板文件的保存位置

1.2.2　打开图形文件

如果需要对已有的 DWG 图形文件进行修改，用户可通过以下 3 种方式来打开 dwg 图形文件进行绘制并修改。

☑ 菜单栏：选择“文件” | “打开”命令。

☑ 工具栏：单击快速访问工具栏的“打开”按钮。

☑ 命令行：在命令行输入或动态输入“open”命令（组合键〈Ctrl+O〉）。

选择“文件” | “打开”命令之后，即可弹出“选择文件”对话框，选择需要打开的图形文件，在右侧的“预览”框中将显示该图形文件的预览效果，然后单击“打开”按钮，即可打开相应的图形文件，如图 1-33 所示。

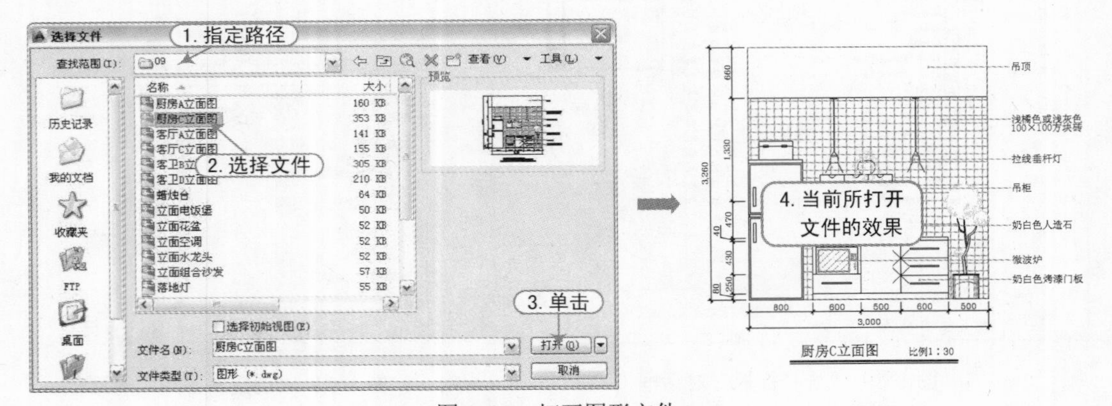

图 1-33　打开图形文件

软件技能

在“选择文件”对话框的“打开”按钮右侧有一个倒三角按钮，单击它将显示 4 种打开文件的方式，即“打开”“以只读方式打开”“局部打开”和“以只读方式局部打开”。若用户选择了“局部打开”命令，则弹出“局部打开”对话框，在右侧列表框中勾选需要打开的图层对象，然后单击“打开”按钮，则只显示勾选的图层对象，这样大大加快了打开文件的速度，如图 1-34 所示。

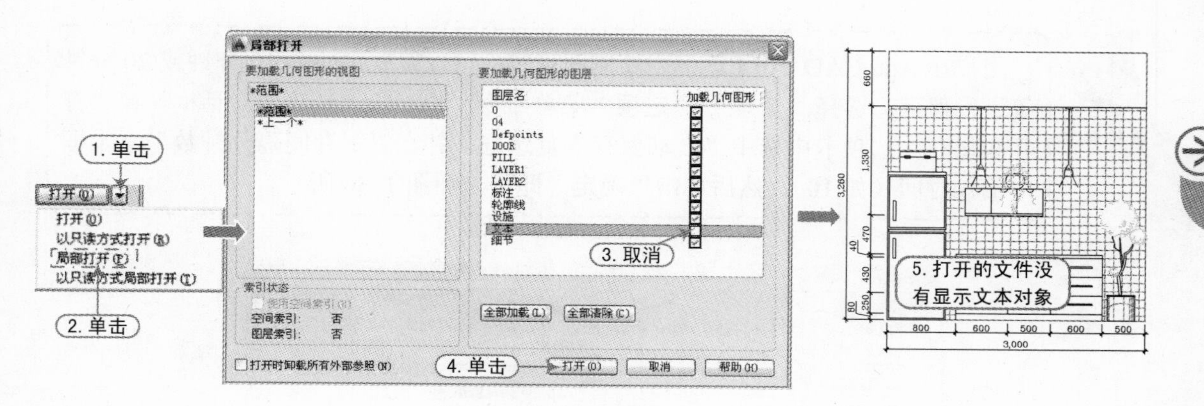

图 1-34 局部打开图形文件

1.2.3 保存图形文件

在计算机上进行任何文件处理时，用户都要养成一个随时保存文件的习惯，以便当出现电源故障或发生其他意外事件时防止图形及相关数据丢失，以及将所操作的最终结果得以保存完整。在 AutoCAD 2014 环境中，由于用户在新建 DWG 图形文件时，系统是以默认的 Drawing N.dwg（N 为数字序号）文件进行命名的，为了使绘制的 DWG 图形文件能以更加易读易识别的目的，用户可通过以下 3 种方式对图形文件进行保存。

☑ 菜单栏：选择“文件”|“保存”或“另存为”命令。

☑ 工具栏：单击快速访问工具栏的“保存”按钮。

☑ 命令行：在命令行输入或动态输入“save”命令（组合键〈Ctrl+S〉）。

选择“文件”|“保存”命令，即可弹出“图形另存为”对话框，用户指定图形文件的保存位置、文件名称和类型后，再单击“保存”按钮即可，如图 1-35 所示。

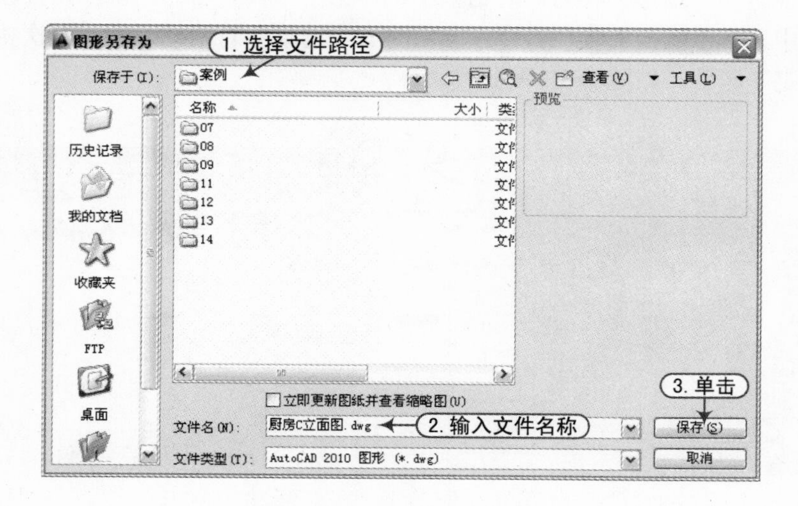

图 1-35 保存图形文件

软件技能

用户在 AutoCAD 2014 环境中绘制图形时，可以设置每间隔 10 分钟或 20 分钟等进行保存。选择“工具”|“选项”菜单命令，将弹出“选项”对话框，在“打开和保存”选项卡中选中“自动保存”复选框，并在“保存间隔分钟数”文本框中输入时间（如 10），然后单击“确定”即可，如图 1-36 所示。

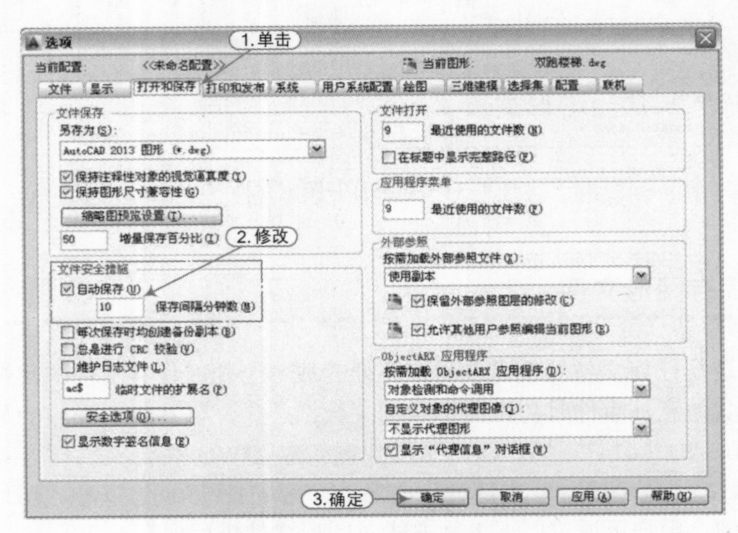

图 1-36　设置保存时间

1.2.4　加密图形文件

用户可以将 AutoCAD 2014 中绘制的图形文件进行加密保存，使不知道密码的用户不能打开该图形文件。在“图形另存为”对话框中，单击“工具”右侧的倒三角按钮，弹出一个快捷菜单，从中选择“安全选项”命令，弹出“安全选项”对话框，输入两次相同的密码，然后单击“确定”即可，如图 1-37 所示。

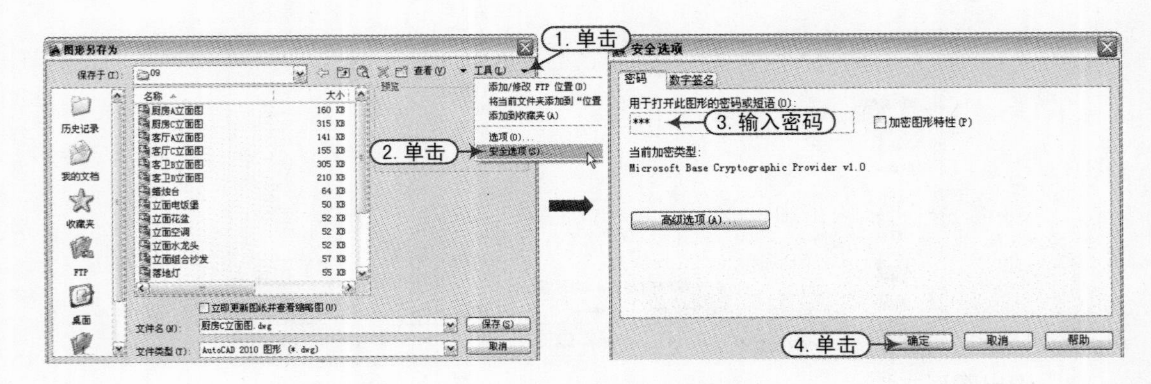

图 1-37　加密图形文件

软件技能

当对文件进行加密保存过后，下次在打开该图形文件时，系统将弹出“密码”对话框，用户只有输入正确的密码才能打开，如图 1-38 所示。

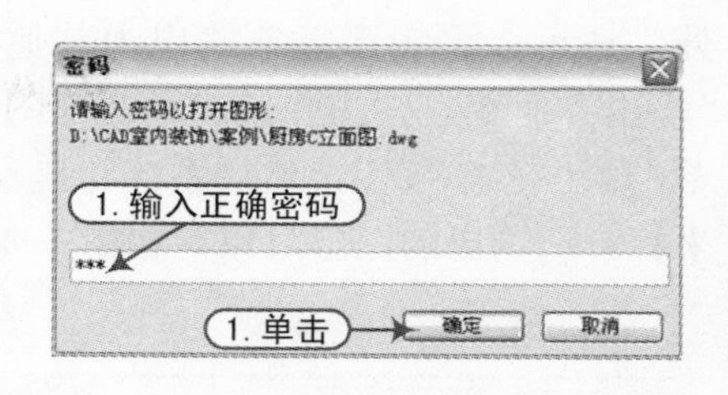

图 1-38 打开加密的文件

1.2.5 输入与输出图形文件

AutoCAD 2014 提供了图形输入与输出接口，不仅可以将其他应用程序中处理好的数据传送给 AutoCAD，以显示其图形，还可以导出其他格式的图形文件，或者把它们的信息传送给其他应用程序。

1．输入图形文件

在 AutoCAD 2014 环境中，选择“文件” | “输入”命令，弹出“输入文件”对话框，从中选择需要输入到 AutoCAD 2014 环境中的图形类型和相应文件，然后单击“打开”按钮即可，如图 1-39 所示。

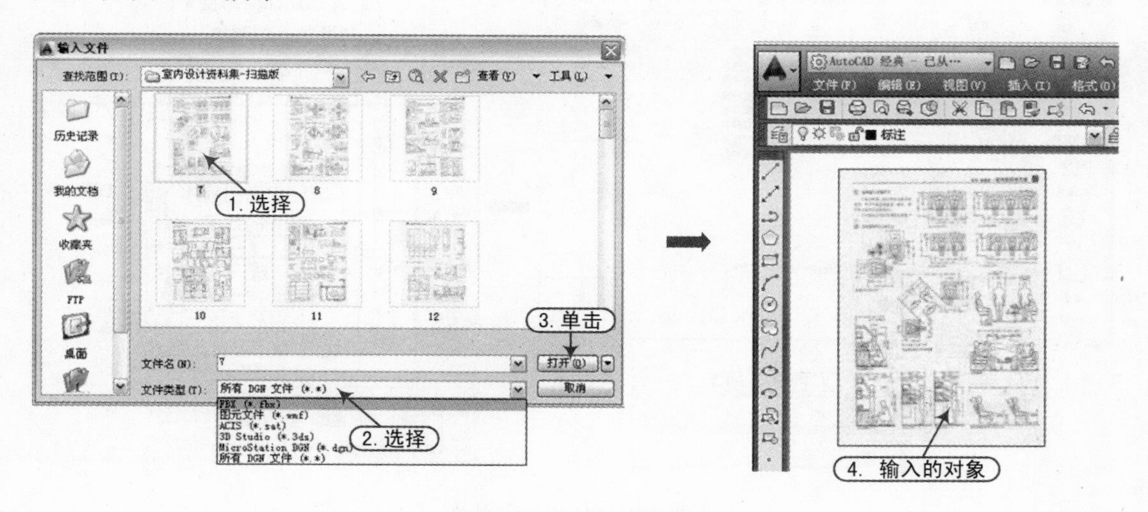

图 1-39 输入图形文件

2．插入 OLE 对象

在 AutoCAD 2014 环境中，用户可以将其他对象插入到当前图形文件中。选择“插入” | “OLE 对象”命令，弹出“插入对象”对话框，在“对象类型”下拉列表框中选择相应的对象类型，此时将启动相应的程序，根据该程序的操作方法输入相应的数据及内容后关闭并返回，则在 AutoCAD 2014 环境中将显示该对象的内容，如图 1-40 所示。

3．输出图形文件

在 AutoCAD 2014 环境中，除了可以将打开并绘制的图形保存为.dwg 或.dwt 类型的文件

外，还可以将图形对象输出为其他类型的文件，如.dwf、.wmf、.bmp 等。选择“文件”|“输出”命令，弹出“输出数据”对话框，选择输出的路径、类型（如.bmp）和文件名，再单击“保存”按钮，然后系统将提示选择要输出的对象，这时用户可以使用“画图”等程序来打开所输出的图形对象，如图 1-41 所示。

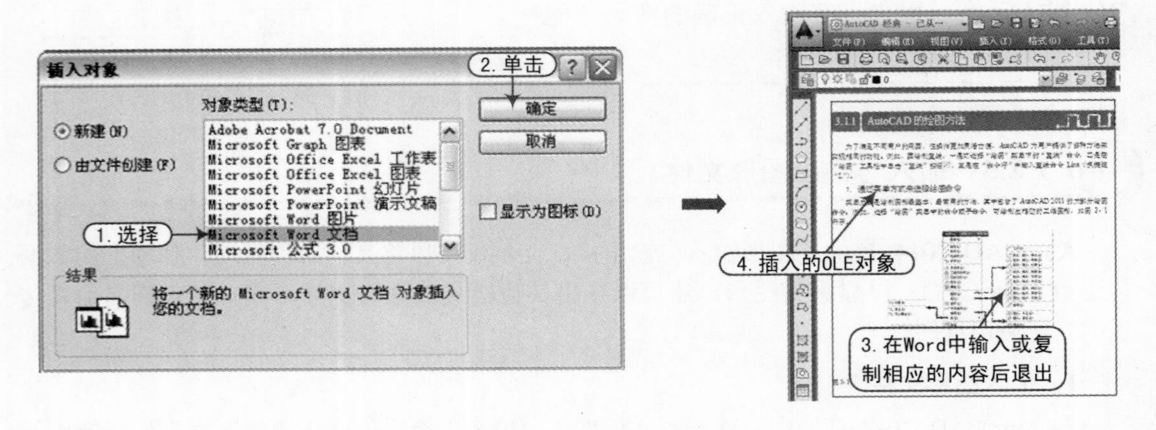

图 1-40　插入的 Word 对象

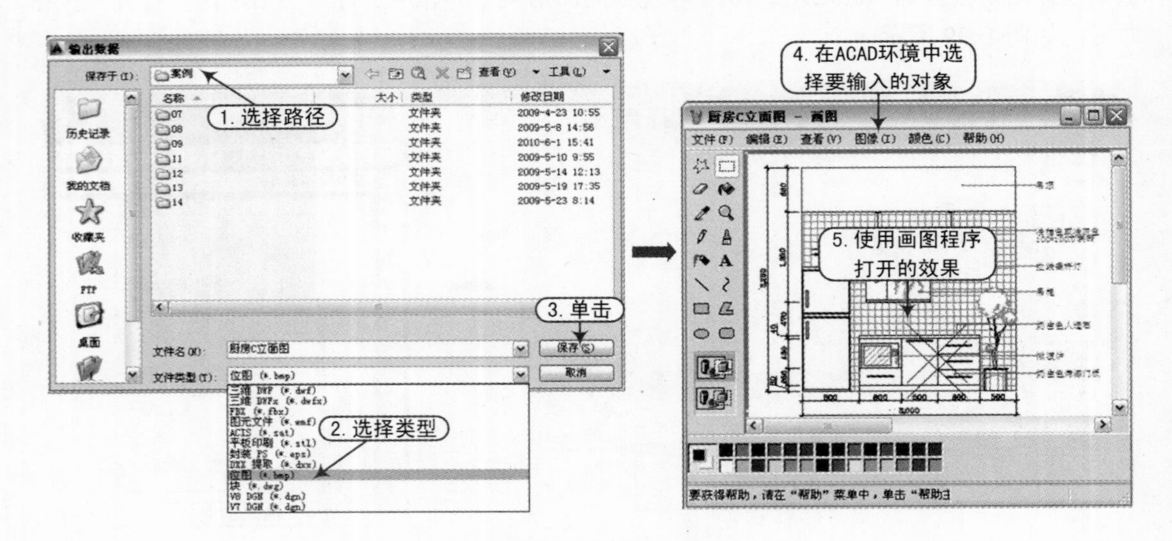

图 1-41　输出图形对象

1.2.6　关闭图形文件

要将当前视图中的文件进行关闭，可使用以下方法：

☑ 执行“文件”|“关闭”命令。

☑ 单击窗口控制区的“关闭”按钮 ×。

☑ 按〈Ctrl+Q〉组合键。

☑ 在命令行输入“quit”或“exit”命令，并按〈Enter〉键。

通过以上任意一种方法，可对当前图形文件进行关闭操作。如果当前图形有所修改而没有保存，系统将弹出 AutoCAD 提示对话框，询问是否保存图形文件，如图 1-42 所示。

图 1-42 AutoCAD 提示对话框

单击“是（Y）”按钮或直接按〈Enter〉键，可以保存当前图形文件并将其关闭；单击“否（N）”按钮，可以关闭当前图形文件但不保存文件；单击“取消”按钮，取消关闭当前图形文件操作，既不保存也不关闭。如果当前所编辑的图形文件还未命名，那么单击“是”（Y）按钮后，会弹出“图形另存为”的对话框，要求用户确定图形文件的保存位置和名称。

1.3 设置绘图环境

在 AutoCAD 2014 环境中绘制图形之前，用户首先应对其环境进行设置，包括选项参数的设置、图形单位的设置、图形界面的设置、工作空间的设置等。

1.3.1 显示的设置

选择“工具”｜“选项”命令（快捷键为〈OP〉），在弹出的“选项”对话框中，对“显示”选项卡进行设置。“显示”选项卡用于设置是否显示 AutoCAD 屏幕菜单；是否显示滚动条；是否在启动时最小化 AutoCAD 窗口；AutoCAD 图形窗口和文本窗口的颜色和字体等，如图 1-43 所示。

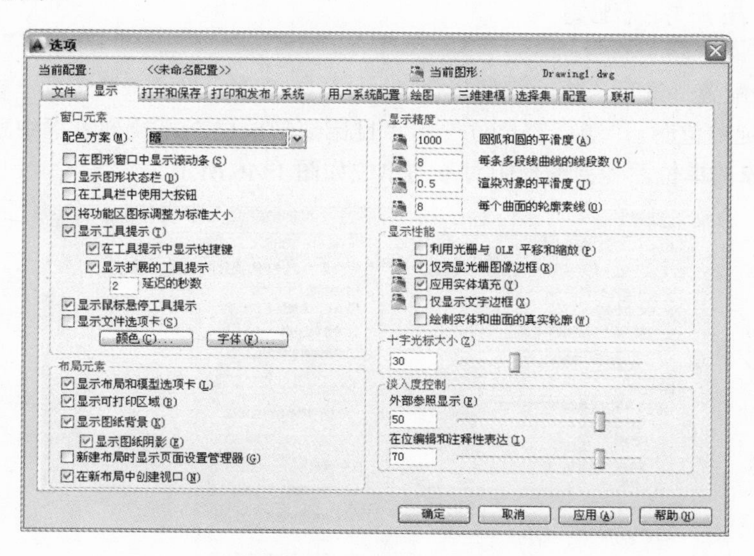

图 1-43 “显示”选项卡

单击“颜色”按钮，弹出“图形窗口颜色”对话框，在“上下文”列表框中选择要修改颜色的元素，在“界面元素”下拉列表框中将显示该元素的名称，“颜色”下拉列表框中将显示该元素的当前颜色。然后从“颜色”下拉列表框中选择一种新颜色，单击“应用并关闭”按钮退出，如图 1-44 所示。

单击“字体”按钮，弹出“命令行窗口字体”对话框，用户可以在其中设置命令行文字的字体、字号和样式，如图 1-45 所示。

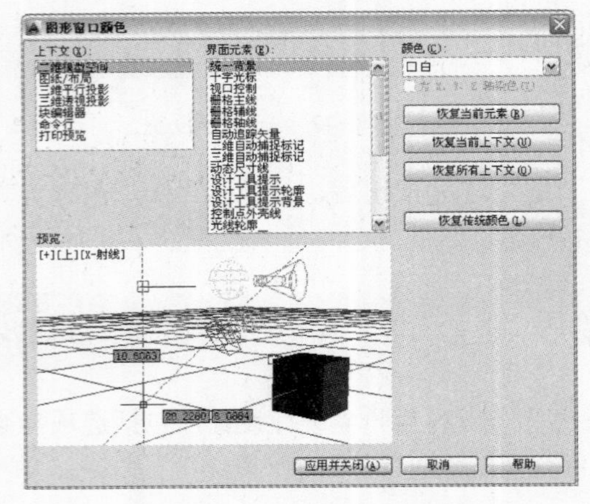

图 1-44 “图形窗口颜色”对话框

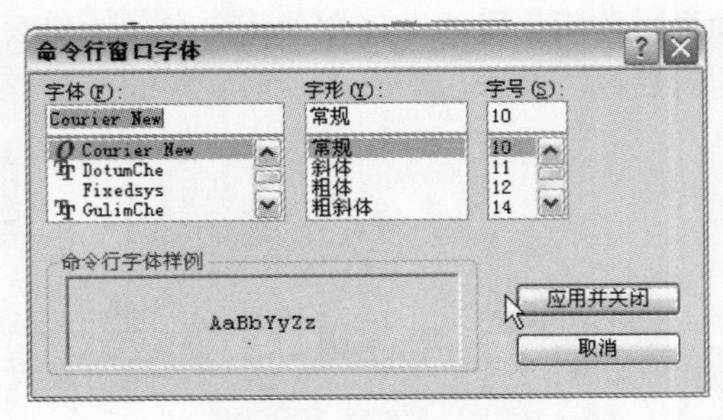

图 1-45 “命令行窗口字体”对话框

通过修改“十字光标大小”选项组中光标与屏幕大小的百分比，用户可调整十字光标的尺寸。

“显示精度”和“显示性能”选项组用于设置着色对象的平滑度、每个曲面的轮廓素线等。所有这些设置均会影响系统的刷新时间与速度，进而影响操作的流畅性。

1.3.2 用户系统配置

“用户系统配置”选项卡用于设置优化 AutoCAD 工作方式的一些选项。在“插入比例”中，当没有指定单位时，“源内容单位”和“目标图形单位”下拉列表框中默认的是被插入到图形中的对象的单位。当前图形中对象的单位如图 1-46 所示。

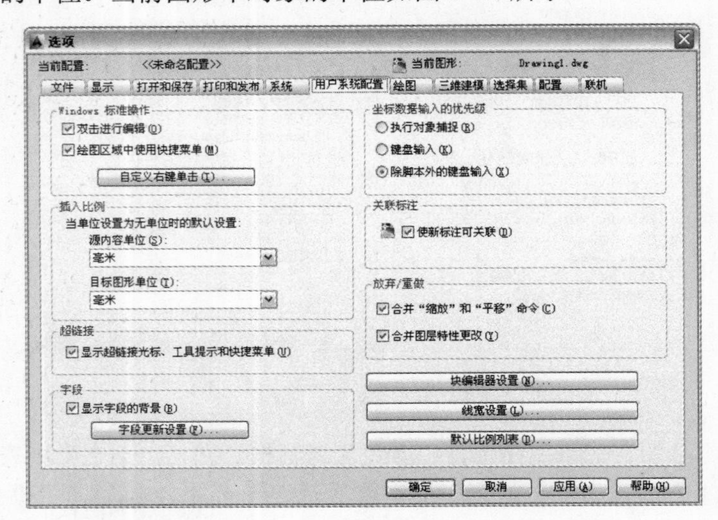

图 1-46 “用户系统配置”选项卡

单击“线宽设置”按钮，弹出“线宽设置”对话框。用户在此对话框中可以设置线宽的显示特性和默认线宽，同时还可以设置当前线宽，如图 1-47 所示。

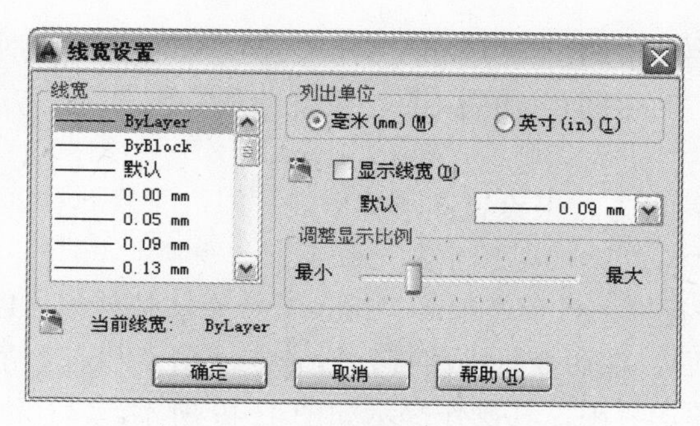

图 1-47 “线宽设置”对话框

1.3.3 设置图形单位

在绘图窗口中创建的所有对象都是根据图形单位进行测量绘制的。由于 AutoCAD 可以完成不同类型的工作，因此可以使用不同的度量单位。我国使用的是公制单位，如米、毫米等，而欧洲使用的是英制单位，如英寸、英尺等。因此开始绘图前，用户必须为绘制的图形确定所使用的基本绘图单位，例如，一个图形单位的距离通常表示实际单位的 1 毫米、1 厘米、1 英寸或 1 英尺。

用户可以通过以下两种方式来设置图形单位。

☑ 菜单栏：选择“格式”|“单位”命令。

☑ 命令行：在命令行输入或动态输入“units”命令（快捷键〈UN〉）。

选择“格式”|“单位”命令后，即可弹出“图形单位”对话框，然后用户可以根据自己的需要设置长度、角度、单位、方向等，如图 1-48 所示。

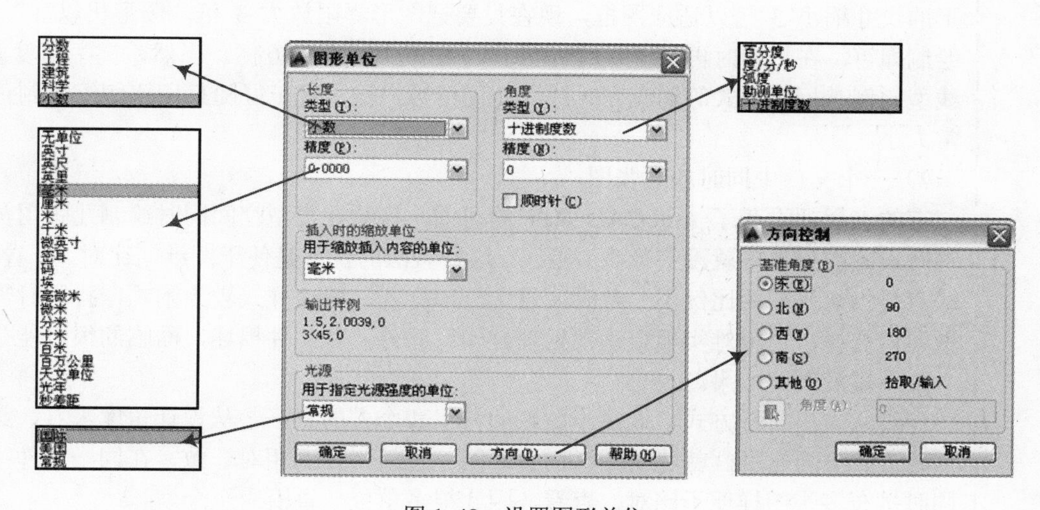

图 1-48 设置图形单位

1.3.4 设置图形界限

图形界限就是标明绘图的工作区域和边界，这就好比用户画画时，先想想怎么画图，画多大才合适。AutoCAD 的空间是无限大的，设置图形界限是为了方便用户在这个无限大的模型空间中布置图形。

用户可以通过以下两种方式来设置图形界限。

☑ 菜单栏：选择“格式”|“图形界限”命令。

☑ 命令行：在命令行输入或动态输入“limts”命令（快捷键〈UN〉）。

执行图形界限命令后，在命令行中将提示设置左下角点和右上角点的坐标值。例如要设置纵向 A3 图纸幅面的图形界限，其操作提示如图 1-49 所示。

```
命令: '_limits ← 1. 执行“图形界限”命令
重新设置模型空间界限:
指定左下角点或 [开(ON)/关(OFF)] <0.0000,0.0000>: ← 2. 设置左下角点坐标
指定右上角点 <420.0000,297.0000>: 297,420 ← 3. 设置纵向A3图纸幅面大小
```

图 1-49 设置图形单位

设置图形界限与否，取决于图纸的布置。在模型空间中绘图并输出，用户可以使用以下两种安排图形的方法：

1）一个文件对应一张图

这时若将图形界限设置成所需的图幅，打印出来的图按图形界限输出，较为方便，而且可以按 1∶1 绘制图形。即便是比较大型的零件或建筑，也无需像手工绘图那样进行尺寸的换算。比如，以前用 1∶3 的比例在 A3 图幅上绘图，必须将图形的尺寸缩小 3 倍以适应图框，现在只要把图形界限放大 3 倍，图形仍以 1∶1 绘制即可，在打印时再按 1∶3 输出到 A3 图纸上，非常方便。当然，文字高度、线型比例、标注样式等均应同时放大相同倍数，输出时正好随打印比例缩放到正常大小。

2）一个文件中同时放几张图

有的工程师沿袭了 AutoCAD R14 的习惯，喜欢在模型空间同时绘制几张图，这时设置图形界限就没有什么必要了。这种做法的优点是便于图纸间比对、查看，缺点是当每张图的比例不一致时，设定打印样式、标注样式较为困难，打印时需做窗口选择，也很难实现自动批处理打印。此外，若文件损坏，面临的很可能是“全军覆没”的结果。

到底从采用哪种方式，取决于图纸的特点和个人的喜好。从设计角度来看，第一种方式更为有利。就建筑图样而言，同一建筑物比例相对一致，在同一文件中同时排布多张图样便于比对、查看，因此很多单位一直沿用至今。

1.3.5 设置工作空间

由于 AutoCAD 绘图功能十分强大，因此它的应用范围十分广泛。为了使不同的用户能够根据自己的喜好来选择相应绘图环境，AutoCAD 2014 设置了多种工作空间。

在 AutoCAD 2014 环境中，选择“工具”|“工作空间”命令，即可看到多个相应的子菜单项，前面标有“√”项的表示当前的工作空间，用户可以试着选择不同的选项来查看相应的工作空间，如图 1-50 所示。

如果当前的工作空间是在“二维草图与注释”环境中，在状态栏的“工作空切换”按钮上单击，从而在弹出相应的菜单中进行选择即可，如图 1-51 所示。

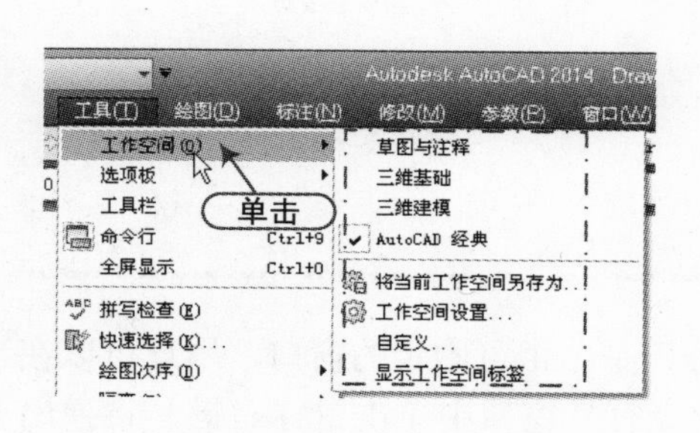

图 1-50 选择工作空间

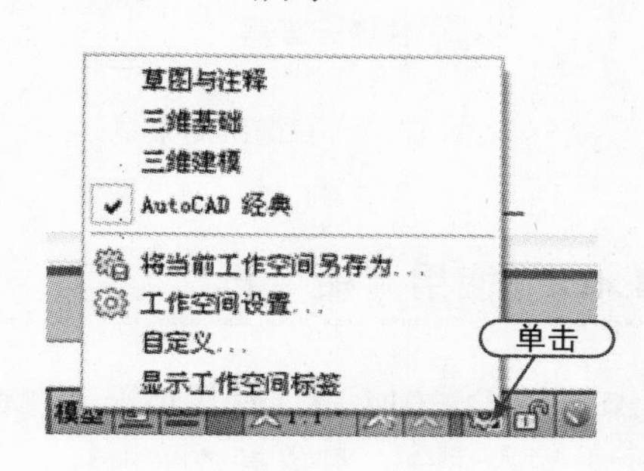

图 1-51 切换工作空间

1.4 使用命令与系统变量

在 AutoCAD 2014 环境中，其菜单命令、工具按钮、命令行和系统变量大都是相互对应的。如执行“直线”命令，既可以选择“绘图”|“直线”命令，也单击“直线”按钮，或在命令行中输入“line”命令都可以完成直线的绘制。

1.4.1 使用鼠标操作命令

在绘图窗口中，光标通常显示为“十”字线形式。当光标移至菜单选项、工具或对话框内时，它会变成一个箭头“”。无论光标是“十”字线形式还是箭头形式，当单击或者按动鼠标键时，都会执行相应的命令或动作。在 AutoCAD 2014 中，鼠标键是按照下述规则定义的。

- ☑ 拾取键：通常指鼠标左键，用于指定屏幕上的点，也可以用来选择 Windows 对象、AutoCAD 对象、工具栏按钮和菜单命令等。
- ☑ 回车键：指鼠标右键，相当于〈Enter〉键，用于结束当前使用的命令，此时系统将根据当前绘图状态而弹出不同的快捷菜单，如图 1-52 所示。
- ☑ 弹出菜单：当使用〈Shift〉键和鼠标右键的组合时，系统将弹出一个快捷菜单，用于设置捕捉点的方法，如图 1-53 所示。对于三键鼠标，弹出按钮通常是鼠标的中间按钮。

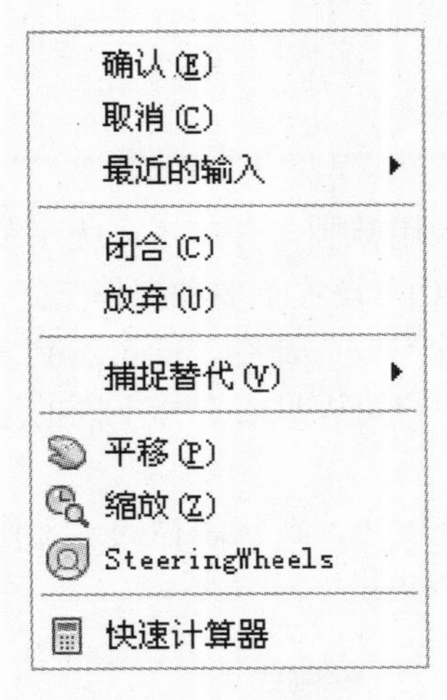

图 1-52　右键快捷菜单

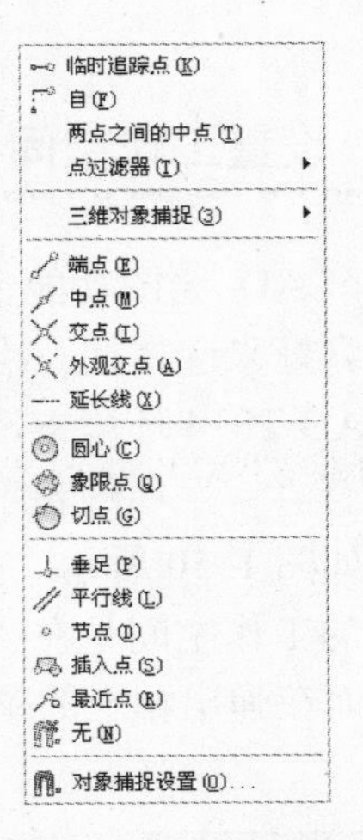

图 1-53　弹出菜单

1.4.2　使用“命令行”

在 AutoCAD 2014 中，默认情况下“命令行”是一个可固定的窗口，用户可以在当前命令行提示下输入命令、对象参数等内容。在“命令行”窗口中单击鼠标右键，将弹出一个快捷菜单，如图 1-54 所示。在命令行中，还可以使用〈BackSpace〉或〈Delete〉键删除命令行中的文字，也可以在选中的命令上右击，并在弹出的快捷菜单中选择“粘贴到命令行”命令，将其粘贴到命令行中。

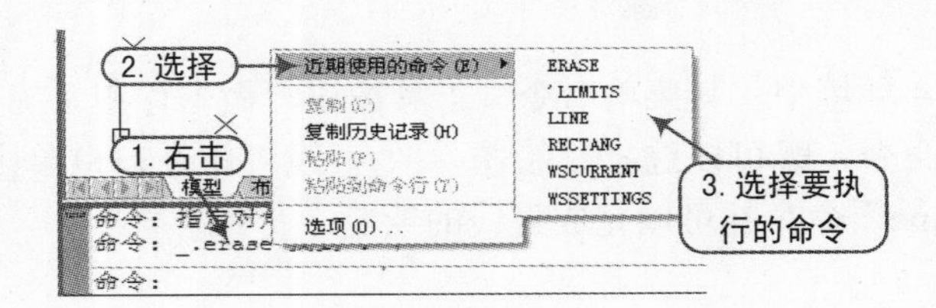

图 1-54　命令行的右键菜单

软件技能

用户若觉得命令行窗口不能显示更多的内容，可以将光标置于命令行上侧，待光标呈÷状时上下拖动，即可改变命令行窗口的高度。如果用户发现 AutoCAD 的命令行没有显示出来，可以按〈Ctrl+9〉组合键对其进行显示或隐藏操作。

1.4.3　使用透明命令

在 AutoCAD 2014 中，透明命令是指在执行其他命令的过程中可以执行的命令。常使用的透明命令多为修改图形设置的命令和绘图辅助工具命令，例如 SNAP、GRID、ZOOM 等。要执行透明命令，应在输入命令之前输入单引号（'）。命令行中，透明命令的提示前有一个双折号（>>），当完成透明命令后，将继续执行原命令，如图 1-55 所示。

```
命令: c ←1. 输入C                                   \\ 执行"圆"命令 2. 指定圆心点
CIRCLE 指定圆的圆心或 [三点(3P)/两点(2P)/切点、切点、半径(T)]: ← \\ 指定圆心点
指定圆的半径或 [直径(D)]: 'grid ←3. 执行透明命令        \\ 执行"透明"命令
>>指定栅格间距(X) 或 [开(ON)/关(OFF)/捕捉(S)/主(M)/自适应(D)/界限(L)/跟随(F)/纵横向间距(A)] <10.0000>: L
>>显示超出界限的栅格 [是(Y)/否(N)] <是>: ←5. 选择"是" \\ 按〈Enter〉键确定"是"
                                                         4. 选择"界限L"
正在恢复执行 CIRCLE 命令。
透明标志
指定圆的半径或 [直径(D)]: ←6. 指定圆半径值            \\ 捕捉点确定圆的半径
```

图 1-55　使用透明命令

1.4.4　使用系统变量

在 AutoCAD 2014 中，系统变量用于控制某些功能和设计环境、命令的工作方式，它可以打开或关闭捕捉、栅格或正交等绘图模式，设置默认的填充图案，或存储当前图形和 AutoCAD 配置的有关信息。

系统变量通常是 6～10 个字符长的缩写名称，许多系统变量有简单的开关设置。例如 GRIDMODE 系统变量用来显示或关闭栅格，在命令行的“输入 GRIDMODE 的新值 <1>: ”提示下输入“0”，可以关闭栅格显示；输入“1”时，可以打开栅格显示。

用户可以在对话框中修改系统变量，也可以直接在命令行中修改系统变量。例如，要使用 ISOLINES 系统变量修改曲面的线框密度，可在命令行提示下输入该系统变量名称并按〈Enter〉键，然后输入新的系统变量值并按〈Enter〉键即可，详细操作如图 1-56 所示。

```
命令 : ISOLINES ←1. 输入"系统变量"命令
输入 ISOLINES 的新值 <4>: 32 ←2. 设置变量新值
```

图 1-56　使用系统变量

1.4.5　命令的终止、撤消与重做

在 AutoCAD 2014 环境中绘制图形时，对所执行的操作可以进行终止、撤消以及重做操作。

1．终止命令

如果不准备执行正在进行的命令，可以将其终止。例如，在绘制直线时，在确定直线的起点后，又觉得不需要进行直线命令的操作，此时可以按〈Esc〉键终止；或者单击鼠标右键，从弹出的快捷菜单中选择“取消”命令。

2．撤消命令

如果执行了错误的操作，可以通过撤消的方式撤消错误的操作。例如，在视图中绘制了一个半径为 25mm 的圆，但又觉得该圆的半径应为 30mm，这时用户可以选择撤消该命令后重新绘制半径为 30mm 的圆。用户可在标准工具栏中单击“放弃”按钮，或者按〈Ctrl+Z〉组合键进行撤消最近的一次操作。

3．重做命令

如果错误地撤消了正确的操作，用户可以通过重做命令进行还原。用户可在标准工具栏中单击“重做”按钮；或者按〈Ctrl+Y〉键撤消最近的一次操作。

1.4.6 AutoCAD 中按键的意义

在 AutoCAD 2014 中，除了可以通过在命令窗口输入命令，单击工具栏图标或单击菜单项目来完成，键盘上还有其他功能键，见表 1-1。

表 1-1 AutoCAD 常用功能键

功　能　键	命　　令	含　　义
Ctrl+1	properties	修改特性
Ctrl+L	ortho	正交
Ctrl+N	new	新建文件
Ctrl+2	adcenter	设计中心
Ctrl+B	snap	栅格捕捉
Ctrl+C	copyclip	复制
Ctrl+F	osnap	对象捕捉
Ctrl+G	grid	栅格
Ctrl+O	open	打开文件
Ctrl+P	print	打印文件
Ctrl+S	save	保存文件
Ctrl+U		极轴
Ctrl+V	pasteclip	粘贴
Ctrl+W		对象追踪
Ctrl+X	cutclip	剪切
Ctrl+Z	undo	放弃
F1	help	帮助
F2		文本窗口
F3	osnap	对象捕捉
F7	grip	栅格
F8	ortho	正交
F9		捕捉模式

1.5 课后练习与项目测试

1．选择题

1）重新执行上一个命令的最快方法是（　　）。

A．按〈Enter〉键　B．按空格键　C．按〈Esc〉键　D．按〈F1〉键

2）取消命令执行的键是（　）。

A．按〈Enter〉键　B．按〈Esc〉键　C．单击鼠标右键　D．按〈F1〉键

3）在十字光标处被调用的菜单，称为（　）。

A．鼠标菜单　B．十字交叉线菜单

C．快捷菜单　D．此处不出现菜单

4）在命令行状态下，不能调用帮助功能的操作是（　）。

A．输入“Help”命令　B．组合键〈Ctrl+H〉

C．功能键 F1　D．输入“?”

5）要快速显示整个图限范围内的所有图形，可使用（　）命令。

A．“视图”|“缩放”|“窗口”　B．“视图”|“缩放”|“动态”

C．“视图”|“缩放”|“范围”　D．“视图”|“缩放”|“全部”

6）设置“夹点”大小及颜色是在“选项”对话框中的（　）选项卡中。

A．打开和保存　B．系统　C．显示　D．选择

7）当启动向导时，如果选“使用样板”选项，每一个 autocad 的样板图形的扩展名应为（　）。

A．dwg　B．dwt　C．dwk　D．tem

8）卸载菜单栏以后，可以在（　）对话框中装载。

A．“菜单自定义”对话框　B．“草图设置”对话框

C．“选项”对话框　D．“自定义”对话框

9）可以进入文本窗口的功能键是（　）。

A．F1　B．F2　C．F3　D．F4

10）设置光标大小需在“选项”对话框中的（　）选项卡中设置。

A．草图　B．打开和保存

C．系统　D．显示

2．简答题

1）简述 AutoCAD 2014 软件的新增功能。

2）简述 AutoCAD 2014 图形文件的加密保存方法。

3）若隐藏了下拉菜单，怎样才能加载标准菜单？

4）若要对 AutoCAD 2014 的工具栏进行重新布局，如何进行调整。

3．操作题

1）通过各种方法启动 AutoCAD 2014 软件，并依次切换为不同的工作空间。

2）新建一个图形文件，在其中绘制一个 210mm×297mm 尺寸的矩形和两个 297mm×210mm 尺寸的矩形，然后将其加密保为“文件 1.dwg”。

3）将当前的工作空间模式切换为“二维草图与注释”模式，并设置图形的单位为“毫米”，图形界限为（420，297）。

4）在 AutoCAD 2014 环境中，插入 Word 对象，并在其中输入文字、表格、图形等内容。

第 2 章　AutoCAD 2014 绘图基础与控制

本章导读

通常情况下，只要计算机上安装好 AutoCAD 2014 软件，用户就可以在其默认环境中绘制电子化的图形对象；但为了更加灵活、方便、自如地在 AutoCAD 环境中进行图形的绘制，用户应掌握 AutoCAD 环境中图形的各种绘制方法，掌握坐标的表示和创建方法，掌握图形的缩放控制，掌握图层的操作和捕捉设计等。

本章首先讲解了 AutoCAD 2014 环境中的各种绘图方法，AutoCAD 的几种坐标系的表示方法、创建方法；其次讲解了图形的缩放与平移、视图的命名与平铺操作以及图层的创建、图层设置和控制操作；再次讲解了 AutoCAD 中精确绘图的辅助设计方法，最后通过“新农村住宅轴线网的绘制”实例详细讲解了图形的绘制过程。

主要内容

☑ 掌握 AutoCAD 中绘图的各种方法
☑ 掌握 AutoCAD 中坐标系的使用
☑ 掌握 AutoCAD 中图形对象的选择
☑ 掌握 AutoCAD 中图形的显示与控制
☑ 掌握 AutoCAD 中图层的规划与管理
☑ 掌握 AutoCAD 中辅助绘图功能的设置
☑ 绘制新农村住宅设计图、轴线网

效果预览

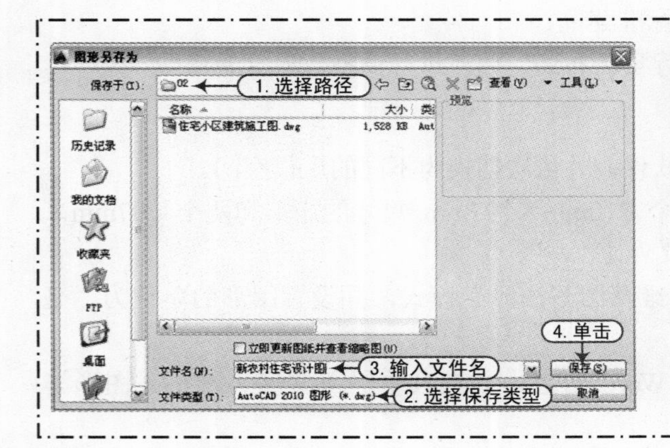

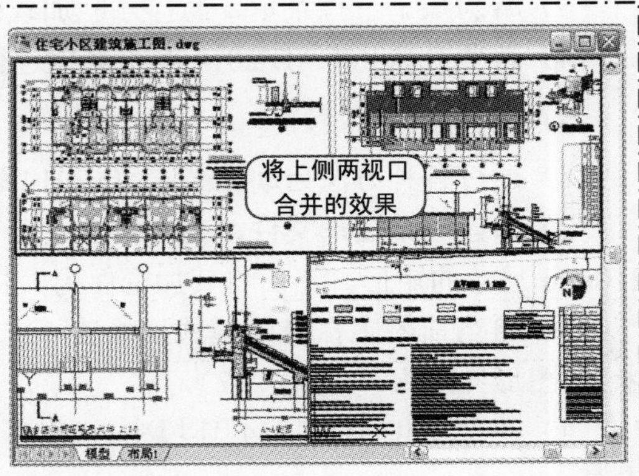

2.1 AutoCAD 的绘图方法

在 AutoCAD 环境中，用户可以通过多种方法绘制图形，如使用菜单命令、使用工具按钮、使用“屏幕菜单”、使用绘图命令等。

2.1.1 使用菜单栏

AutoCAD 2014 的菜单栏中提供了许多命令，这些命令是绘制图形最基本、最常用的方法。例如，通过“绘图”菜单中的命令或子菜单中的命令，可绘制出相应的二维图形，如图 2-1 所示。

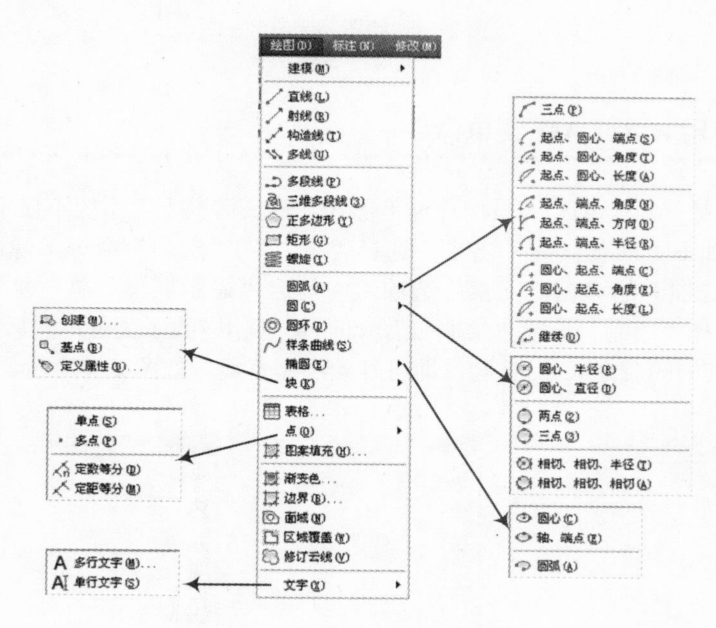

图 2-1 “绘图”菜单

2.1.2 使用工具栏和选项卡

“默认”选项卡中的“绘图”选项卡和“绘图”工具栏中的每个工具按钮都与“绘图”菜单中的绘图命令相对应，是图形化的绘图命令，如图 2-2 和图 2-3 所示。

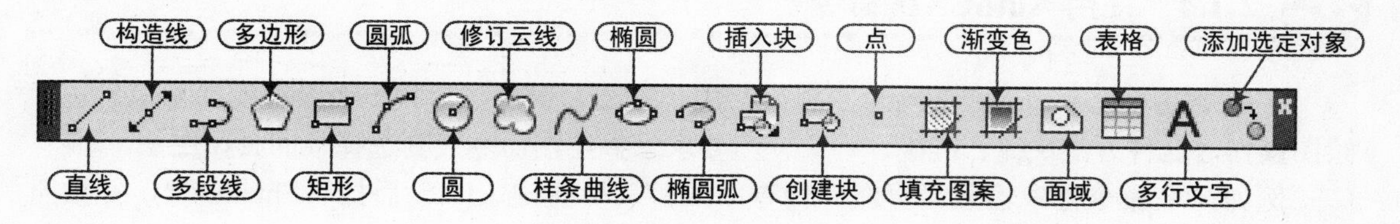

图 2-2 “绘图”工具栏

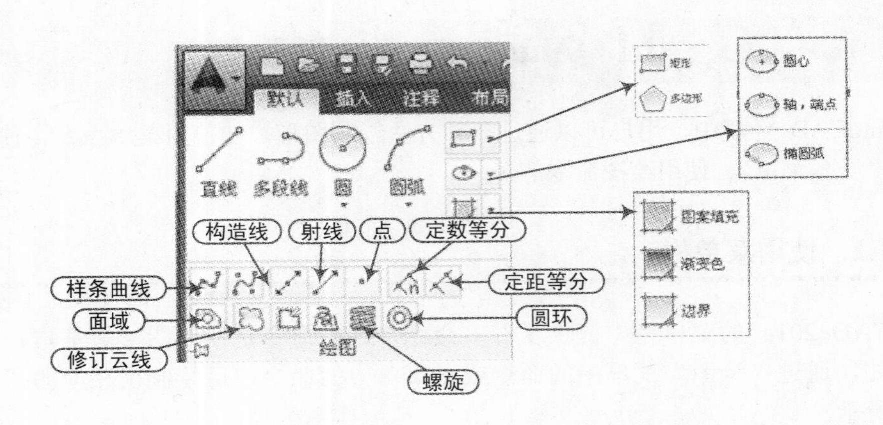

图 2-3 “绘图”选项卡

2.1.3 使用 AutoCAD 菜单命令

“屏幕菜单”是 AutoCAD 的另一种菜单形式。默认情况下，系统不显示“屏幕菜单”，但用户可以通过如下方法使其显示出来：选择“工具”|“选项”命令，弹出“选项”对话框，在“显示”选项卡的“窗口元素”选项组中勾选“显示屏幕菜单”复选框即可。如在“屏蔽菜单”中选择“绘制 1”或“绘制 2”，即可展开相应的子菜单，然后选择相应的命令即可，例如单击其中的命令（如直线），即可开始绘制直线，如图 2-4 所示。

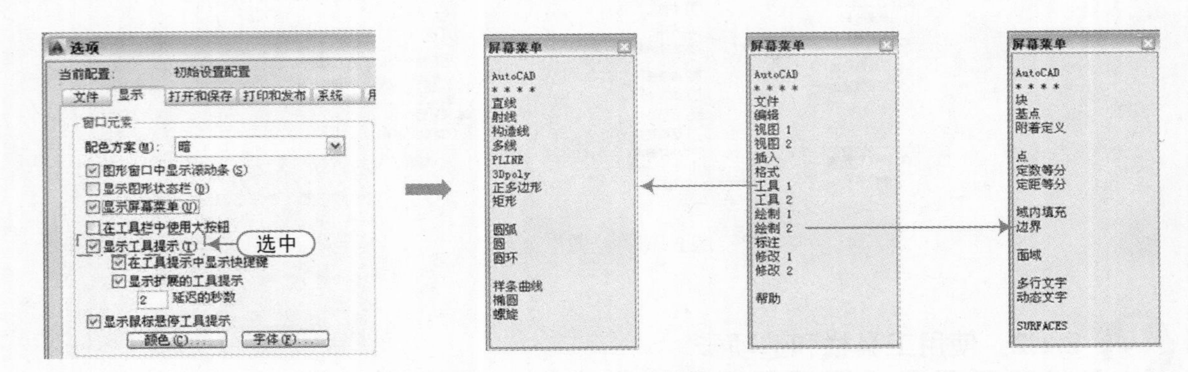

图 2-4 显示并执行“屏蔽菜单”

2.1.4 使用 AutoCAD 命令

在命令提示行中输入相应的绘图命令并按〈Enter〉键，然后根据命令行的提示信息进行绘图操作，这种方法快捷、准确、性高，但要求掌握绘图命令及其选择项的具体用法。

例如，在命令行中输入“直线”命令“line”（快捷键〈L〉）后按〈Enter〉键，并按照如下提示进行操作，如图 2-5 所示。

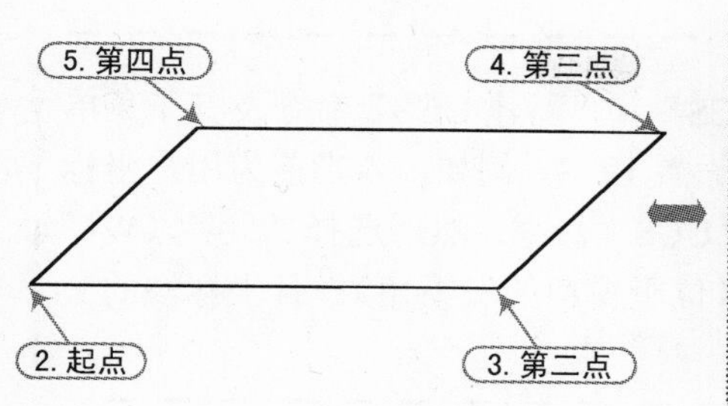


```
命令: line ←(1. 输入)                                   \\执行"直线"命令
指定第一点:                                             \\确定起点
指定下一点或 [放弃(U)]: @100,0                          \\确定第二点
指定下一点或 [放弃(U)]: @50<45                          \\确定第三点
指定下一点或 [闭合(C)/放弃(U)]: @-100,0                 \\确定第四点
指定下一点或 [闭合(C)/放弃(U)]: c                       \\与起点闭合
                                  (6. 选择C)
```

图 2-5 命令执行方式

2.2 使用坐标系

在绘图过程中，用户常常需要使用某个坐标系作为参照，拾取点的位置，以便精确定位某个对象，进而使用 AutoCAD 2014 提供的坐标系来准确地设计并绘制图形。

2.2.1 认识世界和用户坐标系

坐标（*x*,*y*）是表示点的最基本的方法。在 AutoCAD 2014 中，坐标系分为世界坐标系（WCS）和用户坐标系（UCS），在这两种坐标系下的都可以通过（*x*,*y*）来精确定位点。

默认情况下，在开始绘制新图形时，当前坐标系为世界坐标系（WCS），它包括 *X* 轴和 *Y* 轴（如果在三维空间工作，还有一个 *Z* 轴）。WCS 坐标轴的交汇处显示"□"形标记，但坐标原点并不在坐标系的交汇点，而是位于图形窗口的左下角，所有位移都是相对于原点计算的，并且将沿 *X* 轴正向及 *Y* 轴正向的位移规定为正方向，如图 2-6 所示。

在 AutoCAD 中，为了能够更好地辅助绘图，用户经常需要修改坐标系的原点和方向，这时世界坐标系将变为用户坐标系（UCS），其坐标轴的交汇处并没有显示"W"形标记，如图 2-7 所示。UCS 的原点以及 *X* 轴、*Y* 轴和 *Z* 轴方向都可以移动及旋转，甚至可以依赖于图形中某个特定的对象。尽管用户坐标系中的 3 个轴之间仍然互相垂直，但是在方向及位置上却更加灵活方便。

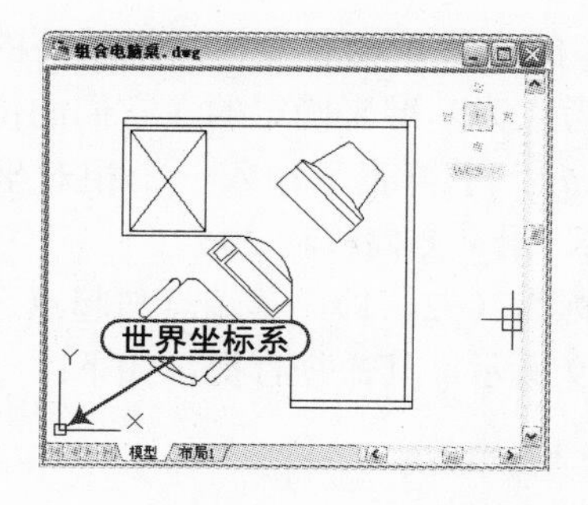

图 2-6 世界坐标系

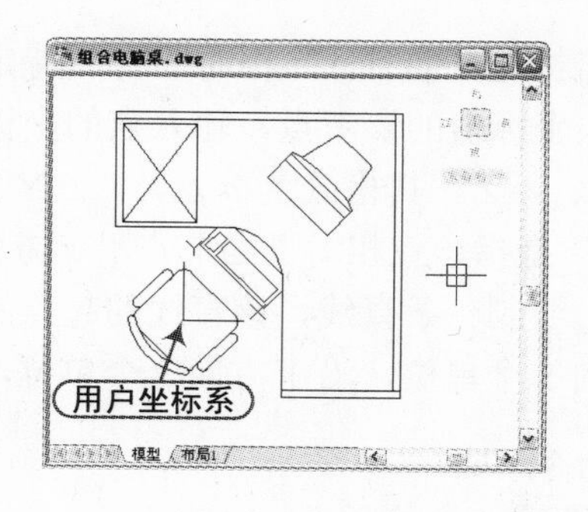

图 2-7 用户坐标系

软件技能

用户可以选择“工具”菜单中的“命名UCS”和“新建UCS”命令及其子菜单中的命令，或者在命令行中输入“UCS”来设置UCS。例如，若当前为用户坐标系（UCS），这时用户可以在命令行中输入“UCS”命令，然后选择“世界（W）”选项，便可转换为世界（WCS）坐标系（且位于窗口的左下角），且坐标轴的交汇处显示“W”形标记。

2.2.2　绝对直角坐标

绝对坐标是以原点（0，0）为基点定位所有点。输入点的（*x*，*y*，*z*）坐标，在二维图形中，*z*=0 可省略，如用户可以在命令行中输入“4，2”或“-5，4”（中间用英文逗号隔开）来定义点在 *XY* 平面上的位置。

例如，要绘制一条起点坐标为（0，3），端点为（4，3）的直线，如图 2-8 所示，其命令行提示如下：

```
命令：line                          \\ 执行“直线”命令
指定第一个点: 0，3                  \\ 确定起点
指定下一点或 [放弃(U)]: 4，3        \\ 确定下一点
指定下一点或 [放弃(U)]:             \\ 按〈Enter〉键结束
```

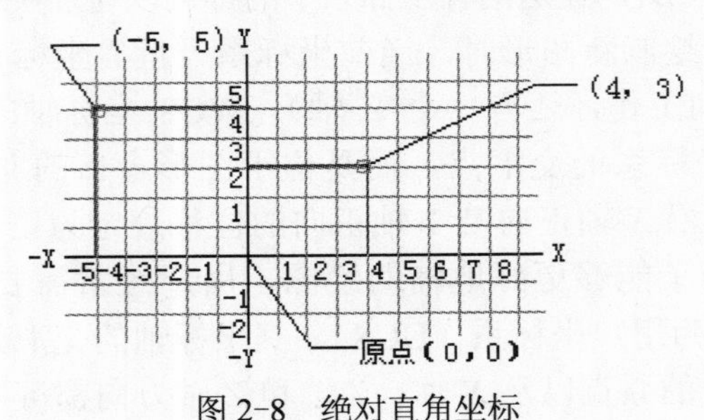

图 2-8　绝对直角坐标

2.2.3　相对直角坐标

相对坐标是某点（A）相对于另一特定点（B）的位置，相对坐标是把以前的一个输入点作为输入坐标值的参考点，输入点的坐标值是参考点为基准来确定的，它们的位移增量为△X、△Y、△Z。其格式为@△X、△Y、△Z，“@”字符表示输入一个相对坐标值，如“@10，20”是指该点相对于当前点沿 *x* 方向移动 10，沿 *y* 方向移动 20。

再例，绘制一条直线，该直线的起点的绝对坐标为（-2，1），其端点与起点之间的距离为沿 *X* 方向 5 个单位，沿 *Y* 方向 3 个单位，如图 2-9 所示，其命令行提示如下：

```
命令：line                          \\ 执行“直线”命令
指定第一个点: -2,1                  \\ 确定起点
指定下一点或 [放弃(U)]: @5,3        \\ 确定下一点
```

指定下一点或 [放弃(U)]:　　　　　　\\ 按〈Enter〉键结束

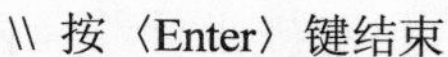

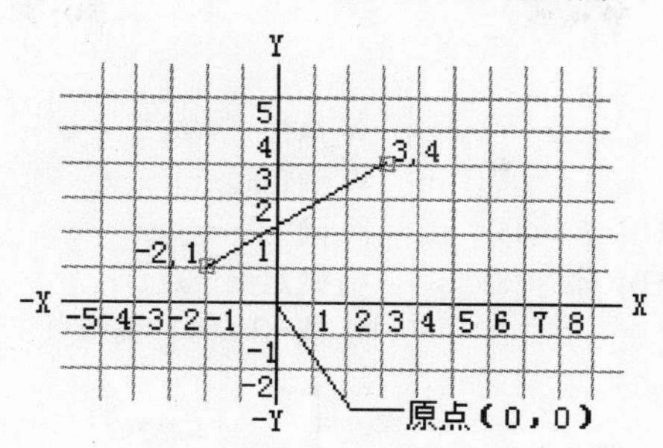

图 2-9　相对直角坐标

软件技能

以上坐标输入过程中，如果打开了“动态输入”，则输入第二个点以后的点的绝对坐标时，需要先输入“#”，而输入相对坐标时则无须输入“@”，系统默认设置下会自动当作相对极坐标，这一点与使用笛卡尔坐标时相同。

2.2.4　绝对极坐标

极坐标是通过相对于极点的距离和角度来定义的，其格式为：距离＜角度。角度以 X 轴正向为度量基准，逆时针为正，顺时针为负。绝对极坐标以原点为极点，如输入“10<20”，表示距原点 10，方向 20 度的点。

例如，以原点为起点，用绝对极坐标绘制两条直线，如图 2-10 所示，其命令行提示如下：

命令：line　　　　　　\\ 执行“直线”命令
指定第一个点: 0,0　　　　　　\\ 确定起点
指定下一点或 [放弃(U)]: 4<120　　　　　　\\ 确定下一点
指定下一点或 [放弃(U)]: 5<30　　　　　　\\ 确定下一点
指定下一点或 [放弃(U)]:　　　　　　\\ 按〈Enter〉键结束

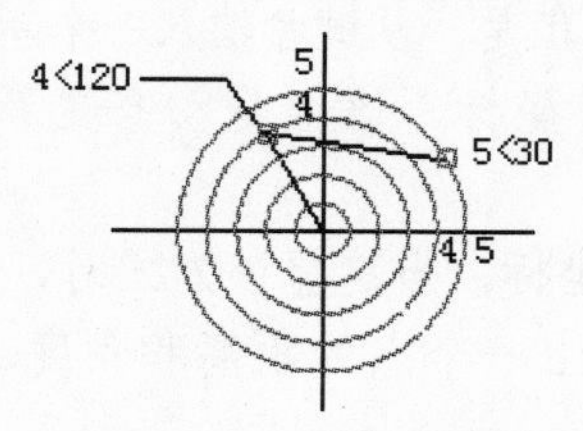

图 2-10　绝对极坐标

2.2.5　相对极坐标

相对极坐标是以上一个操作点为极点，其格式为：@距离＜角度，如输入“@10<20”，表示该点距上一点的距离为 10，和上一点的连线与 x 轴成 20 度角。

例如，以原点为起点，用相对极坐标绘制两条直线，如图 2-11 所示，其命令行提示如下：

```
命令：line                          \\ 执行“直线”命令
指定第一个点: 0,0                   \\ 确定起点
指定下一点或 [放弃(U)]: @3<45       \\ 确定下一点
指定下一点或 [放弃(U)]: @5<285      \\ 确定下一点
指定下一点或 [放弃(U)]:             \\ 按〈Enter〉键结束
```

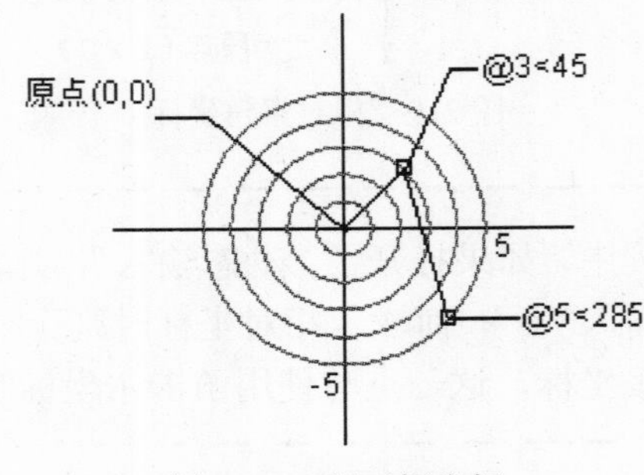

图 2-11　相对极坐标

2.2.6　控制坐标的显示

在 AutoCAD 2014 中，坐标的显示方式有 3 种，它取决于所选择的方式和程序中运行的命令，用户可使用鼠标单击状态栏的坐标显示区域，在这 3 种方式之间进行切换，如图 2-12 所示。

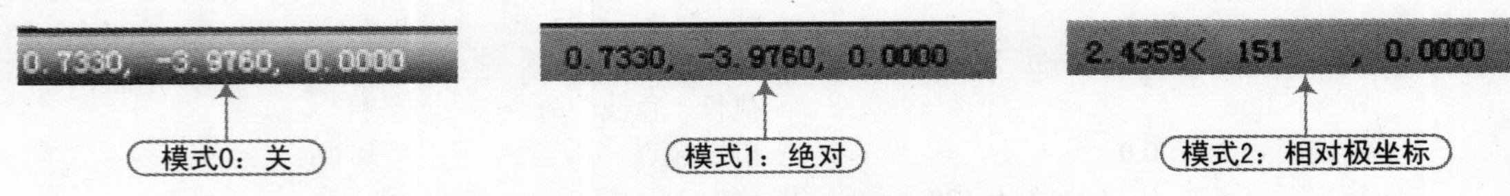

图 2-12　坐标的 3 种显示方式

☑ 模式 0：显示上一个拾取点的绝对坐标。此时，指针坐标不能动态更新，只有在拾取一个新点时，显示才会更新。但是，从键盘输入一个新点坐标时，不会改变该显示方式。

☑ 模式 1：显示光标的绝对坐标，该值是动态更新的，默认情况下，显示方式是打开的。

☑ 模式 2：显示一个相对极坐标。当选择该方式时，如果当前处在拾取点状态，系统将显示光标所在位置相对于上一个点的距离和角度。当离开拾取点状态时，系统将恢复到模式 1。

2.2.7　创建坐标系

在 AutoCAD 2014 中，选择“工具”|“新建 UCS”命令，利用它子菜单中的命令可以方便地创建 UCS，如图 2-13 所示。

其“新建 UCS”子菜单中各命令的含义如下。

☑ 世界：从当前的用户坐标系恢复到世界坐标系。WCS 是所有用户坐标系的基准，不能被重新定义。

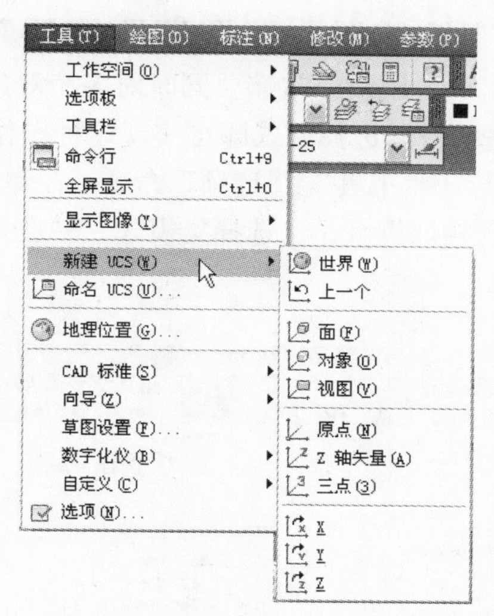

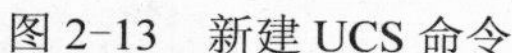
图 2-13　新建 UCS 命令

☑ 上一个：从当前的坐标系恢复到上一个坐标系统。

☑ 面：新 UCS 与实体对象的选定面对齐。要选择一个面，可单击该面或面的边界，被选中的面将亮显，UCS 的 *X* 轴将与找到的第一个面上的最近的边对齐。

☑ 对象：根据选取的对象快速简单地建立 UCS，使对象位于新的 *XY* 平面，其中 *X* 轴和 *Y* 轴的方向取决于选择的对象类型。

☑ 视图：以垂直于观察方向（平行于屏幕）的平面为 *XY* 平面，建立新的坐标系，UCS 原点保持不变。常用于注释当前视图时使用文字以平面方式显示。

☑ 原点：通过移动当前 UCS 的原点，保持其 *X* 轴、*Y* 轴和 *Z* 轴方向不变，从而定义新的 UCS。可以在任何高度建立坐标系，如果没有给原点指定 *Z* 轴坐标值，将使用当前标高。

☑ *Z* 轴矢量：用特定的 *Z* 轴正半轴定义 UCS。需要选择两点：第一点作为新的坐标系原点，第二点决定 *Z* 轴的正向，*XY* 平面垂直于新的 Z 轴。

☑ 三点：通过三维空间的任意位置指定 3 点，确定新 UCS 原点及其 *X* 轴和 *Y* 轴的正方向，*Z* 轴由右手定则确定。其中第 1 点定义了坐标系原点，第 2 点定义了 *X* 轴的正方向，第 3 点定义了 *Y* 轴的正方向。

☑ *X*/*Y*/*Z*：旋转当前的 UCS 轴来建立新的 UCS。在命令行提示信息中输入正或负的角度以旋转 UCS，用右手定则来确定绕该轴旋转的正方向。

2.3　图形对象的选择

在 AutoCAD 2014 中，选择对象的方法很多，用户可以通过单击对象逐个拾取，也可利用矩形窗口或交叉窗口来选择；也可以选择最近创建的对象、前面的选择集或图形中的所有对象；还可以向选择集中添加对象或从中删除对象。

 2.3.1　设置选择模式

在对复杂的图形进行编辑时，用户经常需要同时对多个对象进行编辑，或在执行命令之前先选择目标对象，设置合适的目标选择方式即可实现这种操作。

在 AutoCAD 2014 中，选择“工具”|“选项”命令，在弹出的“选项”对话框中切换至“选择集”选项卡，即可以设置拾取框大小、选择集模式、夹点大小、夹点颜色等，如图 2-14 所示。

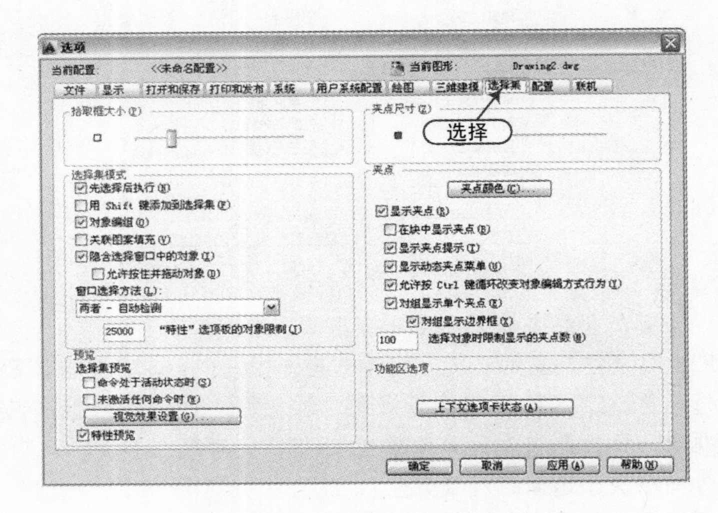

图 2-14　“选择集”选项卡

“选择集”选项卡中各主要选项的具体含义如下。

☑ “拾取框大小”滑块：拖动该滑块，可以设置默认拾取框的大小，如图 2-15 所示。

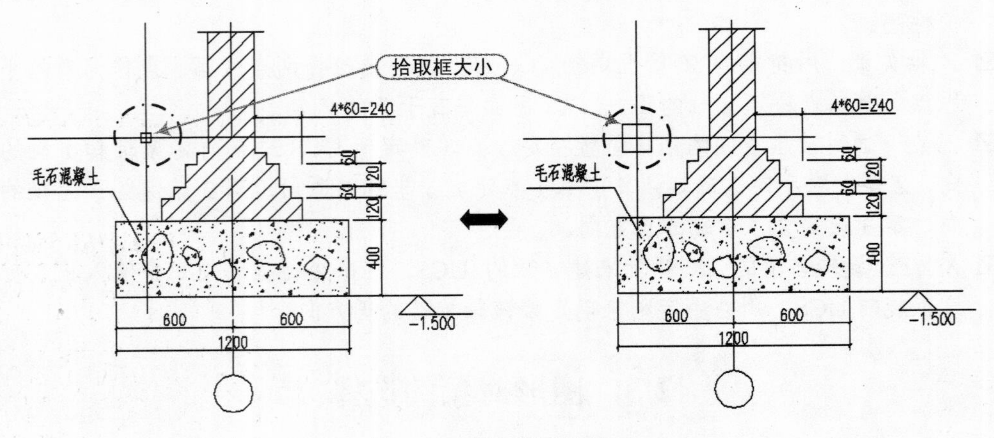

图 2-15　拾取框大小比较

☑ “夹点尺寸”滑块：拖动该滑块，可以设置夹点的大小，如图 2-16 所示。

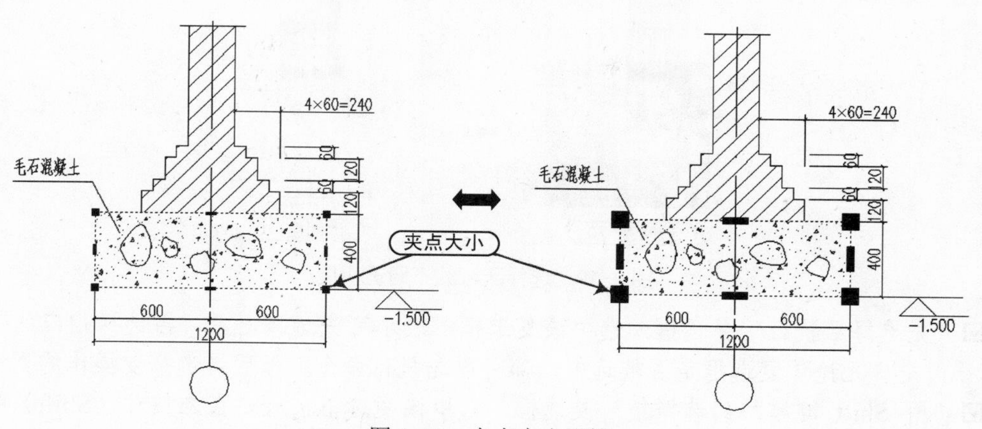

图 2-16 夹点大小比较

☑ "预览"选项组：在"选择集预览"下方可以通过选中"命令处于活动状态时"或"未激活任何命令时"复选框来决定是否显示选择预览。若单击"视觉效果设置"按钮，将弹出"视觉效果设置"对话框，从而可以设置选择预览效果和区域选择效果，如图 2-17 所示。

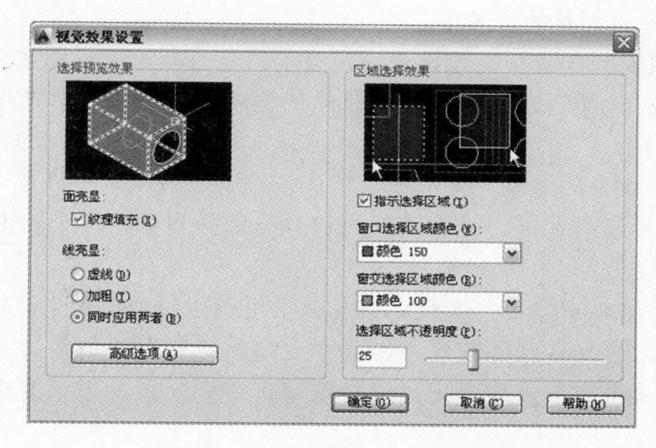

图 2-17 "视觉效果设置"对话框

在"视觉效果设置"对话框中，用户可以在"窗口选择区域颜色"和"窗交选择区域颜色"下拉列表框中选择相应的颜色进行比较，如图 2-18 所示。拖动"选择区域不透明度"下方的滑块，可以设置选择区域的颜色透明度，如图 2-19 所示。

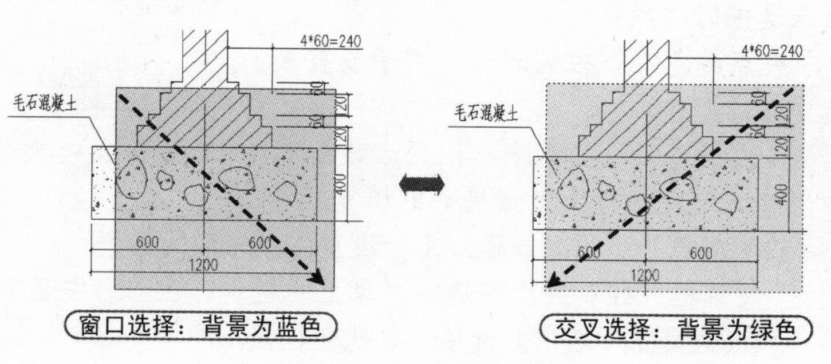

图 2-18 窗口与交叉选择

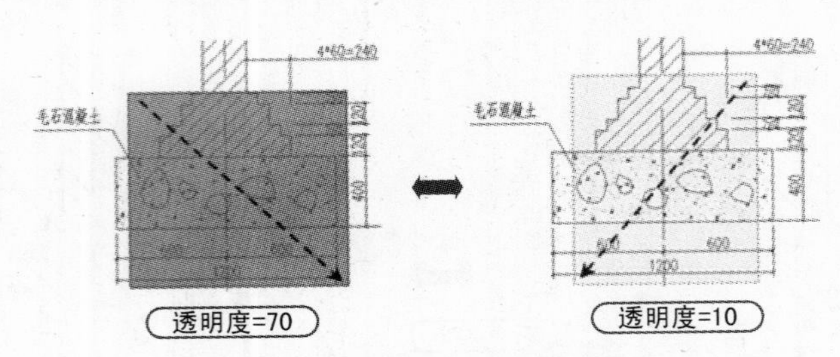

图 2-19　选择区域的不同透明度

☑ “先选择后执行”复选框：选中该复选框，表示可先选择对象，再选择相应的命令。但是，无论该复选框是否被选中，都可以先执行命令，然后再选择要操作的对象。

☑ “用 Shift 键添加到选择集”复选框：选中该复选框，表示在未按住〈Shift〉键时，后面选择的对象将代替前面选择的对象，而不加入到对象选择集中。要想将后面的选择对象加入到选择集中，则必须在按住〈Shift〉键时单击对象。另外，按住〈Shift〉键并选取当前选中的对象，还可将其从选择集中清除。

☑ “对象编组”复选框：设置决定对象是否可以成组。默认情况下，该复选框被选中，表示选择组中的一个成员就是选择了整个组。但是，此处所指的组并非临时组，而是由 Group 命令创建的命名组。

☑ “关联图案填充”复选框：该设置决定当前用户选择一关联图案时，原对象（即图案边界）是否被选择。默认情况下，该复选框未被选中，表示选中关联图案时，不同时选中其边界。

☑ “隐含选择窗口中的对象”复选框：默认情况下，该复选框被选中，表示可利用窗口选择对象。若取消选中，将无法使用窗口来选择对象，即单击时要么选择对象，要么返回提示信息。

☑ “允许按住并拖动对象”复选框：该复选框用于控制如何产生选择窗口或交叉窗口。默认情况下，该复选框不被选中，表示在定义选择窗口时单击一点后，不必再按住鼠标按键，单击另一点即可定义选择窗口。否则，若选中该复选框，则只能通过拖动方式来定义选择窗口。

☑ “夹点颜色”按钮：用于设置不同状态下的夹点颜色。单击该按钮，将弹出“夹点颜色”对话框，如图 2-20 所示。

◆ “未选中夹点颜色”下拉列表框：用于设置夹点未选中时的颜色。

◆ “选中夹点颜色”下拉列表框：用于设置夹点选中时的颜色。

◆ “悬停夹点颜色”下拉列表框：用于设置光标暂停在未选定夹点上时该夹点的填充颜色。

◆ “夹点轮廓颜色”下拉列表框：用于设置夹点轮廓的颜色。

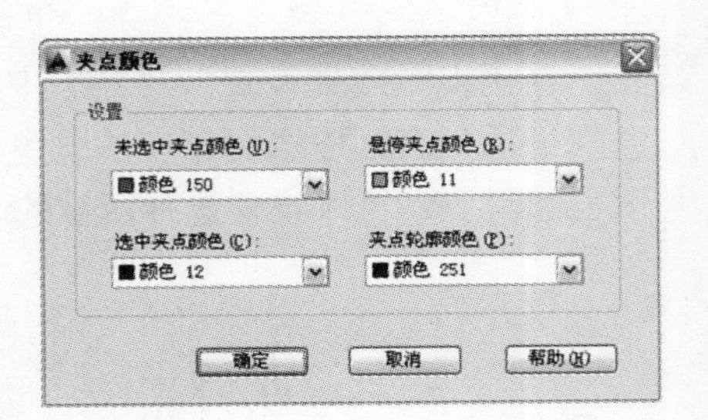

图 2-20　“夹点颜色”对话框

☑ “显示夹点”复选框：控制夹点在选定对象上的显示。在图形中显示夹点会明显降低性能。用户可根据需要不选中此选项，以优化性能。

☑ “在块中显示夹点”复选框：控制块中夹点的显示。

☑ “显示夹点提示”复选框：若选中该复选框，则表示当光标悬停在支持夹点提示的自定义对象的夹点上时，显示夹点的特定提示。但是此选项对标准对象上无效。

☑ “显示动态夹点菜单”复选框：控制在将鼠标悬停在多功能夹点上时动态菜单的显示。

☑ “允许按 Ctrl 键循环改变对象编辑方式行为”复选框：允许多功能夹点的按〈Ctrl键〉循环改变对象编辑方式行为。

☑ “对组显示单个夹点”复选框：显示对象组的单个夹点。

☑ “对组显示边界框”复选框：围绕编组对象的范围显示边界框。

☑ “选择对象时限制显示的夹点数”文本框：如果选择集包括的对象多于指定的数量时，将不显示夹点。用户可在文本框内输入需要指定的对象数量。

2.3.2 选择对象的方法

在绘图过程中，当执行到某些命令时（如“复制”“偏移”“移动”），将提示“选择对象：”，此时出现矩形拾取光标，将光标放在要选择的对象位置时，将亮显对象，单击则选择该对象（也可以逐个选择多个对象），如图 2-21 所示。

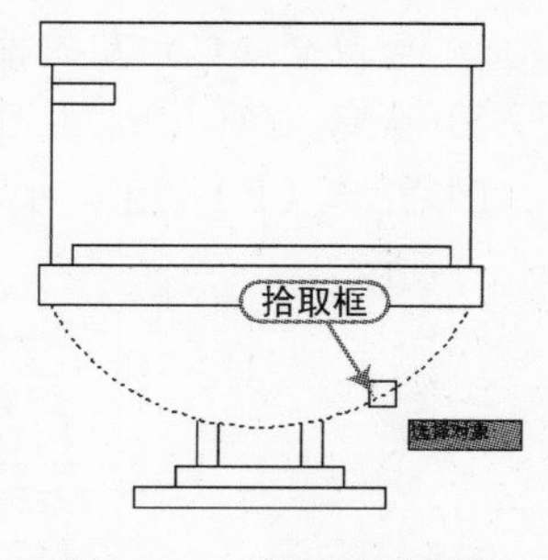

图 2-21 拾取选择对象

用户在选择图标对象时有多种方法，若要查看选择对象的方法，可在“选择对象：”命令提示符下输入“？”，这时将显示如下所有选择对象的方法。

```
选择对象:?
*无效选择*
需要点或窗口(W)/上一个(L)/窗交(C)/框(BOX)/全部(ALL)/栏选(F)/圈围(WP)/圈交(CP)/编组(G)/添
加(A)/删除(R)/多个(M)
/前一个(P)/放弃(U)/自动(AU)/单个(SI)
```

根据上面提示，用户输入的大写字母就可以指定对象的选择模式。该提示中主要选项的具体含义如下。

☑ 需要点：可逐个拾取所需对象，该方法为默认设置。

☑ 窗口（W）：用一个矩形窗口将要选择的对象框住，凡是在窗口内的目标均被选中，如图 2-22 所示。

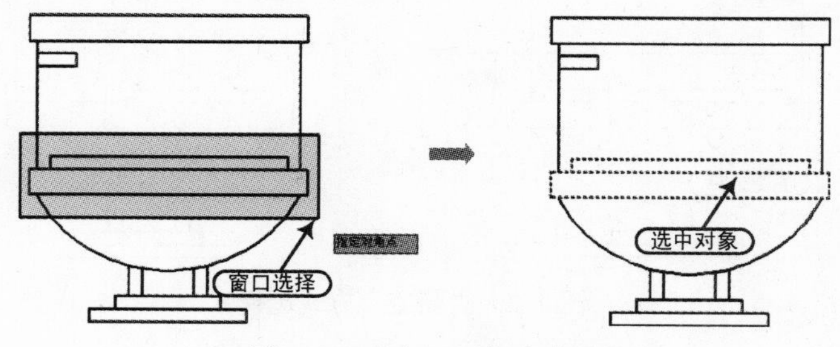

图 2-22 “窗口”方式选择

☑ 上一个（L）：此方式将读者最后绘制的图形作为编辑对象。

☑ 窗交（C）：选择该方式后，绘制一个矩形框，凡是在窗口内和与此窗口四边相交的对象都被选中，如图 2-23 所示。

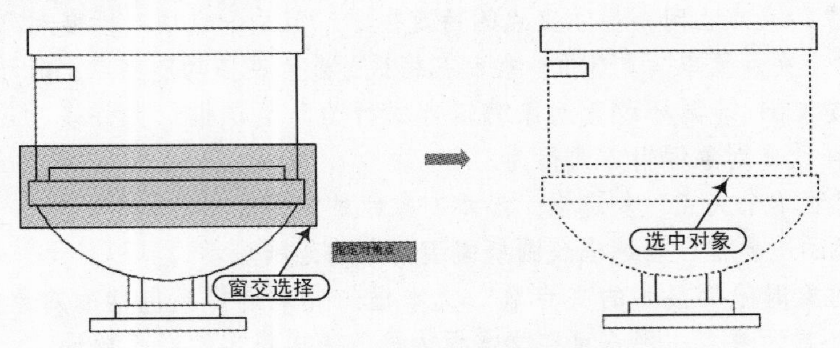

图 2-23 “窗交”方式选择

☑ 框（BOX）：当用户所绘制矩形的第一角点位于第二角点的左侧时，此方式与窗口（W）选择方式相同；当用户所绘制矩形的第一角点位于第二角点的右侧时，此方式与窗交（C）方式相同。

☑ 全部（ALL）：图形中的所有对象均被选中。

☑ 栏选（F）：用户可用此方式画任意折线，凡是与折线相交的图形均被选中，如图 2-24 所示。

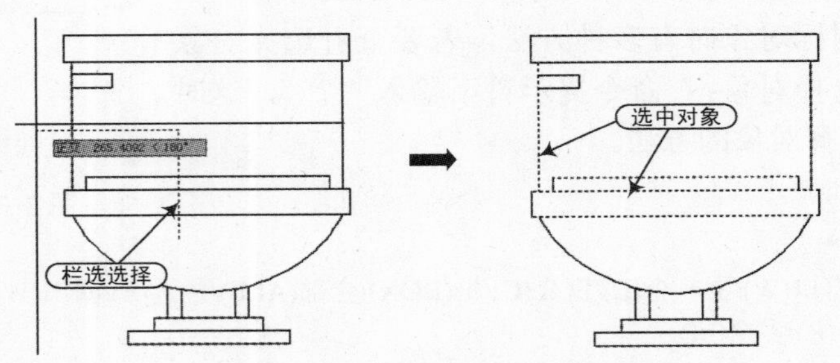

图 2-24 “栏选”方式选择

☑ 圈交（CP）：该选项与窗交（C）选择方式类似，但它可以构造任意形状的多边形区域，包含在多边形窗口内的图形或与该多边形窗口相交的任意图形均被选中，如图 2-25 所示。

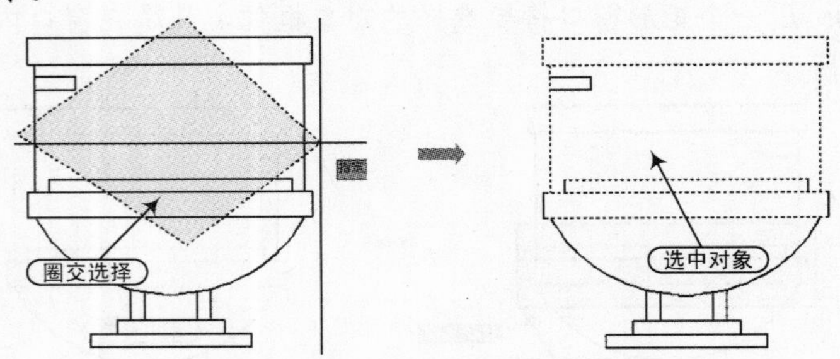

图 2-25 “圈交”方式选择

☑ 编组（G）：输入已定义的选择集，系统将提示输入编组名称。

☑ 添加（A）：当用户完成目标选择，还有少数没有选中时，可以通过此方法把目标添加到选择集中。

☑ 删除（R）：把选择集中的一个或多个目标对象移出选择集。

☑ 多个（M）：当命令中出现多个选择对象时，光标变为一个矩形小方框，逐一点取要选中的目标即可（可选多个目标）。

☑ 前一个（P）：此方法用于选中前一次操作所选择的对象。

☑ 放弃（U）：取消上一次所选中的目标对象。

☑ 自动（AU）：若拾取框正好有一个图形，则选中该图形；反之，则读者指定另一角点以选中对象。

☑ 单个（SI）：当命令行中出现选择对象时，鼠标变为一个矩形小框，点取要选中的目标对象即可。

2.3.3 快速选择对象

在 AutoCAD 2014 中，读者需要选择具有某些共有特性的对象时，可利用“快速选择”对话框根据对象的图层、线型、颜色、图案填充等特性和类型来创建选择集。

选择“工具”|“快速选择”命令，或者在视图的空白位置单击鼠标右键，从弹出的快捷菜单中选择“快速选择”命令，将弹出“快速选择”对话框，用户可以在此对话框中根据自己的需要来选择相应的图形对象，例如选择图形中的所有圆对象，如图 2-26 所示。

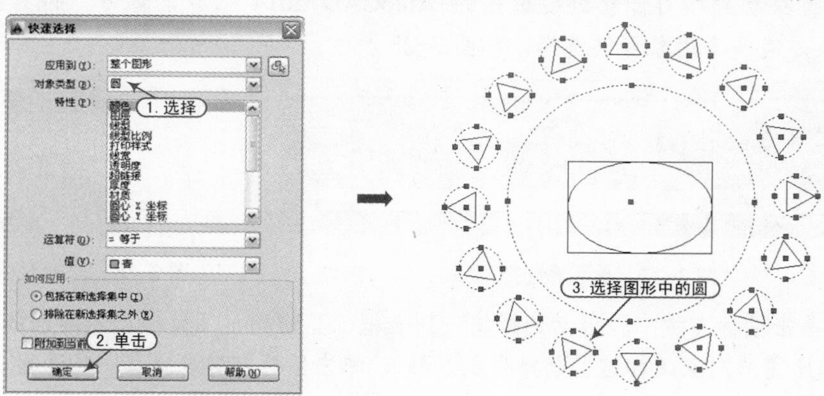

图 2-26 快速选择所有圆对象

2.3.4 使用编组操作

编组是保存的对象集，用户可以根据需要同时选择和编辑这些对象，也可以分别进行。编组提供了以组为单位操作图形元素的简单方法。用户可以将图形对象进行编组以创建一种选择集。图形对象随图形一起保存，且一个对象可以作为多个编组的成员。

在创建编组过程中，除了可以选择编组的成员外，还可以为编组命名并添加说明。要对图形对象进行编组，可在命令行输入“group”（其快捷键是〈G〉），并按〈Enter〉键；或者选择“工具”|“组”命令，在命令行将出现如下提示信息：

```
命令: G                                              \\ 执行“创建编组”命令
选择对象或 [名称(N)/说明(D)]: N                       \\ 输入“N”
输入编组名或 [?]: 123                                 \\ 输入编组名称
选择对象或 [名称(N)/说明(D)]:指定对角点: 找到 3 个     \\ 选择对象
```

选择对象或 [名称(N)/说明(D)]: \\ 单击“空格键”确认选择
组“123”已创建。 \\ 创建组成功

用户可以使用多种方式编辑编组，包括更改其成员资格、修改其特性、修改编组的名称和说明以及从图形中将其删除。

软件技能

即使删除了编组中的所有对象，但编组定义依然存在（如果用户输入的编组名与前面输入的编组名称相同，则命令行会出现“编组***已经存在”的提示信息）。

2.3.5 循环选择操作

当一个 AutoCAD 2014 对象与其他对象彼此接近或重叠时，用户要准确地选择某一个对象是很困难的，这时就可以使用 AutoCAD 2014 选择循环的方法。具体步骤如下：

1）在 AutoCAD 2014 状态栏上激活“选择循环”按钮，或者按〈Ctrl+W〉组合键启用或关闭选择循环功能，如图 2-27 所示。

2）将光标移动到尽可能接近要选择的 AutoCAD 2014 对象的地方，将看到一个图标，该图标表示有多个对象可供选择，如图 2-28 所示。

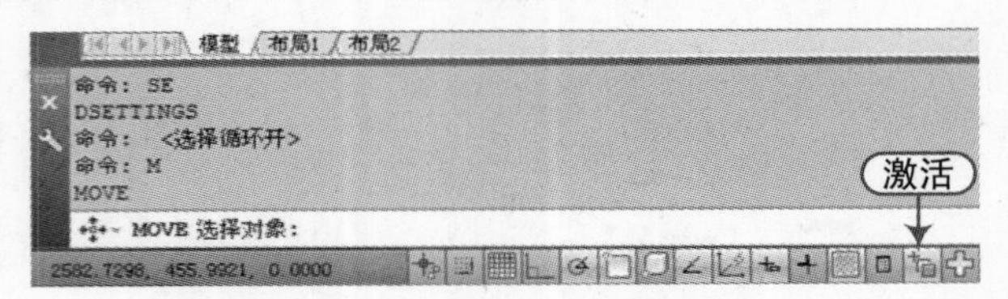

图 2-27 激活“选择循环”

循环选择标志
选择对象

图 2-28 显示循环选择标志

3）此时单击鼠标左键，弹出“选择集”列表框，里面列出了鼠标点击周围的图形，然后在列表中选择所需的对象（如这里选择小正方形），单击鼠标左键选择第一项即可，如图 2-29 所示。

执行“草图设置”命令（SE），弹出“草图设置”对话框，切换至“选择循环”选项卡，即可通过各个选项来进行设置，如图 2-30 所示。

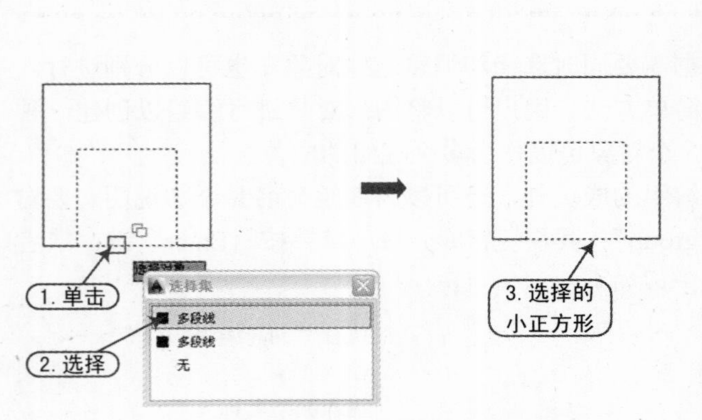

图 2-29 循环选择的方法

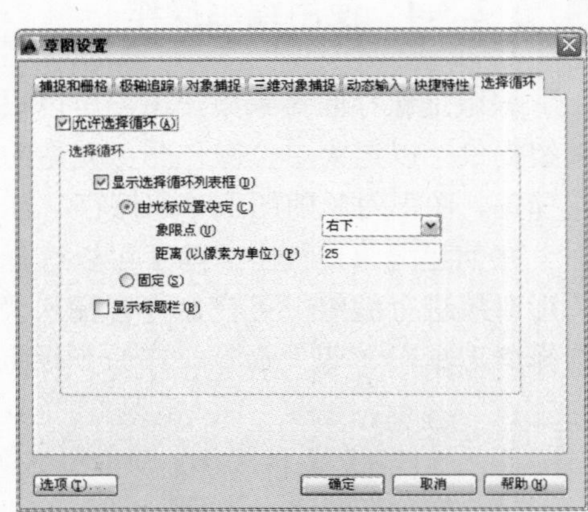

图 2-30 循环选择的设置方法

2.4 图形的显示与控制

观察图形最常用的方法是“缩放”和“平移”视图。在 AutoCAD 2014 环境中，有许多种方法可以进行缩放和平移视图操作，选择“视图”|“平移”命令，在其下级菜单中将显示平移的许多方法；同样，“缩放”工具栏也包含了相应的命令，如图 2-31 所示。

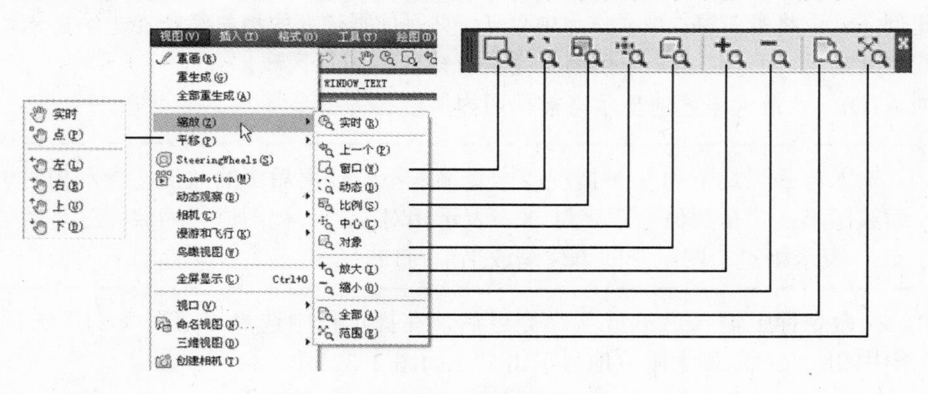

图 2-31 缩放与平移命令

2.4.1 缩放视图

按照一定比例、观察位置和角度显示的图形被称为视图。通常，在绘制图形的局部细节时，需要使用缩放工具放大该绘图区域以便于操作，当绘制完成后，再使用缩放工具缩小图形，以观察图形的整体效果。

用户可通过以下任意一种方法来启动缩放视图。

☑ 菜单栏：选择“视图”|“缩放”命令，在其下级菜单中选择相应的命令。

☑ 工具栏：在“缩放”工具上单击相应的功能按钮之一。

☑ 命令行：在命令行输入或动态输入“zoom”命令（快捷键〈Z〉）。

若用户选择“视图”|“缩放”|“窗口”命令，系统将提示如下信息：

```
命令: '_zoom
指定窗口的角点，输入比例因子 (nX 或 nXP)，或者
[全部(A)/中心(C)/动态(D)/范围(E)/上一个(P)/比例(S)/窗口(W)/对象(O)] <实时>:
```

在该提示信息中给出了多个选项，各个选项的含义如下。

☑ 全部（A）：用于在当前视口显示整个图形，其大小取决于图限设置或者有效绘图区域，这是因为用户可能没有设置图限或有些图形超出了绘制区域。

☑ 中心（C）：该选项要求确定一个中心点，然后给出缩放系数（后跟字母 X）或一个高度值。之后，AutoCAD 就缩放中心点区域的图形，并按缩放系数或高度值显示图形，所选中心点将成为视口的中心点。如果保持中心点不变，而只想改变缩放系数或高度值，则在新的“指定中心点:”提示符下按〈Enter〉键即可。

☑ 动态（D）：该选项集成了平移命令或缩放命令中的“全部”和“窗口”选项的功能。使用时，系统将显示一个平移观察框，拖动它至适当位置并单击鼠标左键，将显示缩放观察框，并能够调整观察框的尺寸。随后，如果单击鼠标左键，系统将再次显示平移观察框。如果按〈Enter〉键或单击鼠标右键，系统将利用该观察框中的内容填充视口。

☑ 范围（E）：用于将视口内的图形最大限度地显示出来。

☑ 上一个（P）：用于恢复当前视口中上一次显示的图形，最多可以恢复 10 次。

☑ 比例（S）：将当前窗口中心作为中心点，并且依据输入的相关参数值进行缩放。

☑ 窗口（W）：用于缩放一个由两个角点所确定的矩形区域。

☑ 对象(O)：可最大限度地显示当前视图内所选择的图形。

输入值必须是下列 3 种情况：一是输入不带任何后缀的数值，表示相对于图限缩放图形；二是数值后跟字母 X，表示相对于当前视图进行缩放；三是数值后跟 XP，表示相对于图纸空间单位缩放当前窗口。

例如，在命令行中输入“zoom”命令过后，在提示行中选择“范围（E）”选项，此时将当前图形中的所有对象最大限度地显示出来，如图 2-32 所示。

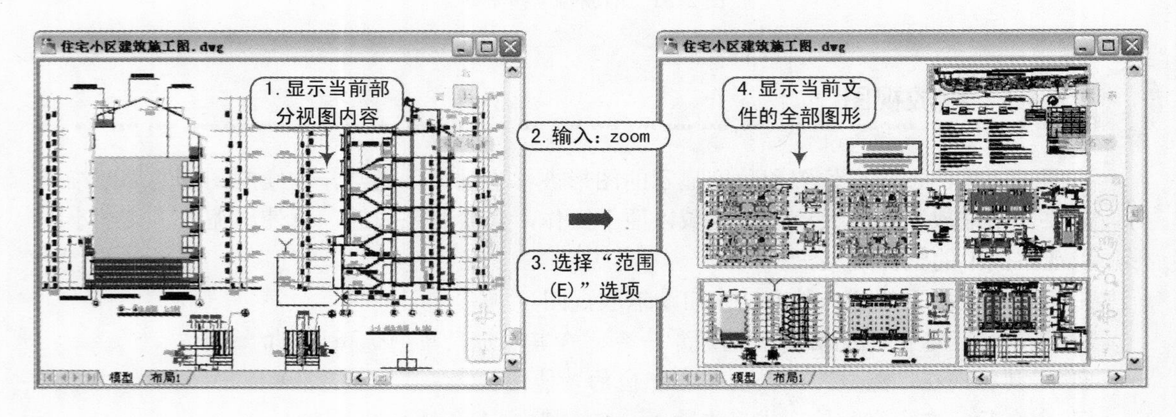

图 2-32　显示整个图形对象

2.4.2　平移视图

使用平移视图命令，可以重新定位图形，以便看清图形的其他部分。此时，不会改变图形中的对象位置或比例，只改变视图。用户可通过以下任意一种方法来启动平移视图。

☑ 菜单栏：选择“视图”|“平移”|“实时”命令。

☑ 工具栏：单击“标准”工具栏的“实时平移”按钮。

☑ 命令行：在命令行输入或动态输入“pan”命令（快捷键〈P〉）。

当使用平移命令后，鼠标形状将变为状，按住鼠标左键并进行拖动，即可对视图进行左右、上下移动操作，但视图的大小比例并不改变，如图 2-33 所示。

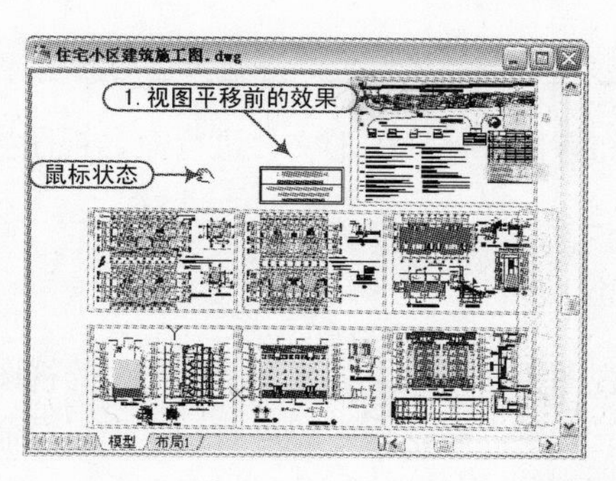

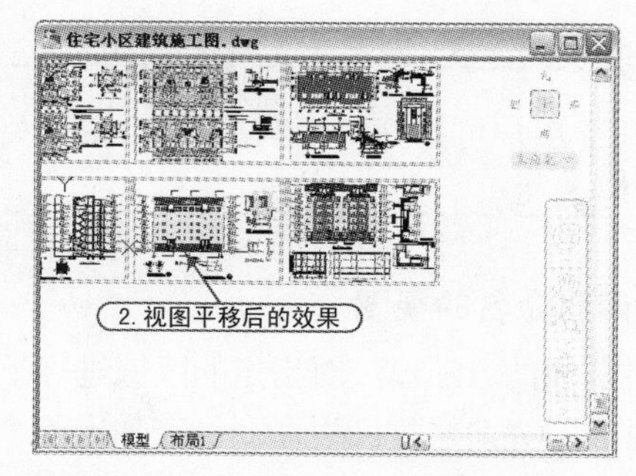

图 2-33　平移视图

软件技能

用户可按住鼠标中键不放，并移动鼠标，同样可以达到平移视图的目的。

2.4.3　使用命名视图

命名视图表示将某一视图的状态以某种名称保存起来，然后在需要时将其恢复为当前显示，以提高绘图效率。

1. 命名视图

在 AutoCAD 2014 环境中，用户可以通过命名视图的方式将视图的区域、缩放比例、透视设置等信息进行保存。

例如，在绘制装饰图的过程中，若每次需要放大显示"渠道部"的区域，应先通过前面窗口缩放的方式，将其"渠道部"区域最大化显示在窗口中，再选择"视图" | "命名视图"命令，将弹出"视图管理器"对话框，单击"新建"按钮后弹出"新建视图/快照特性"对话框，在"视图名称"右侧的文本框中输入"V_QDB"，并设置边界参数，然后单击"确定"按钮返回"视图管理器"对话框，即可看到新建的视图名称，如图 2-34 所示。

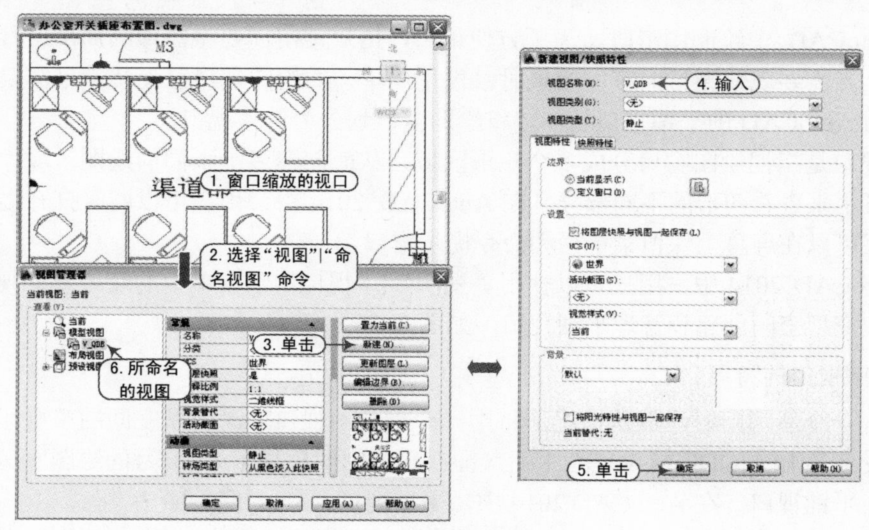

图 2-34　命名视图操作

软件技能

用户可打开“案例\12\办公室开关插座布置图.dwg”图形文件进行命名视图操作。

2．调用命名的视图

通过前面的方法已经对指定的区域进行了命名视图操作，如果需要调用其命名的视图，应先选择“视图”|“命名视图”命令，在弹出的“视图管理器”对话框中即可看到事先已经命名的视图，然后选择该视图名称，再单击“置为当前”按钮即可调用其视图，如图 2-35 所示。

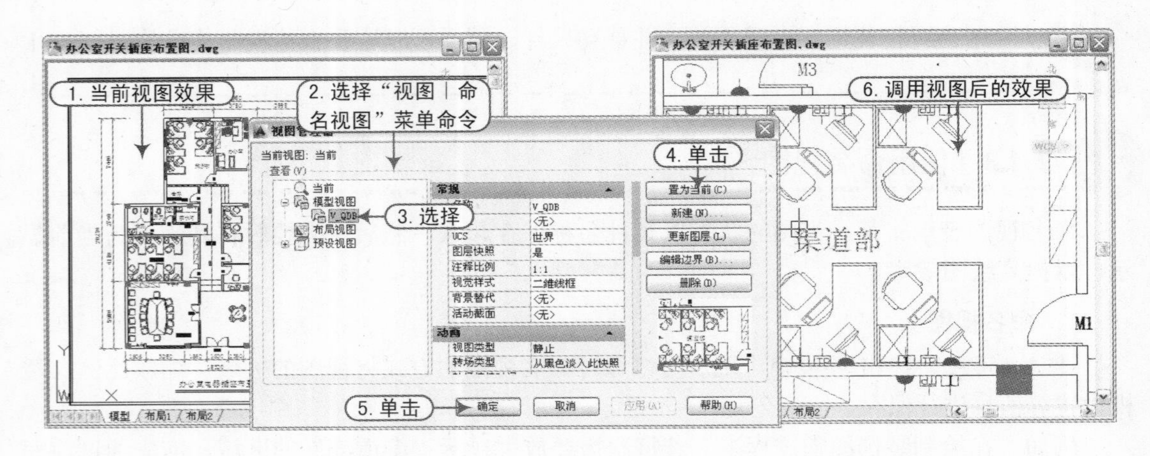

图 2-35　调用命名的视图

2.4.4　使用平铺视口

在 AutoCAD 中绘制图形时，为了方便编辑，用户常常需要将图形的局部进行放大，以显示细节。当需要观察图形的整体效果时，仅使用单一的绘图视口已无法满足需要了，此时用户可使用 AutoCAD 的平铺视口功能，将绘图窗口划分为若干视口。

平铺视口是指把绘图窗口分成多个矩形区域，从而创建多个不同的绘图区域，其中每一个区域都可用来查看图形的不同部分。在 AutoCAD 2014 中，用户可以同时打开多达 32 000 个视口，还可以在屏幕上保留菜单栏和命令提示窗口。

在 AutoCAD 2014 中，用户可以使用“视图”|“视口”子菜单中的命令或“视口”工具栏，在模型空型空间创建和管理平铺视口，如图 2-36 所示。

1．平铺视口的特点

当打开一个新图形时，默认情况下将用一个单独的视口填满模型空间的整个绘图区域。而当系统变量 TILEMODE 被设置为 1 后（即在模型空间模型下），屏幕的绘图区域就可以被分割成多个平铺视口。在 AutoCAD 2014 中，平铺视口具有以下特点：

☑ 每个视口都可以平移和缩放，设置捕捉、栅格和用户坐标系等，且每个视口都可以有独立的坐标系统。

☑ 在命令执行期间，可以切换视口以便在不同的视口中绘图。

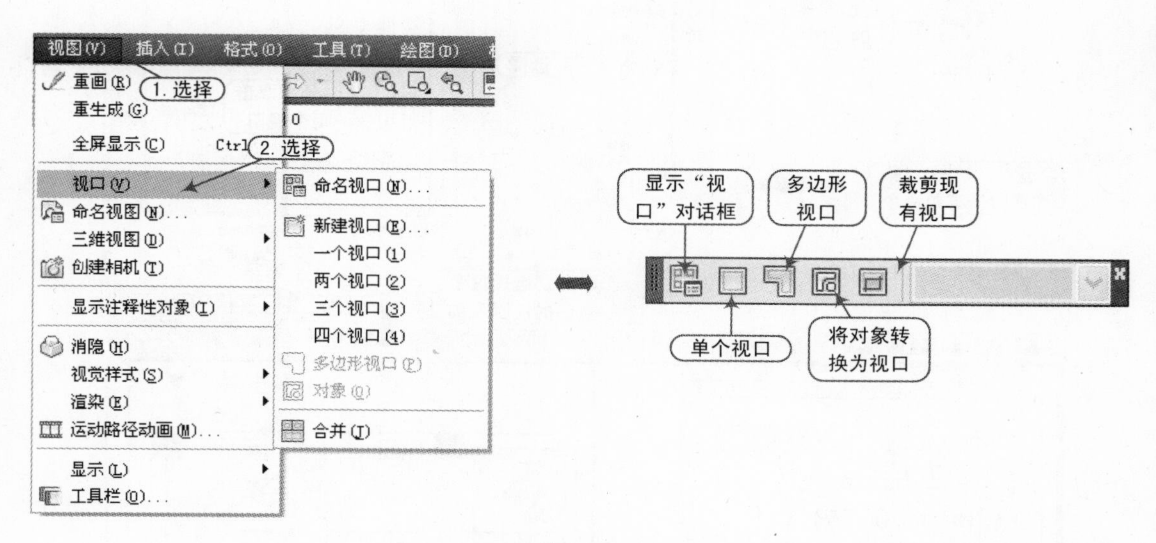

图2-36 “视口”子菜单和工具栏

☑ 可以命名视口中的配置，以便在模型空间中恢复视口或者应用到布局。

☑ 只能在当前视口里工作。要将某个视口设置为当前视口，只需单击视口的任意位置，此时当前视口的边框将加粗显示。

☑ 只有在当前视口中光标才显示为十字形状，光标移出当前视口后将变为箭头形状。

☑ 当在平铺视口中工作时，可全局控制所有视口中的图层的可见性。如果在某一个视口中关闭了某一图层，系统将关闭所有视口中的相应图层。

2．创建平铺视口

要创建平铺视口，用户可以通过以下任意一种方式：

☑ 菜单栏：选择“视图”|“视口”|“新建视口”命令。

☑ 工具栏：在“视口”工具栏上单击“命名”按钮。

☑ 命令行：在命令行中输入或动态输入 VPOINTS。

例如，在打开的“案例\12\办公室开关插座布置图.dwg”环境中，既要局部显示“渠道部”区域，又要局部显示“市场部”区域，还要局部显示“仓库”区域。那么应先采用命名视图的方法，分别将“渠道部”“市场部”和“仓库”的区域进行命名为“V_QDB”“V_SCB”和“V_CK”；选择“视图”|“视口”|“新建视口”命令，弹出“视口”对话框，再根据需要输入视口名称“VW-1”，并设置视口数量为“三个：右”；在“预览”窗口的各个区域内双击激活，并在下侧的“修改视图”下拉列表框中选择前面已经命名的视图，然后单击“确定”按钮，如图2-37所示。

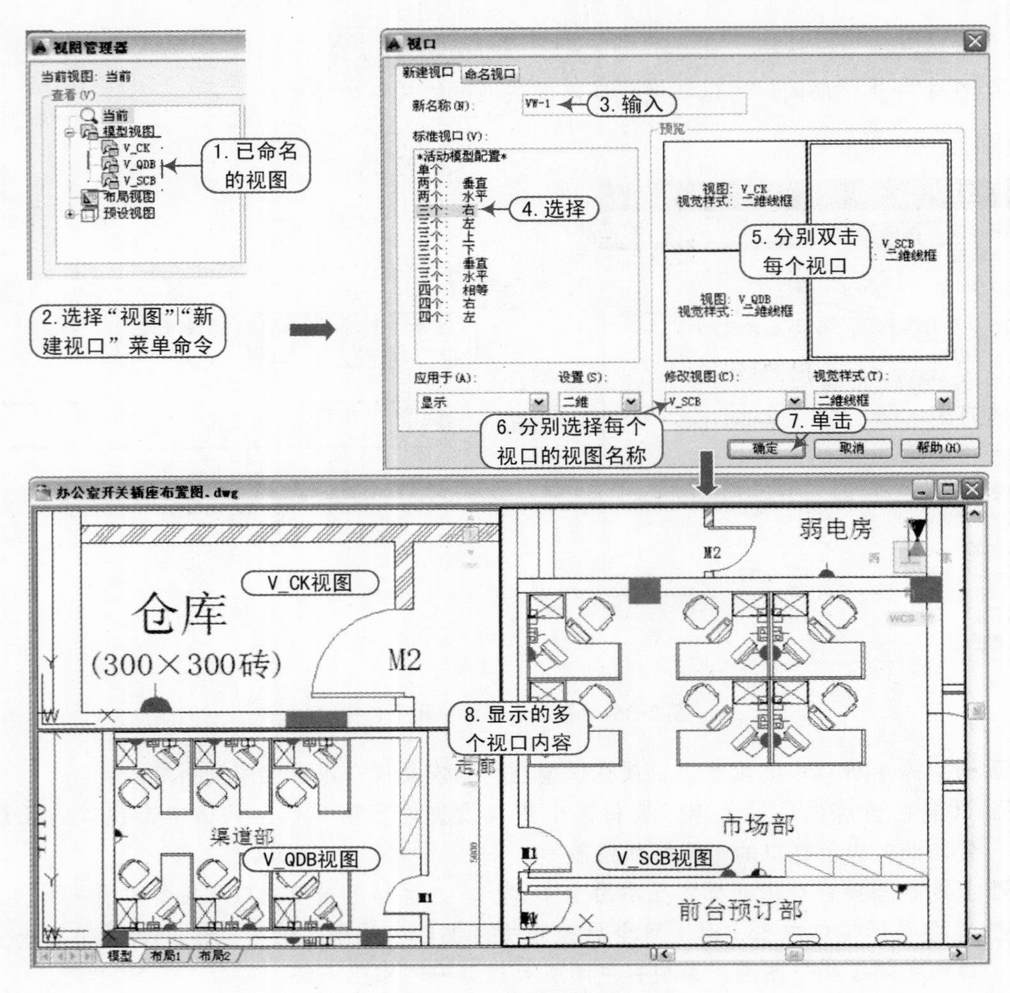

图 2-37 创建平铺视口

在多个视口中，其四周有粗边框的被称为当前视口。如果要合并视口，可选择"视图"|"视口"|"合并"命令，系统就会提示选择一个视口作为主视口，再选择另一个相邻的视口，即可将这两个视口合并为一个视口。

2.5 图层的规划与管理

一个复杂的图形含有许多不同类型的图形对象，为了方便区分和管理，用户可以通过创建多个图层，将特性相似的对象绘制在同一个图层上，像在透明纸上绘制一样，如图 2-38 所示。

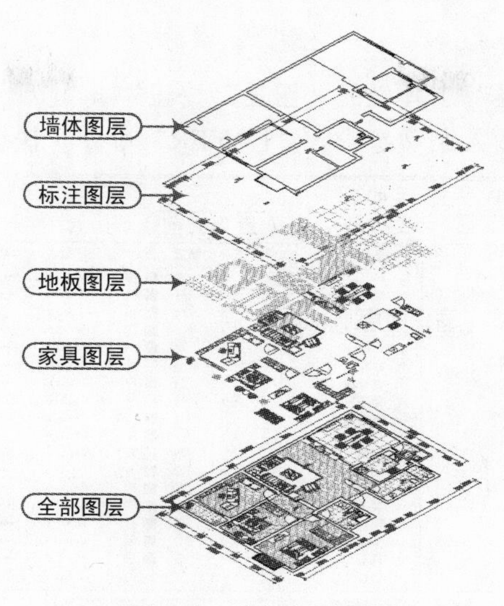

图 2-38 图层示意图

2.5.1 图层的特点

在使用 AutoCAD 2014 绘图的过程中，使用图层是一种最基本的操作，也是最有利的工作之一，因为它对图形文件中各类实体的分类管理和综合控制具有重要的意义。图层主要有以下特点。

☑ 大大节省存储空间。

☑ 能够统一控制同一图层对象的颜色、线条宽度、线型等属性。

☑ 能够统一控制同类图形实体的显示、冻结等特性。

☑ 用户在同一图形中可以建立任意数量的图层，且同一图层的实体数量也没有限制。

☑ 各图层具有相同的性质、绘图界限及显示时的缩放倍数，可同时对不同图层上的对象进行编辑操作。

每个图形都包括名为 0 的图层，该图层不能删除或者重命名。它有两个用途：一是确保每个图形中至少包括一个图层；二是提供与块中的控制颜色相关的特殊图层。

2.5.2 图层的创建

默认情况下，图层 0 将被指定使用 7 号颜色（白色或黑色，由背景色决定）、CONTINUOUS 线型、“默认”线宽及 NORMAL 打印样式。在绘图过程中，如果要使用更多的图层来组织图形，就需要先创建新的图层。

用户可以通过以下方法来打开“图层特性管理器”面板，如图 2-39 所示。

☑ 选项组：在“图层”选项组中单击“图层特性”按钮。

☑ 菜单栏：选择“格式”|“图层”命令。

☑ 工具栏：单击“图层”工具栏的“图层”按钮。

☑ 命令行：在命令行输入或动态输入“LAYER”命令（快捷键“LA”）。

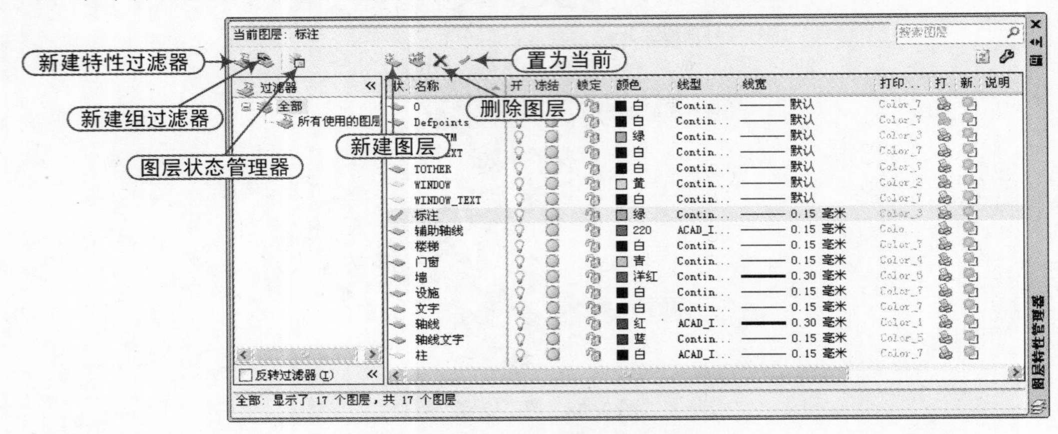

图 2-39 “图层特性管理器”面板

在“图层特性管理器”面板中单击“新建图层”按钮，在图层的列表中将出现一个名称为“图层 1”的新图层。默认情况下，新建图层与当前图层的状态、颜色、线性及线宽等设置相同。如果要更改图层名称，可单击该图层名，或者按〈F2〉键，然后输入一个新的图层名并按〈Enter〉键即可。

软件技能

若要快速创建多个图层，用户可以选择用于编辑的图层名并用逗号隔开输入多个图层名。在输入图层名时，图层名最长可达 255 个字符，可以是数字、字母或其他字符，但不能允许包含>、<、/、\、“”、:、|、=等，否则系统将弹出如图 2-40 所示的警告框。

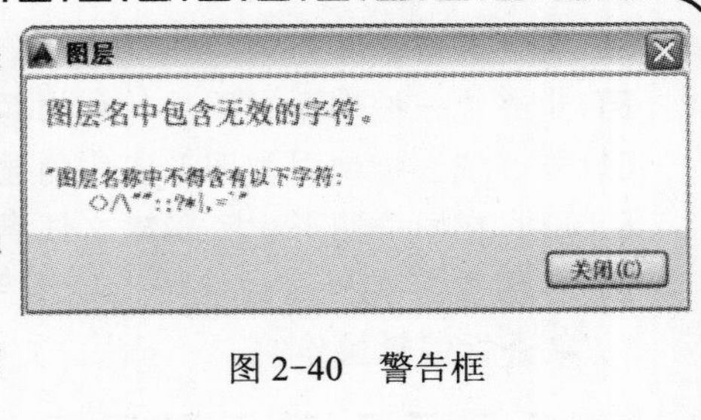

图 2-40 警告框

2.5.3 图层的删除

用户在绘制图形过程中，若发现有一些没有使用的多余图层，这时可以通过“图层特性管理器”面板来删除图层。

要删除图层，可在“图层特性管理器”面板中，使用鼠标选择需要删除的图层，然后单击“删除图层”按钮或按〈Alt+D〉组合键即可。如果要同时删除多个图层，可以配合〈Ctrl〉键或〈Shift〉键来选择多个连续或不连续的图层。

在删除图层时，只能删除未参照的图层。参照图层包括“图层 0”及 DEFPOINTS、包含对象（包括块定义中的对象）的图层、当前图层和依赖外部参照的图层。不包含对象（包括块定义中的对象）的图层、非当前图层和不依赖外部参照的图层都可以用 PURGE 命令删除。

AutoCAD 中如何删除顽固图层

有时用户在删除图层时，系统提示该图层不能删除，这时用户可以使用以下几种方法进行删除图层的操作：

① 将无用的图层关闭，选择全部内容，按〈Ctrl+C〉组合键执行复制命令，然后新建一个 dwg 文件，按〈Ctrl+V〉组合键进行粘贴，这时那些无用的图层就不会粘贴过来。但是，如果曾经在这个不要的图层中定义过块，又在另一图层中插入了这个块，那么这个不要的图层是不能用这种方法删除的。

② 选中需要留下的图形，选择“文件”|“输出”命令，确定文件名，在文件类型栏选择“块.dwg”选项，然后单击“保存”按钮，这样的块文件就是选中部分的图形了，如果这些图形中没有指定的层，这些层也不会被保存在新的图块图形中。

③ 打开一个 CAD 文件，把要删的层先关闭，在图面上只留下用户需要的可见图形，选择“文件”|“另存为”命令，确定文件名，在“文件类型”下拉列表框中选择“*.dxf”，在弹出的“图形另存为”对话框中单击“工具”下拉按钮，弹出“另存为选项”对话框，在该对话框的“DXF”选项卡中选中“选择对象”复选框，然后依次单击“确定”和“保存”按钮，此时就可以选择保存的对象了，将可见或要用的图形选上就可以确定保存了，完成后退出这个刚保存的文件，再打开该文件查看，会发现不需要的图层已经被删除了。

④ 用命令 LAYTRANS，可将需删除的图层影射为 0 层，这个方法可以删除具有实体对象或被其他块嵌套定义的图层。

2.5.4 设置当前图层

在 AutoCAD 中绘制的图形对象，都是在当前图层中进行的，且所绘制图形对象的属性也将继承当前图层的属性。在“图层特性管理器”面板中选择一个图层，并单击“置为当前”按钮 ，即可将其置为当前图层，并在图层名称前面显示 标记，如图 2-41 所示。

另外，在“图层”工具栏中单击 按钮，然后使用鼠标选择指定的对象，即可将选中的图形对象置为当前图层，如图 2-42 所示。

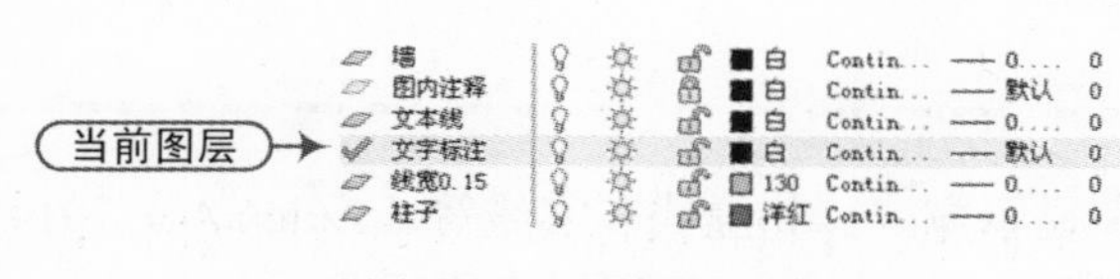

图 2-41 当前图层

图 2-42 “图层”工具栏

2.5.5 设置图层颜色

颜色在图形中具有非常重要的作用，可用来表示不同的组件、功能和区域。图层的颜色实际上是图层中图形对象的颜色。每个图层都拥有自己的颜色，对不同的图层可以设置相同的颜色，也可以设置不同的颜色，这样，绘制复杂图形时就可以很容易区分图形的各部分。

在“图层特性管理器”面板中，在某个图层名称的“颜色”列中单击，即可弹出“选择颜色”对话框，从中可以根据需要选择不同的颜色，然后单击“确定”按钮即可，如图 2-43 所示。

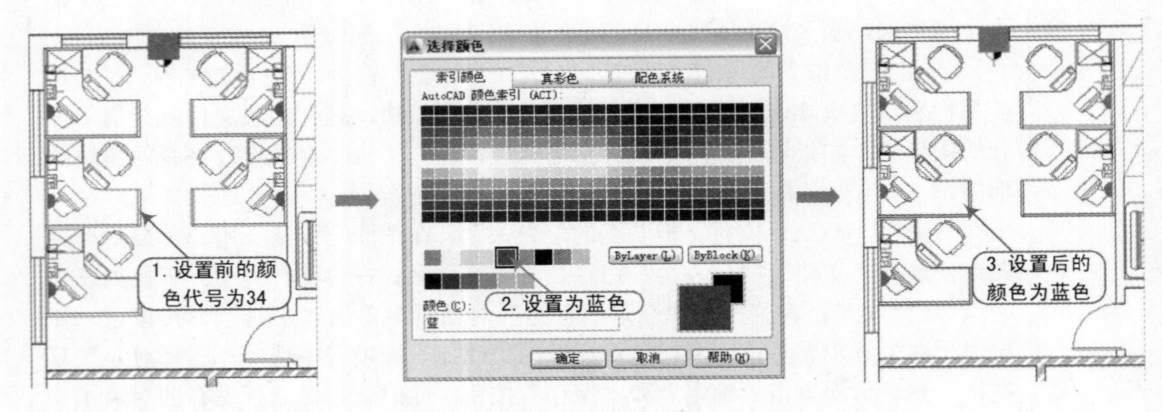

图 2-43 设置图层颜色

专业点滴

图层的颜色定义规范

现在很多用户在定义图层的颜色时，都是根据自己的爱好，喜欢什么颜色就用什么颜色，这样做并不合理。图层的颜色定义要注意两点。

① 一般来说，不同的图层要用不同的颜色。这样做便于用户在画图时能够在颜色上很明显地进行区分。如果两个层是同一个颜色，那么在显示时，就很难判断正在操作的图元是在哪一个层上。

② 颜色的选择应该根据打印时线宽的粗细来选择。打印时，线型设置得越宽，该图层就应该选用越亮的颜色；反之，如果打印时，该线的宽度仅为 0.09mm，那么该图层的颜色就应该选用 8 号或类似的颜色，这样可以在屏幕上就直观地反映出线型的粗细。

2.5.6 设置图层线型

线型是指图形基本元素中线条的组成和显示方式，如虚线和实线等。AutoCAD 2014 既有简单线型，也有由一些特殊符号组成的复杂线型，以满足不同国家或行业标准的要求。

在“图层特性管理器”面板中，在某个图层名称的“线型”列中单击，即可弹出“选择线型”对话框，从中选择相应的线型，然后单击“确定”按钮即可，如图 2-44 所示。

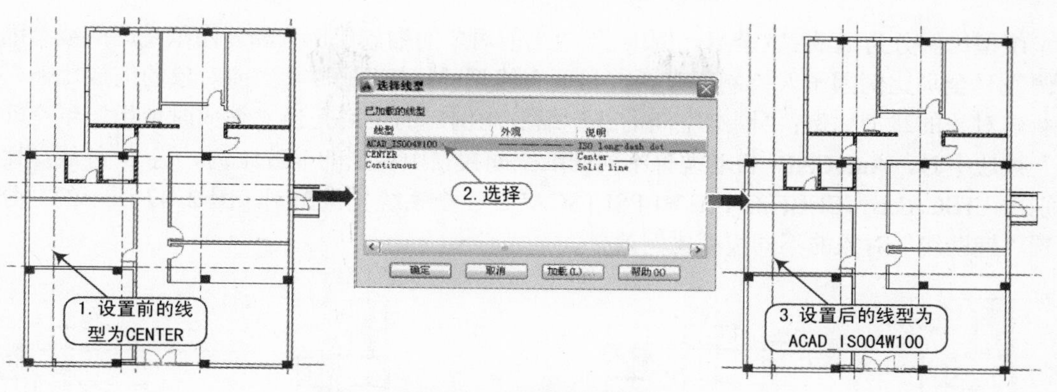

图 2-44　设置图层线型

用户可在“选择线型”对话框中单击“加载”按钮，将弹出“加载或重载线型”对话框，从而可以将更多的线型加载到“选择线型”对话框中，以便用户设置图层的线型，如图 2-45 所示。

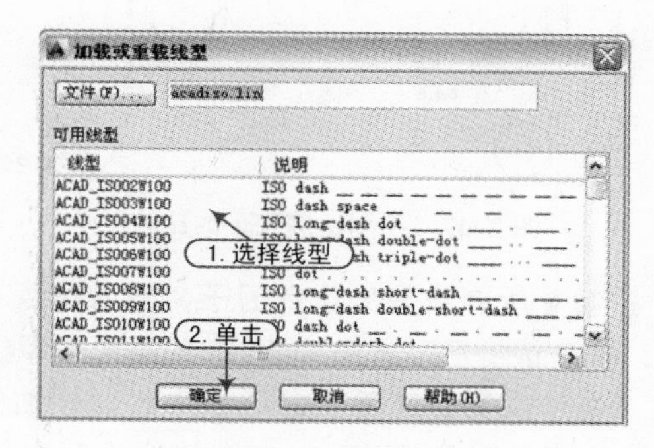

图 2-45　加载 CAD 线型

AutoCAD 2014 所提供的线型库文件有 acad.lin 和 acadiso.lin。在英制测量系统下使用 acad.lin 线型库文件中的线型；在公制测量系统下使用 acadiso.lin 线型库文件中的线型。

2.5.7　设置线型比例

用户可以选择“格式”|“线型”命令，将弹出“线型管理器”对话框，选择某种线型，并单击“显示细节”按钮，可以在“详细信息”设置区中设置线型比例，如图 2-46 所示。

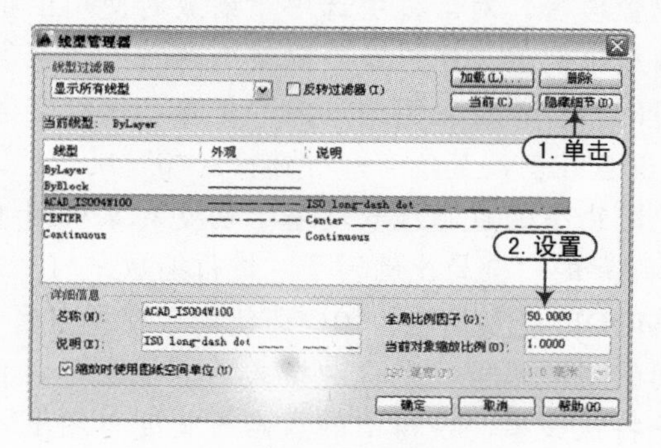

图 2-46　线型管理器

线型比例分为 3 种："全局比例因子""当前对象的缩放比例"和"图纸空间的线型缩放比例"。"全局比例因子"控制所有新的和现有线型的比例因子；"当前对象的缩放比例"控制新建对象的线型比例；"图纸空间的线型缩放比例"的作用是当"缩放时使用图纸空间单位"被选中时，AutoCAD 自动调整不同图纸空间视窗中线型的缩放比例。这 3 种线型比例分别由 LTSCALE、CELTSCALE 和 PSLTSCALE 3 个系统变量控制。图 2-47 所示的是分别设置"辅助线"对象的不同线型比例效果。

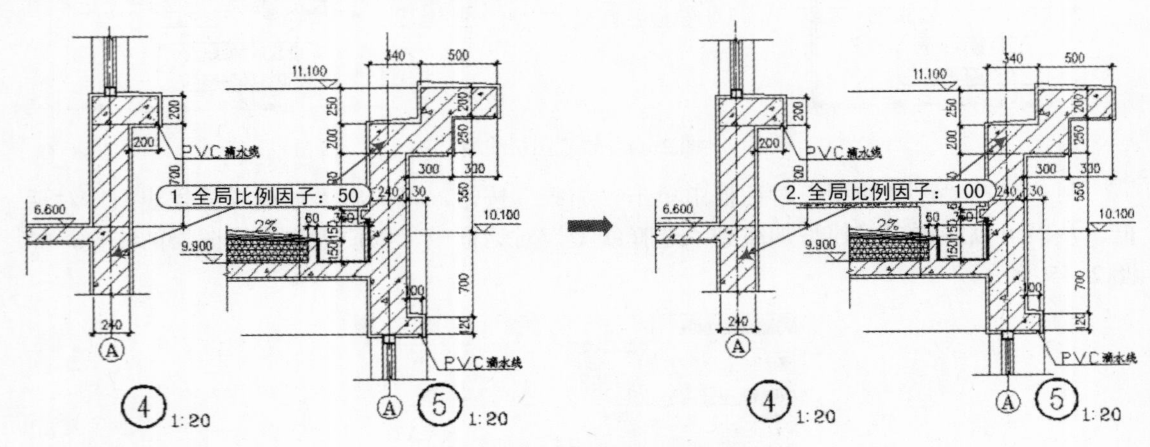

图 2-47　不同比例因子的比较

☑"全局比例因子"：控制着所有线型的比例因子，通常值越小，每个绘图单位中画出的重复图案就越多。在默认情况下，AutoCAD 的全局线型缩放比例为 1∶0，该比例等于一个绘图单位。在"线型管理器"对话框中的"详细信息"选项组下，用户可以直接输入"全局比例因子"的数值，也可以在命令行中输入"LTSCALE"命令进行设置。

☑"当前对象的缩放比例"：控制新建对象的线型比例，其最终的比例是全局比例因子与该对象比例因子的乘积，设置方法和"全局比例因子"基本相同。所有线型最终的缩放比例是对象比例因子与全局比例因子的乘积，所以在 CELTSCALE=2 的图形中绘制的是点画线，如果将 LTSCALE 设为 0.5，其效果与在 CELTSCALE=1 的图形中绘制 LTSCALE=1 的点画线时的效果相同。

☑"图纸空间的线型缩放比例"：在处理多个视窗时非常有用，当然理解起来也稍稍复杂些。当在"线型管理器"对话框中选中"缩放时使用图纸空间单位"复选框以激活图纸空间线型缩放比例后，用户就可以使用两种方法来设置线型比例：一是按创建对象时所在空间的图形单位比例缩放；二是基于图纸空间单位比例缩放。它使用 PSLTSCALE 系统变量控制，其值有两种选择："0"或"1"。默认值为"0"，表示无特殊线型比例，此时线型的点画线长度基于创建对象空间（图纸或模型）的绘图单位，按 LTSCALE 设置的"全局比例因子"进行缩放。"1"表示视窗比例将控制线型比例，如果 TILEMODE 变量设置为 0，即使对于模型空间中的对象，其点画线长度也是基于图纸空间的图形单位。在这种模式下，视窗可以有多种缩放比例，但显示的线型相同。对于特殊线型，视窗中的点画线长度与图纸空间中直线的点画线长度相同，此时仍可以使用 LTSCALE 控制点画线长度。

2.5.8 设置图层线宽

在绘制图形过程中，用户应根据绘制的不同对象绘制不同的线条宽度，以区分不同对象的特性。在“图层特性管理器”面板中，在某个图层名称的“线宽”列中单击，将弹出“线宽”对话框，如图 2-48 所示，在其中选择相应的线宽，然后单击“确定”按钮即可。

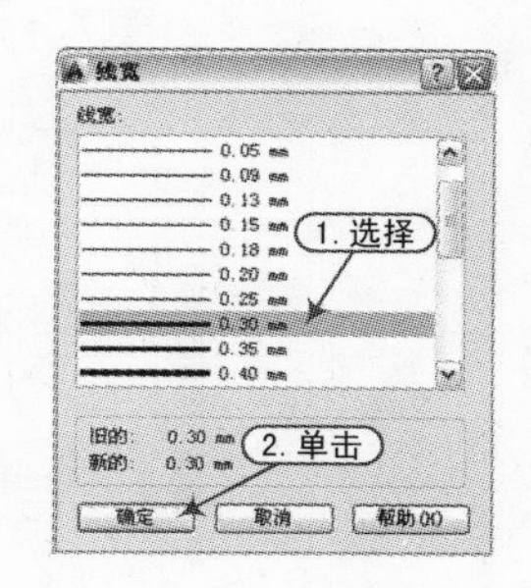

图 2-48 “线宽”对话框

当设置了线型的线宽后，用户须在状态栏中激活“线宽”按钮 ，才能在视图中显示出所设置的线宽。如果在“线宽设置”对话框中，调整了不同的线宽显示比例，则视图中显示的线宽效果也将不同，如图 2-49 所示。

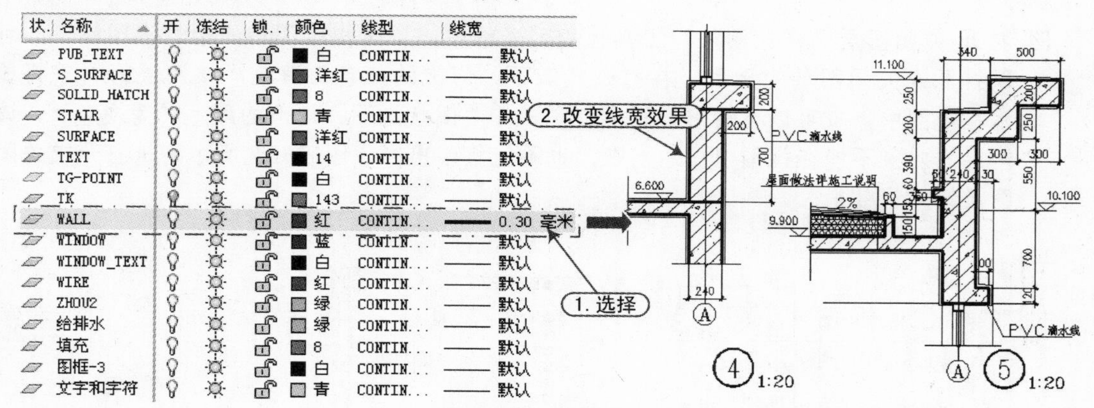

图 2-49 设置线型宽度

用户可选择“格式”|“线宽”命令，将弹出“线宽设置”对话框，从而可以通过调整线宽的比例，使图形中的线宽显示得更宽或更窄，如图 2-50 所示。

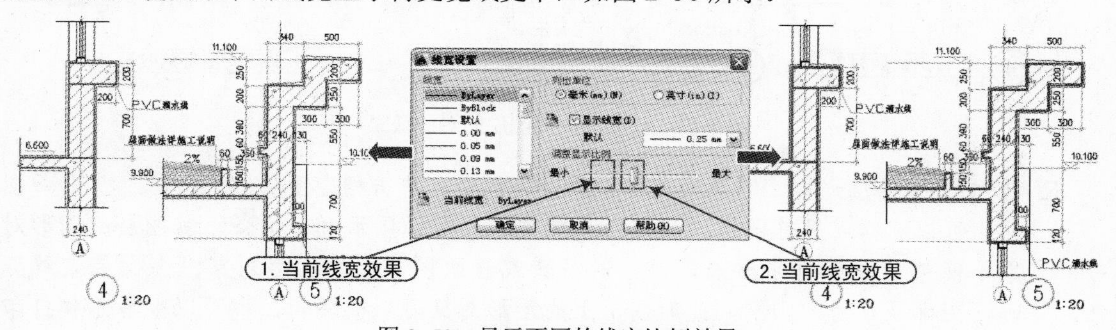

图 2-50 显示不同的线宽比例效果

2.5.9 控制图层状态

在“图层特性管理器”面板中，其图层状态包括图层的打开/关闭、冻结/解冻、锁定、解锁等；同样，在“图层”工具栏中，用户能够设置并管理各图层的特性，如图 2-51 所示。

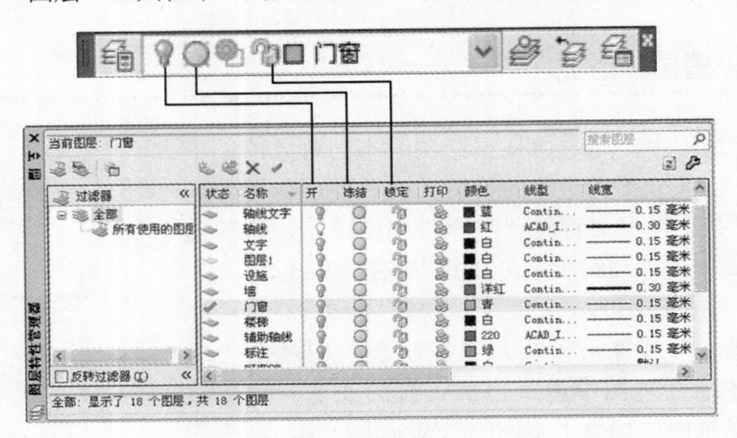

图 2-51　图层状态

☑ 打开/关闭图层：在“图层”工具栏的列表框中，单击相应图层的小灯泡图标，可以打开或关闭图层的显示。在打开状态下，灯泡的颜色为黄色，该图层的对象将显示在视图中，也可以在输出设置上打印；在关闭状态下，灯泡的颜色转为灰色，该图层的对象不能在视图中显示出来，也不能打印出来，图 2-52 所示的是打开或关闭图层的对比效果。

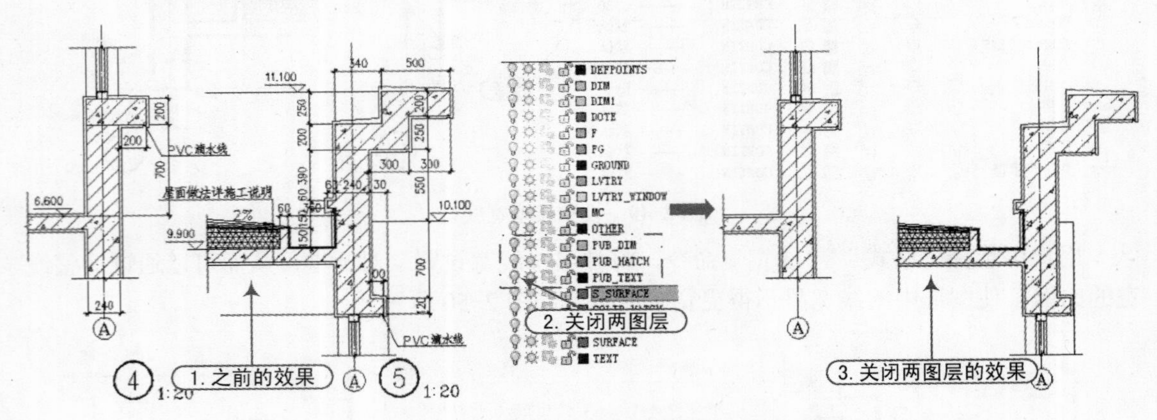

图 2-52　打开与关闭图层的对比效果

☑ 冻结/解冻图层：在“图层”工具栏的列表框中，单击相应图层的太阳或雪花图标，可以冻结或解冻图层。在图层被冻结时，图标显示为雪花，其图层的图形对象不能被显示和打印出来，也不能编辑或修改图层上的图形对象；在图层被解冻时，图标显示为太阳，此时图层上的图形对象可以被编辑，也可以被显示和打印出来。

☑ 锁定/解锁图层：在“图层”工具栏的列表框中，单击相应图层的小锁图标，可以锁定或解锁图层。在图层被锁定时，图标显示为，此时不能编辑锁定图层上的对象，但仍然可以在锁定的图层上绘制新的图形对象。

关闭图层与冻结图层的区别在于：冻结图层可以减少系统重生成图形的计算时间。若用户的计算机性能较好，且所绘制的图形较为简单，则一般不会感觉到图层冻结的优越性。

2.6　绘图辅助功能的设置

在绘图中，用鼠标这样的定点工具定位虽然方便快捷，但精度不高，绘制的图形很不精确。为了解决这一问题，AutoCAD 2014 提供了捕捉模式、栅格显示、正交模式、极轴追踪、对象捕捉和对象追踪捕捉等一些绘图辅助功能来帮助用户精确绘图。

用户可以打开如图 2-53 所示的“草图设置”对话框来设置部分绘图辅助功能。打开该对话框有如下 3 种方法。

☑ 菜单栏：选择“工具”|“草图设置”命令。

☑ 状态栏：任意在状态栏中的“捕捉”“栅格”“极轴”“对象捕捉”和“对象追踪”5 个切换按钮之一上单击鼠标右键，在弹出的快捷菜单中选择“设置”命令。

☑ 命令行：在命令行输入或动态输入“DSETTINGS”命令（快捷键“DS”）。

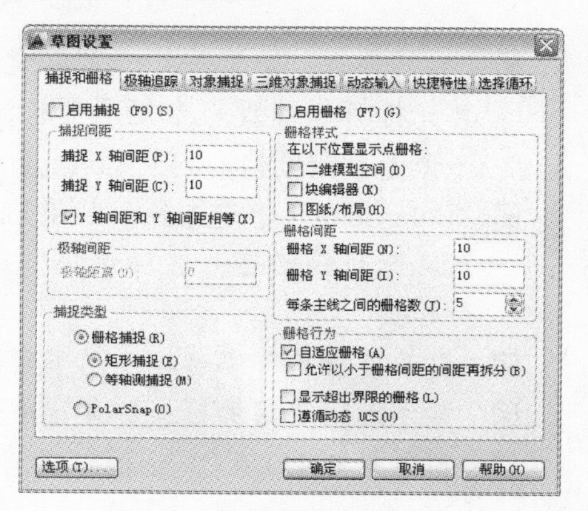

图 2-53　“草图设置”对话框

“草图设置”对话框中的“捕捉和栅格”“极轴追踪”和“对象捕捉”3 个选项卡，用来设置捕捉和栅格、极坐标跟踪功能和对象捕捉功能。

2.6.1　设置捕捉与栅格

“捕捉”用于设置光标移动的间距。“栅格”是一种可见的位置参考图标，是由用户控制是否可见但不能打印出来的那些直线构成的精确定位的网格，它类似于坐标纸，有助于定位。

在“草图设置”对话框的“捕捉和栅格”选项卡中，用户可以启用或关闭“捕捉”和“栅格”功能，并设置“捕捉”和“栅格”的间距与类型。其各主选项的含义如下。

☑ “启用捕捉”复选框：用于打开或关闭捕捉方式，可按〈F9〉键进行切换，也可在状态栏中单击按钮进行切换。

☑ “捕捉间距”选项组：用于设置 X 轴和 Y 轴的捕捉间距。

☑ “启用栅格”复选框：用于打开或关闭栅格的显示，可按〈F7〉键进行切换，也可在状态栏中单击按钮进行切换。

☑ “栅格间距”选项组：用于设置 X 轴和 Y 轴的栅格间距，并且可以设置每条主轴的栅格数量，如图 2-54 所示。若栅格的 X 轴和 Y 轴间距为 0，则栅格采用捕捉 X 轴和 Y 轴间距的值。

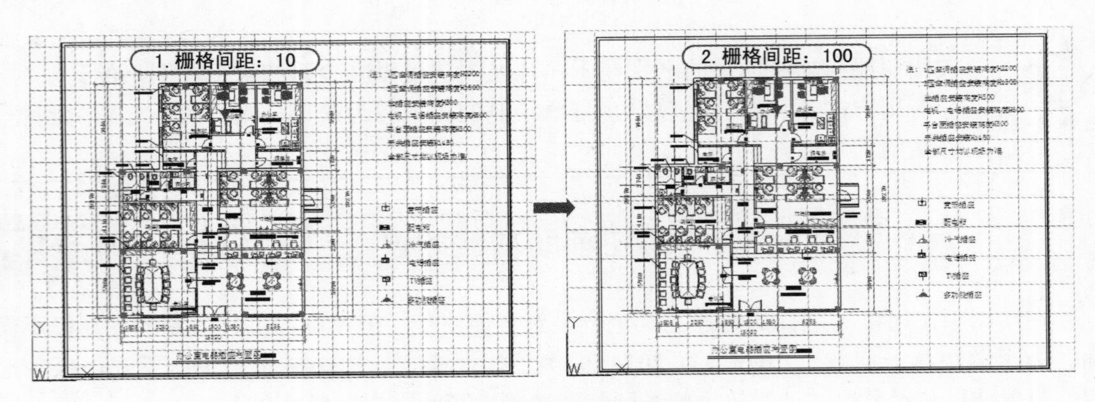

图 2-54　设置不同的栅格间距

☑ "栅格捕捉"单选按钮：可以设置捕捉样式为栅格。若单击"矩形捕捉"单选按钮，其光标可以捕捉一个矩形栅格；若单击"等轴测捕捉"单选按钮，其光标可以捕捉一个等轴测栅格。

☑ "PolarSnap"单选按钮：如果启用了"捕捉"模式，并在极轴追踪打开的情况下指定点，光标将沿在"极轴追踪"选项卡上对应于极轴追踪起点设置的极轴对齐角度进行捕捉。

☑ "自适应栅格"复选框：用于限制缩放时栅格的密度。

☑ "显示超出界限的栅格"复选框：用于确定是否显示图形界限之外的栅格。

☑ "遵循动态 UCS"复选框：跟随动态 UCS 的 *XY* 平面而改变栅格平面。

2.6.2　设置自动与极轴追踪

自动追踪实质上也是一种精确定位点的方法，当要求输入的点在一定的角度线上，或者输入点与其他对象有一定的关系时，利用自运追踪功能来确定点的位置是非常方便的。

自动追踪包括两种追踪方式：极轴追踪和对象捕捉追踪。极轴追踪是按事先给定的角度增量来追踪点；而对象捕捉追踪是按与已绘图形对象的某种特定关系来追踪，这种特定的关系确定了一个用户事先并不知道的角度。

如果用户事先知道要追踪的角度（方向），即可用极轴追踪；而如果事先不知道具体的追踪角度（方向），但知道与其他对象的某种关系，则用对象捕捉追踪，如图 2-55 所示。

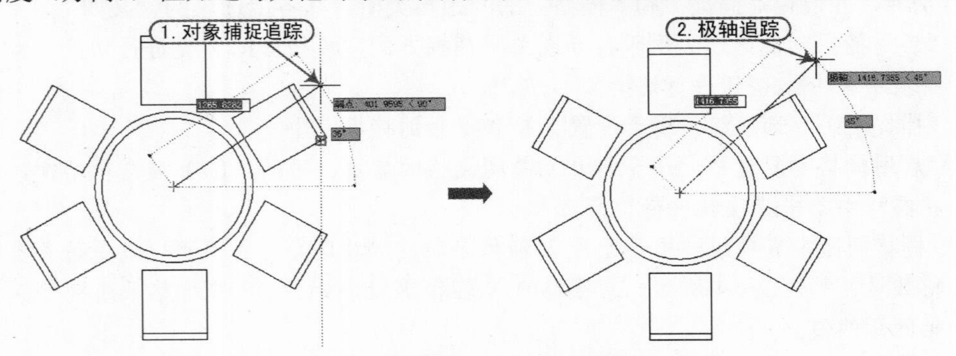

图 2-55　对象捕捉追踪和极轴追踪

若要设置极轴追踪的角度或方向，用户可以在“草图设置”对话框的“极轴追踪”选项卡中选中“启用极轴追踪”复选框，并设置极轴的角度等即可，如图2-56所示。

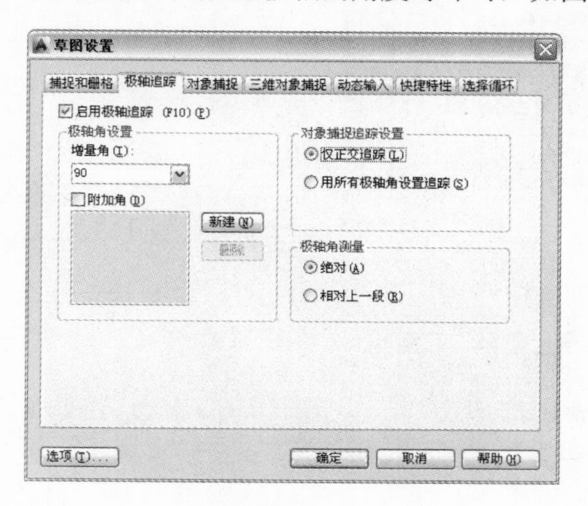

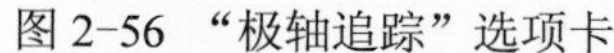
图2-56 “极轴追踪”选项卡

下面就针对“极轴追踪”选项卡中各功能进行讲解。

☑“极轴角设置”选项组：用于设置极轴追踪的角度。默认的极轴追踪角度增量是90，用户可在“增量角”下拉列表框中选择角度增量值。若该下拉列表框中的角度值不能满足用户的需求，可将下侧的“附加角”复选框选中。用户也可单击“新建”按钮并输入一个新的角度值，将其添加到附加角的列表框中。

☑“对象捕捉追踪设置”选项组：若单击“仅正交追踪”单选按钮，可在启用对象捕捉追踪的同时，显示获取的对象捕捉点的正交对象捕捉追踪路径；若单击“用所有极轴角设置追踪”单选按钮，可以将极轴追踪设置应用到对象捕捉追踪，此时可以将极轴追踪设置应用到对象捕捉追踪上。

☑“极轴角测量”选项组：用于设置极轴追踪对齐角度的测量基准。若单击“绝对”单选按钮，表示以当前用户坐标UCS的X轴正方向为0°角计算极轴追踪角；若单击“相对上一段”单选按钮，可以基于最后绘制的线段确定极轴追踪角度。

例如，要快速地绘制一个正三角形，用户可以按照如下操作步骤进行：

1）输入“SE”命令，弹出“草图设置”对话框，切换至“极轴追踪”选项卡。

2）选中“启用极轴追踪”复选框，设置附加角为60°和120°，并单击“用所有极轴角设置追踪”单选按钮，然后单击“确定”按钮，如图2-57所示。

3）按〈F8〉键切换到“正交”模式，再输入“直线”命令（L），在视图中绘制确定一起点，水平向右移动鼠标，然后确定另一端点，以此来绘制一条水平线段（假如为100），如图2-58所示。

4）按〈F8〉键切换到“非正交”模式，移动光标至左上方，大致夹角为120°时，直至显示追踪线为止，如图2-59所示。

5）接着移动光标至水平线段左侧的端点，再将其向右上方移动，大致夹角为60°时，直至显示追踪线为止，并沿着该追踪线移动，从而与之前的追踪线相交并单击，如图2-60所示。

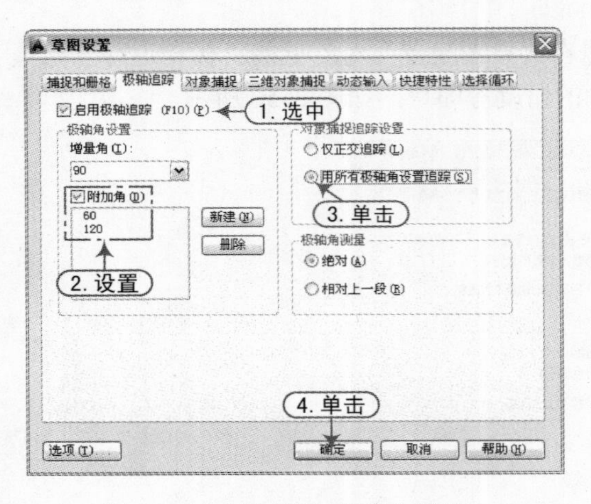

图 2-57 进行“极轴追踪”设置

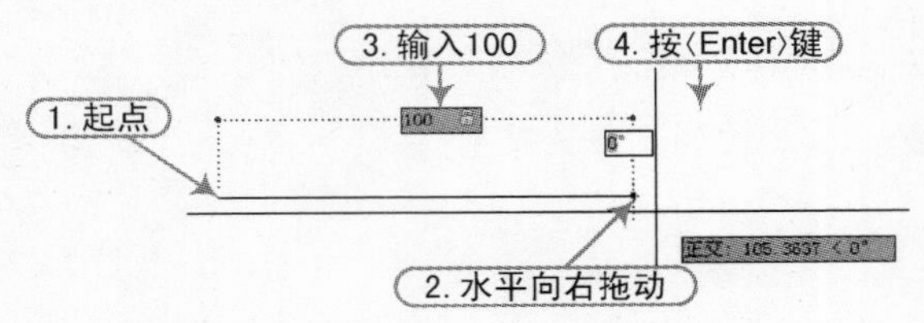

图 2-58 绘制水平线段

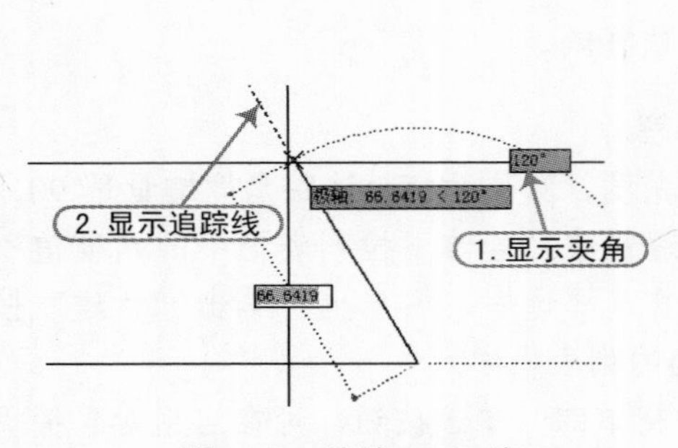

图 2-59 追踪 120° 线

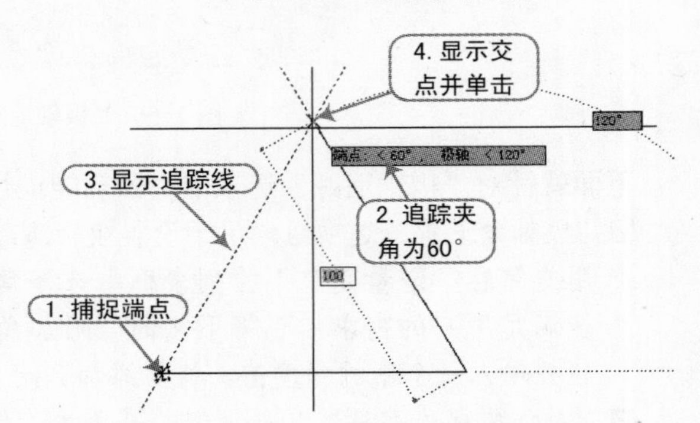

图 2-60 两条追踪线交点

6）最后，根据命令行提示选择“闭合(C)”选项，使之与最初的起点闭合，从而完成正三角形的绘制，如图 2-61 所示。

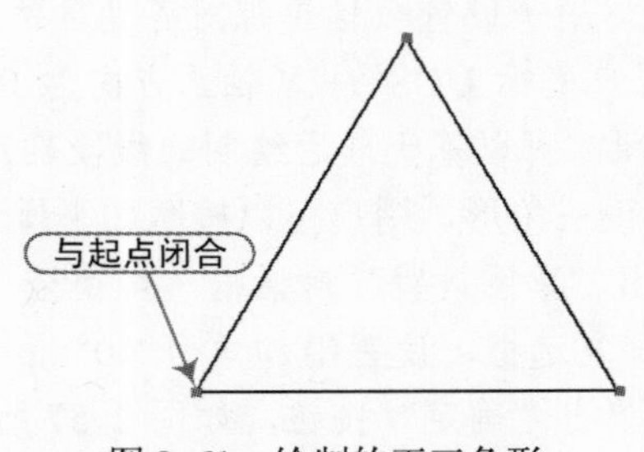

图 2-61 绘制的正三角形

2.6.3 设置对象的捕捉模式

在实际绘图过程中，有时经常需要精确地找到已知图形的特殊点，如圆心点、切点、直线中点等，这时就可以启动对象捕捉功能。

对象捕捉与捕捉不同，对象捕捉是把光标锁定在已知图形的特殊点上，它不是独立的命令，是在执行命令过程中被结合使用的模式。而捕捉是将光标锁定在可见或不可见的栅格点上，是可以单独执行的命令。

要设置对象捕捉的模式，用户应在“草图设置”对话框中切换至“对象捕捉”选项卡，分别选中要设置的捕捉选项即可，如图 2-62 所示。

设置好捕捉选项后，在状态栏激活“对象捕捉”项，或者按〈F3〉快捷键，或者按〈Ctrl+F〉组合键，即可在绘图过程中启用捕捉选项。启用对象捕捉后，在绘制图形对象时，当光标移动到图形对象的特定位置时，将显示捕捉模式的标志符号，并在其下侧显示捕捉类型的文字信息，如图 2-63 所示。

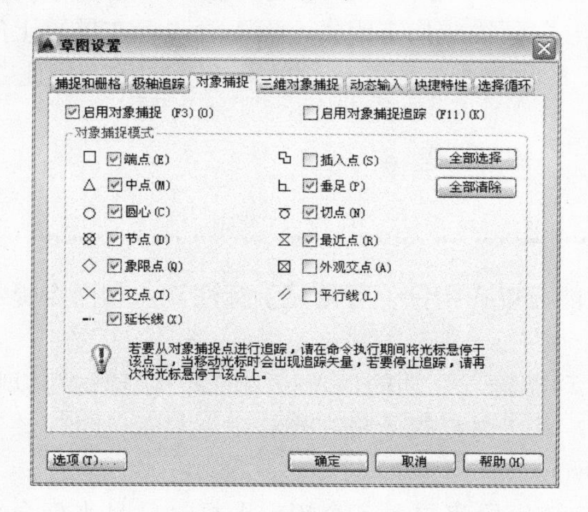

图 2-62 “对象捕捉”选项卡

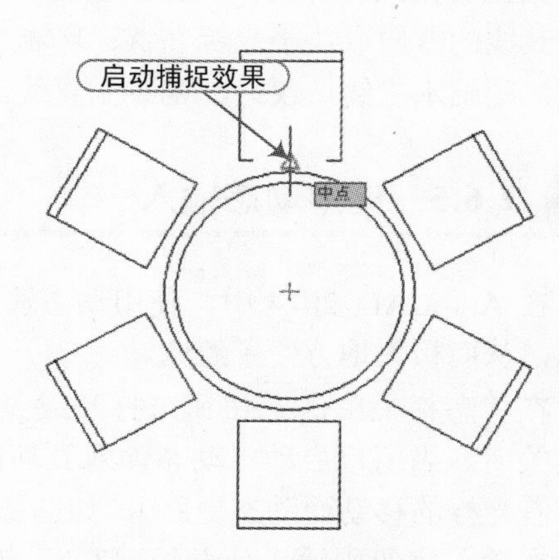

图 2-63 启用对象捕捉

在 AutoCAD 2014 中，用户也可以使用“对象捕捉”工具栏中的工具按钮随时打开捕捉。另外，按住〈Ctrl〉或〈Shift〉键，并单击鼠标右键，将弹出对象捕捉的快捷菜单，如图 2-64 所示。

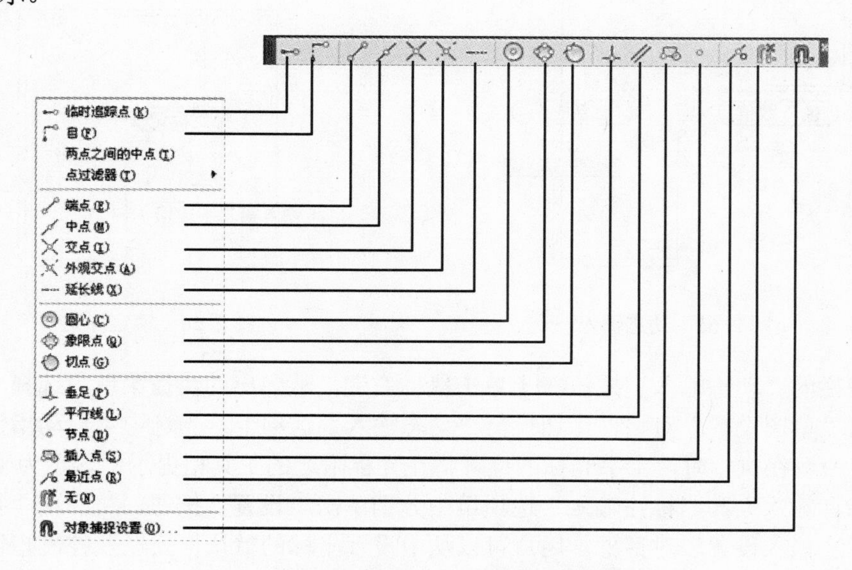

图 2-64 “对象捕捉”工具栏和快捷菜单

2.6.4 设置正交模式

所谓正交，是指在绘制图形时指定第一个点后，连接光标和起点的橡皮线总是平行于 X 轴或 Y 轴。若捕捉设置为等轴测模式时，正交还迫使直线平行于第三个轴中的一个。

正交命令的启动方法如下。

☑ 状态栏：单击“正交”按钮。

☑ 命令行：在命令行输入或动态输入“ORTHO”命令（〈F8〉快捷键）。

当正交模式打开时，只能在垂直或水平方向画线或指定距离，而不管光标在屏幕上的位置。其线的方向取决于光标在 X、Y 轴方向上的移动距离而变化。如果 X 方向的距离比 Y 方向大，则画水平线；仅之，则画垂直线。

2.6.5 使用动态输入

在 AutoCAD 2014 中，使用动态输入功能可以在指针位置处显示标注输入和命令提示等信息，从而极大地方便了绘图。

在状态栏上单击按钮来打开或关闭“动态输入”功能，若按〈F12〉快捷键可以临时将其关闭。当用户启动“动态输入”功能后，其工具栏提示将在光标附近显示信息（该信息会随着光标的移动而动态更新），如图 2-65 所示。

在输入字段中输入值并按〈Tab〉键后，该字段将显示一个锁定图标，并且光标会受用户输入值的约束，随后可以在第二个输入字段中输入值，如图 2-66 所示。另外，如果用户输入值后按〈Enter〉键，则第二个字段被忽略，且该值将被视为直接距离输入。

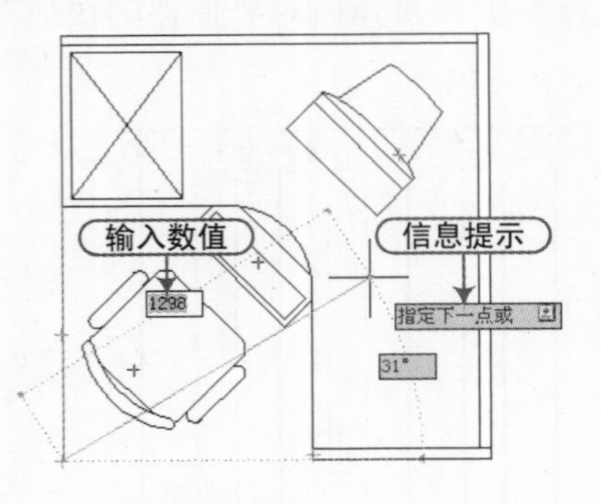

图 2-65 动态输入

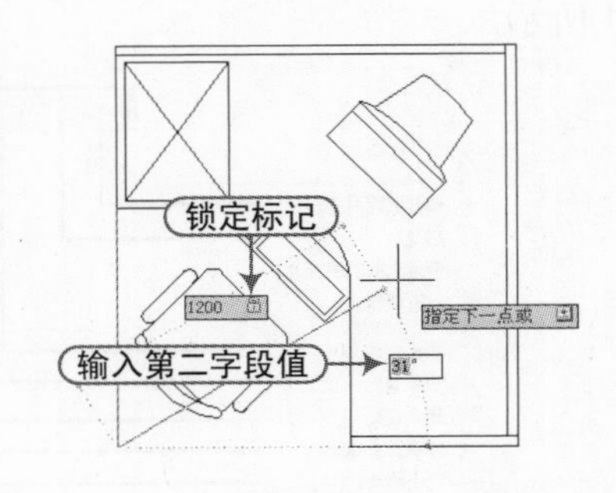

图 2-66 锁定标记

在状态栏的“动态输入”按钮上单击鼠标右键，从弹出的快捷菜单中选择“设置”命令，将弹出“草图设置”对话框，切换至“动态输入”选项卡，当选中“启动指针输入”复选框，且有命令在执行时，十字光标的位置将在光标附近的工具栏提示中显示为坐标。

在“指针输入”和“标注输入”选项组中分别单击“设置”按钮，将弹出“指针输入设置”和“标注输入设置”对话框，用户可以从中设置坐标的默认格式以及控制指针输入工具栏提示的可见性等，如图 2-67 所示。

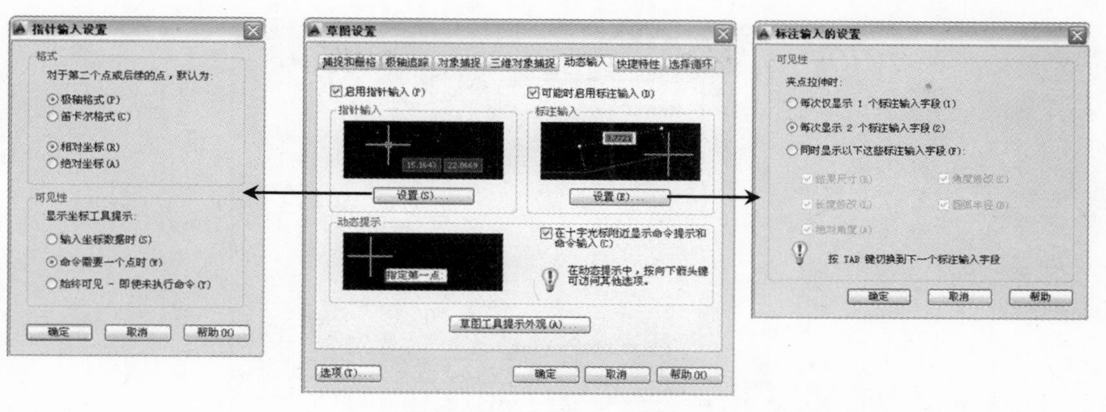

图 2-67 “动态输入”选项卡

2.7 新农村住宅轴线网的绘制

用户在 AutoCAD 2014 环境中绘制图形之前，应先启动 AutoCAD 2014 软件，并将其保存为所需的名称，然后根据需要设置绘图环境等（在此要设置图层对象），再使用直线命令绘制垂直和水平的轴线对象，最后使用偏移命令对其轴线进行偏移，使之符合所需的轴线环境。其具体操作步骤如下。

1）选择“开始”|“程序”|“Autodesk”|“AutoCAD 2014-简体中文（Simplified Chinese）”|“AutoCAD 2014-简体中文（Simplified Chinese）”命令，将正常启动 AutoCAD 2014 软件，如图 2-68 所示。

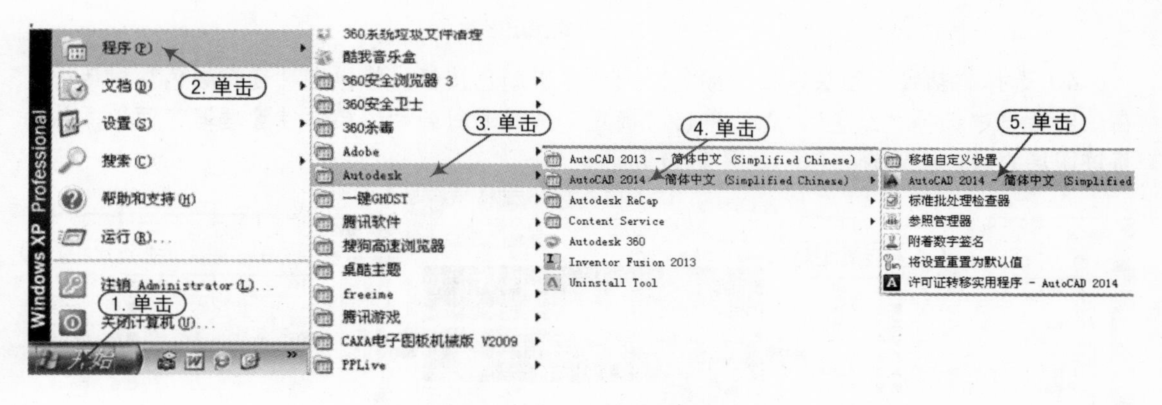

图 2-68 启动 AutoCAD 2014

2）此时软件将自动新建一个“Drawing1.dwg”文件，选择“文件”|“保存”命令，系统将弹出“图形另存为”对话框，在“保存于”下拉列表框中选择“案例\02”，从“文件类型”下拉列表框中选择图形类型在“文件名”文本框中输入“新农村住宅设计图”，然后单击“保存”按钮，从而将文件保存为“案例\02\新农村住宅设计图.dwg”，如图 2-69 所示。

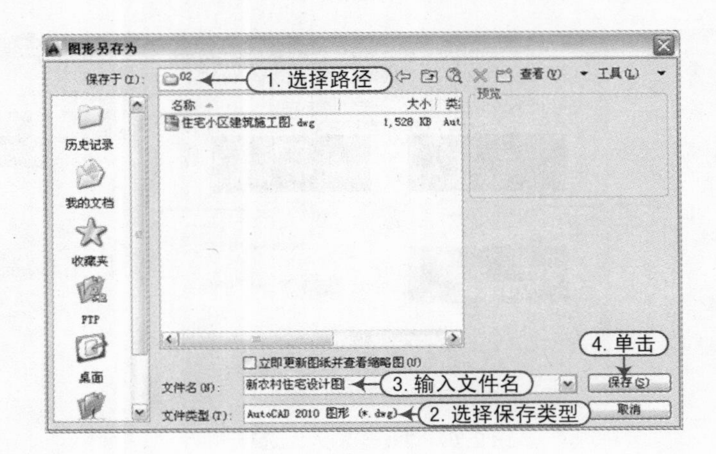

图 2-69　保存文件

3）选择“格式”|“图层”命令，将弹出“图层特性管理器”面板，单击“新建图层”按钮 5 次，在“名称”列中将依次显示“图层 1”～“图层 5”，此时选择“图层 1”，并按〈F2〉键使之成为编辑状态，再输入图层名称“轴线”；再按照此方法依次分别将其他图层重新命名为“墙体”“门窗”“柱子”和“标注”，如图 2-70 所示。

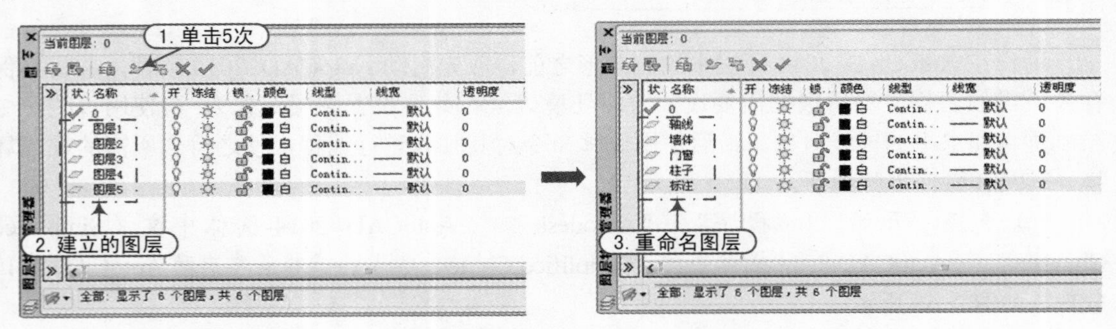

图 2-70　设置图层名称

4）选择“轴线”图层，在“颜色”列中单击颜色按钮，将弹出“选择颜色”对话框，在该对话框中选择“红色”，然后单击“确定”按钮返回到“图层特性管理器”面板，从而将该图层的颜色设置为红色，如图 2-71 所示。

图 2-71　设置颜色

5）在“线型”列中单击，将弹出“选择线型”对话框，选择“DASHDOT”线型并单击“确定”按钮，从而将该图层的线型对象设置为“DASHDOT”，如图 2-72 所示。

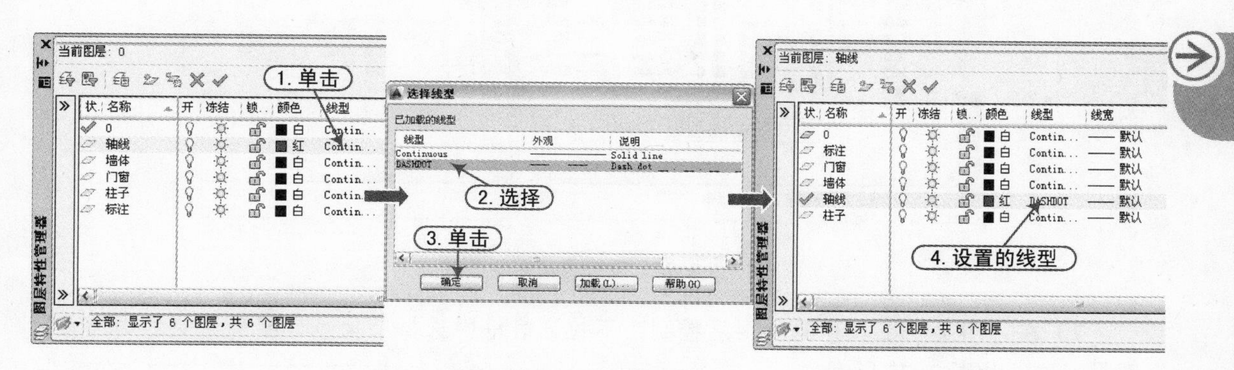

图 2-72　设置线型

软件技能

如果在“选择线型”对话框中找不到所需要的线型对象，此时用户可单击“加载”按钮，在弹出的“加载或重载线型”对话框中选择所需的线型对象，然后单击“确定”按钮即可将其加载到“选择线型”对话框中，如图 2-73 所示。

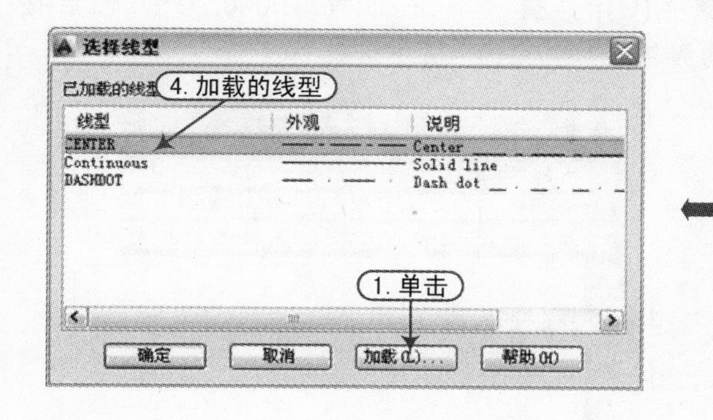

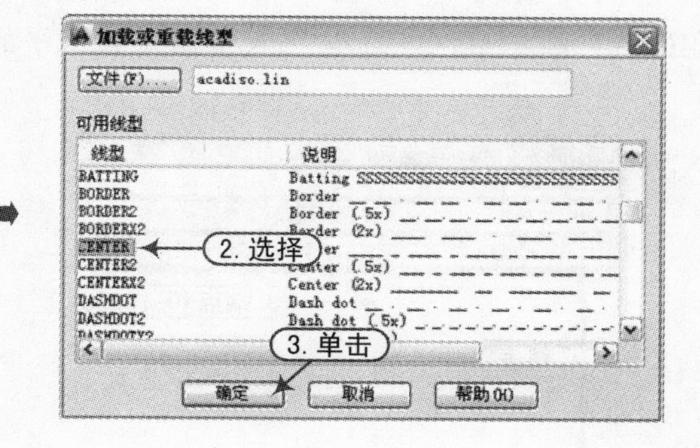

图 2-73　加载线型

6）再按照前面的方法，分别将“墙体”“门窗”“柱子”和“标注”图层的对象按照表 2-1 所示的内容进行设置，其设置的效果如图 2-74 所示。

表 2-1　设置图层

图层名称	颜　色	线　型	宽度/mm
墙体	黑色	Continuous	0.30
门窗	蓝色	Continuous	默认
柱子	黄色	Continuous	0.30
标注	绿色	Continuous	默认

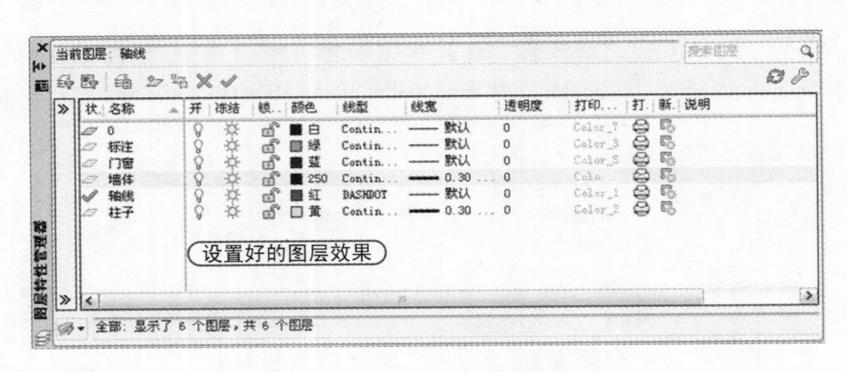

图 2-74　设置其他图层参数

7）在“图层”工具栏的“图层控制”下拉列表框中选择“轴线”图层，使之成为当前图层对象，如图 2-75 所示。

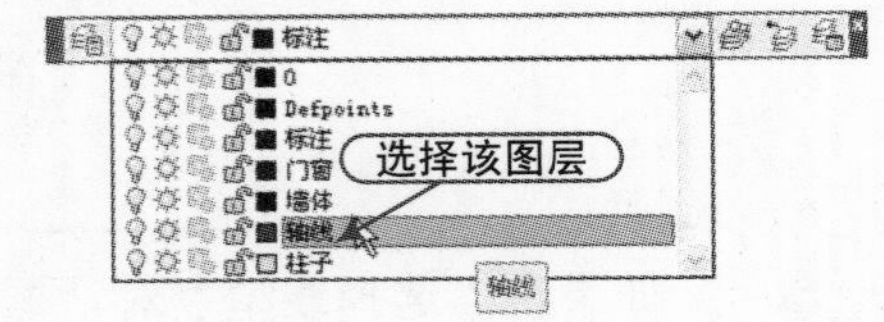

图 2-75　设置当前图层

8）在“绘图”工具栏中单击“直线”按钮 ，在命令行的“指定第一点:”提示下输入“0，0”，再在“指定下一点或 [放弃(U)]:”提示下输入“@0,15000”，然后按〈Enter〉键结束，从而自原点绘制一条垂直的线段，如图 2-76 所示。

9）同样，在“绘图”工具栏中单击“直线”按钮 ，在命令行的“指定第一点:”提示下输入“0，0”，再在“指定下一点或 [放弃(U)]:”提示下输入“@10000，0”，然后按〈Enter〉键结束，从而自原点绘制一条水平的线段，如图 2-77 所示。

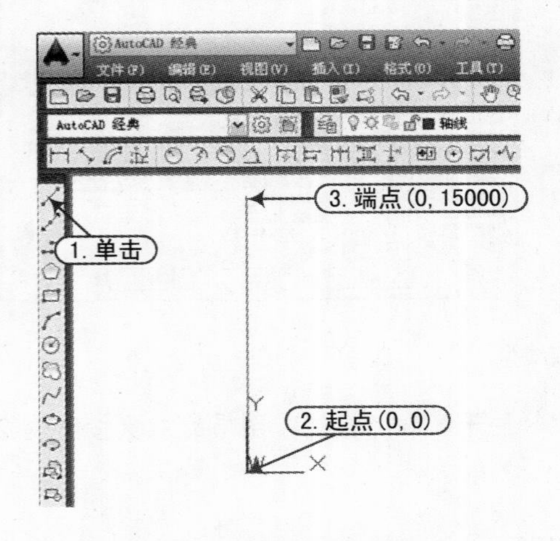

图 2-76　绘制的垂直线段

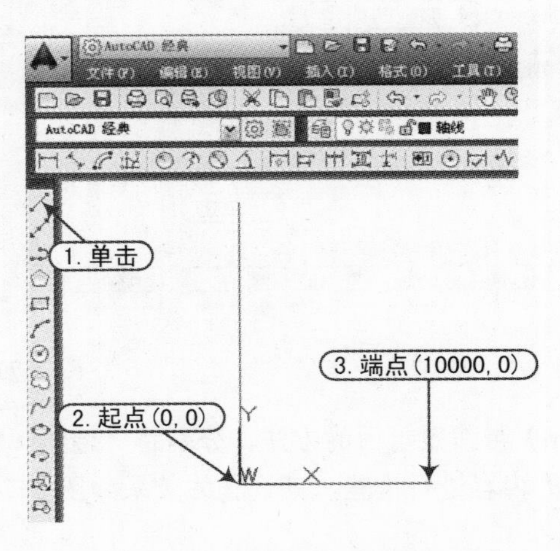

图 2-77　绘制的水平线段

10）在“修改”工具栏中单击“偏移”按钮 ，在命令行的“指定偏移距离:”提示下输入“3600”并按〈Enter〉键。在“选择要偏移的对象:”提示下选择垂直线段，在“指定要偏移的那一侧上的点”提示下在选择垂直线段的右侧，从而将垂直线段向右偏移 3600mm，如图 2-78 所示。

11）再按照上面的方法将偏移的线段向右侧偏移 5700mm，将下侧的线段分别向上偏移 1500mm、4200mm、2700mm、4800mm，如图 2-79 所示。

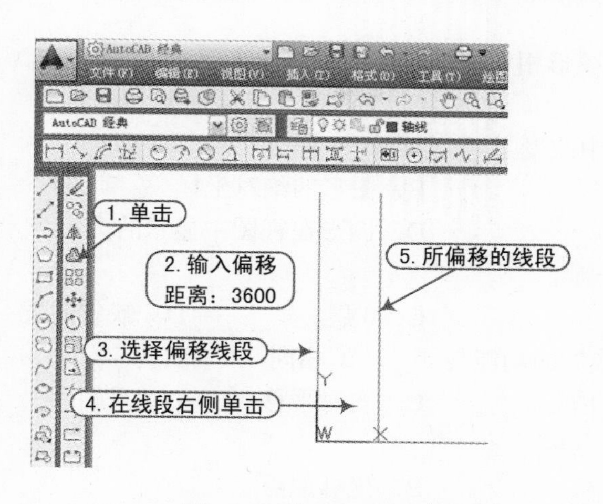

图 2-78　偏移的垂直线段

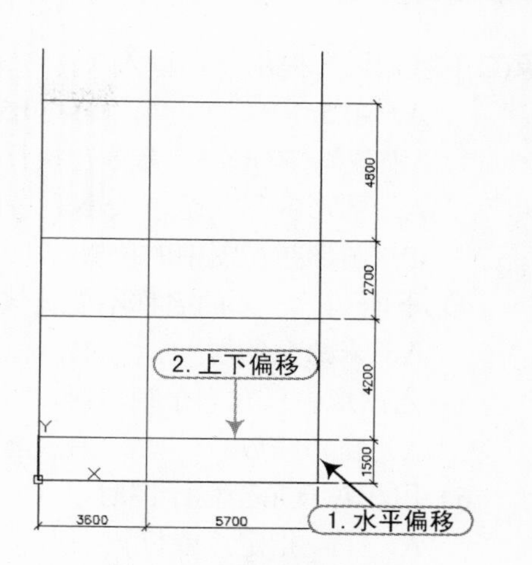

图 2-79　偏移其他线段

12）从当前图形对象可以看出，由于选择的是“轴线”图层，而“轴线”图层所使用线型为“DASHDOT”，是虚线的，但当前观察并非虚线，而是实线似的，这时用户可选择“格式”|“线型”命令，将弹出“线型管理器”对话框，在“全局比例因子”文本框中输入“100”，再单击“确定”按钮，则视图中的轴线将呈点画线状，如图 2-80 所示。

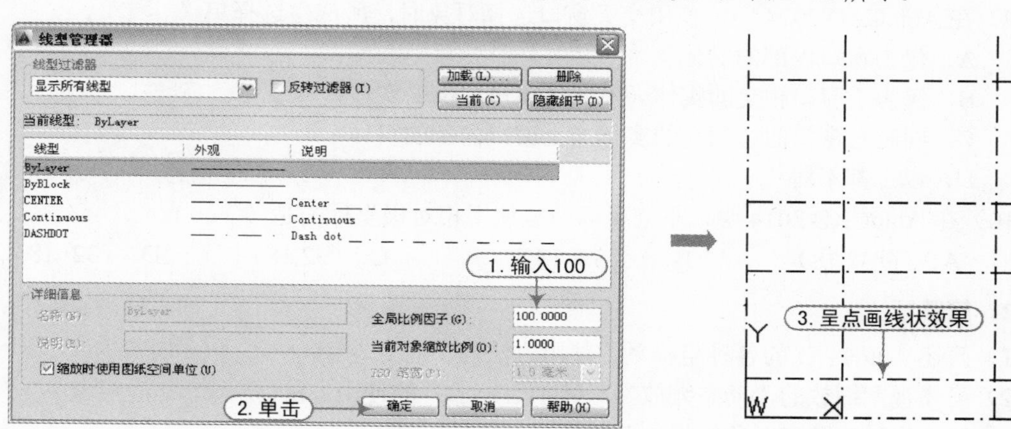

图 2-80　改变全局比例因子

13）至此，该新农村住宅设计图的轴线网已经绘制完成，用户可按〈Ctrl+S〉组合键对其进行保存。

2.8　课后练习与项目测试

1. 选择题

1）默认的世界坐标系的简称是（　　）。

A. ccs　　B. ucs　　C. ucs1　　D. wcs

2）在命令行中输入“ZOOM”，执行“缩放”命令。在命令行“指定窗口角点，输入比例因子（nX 或 nXP），或[全部(A)-中心点(C)-动态(D)-范围(E)-上一个(P)-比例(S)-窗口(W)-对象(O)]<实时>:”提示下，输入（　　），该图形相对于当前视图缩小一半。

A. -0.5nXP　　B. 0.5x　　C. 2nXP　　D. 2x

3）“缩放”（ZOOM）命令在执行过程中改变了（　　）。

A. 图形的界限范围大小　　B. 图形的绝对坐标

C. 图形在视图中的位置　　D. 图形在视图中显示的大小

4）下面（　　）的名称不能被修改或删除。

A. 未命名的层　　B. 标准层　　C. 0层　　D. 缺省的层

5）当图形中只有一个视口时，“重生成”的功能与（　　）相同。

A. 窗口缩放　　B. 全部重生成　　C. 实时平移　　D. 重画

6）用相对直角坐标绘图时以（　　）为参照点。

A. 上一指定点或位置　　B. 坐标原点

C. 屏幕左下角点　　D. 任意一点

7）下列目标选择方式中，（　　）方式可以快速全选绘图区中所有对象。

A. ESC　　B. BOX　　C. ALL　　D. ZOOM

8）能够既刷新视图，又刷新计算机图形数据库的命令是（　　）。

A. REDRAW　　B. REDRAWALL　　C. REGEN　　D. REGENMODE

9）在AutoCAD 2014中，使用交叉窗口选择对象时，所产生选择集（　　）。

A. 仅为窗口内部的实体

B. 仅为于窗口相交的实体（不包括窗口内部的实体）

C. 同时与窗口四边相交的实体加上窗口内部的实体

D. 以上都不对

10）在AutoCAD 2014中，下列坐标中是使用相对极坐标的是（　　）。

A.（@32,18）　　B.（@32<18）　　C.（32,18）　　D.（32<18）

2. 简答题

1）简述AutoCAD的各种坐标系的使用方法与不同点。

2）简述视图缩放的“动态缩放”与“中心缩放”的使用方法。

3）简述极轴追踪和对象捕捉追踪的功能与操作方法。

4）简述图层的创建与设置方法。

3. 操作题

1）在AutoCAD 2014环境中，选择“格式”|“图层”命令，将弹出“图层特性管理器”面板，按照表2-2所示的内容新建图层，并设置图层的线宽、线型、颜色等。

表2-2　建立的图层

序　号	图 层 名	描 述 内 容	线宽/mm	线　型	颜　色	打 印 属 性
1	轴线	定位轴线	0.15	点画线	红色	打印
2	轴线文字	轴线园及轴线文字	0.15	实线	蓝色	打印
3	辅助轴线	辅助轴线	0.15	点画线	红色	不打印
4	墙	墙体	0.3	实线	粉红	打印

（续）

序　号	图 层 名	描 述 内 容	线宽/mm	线　型	颜　色	打 印 属 性
5	柱	柱	0.3	实线	黑色	打印
6	标注	尺寸线、标高	0.15	实线	绿色	打印
7	门窗	门窗	0.15	实线	青色	打印
8	楼梯	楼梯	0.15	实线	黑色	打印
9	文字	图中文字	0.15	实线	黑色	打印
10	设施	家具、卫生设备	0.15	实线	黑色	打印

2）选择“文件”|“打开”命令，将“案例\14\KTV 包厢平面布置图.dwg”文件打开，如图 2-81 所示。使用窗口缩放、命名视图命令，将“服务大厅”“小包厢（3）、（4）”“中包厢（2）和“大包厢（1）”进行命名，然后新建视口命令“WV_1”，选择“四个：相等”标准视口进行平铺视口操作，如图 2-82 所示。

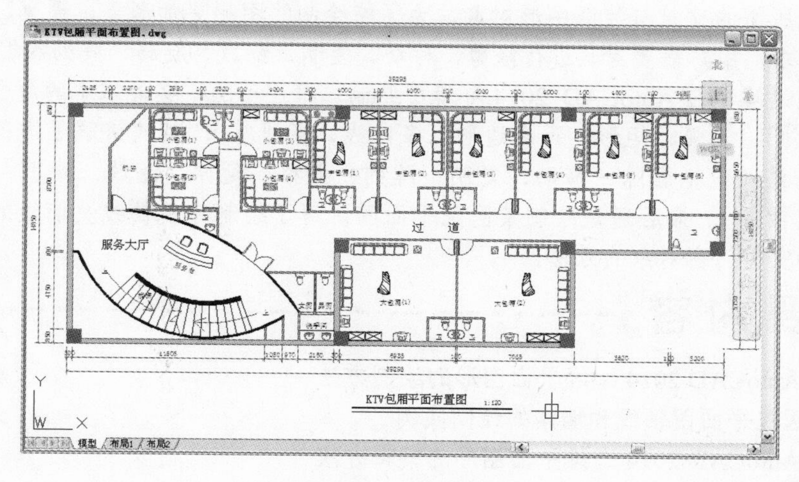

图 2-81　打开的文件

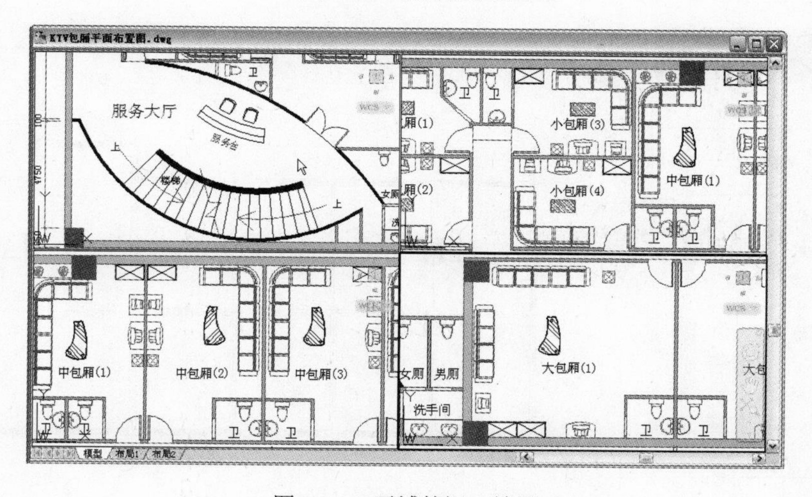

图 2-82　平铺的视口效果

第 3 章　AutoCAD 2014 图形的绘制与编辑

本章导读

所有建筑与装修施工图都是由基本图形组合而成的。AutoCAD 2014 提供了绘制基本图形的精确方法。基本图形的绘制都非常得简单，如直线、圆、矩形、多边形、多段线、多线等，但它们是整个 AutoCAD 2014 的绘制基础。但并非只绘制一些简单的直线、圆、矩形等对象就能构成所需的建筑与装修图形对象。为了使绘制的图形更加形象、逼真、高效、准确地达到制图要求，用户需要对其进行修剪、移动、复制、缩放、旋转、阵列等编辑操作。

本章首先讲解了在 AutoCAD 2014 环境中绘制二维图形的一些最基本的命令和方法（包括绘制直线、圆、圆弧、矩形、正多边形、多段线、多线等）；其次讲解了进行图形编辑的各种命令及方法（包括删除、移动、复制、阵列、偏移、延伸、缩放、修剪、拉长、倒圆角、打断、打散等）；最后通过绘制某医院平面图讲解了绘制建筑轴线及墙线的方法以及开启门窗洞口和安装门窗对象的方法。

主要内容

- ☑ 掌握 AutoCAD 2014 二维平面图形的绘制方法
- ☑ 进行医院平面图轴线和墙体的绘制实例
- ☑ 掌握 AutoCAD 2014 二维平面图形的编辑方法
- ☑ 进行医院平面图门窗对象的绘制实例

效果预览

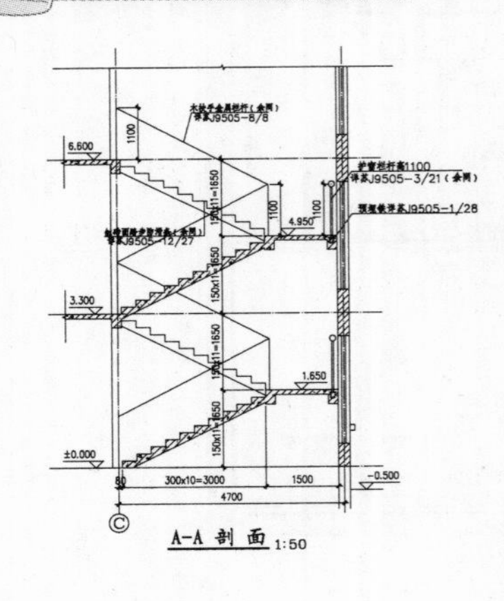

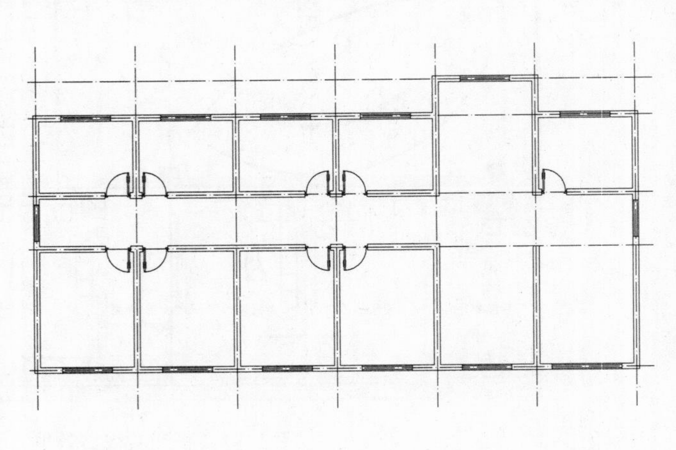

3.1 绘制基本图形

建筑工程图都是由一些最基本的图形组合而成的，如点、直线、圆弧、圆、矩形、多边形等，因此，只有熟练地掌握了这些基本图形的绘制方法，用户才能够方便、快捷、灵活自如地绘制出复杂的图形。

3.1.1 绘制直线对象

直线对象可以是一条线段，也可以是一系列相连的线段，但每条线段都是独立的直线对象。通过调用“LINE”命令及选择正确的终点顺序，用户可以绘制一系列首尾相接的直线段。

用户可以通过以下几种方法绘制直线对象。

☑ 选项组：在“绘图”选项组中单击“直线”按钮。

☑ 菜单栏：选择“绘图” | “直线”命令。

☑ 工具栏：在“绘图”工具栏上单击“直线”按钮。

☑ 命令行：在命令行中输入或动态输入“line”命令（快捷键“L”）。

执行“直线”命令，并根据命令行提示进行操作，即可绘制出一个由一系列首尾相连的直线段所构成的对象（梯形），如图3-1所示。

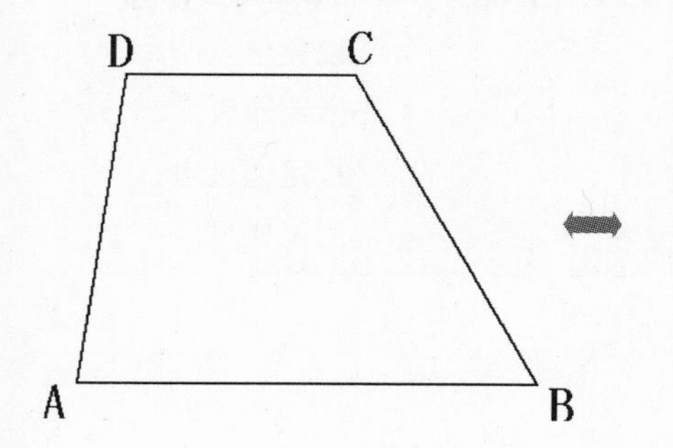

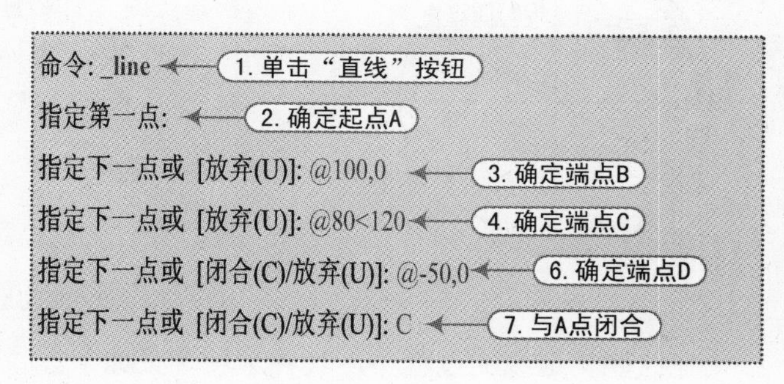

图3-1 绘制由直线对象构成的梯形

在绘制直线的过程中，其各选项含义如下。

☑ 指定第一点：通过键盘输入或者光标确定直线的起点位置。

☑ 闭合（U）：如果绘制了多条线段，最后要形成一个封闭的图形时，选择该选项并按〈Enter〉键，即可将最后确定的端点与第1个起点重合。

☑ 放弃（U）：选择该选项将撤消最近绘制的直线而不退出LINE命令。

在AutoCAD 2014中，当命令操作有多个选项时，单击鼠标右键将弹出类似于如图3-2所示的快捷菜单，虽然命令选项会因命令的不同而不同，但其基本选项大同小异。

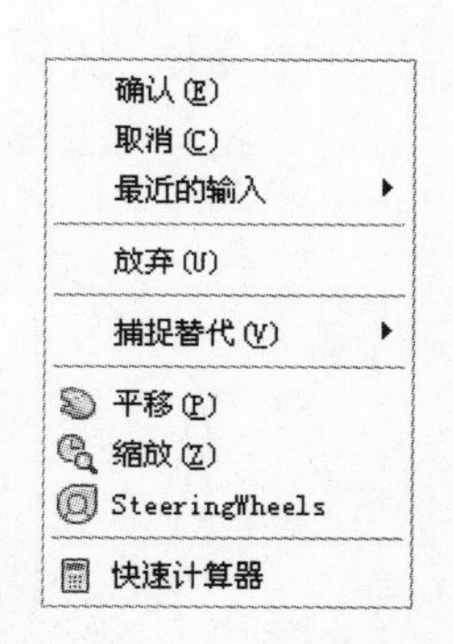

图3-2 快捷菜单

软件技能

用“line”命令绘制的直线在默认状态下是没有宽度的，但用户可以通过不同的图层定义直线的线宽和颜色，在打印输出时，用户可以打印粗细不同的直线。

3.1.2 绘制构造线对象

构造线是两端无限长的直线，没有起点和终点，可以被放置在三维空间的任何地方。构造线不像直线、圆、圆弧、椭圆、正多边形等作为图形的构成元素，只是作为绘图过程中的辅助参考线来使用。

用户可以通过以下几种方法绘制构造线对象。

☑ 选项组：在“绘图”选项组中单击“构造线”按钮。

☑ 菜单栏：选择“绘图”|“构造线”命令。

☑ 工具栏：在“绘图”工具栏上单击“构造线”按钮。

☑ 命令行：在命令行中输入或动态输入“xline”命令（快捷键“XL”）。

执行“构造线”命令，并根据命令行提示进行操作，即可绘制垂直和指定角度的构造线，如图 3-3 所示。

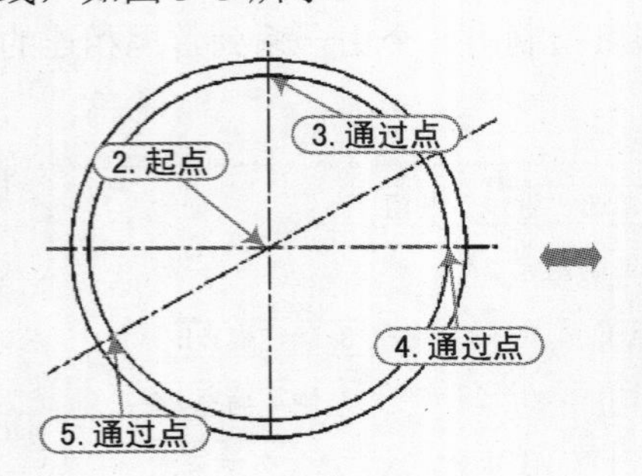

命令: _xline ←1. 单击“构造线”按钮

指定点或 [水平(H)/垂直(V)/角度(A)/二等分(B)/偏移(O)]:
\\设置起点

指定通过点: \\指定通过点

指定通过点: \\指定通过点

指定通过点: \\指定通过点

图 3-3 绘制的构造段

在绘制构造线的过程中，其各选项含义如下。

☑ 水平（H）：创建一条经过指定点并且与当前坐标 X 轴平行的构造线。

☑ 垂直（V）：创建一条经过指定点并且与当前坐标 Y 轴平行的构造线。

☑ 角度（A）：创建与 X 轴成指定角度的构造线；也可以先指定一条参考线，再指定直线与构造线的角度；还可以先指定构造线的角度，再设置通过点，如图 3-4 所示。

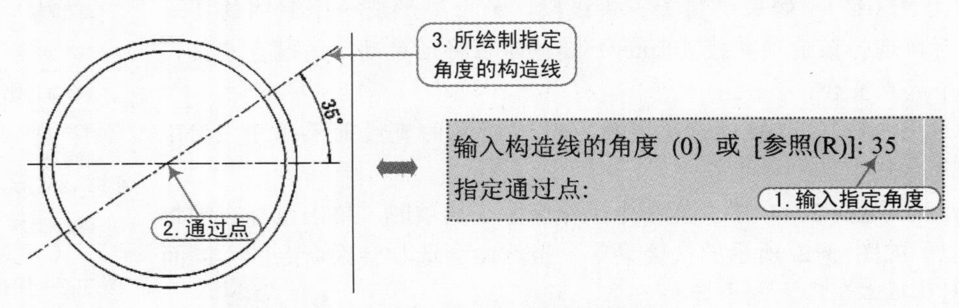

图 3-4 绘制指定角度的构造线

☑ 二等分（B）：创建二等分指定的构造线（即角平分线），要指定等分角的顶点、起点和端点，如图 3-5 所示。

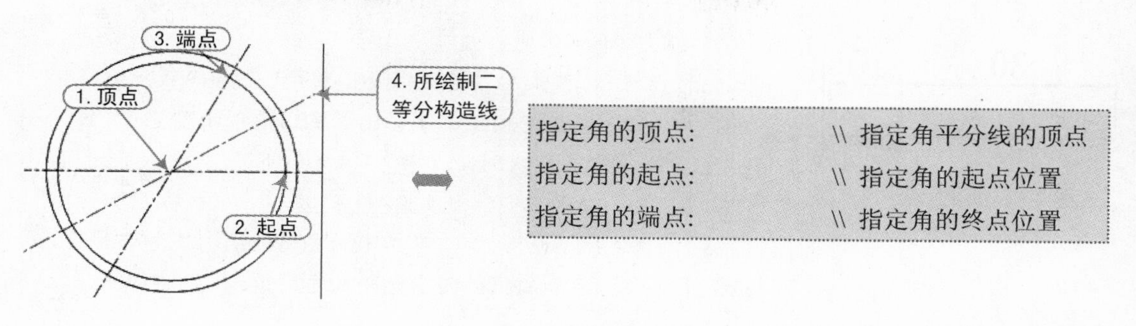

图 3-5 二等分角平分线

☑ 偏移（O）：创建平行指定基线的构造线，需要先指定偏移距离，选择基线，然后指明构造线位于基线的哪一侧，如图 3-6 所示。

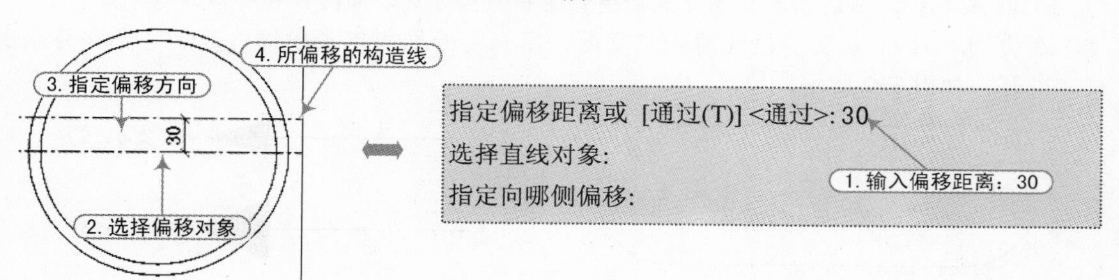

图 3-6 偏移的构造线

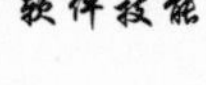

软件技能

在绘制构造线时，若没有指定构造线的类型，用户可在视图中指定任意的两点来绘制一条构造线。

3.1.3 绘制多段线对象

多段线是作为单个对象创建的相互连接的线段序列。用户可以创建直线段、圆弧段或两者的组合线段。它可适用于地形、等压和其他科学应用的轮廓素线、布线图和电路印刷板布局、流程图和布管图、三维实体建模的拉伸轮廓和拉伸路径等。

用户可以通过以下几种方法绘制多段线对象。

☑ 选项组：在“绘图”选项组中单击“多段线”按钮。
☑ 菜单栏：选择“绘图”|“多段线”命令。
☑ 工具栏：在“绘图”工具栏上单击“多段线”按钮。
☑ 命令行：在命令行中输入或动态输入“pline”命令（快捷键“PL”）。

执行“多段线”命令，并根据命令行提示进行操作，即可绘制带箭头的构造线，如图 3-7 所示。

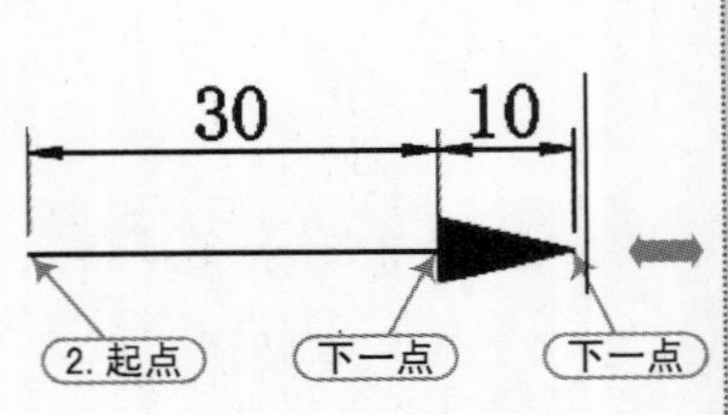

命令: _pline ◀— 1. 单击“构造线”按钮
指定起点:
当前线宽为 0.0000
指定下一个点或 [圆弧(A)/半宽(H)/长度(L)/放弃(U)/宽度(W)]: @30,0 ◀— 3. 下一点
指定下一点或 [圆弧(A)/闭合(C)/半宽(H)/长度(L)/放弃(U)/宽度(W)]: W ◀— 4. 选择 W
指定起点宽度 <0.0000>: 5 ◀— 5. 输入起点宽度: 5
指定端点宽度 <5.0000>: 0 ◀— 6. 输入终点宽度: 0
指定下一点或 [圆弧(A)/闭合(C)/半宽(H)/长度(L)/放弃(U)/宽度(W)]: @10,0 ◀— 7. 下一点
指定下一点或 [圆弧(A)/闭合(C)/半宽(H)/长度(L)/放弃(U)/宽度(W)]:

图 3-7　绘制带箭头的构造线

在绘制多段线的过程中，其各选项含义如下。

☑ 圆弧（A）：从绘制的直线方式切换到绘制圆弧方式，如图 3-8 所示。
☑ 半宽（H）：设置多段线的一半宽度，用户可分别指定多段线的起点半宽和终点半宽，如图 3-9 所示。

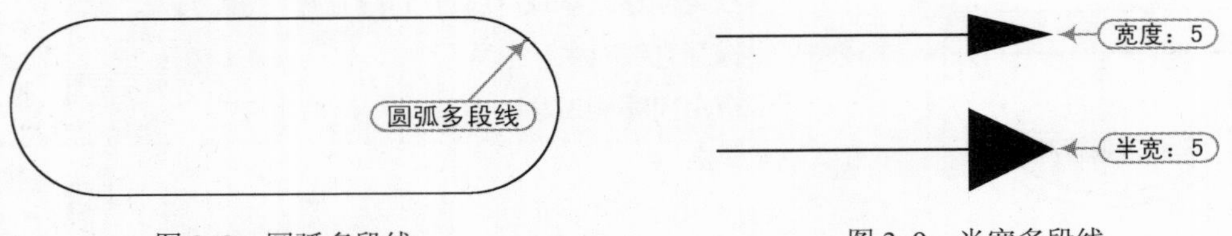

图 3-8　圆弧多段线　　图 3-9　半宽多段线

☑ 长度（L）：指定绘制直线段的长度。
☑ 放弃（U）：删除多段线的前一段对象，从而方便用户及时修改在绘制多段线过程中出现的错误。
☑ 宽度（W）：设置多段线的不同起点和端点宽度，如图 3-10 所示。

软件技能

当设置了多段线的宽度时，用户可通过“FILL”变量来设置是否对多段线进行填充。若设置为“开（ON）”，则表示填充；若设置为“关（OFF），则表示不填充，如图 3-11 所示。

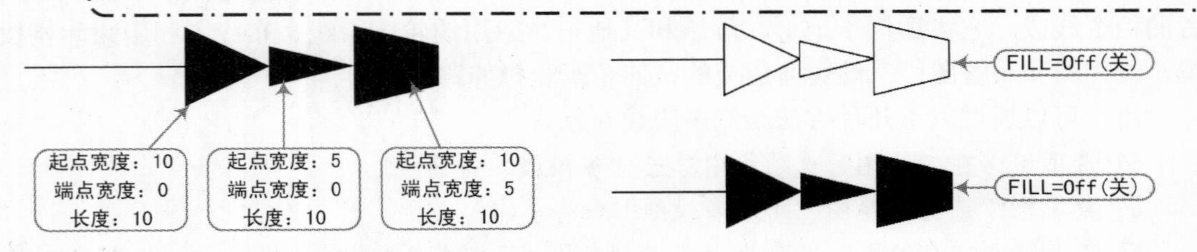

图 3-10　绘制不同宽度的多段线　　图 3-11　是否填充的效果

☑ 闭合（C）：与起点闭合，并结束命令。当多段线的宽度大于 0 时，若想绘制闭合的多段线，一定要选择“闭合（C）”选项，这样才能使其完全闭合，否则即使起点与

终点重合，也会出现缺口现象，如图 3-12 所示。

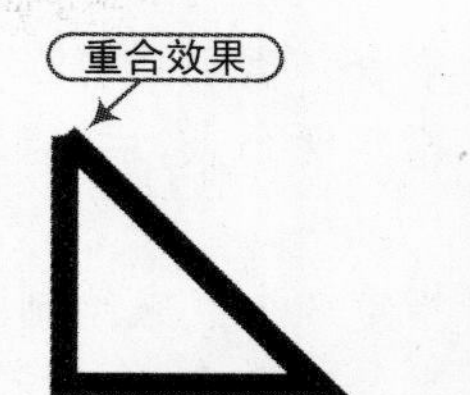

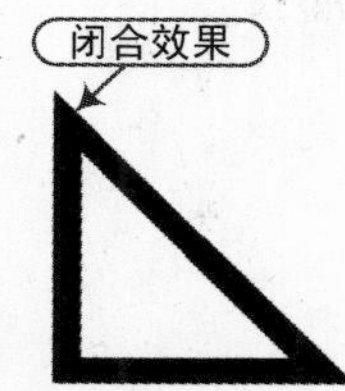

图 3-12 起点与终点是否闭合

3.1.4 绘制圆对象

圆是工程制图中另一种常见的基本实体，不论是机械制作、产品设计，还是建筑、园林、施工图的绘制，它的使用都是十分频繁的。

用户可以通过以下几种方法绘制圆对象。

☑ 选项卡：在“绘图”选项卡中单击“圆”按钮。

☑ 菜单栏：选择“绘图”|“圆”子菜单下的相关命令，如图 3-13 所示。

☑ 工具栏：在“绘图”工具栏上单击“圆”按钮。

☑ 命令行：在命令行中输入或动态输入“circle”命令（快捷键“C”）。

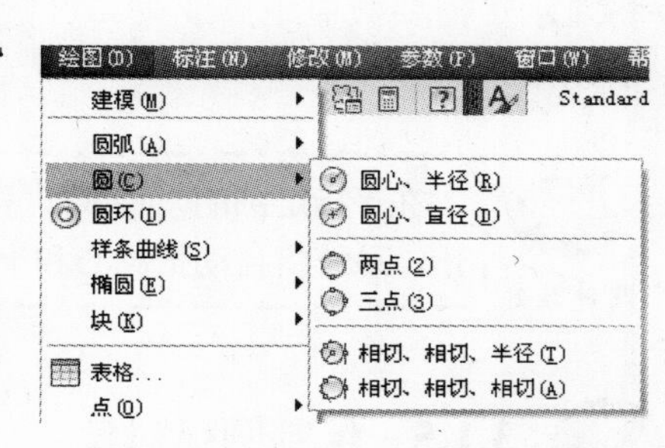

图 3-13 “圆”子菜单的相关命令

在 AutoCAD 2014 中，用户可以使用 6 种方法来绘制圆对象，如图 3-14 所示。

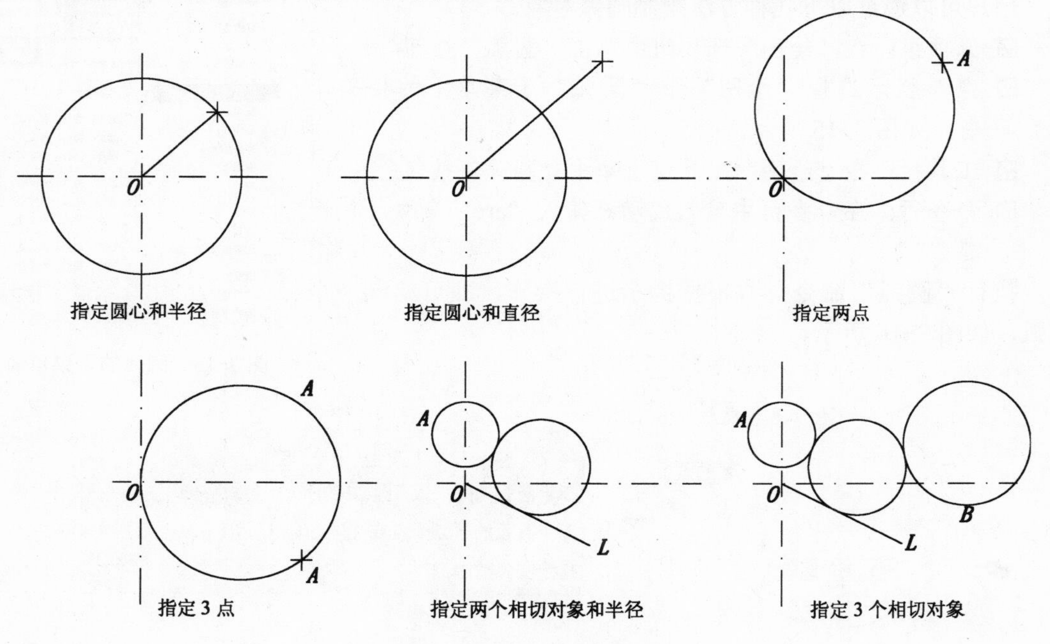

图 3-14 圆的 6 种绘制方法

“绘图”|“圆”子菜单中各命令的功能如下。

☑ “绘图”|“圆”|“圆心、半径”命令：指定圆的圆心和半径绘制圆。

☑ “绘图”|“圆”|“圆心、直径”命令：指定圆的圆心和直径绘制圆。

☑ “绘图”|“圆”|“两点”命令：指定两个点，并以两个点之间的距离为直径来绘制圆。

☑ “绘图”|“圆”|“三点”命令：指定3个点来绘制圆。

☑ “绘图”|“圆”|“相切、相切、半径”命令：以指定的值为半径，绘制一个与两个对象相切的圆。在绘制时，用户需要先指定与圆相切的两个对象，然后指定圆的半径。

☑ “绘图”|“圆”|“相切、相切、相切”命令：依次指定与圆相切的3个对象来绘制圆。

如果在命令提示要求输入半径或者直径时所输入的值无效，如英文字母、负值等，系统将显示“需要数值距离或第二点”“值必须为正且非零”等信息，并提示重新输入值或者退出该命令。

软件技能

在“指定圆的半径或[直径(D)]:”提示下，用户也可以移动十字光标至合适位置并单击，系统将自动把圆心和十字光标确定的点之间的距离作为圆的半径，绘制出一个圆。

3.1.5 绘制圆弧对象

在AutoCAD 2014中，提供了多种不同的画弧方式，用户可以指定圆心、端点、起点、半径、角度、弦长和方向值的各种组合形式。

用户可以通过以下几种方法绘制圆弧对象。

☑ 选项组：在“绘图”选项组中单击“圆弧”按钮。

☑ 菜单栏：选择“绘图”|“圆弧”子菜单下的相关命令，如图3-15所示。

☑ 工具栏：在“绘图”工具栏上单击“圆弧”按钮。

☑ 命令行：在命令行中输入或动态输入“arc”命令（快捷键“A”）。

执行“圆弧”命令，并根据提示进行操作，即可绘制一个圆弧，如图3-16所示。

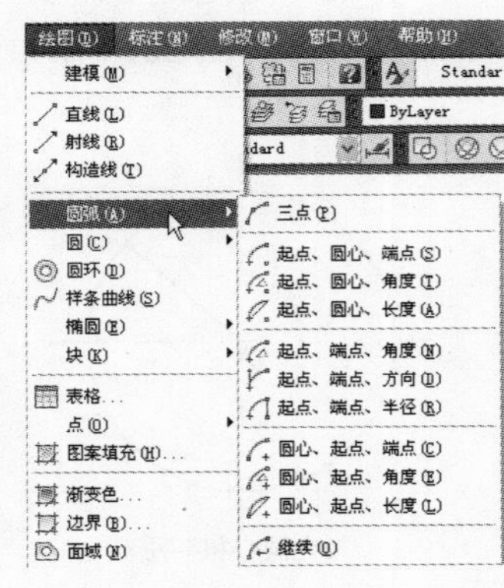

图3-15 圆弧的子菜单命令

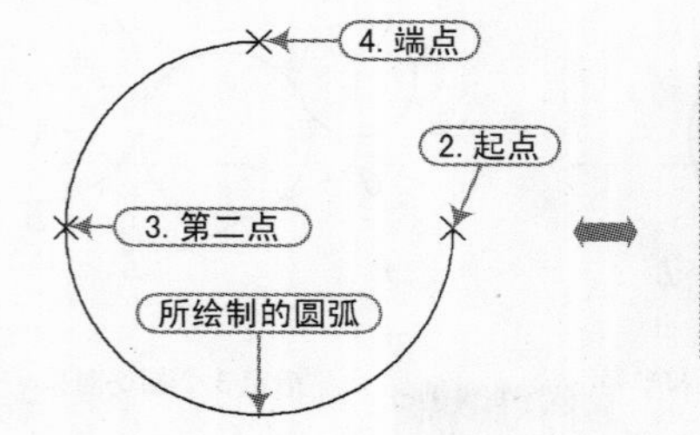

命令: _arc ← 1. 单击“圆弧”按钮
指定圆弧的起点或 [圆心(C)]:
指定圆弧的第二个点或 [圆心(C)/端点(E)]:
指定圆弧的端点:

图3-16 绘制的圆弧

"绘图" | "圆弧"子菜单含有多种绘制圆弧的方式，每种方式的含义和提示如下。

☑ 三点：通过指定三点可以绘制圆弧。

☑ 起点、圆心、端点：如果已知起点、圆心和端点，用户可以通过首先指定起点或圆心来绘制圆弧，如图 3-17 所示。

☑ 起点、圆心、角度：如果存在可以捕捉到的起点和圆心点，并且已知包含角度，请使用"起点、圆心、角度"或"圆心、起点、角度"选项，如图 3-18 所示。

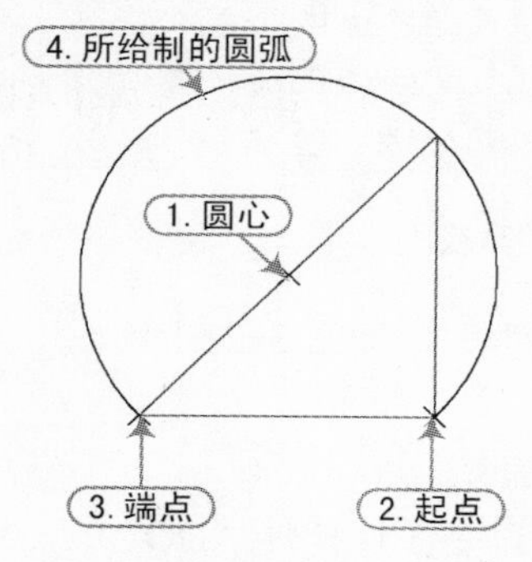

图 3-17　已知"起点、圆心、端点"画圆弧

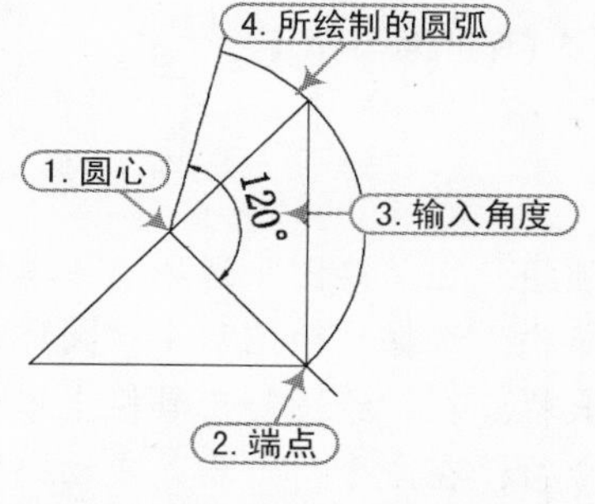

图 3-18　使用"起点、圆心、角度"画圆弧

☑ 起点、圆心、长度：如果存在可以捕捉到的起点和圆心，并且已知弦长，请使用"起点、圆心、长度"或"圆心、起点、长度"选项，如图 3-19 所示。

☑ 起点、端点、方向/半径：如果存在起点和端点，请使用"起点、端点、方向"或"起点、端点、半径"选项，如图 3-20 所示。

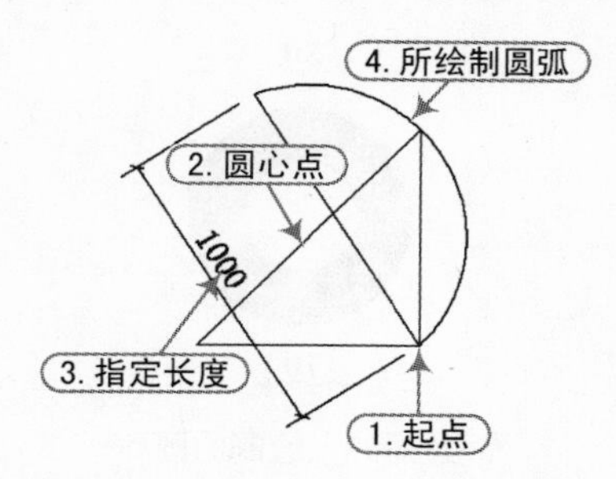

图 3-19　已知"起点、圆心、长度"画圆弧

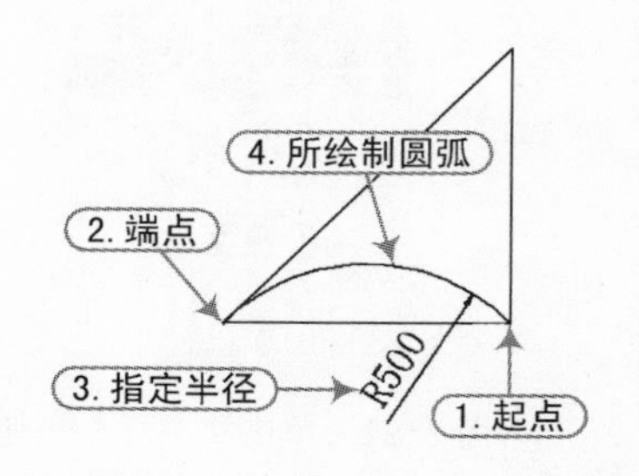

图 3-20　使用"起点、圆心、方向/半径"画圆弧

软件技能

完成圆弧的绘制后，启动"LINE"命令，在"指定第一点："提示下直接按〈Enter〉键，再输入直线的长度数值，可以立即绘制一端与该圆弧相切的直线。其提示及视图效果如图 3-21 所示。

3.1.6　绘制圆环对象

AutoCAD 2014 提供了圆环的绘制命令，只须指定内外圆直径和圆心，即可得到多个具有相同性质的圆环对象。用户可以通过以下任意一种方式来执行"圆环"命令。

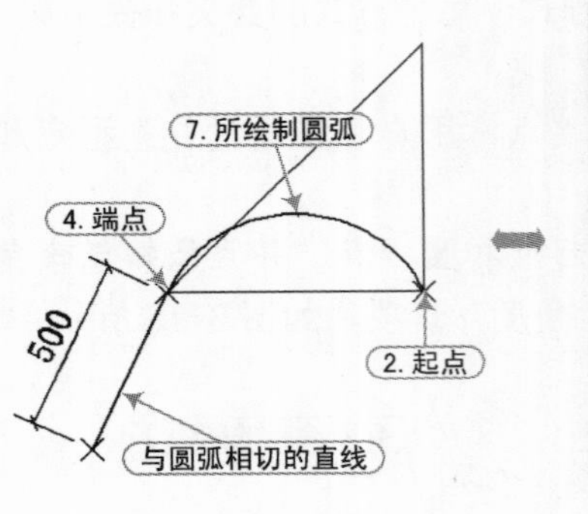

命令:_ARC ← 1. 单击“圆弧”按钮
指定圆弧的起点或 [圆心(C)]: ← 3. 选择E项
指定圆弧的第二个点或 [圆心(C)/端点(E)]: _E
指定圆弧的端点: ← 5. 选择R项
指定圆弧的圆心或 [角度(A)/方向(D)/半径(R)]: _R
指定圆弧的半径: 400 ← 6. 半径:400
命令: _line ← 8. 单击“直线”按钮
指定第一点: ← 9. 按〈Enter〉键
直线长度: 500 ← 10. 输入长度：500

图 3-21　绘制与圆弧相切的直线段

☑ 选项组：在“绘图”选项组中单击“圆环”按钮◎，如图 3-22 所示。
☑ 菜单栏：选择“绘图”｜“圆环”命令。
☑ 工具栏：在“绘图”工具栏上单击“圆环”按钮◎。
☑ 命令行：在命令行中输入或动态输入“donut”命令（快捷键“DO”）。

执行“圆环”命令后，命令行提示如下，即可绘制如图 3-23 所示的圆环对象。

```
命令: donut                      // 执行“圆环”命令
指定圆环的内径 <10.0000>:        // 输入圆环内径为 10
指定圆环的外径 <20.0000>:        // 输入圆环外径为 20
指定圆环的中心点或 <退出>:       // 指定圆环中心点位置
```

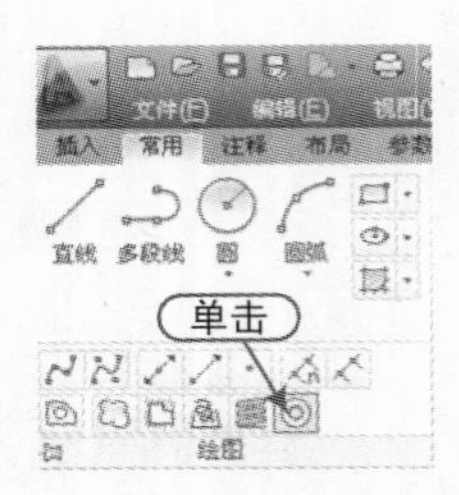

图 3-22　单击“圆环”按钮

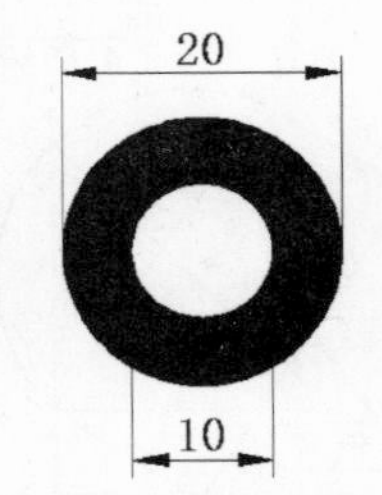

图 3-23　绘制的圆环

用户可以通过“FILL”命令或“FILLMODE”系统变量设置是否填充圆环；如果将圆环的内径设为 0，得到的结果为填充圆；用户还可以通过“特性”面板设置是否为闭合的圆环，如图 3-24 所示。

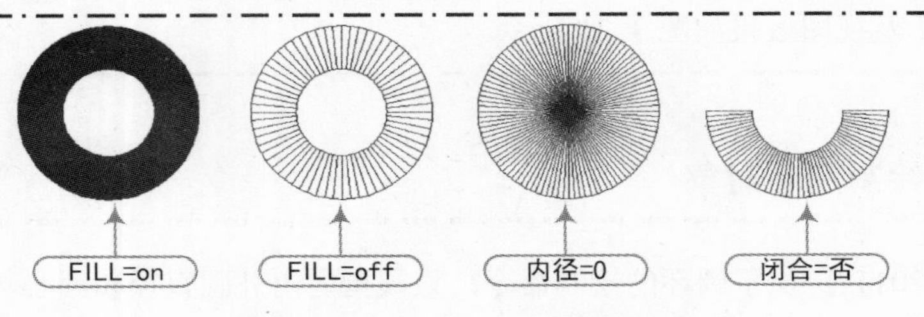

图 3-24　圆环相关参数的设置

3.1.7 绘制矩形对象

矩形命令是 AutoCAD 2014 最基本的平面绘图命令，用户在绘制矩形时仅需提供两个对角的坐标即可。在 AutoCAD 2014 中，用户绘制矩形时可以进行多种设置，使用该命令创建的矩形是由封闭的多段线作为矩形的 4 条边。

要绘制矩形对象，用户可以通过以下几种方法：

☑ 选项组：在“绘图”选项组中单击“矩形”按钮。

☑ 菜单栏：选择“绘图”|“矩形”命令。

☑ 工具栏：在“绘图”工具栏上单击“矩形”按钮。

☑ 命令行：在命令行中输入或动态输入“rectang”命令（快捷键“REC”）。

执行“矩形”命令，并根据命令行提示进行操作，即可绘制一个矩形，如图 3-25 所示。

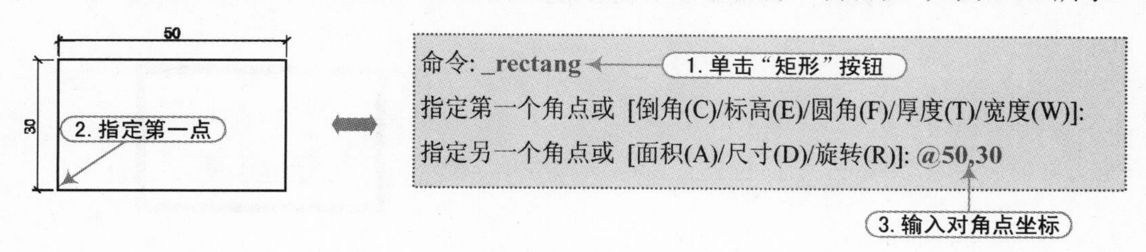

图 3-25 绘制的矩形

在绘制矩形的过程中，其各选项含义如下：

☑ 倒角（C）：指定矩形的第一个倒角与第二个倒角的距离，如图 3-26 所示。

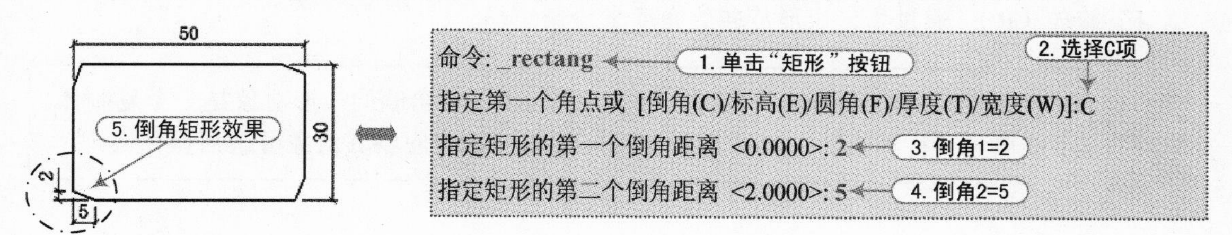

图 3-26 绘制的倒角矩形

☑ 标高（E）：指定矩形距 *XY* 平面的高度，如图 3-27 所示。

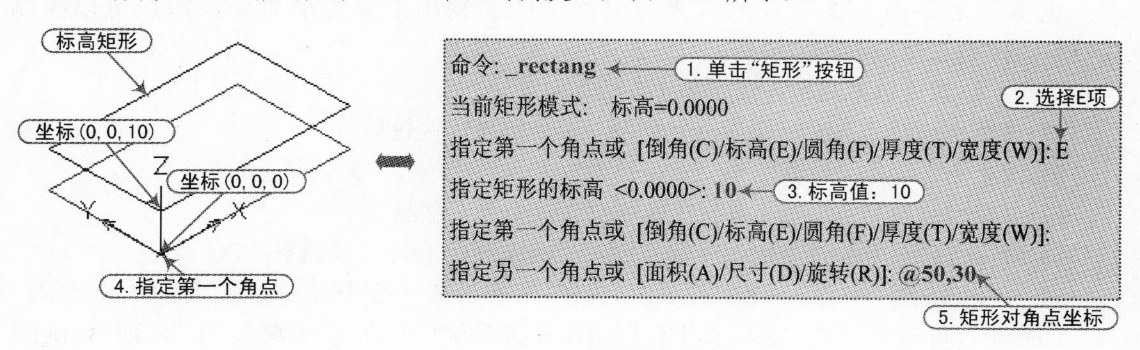

图 3-27 绘制的标高矩形

☑ 圆角（F）：指定带圆角半径的矩形，如图 3-28 所示。

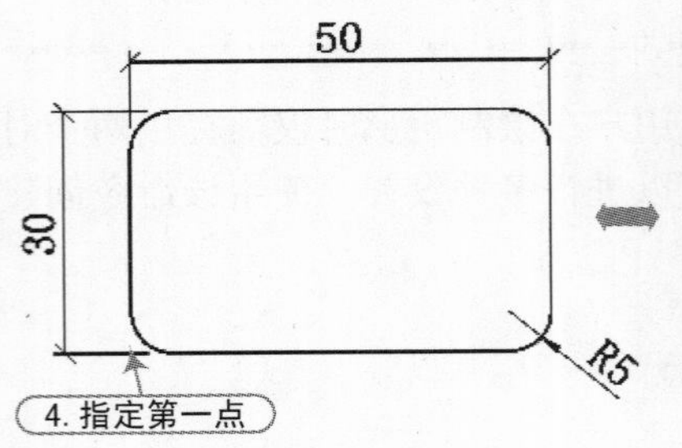

命令: _rectang ← 1. 单击“矩形”按钮

2. 选择F项

指定第一个角点或 [倒角(C)/标高(E)/圆角(F)/厚度(T)/宽度(W)]: F

指定矩形的圆角半径 <0.0000>: 5 ← 3. 圆角半径：5

指定第一个角点或 [倒角(C)/标高(E)/圆角(F)/厚度(T)/宽度(W)]:

指定另一个角点或 [面积(A)/尺寸(D)/旋转(R)]: @30,50

5. 矩形对角点坐标

图 3-28　绘制的圆角矩形

☑ 厚度（T）：指定矩形的厚度，如图 3-29 所示。

☑ 宽度（W）：指定矩形的线宽，如图 3-30 所示。

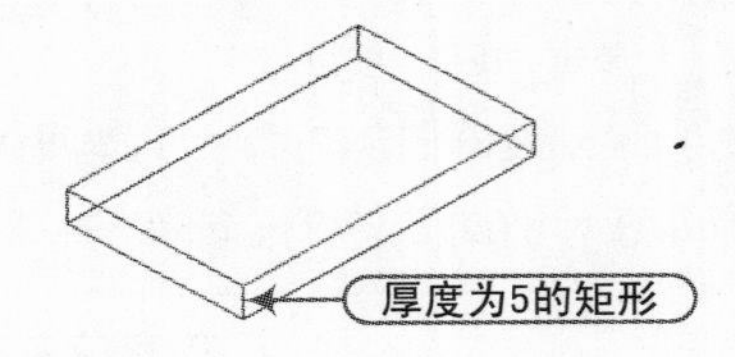

图 3-29　绘制的厚度矩形

图 3-30　绘制的宽度矩形

☑ 面积（A）：通过指定矩形的面积来确定矩形的长或宽。

☑ 尺寸（D）：通过指定矩形的宽度、高度和矩形另一角点的方向来确定矩形。

☑ 旋转（R）：通过指定矩形旋转的角度来绘制矩形。

软件技能

在 AutoCAD 2014 中，使用“矩形”命令 REC 所绘制的矩形对象是一个复制体，不能单独进行编辑。如确需进行单独的编辑，用户应将其对象分解后操作。

3.1.8　绘制正多边形对象

正多边形是由多条等长的封闭线段构成的。利用正多边形命令，用户可以绘制由 3～1024 条边组成的正多边形。

用户可以通过以下几种方法绘制正多边形对象。

☑ 选项组：在“绘图”选项组中单击“正多边形”按钮⬠。

☑ 菜单栏：选择“绘图” | “正多边形”命令。

☑ 工具栏：在“绘图”工具栏上单击“正多边形”按钮⬠。

☑ 命令行：在命令行中输入或动态输入“polygon”命令（快捷键“POL”）。

执行“正多边形”命令，并根据提示进行操作，即可绘制一个内接正多边形，如图 3-31 所示。

如果用户可以在“输入选项 [内接于圆(I)/外切于圆(C)]”提示下输入“C”，则可绘制外切正六边形，如图 3-32 所示。

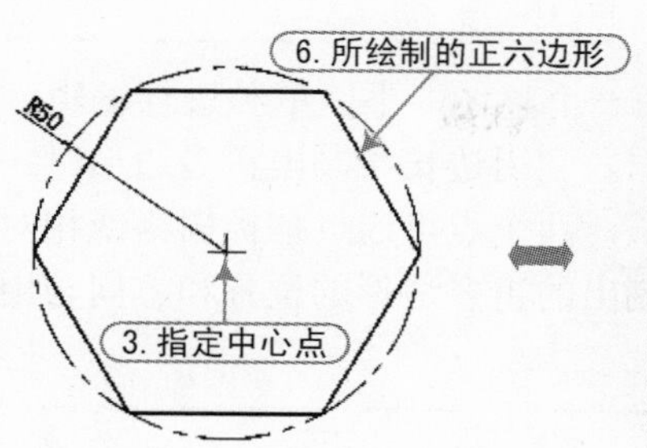

命令: _polygon ← 1. 单击“多边形”按钮
输入边的数目 <4>: 6 ← 2. 设置边数:6
指定正多边形的中心点或 [边(E)]:
输入选项 [内接于圆(I)/外切于圆(C)] <I>: I
指定圆的半径: 50 ← 5. 半径：50 4. 选择I项

图 3-31 绘制内接正六边形

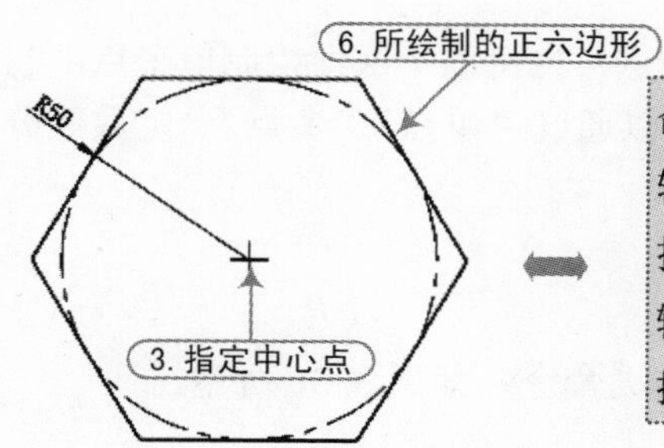

命令: _polygon ← 1. 单击“多边形”按钮
输入边的数目 <4>: 6 ← 2. 设置边数:6
指定正多边形的中心点或 [边(E)]:
输入选项 [内接于圆(I)/外切于圆(C)] <I>: C
指定圆的半径: 50 ← 5. 半径:50 4. 选择C项

图 3-32 绘制外切正六边形

在绘制正多边形的过程中，其各选项含义如下。

☑ 中心点：通过指定一个点来确定正多边形的中心点。

☑ 边（E）：通过指定正多边形的边长和数量来绘制正多边形，如图 3-33 所示。

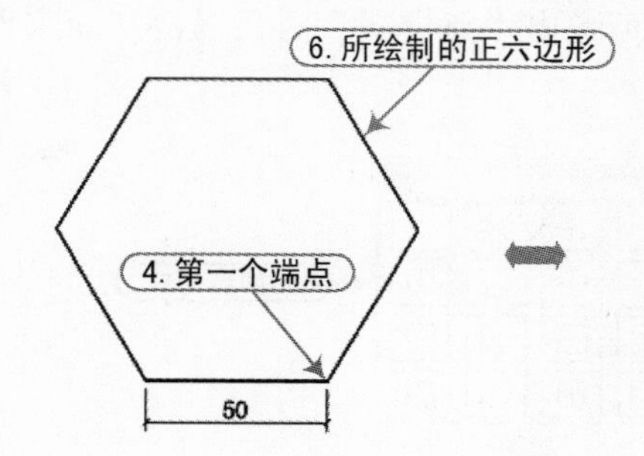

命令: _polygon ← 1. 单击“多边形”按钮
输入边的数目 <4>: 6 ← 2. 设置边数:6
指定正多边形的中心点或 [边(E)]: E ← 3. 选择E项
指定边的第一个端点:
指定边的第二个端点: @-50,0 ← 5. 第二点坐标

图 3-33 指定边长及角度

☑ 内接于圆（I）：以指定多边形内接圆半径的方式来绘制正多边形，如图 3-34 所示。

☑ 外切于圆（C）：以指定多边形外切圆半径的方式来绘制正多边形，如图 3-35 所示。

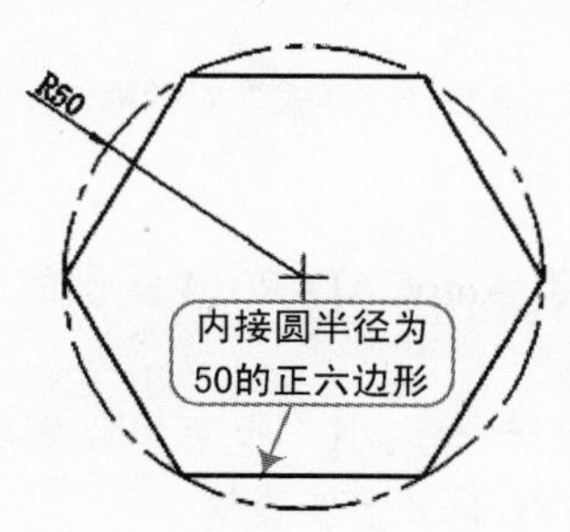

图 3-34 内接于圆

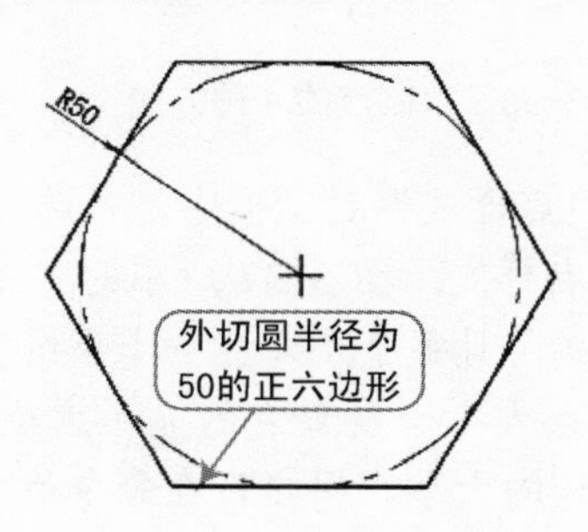

图 3-35 外切于圆

软件技能

使用“POLYGON”命令绘制的正多边形是一个整体，不能单独进行编辑，如确需进行单独的编辑，应将其对象分解后操作。利用边长绘制出正多边形时，用户确定的两个点之间的距离即为多边形的边长，两个点可通过捕捉栅格或相对坐标方式确定；利用边长绘制正多边形时，绘制出的正多边形的位置和方向与用户确定的两个端点的相对位置有关。

3.1.9 绘制点对象

在 AutoCAD 2014 中，用户可以一次性绘制多个点，也可以一次性绘制单个点，它相当于在图纸的指定位置旋转一个特定的点符号。用户可以通过“单点”“多点”“定数等分”和“定距等分”4 种方式来创建点对象。

用户可以通过以下几种方法绘制点对象。

☑ 选项组：单击“绘图”选项组中的“点”按钮▫。

☑ 菜单栏：选择“绘图”|“点”子菜单下的相关命令，如图 3-36 所示。

☑ 工具栏：单击“绘图”工具栏的“点”按钮▫。

☑ 命令行：在命令行输入或动态输入“point”命令（快捷键“PO”）。

执行“点”命令，并在命令行“指定点：”的提示下，移动光标在窗口的指定位置单击即可绘制点对象。

在 AutoCAD 2014 中，用户可以设置点的不同样式和大小。用户可选择“格式”|“点样式”命令，或者在命令行中输入“DDPTYPE”，即可弹出“点样式”对话框，从而来设置不同点样式和大小，如图 3-37 所示。

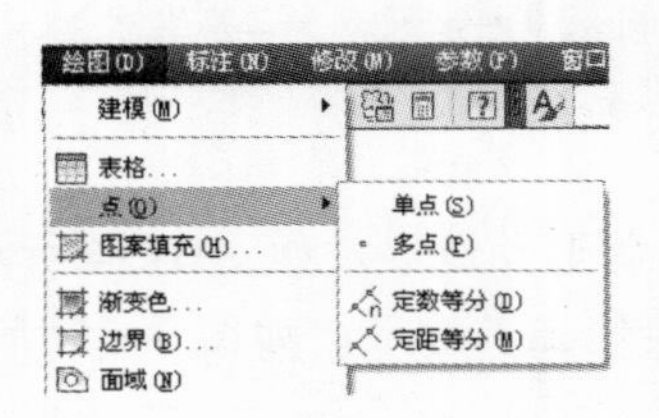

图 3-36 绘制点的 4 种方式

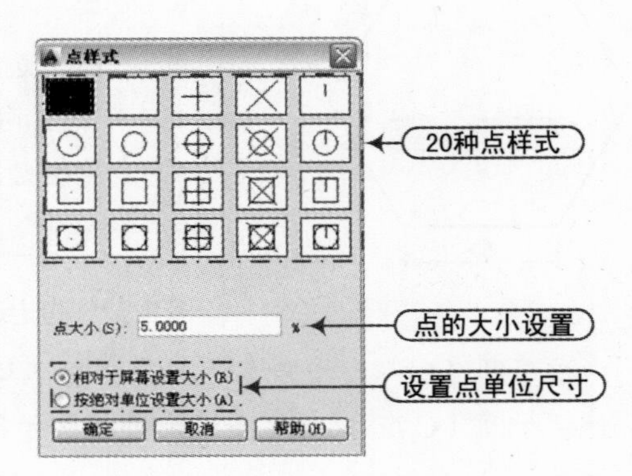

图 3-37 “点样式”对话框

在“点样式”对话框中，各选项的含义如下。

☑ 点样式：图 3-37 所示的“点样式”对话框中列出了 AutoCAD 2014 提供的所有点样式，且每个点对应一个系统变量（PDMODE）值。

☑ 点大小：设置点的显示大小，可以相对于屏幕设置点的大小，也可以设置绝对单位点的大小，用户可在命令行中输入系统变量（PDSIZE）来重新设置。

☑ 相对于屏幕设置大小（R）：按屏幕尺寸的百分比设置点的显示大小，当进行缩放时，点的显示大小并不改变。

☑ 按绝对单位设置大小（A）：按照“点大小”文本框中值的实际单位来设置点显示大小。当进行缩放时，显示点的大小会随之改变。

1. 等分点

等分点命令的功能是以相等的长度设置点或图块的位置，被等分的对象可以是线段、圆、圆弧以及多段线等实体。选择“绘图” | “点” | “定数等分”命令，或者在命令行中输入“DIVIDE”命令，然后按照命令行提示进行操作，等分的效果如图3-38所示。

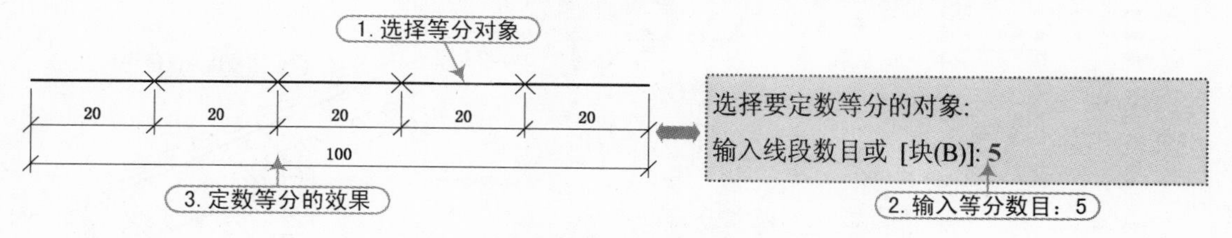

图3-38 五等分后的线段

在输入等分对象的数量时，其输入值为2～32 767。

2. 等距点

等距点命令用于在选择的实体上按给定的距离放置点或图块。选择“绘图” | “点” | “定距等分”命令，或者在命令行输入“MEASURE”命令，然后按照命令行提示进行操作，等分的效果如图3-39所示。

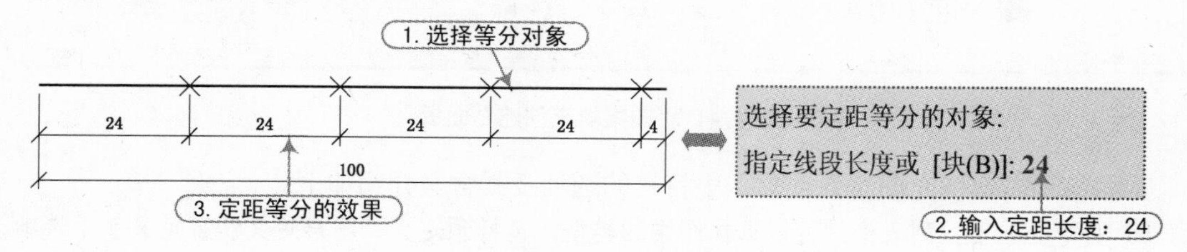

图3-39 以24为单位定距等分线段

3.1.10 图案填充对象

用户在绘制建筑图形时，经常需要使用一些图案来对封闭的图形区域进行图案填充，以达到符合设计的需要。通过CAD所提供的“图案填充”功能，用户就可以根据用户的需要对填充的图案、填充的区域、填充的比例等进行设置。

用户可以通过以下几种方法进行图案填充。

☑ 选项组：在“绘图”选项组中单击“图案填充”按钮。

☑ 菜单栏：选择“绘图” | “图案填充”命令。

☑ 工具栏：在“绘图”工具栏上单击“图案填充”按钮▣。

☑ 命令行：在命令行中输入或动态输入“bhatch”命令（快捷键“H”）。

启动“图案填充”命令之后，将弹出“图案填充或渐变色”对话框，根据要求选择一封闭的图形区域，并设置填充的图案、比例、填充原点等，即可对其进行图案填充，如图 3-40 所示。

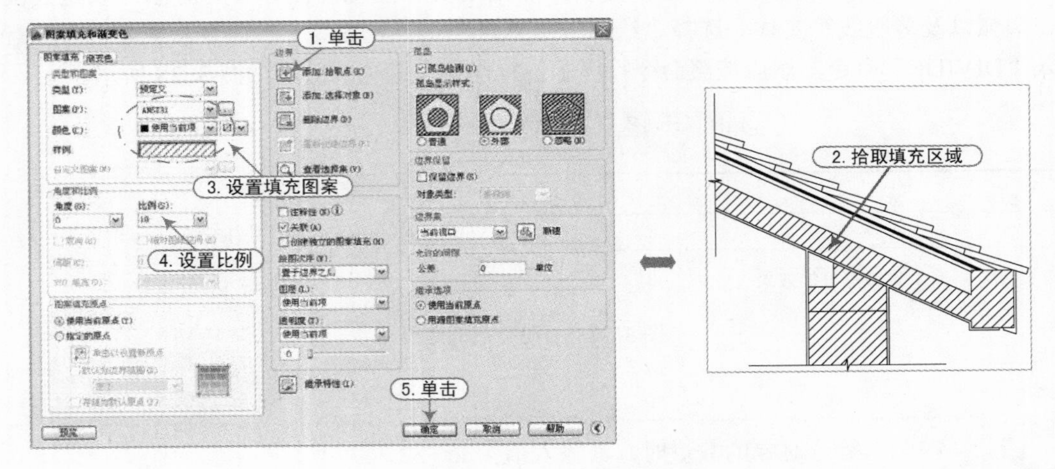

图 3-40　图案填充

如果用户是在“草图与注释”工作空间模式下操作，此时执行了“图案填充”命令（H）后，将在功能区增加“图案填充创建”选项卡，从而可以对其边界、图案、特性、选项等进行设置，如图 3-41 所示。

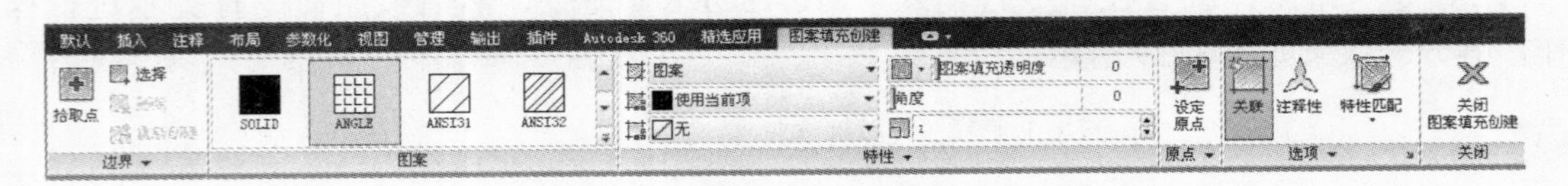

图 3-41 “图案填充创建”面板

下面将“图案填充创建”选项卡中特有的选项及其含义介绍如下。

☑ “类型”下拉列表框：可以选择图案的类型，包括预定义、用户定义和自定义 3 个选项。

☑ “图案”下拉列表框：设置填充的图案，若单击其后的按钮▭，将弹出“填充图案选项板”对话框，从中选择相应的填充图案即可，打开后有 4 种填充类型，如图 3-42 所示。

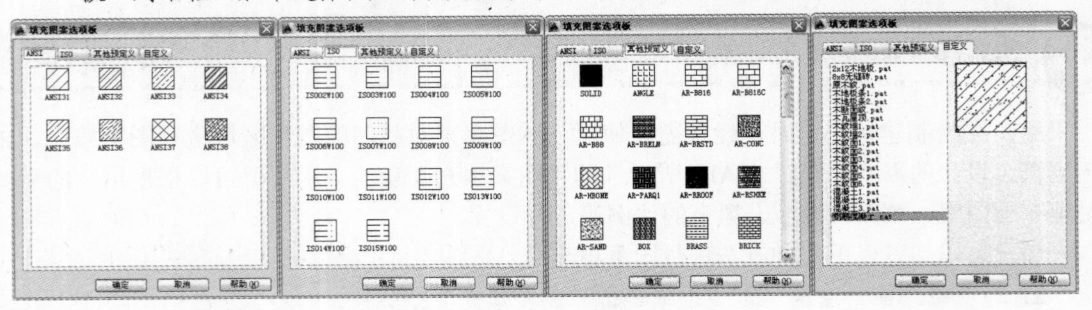

图 3-42　4 种填充类型

对于 AutoCAD 2014 的自定义填充图案，用户可以在网上去下载，并将下载的填充图案复制到 CAD 安装目录下的 “support” 文件夹中，然后重新启动 AutoCAD 2014 软件，即可在“自定义”选项卡中看到所添加的自定义填充图案。

☑ “样例”预览窗口：显示当前选中的图案样例，单击所选的样例图案，也可以弹出“填充图案选项”对话框来选择图案。

☑ “自定义图案”下拉列表框：当填充的图案类型为“自定义”时，该选项才可用，从而可以在其下拉列表框中选择图案。若单击其后的按钮，将弹出“填充图案选项”对话框，并自动切换到“自定义”选项卡中进行选择。

☑ “双向”复选框：当“类型”设置为“自定义”选项时，选中该复选框，可以使相互垂直的两组平行线填充；不选中，则只有一组平行线填充。

☑ “间距”文本框：可以设置填充线段之间的距离，当填充的图案类型为“自定义”时，该选项才可用，如图 3-43 所示。

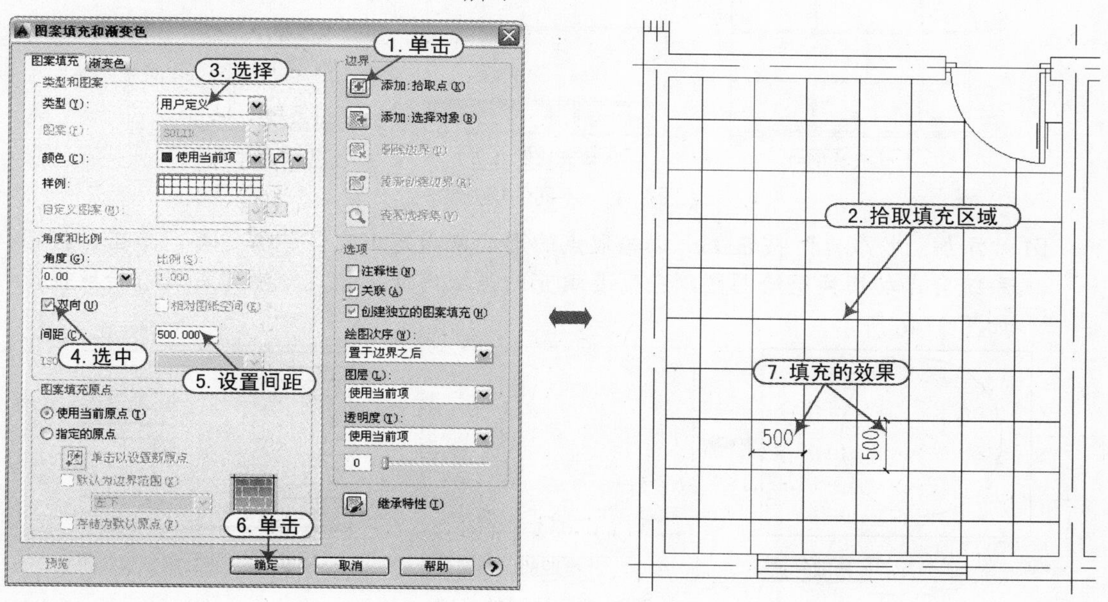

图 3-43 双向并设置间距填充

☑ “相对图纸空间”复选框：选中该复选框，设置的比例因子为相对于图纸空间的比例。

☑ “ISO 笔宽”下拉列表框：当填充 ISO 图案时，该选项才可用，用户可在其下拉列表中设置线的宽度。

☑ “使用当前原点”单选按钮：单击该单选按钮，图案填充时使用当前 UCS 的原点作为原点。

☑ “指定的原点”单选按钮：单击该单选按钮，可以设置图案填充的原点。

☑ “单击以设置新原点”按钮：选择该选项，可以用鼠标在绘图区指定原点。

☑ “默认为边界范围”复选框：选中该复选框，将重新设置的新原点保存为默认原点。

☑ “存储为默认原点”复选框：选中该复选框，将新图案填充原的值存储在“HPORIGIN”系统变量中。

☑ “使用当前原点”单选按钮：单击该单选按钮，在用户使用“继承特性”创建的图案填充时继承当前图案填充原点。

☑ “用源图案填充原点”单选按钮：单击该单选按钮，在用户使用“继承特性”创建的图案填充时继承源图案填充原点。

☑ “角度”下拉列表框：设置填充图案的旋转角度，如图 3-44 所示。

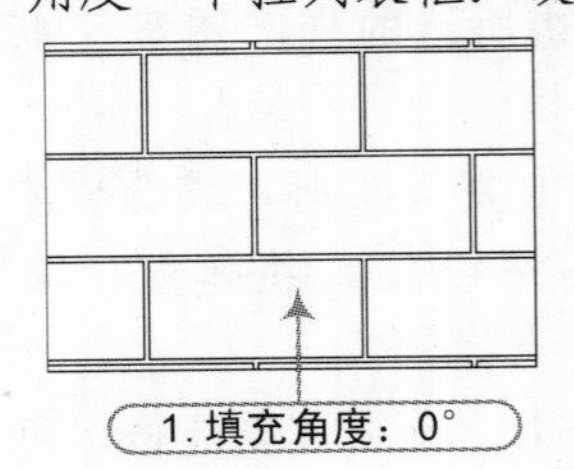

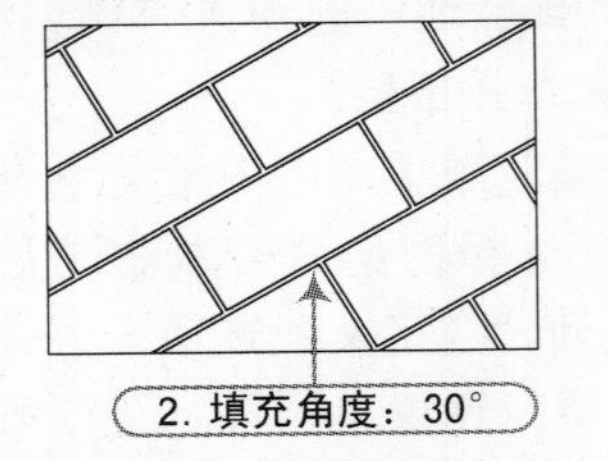

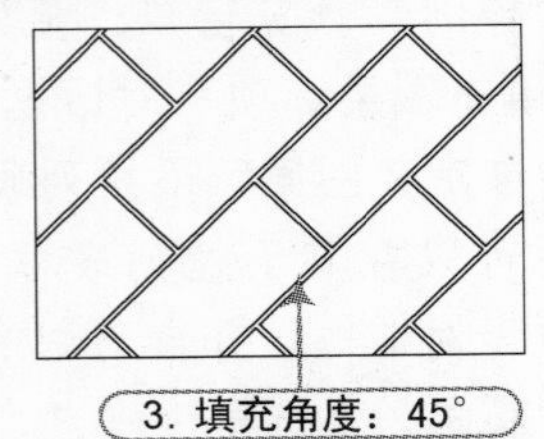

图 3-44　不同的填充角度

☑ “比例”数值框：可以设置图案填充的比例，如图 3-45 所示。

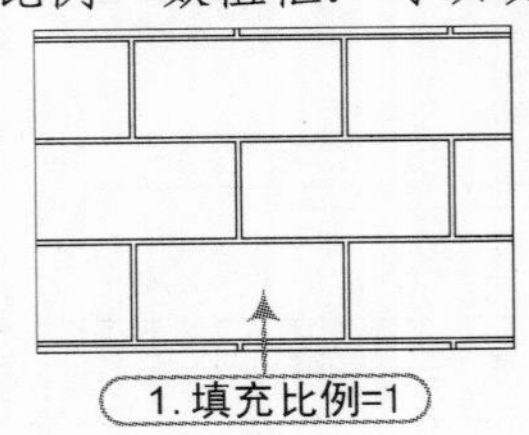

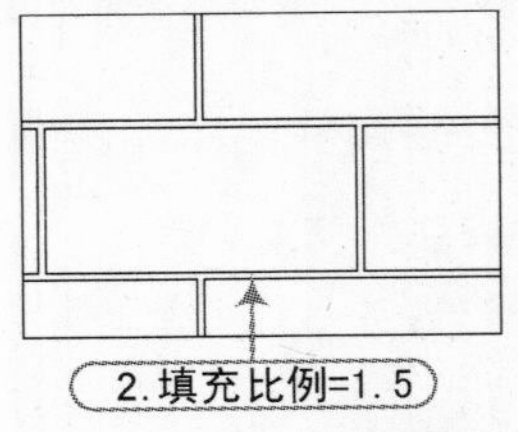

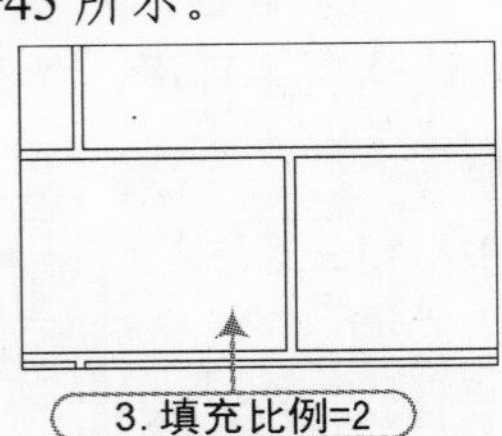

图 3-45　不同的填充比例

☑ “添加：拾取点”按钮：以拾取点的形式来指定填充区域的边界，单击该按钮，系统会自动切换至绘图区，在需要填充的区域内任意指定一点即可进行拾取操作，如图 3-46 所示。

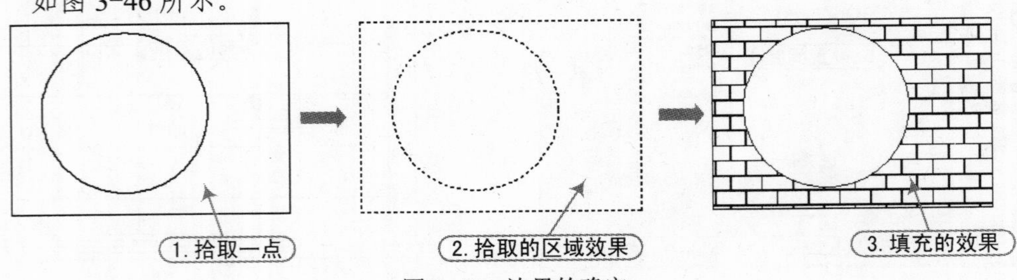

图 3-46　边界的确定

☑ “添加：选择对象”按钮：单击该按钮，系统会自动切换至绘图区，然后在需要填充的对象上单击即可，如图 3-47 所示。

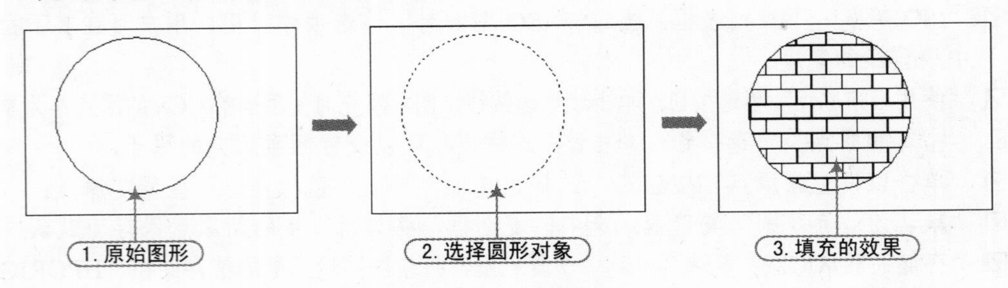

图 3-47　选择边界对象

☑ “删除边界”按钮：单击该按钮可以取消系统自动计算或用户指定的边界，如图 3-48 所示。

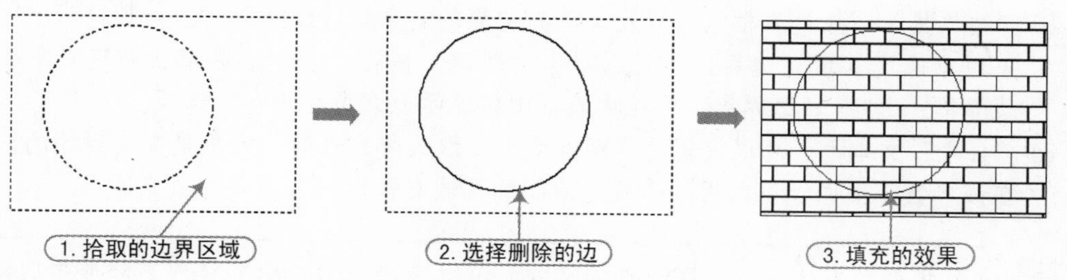

图 3-48 删除边界后的填充图形

☑ “重新创建边界”按钮：单击该按钮可以重新设置图案填充边界。
☑ “查看选择集”按钮：单击该按钮可以查看已定义的填充边界，且绘图区会亮显共边线。
☑ “注释性”复选框：选中该复选框，则填充图案为可注释的。
☑ “关联”复选框：选中该复选框，创建边界时图案时图案和填充会随之更新。
☑ “创建独立的图案填充”复选框：选中该复选框，创建的填充图案为独立的。
☑ “绘图次序”下拉列表框：可以选择图案填充的绘图顺序。可放在图案填充边界及所有其他对象之后或之前。
☑ “透明度”下拉列表框：可以设置填充图案的透明度。
☑ “继承特性”按钮：单击该按钮，可将现有的图案填充或填充对象的特性应用到其他图案填充或填充对象中。
☑ “孤岛检测”复选框：在进行图案填充时，将位于总填充区域内的封闭区域成为孤岛。在使用“BHATCH”命令填充时，AutoCAD 系统允许用户以拾取点的方式确定填充边界，同时也确定该边界内的岛。如果用户以选择对象的方式填充边界，则必须确切地选取这些岛。
☑ “普通”单选按钮：单击该按钮，表示从最外边界向里面画填充线，直至遇到与之相交的内部边界时断开填充线，遇到下一个内部边界时再继续绘制填充线。其系统变量“HPNAME”设置为 *N*，如图 3-49 所示。
☑ “外部”单选按钮：单击该按钮，表示从最外边界向里面画填充线，直至遇到与之相交的内部边界时断开填充线，不再继续往里绘制填充线。其系统变量“HPNAME”设置为 *O*，如图 3-50 所示。
☑ “忽略”单选按钮：选择该方式将忽略边界内的对象，所有内部结构都被剖面符号覆盖，如图 3-51 所示。

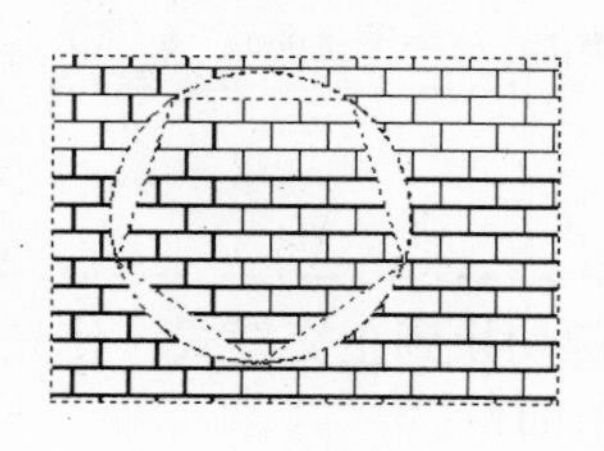

图 3-49 普通填充

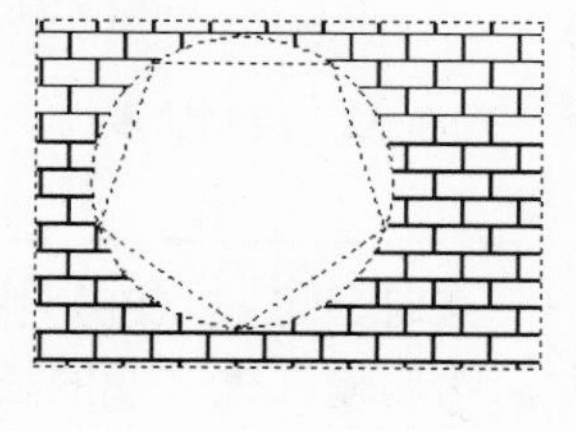

图 3-50 外部填充

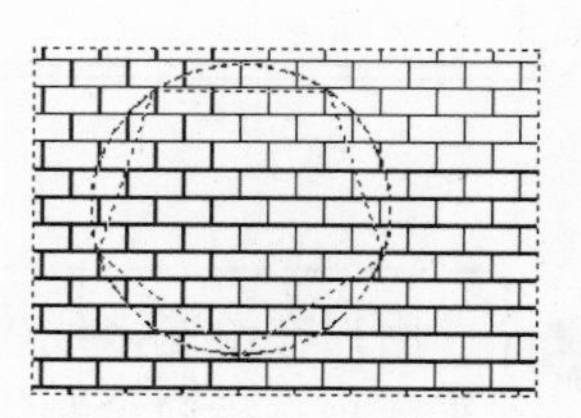

图 3-51 忽略填充

☑ “保留边界”复选框：选中该复选框，可将填充边界以对象的形式保留，并可以从“对象类型”下拉列表框中选择填充边界的保留类型。

☑ “边界集”下拉列表框：可以定义填充边界的对象集，默认以“当前视口”中所有可见对象确定其填充边界，也可以单击“新建”按钮，在绘图区重新制定对象类定义边界集。之后，“边界集”下拉列表框中将显示为“现在集合”选项。

☑ “公差”文本框：可以设置允许间隙大小，默认值为 0 时，对象是完全封闭的区域。在该参数范围内，可以将一个几乎封闭的区域看作是一个闭合的填充边界。

软件技能

如果要填充边界未完全闭合的区域，可以设置“HPGAPTOL”系统变量以桥接间隔，将边界视为闭合。但“HPGAPTOL”系统变量仅适用于指定直线与圆弧之间的间隙，经过延伸后两者会连接在一起。

3.1.11 绘制多线对象

多线就是由 1～16 条相互平行的平行线组成的对象，且平行线之间的间距、数目、线型、线宽、偏移量、比例均可调整，常用于绘制建筑图纸中的墙线、电子线路图等、地图中的公路与河道等对象。

用户可以通过以下几种方法绘制多线。

☑ 菜单栏：选择“绘图” | “多线”命令。

☑ 工具栏：在“绘图”工具栏上单击“多线”按钮。

☑ 命令行：在命令行中输入或动态输入“mline”命令（快捷键“ML”）。

执行“多线”命令后，系统将显示当前的设置（如对正方式、比例和多样样式），用户可以根据需要进行设置，然后依次确定多线地起点和下一点，从而绘制多段线，其操作步骤如图 3-52 所示。

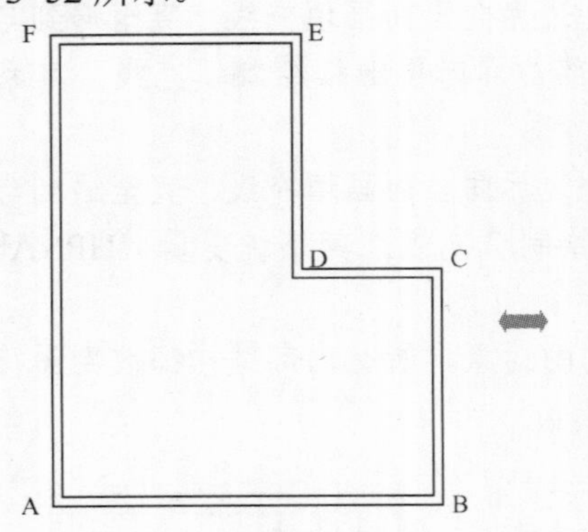

命令: mline ← 1. 执行“多线”命令
当前设置: 对正 = 上，比例 = 100.00，样式 = STANDARD
指定起点或 [对正(J)/比例(S)/样式(ST)]: ← 2. 确定起点A
指定下一点: 4000 ← 3. 确定下一点B
指定下一点或 [放弃(U)]: 2400 ← 4. 确定下一点C
指定下一点或 [闭合(C)/放弃(U)]: 1500 ← 5. 确定下一点D
指定下一点或 [闭合(C)/放弃(U)]: 2600 ← 6. 确定下一点E
指定下一点或 [闭合(C)/放弃(U)]: 2500 ← 7. 确定下一点F
指定下一点或 [闭合(C)/放弃(U)]: C ← 8. 选择C项，与A点闭合

图 3-52 绘制的多线

软件技能

用户在绘制多线确定下一点时，可按〈F8〉快捷键切换到正交模式，使光标水平或垂直指向绘制的方向，然后输入该多线的长度值即可。

在绘制多线时，其提示栏各选项的含义如下。

☑ 对正（J）：指定多线的对正方式。选择该项后，将显示如下提示，每种对正方式的示意图如图 3-53 所示。

输入对正类型 [上(T)/无(Z)/下(B)] <上>:

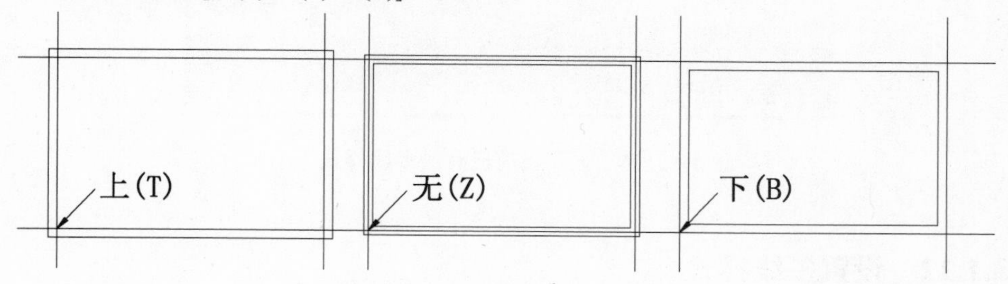

图 3-53　不同的对正方式

☑ 比例（S）：可以控制多线绘制时的比例。选择该项后，将显示如下提示，不同比例因子的示意图如图 3-54 所示。

输入多线比例 <20.00>:

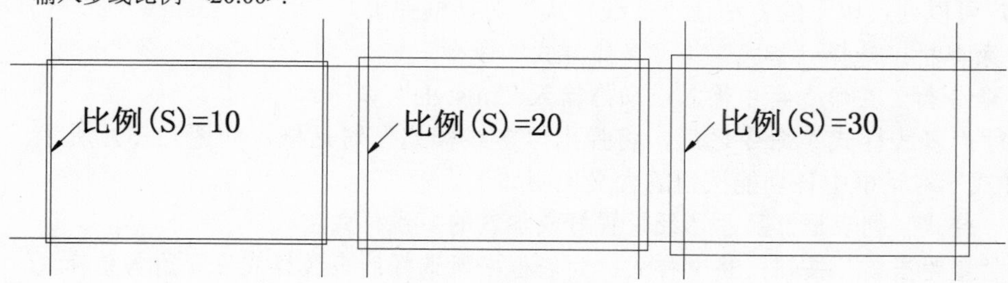

图 3-54　不同的比例因子

☑ 样式（ST）：用于设置多线的线型样式，其默认为标准型（STANDARD）。选择该项后，将显示如下提示，不同多线样式的示意图如图 3-55 所示。

输入多线样式名或 [?]:

图 3-55　不同的多线样式

软件技能

如果不知道当前文档中设置了哪些多线样式，用户可以在“输入多线样式名或[?]:”提示下输入“？”，将弹出一个文本窗口显示当前已有的多线样式的名称，如图 3-56 所示。

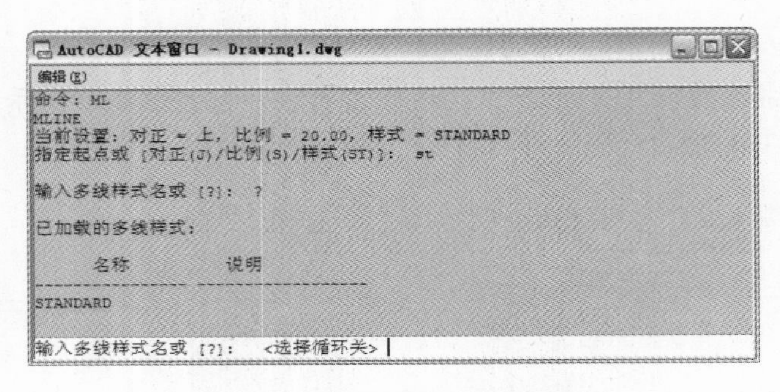

图 3-56 显示当前已有的多线样式

3.1.12 设置多线样式

默认情况下，AutoCAD 2014 提供的多线样式为 STANDARD，其比例为 1，对正方式为“上”。如果用户需要重新设置或修改其多线样式，这时就可以通过“多线样式”对话框来进行设置。

用户可以通过以下的方法让“多线样式”对话框弹出。

☑ 菜单栏：选择“格式” | “多线样式”命令。

☑ 命令行：在命令行中输入或动态输入“mlstyle”命令。

执行“多线样式”命令之后，将弹出“多线样式”对话框，如图 3-57 所示。下面将“多线样式”对话框中各功能按钮的含义说明如下。

☑ “样式”列表框：显示已经设置好或加载的多线样式。

☑ “置为当前”按钮：将“样式”列表框中所选择的多线样式设置为当前模式。

☑ “新建”按钮：单击该按钮，将弹出“创建新的多线样式”对话框，从而可以创建新的多线样式，如图 3-58 所示。

图 3-57 “多线样式”对话框

图 3-58 “创建新的多线样式”对话框

☑ “修改”按钮：在“样式”列表框中选择样式并单击该按钮，将弹出“修改多线样式：××”对话框，即可修改多线的样式，如图 3-59 所示。

图 3-59 “修改多线样式：××”对话框

若当前文档中已经绘制了多线样式，那么就不能对该多线样式进行修改。

☑ “重命名”按钮：将“样式”列表框中所选择的样式重新命名。
☑ “删除”按钮：将“样式”列表框中所选择的样式删除。
☑ “加载”按钮：单击该按钮，将弹出如图 3-60 所示的“加载多线样式”对话框，从而可以将更多的多线样式加载到当前文档中。
☑ “保存”按钮：单击该按钮，将弹出如图 3-61 所示的“保存多线样式”对话框，将当前的多线样式保存为一个多线文件（*.mln）。

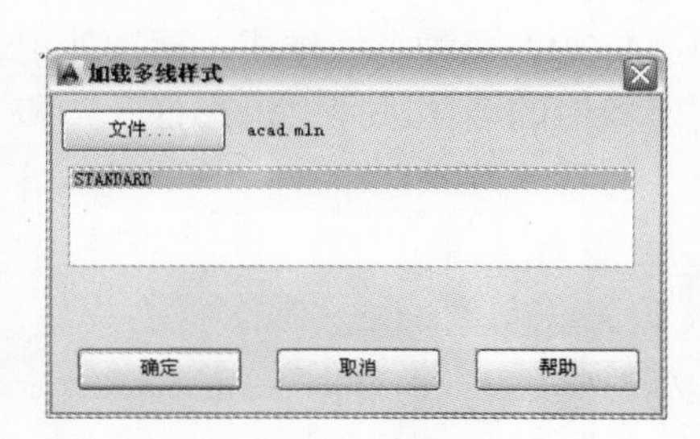

图 3-60 “加载多线样式”对话框

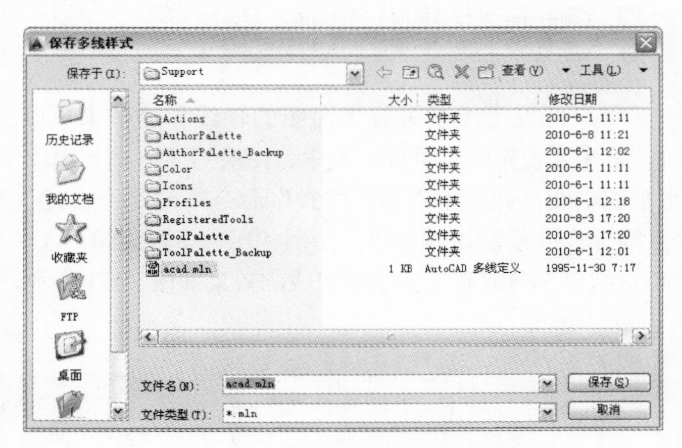

图 3-61 “保存多线样式”对话框

3.1.13 多线编辑工具

在 AutoCAD 2014 中绘制多线后，用户可以通过编辑多线的方式来设置多线的不同交点方式，以满足各种绘制的需要。

要进行多线的编辑，用户可以通过以下的方法。

☑ 菜单栏：选择“修改”|“对象”|“多线”命令。

☑ 命令行：在命令行中输入或动态输入“mledit”命令。

执行“多线编辑”命令后，将将弹出“多线编辑工具”对话框，如图 3-62 所示。选择不同的编辑工具，将返回到视图中，然后依次单击要编辑的多线即可。

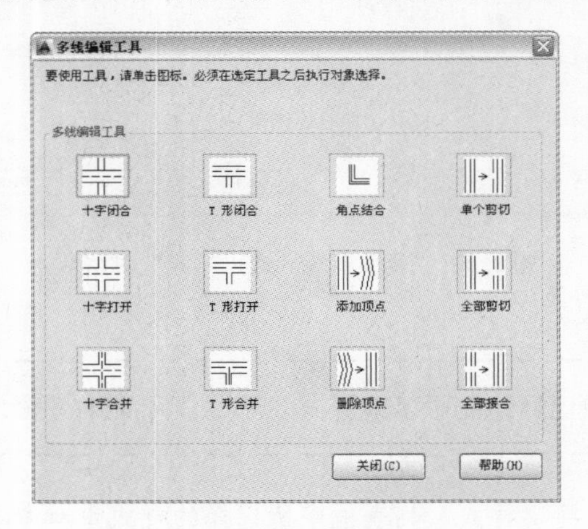

图 3-62 “多线编辑工具”对话框

3.2 绘制医院平面图的轴线和墙体

视频\03\医院平面图的轴线和墙体的绘制.avi
案例\03\医院平面图的轴线和墙体.dwg

用户可以借绘制医院平面图的轴线和墙体来巩固前面所学的知识。在绘制医院平面图时，首先要设置图形单位、界限、图层等环境，其次使用“直线”和“偏移”命令绘制垂直和水平的轴线，并使用“多线样式”命令来设置“120Q”和“240Q”两种多线样式，再次使用“多线”命令绘制墙体对象，最后使用“多线编辑”工具对其绘制的墙体进行“T 形打开”和“角点结合”等编辑，其绘制完成的效果如图 3-63 所示。

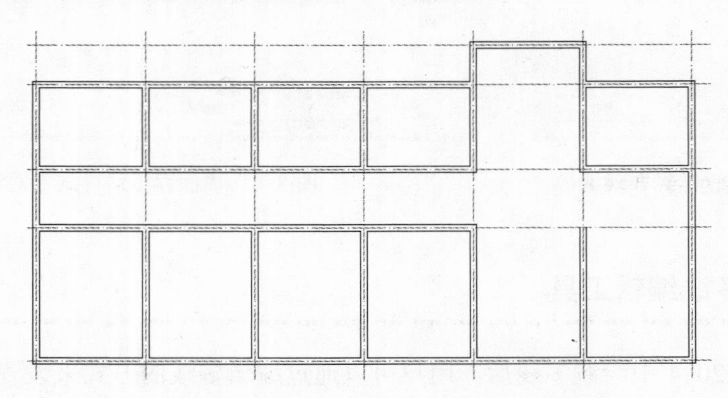

图 3-63 绘制的轴线和墙体效果

具体操作步骤如下：

1）正常启动 AutoCAD 2014 软件，按〈Ctrl+S〉组合键将该新建的文件保存为“案例\03\医院平面图的轴线和墙体.dwg”。

2）选择“格式”|“单位”命令，弹出“图形单位”对话框，将“长度类型”设置为“小数”，“精度”设置为“0.0000”，“角度类型”设置为“十进制度数”，“精度”设置为“0.00”。

3）选择“格式”|“图形界限”命令，依照提示，设定图形界限的左下角为(0,0)，右上角为(30000,20000)，然后在命令行中依次输入“Z”“空格”“A”，使输入的图形界限区域全部显示在图形窗口内。

4）选择“格式”|“图层”命令，弹出“图层特性管理器”面板，然后按照表 3-1 所示的内容来建立图层，所建立的图层效果如图 3-64 所示。

表 3-1　图层设置

序　号	图 层 名	描 述 内 容	线宽/mm	线　型	颜　色	打 印 属 性
1	轴线	定位轴线	0.15	点画线（ACAD_ISOO4W100）	红色	打印
2	轴线文字	轴线圆及轴线文字	0.15	实线（CONTINUOUS）	蓝色	打印
3	辅助轴线	辅助轴线	0.15	点画线（ACAD_ISOO4W100）	红色	不打印
4	墙	墙体	0.30	实线（CONTINUOUS）	粉红	打印
5	柱	柱	0.30	实线（CONTINUOUS）	黑色	打印
6	标注	尺寸线、标高	0.15	实线（CONTINUOUS）	绿色	打印
7	门窗	门窗	0.15	实线（CONTINUOUS）	青色	打印
8	楼梯	楼梯	0.15	实线（CONTINUOUS）	黑色	打印
9	文字	图中文字	0.15	实线（CONTINUOUS）	黑色	打印
10	设施	家具、卫生设备	0.15	实线（CONTINUOUS）	黑色	打印

5）在“图层”工具栏的“图层控制”下拉列表框中选择“轴线”，使之成为当前图层，如图 3-65 所示。

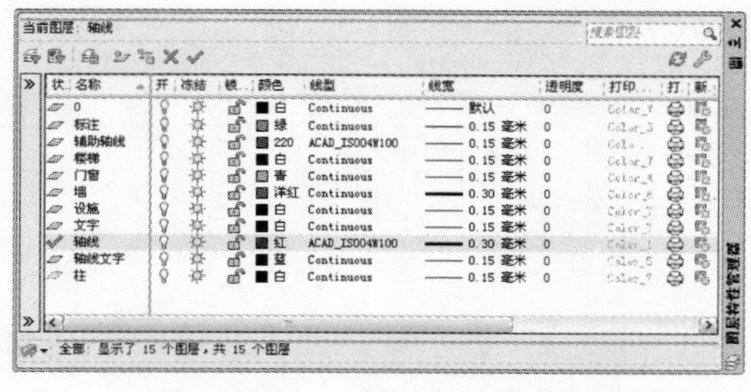

图 3-64　设置的图层

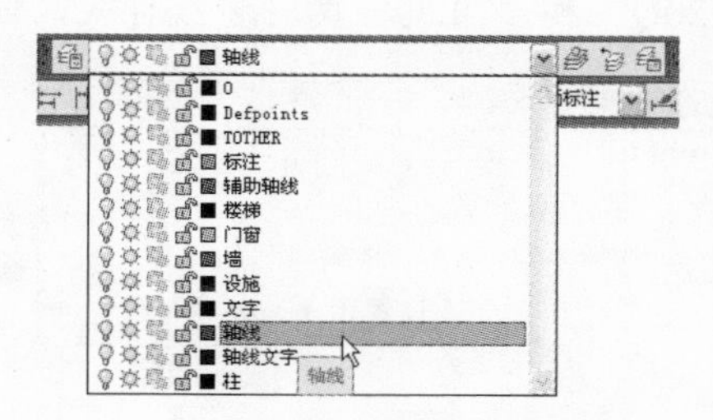

图 3-65　设置当前图层

6）使用“直线”命令，在视图中绘制一条长度约为 15 000 的垂直线段，再使用“偏移”命令，将绘制的垂直线段依次向右偏移 6 个 4000，如图 3-66 所示。

软件技能

如果发现绘制的轴线看上去并非点画线状(ACAD_ISOO4W100)，此时用户可选择“格式”|“线型”命令，将弹出“线型”对话框，在“全局比例因子”文本框中输入“50”，并单击“确定”按钮如图 3-67 所示，此时所绘制的轴线即呈点画线状。

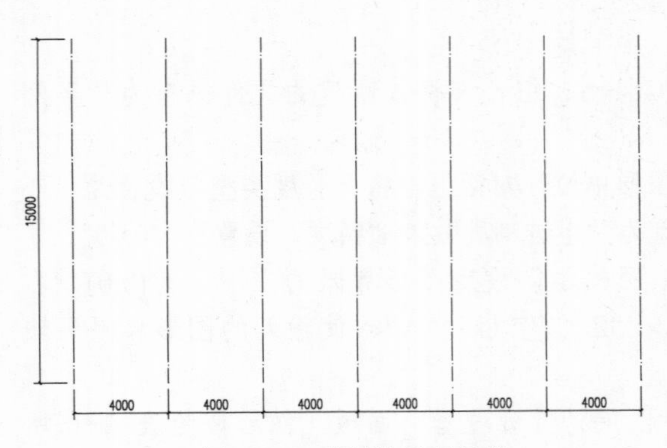

图 3-66　绘制的垂直轴线

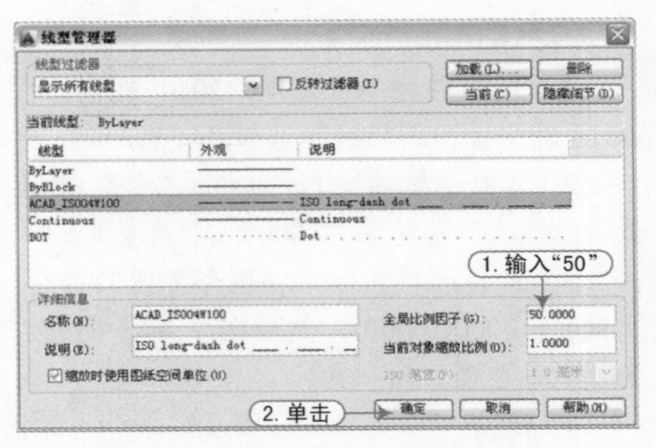

图 3-67　设置全局比例因子

7）同样，使用“直线”命令在图形的下侧绘制长约 25 000mm 的水平线段，再使用“偏移”命令将其水平线段分别向上偏移 5000mm、2200mm、3200mm、1500mm，如图 3-68 所示。

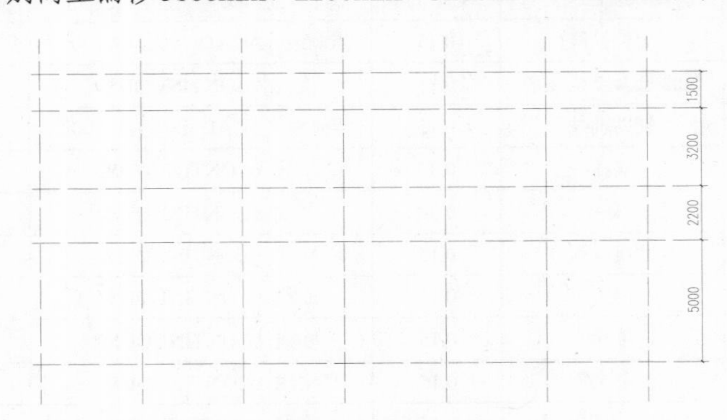

图 3-68　绘制的水平轴线

8）执行“格式”｜“多线样式”命令，将弹出“多线样式”对话框，按照要求分别设置“120Q”和“240Q”两种多线样式，如图 3-69 所示。

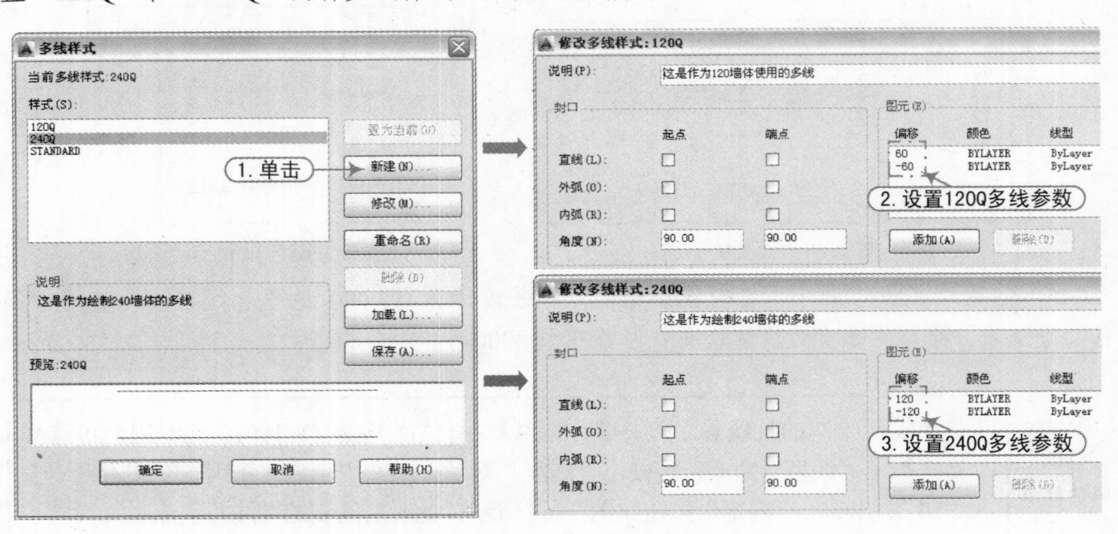

图 3-69　设置“120Q”和“240Q”的多线样式

9）在“图层”工具栏的“图层控制”下拉列表框中选择“墙”，使之成为当前图层。

10）在命令行中输入“多线”命令，根据命令行提示设置多线比例为 1，对正方式为“无”，当前样式为“240Q”，然后依次捕捉轴线的交点 1～8，然后按〈C〉键，使之与交点 1 闭合，从而绘制出厚度为 240mm 的外墙，如图 3-70 所示。

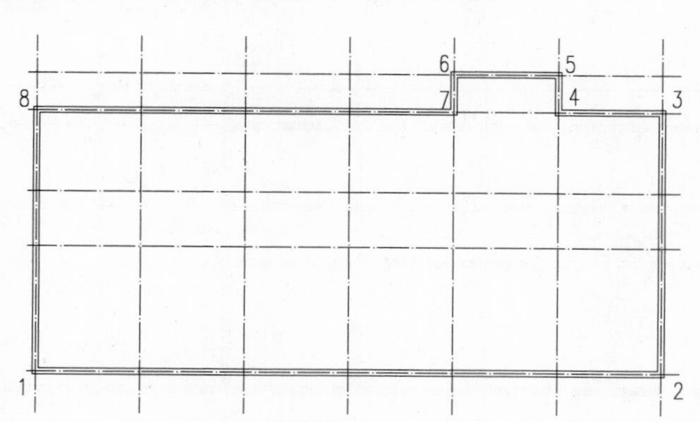

图 3-70　绘制厚度为 240mm 的墙体

11）同样，再使用“多线”命令，依次绘制内部的 240 墙体对象，如图 3-71 所示。

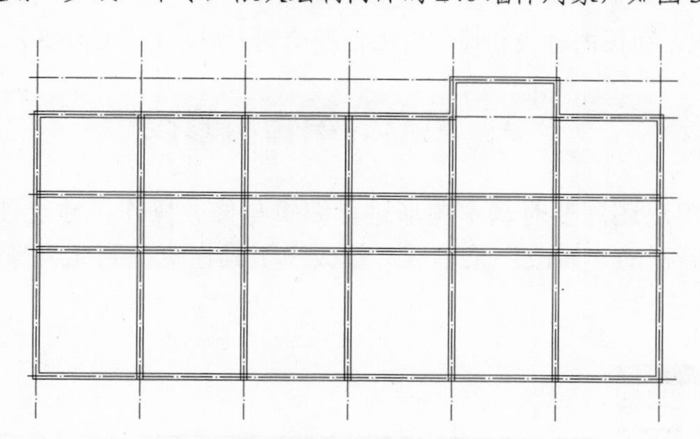

图 3-71　绘制内部的 240 墙体

12）使用“修剪”命令，根据命令行提示按空格键表示选择全部对象，然后将内部多余的 240 墙线删除，如图 3-72 所示。

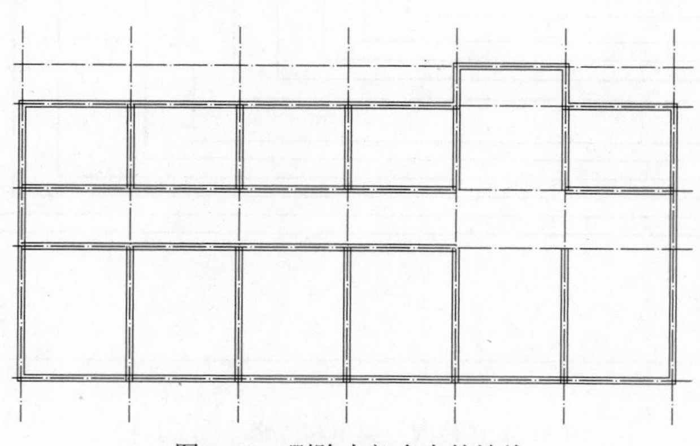

图 3-72　删除内部多余的墙线

13）执行“多线编辑”命令，将弹出“多线编辑工具”对话框，单击“T 形合并”按钮，依照提示分别将图形上、下、左、右的墙体相交处进行“T 形合并”操作。单击鼠标右键重复“多线编辑”命令，单击“角点结合”按钮，完成同个拐角点的角点结合操作，如图 3-73 所示。

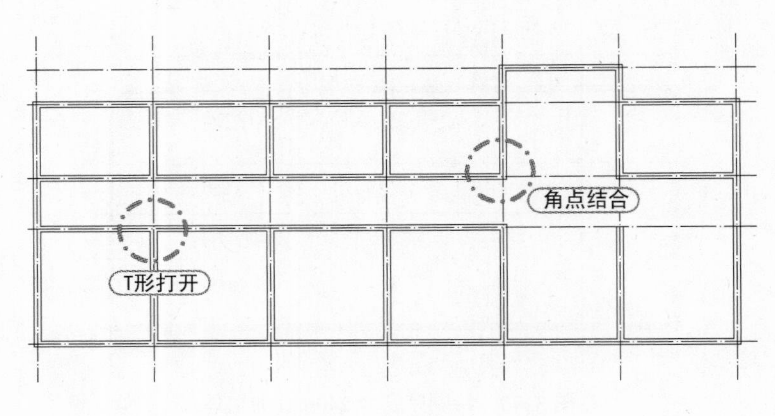

图 3-73　多线编辑

14）至此，医院平面图的轴线和墙体对象已经绘制完成，按〈Ctrl+S〉组合键进行保存。

3.3　图形的编辑与修改

除了绘制外，用户还需要对基本图形进行编辑与修改操作，才能使绘制的图形更加完善。用户可以在菜单栏的“修改”菜单或“修改”工具栏中找到此类操作命令，如图 3-74 所示。

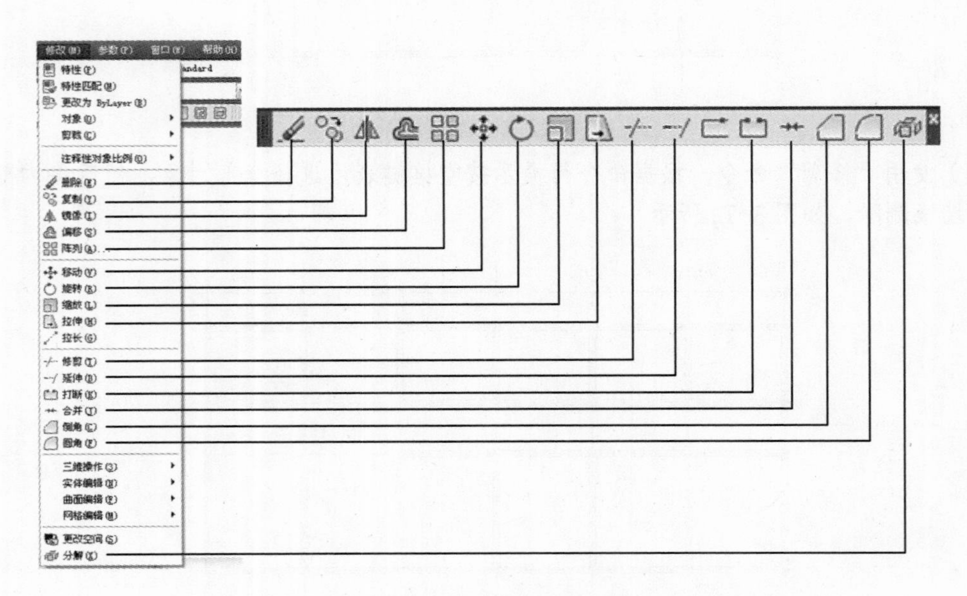

图 3-74　“修改”菜单和“修改”工具栏

3.3.1 删除对象

当图形中有不需要的对象时，用户可以使用“删除”命令（ERASE）将其删除。

用户可以通过以下几种方法删除多余的对象。

☑ 选项组：单击“修改”选项组中的“删除”按钮。

☑ 菜单栏：选择“修改”|“删除”命令。

☑ 工具栏：在“修改”工具栏上单击“删除”按钮。

☑ 命令行：在命令行中输入或动态输入“erase”命令（快捷键“E”）。

执行“删除”命令，并根据提示选择需要删除的对象，按〈Enter〉键结束选择，即可删除其指定的图形对象，如图3-75所示。

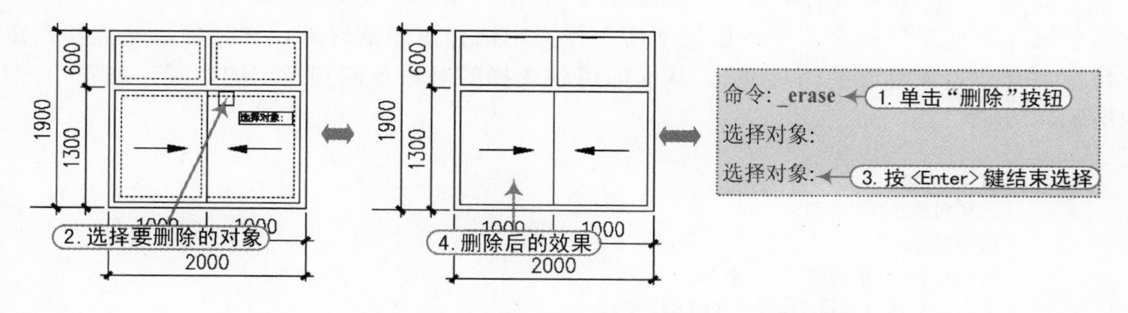

图3-75 删除对象（一）

另外，用户还可以先选择对象，再执行删除命令，如图3-76所示。

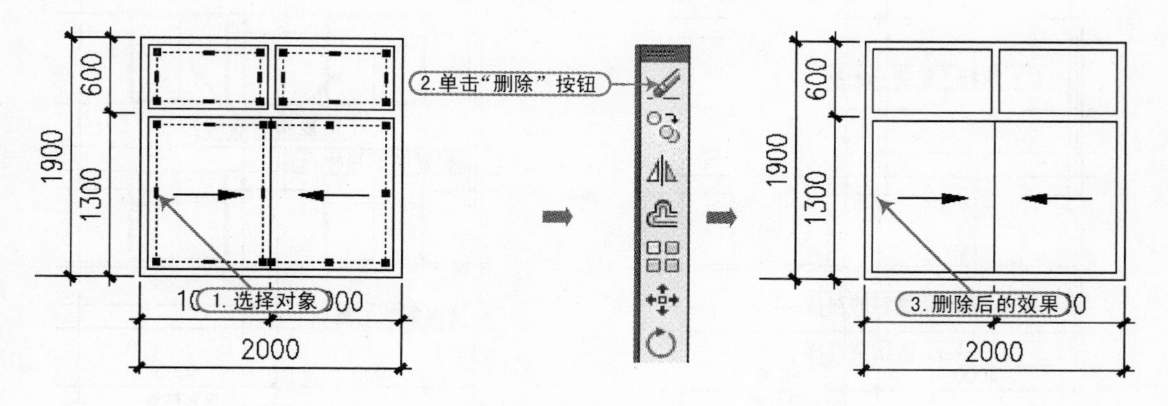

图3-76 删除对象（二）

软件技能

在AutoCAD 2014中，用“Erase”命令后，只是临时性地删除这些对象，只要不退出当前图形和没有保存，用户还可以用“OOPS”或“UNDO”命令将删除的实体恢复。

3.3.2 复制对象

AutoCAD 2014 提供了“复制”命令（COPY），可使用户轻松地将实体目标复制到新的位置，达到重复绘制相同对象的目的，从而可以避免绘图中的重复工作。

用户可以通过以下几种方法复制对象。

☑ 选项组：单击“修改”选项组中的“复制”按钮。

☑ 菜单栏：选择“修改”|“复制”命令。

☑ 工具栏：在“修改”工具栏上单击“复制”按钮。

☑ 命令行：在命令行中输入或动态输入“copy”命令（快捷键“C”）。

执行“复制”命令，并根据如下命令行提示选择复制的对象，选择复制基点和指定目标点（或输入复制的距离值），从而即可将选择的对象复制到指定的位置，如图 3-77 所示。

```
命令: copy
选择对象:找到 2 个
选择对象:
当前设置:  复制模式 = 多个
指定基点或 [位移(D)/模式(O)] <位移>:
指定第二个点或 [阵列(A)] <使用第一个点作为位移>:
```

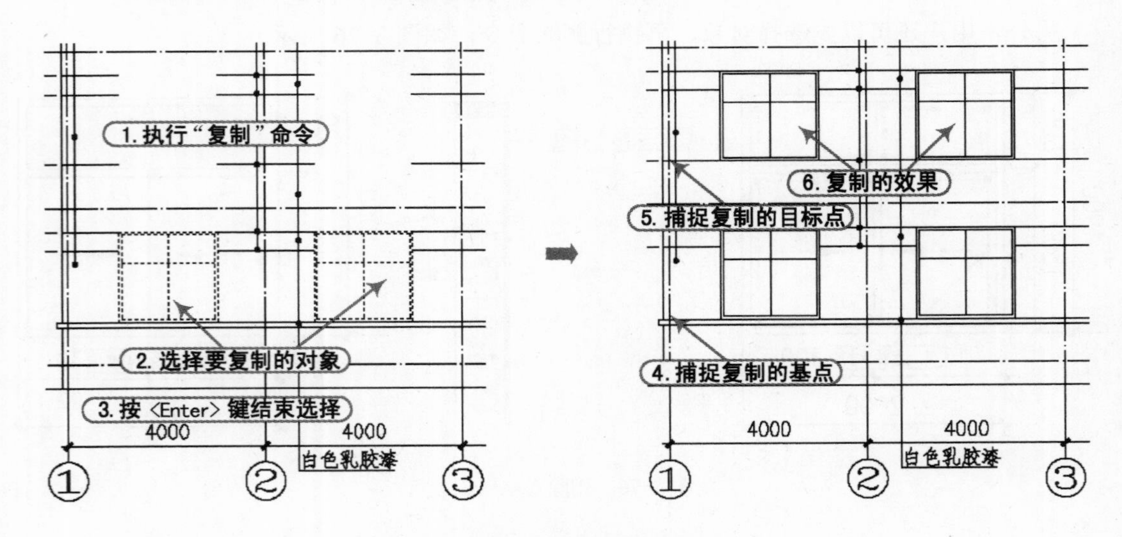

图 3-77 复制对象

AutoCAD 2014 中的“复制”命令提供了“阵列(A)”和“模式(O)”选项。

1）若选择“阵列(A)”，则可以按照指定的距离来一次性复制多个对象，如图 3-78 所示。若选择“布满(F)”项，则可以在指定的距离内布置多个对象，如图 3-79 所示。

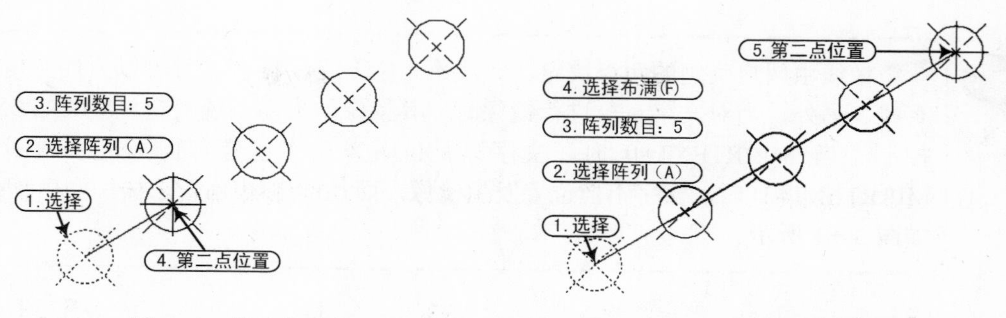

图 3-78 第二点形式　　　图 3-79 布满形式

2）若选择“模式（O）”，则显示当前的两种复制模式，即“单个（S）”和“多个（M）”。“单个（S）”复制模式表示只能进行一次复制操作，而“多个（M）”复制模式表示可以进行多次复制操作。

3.3.3 镜像对象

在绘图过程中，用户经常会遇到一些对称图形，这时就可以使用 AutoCAD 2014 提供的“镜像”命令（MIRROR）进行操作。它是将用户所选择的图形对象向相反方向进行对称的复制，实际绘图时常被用于对称图形的绘制。

用户可以通过以下几种方法镜像对象。

☑ 选项组：单击“修改”选项组中的“镜像”按钮。

☑ 菜单栏：选择“修改” | “镜像”命令。

☑ 工具栏：在“修改”工具栏上单击“镜像”按钮。

☑ 命令行：在命令行中输入或动态输入“mirror”命令（快捷键“MI”）。

执行“镜像”命令，并根据命令行提示选择镜像的对象，选择镜像线的第一点、第二点，然后确定是否删除源对象，如图 3-80 所示。

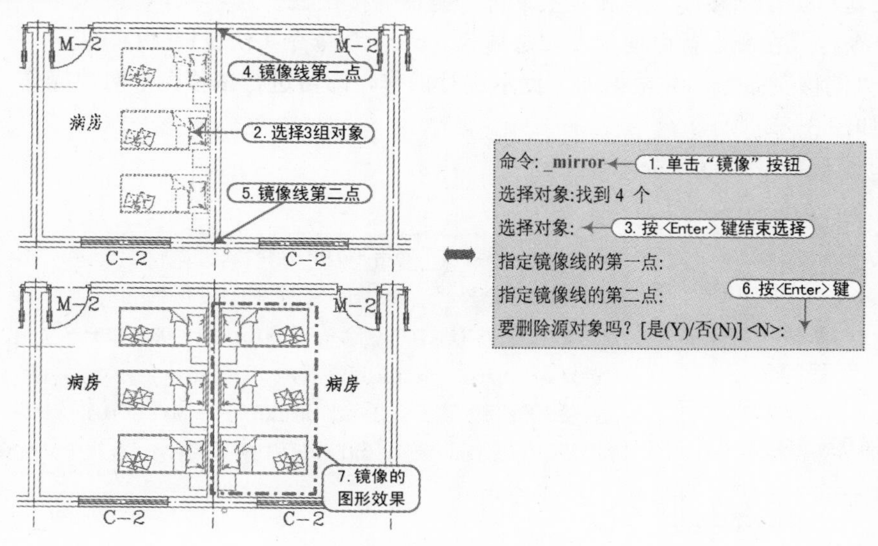

图 3-80 镜像对象

软件技能

镜像线由用户确定的两点决定，该线不一定要真实存在，且可以为任意角度的直线。另外，当对文字对象进行镜像时，其镜像结果由系统变量“MIRRTEXT”控制。当 MIRRTEXT=0 时，文字只是位置发生了镜像，但不产生颠倒；当 MIRRTEXT=1 时，文字不但位置发生镜像，而且产生颠倒，变为不可读的形式，如图 3-81 所示。

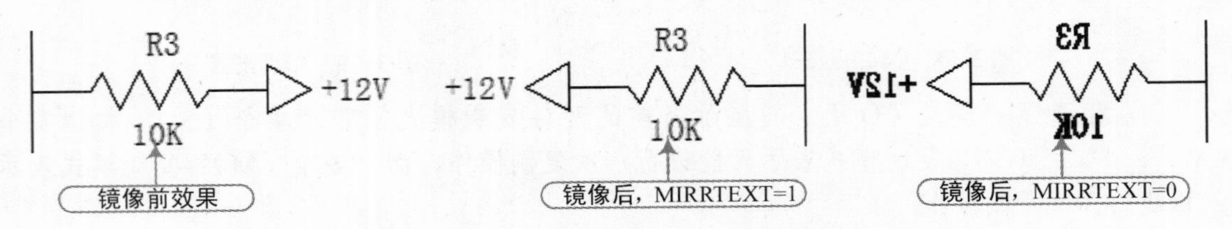

图 3-81　镜像的文字效果

3.3.4　偏移对象

偏移是创建一个选定对象的等距曲线对象，即创建一个与选定对象类似的新对象，并把它放在离原对象有一定距离的位置。偏移直线、构造线、射线等图形对象，相当于将这些图形对象平行复制；偏移圆、圆弧、椭圆等图形对象，则可创建与原图形对象同轴的更大或更小的圆、圆弧和椭圆；偏移矩形、正多边形、封闭的多段线等图形对象，则可创建比原图形对象更大或更小的类似图形对象。

用户可以通过以下几种方法偏移对象。

☑ 选项组：单击“修改”选项组中的“偏移”按钮。

☑ 菜单栏：选择“修改” | “偏移”命令。

☑ 工具栏：在“修改”工具栏上单击“偏移”按钮。

☑ 命令行：在命令行中输入或动态输入“offset”命令（快捷键“O”）。

执行“偏移”命令，并根据如下提示进行操作，即可进行偏移图形对象操作，其偏移的图形效果如图 3-82 所示。

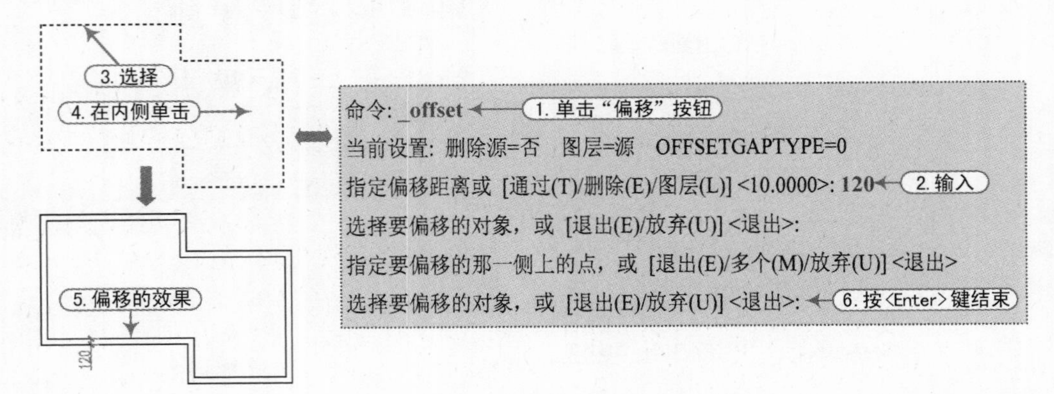

图 3-82　偏移对象

“偏移”命令行中各选项的含义如下。

☑ 偏移距离：在距现有对象指定的距离处创建对象。

☑ 通过(T)：通过确定通过点来偏移复制图形对象。

☑ 删除(E)：用于设置在偏移复制新图形对象的同时是否要删除被偏移的图形对象。

☑ 图层(L)：用于设置偏移复制新图形对象的图层是否和源对象相同。

软件技能

在实际绘图时，用户利用直线的偏移可以快捷地解决平行轴线、平行轮廓线之间的定位问题。

3.3.5 阵列对象

阵列复制可以快速复制出与已有对象相同，且按一定规律分布的多个图形。对于矩形阵列，用户可以控制行和列的数目以及它们之间的距离；对于环形阵列，用户可以控制对象的数目以及决定是否旋转对象；对于路径阵列，用户可以将对象绕着一条路径进行有规律的复制。

用户可以通过以下几种方法阵列对象。

☑ 选项组：单击“修改”选项组中的“阵列”按钮。

☑ 菜单栏：选择“修改” | “阵列”命令。

☑ 工具栏：在“修改”工具栏上单击“阵列”按钮。

☑ 命令行：在命令行中输入或动态输入“array”命令（快捷键“AR”）。

执行上述任意一种操作后，都能实现阵列操作。在 AutoCAD 2014 中，阵列分为矩形、路径和极轴 3 种方式。

```
命令: ARRAY
选择对象:
选择对象:  输入阵列类型 [矩形(R)/路径(PA)/极轴(PO)] <矩形>:
```

1. 矩形阵列

执行“阵列”命令后，在命令窗口选择“矩形（R）”选项，将进行矩形阵列。在创建矩形阵列时，用户可以通过指定行、列的数量和项目之间的距离来控制阵列中副本的数量。执行“矩形阵列”命令的方法主要有以下几种。

☑ 菜单栏：选择“修改” | “阵列” | “矩形阵列”命令。

☑ 选项组：在“修改”选项组中单击“矩形阵列”按钮。

☑ 命令行：在命令行中输入“arrayrect”命令。

执行“矩形阵列”命令后，选择阵列图形，按〈Enter〉键将出现如图 3-83 所示的“矩形阵列”面板，显示“列数”“介于”（列间距）“总计”（列的总距离）“行数”“介于”（行间距）“总计”（行的总距离）“级别”（级层数）“介于”（级层距）“总计”（级层的总距离）“关联”“基点”等。

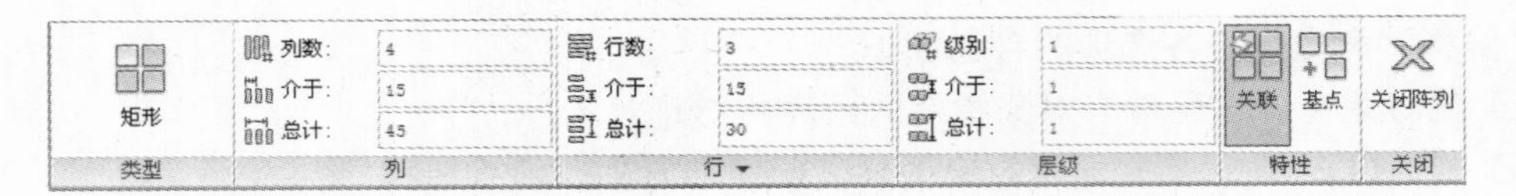

图 3-83 “矩形阵列”面板

“矩形阵列”面板中各选项的含义如下。

☑ 列数：设定列数量。

☑ 行数：设定行数量。

☑ 介于：指定（列、行、级）对象与（列、行、级）对象之间的距离。

☑ 总计：指定第一列（行、级）到最后一列（行、级）之间的总距离。

用户可以在“矩形阵列”面板中设置阵列的参数，也可以根据命令行提示将图形进行矩形阵列，如图 3-84 所示。

命令：arrayrect ← 1. 执行“矩形阵列”命令

选择对象：找到 2 个

选择对象：← 3. 按 <Enter> 键结束选择

类型 = 矩形　关联 = 是

选择夹点以编辑阵列或 [关联(AS)/基点(B)/计数(COU)/间距(S)/列数(COL)/行数(R)/层数(L)/退出(X)] <退出>: R ← 4. 选择R项

输入行数数或 [表达式(E)] <0>: 10 ← 5. 输入行数：10

指定 行数 之间的距离或 [总计(T)/表达式(E)] <0>: 300 ← 5. 输入行距：300

指定 行数 之间的标高增量或 [表达式(E)] <0>: ← 6. 按 <Enter> 键

选择夹点以编辑阵列或 [关联(AS)/基点(B)/计数(COU)/间距(S)/列数(COL)/行数(R)/层数(L)/退出(X)] <退出>: COL ← 7. 选择COL项

输入列数数或 [表达式(E)] <4>: 1 ← 8. 输入列数：1

指定 列数 之间的距离或 [总计(T)/表达式(E)] <954.5942>: ← 9. 按 <Esc> 键

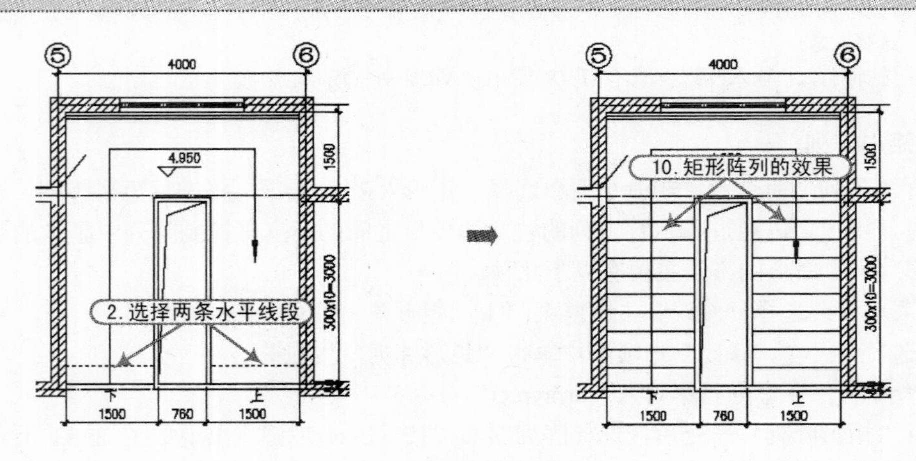

图 3-84 矩形阵列对象

进行“矩形阵列”操作时，命令行各选项的含义如下。

☑ 关联（AS）：指定阵列中的对象是关联的还是独立的；“是（Y）”选项表示创建包含

单个阵列对象中的阵列项目，类似于块。使用关联阵列，可以通过编辑特性和源对象在整个阵列中快速传递更改；“否（N）”选项表示创建阵列项目作为独立对象，更改一个项目不影响其他项目。

☑ 基点（B）：定义阵列基点和基点夹点的位置。在“基点”选项中可选“关键点（K）”，它表示对于关联阵列，在源对象上指定有效的约束（或关键点）以与路径对齐，如果编辑生成的阵列的源对象或路径，阵列的基点保持与源对象的关键点重合。

☑ 计数（COU）：指定行数和列数，并使用户在移动光标时可以动态地观察结果（一种比“行和列”选项更快捷的方法）。在“计数”选项中可选“表达式（E）”，它表示基于数学公式或方程式导出值。

☑ 间距（S）：指定行间距和列间距，并使用户在移动光标时可以动态地观察结果。在“间距”选项中分别要设置行和列的间距，其中还有“单位单元（U）”选项，它表示通过设置等同于间距的矩形区域的每个角点来同时指定行间距和列间距。

☑ 列数（COL）：编辑列数和列间距。分别设置列数和列间距，其中还有“总计（T）”选项，它表示指定从开始和结束对象上的相同位置测量的起点和终点列之间的总距离。

☑ 行数（R）：与“列数”选项含义相同。

☑ 层数（L）：指定三维阵列的层数和层间距。其中“总计（T）”选项表示在 Z 坐标值中指定第一个和最后一个层中对象等效位置之间的总差值。“表达式（E）”选项表示基于数学公式或方程式导出值。

☑ 退出（X）：退出“矩形阵列”命令。

2．路径阵列

路径阵列是将对象以一条曲线为基准进行有规律的复制（路径可以是直线、多段线、三维多段线、样条曲线、螺旋、圆弧、圆或椭圆）。

执行“阵列”命令后，在命令窗口选择“路径（PA）”选项，将进行路径阵列。在创建路径阵列时，用户可以通过选择路径曲线，并指定项目数量和项目之间的距离，来控制阵列中副本的数量。执行“路径阵列”命令的方法主要有以下几种。

☑ 菜单栏：选择“修改”｜“阵列”｜“路径阵列”命令。

☑ 选项组：在“修改”选项组中单击“路径阵列”按钮。

☑ 命令行：在命令行中输入“arraypath”命令。

执行命令后，单击阵列图形，按〈Enter〉键，显示如图 3-85 所示的“路径阵列”面板，在此面板中显示“项目数”“介于”（项目间距）“总计”（项目的总距离）“行数”“介于”（行间距）“总计”（行的总距离）“级别”（级层数）“介于”（级层距）“总计”（级层的总距离）“关联”“基点”“切线方向”“定距等分”“对其项目”“Z 方向”等。

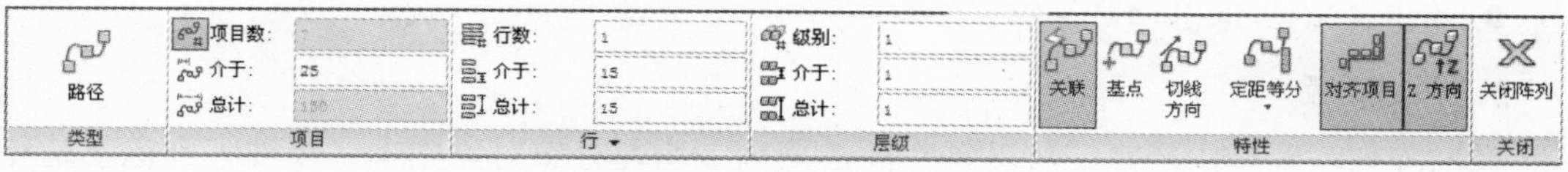

路径 | 项目数： | 介于：25 | 总计： | 行数：1 | 介于：15 | 总计：15 | 级别：1 | 介于：1 | 总计：1 | 关联 基点 切线方向 定距等分 对齐项目 Z 方向 | 关闭阵列
类型 | 项目 | 行 | 层级 | 特性 | 关闭

图 3-85 “路径阵列”面板

“路径阵列”面板中各选项的含义如下。

☑ 项目数：设定阵列的项目数量。

☑ 行数：设定行数。

☑ 介于：指定（列、行、级）对象与（列、行、级）对象之间的距离。

☑ 总计：指定第一列（行、级）到最后一列（行、级）之间的总距离。

用户可以通过“路径阵列”面板和命令提示行来进行操作，即可将圆以曲线路径进行路径阵列，如图 3-86 所示。

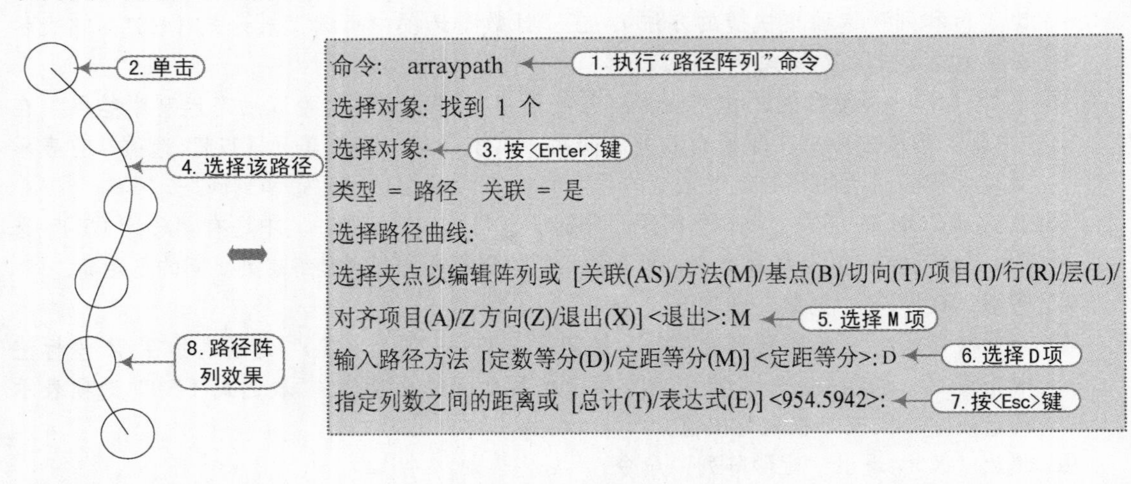

图 3-86 “路径阵列”效果

进行“环形阵列”操作时，命令行各选项的含义如下。

- 方法（M）：控制如何沿路径分布项目。其中“定数等分（D）”表示将指定数量的项目沿路径的长度均匀分布；“定距等分（M）”表示以指定的间隔沿路径分布项目。
- 基点（B）：定义阵列的基点。路径阵列中的项目相对于基点放置。其中“关键点（K）”表示对于关联阵列，在源对象上指定有效的约束（或关键点）以与路径对齐，如果编辑生成的阵列的源对象或路径，阵列的基点保持与源对象的关键点重合。
- 切向（T）：指定阵列中的项目如何相对于路径的起始方向对齐。
- 项目（I）：根据“方法”设置，指定项目数或项目之间的距离。
- 行（R）：指定阵列中的行数、它们之间的距离以及行之间的增量标高。
- 层（L）：指定三维阵列的层数和层间距。
- 对齐项目（A）：指定是否对齐每个项目以与路径的方向相切。对齐相对于第一个项目的方向。
- Z 方向（Z）：控制是否保持项目的原始 Z 方向或沿三维路径自然倾斜项目。
- 退出（X）：退出“路径阵列”命令。

3．极轴阵列

极轴阵列是围绕中心点或旋转轴在环形阵列中均匀分布对象副本（极轴阵列也就是环形阵列）。

执行“阵列”命令后，在命令窗口选择“极轴（PO）”选项，将进行极轴阵列。在创建极轴阵列时，用户可以通过选择阵列中心点，并指定项目数量、项目角度和填充角度，来控制阵列中副本的数量。执行极轴阵列命令的方法主要有以下几种。

☑ 菜单栏：选择“修改” | “阵列” | “环形阵列”命令。

☑ 选项组：在“修改”选项组中单击“环形阵列”按钮 。

☑ 命令行：在命令行中输入“arraypolar”命令。

选择阵列图形后按〈Enter〉键，将显示如图 3-87 所示的“极轴阵列”面板，在此面板中显示“项目数”“介于”（项目间的角度）“填充”（填充角度）“行数”“介于”（行间距）“总计”（行的总距离）“级别”（级层数）“介于”（级层距）“总计”（级层的总距离）“基点”“旋转方向”“方向”“编辑来源”“替换项目”“重围矩阵”等。

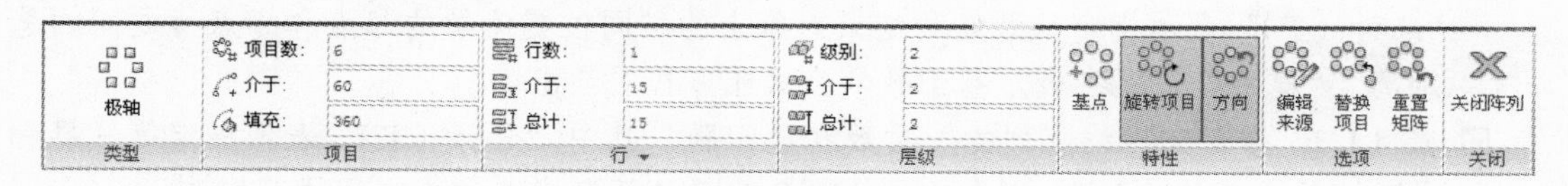

图 3-87 “极轴阵列”面板

“极轴阵列”面板中各选项的含义如下。

☑ 项目数：设定阵列的项目数量。

☑ 行数：设定行数。

☑ 介于：指定（列、行、级）对象与（列、行、级）对象之间的角度。

☑ 总计：指定第一列（行、级）到最后一列（行、级）之间的填充角度。

用户可以通过“极轴阵列”面板和命令提示行来进行操作，即可将图形进行极轴阵列，如图 3-88 所示。

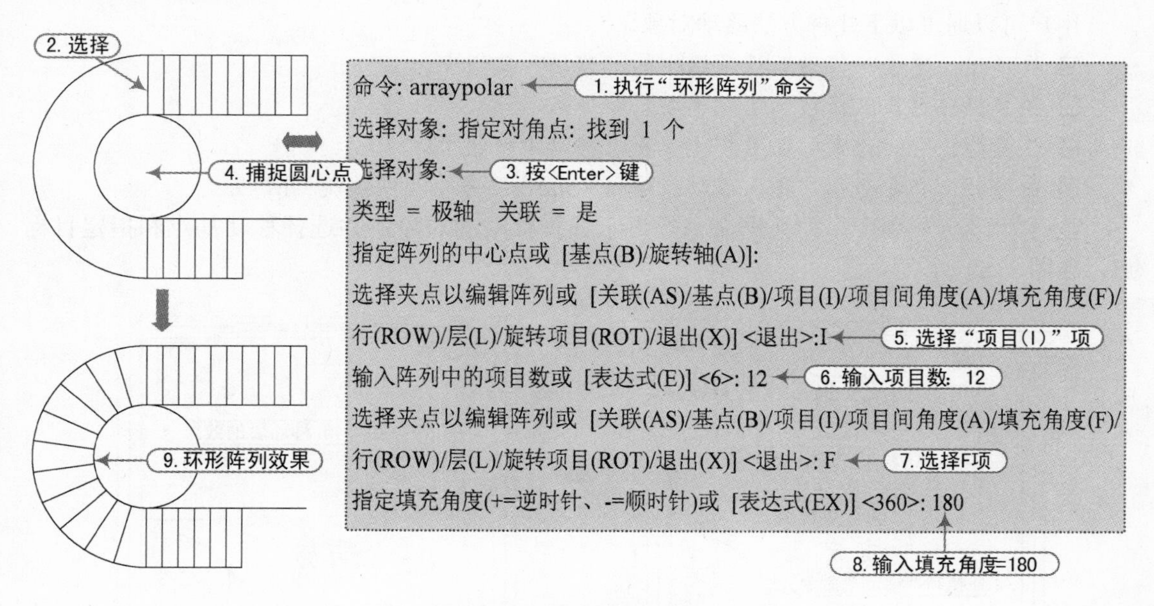

图 3-88 极轴阵列对象

进行“环形阵列”操作时，各选项的含义如下。

☑ 基点（B）：指定用于在阵列中放置对象的基点。其中“关键点（K）”表示对于关联阵列，在源对象上指定有效的约束（或关键点）以用作基点，如果编辑生成的阵列的源对象，阵列的基点保持与源对象的关键点重合。

☑ 旋转轴（A）：指定由两个指定点定义的自定义旋转轴。

☑ 项目（I）：使用值或表达式指定阵列中的项目数（当在表达式中定义填充角度时，结果值中的“+”或“-”数学符号不会影响阵列的方向）。

☑ 项目间角度（A）：使用值或表达式指定项目之间的角度。

☑ 填充角度（F）：使用值或表达式指定阵列中第一个和最后一个项目之间的角度。

☑ 行（ROW）：指定阵列中的行数、它们之间的距离以及行之间的增量标高。其中“总计（T）”表示指定从开始和结束对象上的相同位置测量的起点和终点行之间的总距离；“表达式（E）”表示基于数学公式或方程式导出值。

☑ 层（L）：指定（三维阵列的）层数和层间距。其中“总计（T）”表示指定第一层和最后一层之间的总距离；“表达式（E）”表示使用数学公式或方程式获取值。

☑ 旋转项目（ROT）：控制在排列项目时是否旋转项目。

☑ 退出（X）：退出“环形阵列”命令。

3.3.6 移动对象

移动图形对象是指改变对象的位置，而不改变对象的方向、大小和特性等。通过使用坐标和对象捕捉，用户可以精确地移动对象，并且可通过“特性”窗口更改坐标值来重新计算对象。

用户可以通过以下几种方法移动对象。

☑ 选项组：单击“修改”选项组中的“移动”按钮✥。

☑ 菜单栏：选择“修改”|“移动”命令。

☑ 工具栏：在“修改”工具栏上单击“移动”按钮✥。

☑ 命令行：在命令行中输入或动态输入“move”命令（快捷键“M”）。

执行“移动”命令，并根据命令行提示选择移动的对象，并选择移动基点和指定目标点，如图 3-89 所示。

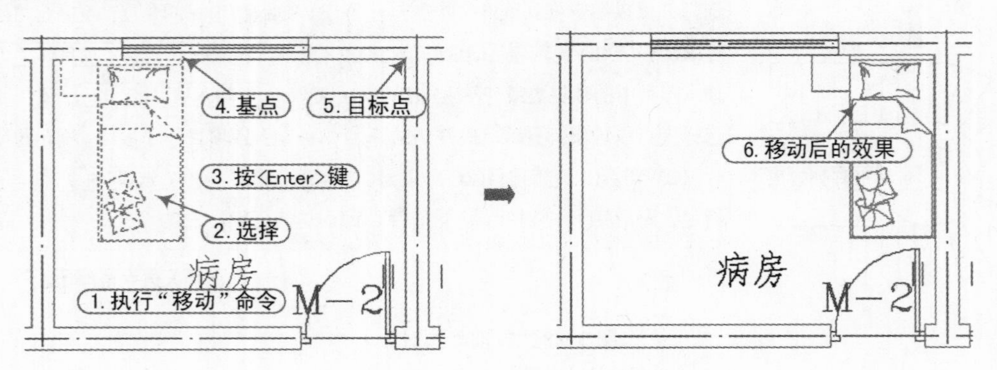

图 3-89 移动对象

软件技能

确定移动或复制对象的基点、目标点时，用户可以直接使用鼠标来确定，也可以使用x，y，z坐标值来确定，还可以按〈F8〉快捷键切换到正交模式垂直或水平移动。

3.3.7 旋转对象

旋转对象就是指可以绕指定基点旋转图形中的对象。用户可以通过以下任意一种方法来执行“旋转”命令。

☑ 选项组：单击“修改”选项组中的“旋转”按钮。
☑ 菜单栏：选择“修改”|“旋转”命令。
☑ 工具栏：在“修改”工具栏上单击“旋转”按钮。
☑ 命令行：在命令行中输入或动态输入“rotate”命令（快捷键“RO”）。

执行“旋转”命令，并根据提示进行操作，即可进行旋转对象操作，如图3-90所示。

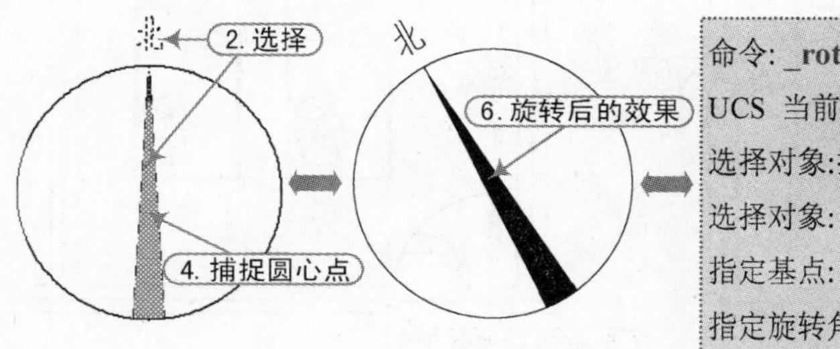

图3-90 旋转对象

在确定旋转角度时，用户可通过输入角度值、通过光标进行拖动或指定参照角度进行旋转和复制旋转操作。

☑ 输入角度值：输入角度值（0～360°），还可以按弧度、百分度或勘测方向输入值。一般情况下，若输入正角度值时，表示按逆时针旋转对象；若输入负角度值，表示按顺时针旋转对象。
☑ 通过拖动旋转对象：绕基点拖动对象并指定第二点。有时为了更加精确地通过拖动鼠标操作来旋转对象，可以按切换到正交、极轴追踪或对象捕捉模式进行操作。
☑ 复制旋转：当选择“复制（C）”选项时，用户可以将选择的对象进行复制性的旋转操作。
☑ 指定参照角度：当选择“参照（R）”选项时，用户可以指定某一方向作为起始参照角度，然后选择一个对象以指定原对象将要旋转到的位置，或输入新角度值来指定要旋转到的位置。

软件技能

选择“格式”|“单位”命令，将弹出“图形单位”对话框，若选中“顺时针”复制框，则在输入正角度值时，对象将按照顺时针进行旋转。

3.3.8 缩放对象

使用“缩放”命令可以通过指定的比例因子引用或另一对象间的指定距离，或用这两种方法的组合来改变相对于给定基点的现有对象的尺寸。

用户可以通过以下几种方法缩放对象。

☑ 选项组：单击“修改”选项组中的“缩放”按钮。

☑ 菜单栏：选择“修改”|“缩放”命令。

☑ 工具栏：在“修改”工具栏上单击“缩放”按钮。

☑ 命令行：在命令行中输入或动态输入“scale”命令（快捷键“SC”）。

例如，要将宽度为 800mm 的门缩放到 1000mm，用户可按照如图 3-91 所示的步骤进行缩放操作。

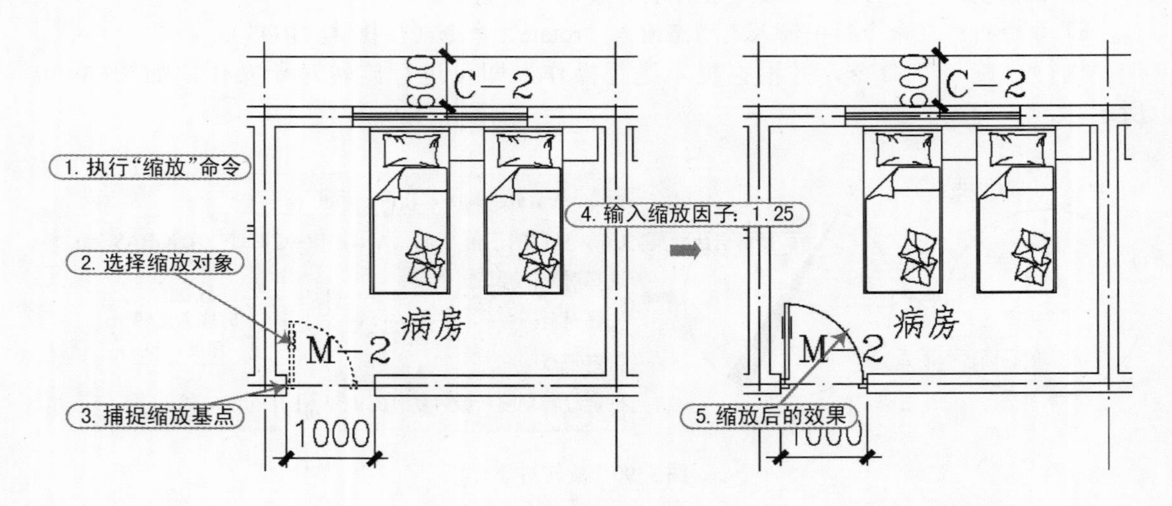

图 3-91 缩放对象

软件技能

如果在“指定比例因子或 [复制(C)/参照(R)]：”的提示下输入“C”，系统对图形对象进行按比例缩放，形成一个新的图形并保留缩放前的图形；如果输入“R”，系统对图形对象进行参照缩放，这时用户需要按照系统的提示依次输入参照长度值和新的长度值，系统将根据参照长度值与新长度的值自动计算比例因子（比例因子=新长度值/参照长度值），然后进行缩放。

3.3.9 拉伸对象

使用“拉伸”命令可以拉伸、缩放和移动对象。在拉伸对象时，用户先要为拉伸对象指定一个基点，然后再指定一个位移点。

用户可以通过以下几种方法拉伸对象。

☑ 菜单栏：选择“修改” | “拉伸”命令。

☑ 工具栏：在“修改”工具栏上单击“拉伸”按钮。

☑ 命令行：在命令行中输入或动态输入“stretch”命令（快捷键“S”）。

例如，要将 C—1 窗下半部分的高度拉伸至 1400，用户可按照如图 3-92 所示的步骤进行拉伸操作。

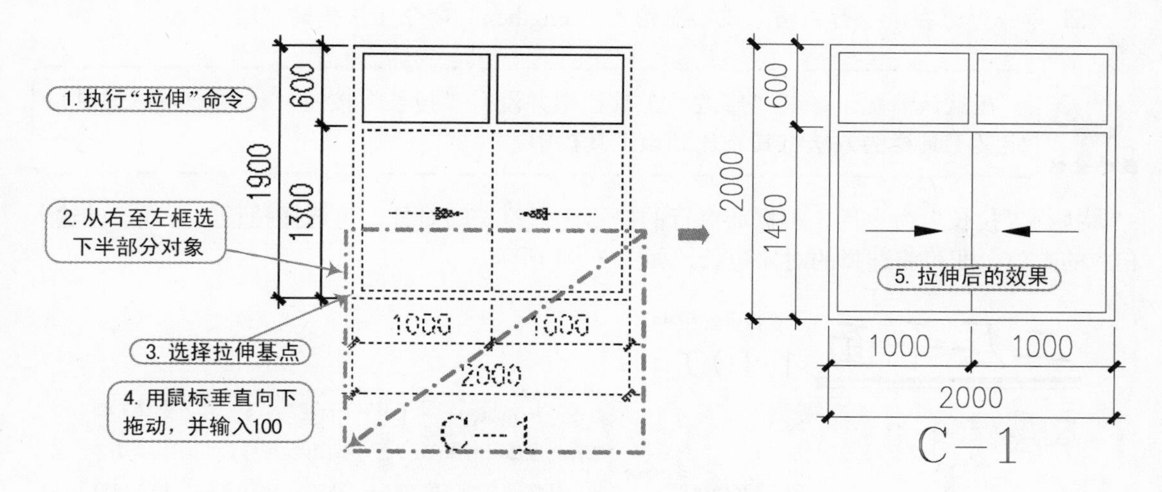

图 3-92　拉伸对象（一）

软件技能

用户可以通过拉伸对象来非常方便快捷地修改图形对象。例如，当绘制了一个（2000×1000）的矩形后，发现这个矩形的高度应为 1500，这时用户可以使用“拉伸”命令来进行修改。先执行“拉伸”命令，再使用鼠标从左至右框选矩形的上半部分，再指定左上角点作为拉伸基点，然后输入拉伸的距离为 500，从而将（2000×1000）的矩形快速修改为（2000×1500）的矩形，如图 3-93 所示。

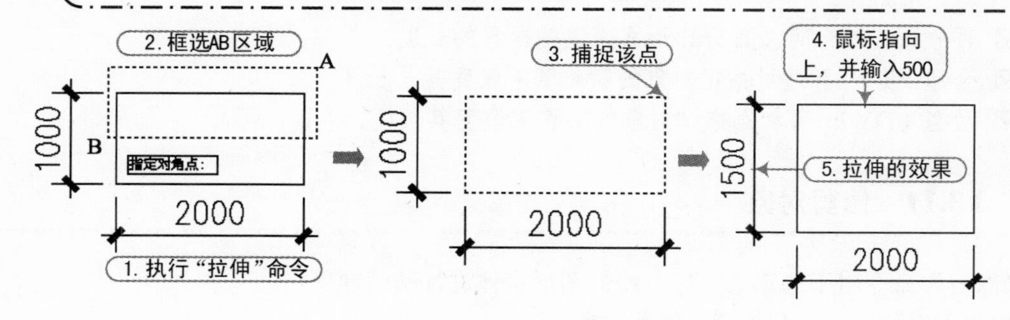

图 3-93　拉伸对象（二）

3.3.10　拉长对象

使用“拉长”命令可以改变非闭合直线、圆弧、非闭合多段线、椭圆弧和非闭合样条曲线的长度，也可以改变圆弧的角度。

用户可以通过以下几种方法拉长对象。

☑ 选项组：单击“修改”选项组中的“拉长”按钮。

☑ 菜单栏：选择“修改” | “拉长”命令。

☑ 工具栏：在“修改”工具栏上单击“拉长”按钮。

☑ 命令行：在命令行中输入或动态输入“lengthen”命令（快捷键“LEN”）。

在默认情况下，其“修改”工具栏中并没有“拉长”按钮，用户可以通过自定义工具栏的方法将其添加到该工具栏中。

执行“拉长”命令后，根据命令行的提示选择拉长的对象，再选择拉长的方式，并输入相应的数值，即可将选择的对象拉长，如图 3-94 所示。

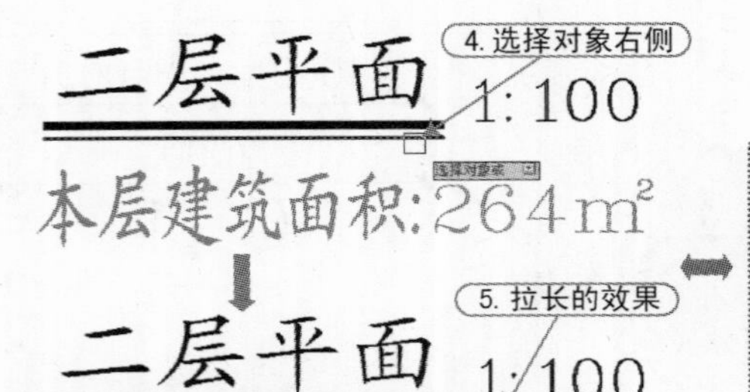

命令: _lengthen ← 1. 执行“拉长”命令

选择对象或 [增量(DE)/百分数(P)/全部(T)/动态(DY)]: DE ← 2. 选择DE项

输入长度增量或 [角度(A)] <1850>: **1850** ← 3. 输入1850

选择要修改的对象或 [放弃(U)]: ← 6. 按<Esc>键

图 3-94　拉长对象

在进行拉长操作中，其命令行中各选项的含义如下。

☑ 增量（DE）：指定以增量方式来修改对象的长度，该增量从距离选择点最近的端点处开始测量。

☑ 百分数（P）：可按百分比形式来改变对象的长度。

☑ 全部（T）：可通过指定对象的新长度来改变其总长度。

☑ 动态（DY）：可动态拖动对象的端点来改变其长度。

3.3.11　修剪对象

“修剪”命令用于选定边界后对线性图形实体进行精确地剪切。

用户可以通过以下几种方法修剪对象。

☑ 选项组：单击“修改”选项组中的“修剪”按钮。

☑ 菜单栏：选择“修改” | “修剪”命令。

☑ 工具栏：在“修改”工具栏上单击“修剪”按钮。

☑ 命令行：在命令行中输入或动态输入“trim”命令（快捷键“TR”）。

执行“修剪”命令后，根据提示进行操作，即可修剪图形对象操作，如图 3-95 所示。

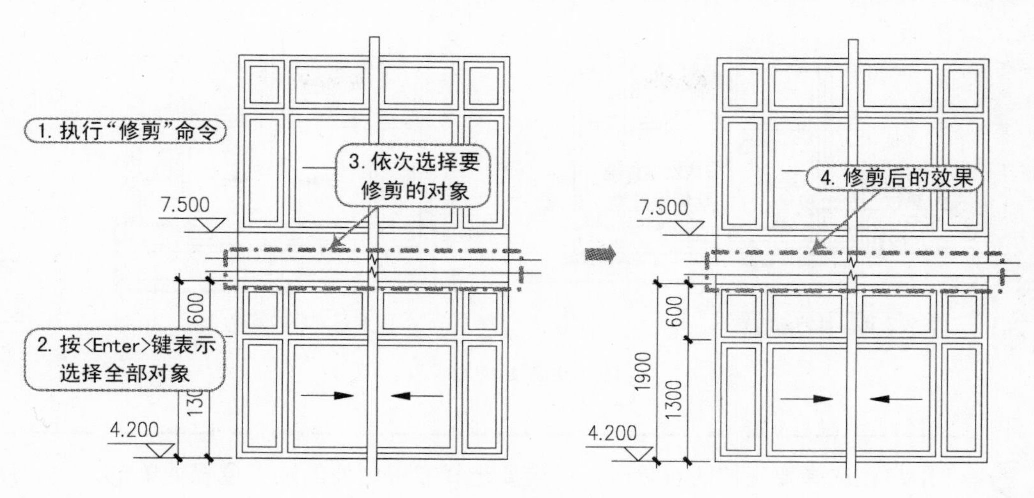

图 3-95 修剪对象

在进行修剪对象操作时，其命令行中各选项的含义如下。

☑ 全部选择：按〈Enter〉键可快速选择视图中所有可见的图形，以用作剪切边或边界的边。
☑ 栏选（F）：选择与栏选相交的所有对象。
☑ 窗交（C）：选择矩形区域（由两点确定）内部或与之相交的对象。
☑ 投影（P）：指定修剪对象时AutoCAD使用的投影模式。
☑ 边（E）：确定对象在另一对象的延长边处进行修剪，还是仅在三维空间中与该对象相交的对象处进行修剪。
☑ 删除（R）：直接删除所选中的对象。
☑ 放弃（U）：撤销最近一次修剪。

软件技能

在进行修剪操作时，用户可以按住〈Shift〉键，可转换执行“延伸命令”（EXTEND）。当选择要修剪的对象时，若某条线段未与修剪边界相交，则按住〈Shift〉键后单击该线段，可将其延伸到最近的边界。

3.3.12 延伸对象

使用“延伸”命令可以将直线、圆弧、椭圆弧、非闭合多段线和射线延伸到一个边界对象，使其与边界对象相交。

用户可以通过以下几种方法延伸对象。

☑ 选项组：单击“修改”选项组中的“延伸”按钮--/。
☑ 菜单栏：选择“修改”|“延伸”命令。
☑ 工具栏：在“修改”工具栏上单击“延伸”按钮--/。
☑ 命令行：在命令行中输入或动态输入“extend”命令（快捷键“EX”）。

执行“延伸”命令后，根据提示选择边界对象，再选择要延伸的对象，如图 3-96 所示。

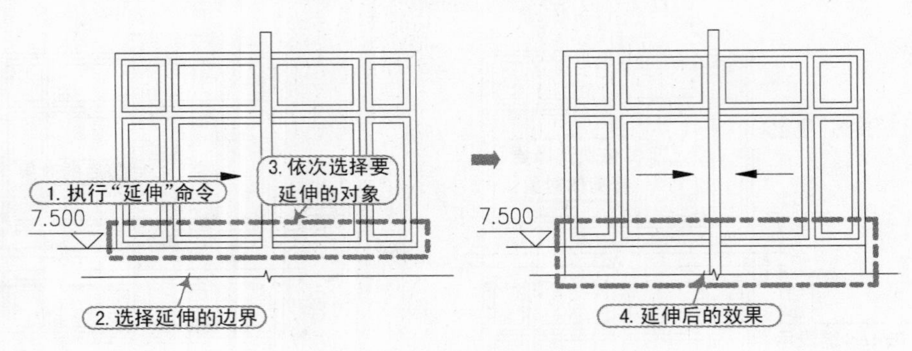

图 3-96　延伸对象

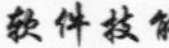

软件技能

用户在选择要延伸的对象时，一定要选择靠近延伸的端点位置处单击。

3.3.13　打断对象

使用“打断”命令可以将对象指定两点间的部分删除，或将一个对象打断成两个具有同一端点的对象。

用户可以通过以下几种方法打断对象。

☑ 选项组：在“修改”选项组中单击“打断”按钮。
☑ 菜单栏：选择“修改” | “打断”命令。
☑ 工具栏：在“修改”工具栏上单击“打断一点”按钮或“打断”按钮。
☑ 命令行：在命令行中输入或动态输入“break”命令（快捷键“BR”）。

如图 3-97 所示，左图表示将对象的中间创建两个端点，并将其中间部分删除；右图表示在对象的中间创建一点，从而将其分成两个部分（具有同一端点）。

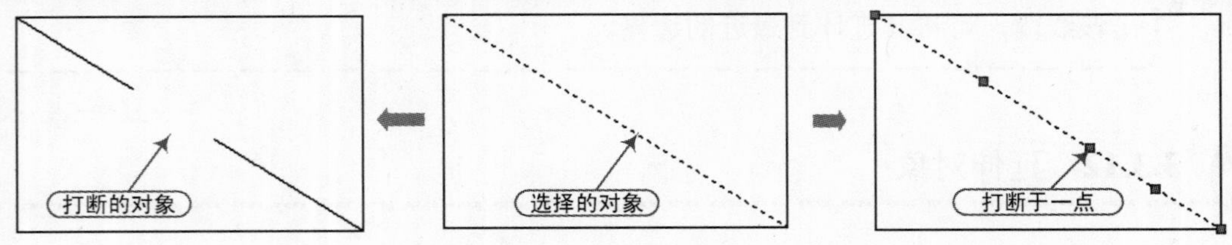

图 3-97　打断对象

3.3.14　合并对象

如果需要将连续图形的两个部分进行连接，或者将某段圆弧闭合为整圆，用户可以通过“合并”命令对其进行操作。

用户可以通过以下几种方法合并对象。

☑ 菜单栏：选择“修改” | “合并”命令。

☑ 工具栏：在“修改”工具栏上单击“合并”按钮⁺⁺。

☑ 命令行：在命令行中输入或动态输入“join”命令（快捷键“J”）。

执行“合并”命令后，根据提示选择源对象和要合并到源对象的对象，然后按〈Enter〉键即可进行合并，如图3-98所示。

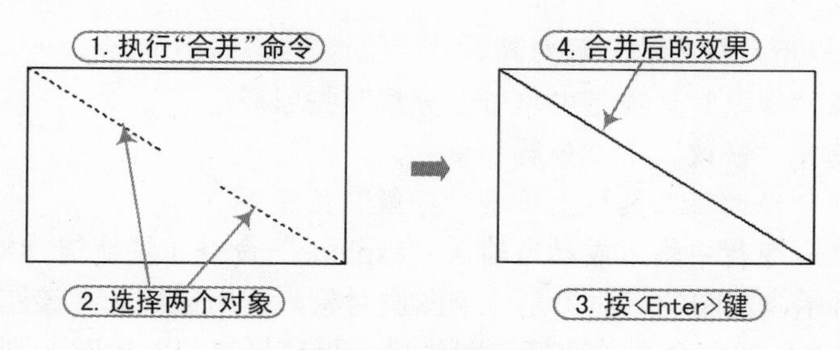

图3-98 合并对象

对于有一定宽度的多段线对象，如果各个多段线的起点和端点重合，即会有缺口的效果，这时用户可以采用“合并”命令（J），将这几条多段线进行合并，使其成为一个整体，则各个重合点自动闭合，不会有缺口效果，如图3-99所示。

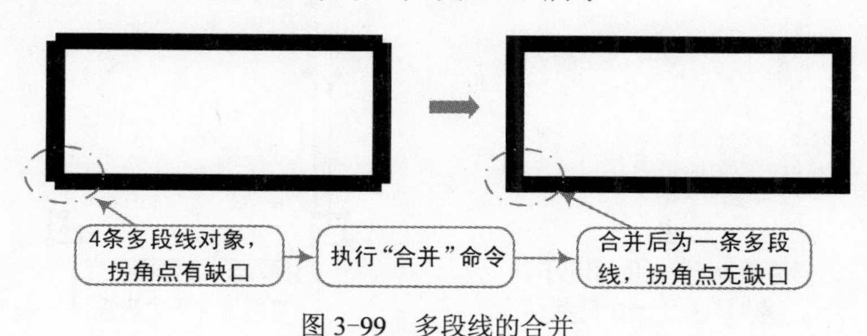

图3-99 多段线的合并

在进行合并时，所合并的对象必须具有同一属性，如直线与直线合并，且这两条直线应该是在同一条直线上；圆弧与圆弧合并时，其圆弧的圆心点和半径值应相同，否则将无法合并，如图3-100所示。

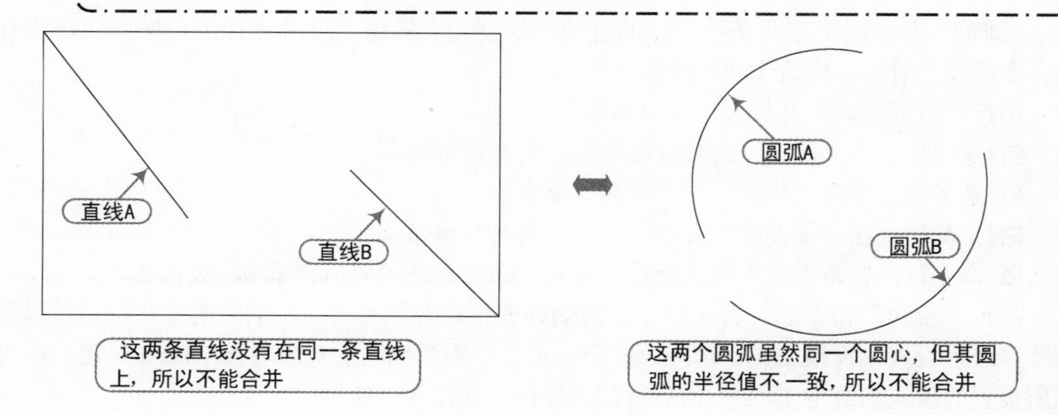

图3-100 不能合并

3.3.15 分解对象

对于诸如矩形、块等由多个对象组成的组合对象，如果要对单个成员进行编辑，就应先将其分解开。

用户可以通过以下几种方法分解对象。

☑ 选项组：在“修改”选项组中单击“分解”按钮。

☑ 菜单栏：选择“修改” | “分解”命令。

☑ 工具栏：在“修改”工具栏上单击“分解”按钮。

☑ 命令行：在命令行中输入或动态输入“explode”命令（快捷键“X”）。

如图 3-101 所示，左图的门对象是一个图块对象，使用鼠标选择该图块时，该图块只有一个夹点；若执行“分解”命令并选择该图块后，再选择该门对象时，则发现该门对象的所有线段、圆弧等都显示出相应的夹点。

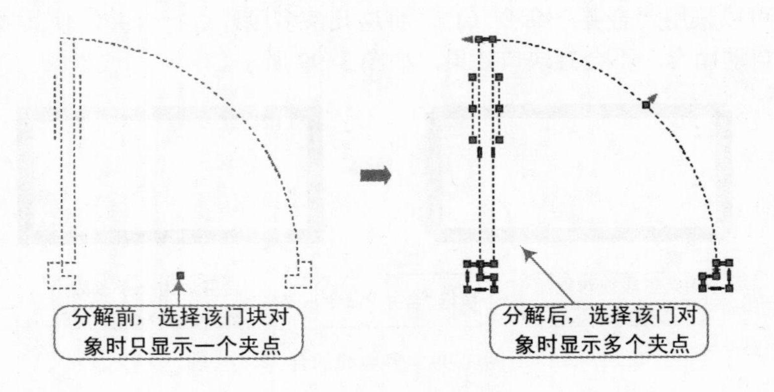

图 3-101 分解对象的前后比较

3.3.16 倒角对象

“倒角”命令用于在两条不平行的直线间绘制一个斜角。可以进行倒角操作的对象有直线、多段线、射线、构造线和三维实体等。

用户可以通过以下几种方法倒角对象。

☑ 选项组：在“修改”选项组中单击“倒角”按钮。

☑ 菜单栏：选择“修改” | “倒角”命令。

☑ 工具栏：在“修改”工具栏上单击“倒角”按钮。

☑ 命令行：在命令行中输入或动态输入“chamfer”命令（快捷键“CHA”）。

执行“倒角”命令后，首先显示当前的修剪模式及倒角 1、2 的距离值，用户可以根据需要来进行设置，再根据提示选择第一个、第二个需要倒角的对象后按〈Enter〉键，即可按照所设置的模式和倒角 1、2 的值进行倒角操作，如图 3-102 所示。

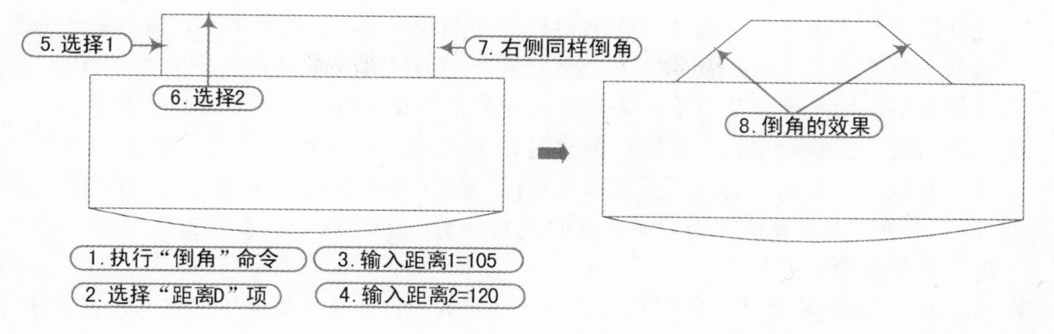

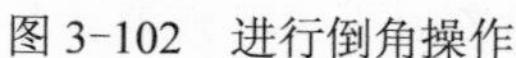
图 3-102　进行倒角操作

执行“倒角”命令后，系统将显示如下提示。

命令: _chamfer
(“不修剪”模式) 当前倒角距离 1 = 10.0000，距离 2 = 10.0000
选择第一条直线或 [放弃(U)/多段线(P)/距离(D)/角度(A)/修剪(T)/方式(E)/多个(M)]:

命令行中各选项的含义如下。

☑ 指定第一条直线：该选项是系统的默认选项。选择该选项，直接在绘图窗口选取要进行倒角的第一条直线，系统继续提示“选择第二条直线，或按住〈Shift〉键选择要应用角点的直线:”，在该提示下，选取要进行倒角的第二条直线，系统将会按照当前的倒角模式对选取的两条直线进行倒角。

软件技能

如果按住〈Shift〉键选择直线或多段线，它们的长度将调整以适应倒角，并用 0 值替代当前的倒角距离。

☑ 放弃(U)：该选项用于恢复在命令执行中的上一个操作。

☑ 多段线(P)：该选项用于对整条多段线的各顶点处(交角)进行倒角。选择该选项，系统继续提示“选择二维多段线:”，在该提示下，选择要进行倒角的多段线，选择结束后，系统将在多段线的各顶点处进行倒角。

软件技能

“多段线(P)”选项也适用于矩形和正多边形。在对封闭多边形进行倒角时，采用不同方法画出的封闭多边形的倒角结果不同。若画多段线时用“闭合(C)”选项进行封闭，系统将在每一个顶点处倒角；若封闭多边形是使用点的捕捉功能画出的，系统则认为封闭处是断点，所以不进行倒角。

☑ 距离(D)：该选项用于设置倒角的距离。选择该选项，输入“D”并按〈Enter〉键后，系统继续提示“指定第一个倒角距离 <0.0000>:”，在该提示下，输入沿第一条直线方向上的倒角距离，并按〈Enter〉键，系统继续提示“指定第二个倒角距离 <5.0000>:”，在该提示下，输入沿第二条直线方向上的倒角距离，并按〈Enter〉键，系统返回提示。

☑ 角度(A)：该选项用于根据第一个倒角距离和角度来设置倒角尺寸。选择该选项，系统继续提示“指定第一条直线的倒角长度<0.0000>:”，在该提示下，输入第一条直线的倒角距离后按〈Enter〉键，系统继续提示“指定第一条直线的倒角角度<0>:”，在该提示下，输入倒角边与第一条直线间的夹角后按〈Enter〉键，系统返回提示。

☑ 修剪(T)：该选项用于设置进行倒角时是否对相应的被倒角边进行修剪。选择该选项，系统继续提示“输入修剪模式选项[修剪(T)/不修剪(N)]<修剪>:”。若选择“修剪(T)”选项，在倒角的同时对被倒角边进行修剪；若选择“不修剪(N)”选项，在倒角时不对被倒角边进行修剪。

☑ 方法(E)：该选项用于设置倒角方法。选择该选项，系统继续提示“输入修剪方法 [距离(D)/角度(A)] <角度>:”，前面对上述提示中的各选项已做过介绍，在此不再重述。

☑ 多个(M)：该选项用于对多个对象进行倒角。选择该选项，进行倒角操作后，系统将反复提示。

软件技能

当出现按照用户的设置不能倒角的情况时（例如倒角距离太大、倒角角度无效或选择的两条直线平行），系统将在命令行给出信息提示。在修剪模式下对相交的两条直线进行倒角时，两条直线的保留部分将是拾取点的一边。另外，如果将倒角距离设置为 0，执行“倒角”命令可以使没有相交的两条直线（两直线不平行）交于一点。

3.3.17 圆角对象

“圆角”命令用于将两个图形对象用指定半径的圆弧光滑连接起来。可以圆角的对象包括有直线、多段线、样条曲线、构造线、射线等。

用户可以通过以下几种方法圆角对象。

☑ 选项组：在“修改”选项组中单击“圆角”按钮。

☑ 菜单栏：选择“修改”|“圆角”命令。

☑ 工具栏：在“修改”工具栏上单击“圆角”按钮。

☑ 命令行：在命令行中输入或动态输入“fillet”命令（快捷键“F”）。

执行“圆角”命令后，首先显示当前的修剪模式及圆角的半径值，用户可以事先根据需要来进行设置，再根据提示选择第一个、第二个对象，按〈Enter〉键，即可按照所设置的模式和半径值进行圆角操作，如图 3-103 所示。

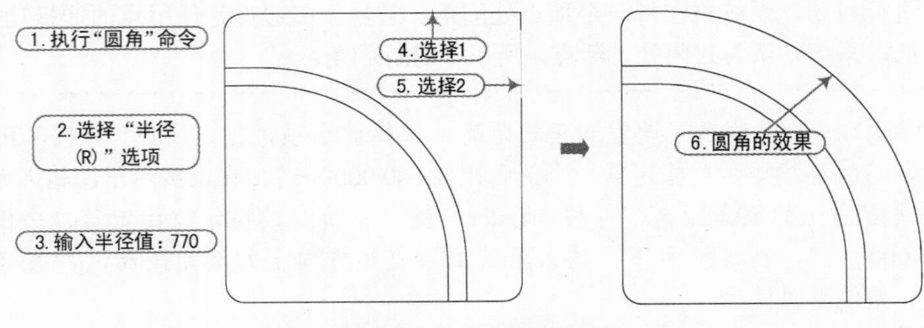

图 3-103　进行圆角操作

执行“圆角”命令后，系统将显示如下提示。

命令: _FILLET
当前设置: 模式 = 修剪，半径 = 0
选择第一个对象或 [放弃(U)/多段线(P)/半径(R)/修剪(T)/多个(M)]:

“圆角”命令行中各选项的含义如下。

☑ 选择第一个对象：该选项是系统的默认选项。选择该选项，直接在绘图窗口选取要用圆角连接的第一个图形对象，系统继续提示“选择第二个对象，或按住〈Shift〉键选择要应用角点的对象:”，在该提示下，选取要用圆角连接的第二个图形对象，系统会按照当前的圆角半径将选取的两个图形对象用圆角连接起来。

如果按住〈Shift〉键选择直线或多段线，它们的长度将调整以适应圆角，并用 0 值替代当前的圆角半径。

☑ 放弃(U)：该选项用于恢复在命令执行中的上一个操作。
☑ 多段线(P)：该选项用于对整条多段线的各顶点处（交角）进行圆角连接。该选项的操作过程与倒角命令的同名选项相同，在此不再重述。
☑ 半径(R)：该选项用于设置圆角半径。选择该选项，输入“R”，按〈Enter〉键，系统继续提示“指定圆角半径<0.0000>:”，在该提示下，输入新的圆角半径，并按〈Enter〉键，系统返回提示“选择第一个对象或[放弃(U)/多段线(P)/半径(R)/修剪(T)/多个(M)]:”。
☑ 修剪(T)：该选项的含义和操作与倒角命令的同名选项相似，在此不再重述。图 3-104 为在执行圆角命令时“修剪”模式和“不修剪”模式的结果对比。

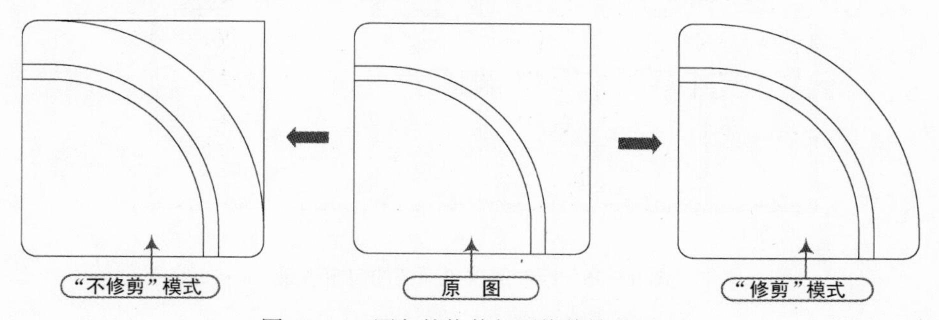

图 3-104 圆角的修剪与不修剪效果对比

☑ 多个(M)：该选项用于对图形对象的多处进行圆角连接。

当出现按照用户的设置不能用圆角进行连接的情况时（例如圆角半径太大或太小），系统将在命令行给出信息提示。在“修剪”模式下对相交的两个图形对象进行圆角连接时，两个图形对象的保留部分将是拾取点的一边；当选取的是两条平行线时，系统会自动将圆角半径定义为两条平行线间距离的一半，并将这两条平行线用圆角连接起来，如图 3-105 所示。

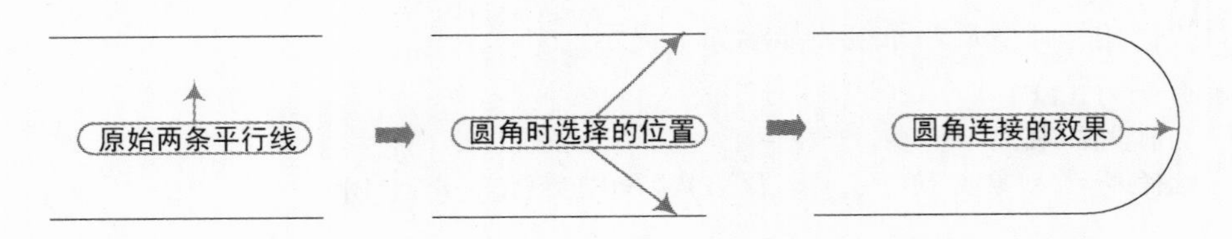

图 3-105　平行线的圆角

3.4　绘制医院平面图的门窗

视频\03\医院平面图门窗的绘制.avi
案例\03\医院平面图的门窗.dwg

在绘制医院平面图的门窗对象时，用户应先将准备好的图形打开；并将其另存为新的文件；再使用“偏移”和“修剪”命令，从而形成门窗洞口；接着根据要求设置多线样式（C），使之成为绘制平面窗的对象；再使用“多线”命令在相应的窗洞口绘制平面窗；然后使用“直线”“圆弧”“矩形”“修剪”等命令绘制平面门（M-2），并将其进行编组，使之成为一个整体对象；最后使用“移动”“镜像”“复制”等命令将其平面门“安装”到相应的位置。其绘制完成的效果如图 3-106 所示。

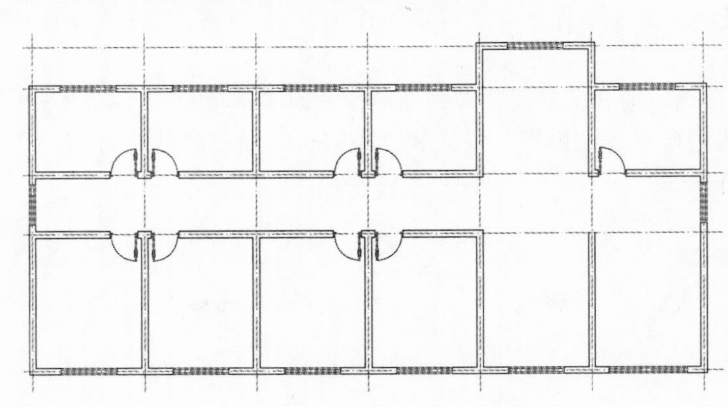

图 3-106　绘制医院平面图的门窗效果

具体步骤如下：

1）正常启动 AutoCAD 2014 软件，选择“文件”|“打开”命令，将“案例\03\医院平面图的轴线和墙体.dwg”文件打开，再选择“文件”|“另存为”命令，将该文件另存为“案例\03\医院平面图的门窗.dwg”。

2）使用“偏移”命令（O），将从左至右的第 2、4 根垂直轴线分别向左、右两侧各偏移 240mm 和 1000mm，将从右至左的第 2 根垂直轴线向右偏移 240mm 和 1000mm，如图 3-107 所示。

3）使用“修剪”命令（TR），对偏移的轴线与中间绘制的墙线进行修剪操作，使之成为门洞口，如图 3-108 所示。

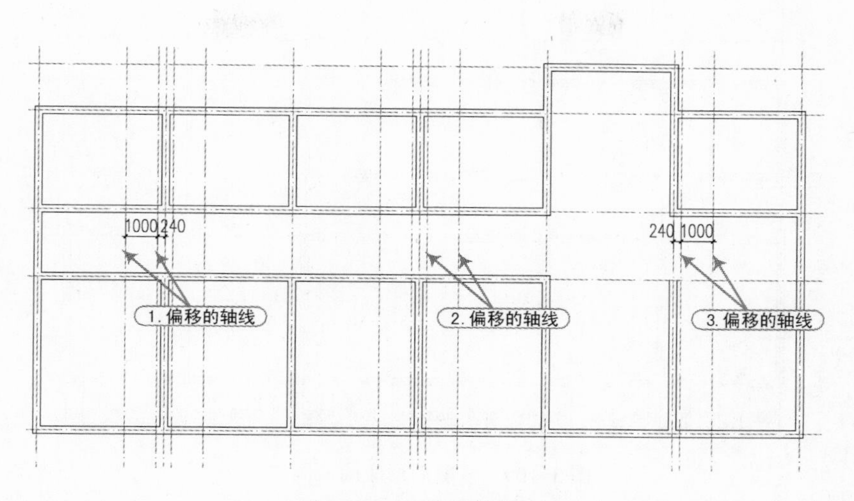

图 3-107 偏移的轴线

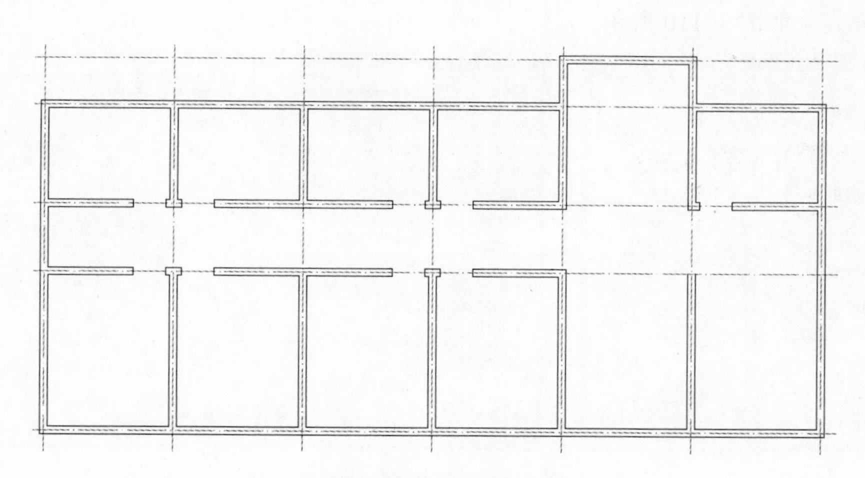

图 3-108 修剪后形成的门洞口

由于修剪后其门沿口的垂直线段是轴线对象，因此用户应将其转换为“墙体”图层。

4）同样，再使用“偏移”命令（O）将垂直线的轴线段进行偏移，再使用“修剪”命令（TR）将其偏移的垂直轴线段与上、下侧的墙线进行修剪，使之形成窗洞口，如图 3-109 所示。

实际上，在绘制平面窗对象时，用户可以使用“多线”命令来绘制。这样绘制起来较为灵活，不管该窗的宽度是多少，只要从窗洞口的左右两点进行连接就可以了。注意：在 120 墙上绘制多线样式的平面窗时，应将多线的总宽度设置为 120；同样在 240 墙上绘制多线样式的平面窗时，应将多线的总宽度为 240。

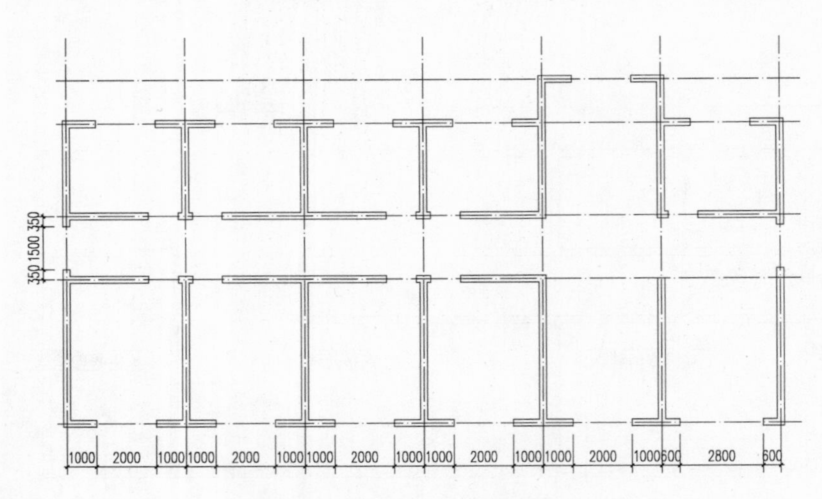

图 3-109　修剪后形成的窗洞口

5）执行“格式”|“多线样式”命令，将弹出“多线样式”对话框，按照要求再设置“C”多线样式，如图 3-110 所示。

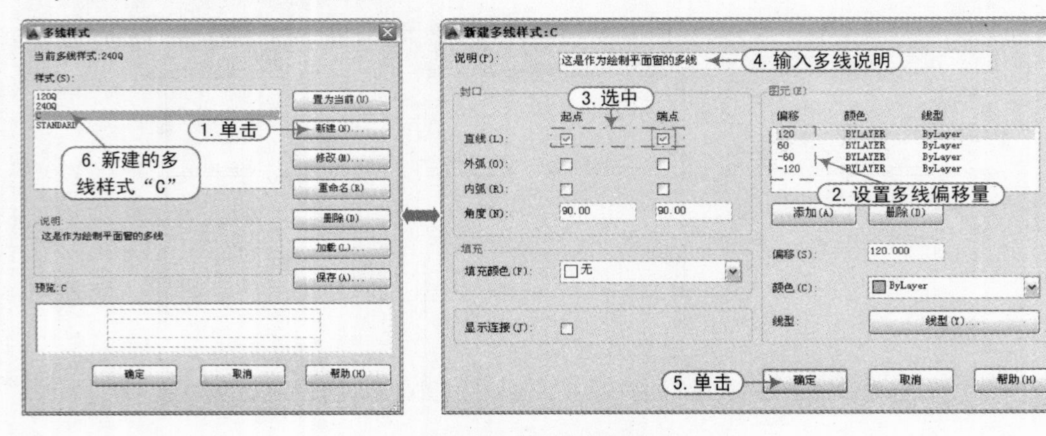

图 3-110　设置多线“C”

6）将“门窗”图层置为当前图层，使用“多线”命令（ML），沿图形上、下、左、右的窗洞口位置绘制多线样式“C”，从而完成该图形的平面窗效果，如图 3-111 所示。

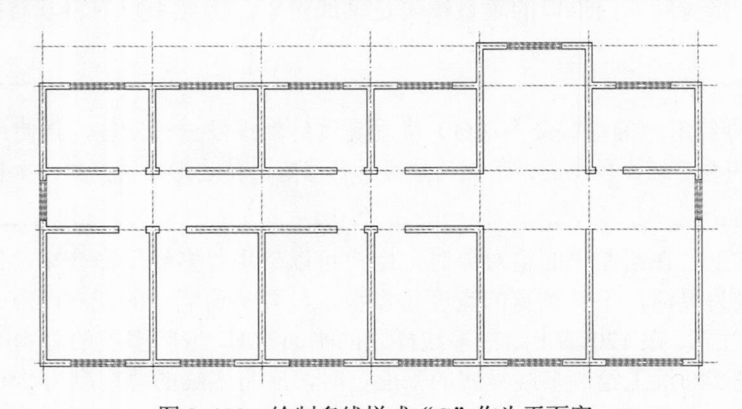

图 3-111　绘制多线样式“C”作为平面窗

7）使用“矩形”“圆弧”“直线”“修剪”等命令，按照如图3-112所示的步骤来绘制平面门。

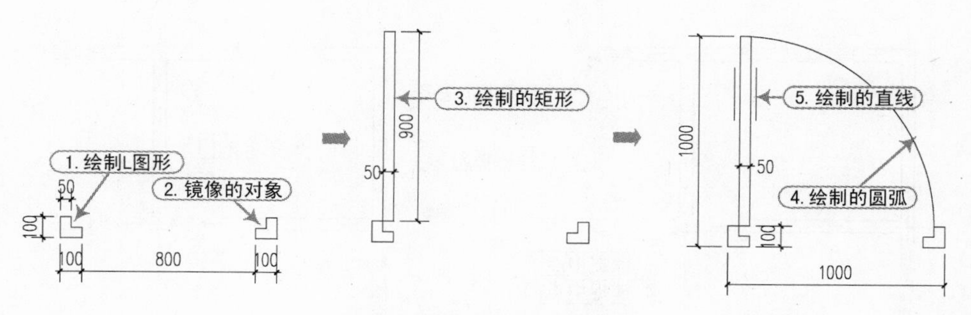

图3-112　绘制的平面门对象

操作提示

由于该图形中所开启门洞口的宽度均为1000mm，由此用户可绘制一个平面门图形，再使用“对象组合”命令将该平面门对象组合成一个整体，然后通过移动、复制、镜像等操作将组合的平面门对象“安装”到相应的位置。

8）在命令行中输入“G”，将弹出“对象编组”对话框，在“编组名”文本框中输入“M-2”，再单击“新建”按钮，此时将返回到视图中，使用鼠标框选整个平面门对象，按空格键返回到“对象编组”对话框中，则在“编组名”文本框中显示新建的组名称“M-2”，然后单击“确定”按钮，如图3-113所示。

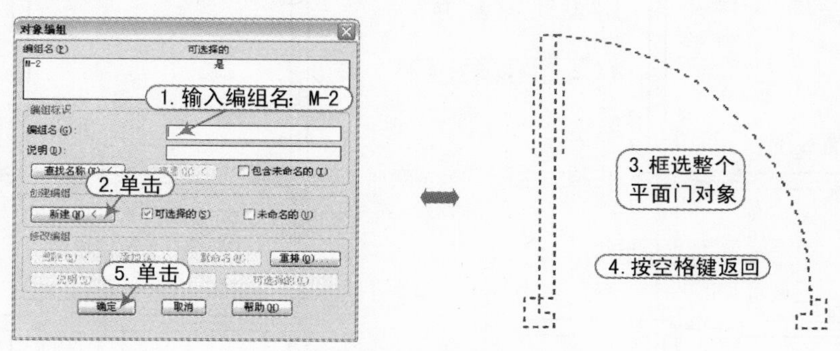

图3-113　对象编组

9）使用“移动”命令（M），将编组的平面门对象（M-2）移至相应的门洞口位置，如图3-114所示。

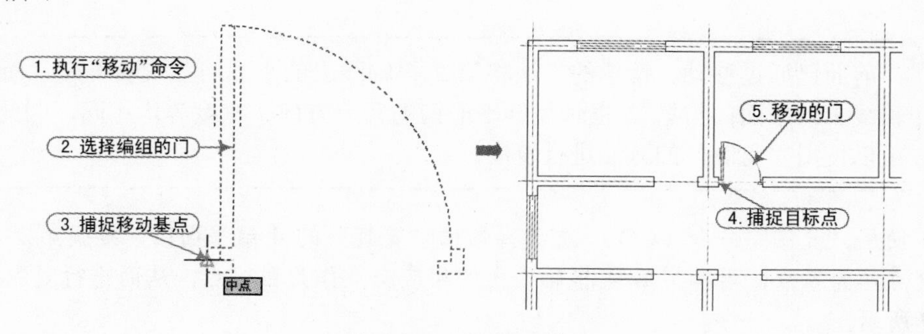

图3-114　移动门对象

10）使用“镜像”命令（MI），将刚“安装”的平面门（M-2）按照左侧的垂直轴线进行水平镜像，如图3-115所示。

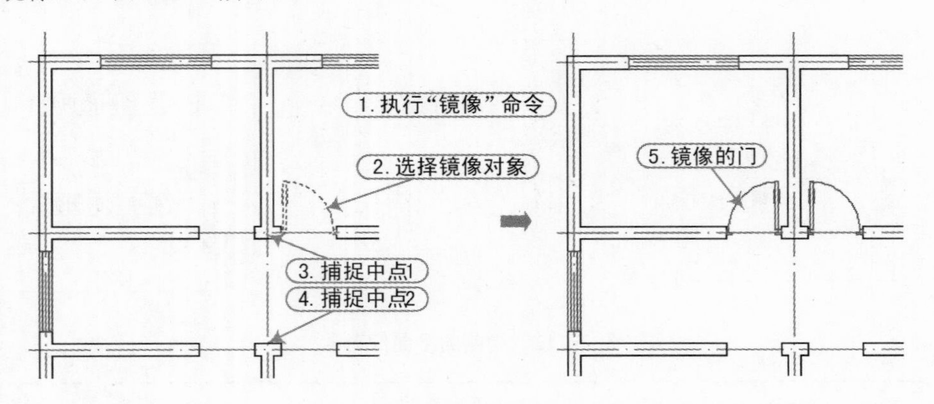

图3-115　水平镜像的门

11）同样，用户可以通过镜像的方式在下侧门洞口“安装”门。使用“直线”命令（L）在中间的墙体上绘制一条垂直的线段，再使用“镜像”命令（MI），将刚“安装”的两扇平面门（M-2）按照刚绘制垂直线段的中点进行垂直镜像，如图3-116所示。

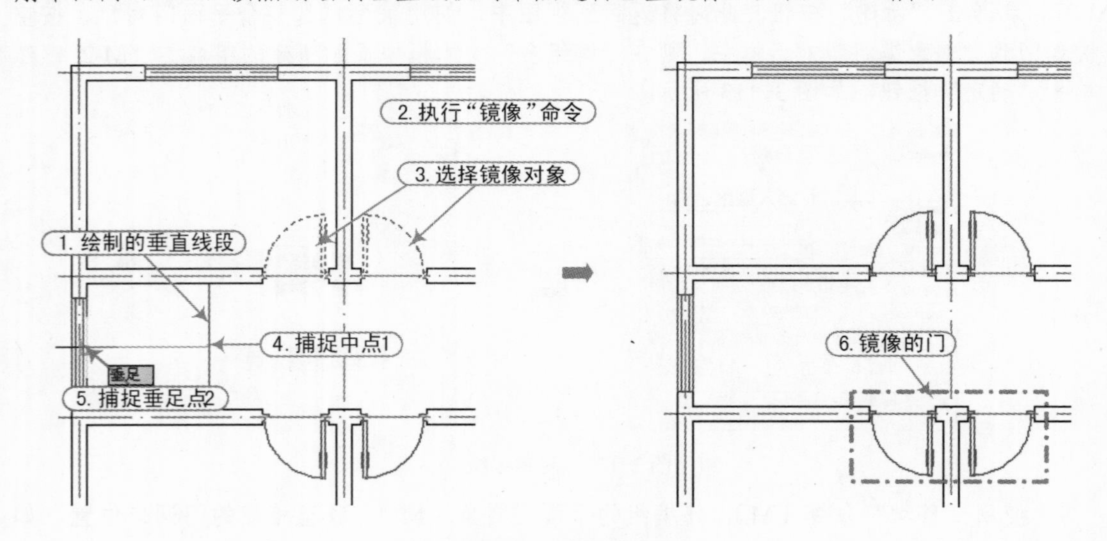

图3-116　垂直镜像的门

软件技能

前面已通过移动、镜像的方法将第2根轴线上的平面门“安装”好，而第4根轴线上的平面门与第2根轴线的平面门的开启方向、宽度等均相同，因此，这时可以使用“复制”的方法进行复制。

12）使用“复制”命令（CO），先选择前面“安装”的4扇平面门，捕捉第2根轴线上的一个交点作为基点，再捕捉第4根轴线上的相应交点作为目标点，从而进行复制操作，如图3-117所示。

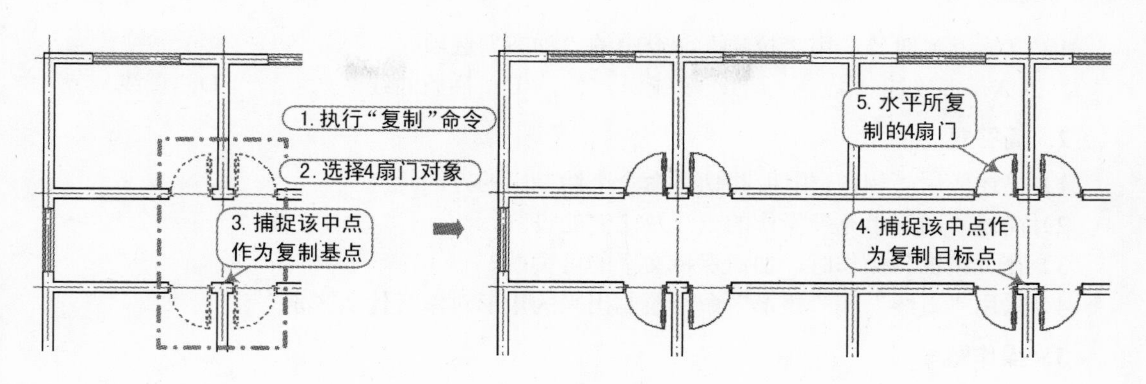

图 3-117 复制的门

13）至此，该医院平面图的门窗已经“安装”完毕，按〈Ctrl+S〉组合键进行保存。

3.5 课后练习与项目测试

1．选择题

1）按比例改变图形实际大小的命令是（ ）。

A．offset B．zoom C．scale D．stretch

2）移动（move）和平移（pan）命令是（ ）。

A．都是移动命令，效果一样

B．移动（move）速度快，平移（pan）速度慢

C．移动（move）的对象是视图，平移（pan）的对象是物体

D．移动（move）的对象是物体，平移（pan）的对象是视图

3）改变图形实际位置的命令是（ ）。

A．zoom B．move C．pan D．offset

4）如果从起点为（5,5），要画出与 X 轴正方向成 30 度夹角、长度为 50 的直线段，应输入（ ）。

A．50,30 B．@30,50 C．@50<30 D．30,50

5）执行（ ）命令对闭合图形无效。

A．打断 B．复制 C．拉长 D．删除

6）可以使直线、样条曲线、多线段绘制的图形闭合的选项是（ ）。

A．close B．connect C．complete D．done

7）可以对两个对象用圆弧进行连接的命令是（ ）。

A．fillet B．pedit C．chamfer D．array

8）不可以使用 pline 命令来绘制（ ）。

A．直线 B．圆弧 C．具有宽度的直线 D．椭圆弧

9）用户可以通过（ ）系统变量控制点的样式。

A．pdmode B．pdsize C．pline D．point

10）（　　）对象适用“拉长”命令中的“动态”选项。

A. 多段线　　B. 多线　　C. 样条曲线　　D. 直线

2. 简答题

1）简述应用“相切、相切、相切”命令来绘制圆的方法。

2）简述“图案填充”操作的方法及比例的设置。

3）在“镜像”操作时，如何保持文字的可读性？

4）采用“直线”和“矩形”命令绘制出来的矩形对象有什么区别？

3. 操作题

要想熟练地掌握 AutoCAD 2014 中图形的绘制技巧和方法，用户只有不断地加强各种复杂图形对象的练习。在如图 3-118 所示的 6 个小题中，用户需要按所学知识进行练习，以提高绘图技能。

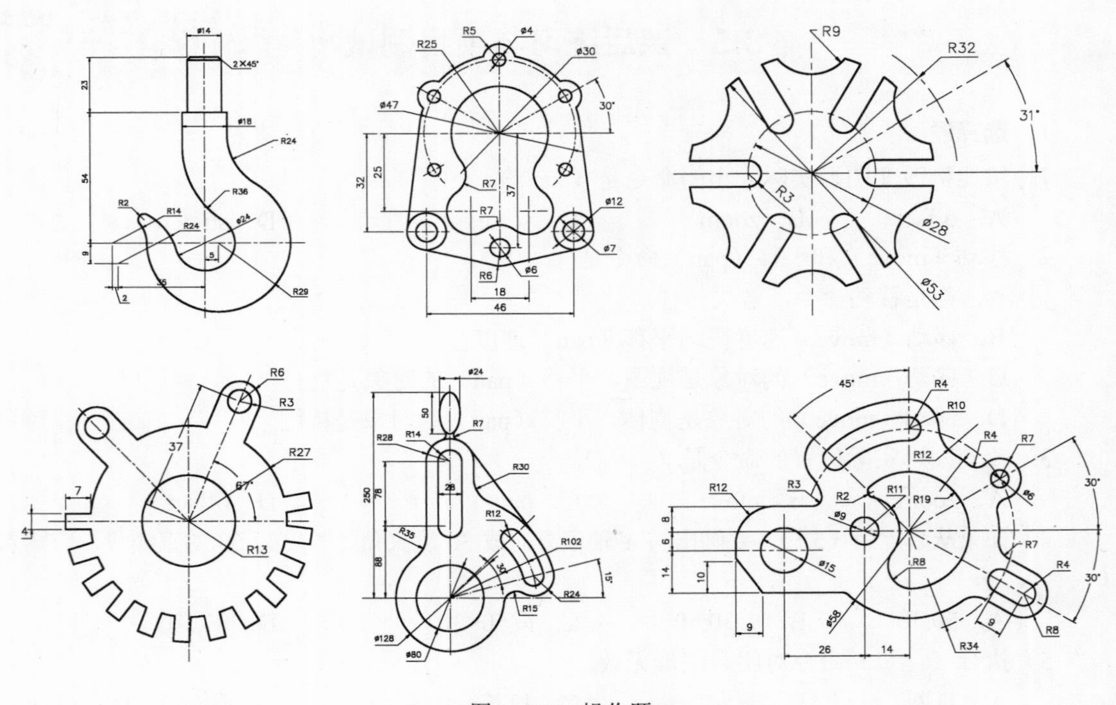

图 3-118　操作题

第4章　尺寸标注与文字标注

本章导读

在进行建筑与装修施工图的设计过程中，用户少不了要对图形对象进行一些数据说明及细节描述（包括尺寸的描述、材料的规格属性描述等），以帮助施工人员正确无误、高效快捷地按照设计人员的要求进行施工操作。

本章主要讲解了尺寸标注样式的创建与设置、图形对象的尺寸标注与编辑、文字的创建与编辑、多重引线的标注与设置、表格的创建与管理、图形对象的参数化几何约束和标注约束等，从而使用户能够快速掌握对图形对象的尺寸、文字、约束标注等操作。

主要内容

- ☑ 掌握尺寸标注样式的创建和设置
- ☑ 掌握图形对象的尺寸标注及修改
- ☑ 掌握文字的创建与编辑
- ☑ 掌握多重引线的标注与设置
- ☑ 掌握表格的创建和管理
- ☑ 掌握图形对象的参数化几何约束和标注约束
- ☑ 楼梯对象的尺寸和文字标注实例

效果预览

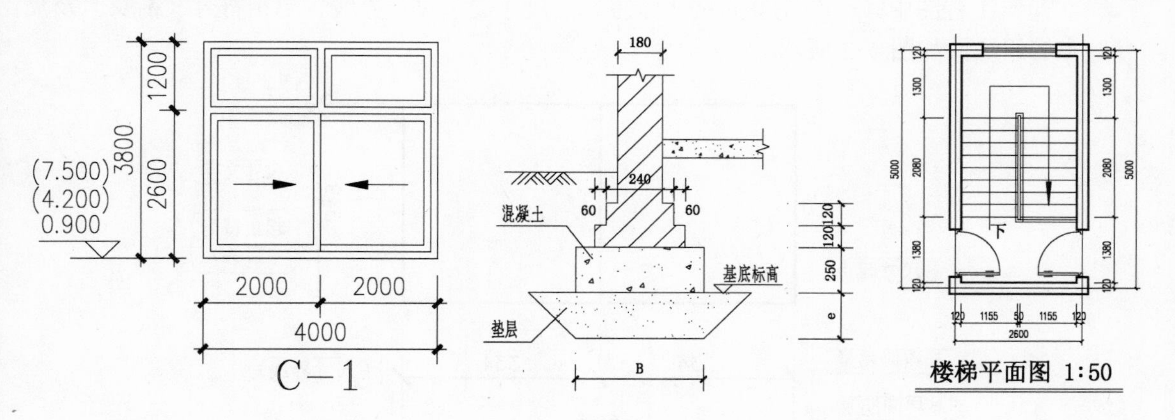

4.1 尺寸标注的概述

在使用 AutoCAD 2014 进行尺寸标注时，用户首先应掌握尺寸标注的类型和尺寸标注的组成，其次应掌握 AutoCAD 2014 中尺寸标注的步骤。

4.1.1 AutoCAD 2014 尺寸标注的类型

AutoCAD 2014 提供了十余种标注工具用以标注图形对象。这些标注工具分别位于“标注”菜单、“标注”工具栏和“注释”面板中。常用尺寸标注的类型如图 4-1 所示，使用它们可以进行角度、直径、半径、线性、对齐、连续及基线等标注。

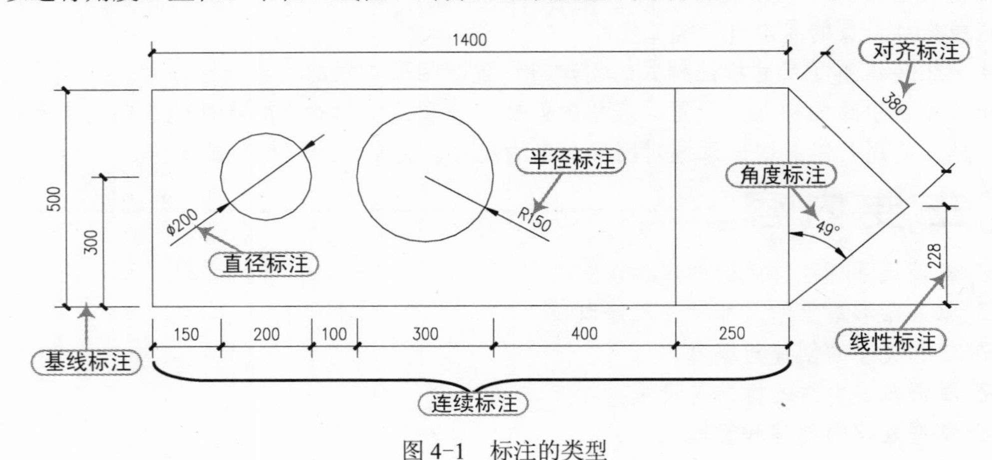

图 4-1 标注的类型

4.1.2 AutoCAD 2014 尺寸标注的组成

在建筑工程图中，一个完整的尺寸标注是由尺寸文字尺寸界线、起止符号（箭头）及尺寸起点等组成，如图 4-2 所示。

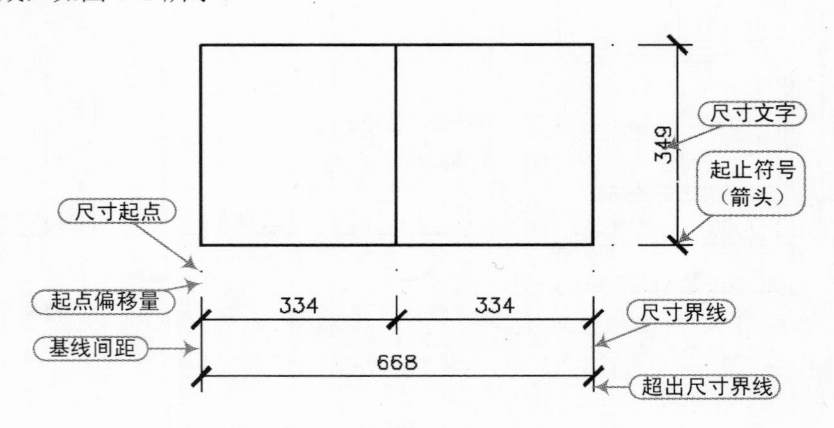

图 4-2 AutoCAD 2014 尺寸标注的组成

☑ 尺寸文字：用以标明图形对象的标识值。尺寸文字可以反映建筑构件的尺寸。在同一张图纸上，不论各个部分的图形比例是否相同，其尺寸文字的字体、高度必须统一。施工图纸上尺寸文字的高度须满足制图标准的规定。

☑ 起止符号（箭头）：建筑工程图纸中，起止符号必须是 45°中粗斜短线。起止符号绘制在尺寸线的起止点，用于指出标识值的开始和结束位置。

☑ 尺寸起点：尺寸起点是尺寸标注对象的起始定义点。通常，尺寸起点与被标注图形对象的起止点重合（图 4-2 所示的尺寸起点离开矩形的下边界，是为了表述起点的含义）。

☑ 尺寸界线：尺寸界线是指从标注起点引出的标明标注范围的直线，可以从图形的轮廓、轴线、对称中心线等引出。尺寸界线是用细实线绘制的。

☑ 超出尺寸界线：尺寸界线超出尺寸线的大小。

☑ 起点偏移量：尺寸界线离开尺寸起点的距离。

☑ 基线间距：使用 AutoCAD 2014 的“基线标注”时，基线尺寸线与前一个基线对象尺寸线之间的距离。

4.1.3 AutoCAD 2014 尺寸标注的基本步骤

尺寸标注的尺寸线是由多个尺寸线元素组成的匿名块。该匿名块具有一定的“智能性”，当标注对象被缩放或移动时，标注该对象的尺寸线就像粘附其上一样，也会自动缩放或移动，且除了尺寸文字内容随标注对象图形大小的变化而变化之外，还能自动控制尺寸线的其他外观保持不变。

用户可能发现还存在这样一些问题。

☑ 起止符号是箭头，不符合制图标准规定，不知道打印到图纸上的箭头到底多大。

☑ 不知道打印到图纸之后，尺寸文字的高度是否符合制图标准的要求。

☑ 图形放大后，尺寸文字的内容也从 500 变为 1000，这也可能不是用户所希望的。

☑ 图形缩放后，尺寸标注（箭头大小、文字高度等）的外观没有变化。

必须解决这些问题，才能保证尺寸标注的效果。那么，到底该如何进行尺寸标注，才能解决这些问题呢？

文字标注的效果是由“文字样式”控制的，尺寸标注的效果是由“标注样式”决定的。在进行图纸打印时，尺寸标注的所有几何外观（尺寸文字内容保持不变）会和文字一样，都会按打印比例进行缩放并输出到图纸上。因此，要保证尺寸标注的图面效果和准确度，用户必须深入了解尺寸标注的基本构成规律以及各种变比操作对标注的影响，以合乎 AutoCAD 2014 要求的操作进行尺寸的标注。

在 AutoCAD 2014 中，使用“标注样式”命令可以控制标注的格式和外观，并便于对标注进行修改。从 AutoCAD 2008 开始，为了使尺寸标注自动适应图纸的打印及缩放，该软件新增了注释性标注，这样，AutoCAD 就有两种尺寸标注样式：非注释标注（以往版本所具有的）和注释标注（自 AutoCAD 2008 起新增的功能）。

另外，尺寸标注操作可以分为 3 种情况。

☑ 在模型卡的图形窗口中标注尺寸。此时的工作空间是模型空间，尽管对象显示会发生大小变化，但是其本质仍是实际对象本身。

☑ 在布局卡上激活视口，在视口内标注尺寸。此时的工作空间本质上也是模型空间。

☑ 在布局卡上不激活视口，直接在布局上（与视口无关）标注尺寸。此时的工作空间为图纸空间，此时对象显示的是图纸上的情况，与实际对象大小相比，相差打印比例或视口比例的倍数。

在 AutoCAD 2014 中对图形进行尺寸标注的基本步骤如下。

1）确定打印比例或视口比例。

2）创建一个专门用于尺寸标注的文字样式。

3）创建标注样式，依照是否采用注释标注及尺寸标注操作类型，设置标注参数。

4）进行尺寸标注。

4.2 设置尺寸标注样式

在 AutoCAD 2014 环境中，用户有时需要对图形对象进行尺寸标注，而针对不同的绘图要求和环境，应设置不同的尺寸标注样式，包括设置线、符号和箭头、文字、调整、主单位、公差等。

AutoCAD 2014 建立了大量的尺寸标注变量，用以控制尺寸要素的绘制方式，并设置满足通用要求的默认值。用户可通过这些变量来进行相应的设置，见表 4-1。

表 4-1 AutoCAD 2014 的尺寸标注变量

名 称	中 文 描 述	类 型	新 值
DIMASZ	尺寸箭头大小	数值	4～5
DIMDLI	尺寸线间距	数值	8
DIMEXE	尺寸界线超出量	数值	3～4
DIMEXO	尺寸界线间隙	数值	0
DIMTAD	尺寸数字在尺寸线之上	开关	On
DIMTIH	使尺寸数值与尺寸线方向一致	开关	Off
DIMTOFL	使尺寸线和箭头放在弧或圆内	开关	On
DIMTXT	尺寸数字高度	数值	3

4.2.1 创建标注样式

在 AutoCAD 2014 中，使用“标注样式”可以控制标注的格式和外观，建立强制执行的绘图标准，并有利于对标注格式及用途进行修改。

用户可以通过以下 3 种方式创建标注样式。

☑ 面板：单击“标注”面板中的“标注”｜“标注样式”按钮。

☑ 菜单栏：选择“标注”｜“标注样式”命令。

☑ 工具栏：在“标注”工具栏中单击“标注样式”按钮。

☑ 命令行：在命令行中输入或动态输入“dimstyle”（快捷键“D”）。

执行“标注样式”命令后，将弹出“标注样式管理器”对话框，单击“新建”按钮，将弹出“创建新标注样式”对话框，然后在“新样式名”文本框中输入样式名称，最后单击“继续”按钮，如图 4-3 所示。

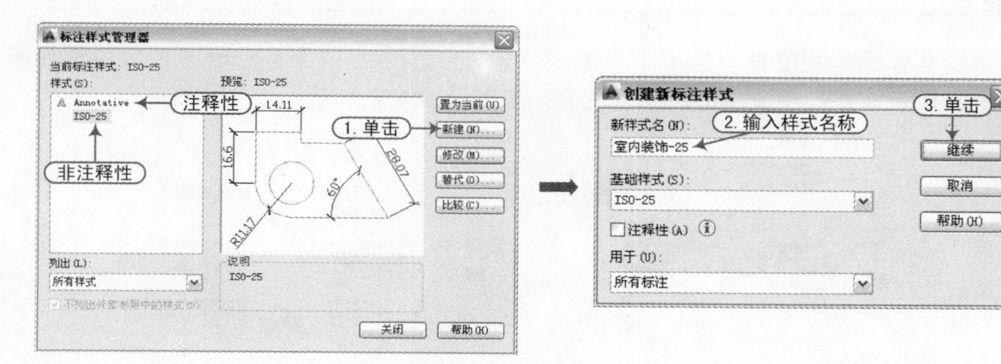

图 4-3 创建标注样式

软件技能

标注样式的命名要遵守“有意义，易识别”的原则，如“1-100 平面”表示该标注样式用于标注 1∶100 绘图比例的平面图，又如“1-50 大样”表示该标注样式用于标注大样图。

4.2.2 编辑并修改标注样式

新建并命名标注样式后，单击“继续”按钮，将弹出“新建标注样式：×××”对话框。该对话框包括线、符号和箭头、文字、调整、主单位等选项卡，如图 4-4 所示。下面就针对各选项卡的设置参数进行讲解。

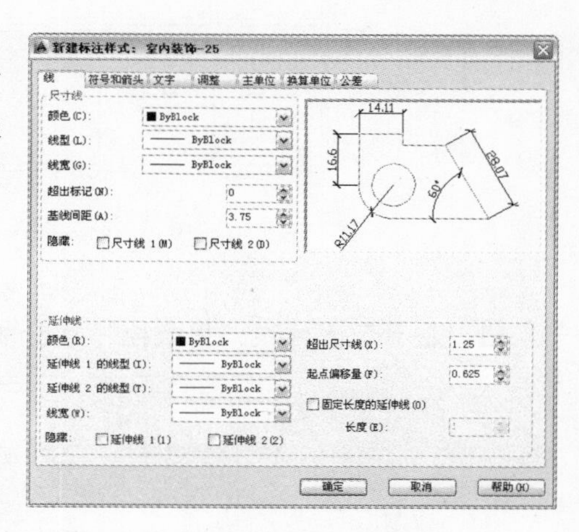

图 4-4 设置标注样式

1. 设置尺寸线

在“线”选项卡中，用户可以设置的内容包括尺寸线、线型、超出标记、超出尺寸线、起点偏移量等。

☑ “颜色”“线型”“线宽”下拉列表框：在 AutoCAD 2014 中，每个图形实体都有自己的颜色、线型和线宽。用户可以在“颜色”“线型”“线宽”下拉列表框中设置具体的真实参数。以颜色为例，用户可以把某个图形实体的颜色设置为红、蓝或绿等色。另外，为了满足绘图的一些特定要求，AutoCAD 2014 还允许将图形对象的颜色、线型、线宽设置成 ByLock（随块）和 ByLayer（随层）两种逻辑值：ByLayer（随层）是指与图层的设置一致，ByLock（随块）是指与图块定义的图层的设置一致。

软件技能

通常情况下，用户无需对尺寸标注线的颜色、线型、线宽进行特别的设置，采用 AutoCAD 默认的 ByLock（随块）即可。

☑ “超出标记”数值框：当用户采用“建筑符号”作为箭头符号时，该数值框即被激活，从而确定尺寸线超出尺寸界线的长度，如图 4-5 所示。

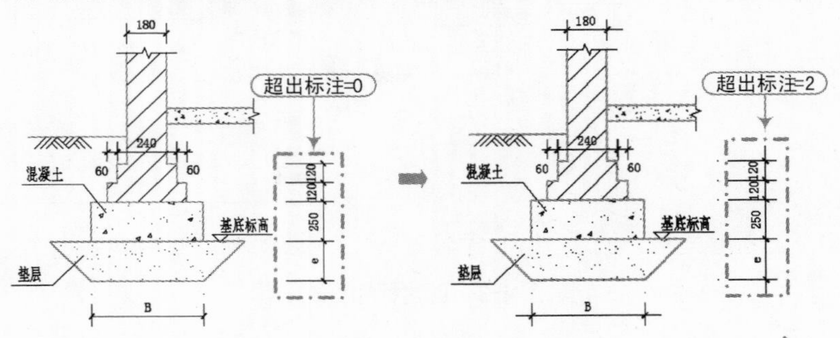

图 4-5　不同的超出标注

☑ “基线间距”数值框：用于限定“基线”标注命令标注的尺寸线离开基础尺寸标注的距离，在建筑图标注多道尺寸线时有用，其他情况下也可以不进行特别设置，如图 4-6 所示。如果要设置，设置的范围应为 7～10mm。

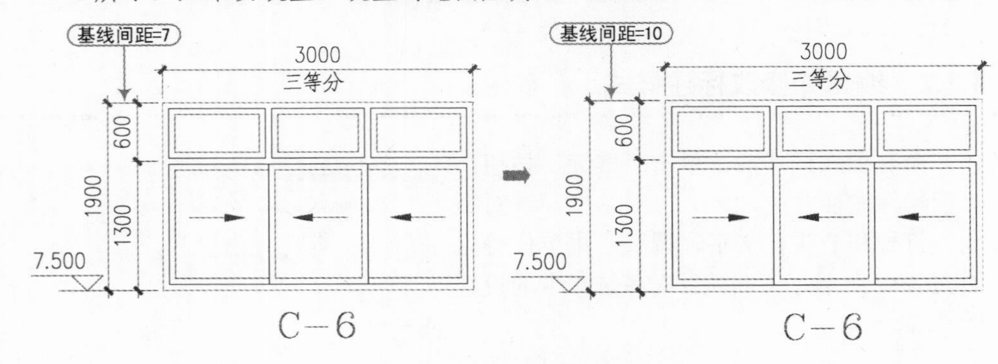

图 4-6　不同的基线间距

☑ “隐藏”尺寸线：用来控制标注的尺寸线是否隐藏，如图 4-7 所示。

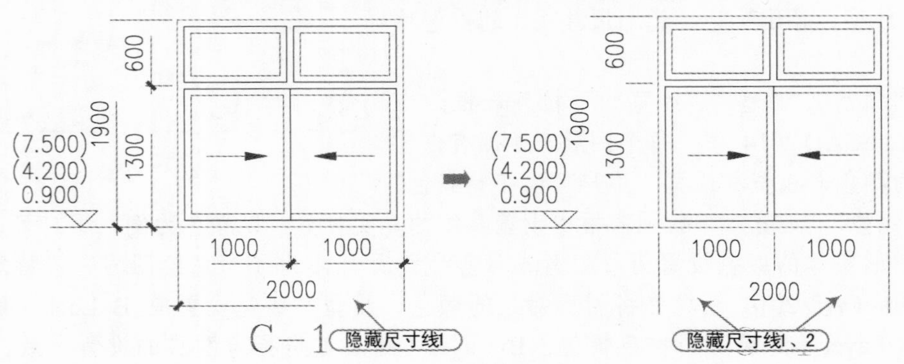

图 4-7　隐藏尺寸线

☑ “超出尺寸线”数值框：制图规范规定输出到图纸上的值为 2～3mm，如图 4-8 所示。

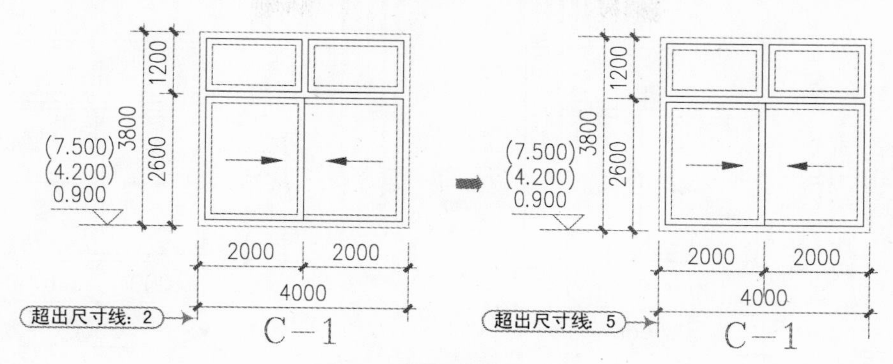

图 4-8 不同的超出尺寸线

☑ “起点偏移量”数值框：制图标准规定离开被标注对象的距离不能小于 2mm。绘图时应依据具体情况设定起点偏移量，一般情况下，尺寸界线应该离开标注对象一定距离，以使图面表达清晰易懂，如图 4-9 所示。比如在平面图中有轴线和柱子，标注轴线尺寸时一般是通过单击轴线交点确定尺寸线的起止点，为了使标注的轴线不和柱子平面轮廓冲突，应根据柱子的截面尺寸设置足够大的“起点偏移量”，以使尺寸界线离开柱子一定距离。

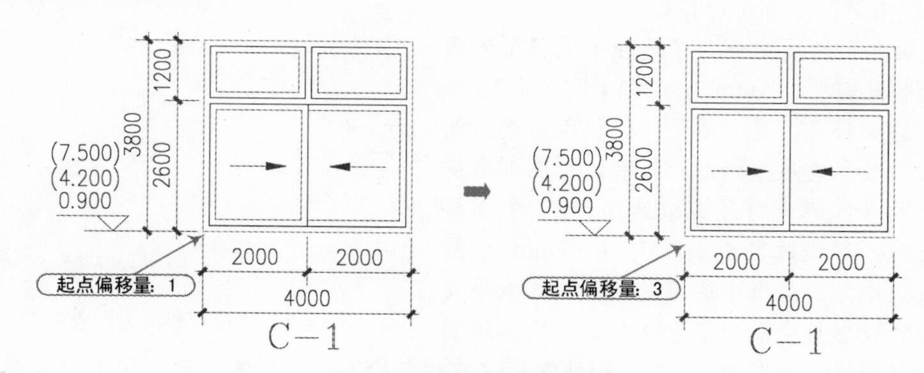

图 4-9 不同的起点偏移量

☑ “固定长度的延伸线”复选框：若选中该复选框，可在下面的“长度”数值框中输入尺寸界线的固定长度值，如图 4-10 所示。

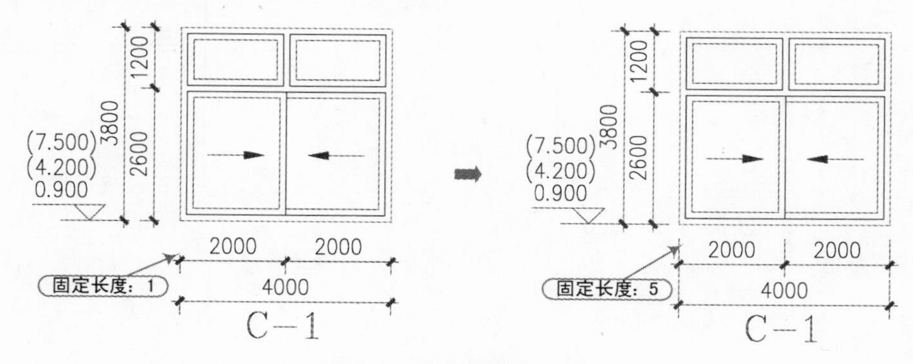

图 4-10 不同的固定长度

☑ “隐藏”延伸线：用来控制标注的延伸线是否隐藏，如图 4-11 所示。

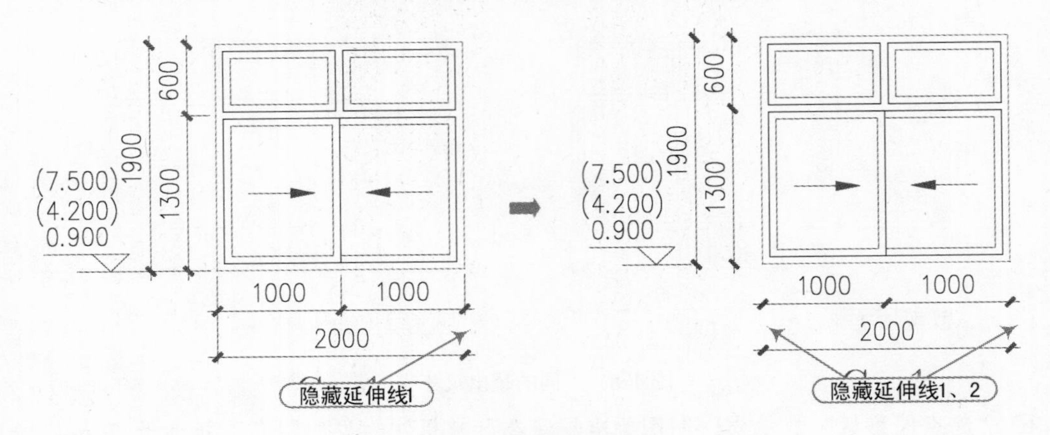

图 4-11　隐藏的延伸线

2．设置符号和箭头

在如图 4-12 所示的“符号和箭头”选项卡中，用户可以对箭头、圆心标记、折断标注弧长符号、半径折弯标注等进行设置。

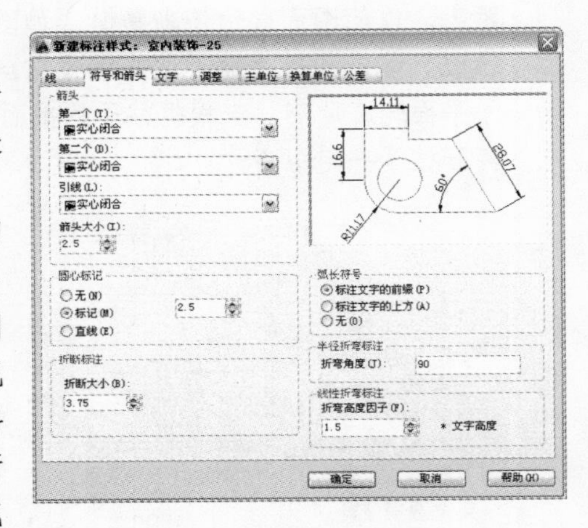

图 4-12　“符号和箭头”选项卡

☑ “箭头”选项组：为了适应不同类型的图形标注需要，AutoCAD 2014 设置了 20 多种箭头样式，其“箭头”标记就是建筑制图标准里的尺寸线起止符号，制图标准规定尺寸线起止符号应该选用 45° 中粗斜短线，短线的图纸长度为 2～3mm。“箭头大小”数值框中的值是指箭头的水平或竖直投影长度，如值为 1.5 时，实际绘制的斜短线总长度为 2.12。“引线”标注在建筑绘图中也时常用到，制图规范规定引线标注无需箭头，如图 4-13 所示。

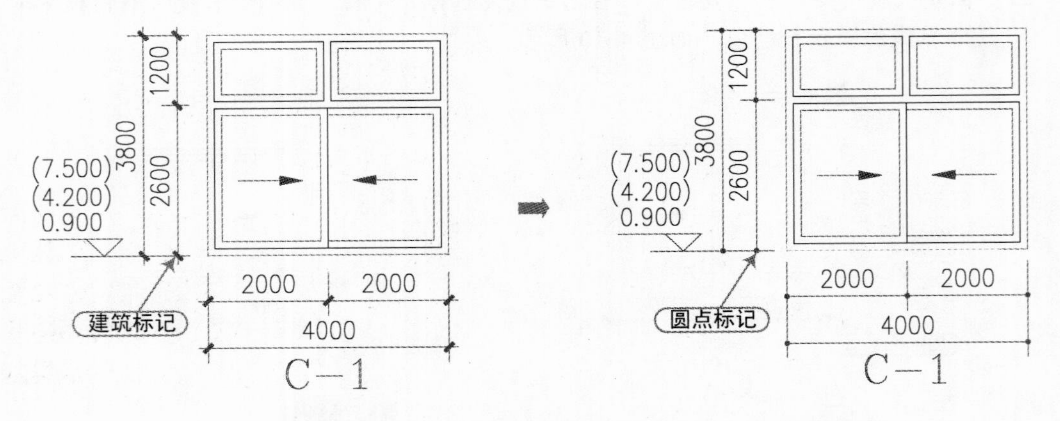

图 4-13　箭头符号

软件技能

用户也可以使用自定义箭头，此时可在下拉列表框中选择“用户箭头”选项，将弹出“选择自定义箭头块”对话框，从“从图形块中选择”下拉列表框中选取当前图形中已有的块名，然后单击“确定”按钮，如图4-14所示。AutoCAD 2014将以该块作为尺寸线的箭头样式，此时块的插入基点与尺寸线的端点重合。

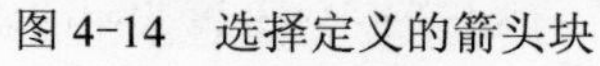

图4-14 选择定义的箭头块

☑ “圆心标记”选项组：用于标注圆心位置。在图形区任意绘制两个大小相同的圆，分别把它们的圆心标记设置为2和4，选择“标注”｜“圆心标记”命令后，分别标记刚绘制的两个圆，如图4-15所示。

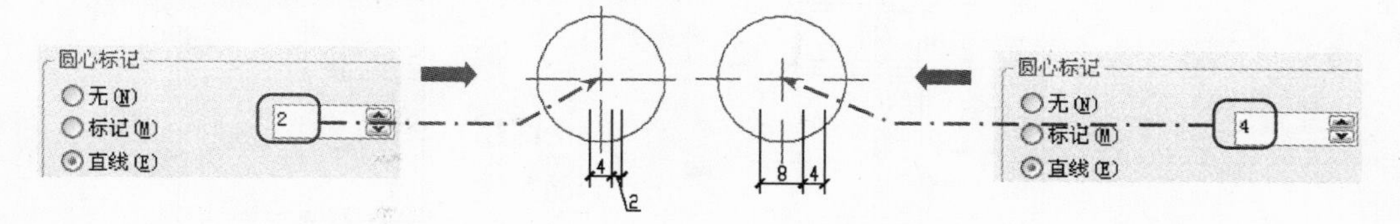

图4-15 圆心标记设置

☑ “折断标注”选项组：尺寸线在所遇到其他图元处被打断后，其尺寸界线的断开距离。

☑ “线性折弯标注”为把一个标注尺寸线进行折断时绘制的折断符高度与尺寸文字高度的比值。“折断标注”和“折弯线性”都属于AutoCAD 2014中“标注”菜单下的命令。执行这两个命令后，被打断和折弯的尺寸标注效果如图4-16所示。

☑ “半径折弯标注”选项组：用于设置标注圆弧半径时标注线的折弯角度大小。

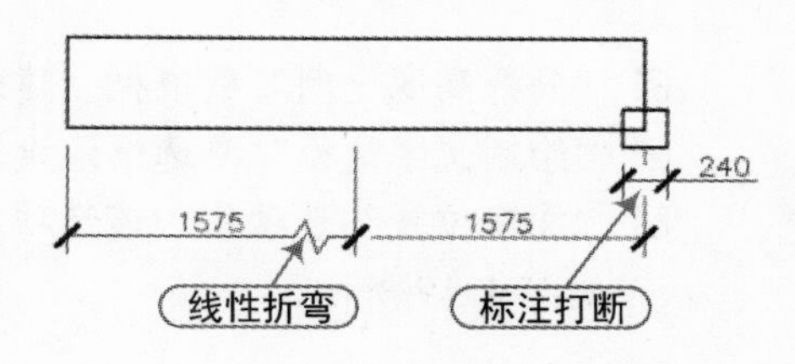

图4-16 折断标注或线性弯折标注设置

3．设置标注文字

尺寸文字设置是标注样式定义的一个很重要的内容。在“新建标注样式：×××”对话框中，用户可以在“文字”选项卡中设置标注文字的外观、位置和对齐方式，如图4-17所示。

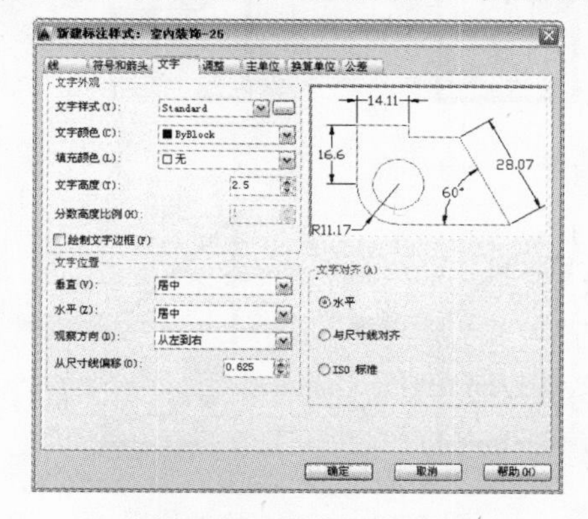

图4-17 “文字”选项卡

☑ “文字样式”下拉列表框：应使用仅供尺寸标注的文字样式，如果没有，可单击按钮[...]，在弹出的“文字样式”对话框中新建尺寸标注专用的文字样式，之后回到“新建标注样式：×××”对话框的“文字”选项卡以选用这个文字样式。

在进行“文字”参数设置时，标注文字的高度必须设置为 0，而在“标注样式”对话框中设置尺寸文字的高度为图纸高度，否则容易导致尺寸标注设置混乱。其他参数可以不管，直接选用 AutoCAD 默认设置。

☑ “文字高度”数值框：用以指定标注文字的大小，也可以使用变量 DIMTXT 来设置，如图 4-18 所示。

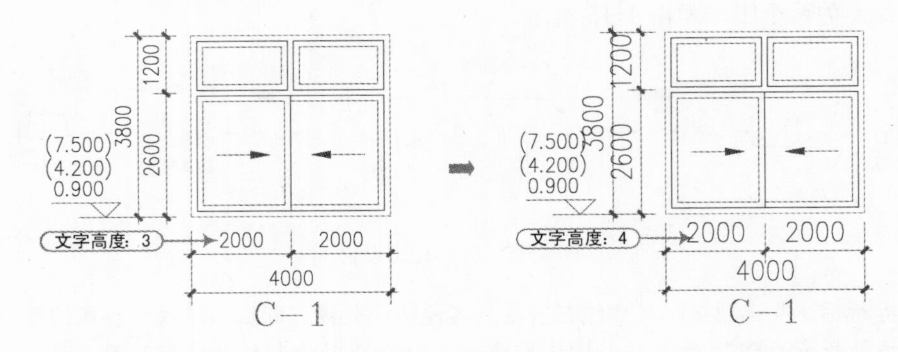

图 4-18　设置文字高度

☑ “分数高度比例”数值框：建筑制图不用分数主单位。

☑ “绘制文字边框”复选框：设置是否给标注文字加边框，建筑制图一般不用边框。

☑ “文字位置”选项组：该选项组用于设置尺寸文本相对于尺寸线和尺寸界线的位置，如图 4-19 所示。

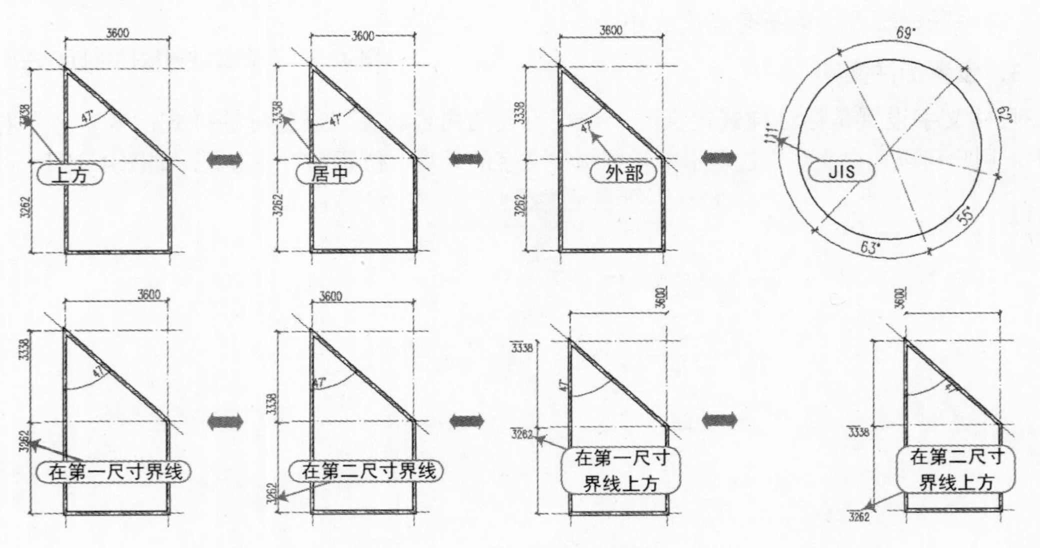

图 4-19　标注文字的位置

依据《建筑制图标准》的规定，建筑制图文字垂直位置选择居于尺寸线“上”，文字水平位置选择“居中”，文字对齐方向应选择“与尺寸线对齐”，如图4-20所示。

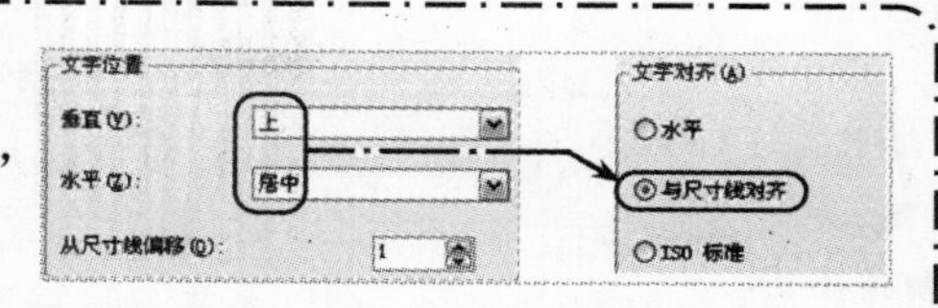

图4-20 标注样式文字位置

☑ “从尺寸线偏移”数值框：用于设置一个数值以确定尺寸文字和尺寸线之间的偏移距离。若标注文字位于尺寸线的中间，则表示断开处尺寸线端点与尺寸文字的间距，如图4-21所示。

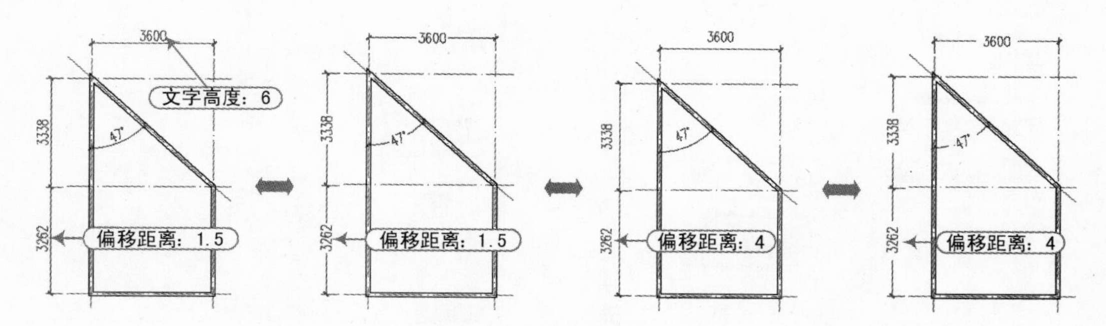

图4-21 设置文本的偏移距离

4. 对标注进行调整

通过对“调整”选项卡上的参数进行设置，用户可以对标注文字、尺寸线、尺寸箭头等进行调整，如图4-22所示。在“标注特征比例”选项组中，“使用全局比例”是标注样式设置过程中的一个很重要的参数。

☑ “调整选项”选项组：当尺寸界线之间没有足够的空间同时放置标注文字和箭头时，可通过“调整选项”选项组设置，将标注文字和箭头移出到尺寸线的外面。

☑ “文字位置”选项组：当尺寸文字不能按“文字”选项卡设置的位置放置时，尺寸文字按这里设置的调整“文字位置”放置。选择“尺寸线旁边”调整方式，容易和其他尺寸文字混淆，建议不要使用。在实际绘图时，用户可以选择在“尺寸线上方，带引线”调整方式。

☑ “标注特征比例”选项组：该选项组包括如下3个选项。

◆ “注释性”复选框：注释性标注时需要选中此复选框。

◆ “将标注缩放到布局”单选按钮：在布局卡上激活视口后，在视口内进行标注，须选中此项。标注时，尺寸参数将自动按所在视口的视口比例放大。

◆ “使用全局比例”单选按钮：全局比例因子的作用是把标注样式中的所有几何参数值都按其因子值放大后，再绘制到图形中，如文字高度为3.5，全局比例因子为100，则图形内尺寸文字高度为350。在模型卡上进行尺寸标注时，用户应按打印比例或视口比例设置此项参数值。

"标注特征比例"选项组是尺寸标注中的一个关键设置，在建立尺寸标注样式时，用户应依据具体的标注方式和打印方式进行设置。

5．设置主单位

"主单位"选项卡用于设置单位格式、精度、比例因子等参数，如图 4-23 所示。

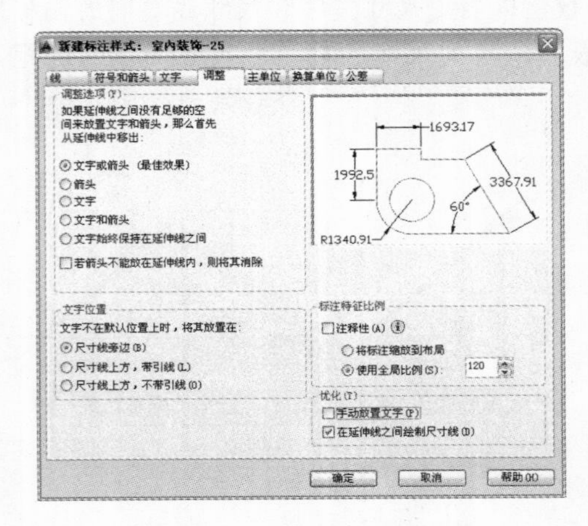

图 4-22 "调整"选项卡

图 4-23 "主单位"选项卡

☑ "单位格式"下拉列表框：设置除角度标注之外的其余各标注类型的尺寸单位，建筑绘图选"小数"方式。

☑ "精度"下拉列表框：设置除角度标注之外的其他标注的尺寸精度，建筑绘图取 0。

☑ "比例因子"数值框：尺寸标注长度为标注对象图形测量值与该比例的乘积。

☑ "仅应用到布局标注"复选框：在没有视口被激活的情况下，在布局卡上直接标注尺寸时，如果选中了"仅应用到布局标注"复选框，则此时标注长度为测量值与该比例的积。而在激活视口内或在模型卡上的标注值与该比例无关。

☑ "角度标注"选项组："单位格式"下拉列表框用以设置标注角度单位，"精度"下拉列表框用以设置标注角度的尺寸精度。

☑ "消零"选项组：该选项组用以设置是否消除角度尺寸的前导零和后续零。

通过前面对"标注特征比例"和"测量单位比例因子"的学习，我们可以发现不同的标注方式和标注样式的存在，导致这两个参数设置变得十分难以理解。对于初学者来说，大家只要掌握其中一种或者尽量避免那些会使问题复杂化的标注操作。对于单一比例图纸的尺寸标注来说，尺寸标注方法及标注样式的主要参数设置情况见表 4-2。

表 4-2 单一比例图纸的尺寸标注参数设置

标注方法	标注特征比例	单位测量比例因子	其他参数
模型卡图形窗口内注释标注	打印比例的倒数	1	以图纸上的大小设置
模型卡图形窗口内注释标注	选注释性	1	同上
布局卡视口内注释或非注释标注	选将标注缩放到布局	1	同上
在布局卡视口外标注	1	视口比例的倒数	同上

对于多比例图纸，部分图形需要进行缩放（初学者可以暂时不研究此内容，在后面章节的工程实例中继续学习），则图纸上有几种比例就需要创建几个标注样式，这样尺寸标注就会稍显复杂，见表 4-3。

表 4-3 多比例图纸尺寸标注参数设置

标注方法	标注特征比例	单位测量比例因子	其他参数
模型卡图形窗口内非注释标注	打印比例的倒数	未缩放部分：1	以图纸上的大小设置
		缩放部分：缩放比例的倒数	
模型卡图形窗口内注释标注	选注释性	未缩放部分：1	同上
		缩放部分：缩放比例的倒数	
布局卡视口内注释或非注释标注	选将标注缩放到布局	多个视口比例，1	同上
在布局卡视口外标注	———（建议不用）———		

4.3 图形尺寸的标注和编辑

由于各种建筑工程图的结构和施工方法不同，因此在进行尺寸标注时需要采用不同的标注方式和标注类型。AutoCAD 2014 提供了多种标注的样式和标注的种类，用户进行尺寸标注时应根据具体需要来选择，以使标注的尺寸符合设计要求，方便施工和测量。

4.3.1 “尺寸标注”工具栏

在对图形进行尺寸标注时，用户可以将“尺寸标注”工具栏调出，并将其放置到绘图窗口的边缘，从而方便地执行各种标注尺寸的命令，如图 4-24 所示。

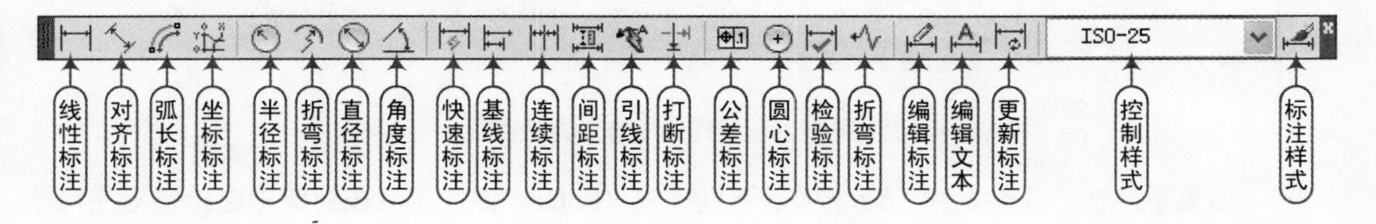

图 4-24 “尺寸标注”工具栏

在“注释”选项卡下的“标注”选项组提供了各种尺寸标注的工具，如图 4-25 所示。

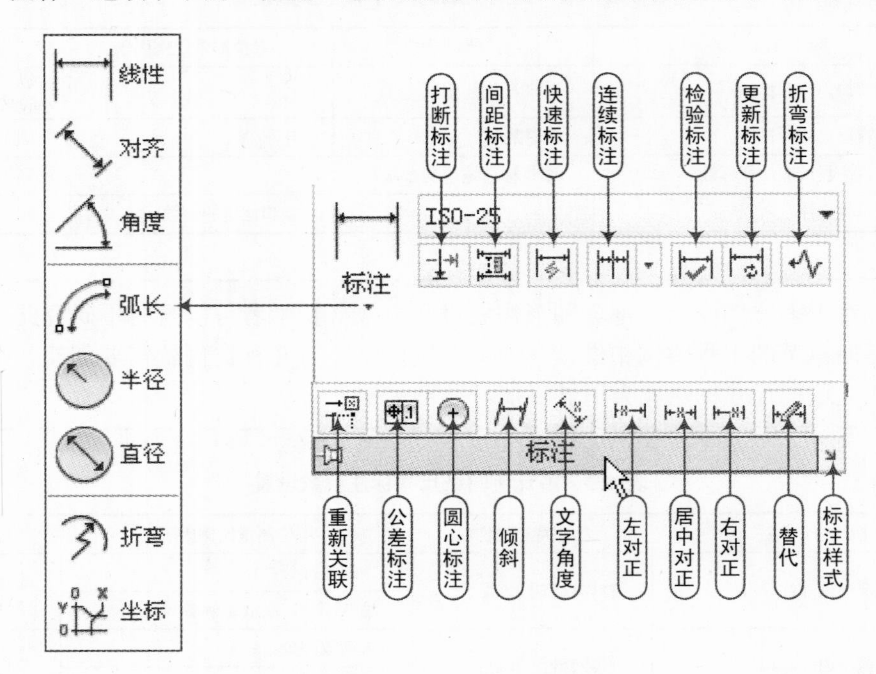

图 4-25 “标注”选项组

由于尺寸标注的种类很多以及篇幅有限，下面只简要讲解一些主要的尺寸标注工具按钮。

4.3.2 线性标注

“线性标注”命令（DLI）用于标注水平和垂直方向的尺寸，还可以设置为角度与旋转标注，其标注方法和效果如图 4-26 所示。

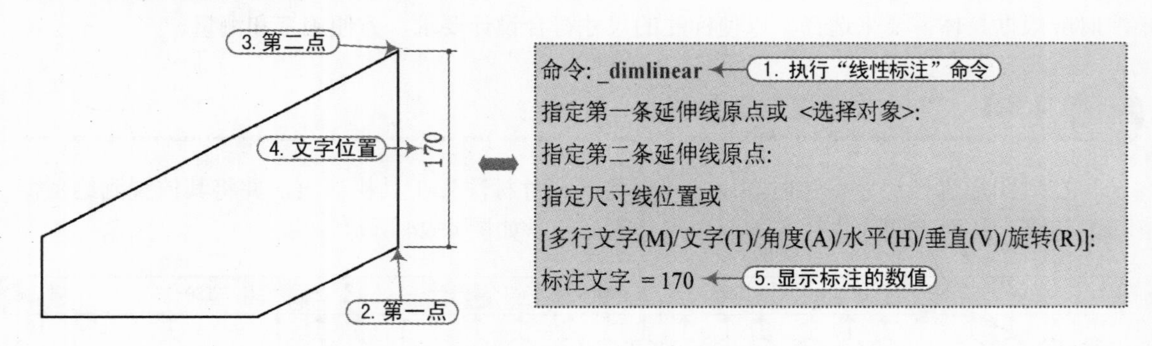

图 4-26 线性标注的方法和效果

如果用户在“线性标注”命令提示下直接按〈Enter〉键，然后在视图中选择要标注尺寸的对象，则 AutoCAD 会将该对象的两个端点作为两条尺寸界线的端点进行尺寸标注，如图 4-27 所示。

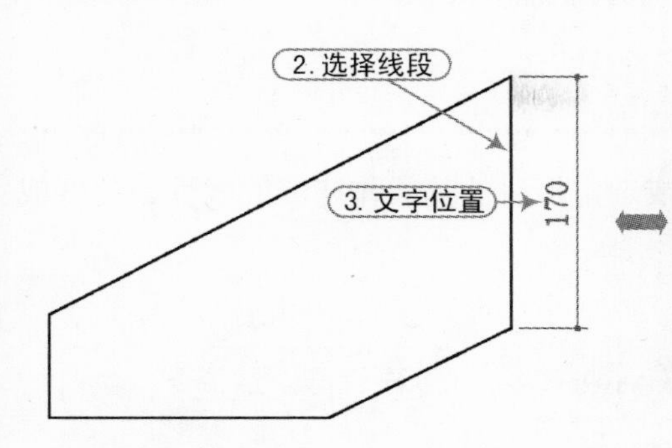

命令: _dimlinear ← 1. 执行“线性标注”命令
指定第一条延伸线原点或 <选择对象>:
指定第二条延伸线原点:
指定尺寸线位置或
[多行文字(M)/文字(T)/角度(A)/水平(H)/垂直(V)/旋转(R)]:
标注文字 = 170 ← 4. 显示标注的数值

图 4-27 选择对象进行线性标注

4.3.3 对齐标注

“对齐标注”命令（DAL）用于标注倾斜方向的尺寸，其标注方法和效果如图 4-28 所示。

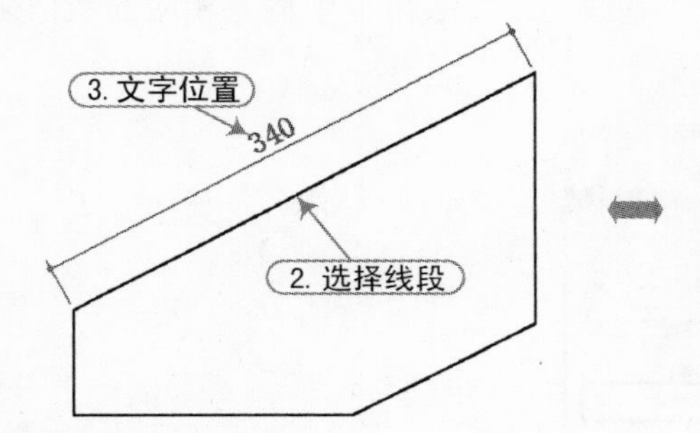

命令: _dimligned ← 1. 执行“对齐标注”命令
指定第一条延伸线原点或 <选择对象>:
指定第二条延伸线原点:
指定尺寸线位置或
[多行文字(M)/文字(T)/角度(A)]:
标注文字 = 340 ← 4. 显示标注的数值

图 4-28 对齐标注的方法和效果

4.3.4 连续标注

“连续标注”命令（DCO）用于创建从上一个或选定标注的第二条延伸线开始的线性、角度或坐标标注，其标注方法和效果如图 4-29 所示。

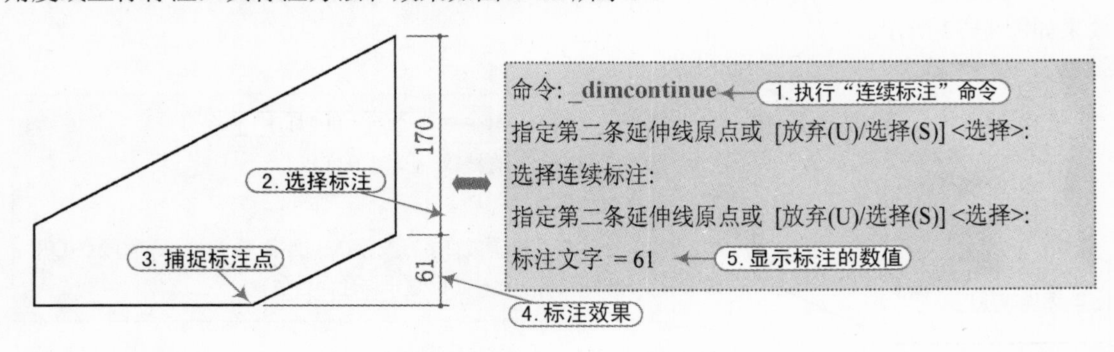

图 4-29 连续标注的方法和效果

4.3.5 基线标注

“基线标注”命令（DBA）用于创建从上一个或选定标注的基线作连续的线性、角度或坐标标注，其标注方法和效果如图 4-30 所示。

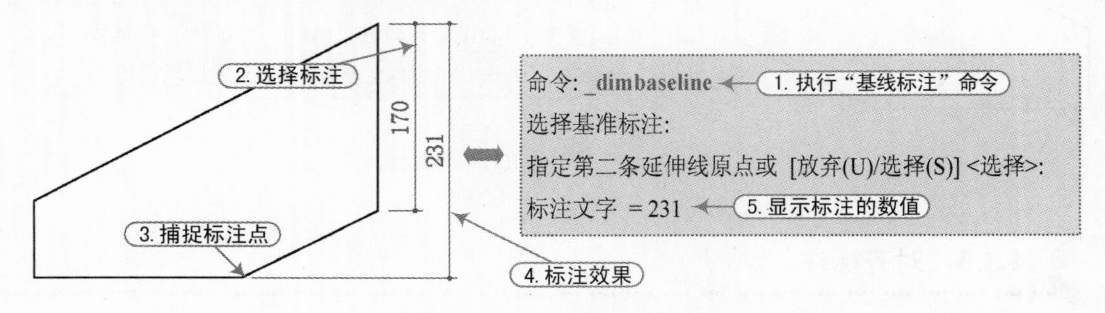

图 4-30　基线标注的方法和效果

在执行“基线标注”命令之前，用户应首先设置合适的基线间距，以免尺寸线重叠。用户可以在设置尺寸标注样式时，在“线”选项卡的“基线间距”数值框中输入相应的数值来进行调整，如图 4-31 所示。

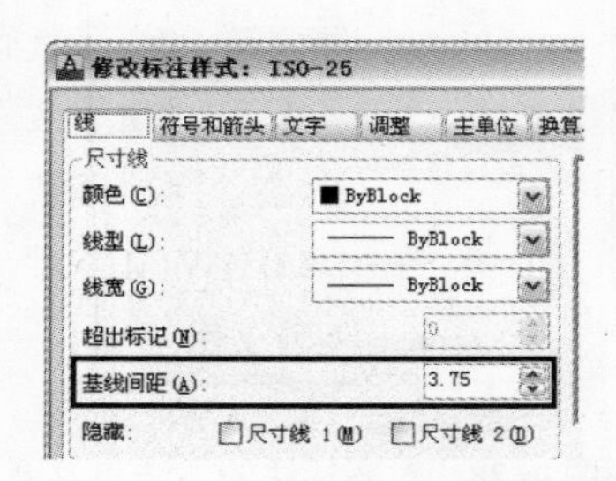

图 4-31　设置基线间距

4.3.6 角度标注

“角度标注”命令（DAN）用于测量选定的对象或者 3 个点之间的角度，其标注方法和效果如图 4-32 所示。

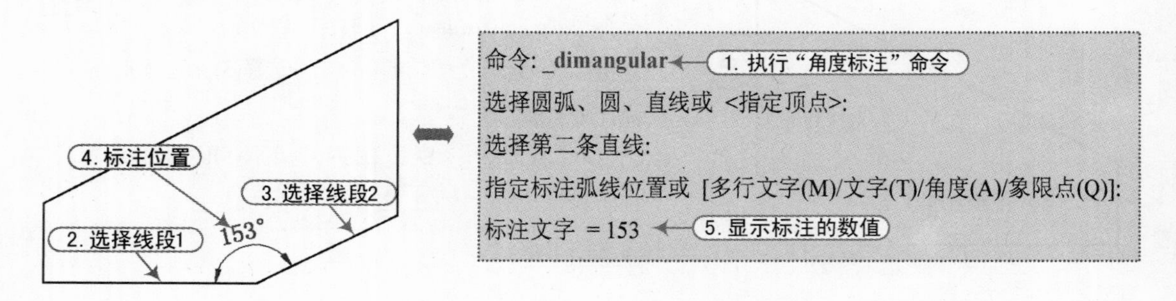

图 4-32　角度标注的方法和效果

4.3.7 半径标注

“半径标注”命令（DRA）用于测量选定圆或圆弧的半径，并显示前面带有半径符号（R）的标注文字，其标注方法和效果如图 4-33 所示。

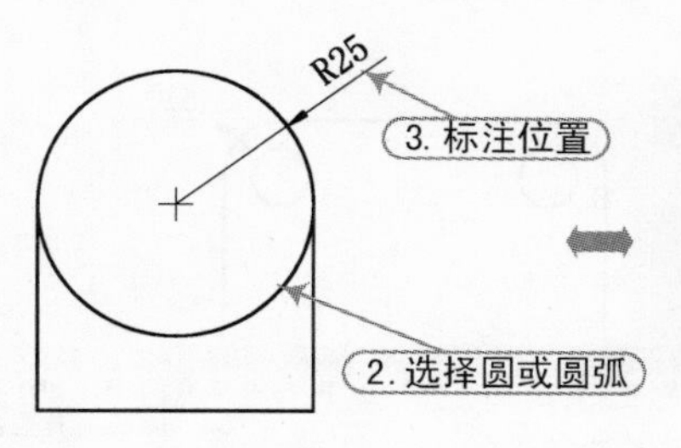

命令: _dimradius ←（1. 执行“半径标注”命令）
选择圆弧或圆:
标注文字 = 25 ←（4. 显示标注的数值）
指定尺寸线位置或 [多行文字(M)/文字(T)/角度(A)]:

图 4-33 半径标注的方法和效果

4.3.8 直径标注

“直径标注”命令（DDI）用于测量选定圆或圆弧的直径，并显示前面带有直径符号（φ）的标注文字，其标注方法和效果如图 4-34 所示。

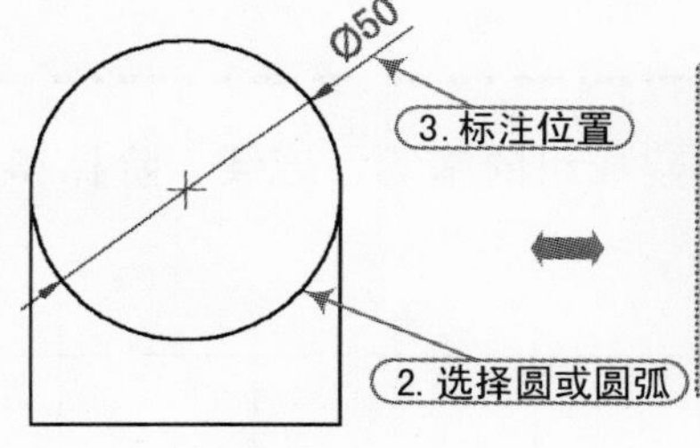

命令: _dimdiameter ←（1. 执行“直径标注”命令）
选择圆弧或圆:
标注文字 = 50 ←（4. 显示标注的数值）
指定尺寸线位置或 [多行文字(M)/文字(T)/角度(A)]:

图 4-34 直径标注的方法和效果

软件技能

在进行圆弧的半径标注或直径标注时，如果选择“文字对齐”子菜单中的“水平”命令，则所标注的半径数值将以水平的方式显示出来，如图 4-35 所示。

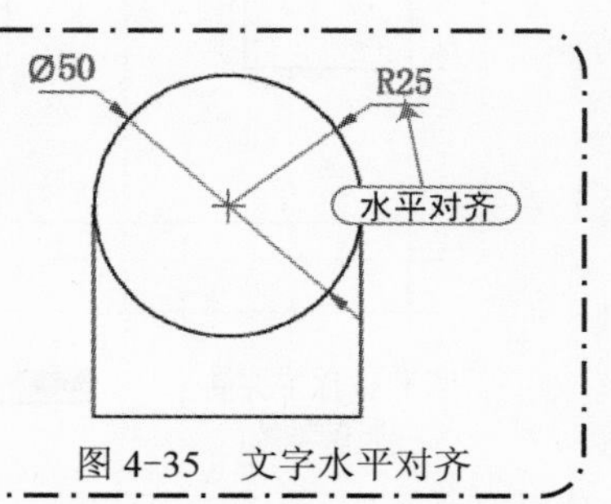

图 4-35 文字水平对齐

如要编辑标注文字内容，应选择“多行文字(M)”或“文字(T)”命令，其直径符号“φ”的输入为“%%C”。在括号内编辑或覆盖尖括号（< >），将修改或删除 AutoCAD 2014 计算的标注值。用户可以通过在括号前后添加文字这种方法在标注值前后附加文字。如要编辑标注文字角度，应选择“角度(A)”命令。

另外，对于尺寸标注的对象，不论是线性标注值，还是半径值或直径值，用户都可以通过“特性”面板来手动修改标注的值。在“特性”面板的“测量单位”中将显示当前所测量出来的数值，而在“文字替代”中可以修改标注的数值，如图 4-36 所示。同时，用户也可以双击标注的对象，使“文字格式”工具栏弹出，然后在其相应的文字在位编辑状态下进行修改标注内容即可，如图 4-37 所示。

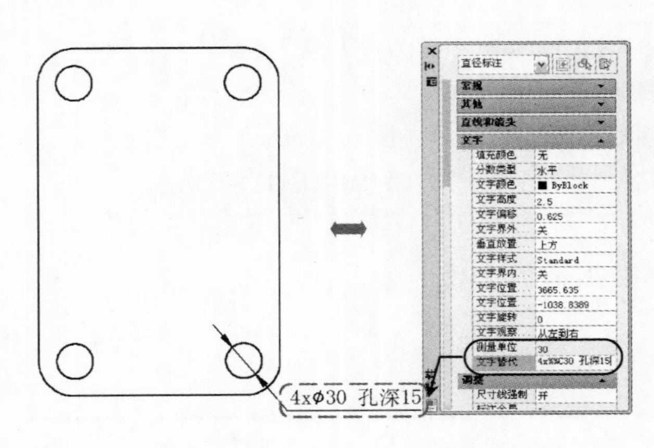

图 4-36　通过“特性”面板修改标注值

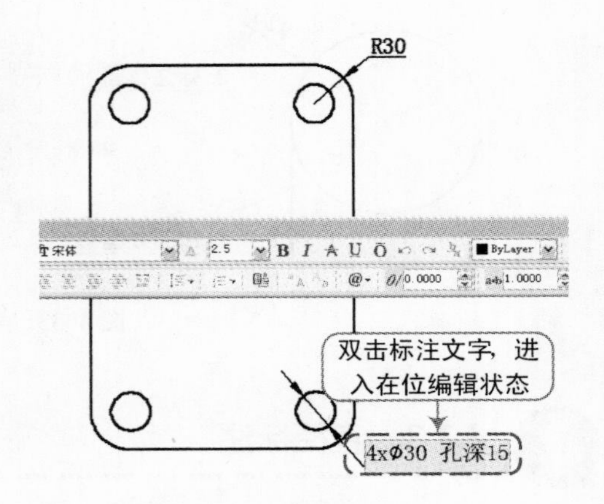

图 4-37　在位编辑修改标注

4.3.9　快速标注

“快速标注”命令（QD）用于快速地标注已创建成组的基线、连续、阶梯和坐标，如图 4-38 所示。

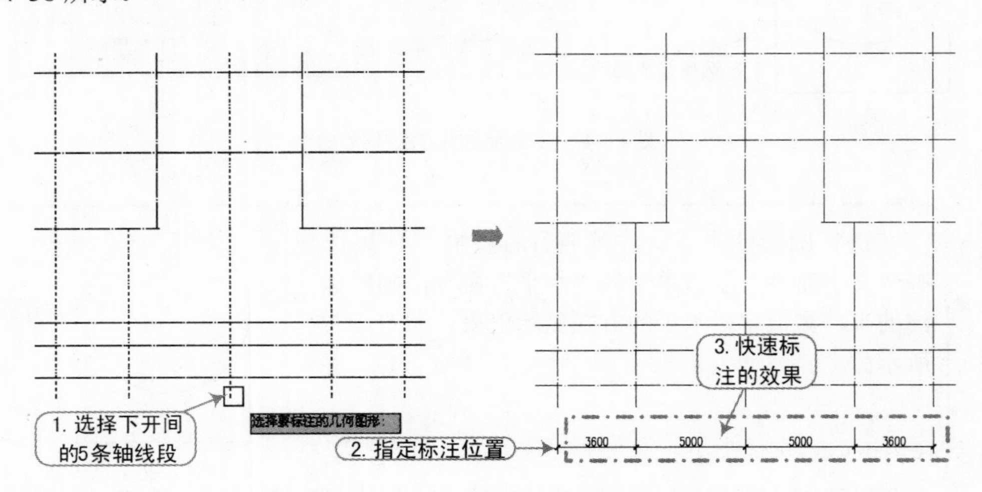

图 4-38　快速标注示意图

在进行快速标注的过程中，命令行中各选项的具体说明如下：

```
命令: _qdim                                    \\ 执行“快速标注”命令
关联标注优先级 = 端点
```

选择要标注的几何图形: 指定对角点: 找到 5 个　　\\ 选择下开间的 5 条轴线段
选择要标注的几何图形: \\ 按〈Enter〉键结束选择
指定尺寸线位置或 [连续(C)/并列(S)/基线(B)/坐标(O)/半径(R)/直径(D)/基准点(P)/编辑(E)/设置(T)] <连续>:
\\ 确定尺寸位置在下侧

☑ 连续(C): 用于产生一系列连续标注的尺寸。选择此项，系统会提示用户选择要进行快速标注的对象，选择后按〈Enter〉键，返回到上面的提示，给定尺寸线的位置，即完成尺寸标注。
☑ 并列(S): 用于产生一系列交错的尺寸标注。
☑ 基线(B): 用于产生一系列基线标注尺寸，如图 4-39 所示。
☑ 坐标(O): 用于产生一系列坐标标注尺寸，如图 4-40 所示。

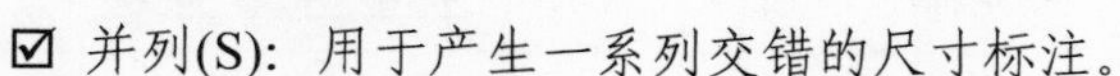

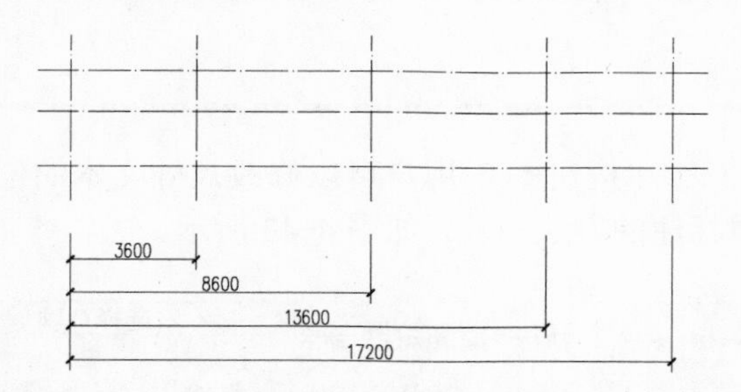

图 4-39　快速基线标注效果

图 4-40　快速坐标标注效果

☑ 半径(R): 快速自动地对选择的圆或圆弧对象进行尺寸标注，如图 4-41 所示。

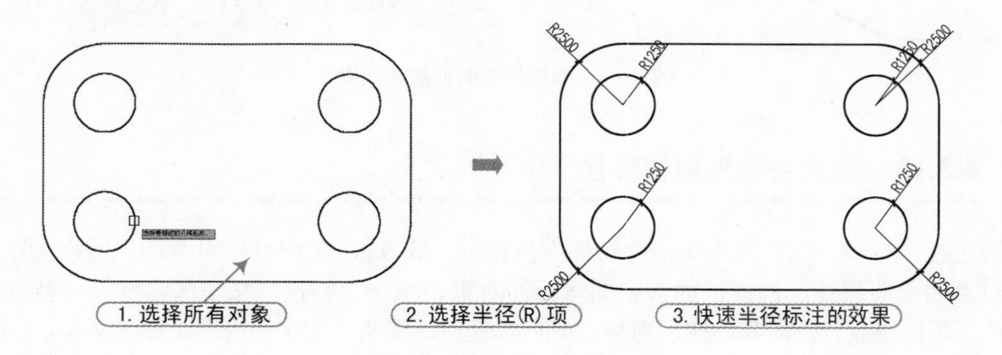

图 4-41　快速半径标注效果

☑ 基准点(P): 为基线标注和连续标注指定一个新的基准点。
☑ 编辑(E): 用于编辑多个尺寸标注，允许对已存在的尺寸标注添加或移除尺寸点。选择此选项，系统会提示“指定要删除的标注点或[添加（A）\退出（X）]:”，用户确定要删除的标注点后按〈Enter〉键，标注尺寸即更新。

4.3.10　编辑文本

通过在“尺寸标注”工具栏单击“编辑文本”按钮，用户可以修改尺寸文本的位置、对齐方向及角度等，其编辑文本的方法和效果如图 4-42 所示。

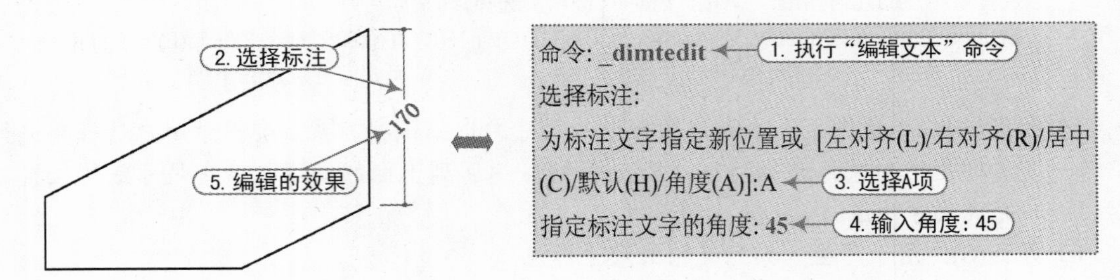

图 4-42　编辑文本的方法和效果

4.3.11　编辑标注

通过在“尺寸标注”工具栏中单击“编辑”标注按钮，用户可以修改尺寸文本的位置、方向、内容及尺寸界线的倾斜角度等。编辑标注的方法和效果如图 4-43 所示。

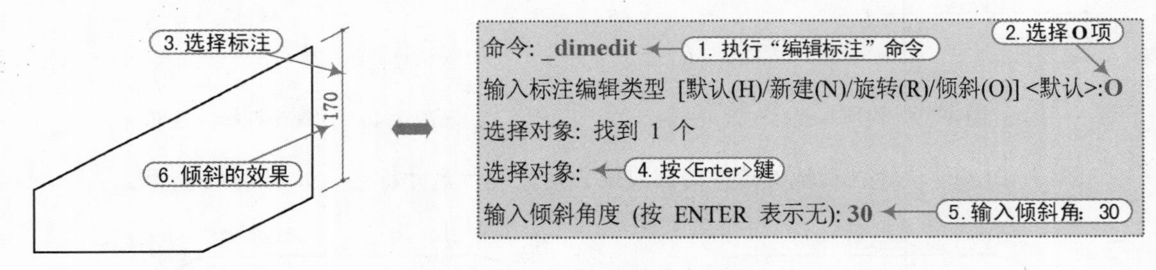

图 4-43　编辑标注的方法和效果

4.3.12　通过特性来编辑标注

通过在“标准”工具栏中单击“特性”按钮，或者按〈Ctrl+1〉组合键，用户可以更改选择对象的一些属性。同样，如果要编辑标注对象，单击“特性”按钮将打开“特性”面板，从而可以更改标注对象的图层对象、颜色、线型、箭头、文字等内容，如图 4-44 所示。

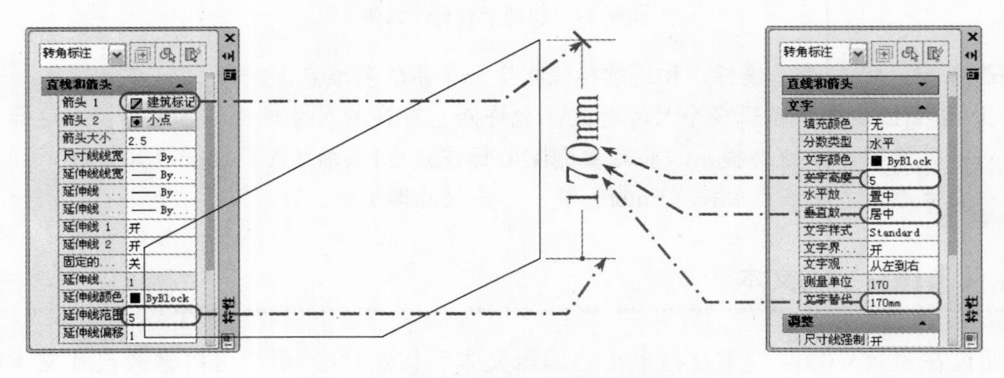

图 4-44　通过“特性”面板来编辑标注

4.4 多重引线标注和编辑

在 AutoCAD 2014 的工具栏上单击鼠标右键，从弹出的快捷菜单中选择“多重引线”命令，将打开“多重引线”工具栏，如图 4-45 所示。

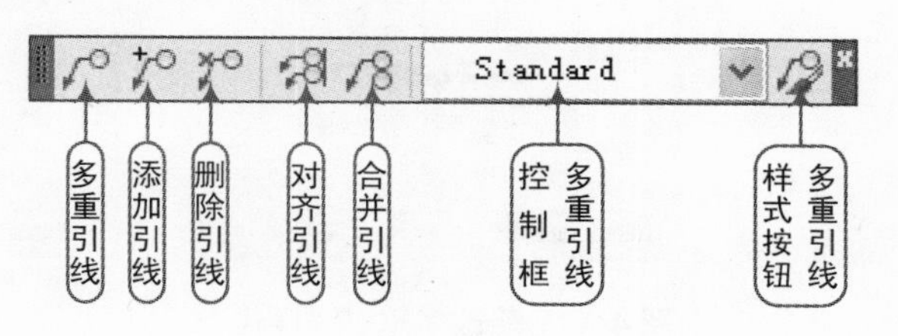

图 4-45 “多重引线”工具栏

4.4.1 创建多重引线样式

与标注样式一样，多重引线样式也可以通过创建新的样式来对不同的图形进行引线标注。

启动“多重引线样式”命令的方式主要有以下 3 种。

☑ 面板：在“引线”面板中单击“多重引线样式管理器”按钮。

☑ 菜单栏：选择“格式” | “多重引线样式”命令。

☑ 工具栏：在“多重引线”工具栏上单击“多重引线样式”按钮。

☑ 命令行：在命令行中输入或动态输入“mleaderstyle”（快捷键“D”）。

执行“多重引线样式”命令后，将弹出“多重引线样式管理器”对话框，在“样式”列表框中列出了已有的多重引线样式，并在右侧的“预览”框中显示该多重引线样式的效果。如果用户要创建新的多重引线样式，可单击“新建”按钮，将弹出“创建新多重引线样式”对话框，在“新样式名”文本框中输入新的多重引线样式的名称，如图 4-46 所示。

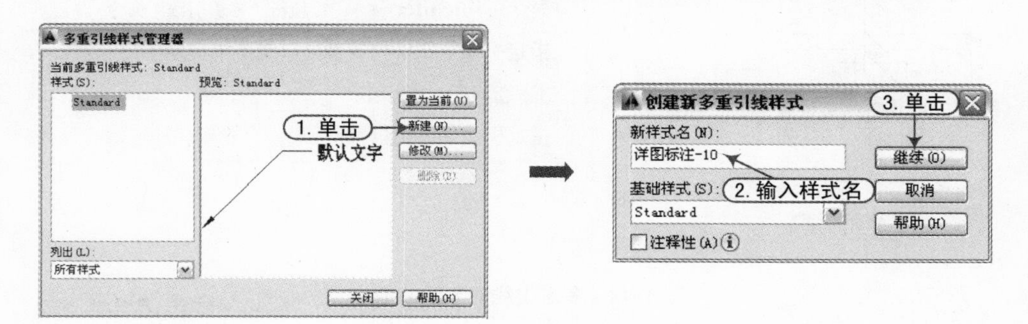

图 4-46 创建新多重引线样式

当单击“继续”按钮后，系统将弹出“修改多重引线样式：×××”对话框，用户可在此对话框中根据需要对引线的格式、结构和内容进行修改，如图 4-47 所示。

图 4-47　修改多重引线样式

4.4.2　创建与修改多重引线

当创建了多重引线样式后，用户就可以通过此样式来创建多重引线，并且可以根据需要来修改多重引线。

启动“多重引线”命令的方式主要有以下 3 种。

☑ 面板：在“引线”面板中单击“多重引线”按钮。

☑ 菜单栏：选择“标注” | “多重引线”命令。

☑ 工具栏：在“多重引线”工具栏上单击“多重引线”按钮。

☑ 命令行：在命令行中输入或动态输入“mleader”。

启动“多重引线”命令后，用户根据提示信息进行操作，即可对图形对象进行多重引线标注，如图 4-48 所示。

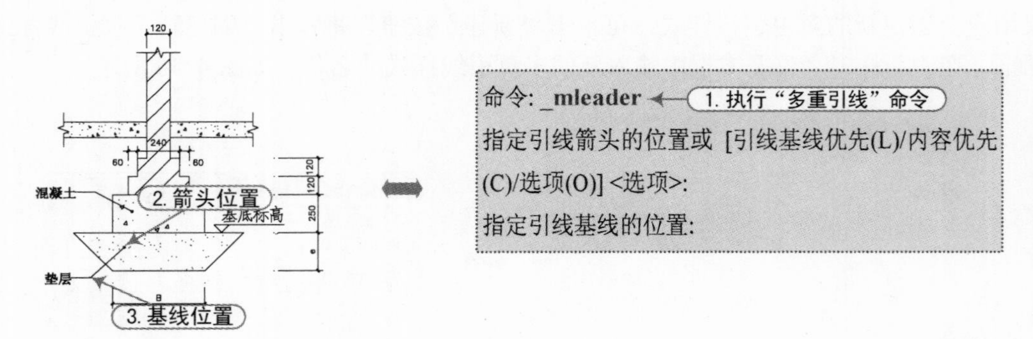

图 4-48　多重引线的方法和效果

在创建多重引线时，所选择的多重引线样式类型应尽量与标注的类型一致，否则标注出来的效果与标注样式将不一致。

当需要修改所创建的多重引线时，用户可以在该多重引线对象上单击鼠标右键，从弹出的快捷菜单中选择“特性”命令，此时将弹出“特性”面板，从而可以修改多重引线的样式、箭头样式与大小、引线类型、是否水平基线、基线间距等，如图 4-49 所示。

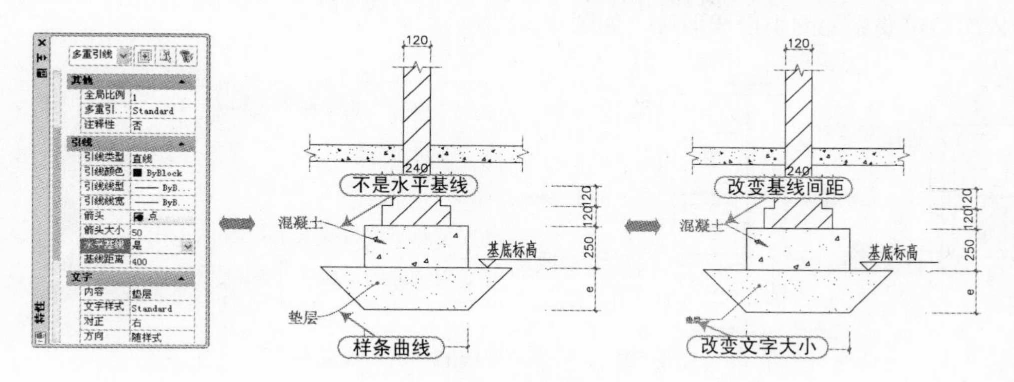

图 4-49　修改多重引线特性

4.4.3　添加多重引线

同时引出几个相同部分的引出线时，可采用平行线，也可画成集中于一点的放射线，这时可以采用添加多重引线的方法来操作。在“多重引线”工具栏中单击“添加多重引线”按钮，根据提示选择已有的多重引线，然后依次指定引出线箭头的位置即可，如图 4-50 所示。

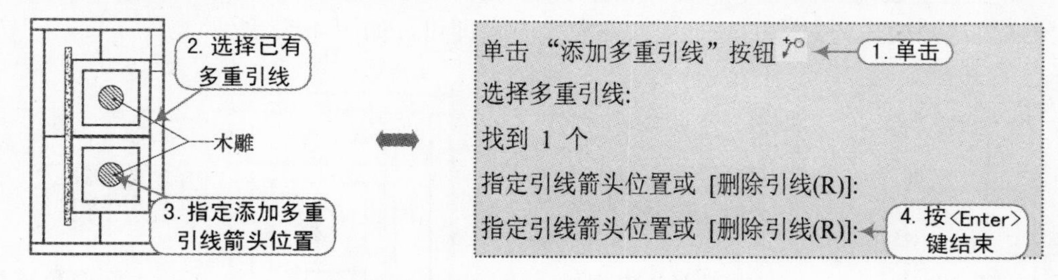

图 4-50　添加多重引线的方法和效果

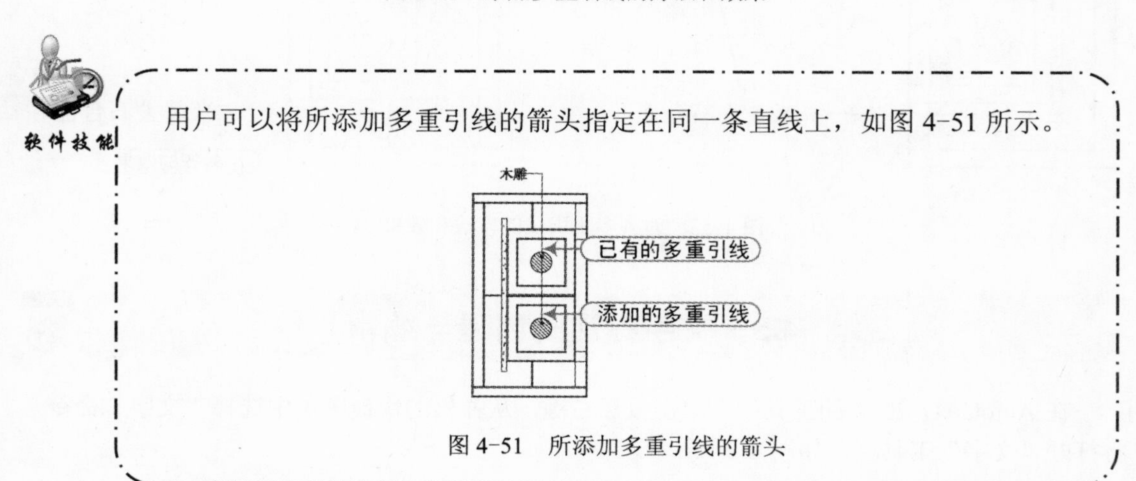

用户可以将所添加多重引线的箭头指定在同一条直线上，如图 4-51 所示。

图 4-51　所添加多重引线的箭头

如果用户在添加了多重引线后又觉得不符合需要，则可以将多余的多重引线删除。在“多重引线”工具栏中单击“删除多重引线”按钮，根据如下提示选择已有的多重引线，然后依次指定要删除的引出线即可，如图 4-52 所示。

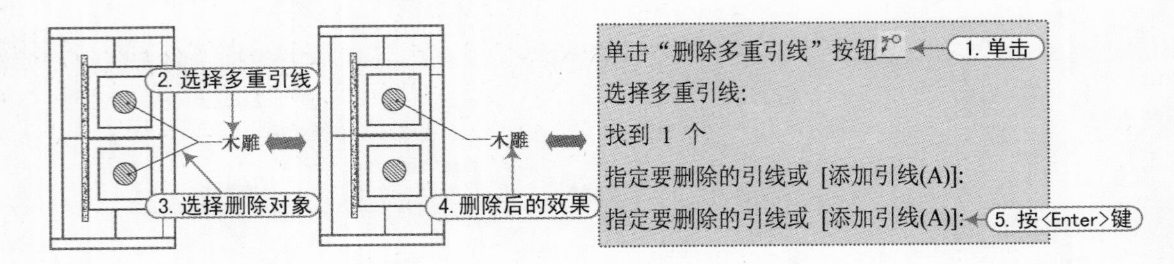

图 4-52　删除多重引线的方法和效果

4.4.4　对齐多重引线

当一个图形中有多处引线标注时，如果没有对齐操作，图形显得不规范，也不符合要求，这时可以通过 AutoCAD 提供的多重引线对齐功能来操作，它使多个多重引线以某个引线为基准进行对齐操作。

在“多重引线”工具栏中单击“多重引线对齐”按钮，并根据提示选择要对齐的引线对象，再选择要作为对齐的基准引线对象及方向即可，如图 4-53 所示。

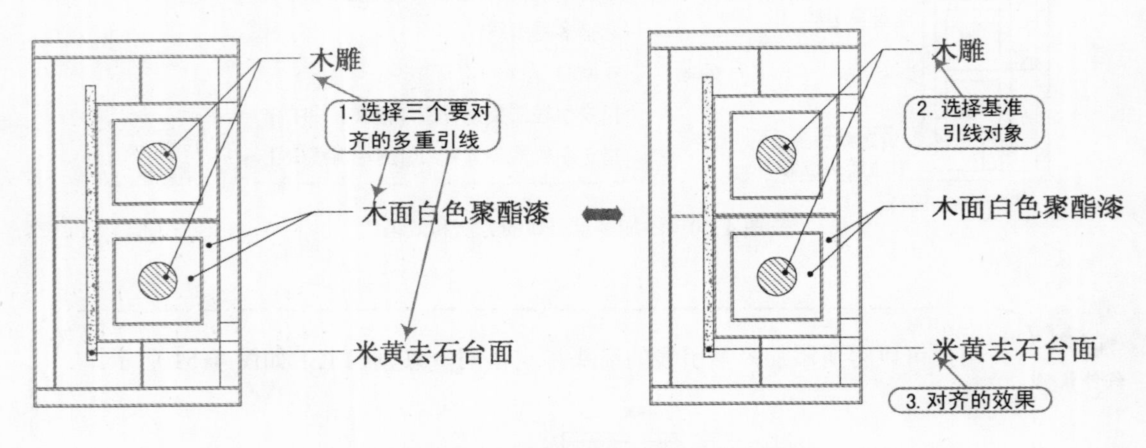

图 4-53　对齐多重引线的方法和效果

4.5　文字标注的创建与编辑

在 AutoCAD 2014 的工具栏上单击鼠标右键，从弹出的快捷菜单中选择“文字”命令，将打开“文字”工具栏，如图 4-54 所示。

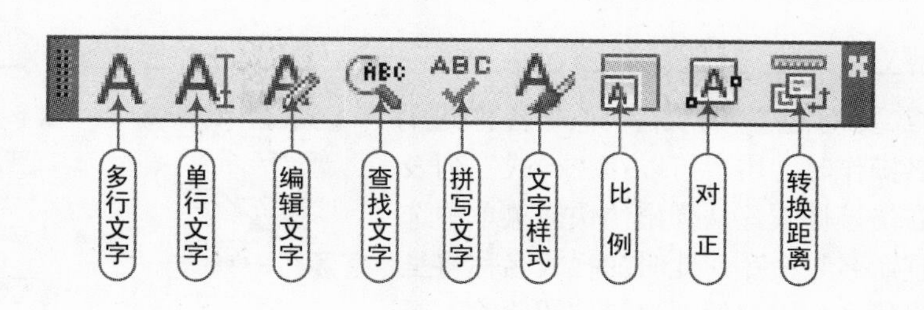

图 4-54 “文字”工具栏

4.5.1 创建文字样式

在创建文字注释和尺寸标注时，AutoCAD 通常使用当前的文字样式，用户也可以根据具体要求重新设置文字样式或创建新的样式。文字样式包括字体、字型、高度、宽度系数、倾斜角、反向、倒置以及垂直等参数。

执行“文字样式”命令主要有以下 3 种方式。

☑ 面板：单击“文字”面板中的“文字样式”按钮。
☑ 菜单栏：选择“格式”|“文字样式”命令。
☑ 工具栏：在“文字”工具栏上单击“文字样式”按钮。
☑ 命令行：在命令行中输入或动态输入“style”（快捷键“ST”）。

执行“文字样式”命令后，将弹出“文字样式”对话框，用户可以在此对话框中修改或创建文字样式，并设置文字的当前样式，如图 4-55 所示。

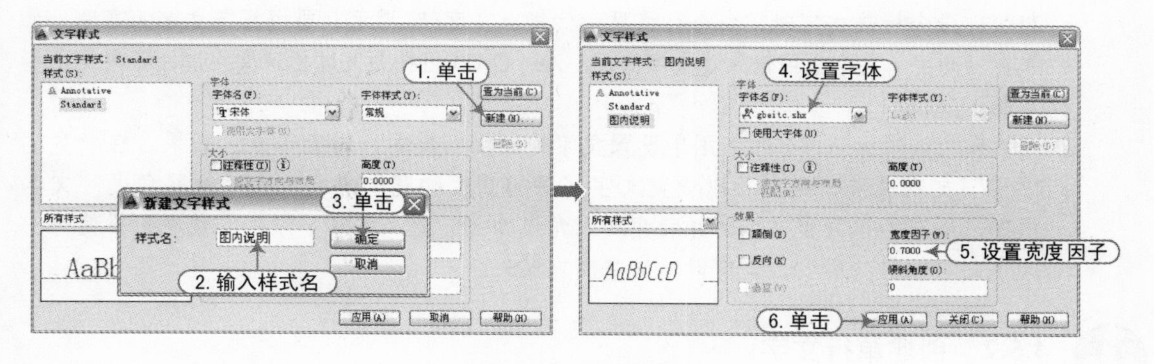

图 4-55 创建文字样式

“文字样式”对话框中各选项的含义如下。

☑ “样式”列表框：显示了当前图形文件中所有定义的文字样式名称，默认文字样式为“Standard”。
☑ “新建”按钮：单击该按钮将弹出“新建文字样式”对话框，然后在“样式名”文本框中输入新建文字样式名称，再单击“确定”按钮即可创建新的文字样式。新建的文字样式将显示在“样式”列表框中。

软件技能

当需要对创建的文字样式名称进行重命名操作时，用户可以在“样式”列表框中右击该样式，从弹出的快捷菜单中选择“重命名”命令，此时的样式名称将呈可编辑状态，用户根据自己的需要输入新的样式名称即可，如图 4-56 所示。

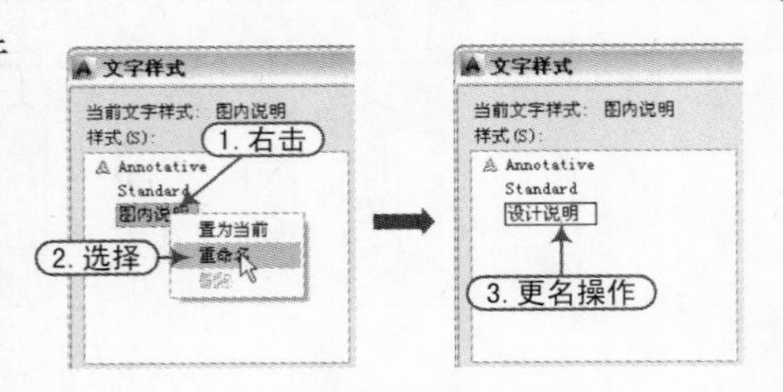

图 4-56　更名文字样式

☑ “删除”按钮：单击该按钮可以删除某个已有的文字样式，但无法删除已经使用的文字样式、当前文字样式和默认的“Standard”样式。

☑ “字体”选项组：该选项组用于设置文字样式使用的字体和字高等属性。其中，“字体名”下拉列表框用于选择字体；“字体样式”下拉列表框用于选择字体格式，如斜体、粗体和常规字体等。选中“使用大字体”复选框，“字体样式”下拉列表框将变为“大字体”下拉列表框，可用于选择大字体文件。

软件技能

AutoCAD 2014 提供了符合标注要求的字体形文件：gbenor.shx、gbeitc.shx 和 gbcbig.shx 文件。其中，gbenor.shx 和 gbeitc.shx 文件分别用于标注直体和斜体字母与数字；gbcbig.shx 则用于标注中文。

☑ “大小”选项组：该选项组用于设置文字的高度。如果将文字的高度设为 0，在使用 TEXT 命令标注文字时，命令行将显示“指定高度:”提示，要求指定文字的高度。如果在“高度”文本框中输入了文字高度，AutoCAD 将按此高度标注文字，而不再提示指定高度。

☑ “效果”选项组：该选项组用于设置文字的颠倒、反向、垂直等显示效果。在“宽度因子”文本框中，用户可以设置文字字符的高度和宽度之比；在“倾斜角度”文本框中，用户可以设置文字的倾斜角度。角度为 0° 时，文字不倾斜；角度为正值时，文字向右倾斜；角度为负值时，文字向左倾斜。

4.5.2　创建单行文字

用户可以使用单行文字创建一行或多行文字。每行文字都是独立的对象，用户可对其进行重定位、调整格式或其他修改。

执行“单行文字”命令主要有以下 3 种方式。

☑ 面板：单击“文字”面板中的“单行文字”按钮A|。

☑ 菜单栏：选择“绘图” | “文字” | “单行文字”命令。

☑ 工具栏：在“文字”工具栏上单击“单行文字”按钮A|。

☑ 命令行：在命令行中输入或动态输入“text”（快捷键“DT”）。

执行“单行文字”命令后，根据系统提示，即可创建多个单行文字，如图 4-57 所示。

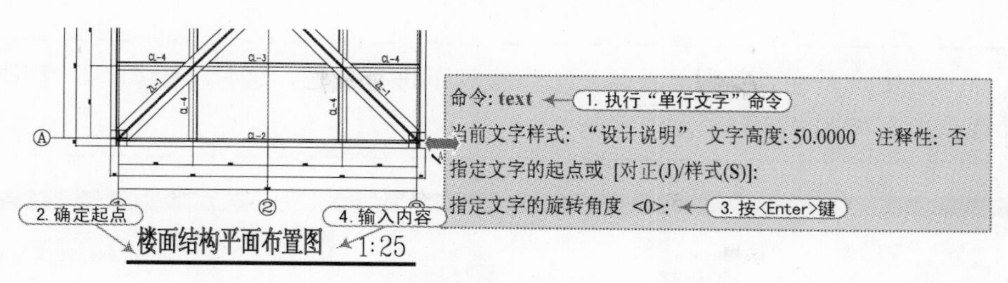

图 4-57 创建单行文字的方法和效果

在创建单行文字时，命令行各选项的含义如下。

☑ 起点：该选项为默认选项，用户可使用鼠标在视图中需要的位置进行指定或捕捉单行文字的起点位置。

☑ 对正（J）：该选项用来确定单行文字的排列方向。选择该项后，系统将显示如下提示：

输入选项 [左(L)/居中(C)/右(R)/对齐(A)/中间(M)/布满(F)/左上(TL)/中上(TC)/右上(TR)/左中(ML)/正中(MC)/右中(MR)/左下(BL)/中下(BC)/右下(BR)]:

☑ 样式（S）：该选项用来选择已经创建的文字样式。选择该项后，系统将提示"输入样式名或 [?] <Standard>:"，输入当前样式的名称即可。如果用户记不清当前文档有哪些文字样式，可在提示下输入"？"，将弹出一个"AutoCAD 文本窗口"来显示当前文档中已有的文字样式。

4.5.3 创建多行文字

多行文字又被称为段落文字，是一种更易于管理的文字对象，可以由两行以上的文字组成，而且各行文字都是作为一个整体处理。

执行"多行文字"命令主要有以下 3 种方式。

☑ 面板：单击"文字"面板中的"多行文字"按钮A。

☑ 菜单栏：选择"绘图"|"文字"|"多行文字"命令。

☑ 工具栏：在"文字"工具栏上单击"多行文字"按钮A。

☑ 命令行：在命令行中输入或动态输入"mtext"（快捷键"MT"）。

执行"多行文字"命令后，根据系统提示确定多行文字的对角点后，将弹出"文字格式"工具栏，再根据要求输入文字内容并设置格式，最后单击"确定"按钮即可，如图 4-58 所示。

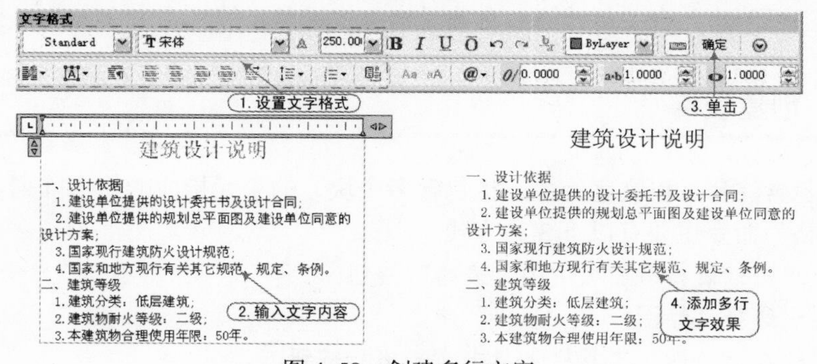

图 4-58 创建多行文字

如果用户是在“草图与注释”工作空间下进行操作，这时将添加“文字编辑器”选项卡，如图 4-59 所示。

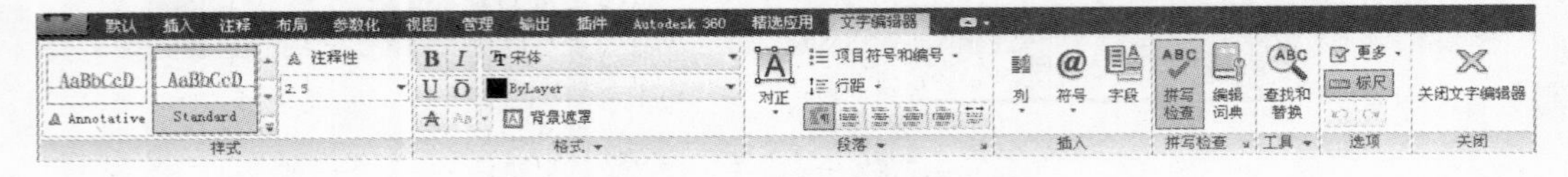

图 4-59 “文字编辑器”选项卡

在“文字格式”工具栏中，大多数的设置选项与 Word 文字处理软件的设置相似，下面简要介绍一下常用的选项。

☑ “堆叠”按钮：常见数学中的分子/分母形式，其间使用“/”和“^”符号来分隔。若要将其修改为堆叠样式，应先选中这一部分文字，再单击“堆叠”按钮，效果如图 4-60 所示。

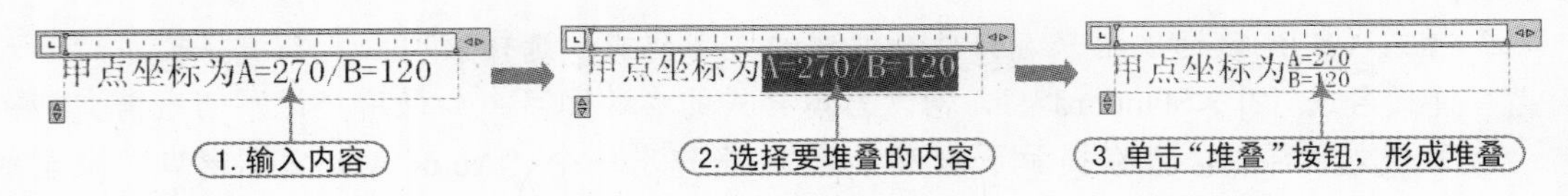

图 4-60 创建堆叠样式

☑ “标尺”按钮：单击该按钮，可打开或关闭输入窗口上的标尺。

☑ “选项”按钮：单击该按钮，打开多行文字的选项菜单，可对多行文字进行更多的设置。

☑ “段落”按钮：单击该按钮，将弹出“段落”对话框，从而可以设置制表位、段落的对齐方式、段落的间距、左右缩进等。

☑ “插入字段”按钮：单击该按钮，将弹出“字段”对话框，从而可以在当前的光标位置插入其他字段域，包括打印域、日期和日期域、图纸集域、文档域等。

4.6 表格的创建和编辑

在创建工程图的标题栏时，用户可以使用 AutoCAD 自身提供的表格功能，就像在 Excel 中那样对表格进行创建、合并单元格、在单元格中使用公式等。

4.6.1 创建表格

表格是由包含注释（以文字为主，也包含多个块）的单元构成的矩形阵列。

执行“表格”命令主要有以下 3 种方式。

☑ 面板：单击“表格”面板中的“表格”按钮。

☑ 菜单栏：选择“绘图” | “表格”命令。

☑ 工具栏：在“绘图”工具栏上单击“表格”按钮。

☑ 命令行：在命令行中输入或动态输入“table”（快捷键“TB”）。

执行“表格”命令后，系统将弹出“插入表格”对话框，根据要求设置插入表格的列数、列宽、数据行数和行高等，然后单击“确定”按钮，即可创建一个表格，效果如图 4-61 所示。

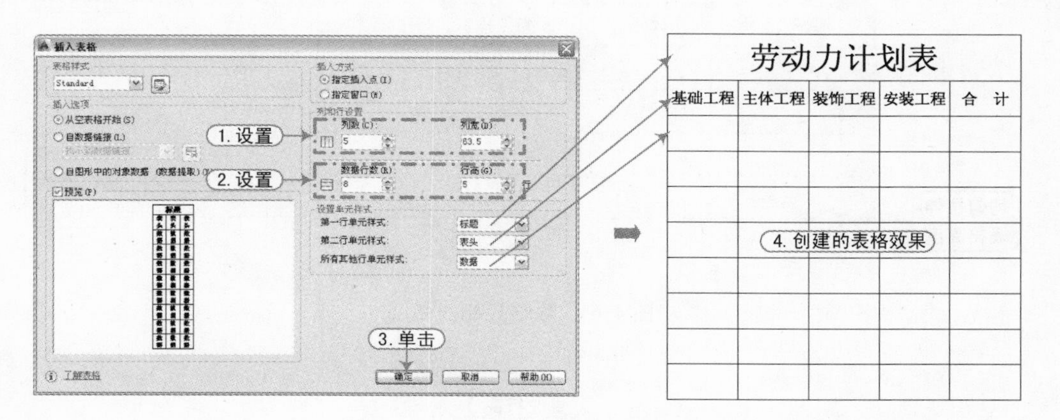

图 4-61 创建表格的方法和效果

软件技能

用户可以将 Excel 或 Word 中的表格进行复制，然后粘贴到 AutoCAD 中，还可以双击该对象返回到原软件环境中进行编辑，如图 4-62 所示。

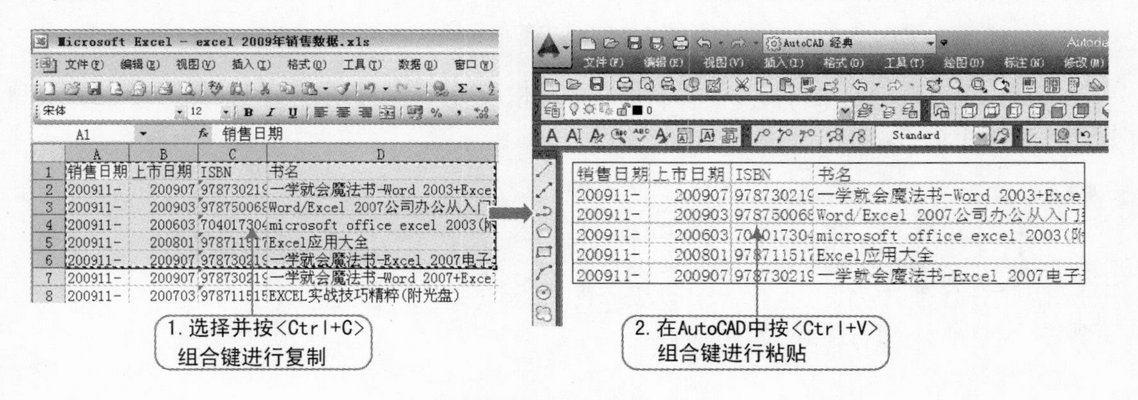

图 4-62 复制其他软件中的表格

4.6.2 编辑表格

创建表格后，用户可以单击该表格上的任意网格线以选中该表格，然后使用鼠标拖动夹点来修改该表格，如图 4-63 所示。

在表格中单击某单元格，即可选中单个单元格；如要选择多个单元格，可按住鼠标左键并在多个单元格上拖动；按住〈Shift〉键并在另外一个单元格内单击，可以同时选中这两个单元格以及它们之间的所有单元格，效果如图 4-64 所示。

图 4-63 表格控制的夹点

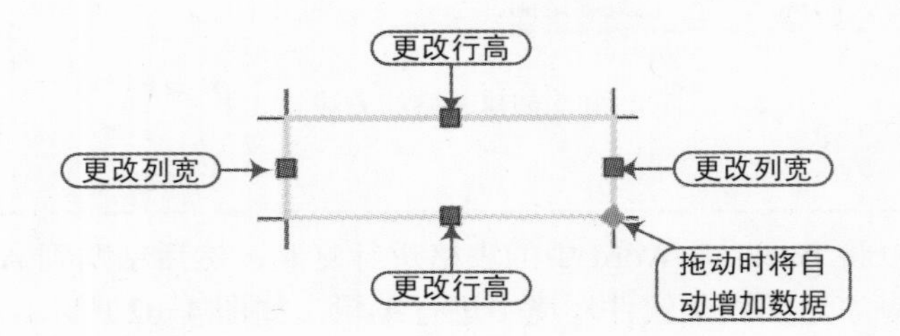

图 4-64 选中的单元格

在选中单元格的同时，将显示“表格”工具栏，用户可以借助该工具栏对表格进行多项操作，如图 4-65 所示。

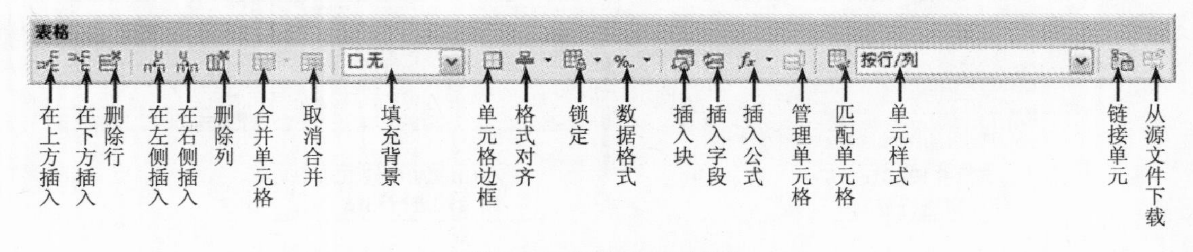

图 4-65 “表格”工具栏

软件技能

如果用户是在“草图与注释”工作空间下，则选中表格的单元格时，将显示“表格单元”选项卡，如图 4-66 所示。

图 4-66 “表格单元”选项卡

在表格中输入公式的注意点

在选定表格单元后，用户可以通过“表格”工具栏及快捷菜单中插入公式，也可以打开在位文字编辑器，然后在表格单元中手动输入公式。

- ⊙ 单元格的表示。在公式中，用户可以通过单元的列字母和行号引用单元。例如，表格中左上角的单元为 A1；合并的单元使用左上角单元的编号；单元的范围由第一个单元和最后一个单元定义，并在它们之间加一个冒号（:），如范围 A2：E10 表示第 2～10 行和 A～E 列中的单元。
- ⊙ 输入公式。公式必须以等号（=）开始；用于求和、求平均值和计数的公式将忽略空单元以及未解析为数据值的单元；如果在算术表达式中的任何单元为空，或者包括非数据，则其他公式将显示错误（#）。
- ⊙ 复制单元格。在表格中将一个公式复制到其他单元格时，范围会随之更改，以反映新的位置。例如，如果 F6 中公式对 A6～E6 求和，则将其复制到 F7 时，单元格的范围将发生更改，从而该公式将对 A7～E7 求和。
- ⊙ 绝对引用。如果在复制和粘贴公式时不希望更改单元格地址，应在地址的列或行处添加一个“$”符号。例如，如果输入“$E7”，则列会保持不变，但行会更改；如果输入“E7”，则列和行都保持不变。

4.7 对楼梯进行标注

视频\04\楼梯对象的标注.avi
案例\04\楼梯对象的标注.dwg

通过前面所学的尺寸的标注与编辑、文字的创建与编辑、引线的标注与编辑等知识，用户可以借用已经绘制的楼梯平面图形来进行尺寸和文字标注：首先，打开准备好的“楼梯平面图.dwg”文件，将其另存为新的“楼梯对象的标注.dwg”文件；其次，设置标注样式，并对其进行线性和连续标注；再次，使用“多段线”命令绘制一条多段线作为楼梯的上下指引线；最后，设置新的文字样式，并进行相应的文字标注。标注前后的效果如图 4-67 所示。

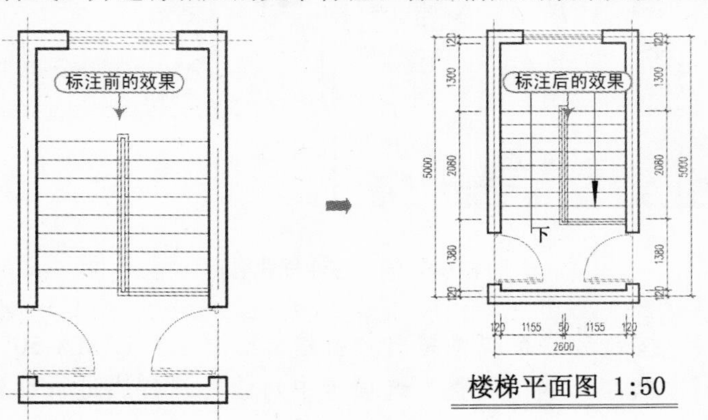

图 4-67 标注前后的效果

具体操作步骤如下：

1）正常启动 AutoCAD 2014 软件，按〈Ctrl+O〉组合键，系统将弹出“选择文件”对话框，选择“案例\04\楼梯平面图.dwg”文件，并单击“打开”按钮，打开的过程和效果如图 4-68 所示。

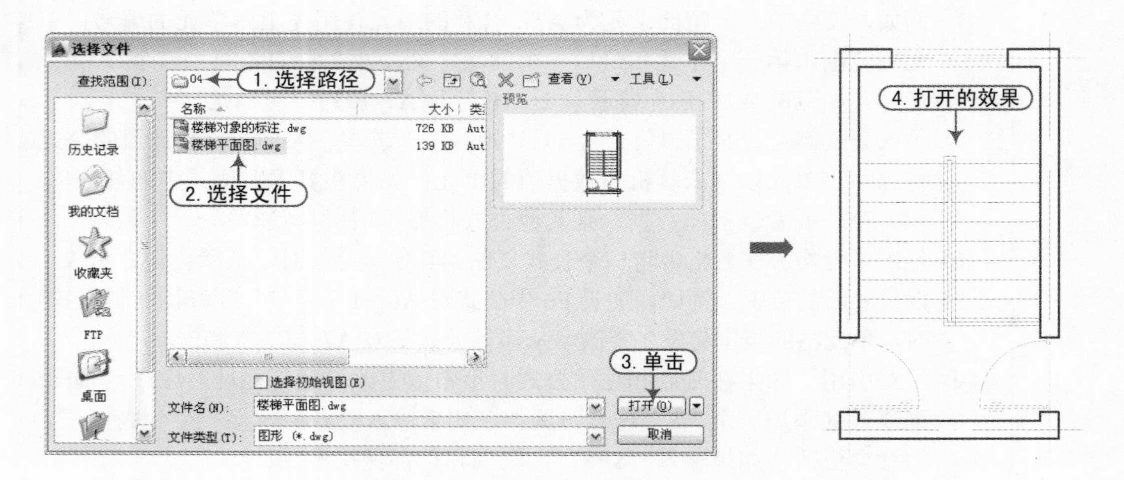

图 4-68　打开的文件

2）按〈Ctrl+Shift+S〉组合键，将该文件另存为“案例\04\楼梯对象的标注.dwg”。

3）选择“格式”｜“标注样式”命令，系统将弹出“标注样式管理器”对话框，单击“新建”按钮，弹出“创建新标注样式”对话框，在“新样式名”文本框中输入“DIMA-50”，然后单击“继续”按钮，如图 4-69 所示。

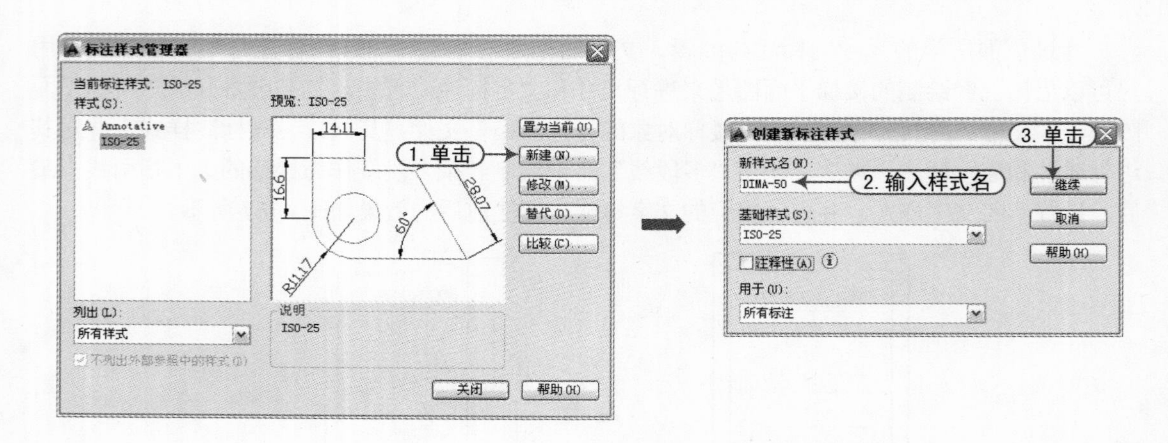

图 4-69　输入标注样式名称

4）单击“继续”按钮后，系统将弹出“新建标注样式：DIMA-50”对话框，用户在“线”“符号和箭头”“文字”和“调整”选项卡中对该标注样式进行设置，其具体参数见表 4-4。

表 4-4 “DIMA-50”标注样式的参数设置

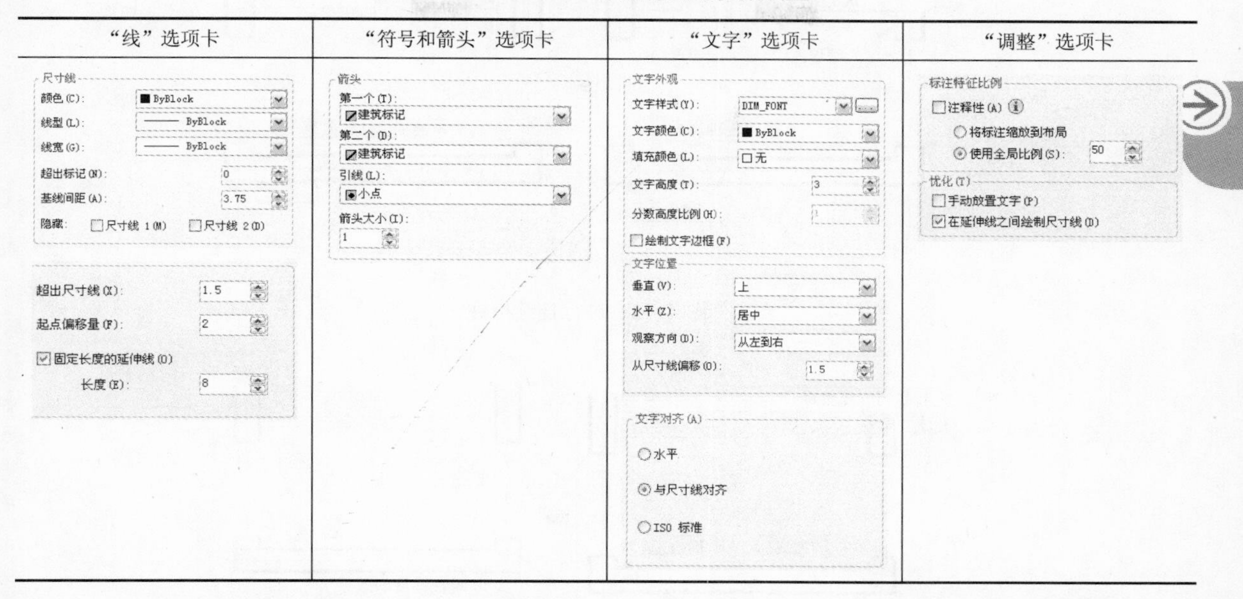

“线”选项卡	“符号和箭头”选项卡	“文字”选项卡	“调整”选项卡
尺寸线 颜色(C): ByBlock 线型(L): ByBlock 线宽(G): ByBlock 超出标记(N): 0 基线间距(A): 3.75 隐藏: 尺寸线 1(M) 尺寸线 2(D) 超出尺寸线(X): 1.5 起点偏移量(F): 2 固定长度的延伸线(O) 长度(E): 8	箭头 第一个(T): 建筑标记 第二个(D): 建筑标记 引线(L): 小点 箭头大小(I): 1	文字外观 文字样式(Y): DIM_FONT 文字颜色(C): ByBlock 填充颜色(L): 无 文字高度(T): 3 分数高度比例(H): 1 绘制文字边框(F) 文字位置 垂直(V): 上 水平(Z): 居中 观察方向(D): 从左到右 从尺寸线偏移(O): 1.5 文字对齐(A) 水平 与尺寸线对齐 ISO 标准	标注特征比例 注释性(A) 将标注缩放到布局 使用全局比例(S): 50 优化(T) 手动放置文字(P) 在延伸线之间绘制尺寸线(D)

5）设置完成后，单击“确定”按钮返回到“标注样式管理器”对话框中，接着单击“置为当前”按钮，将新建的标注样式置为当前，然后单击“关闭”按钮退出。

6）执行“格式”|“图层”命令，系统将弹出“图层特性管理器”面板，用户可在此新建“PUB_DIM”图层，将其颜色设置为蓝色，并将其置为当前，如图 4-70 所示。

图 4-70　新建“PUB_DIM”图层

7）在“标注”工具栏中单击“线性”按钮，使用鼠标在视图的左下角处依次捕捉两个交点，再确定文字放置的位置，从而完成线性标注，效果如图 4-71 所示。

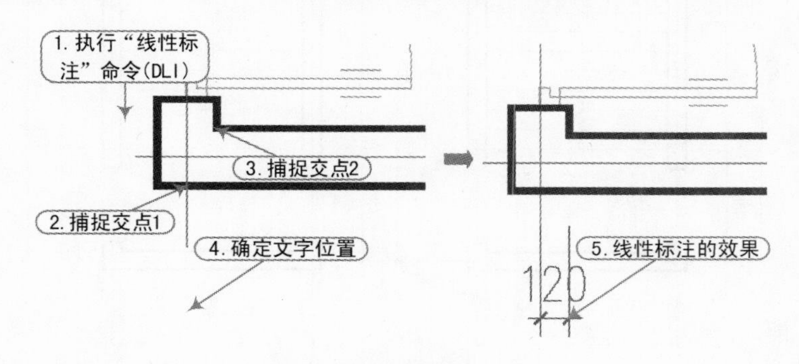

图 4-71　进行线性标注

8）在“标注”工具栏中单击“连续”按钮，使用鼠标依次捕捉另外的几个交点，从而对其进行连续标注，效果如图 4-72 所示。

9）在“标注”工具栏中单击“线性”按钮，使用鼠标在视图下方左右两侧的两个交点，再确定文字放置的位置，从而完成第二道尺寸的线性标注，如图 4-73 所示。

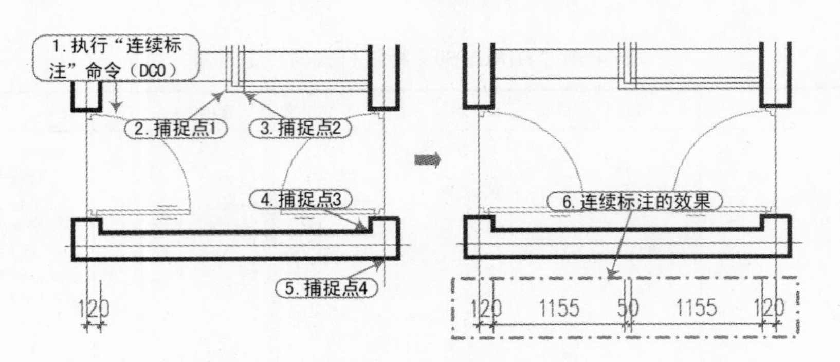

图 4-72　进行连续标注

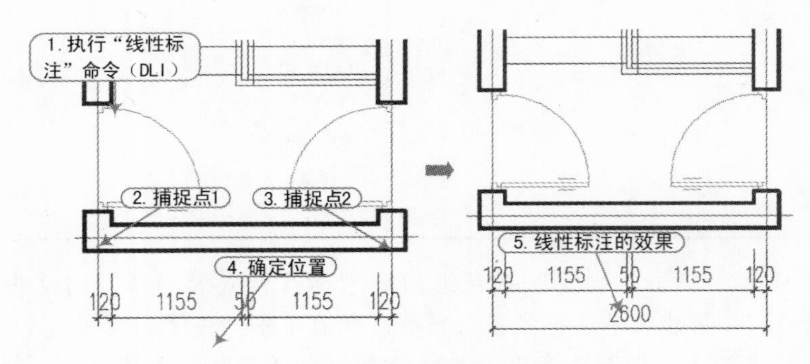

图 4-73　进行第二道尺寸的线性标注

10）再按照前面的方法，分别对图形的左侧和右侧进行线性和连续标注，如图 4-74 所示。

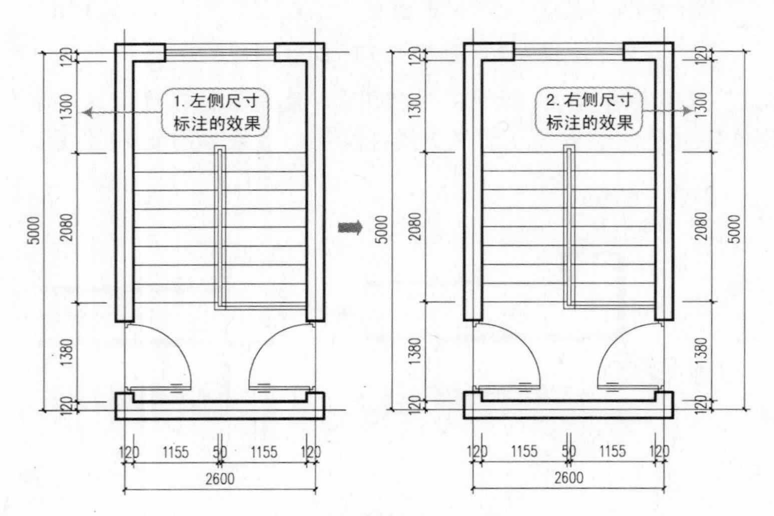

图 4-74　进行左、右侧的尺寸标注

由于该图形左、右侧的尺寸标注是一致的，因此用户可以只标注其中的一侧，然后使用“镜像”命令（MI）对其按照楼梯的垂直中点进行镜像即可。

11）在“图层”工具栏的“图层控制”下拉列表框中选择“Windows_TEXT”图层，使之成为当前图层。

12）执行“多段线”命令（PL），首先捕捉起点 A，按〈F8〉快捷键切换到正交模式，鼠标指向上，并输入“3000”确定点 B，再将鼠标指向右并输入“1205”确定点 C，再将鼠标指向下并输入“2000”确定点 D；其次选择“宽度(W)”选项，起点宽度为 100，终点宽度为 0，再将鼠标指向下并输入“500”确定点 E，从而绘制带有箭头的楼梯方向线，如图 4-75 所示。

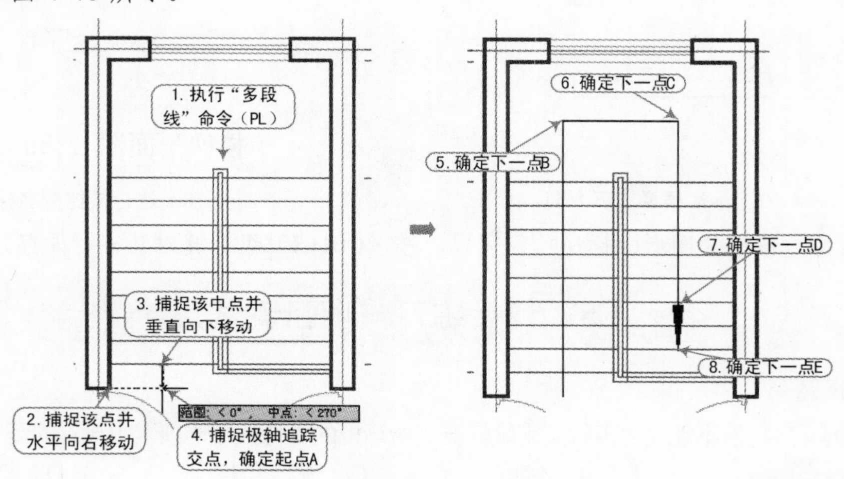

图 4-75 绘制带有箭头的楼梯方向线

13）选择“格式”|“文字样式”命令，系统将弹出“文字样式”对话框，单击“新建”按钮新建“DIM_TEXT”文字样式，并在“字体名”下拉列表框中选择“宋体”，将“宽度因子”设置为“1”，最后单击“应用”按钮，便可在“样表”列表框中看到新建的文字样式，如图 4-76 所示。

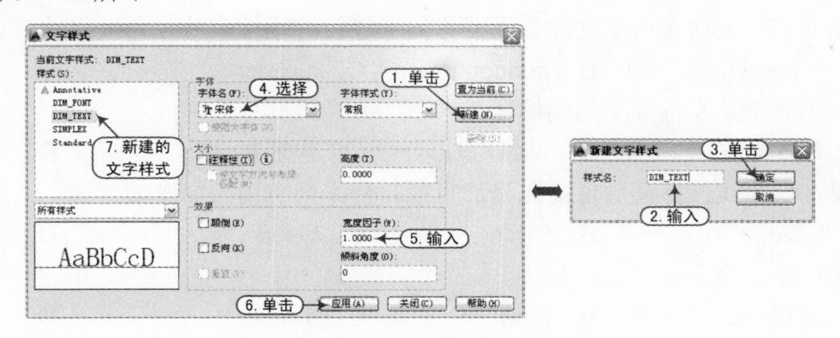

图 4-76 设置“DIM_TEXT”文字样式

14）在“文字”工具栏中单击“单行文字”按钮A，根据命令行提示在多段线的起点处单击确定文字的位置，再输入高度“250”，比例为“0”，然后输入汉字“下”，从而在楼梯上标注楼梯的上下方向，如图 4-77 所示。

15）同样，在整个楼梯图形的正下侧处输入单行文字“楼梯平面图 1:50”，且文字的高度为 350，并绘制两条水平线段，如图 4-78 所示。

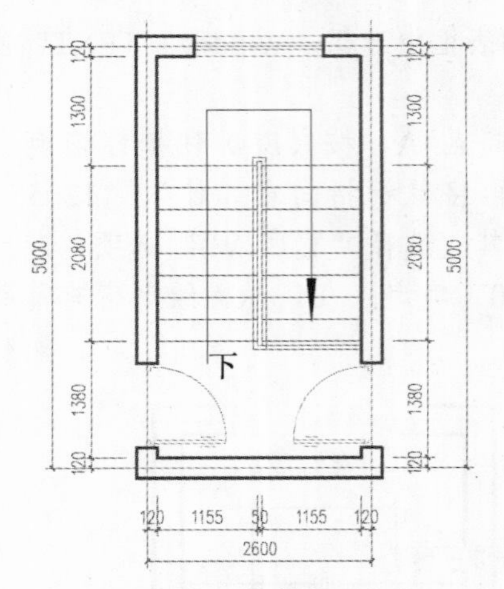

图 4-77　标注楼梯上下方向

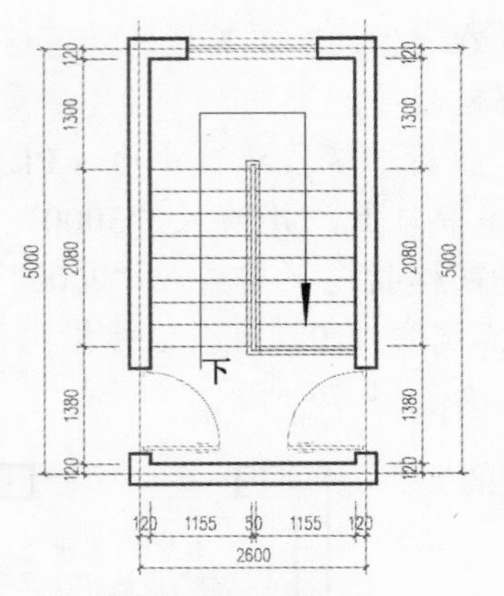

图 4-78　进行楼梯图名标注

16）至此，该楼梯图形的标注已经完成，按〈Ctrl+S〉组合键对其进行保存。

4.8　课后练习与项目测试

1．选择题

1）下列文字特性不能在“多行文字编辑器”对话框的“特性”选项卡中设置的是（　　）

A．高度　　B．宽度　　C．旋转角度　　D．样式

2）在 AutoCAD 2014 中，用户可以使用（　　）命令将文本设置为快速显示方式，使图形中的文本以线框的形式显示，从而提高图形的显示速度。

A．text　　B．mtext　　C．wtext　　D．qtext

3）多行文本标注命令是（　　）。

A．text　　B．mtext　　C．qtext　　D．wtext

4）下面（　　）命令用于标注在同一方向上连续的线性尺寸或角度尺寸。

A．dimbaseline　　B．dimcontinue　　C．qleader　　D．qdim

5）下列不属于基本标注类型的标注是（　　）。

A．对齐标注　　B．基线标注　　C．快速标注　　D．线性标注

6）如果在一个线性标注数值前面添加直径符号，则应用的命令为（　　）。

A．%%c　　B．%%o　　C．%%d　　D．%%%

7）快速标注的命令是（　　）。

A．qdimline　　B．qdim　　C．qleader　　D．dim

8）下面的（　　）命令用于为图形标注多行文本、表格文本和下划线文本等特殊文字。

A．mtext　　B．text　　C．dtext　　D．ddedit

9）如果要标注倾斜直线的长度，应该选用下面的（　　）命令。

A．dimlinear　　B．dimaligned　　C．dimordinate　　D．qdim

10）下述的（　　）字体是中文字体。

A．gbenor.shx　　B．gbeitc.shx　　C．gbcbig.shx　　D．txt.shx

2．简答题

1）怎样创建标注并设置标注样式？怎样修改标注样式？

2）怎样对图形对象进行尺寸标注？怎样对其标注对象进行修改？

3）怎样创建文字样式？怎样利用文字样式对其图形中的文字标注对象进行修改？

4）怎样在 AutoCAD 2014 中创建一个表格，并对其进行编辑修改？

3．操作题

1）选择“格式”|“文字样式”命令，在弹出的“文字样式”对话框中按照表 4-5 中的参数设置来创建相应的文字样式。

表 4-5　文字样式的参数设置

文字样式名	打印到图纸上的文字高度	图形文字高度（文字样式高度）	字 体 文 件
图内说明	3.5	175	tssdeng tssdchn
尺寸文字	3.5	0	tssdeng
标高文字	3.5	175	tssdeng
剖切及轴线符号	7	350	tssdeng
图纸说明	5	250	tssdeng tssdchn
图　名	7	350	tssdeng tssdchn

2）打开“案例\04\别墅首层平面图.dwg”图形文件，然后按照图 4-79 所示的样式来完成多重引线文字标注、尺寸标注等操作。

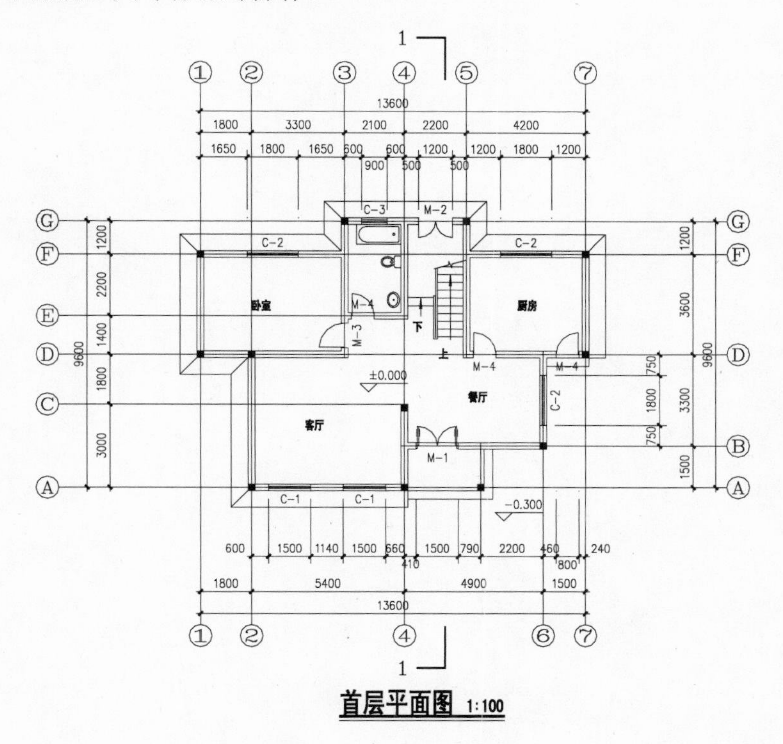

图 4-79　进行图形的标注

3）使用 AutoCAD 2014 的表格功能，绘制如图 4-80 所示的图纸标题栏，并输入相应的文字内容和设置文字的格式。

<table>
<tr><td colspan="4" rowspan="2">（甲级：224518-SJ）</td><td>成都市嘉华建设投资有限责任公司</td><td rowspan="2">设计号</td><td>SJ-2008-01</td></tr>
<tr><td>锦江区华兴片区新居工程</td><td>-02</td></tr>
<tr><td>总负责人</td><td></td><td>审 核</td><td></td><td rowspan="3">农贸市场二层平面图
比例：100</td><td>图 别</td><td>水 施</td></tr>
<tr><td>负责人</td><td></td><td>校 对</td><td></td><td>图 号</td><td>4/11</td></tr>
<tr><td>审 定</td><td></td><td>设 计</td><td></td><td>日 期</td><td>2008. 04</td></tr>
</table>

图 4-80 绘制的表格图纸标题栏

第 5 章　使用块、外部参照和设计中心

本章导读

在 AutoCAD 2014 中将其他图形调入到当前图形中有 3 种方法：一是用块插入的方法插入图形（在前面已经讲解了）；二是用外部参照引用图形；三是通过设计中心将其他图形文件中的图形、块、图案填充、图层等放置在当前文件中。

在绘制图形时，如果图形中有很多相同或相似的图形对象，或者所绘制的图形与已有的图形对象相同，这时用户可以将重复绘制的图形创建为块，然后在需要时插入即可。若一个图形中的某些对象为另一个图形对象，且有联动变化时，则采用附着参照。若在另一个文件中需要使用已有图形文件中的图层、块、文字样式等，则可以通过“设计中心”来进行复制操作，从而达到高效制图的目的。

主要内容

☑ 了解图块的主要作用和特点
☑ 掌握图块的创建和插入方法
☑ 掌握图块的存储和编辑
☑ 掌握带属性图块的定义、创建和插入
☑ 掌握外部参照的含义和使用方法
☑ 掌握设计中心的作用和使用方法

效果预览

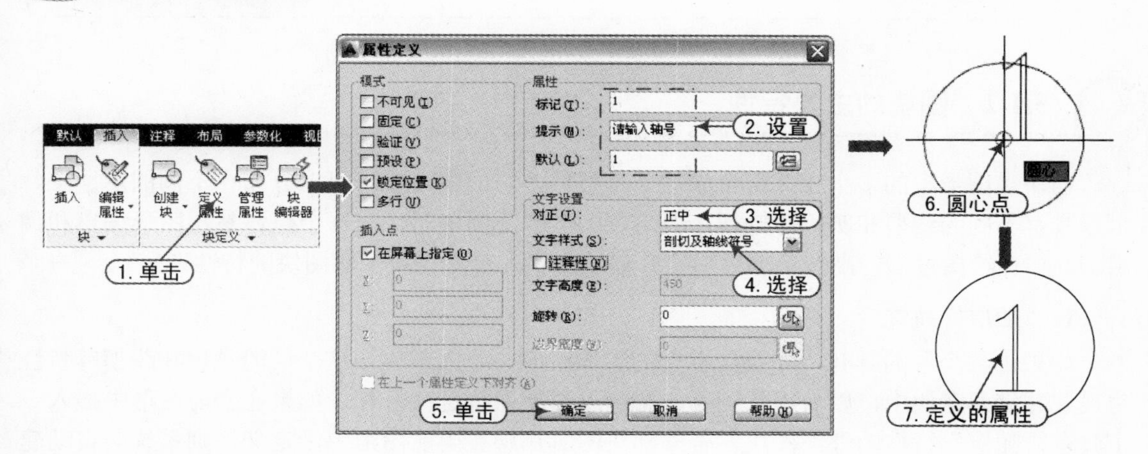

5.1 图块的应用

在绘图过程中，图中经常会出现相同的内容，比如图框、标题栏、符号、标准件等，用户通常都是先画好一个然后采用复制粘贴的方式来完成。这样虽然是一种便捷的方法，但如果用户了解 AutoCAD 2014 中的块图形操作，就会发现插入块比复制粘贴更为高效。

5.1.1 图块的主要作用

图块的主要作用如下。

1）建立图形库，避免重复工作。把绘制工程图过程中需要经常使用的某些图形结构定义成图块并保存在磁盘中，这样就建立了图形库。在绘制工程图时，用户可以将需要的图块从图形库中调出，插入到图形中，从而提高工作效率。

2）节省磁盘的存储空间。每个图块在图形文件中只存储一次，在多次插入时，计算机只保留有关的插入信息（即图块名、插入点、缩放比例、旋转角度等），而不需要把整个图块重复存储，这样就节省了磁盘的存储空间。

3）便于图形修改。当某个图块被修改后，所有原先插入图形中的图块全部随之自动更新，这样就使图形的修改更加方便。

4）可以为图块增添属性。有时图块中需要增添一些文字信息，这些图块中的文字信息被称为图块的属性。AutoCAD 2014 允许为图块增添属性并可以设置可变的属性值。每次插入图块时，用户不仅可以对属性值进行修改，而且还可以从图中提取这些属性并将它们传递到数据库中。

图块的种类：

在绘图过程中，要插入的图块来自当前绘制的图形之内，这种图块为“内部图块”。“内部图块”可用 Wblock 命令保存到磁盘上，这种以文件的形式保存于计算机磁盘上，可以插入到其他图形文件中的图块为“外部图块”。一个已经保存在磁盘的图形文件也可以被当作“外部图块”，用插入命令插入到当前图形中。

5.1.2 图块的主要特性

图块是图形中的多个实体组合成的一个整体，它的图形实体可以分布在不同的图层上，可以具有不同的线型和颜色等特征，但是在图形中，图块是作为一个整体参与图形编辑和调用的，要在绘图过程中高效率地使用已有建筑图块，首先需要了解图块的特性。

1．“随层”特性

如果由某个层的具有“随层”设置的实体组成一个内部块，这个层的颜色和线型等特性将设置并储存在块中，以后不管到哪一层插入都能保持这些特性。如果在当前图形中插入一个具有“随层”特性的外部图块，若外部块图所在层在当前图形中没定义，则系统会自动建立该层来放置块，且块的特性与块定义时保持一致；若当前图形中存在与之同名而特性不同的层，当前图形中该层的特性将覆盖块原有的特性。

在通常情况下，系统会自动把绘制图形时的绘图特性设置为“ByLayer（随层）”，除非用户在前面的绘图操作中修改了这种设置方式。

2．“随块”特性

如果组成块的实体采用“ByBlock（随块）”设置，则块在插入前没有任何层、颜色、线型、线宽设置，被视为白色连续线。将块插入当前图形中时，块的特性按当前绘图环境的层（颜色、线型和线宽）进行设置。

3．“0”层块具有浮动特性

在进入 AutoCAD 2014 的绘图环境后，系统默认的图层是“0”层。如果组成块的实体是在“0”层上绘制的，并且用“随层”设置特性，则该块无论插入哪一层，其特性都采用当前插入层的设置，即“0”层块具有浮动特性。

创建图块之前的图层设置及绘图特性设置是很重要的一个环节，在具体绘图工作中，用户要根据图块是建筑图块还是标准图块，来考虑图块内图形的线宽、线型、颜色的设置，并依此创建需要的图层，选择适当的绘图特性。在插入图块之前，用户还要正确选择要插入的图层及绘图特性。

4．关闭或冻结选定层上的块

当非“0”层块在某一层插入时，插入块实际上仍处于创建该块的层中（“0”层块除外），因此不管它的特性随插入层或绘图环境怎样变化，当关闭该插入层时，图块仍会显示出来，只有将建立该块的层关闭或将插入层冻结，图块才不再显示。

而“0”层上建立的块，无论它的特性随插入层或绘图环境怎样变化，当关闭插入层时，插入的“0”层块都会随着关闭，即“0”层上建立的块是随各插入层浮动的，若要让其不再显示，则关闭其所在的插入层即可。

5.1.3 图块的创建

图块的创建就是将图形中选定的一个或几个图形对象组合成一个整体，并为其命名、保存，这样它就被视作一个实体对象在图形中随时进行调用和编辑，即所谓的“内部图块”。

创建图块的方式主要有以下 3 种。

- ☑ 面板：单击“块”面板中的“创建块”按钮。
- ☑ 菜单栏：选择“绘图”|“块”|“创建”命令。
- ☑ 工具栏：在“绘图”工具栏上单击“创建块”按钮。
- ☑ 命令行：在命令行中输入或动态输入“block”（快捷键“B”）。

执行“创建块”命令后，系统将弹出“块定义”对话框，如图 5-1 所示。

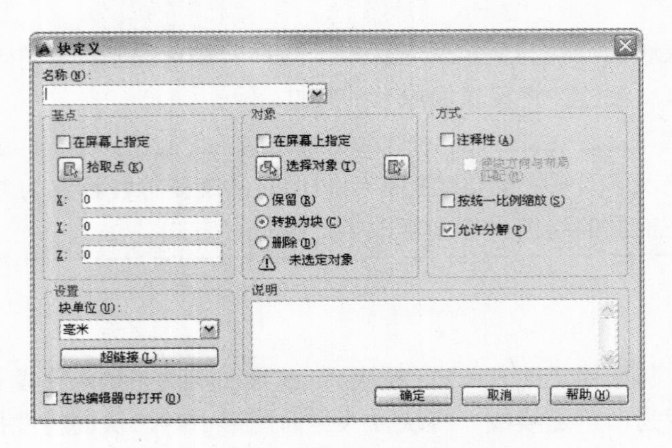

图 5-1 “块定义”对话框

“块定义”对话框中主要选项的含义如下。

☑ “名称”下拉列表框：输入块的名称，最多可使用 255 个字符，可以包括字母、数字、空格以及微软和 AutoCAD 没有用作其他用途的特殊字符。

软件技能

在绘图块命名时，需要注意 3 点内容：一是图块名要统一；二是图块名要尽量能代表其内容；三是同一个图块插入点要一致，插入点要选插入时最方便的点。

☑ “基点”选项组：用于确定插入点位置，默认值为（0,0,0）。用户可以单击“拾取点”按钮，然后用十字光标在绘图区内选择一个点；也可以在“X”“Y”“Z”文本框中输入插入点的具体坐标参数值。一般基点选在块的对称中心、左下角或其他有特征的位置。

☑ “对象”选项组：设置组成块的对象。单击“选择对象”按钮，可切换到绘图区中选择构成块的对象；单击“快速选择”按钮，在弹出的“快速选择”对话框中进行设置过滤，使其选择组成块的对象；单击“保留”单选按钮，表示创建块后其原图形仍然在绘图窗口中；单击“转换为块”单选按钮，表示创建块后将组成块的各对象保存并将其转换为块；单击“删除”单选按钮，表示创建块后其原图形将在图形窗口中删除。

☑ “方式”选项组：设置组成块对象的显示方式。

☑ “设置”选项组：用于设置块的单位是否链接。单击“超链接”按钮，将弹出“插入超链接”对话框，在此可以插入超链接的文档。

☑ “说明”文本框：用户可在此处输入与所定义块有关的描述性说明文字。

5.1.4 图块的插入

当在图形文件中定义了块以后，用户即可在内部文件中进行任意的插入块操作，还可以改变所插入块的比例和旋转角度。

插入图块的方式主要有以下 3 种。

☑ 面板：单击“块”面板中的“插入块”按钮。

☑ 菜单栏：选择“插入” | “块”命令。
☑ 工具栏：在“绘图”工具栏上单击“插入块”按钮。
☑ 命令行：在命令行中输入或动态输入“insert”（快捷键“I”）。

执行“插入块”命令后，系统将弹出“插入”对话框，如图 5-2 所示。

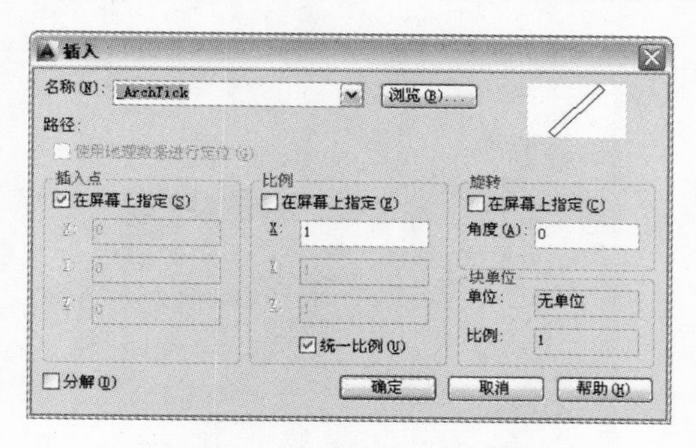

图 5-2 “插入”对话框

“插入”对话框中主要选项的含义如下。

☑ “名称”下拉列表框：用于选择已经存在的块或图形的名称。若单击其后的“浏览”按钮，将弹出“选择图形文件”对话框，用户可从中选择已经存在的外部图块或图形文件。
☑ “插入点”选项组：确定块的插入点位置。若选中“在屏幕上指定”复选框，表示用户将在绘图窗口内确定插入点；若不选中该复选框，用户可在其下的“X”“Y”“Z”文本框中输入插入点的坐标值。
☑ “比例”选项组：确定块的插入比例系数。用户可直接在“X”“Y”“Z”文本框中输入块在 3 个坐标方向的不同比例；若选中“统一比例”复选框，表示所插入的比例一致。
☑ “旋转”选项组：用于设置块插入时的旋转角度。用户可直接在“角度”文本框中输入角度值，也可直接在屏幕上指定旋转角度。
☑ “分解”复选框：表示是否将插入的块进行分解成各基本对象。

软件技能

在插入图块对象后，用户也可以单击“修改”工具栏的“分解”按钮对其进行分解操作。

5.1.5 图块的存储

前面介绍了图块的创建和插入的内容，但是创建图块后，用户只能在当前图形中插入，而其他图形文件无法引用创建的图块，这将很不方便。为解决这个问题，使实际工程设计绘图时创建的图块实现共享，AutoCAD 2014 为用户提供了图块的存储命令，用户通过使用该命令可以将已创建的图块或图形中的任何一部分（或整个图形）作为外部图块进行保存。用图块存储命令保存的图块与其他图形文件并无区别，同样可以打开和编辑，也可以插入到其他图形文件中。

要进行图块的存储操作，在命令行输入中输入“wblock”命令（快捷键“W”），此时将弹出“写块”对话框，利用该对话框，用户可以将图块或图形对象存储为独立的外部图块，如图 5-3 所示。

图 5-3　存储图块的方法和步骤

软件技能

用户可以使用“save”或“saveas”命令创建并保存整个图形文件，也可以使用“export”或“wblock”命令从当前图形中创建选定的对象，然后保存到新图形中。不论使用哪种方法创建一个普通的图形文件，它都可以作为块插入到任何其他图形文件中。如果需要作为相互独立的图形文件来创建几种版本的符号，或者要在不保留当前图形的情况下创建图形文件，建议使用“wblock”命令。

5.1.6　图块的创建与插入实例

视频\05\图块的创建与插入实例.avi
案例\05\卫生间.dwg

前面已经讲解了图块的创建与插入的相关执行命令以及各对话框的含义，下面通过一个实例来讲解图块的创建与插入具体步骤和方法。

1）启动 AutoCAD 2014 软件，按〈Ctrl+O〉组合键打开“卫生间平面图.dwg”文件，如图 5-4 所示。

2）将“0”图层置为当前图层，使用圆、直线、偏移、修剪等命令，在视图的右侧分别来绘制宽度为 1000mm 的平开门以及宽度为 1500mm 的双开门，如图 5-5 所示。

3）执行“创建块”命令（B），弹出“块定义”对话框，在“名称”下拉列表框中输入图块的名称“M-1”；单击“选择对象”按钮，在视图中框选宽度为 1000mm 的平开门对象；单击“拾取点”按钮，在视图中选择平面门左下角点作为基点；单击“删除”按钮及

“确定”按钮，从而将平开门对象创建为“M-1”图块，如图 5-6 所示。

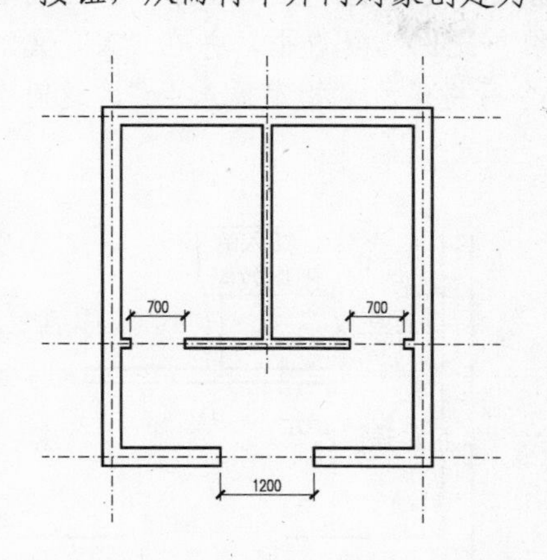

图 5-4　打开“卫生间平面图.dwg”文件

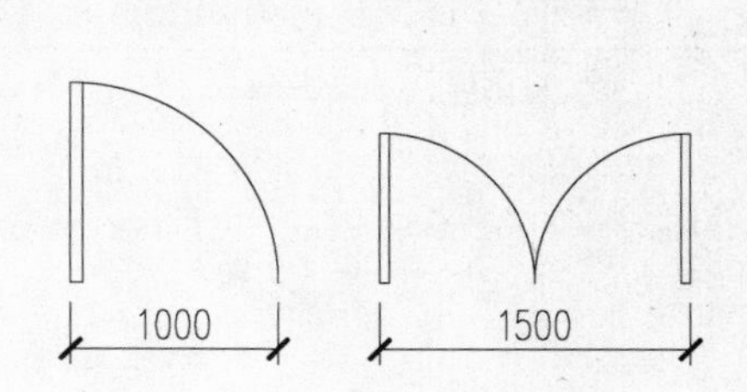

图 5-5　绘制的平开门和双开门

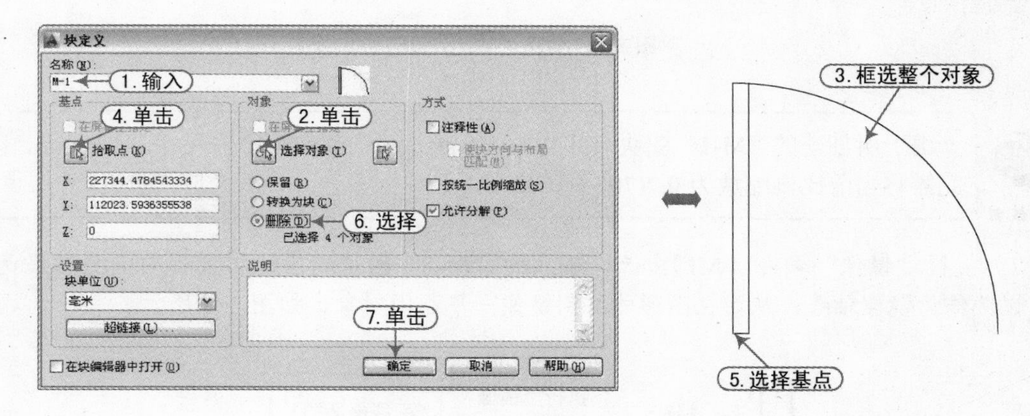

图 5-6　创建 M-1 图块

4）用同样的方法将双开门对象创建为“M-2”图块，如图 5-7 所示。

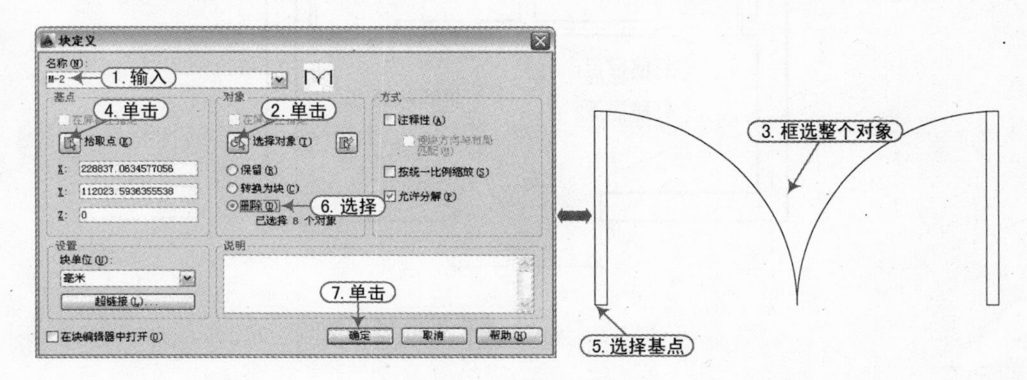

图 5-7　创建 M-2 图块

5）在“图层控制”列表框中，选择“门窗”图层作为当前图层。

6）执行“插入块”命令（I），系统将弹出“插入”对话框，在“名称”下拉列表框中选择前面已经创建好的图块“M-1”对象，选中“统一比例”复选框，并在“X”文本框输入“0.7”（比例值），再单击“确定”按钮，随后命令行将提示“指定插入点:”，这时在视图中捕捉门洞口的指定点即可，如图 5-8 所示。

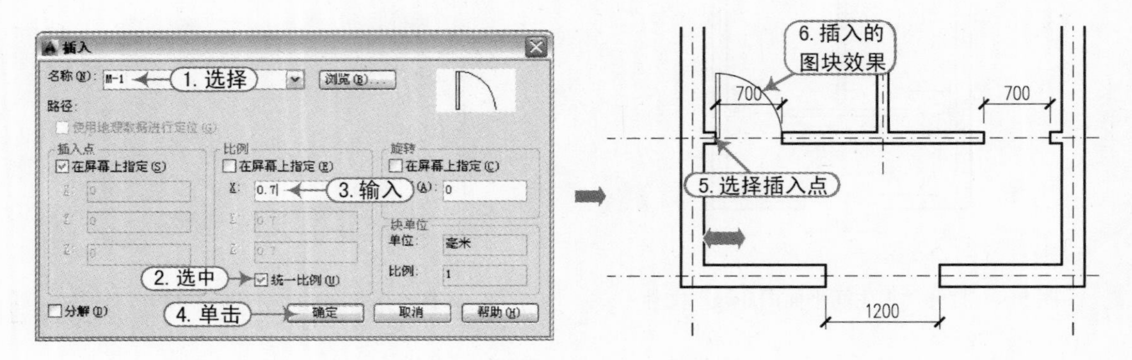

图 5-8　插入“M-1”图块

由于所创建的“M-1”图块尺寸为 1000mm，而当前门洞口的尺寸为 700mm，因此需将当前比例缩放为 0.7(700÷1000=0.7)。

软件技能

7）执行“镜像”命令（MI），选择插入的“M-1”图块对照，再捕捉中间的轴线两端点，以此作为镜像轴线，从而在图形的右侧镜像一平面门对象，如图 5-9 所示。

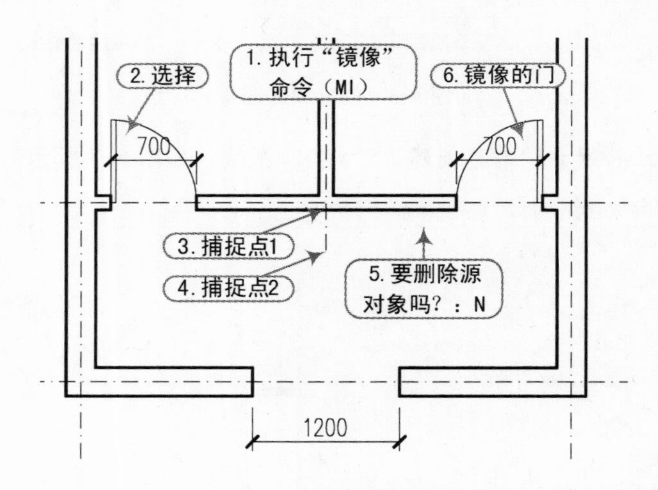

图 5-9　水平镜像的平面门

8）再执行“插入块”命令（I），将双开门“M-2”图块插入到图形的下侧门洞口位置，如图 5-10 所示。

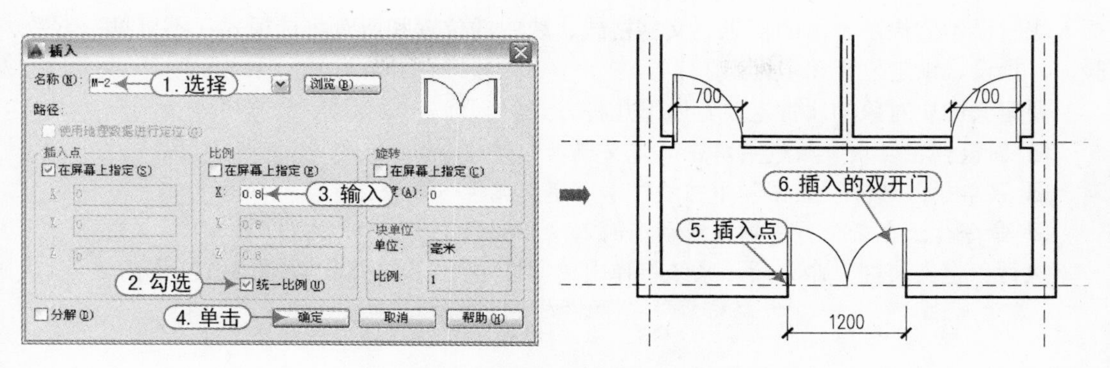

图 5-10 插入“M-2”图块

软件技能

由于所创建的“M-2”图块尺寸为 1500mm，而当前门洞口的尺寸为 1200mm，因此需将当前比例缩放为 0.8（1200÷1500=0.8）。

9）执行“删除”命令（E），将视图中门洞口的尺寸标注对象删除。

10）执行“写块”命令（W），将弹出“写块”对话框，单击“选择对象”按钮，在视图中框选所有对象；单击“拾取点”按钮，在视图中选择图形的左下角点；单击“目标”选项区的“浏览”按钮，将其保存为“...\案例\05\卫生间.dwg”文件，最后单击“确定”按钮，从而将其整个图形对象保存为“卫生间”外部图块对象，如图 5-11 所示。

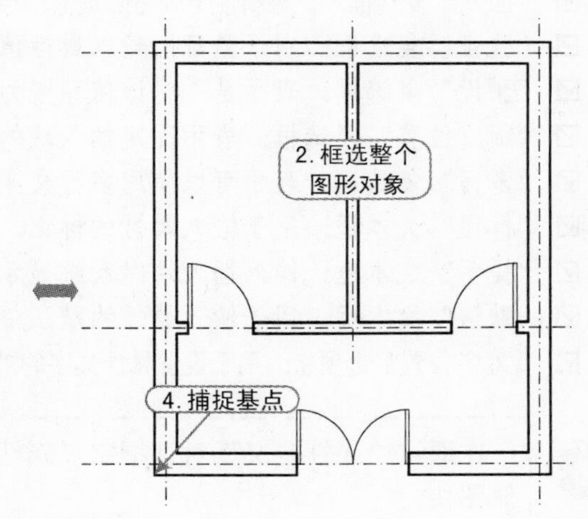

图 5-11 写块操作

5.1.7 属性图块的定义

AutoCAD 2014 允许用户为图块附加一些文本信息，以增强图块的通用性，这些文本信息被称为属性。如果某个图块带有属性，那么用户在插入该图块时可根据具体情况，通过属性来为图块设置不同的文本信息。特别对于那些经常要用到的图块来说，利用属性尤为重要。

要创建属性，首先创建包含属性特征的属性定义。特征包括标记（标识属性的名称）、插入块时显示的提示、值的信息、文字格式、块中的位置和所有可选模式（不可见、常数、验证、预设、锁定位置和多行）。

要定义图块对象的属性主要有以下几种方式。

☑ 面板：在“块”面板中单击“定义属性”按钮。

☑ 菜单栏：选择“绘图”｜“块”｜“定义属性”命令。

☑ 命令行：在命令行中输入或动态输入“attded”（快捷键“ATT”）。

执行“定义属性”命令后，系统将弹出“属性定义”对话框，如图 5-12 所示。

图 5-12 “属性定义”对话框

“属性定义”对话框中主要选项的含义如下。

☑ “不可见”复选框：表示插入块后是否显示其属性值。

☑ “固定”复选框：设置属性是否为固定值。当为固定值时，插入块后该属性值不再发生变化。

☑ “验证”复选框：用于验证所输入属性值是否正确。

☑ “预设”复选框：表示是否将该值预置为默认值。

☑ “锁定位置”复选框：表示固定插入块的坐标位置。

☑ “多行”复选框：表示可以使用多行文字来标注块的属性值。

☑ “标记”文本框：用于输入属性的标记。

☑ “提示”文本框：输入插入块时系统显示的提示信息内容。

☑ “默认”文本框：用于输入属性的默认值。

☑ “文字位置”选项组：用于设置属性文字的对正方式、文字样式、高度值、旋转角度等格式。

软件技能

在通过“属性定义”对话框定义属性后，用户还要使用前面的方法来创建或存储图块。

5.1.8 属性图块的插入

属性图块的插入方法与普通块的插入方法基本一致，只是在回答完块的旋转角度后需输各属性的具体值。

在命令行中输入或动态输入“insert”（快捷键“I”），系统将弹出“插入”对话框，根据要求选择要插入的带属性的图块，并设置插入点、比例及旋转角度，这时系统将以命令的方式提示所要输入的属性值。

5.1.9 属性图块的编辑

当插入带属性的对象后，用户可以对其属性值进行修改操作。

编辑图块的属性的方式主要有以下几种。

☑ 面板：在“块”面板中，单击“编辑属性”按钮。

☑ 菜单栏：选择“修改”|“对象”|“属性”|“单个”命令。

☑ 工具栏：在“修改 II”工具栏上单击“编辑属性”按钮，如图 5-13 所示。

☑ 命令行：在命令行中输入或动态输入“ddatte”(快捷键“ATE”)。

执行“编辑块属性”命令之后，系统提示“选择对象：”后，用户使用鼠标在视图中选择带属性块的对象，系统将弹出“增强属性编辑器”对话框，用户根据要求编辑属性块的值即可，如图 5-14 所示。

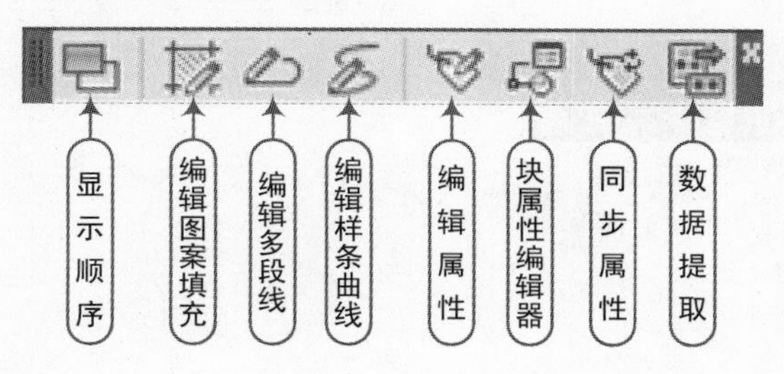

图 5-13 “修改 II”工具栏

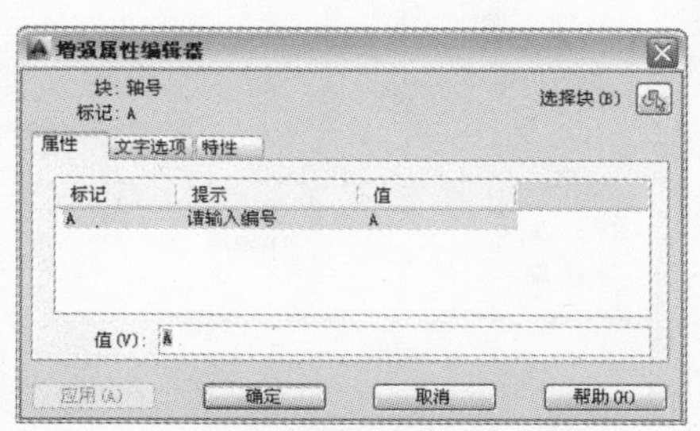

图 5-14 “增强属性编辑器”对话框

软件技能

用户可以双击带属性块的对象，也将弹出“增强属性编辑器”对话框。

“增强属性编辑器”对话框中主要选项的含义如下。

☑ “属性”选项卡：用户可修改该属性的属性值。

☑ “文字选项”选项卡：用户可修改该属性的文字特性，包括文字样式、对正方式、高度、比例因子、旋转角度等，如图 5-15 所示。

☑ “特性”选项卡：用户可修改该属性文字的图层、线宽、线型、颜色等特性，如图 5-16 所示。

图 5-15 “文字选项”选项卡

图 5-16 “特性”选项卡

5.1.10 属性图块的操作实例

视频\05\属性图块的操作实例.avi
案例\05\属性块的操作实例.dwg

前面讲解了属性图块的定义、插入和编辑命令，下面结合实例来进行实际操作，以达到融会贯通的目的。具体操作步骤如下：

1）启动 AutoCAD 2014 软件，按〈Ctrl+O〉组合键，打开“图块的创建和插入.dwg”文件，即前面实例中所创建好的效果图。

2）将当前图层置为“0”图层，在“文字”面板中选择“剖切及轴线符号”文字样式作为当前文字样式，如图 5-17 所示。

3）使用“圆”命令（C）在视图中的空白位置绘制一直径为 800mm 的圆对象，如图 5-18 所示。

图 5-17 设置当前图层和文字样式

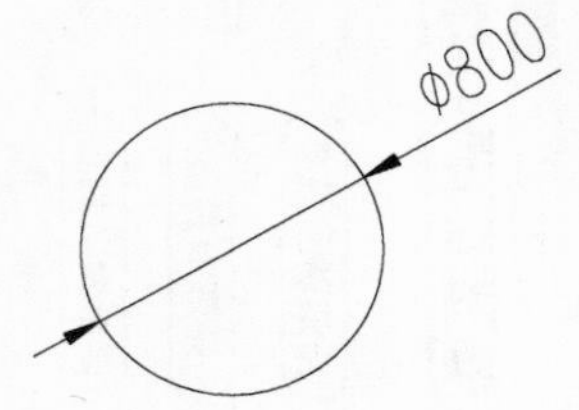

图 5-18 绘制的圆

4）在“块定义”面板中单击“定义属性”按钮，系统将弹出“属性定义”对话框，然后按照如图 5-19 所示的步骤进行属性的定义。

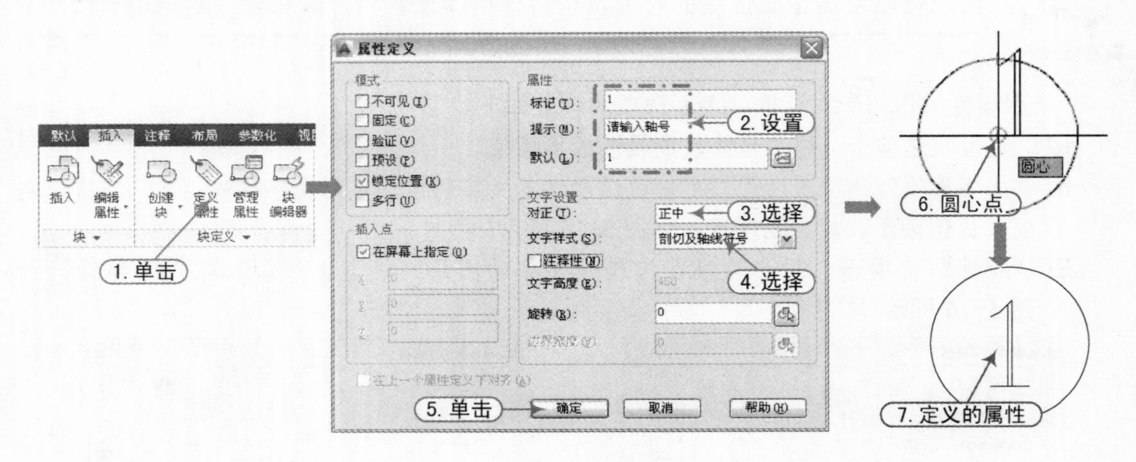

图 5-19 定义的属性

5）执行“写块”命令（W），将其定义的属性图块保存为“...\案例\05\轴号.dwg”图块对象，如图 5-20 所示。

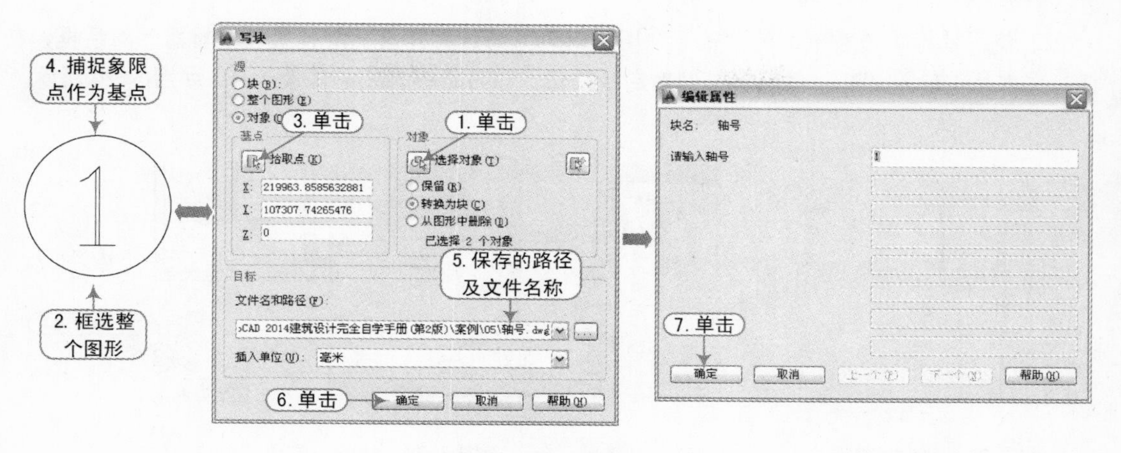

图 5-20　属性图块的定义

6）将当前图层置为“尺寸标注”图层，使用“直线”命令（L），在左下侧的轴线下绘制长度为 1000 的线段，如图 5-21 所示。

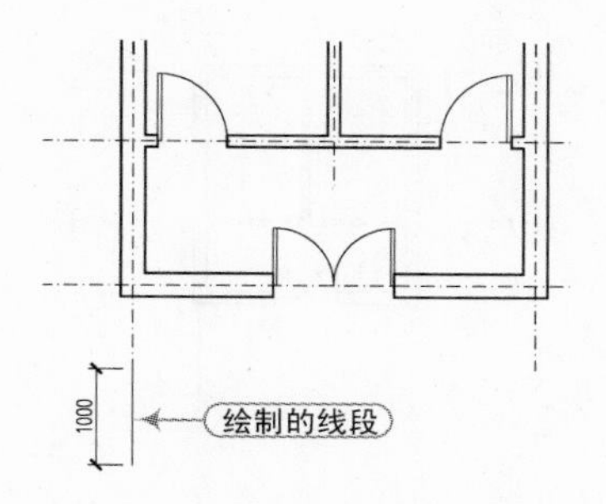

图 5-21　绘制的线段

7）执行“插入块”命令（I），系统将弹出“插入”对话框，在“名称”下拉列表框中选择前面已经创建好的图块“轴号”对象，并单击“确定”按钮，这时在视图中捕捉门洞口的指定点即可，如图 5-22 所示。

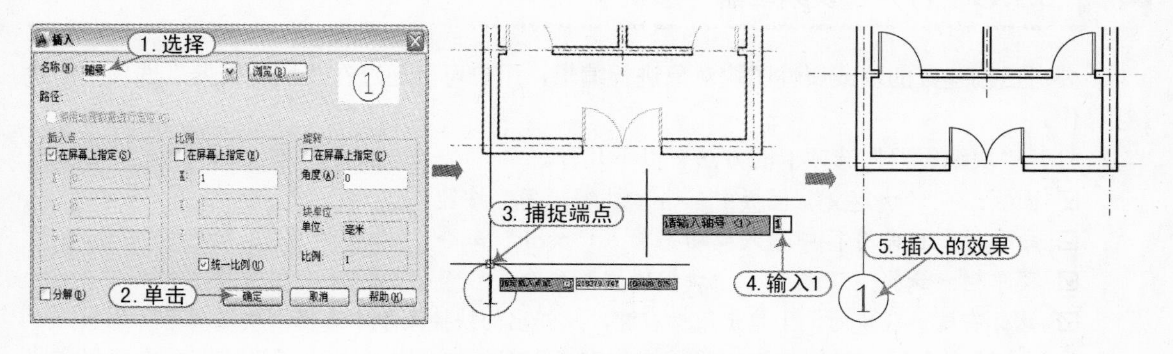

图 5-22　插入“轴号”图块

8）使用“复制”命令（CO），将所绘制的线段和插入的“轴号”对象按照图 5-23 所示的样式进行复制。

9）使用鼠标单击右下侧的“轴号”图块对象，系统将弹出“增强属性编辑器”对话框，在“值”文本框中输入“3”，然后单击“确定”按钮，即可将该轴编号修改为 3，如图 5-24 所示。

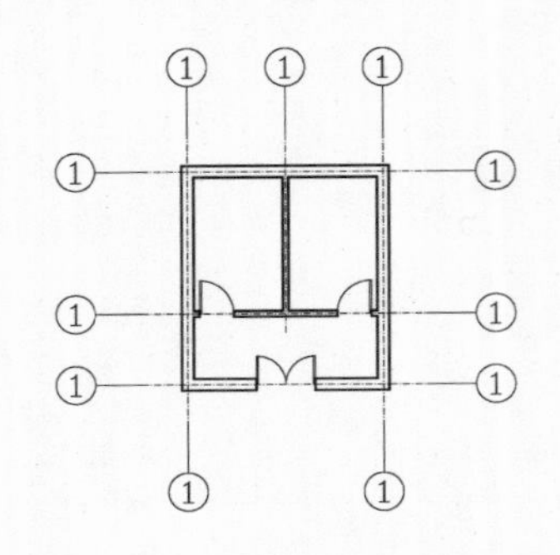

图 5-23　复制的效果

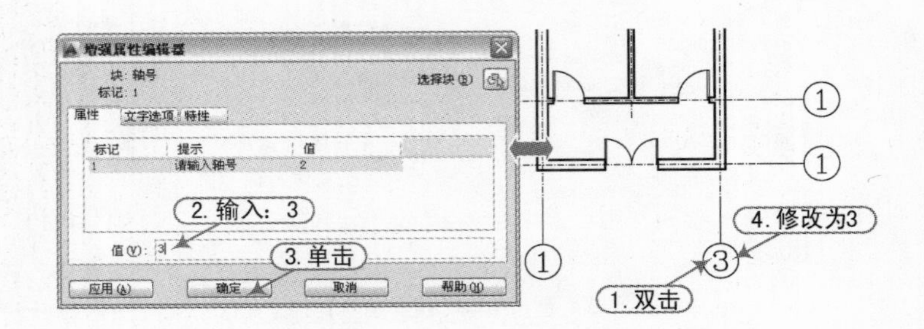

图 5-24　修改属性值

10）按照同样的方法，分别对其他属性值也进行修改，如图 5-25 所示。

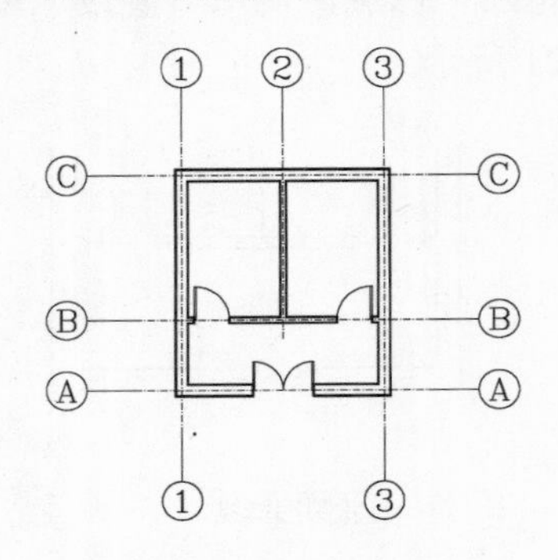

图 5-25　修改后的效果

11）至此，该实例已经操作完成，按〈Ctrl+Shift+S〉组合键，将该文件另存为“属性块的操作实例.dwg”文件。

5.1.11　打开“块编辑器”选项卡

要对已创建好的块或属性图块对象进行编辑，用户可以通过在“块编辑器”选项卡中进行操作。

打开“块编辑器”选项卡的方法有以下几种。

☑ 面板：在“块定义”面板中单击“块编辑器”按钮。

☑ 命令行：在命令行中输入或动态输入“bedit”命令。

☑ 菜单栏：选择“工具”｜“块编辑器”命令。

☑ 鼠标右键：在块对象上单击鼠标右键，从弹出的快捷菜单中选择“块编辑器”命令。

执行上述命令后，系统将弹出“编辑块定义”对话框，其中列出了当前图形中已经定义好的块对象，选择其中需要编辑的块对象，然后单击“确定”按钮，即可打开“块编辑器”选项卡和“块编写选项板”面板，如图 5-26 所示。

“块编写选项板”面板包括约束、参数集、动作和参数 4 个部分的内容，如图 5-27 所示。

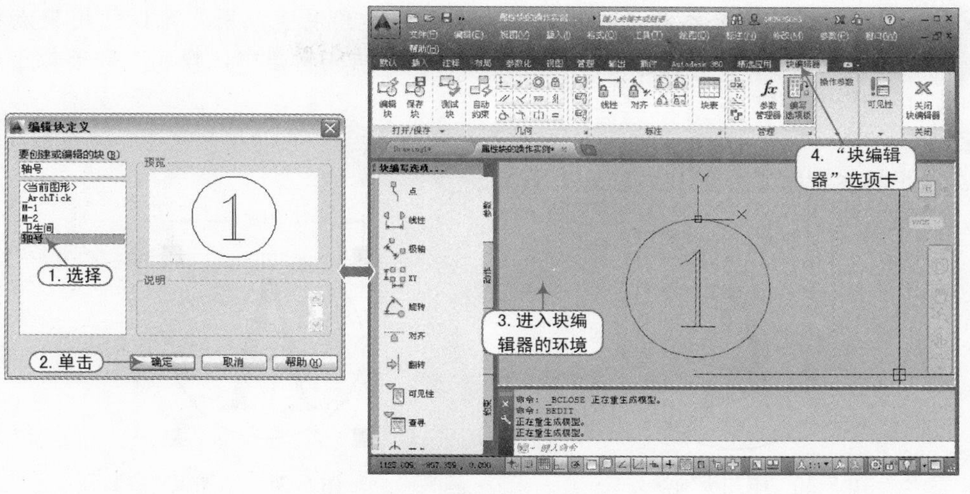

图 5-26 “编辑块定义”对话框

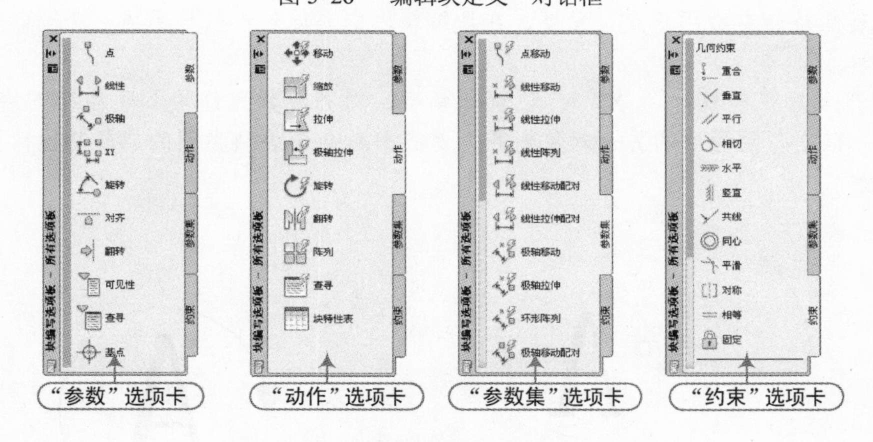

图 5-27 “块编写选项板”面板的内容

其中，“参数”选项卡中各选项的含义如下。

☑ 点：点参数为图形中的块定义 X 和 Y 位置。在块编辑器中，点参数类的外观与坐标标注类似，如图 5-28 所示。

☑ 线性：线性参数显示两个目标点之间的距离。插入线性参数时，夹点移动被约束为只能沿预设角度进行。在块编辑器中，线性参数类似于线型标注，如图 5-29 所示。

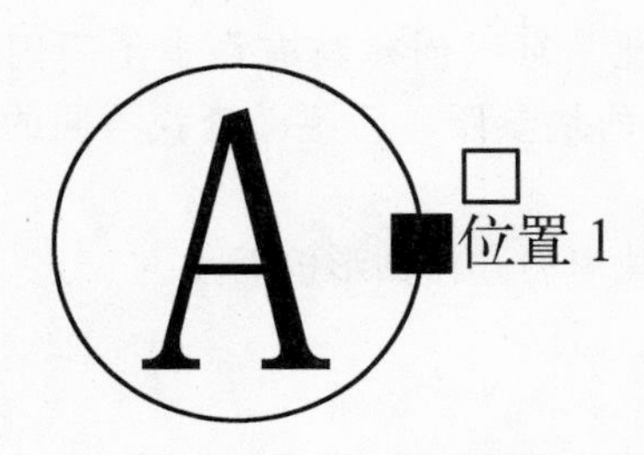

图 5-28 添加点参数

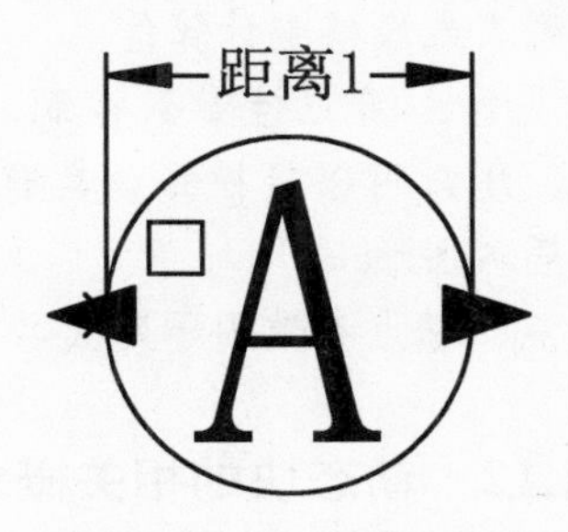

图 5-29 添加线性参数

☑ 极轴：极轴参数显示两个目标点之间的距离和角度值，用户可以使用夹点和"特性"选项板同时更改块参照的距离和角度，在块编辑器中，极轴参数类似于对齐标注，如图 5-30 所示。

☑ XY：XY 参数显示距参数基点的 X 距离和 Y 距离，在块编辑器中，XY 参数显示为水平标注和垂直标注，如图 5-31 所示。

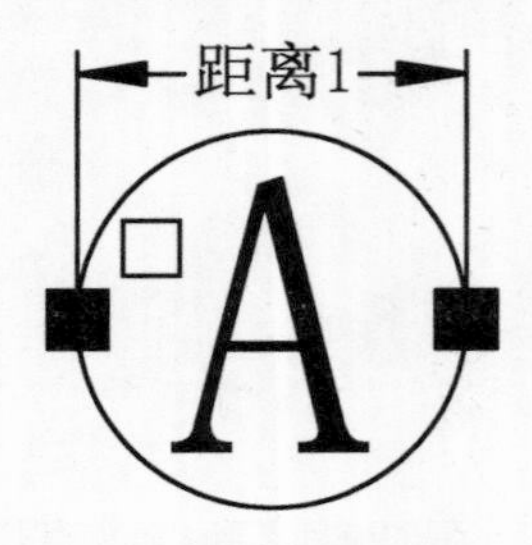

图 5-30　添加极轴参数

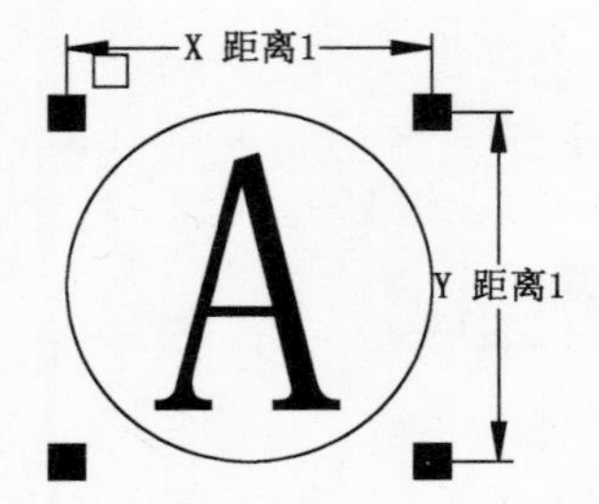

图 5-31　添加 XY 参数

☑ 旋转：旋转参数用于定义角度，在块编辑器中，旋转参数显示为一个圆，如图 5-32 所示。

☑ 对齐：对齐参数定义 X、Y 位置和角度，对齐参数允许块参照自动围绕一个点旋转，以便与图形中的另一对象对齐，对齐参数会影响块参照的旋转特性，如图 5-33 所示。

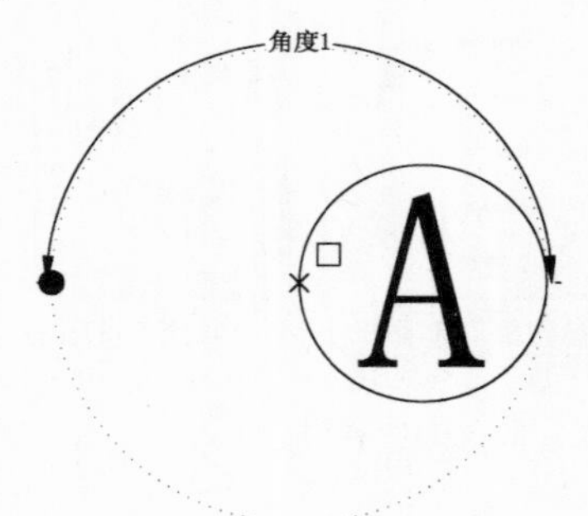

图 5-32　添加旋转参数

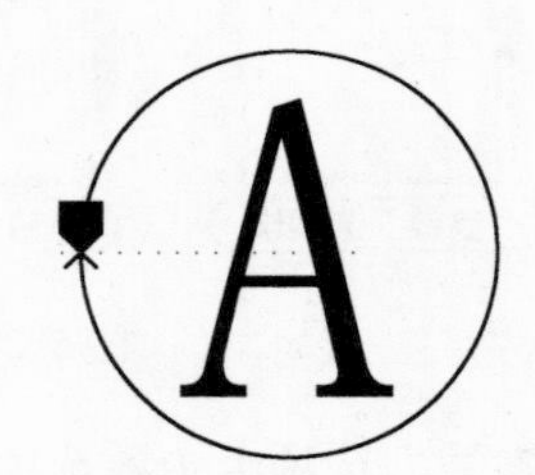

图 5-33　添加对齐参数

☑ 翻转：翻转参数用于翻转对象，在块编辑器中，翻转参数显示为投影线，可以围绕这条投影线翻转对象，该参数显示的值用于表示块参照是否已翻转。

☑ 查寻：查寻参数定义自定义特性，用户可以指定该特性，也可以将其设置为从定义的列表或表格中计算值。

☑ 可见性：可见性参数控制块中对象的可见性，可以创建具有许多不同图形表示的块，用户可以轻松修改具有不同可见性状态的块参照，而不必查找不同的块参照，以插入图形中。

☑ 基点：基点参数用于定义动态块参照相对于块中的几何图形的基点。

5.1.12　动态块的相关概念

动作定义了在图形中操作动态块参照时，该块参照中的几何图形将如何移动或更改。通

常情况下，向动态块定义中添加动作后，必须将该动作与参数、参数上的关键点以及几何图形相关联，关键点是参数上的点，编辑参数时该点将会驱动与参数相关联的动作，与动作相关联的几何图形称为选择集。

添加参数后，用户就可以添加关联的动作了。“块编写选项板”的“动作”选项卡罗列出了可以与各个参数关联的动作。

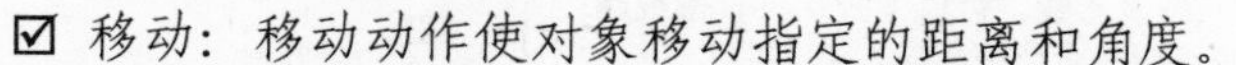

☑ 移动：移动动作使对象移动指定的距离和角度。

☑ 缩放：缩放动作可以缩放块的选择集。

☑ 拉伸：拉伸动作将使对象在指定的位置移动和拉伸指定的距离。

☑ 极轴拉伸：使用极轴拉伸动作可以将对象旋转、移动和拉伸指定角度和距离。

☑ 旋转：旋转动作使其关联对象进行旋转。

☑ 翻转：翻转动作允许用户围绕一条被称为投影线的指定轴来翻转动态块参照。

☑ 阵列：阵列动作会复制关联对象并以矩形样式对其进行阵列。

☑ 查寻：查寻动作将自定义特性和值，然后指定给动态块。

在创建动态块时，为了提高绘图质量与效率，以便达到预期效果，用户可按以下步骤进行操作。

1）规划动态块的内容。在创建动态块之前，用户应先了解块的外观及其在图形中的使用方式，并确定当操作动态块参照时，块中的哪些对象会移动或修改以及这些对象将如何修改，例如，用户创建一个可调整大小的动态块。另外，调整块参照的大小时可能会显示其他几何图形。这些因素决定了添加到块定义中的参数和动作的类型以及如何使参数、动作和几何图形共同作用。

2）绘制几何图形。用户可在绘图区域或块编辑器中绘制动态块中的几何图形，也可使用现有的几何图形或现有的块定义。

3）了解块元素如何共同作用。在向块定义中添加参数和动作之前，用户应了解它们相互之间以及它们与块中的几何图形的相关性。在向块定义添加动作时，用户需要将动作与参数以及几何图形的选择集相关联，此操作将创建相关性。向动态块添加多个参数和动作时，用户需要设置正确的相关性，以便于块在图形中正常工作。例如，用户需要创建一个包含有很多个对象的动态块（其中一些对象关联了拉伸动作），同时用户还希望所有对象围绕同一基点进行旋转。在此情况下，用户应当在添加所有参数和动作之后添加旋转动作。如果旋转动作并不是与块定义中的其他所有对象（几何图形、参数、动作）相关联，那么块参照的某些部分可能就不旋转，或者操作此块参照时可能会造成意外结果。

4）添加参数。执行“工具”｜“块编辑器”命令，选择要进行动态定义的块，打开“块编写选项板”面板，进入动态块编辑。从“块编写选项板”选择向动态块定义添加的参数，指定动态参数的几何图形在块中的位置、距离和角度。

动态块定义中必须至少包含一个参数。向动态块定义添加参数后，系统将自动添加与该参数的关键点相关联的夹点。然后用户必须向块定义添加动作，并将该动作与参数相关联。参数的类型、说明及支持的动作见表5-1。

表 5-1 动态块部分参数及支持的动作

参　数	说　明	支持的动作
线性	可显示出两个固定点之间的距离。约束夹点沿预置角度的移动。在块编辑器中，外观类似于对齐标注	移动、缩放、拉伸、阵列
旋转	可定义角度。在块编辑器中，显示为一个圆	旋转
翻转	翻转对象。在块编辑器中，显示为一条投影线。可以围绕这条投影线翻转对象。将显示一个值，该值显示出了块参照是否已被翻转	翻转
可见性	可控制对象在块中的可见性。可见性参数总是应用于整个块，并且无需与任何动作相关联。在图形中单击夹点可以显示块参照中所有可见性状态的列表。在块编辑器中，显示为带有关联夹点的文字	无（此动作时隐含的，并且受可见性状态的控制。）

5）添加动作。向动态块定义中添加适当的动作，确保将动作与正确的参数和几何图形相关联。动作用于定义在图形中操作动态块参照的自定义特性时，该块参照的几何图形将如何移动或修改。动态块通常至少包含一个动作。通常情况下，向动态块定义中添加动作后，用户必须将该动作与参数、参数上的关键点以及几何图形相关联。关键点是参数上的点，编辑参数时该点将会驱动与参数相关联的动作。与动作相关联的几何图形称为选择集。

6）保存块并在进行测试。保存动态块定义并退出块编辑器，然后将动态块参照插入到一个图形中，并测试该块的功能。

在创建动态块时，用户可以使用可见性状态来使动态块中的几何图形可见或不可见。一个块可以具有任意数量的可见性状态。使用可见性状态是创建具有多种不同图形表示的块的有效方式，用户可以轻松修改具有不同可见性状态的块参照，而不必查找不同的块参照以插入到图形中。

可见性参数中包含查寻夹点，此夹点始终显示在包含可见性状态的块参照中。在块参照中单击该夹点，将显示块参照中所有可见性状态的下拉列表，从列表中选择一个状态后，在该状态中可见的几何图形将显示在图形中。

5.1.13　动态块的操作实例

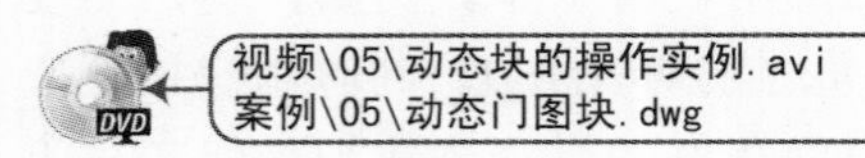

本实例详细地介绍了创建动态门图块的过程和方法，以帮助用户掌握创建动态图块的方法和步骤。

1）正常启动 AutoCAD 2014 软件，系统自动创建一个空白文件。执行“矩形”命令（REC）、执行“直线”命令（L）和“圆弧”命令（ARC），绘制出 900mm 宽的平开门对象，如图 5-34 所示。

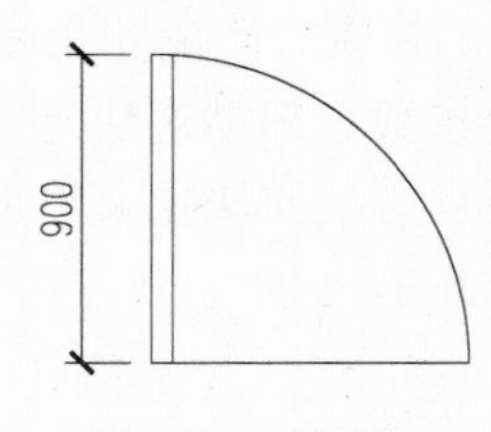

图 5-34　绘制门

2）执行“创建块”命令（B），将门对象创建为图块，创建图块的名称为“门”。

3）在“块定义”面板中单击“块编辑器”按钮，系统将弹出“编辑块定义”对话框，选择上一步所定义好的“门”块对象，并单击“确定”按钮，将打开“块编辑器”选项卡，同时在视图中打开“门”块对象，如图5-35所示。

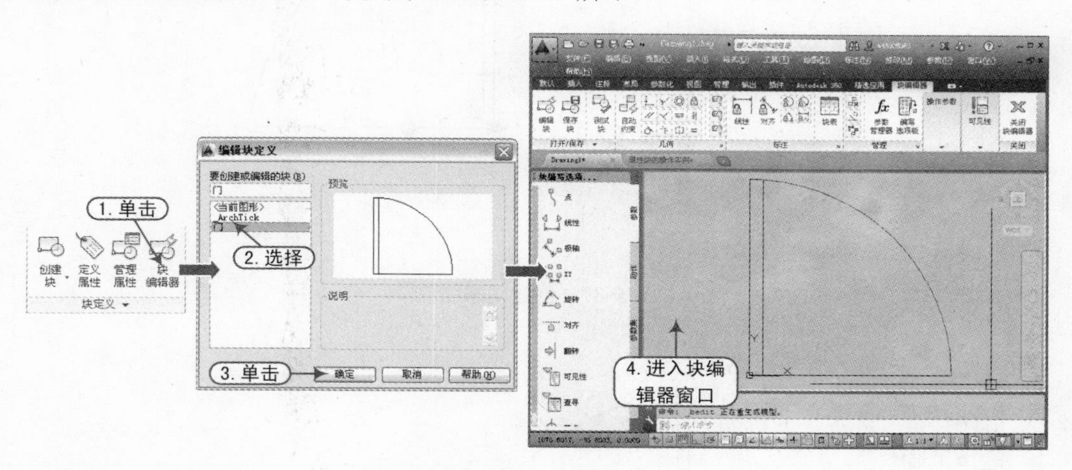

图5-35 打开“块编辑器”选项卡

4）在“块编写选项板”中的“参数”选项中选择“线性”和“旋转”命令，根据命令行提示，创建一个线性参数和旋转参数，如图5-36所示。

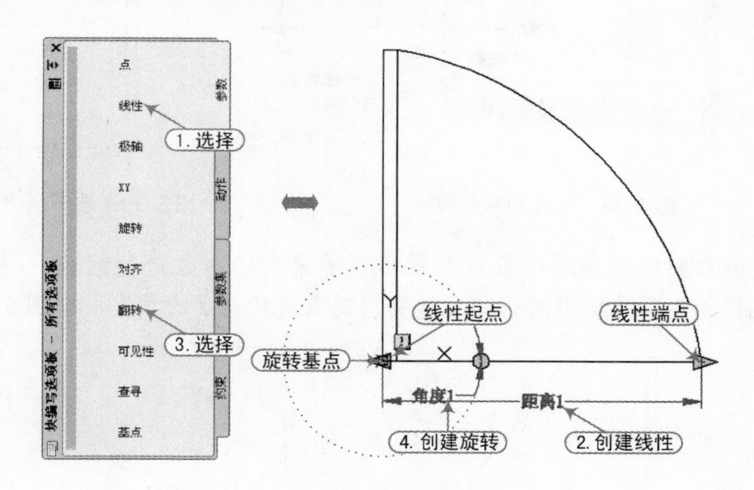

图5-36 设置参数

5）在“块编写选项板”的“动作”选项中选择“缩放”命令，然后根据命令行提示，选择创建的线型，系统提示“选择对象：”时，选择所有门对象，按空格键确定，从而就形成了一个缩放图标，表示创建好了动态缩放，如图5-37所示。

6）用同样的方法，再给门对象创建一个动态旋转，如图5-38所示。

7）在“块编辑器”选项卡左上方单击“保存块定义”按钮，然后退出块编辑器，这时选中创建的动态门图块将显示出几个特征点对象，如图5-39所示。

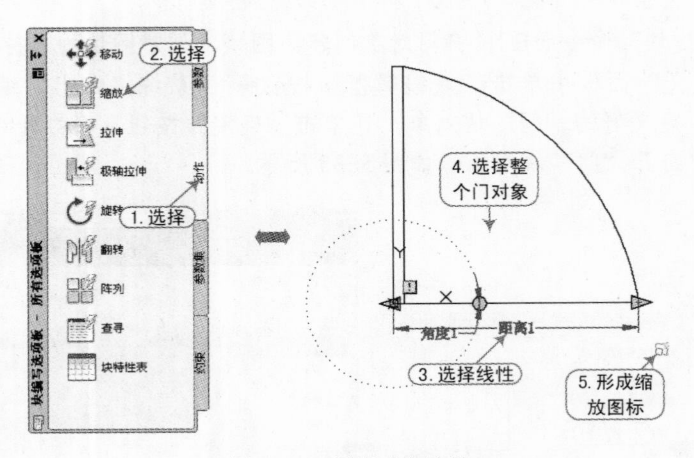

图 5-37　创建动态缩放

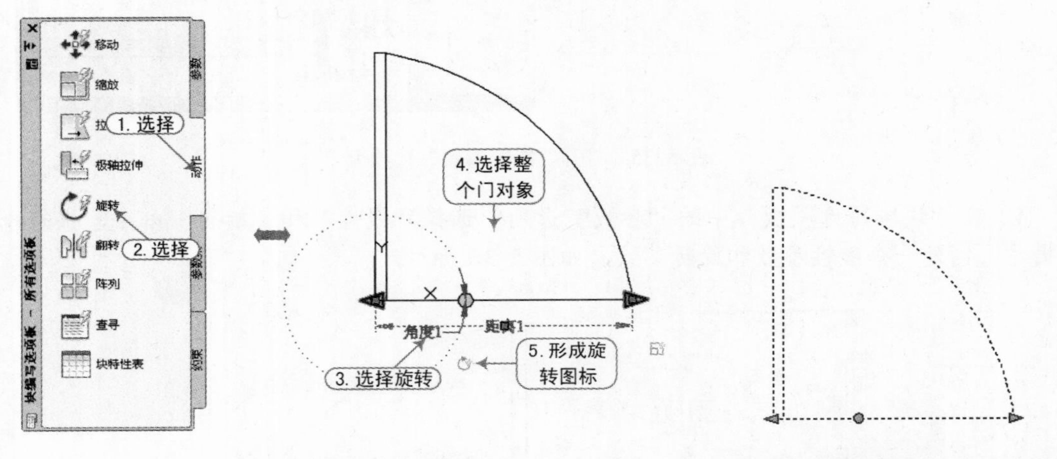

图 5-38　创建动态旋转　　　　图 5-39　选中创建好的动态门效果

8）拖动图中右侧的三角形特征点，就可以随意对门对象进行缩放；关闭“正交”模式，选择图中的圆形特征点，就可以随意地将门对象旋转一定的角度，如图 5-40 所示。

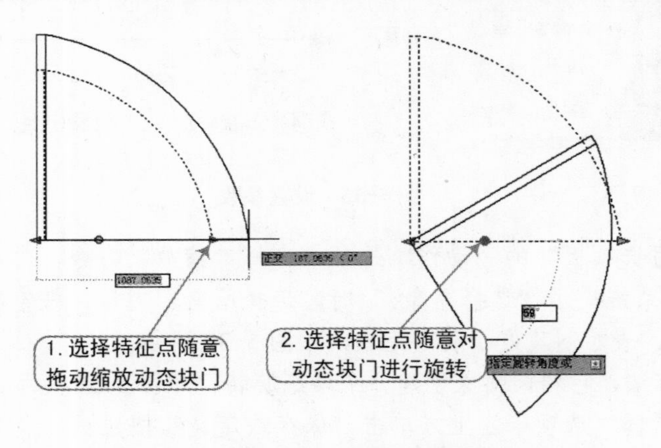

图 5-40　动态块的缩放和旋转

9）至此，创建动态门图块绘制完成，按〈Ctrl+S〉组合键将该文件保存为“案例\05\动态门图块.dwg”。

5.2 使用外部参照

外部参照是指一个图形文件对另一个图形文件的引用，即把已有的其他图形文件链接到当前图形文件中，但所生成的图形并不会显著增加图形文件的大小。

外部参照具有和图块相似的属性，但它与插入“外部块”是有区别的，插入“外部块”是将块的图形数据全部插入到当前图形中，而外部参照只记录参照图形位置等链接信息，并不插入该参照图形的图形数据。在绘图过程中，用户可以将一幅图形作为外部参照附加到当前图形中，这是一种重要的共享数据的方法，也是减少重复绘图的有效手段。

在进行图形设计的过程中，用户可以尽量地使用外部参照，其优点如下。

1）参照图形中对图形对象的更改可以及时反映到当前图形中，以确保用户使用最新参照信息。

2）由于外部参照只记录链接信息，所有图形文件相对于插入块来说比较小，尤其是参照图形本身很大时这一优势就更加明显。

3）外部参照的图形一旦被修改，则当前图形将会自动进行更新，以反映外部参照图形所做的修改。

4）适合与多个设计者的协同工作。

5）通过使用参照图形，用户可以通过在图形中参照其他用户的图形协调用户之间的工作，从而与其他设计师所做的修改保持同步。用户也可以使用组成图形装配一个主图形，主图形将随工程的开发而被修改，确保显示参照图形的最新版本，打开图形时，将自动重载每个参照图形，从而反映参照图形文件的最新状态，请勿在图形中使用参照图形中已存在的图层名、标注样式、文字样式和其他命名元素，当工程完成并准备归档时，将附着的参照图形和当前图形永久合并（绑定）到一起。

5.2.1 外部参照管理器

一个图形中可能会存在多个外部参照图形，用户必须了解各个外部参照的所有信息，才能对含有外部参照的图形进行有效的管理，这就需要通过“外部参照”面板来实现，如图 5-41 所示。

在 AutoCAD 2014 中，用户可以通过以下几种方式来打开“外部参照”面板。

☑ 命令行：在命令行中输入或动态输入“xref”命令。

☑ 菜单栏：选择“插入” | “外部参照”命令。

☑ 工具栏：单击“参照”工具栏中“外部参照”按钮，如图 5-42 所示。

“外部参照”面板的“文件参照”列表列出了当前图形中存在的外部参照的相关信息，包括外部参照的名称、加载状态、文件大小、参照类型创建日期和保存路径等。此外，用户还可以进行外部参照的附着、拆离、重载、打开、卸载和绑定操作。双击“类型”列，可以使外部参照在“附加型”和“覆盖型”之间进行切换。

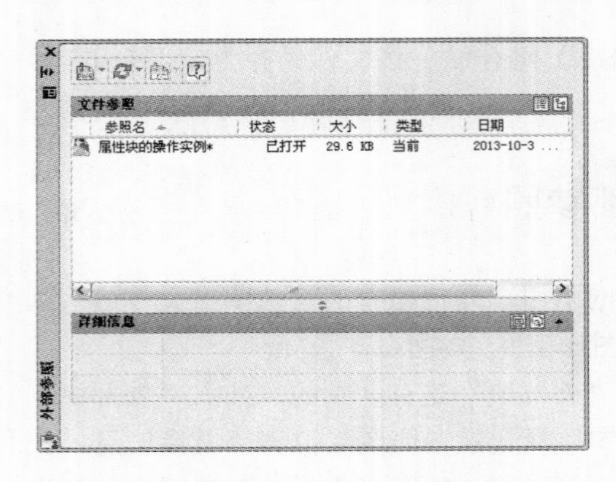

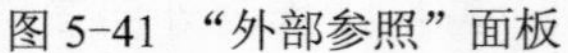
图 5-41 “外部参照”面板

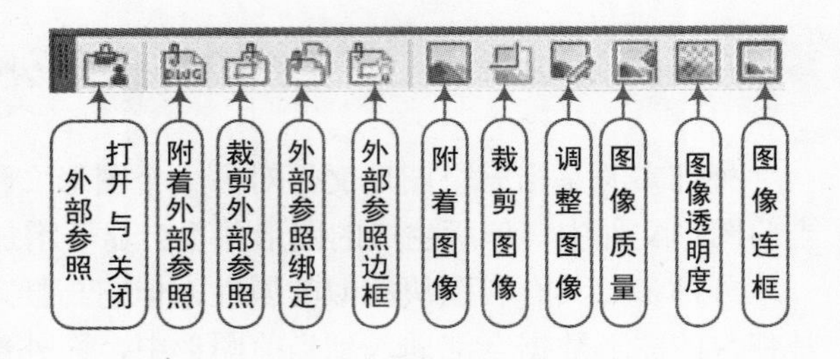

图 5-42 “参照”工具栏

“文件参照”列表显示了当前图形中各个外部参照的名称、加载状态、文件大小等信息。单击“附着 DWG”按钮，会出现如图 5-43 所示的下拉菜单，下拉菜单中主要命令的含义如下。

图 5-43 附着下拉菜单

☑ 单击“附着 DWG”命令，弹出“选择参照文件”对话框，选择要附着的文件，单击“打开”按钮，弹出“附着外部参照”对话框，设置好相应的参数，最后单击“确定”按钮即可，如图 5-44 所示。

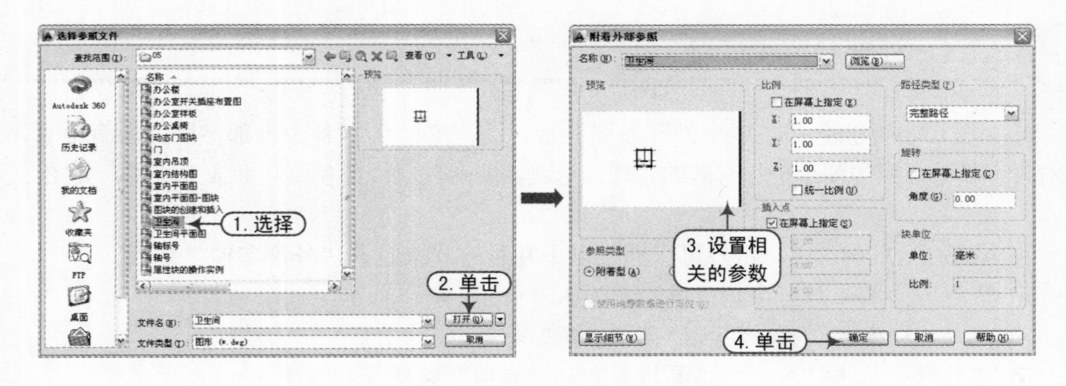

图 5-44 “附着 DWG”命令

☑ 单击“附着图像”命令，弹出“选择参照文件”对话框，选择要附着的图像文件，单击“打开”按钮，弹出“附着图像”对话框，设置相关的参数，最后单击“确定”按钮即可，如图 5-45 所示。

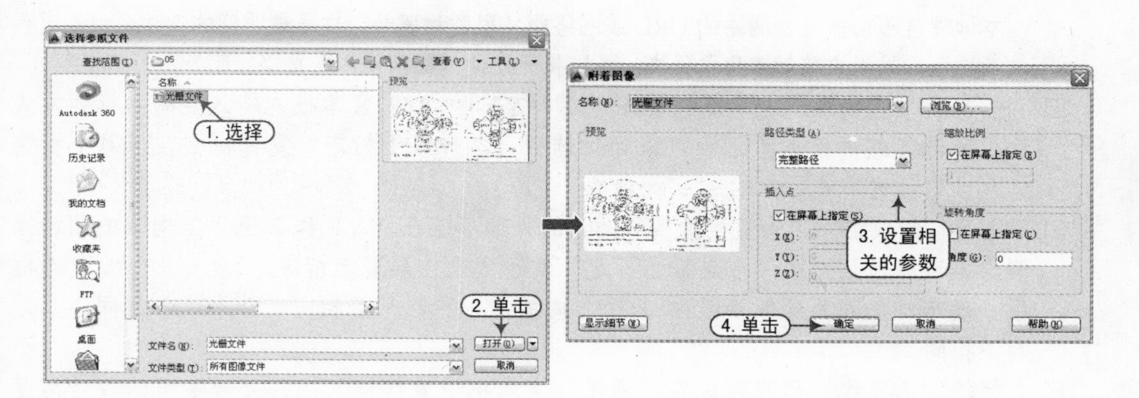

图 5-45 “附着图像”命令

☑ 单击“附着 DWF”命令，弹出“选择参照文件”对话框，选择附着 DWF 文件即可。
☑ 单击“附着 DGN”命令，弹出“选择参照文件”对话框，选择附着 DGN 文件即可。

5.2.2 附着外部参照

将图形作为外部参照附着时，系统会将该参照图形链接到当前图形；打开或重载外部参照时，对参照图形所做的任何修改都会显示在当前图形中。一个图形可以作为外部参照同时附着到多个图形中。反之，也可以将多个图形作为参照图形附着到单个图形中。

通过前面的方法调用外部参照命令后，系统弹出“选择参照文件”对话框，选择要附着的图形文件即可，单击“打开”按钮，即可弹出“附着外部参照”对话框。

“附着外部参照”对话框中相关选项的含义如下。

☑ “名称”文本框：表示附着了一个外部参照之后，该外部参照的名称将出现在列表里。
☑ “参照类型”选项组：表示指定外部参照附着型还是覆盖型，与附着型的外部参照不同，当附着覆盖型外部参照的图形作为外部参照附着到另一图形时，将忽略该覆盖型外部参照。
☑ “路径类型”选项组：表示指定外部参照的保存路径是完整路径、相对路径还是无路径。将路径类型设置为“相对路径”之前，必须保存当前图形。对于嵌入的外部参照而言，相对路径始终参照其直接主机的位置，并不一定参照当前打开的图形。
 - ◆ “无路径”：该选项表示不使用路径辅助外部参照时，系统首先会在宿主图形的文件夹中查找外部参照，当外部参照文件与宿主图形位于同一个文件夹时，该选项有用。
 - ◆ “相对路径”：相对路径是使用当前驱动器号或宿主图形文件夹的部分指定的文件夹路径，这是灵活性最大的选项，可以使用户将图形集从当前驱动器移动到使用相同文件夹结构的其他驱动器中，即将保存外部参照相对于宿主图形的位置。如果移动工程文件夹，只要此外部参照相对宿主图形的位置未发生变化，系统仍可以继续使用相对路径附着的外部参照。
 - ◆ “完整路径”：用于确定文件参照位置的文件夹的完整指定的层次结构，完整路径包括本地硬盘驱动器号、网站的 URL 或网络服务器驱动器号。这是最明确的选项，但缺乏灵活性，如果用户移动工程文件夹，系统将无法使用任何使用完整路径附着的外部参照。

☑ “插入点”选项区：表示以直接在“X”“Y”和“Z”文本框内输入点的坐标的方式给出外部参照的插入点，也可以通过选中“在屏幕上指定”复选框来在屏幕上指定插入点的位置。

☑ “比例”选项组：用于直接输入所插入的外部参照在 *X*、*Y* 和 *Z* 三个方向上的缩放比例，也可以通过选中“在屏幕上指定”复选框来在屏幕上指定，“统一比例”复选框用于确定所插入的外部参照在 3 个方向的出入比例是否相同，选中表示相同，反之则不相同。

☑ “旋转”选项组：用户可以在“角度”文本框中直接输入插入外部参照的旋转角度值，也可以选中“在屏幕上指定”复选框来在屏幕上指定旋转角度。

☑ “块单位”选项组：用户可以在此设置块的单位和比例。

5.2.3 附着外部参照实例

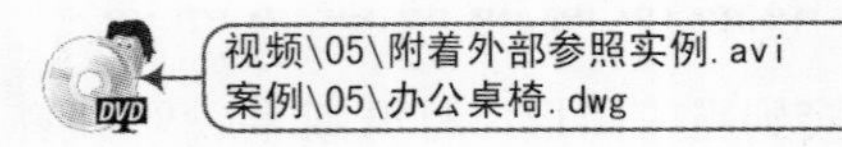

通过本实例的讲解，使用户更加熟练地掌握以 DWG 参照文件的方式来创建新的图形文件，并且修改所需要的单个参照文件，然后重载参照文件，使创建的文件发生相应的变化。

1）正常启动 AutoCAD 2014 软件，系统自动创建一个空白文件，按〈Ctrl+S〉组合键将该文件保存为“案例\05\办公桌椅.dwg”。

2）选择“插入”｜“DWG 参照”命令，弹出“选择参照文件”对话框，找到“案例\05\1.dwg”文件，再单击“打开”按钮，如图 5-46 所示。

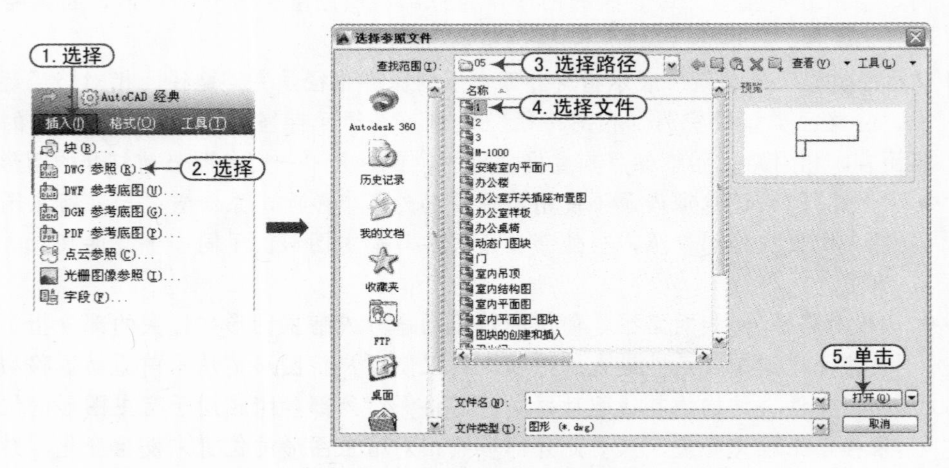

图 5-46　选择参照文件

在“案例\05”文件夹中的“1.dwg”“2.dwg”和“3.dwg”文件是此实例的 3 个参照文件，它们的效果如图 5- 47 所示。

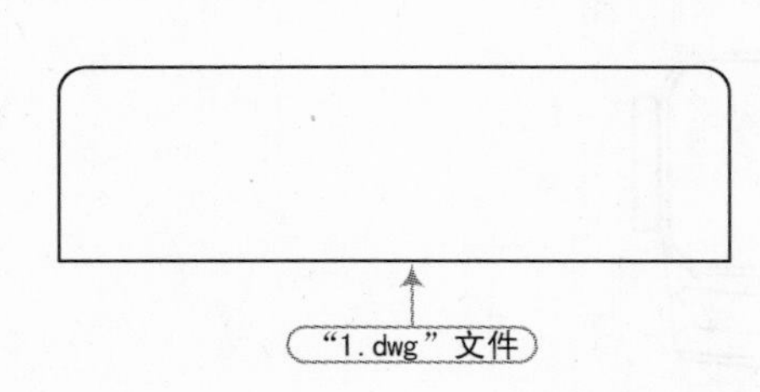

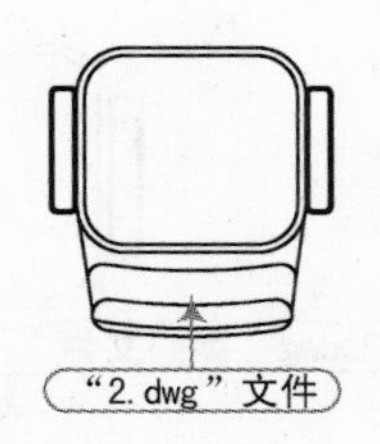

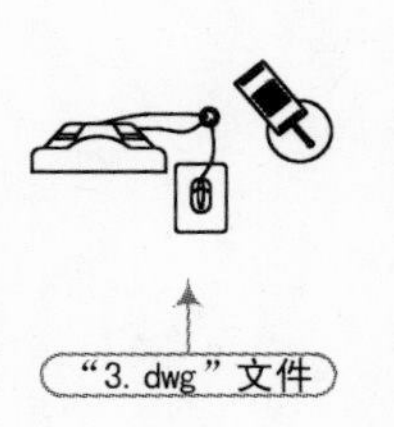

图 5-47　参照文件效果

3）此时弹出“附着外部参照”对话框，单击“附着型”单选按钮，选择“完全路径”选项，并取消“在屏幕中指定”复选框，确认“X”“Y”“Z”文本框中的值均为 0，然后单击“确定”按钮，从而将外部参照文件插入到当前文件中，如图 5-48 所示。

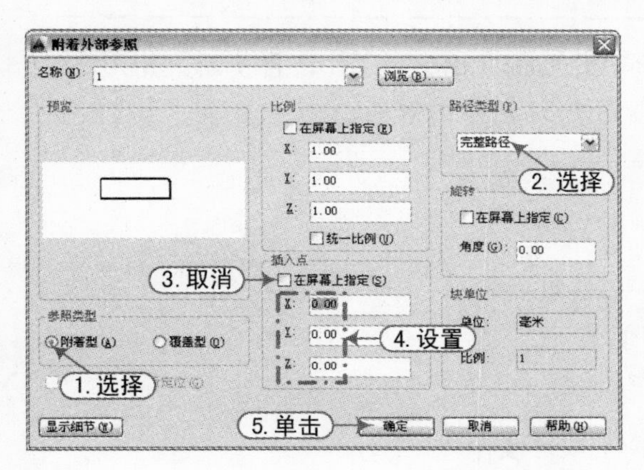

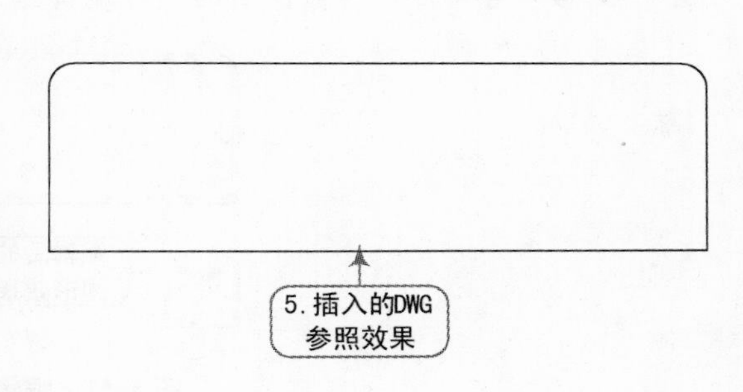

图 5-48　插入“1.dwg”文件的效果

若用户完成插入设置并将对象插入到文件中后，但是没看到文件，这时用户可以双击鼠标中间，图形就会显示在可见窗口中。

4）重复以上过程，将“3.dwg”文件插入到文件中，效果如图 5-49 所示。

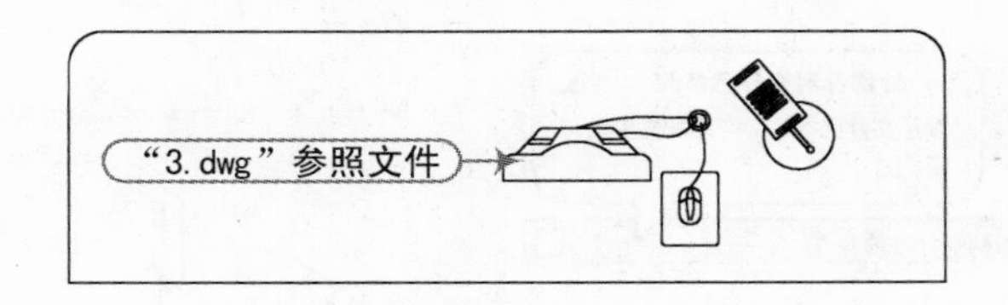

图 5-49　插入“3.dwg”文件的效果

5）重复以上过程，将“2.dwg”文件插入到文件中，效果如图 5-50 所示。

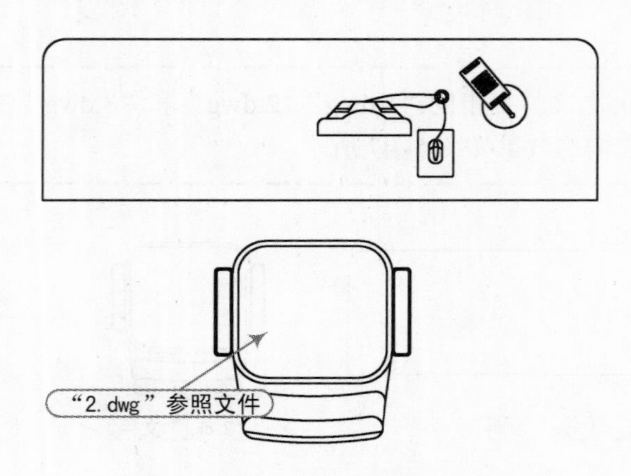

图 5-50　插入"2.dwg"文件的效果

由于这 3 个参照文件的基点位置均是在坐标原点（0，0），因此当用户参照 DWG 文件时，每个参照位置均自动摆放在指定的位置。

6）选择"文件" | "打开"命令，打开"案例\05\1.dwg"文件，再使用"矩形""直线""偏移"等命令，将其原有的文件编辑为如图 5-51 所示的效果。

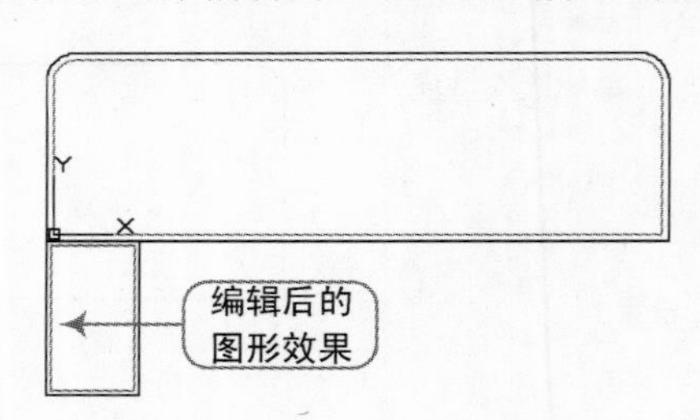

图 5-51　编辑"1.dwg"文件

7）在键盘上按〈Ctr+S〉组合键保存"1.dwg"文件，并单击窗口右上角的"关闭"按钮，返回到当前文件"办公桌椅.dwg"中。

8）此时，在系统的右下角将显示"外部参照文件已修改"提示信息，单击"重载 1"链接，则视图中的图形对象将会发生相应的改变，如图 5-52 所示。

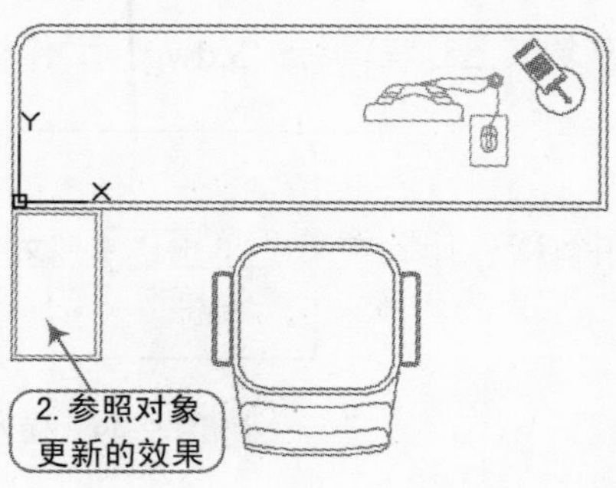

图 5-52　重载文件后的效果

9）至此，该办公桌椅已经创建完成，按〈Ctr+S〉组合键保存该文件。

5.2.4 剪裁外部参照

剪裁外部参照，就是将选定的外部参照剪裁到指定边界。剪裁边界决定块或外部参照中隐藏的部分（边界内部或外部）。用户可以将剪裁边界指定为显示外部参照图形的可见部分。剪裁边界的可见性由“XCLIPFRAME”系统变量控制。

剪裁边界可以是多段线、矩形，也可以是顶点在图像边界内的多边形。用户可以通过夹点调整剪裁外部参照的边界。剪裁边界不会改变外部参照的对象，而只会改变它们的显示方式。

剪裁关闭时，如果对象所在图层处于打开且已解冻状态，将不显示边界，此时整个外部参照是可见的。用户可以通过剪裁边框控制剪裁边界的显示。

剪裁外部参照或块时用户需注意以下事项。

1）在三维空间的任何位置都能指定剪裁边界，但通常平行于当前 UCS。

2）如果选择了多段线，剪裁边界将应用于该多段线所在的平面。

3）外部参照或块中的图形始终被剪裁为矩形边界，在将多边形剪裁用于外部参照图形中的图像时，剪裁边界应用于多边形边界的矩形范围内，而不是用在多边形自身范围内。

在 AutoCAD 2014 环境中，用户可以通过以下几种方式来执行“剪裁外部参照”命令。

☑ 命令行：在命令行中输入或动态输入“xclip”命令。

☑ 菜单栏：选择“修改” | “剪裁” | “外部参照”命令。

☑ 工具栏：单击“参照”工具栏中的“剪裁外部参照”按钮。

执行“剪裁外部参照”命令后，系统提示如下：

```
命令: _xclip
选择对象: 找到 1 个
选择对象:
输入剪裁选项[开(ON)/关(OFF)/剪裁深度(C)/删除(D)/生成多段线(P)/新建边界(N)] <新建边界>:
指定剪裁边界或选择反向选项:[选择多段线(S)/多边形(P)/矩形(R)/反向剪裁(I)] <矩形>:
```

命令提示行中各选项的含义如下。

☑ 开(ON)：打开外部参照剪裁边界，即在宿主图形中不显示外部参照或块的被剪裁部分。

☑ 关(OFF)：关闭外部参照剪裁边界，在当前图形中显示外部参照或块的全部几何信息，忽略剪裁边界。

☑ 剪裁深度(C)：在外部参照或块上设置前剪裁平面，系统将不显示由边界和指定深度所定义的区域外的对象，剪裁深度应用在平行于剪裁边界的方向上，与当前 UCS 无关。

☑ 删除(D)：删除前剪裁平面和后裁剪平面。

☑ 生成多段线(P)：自动绘制一条与裁剪边界重合的多段线，此多段线采用当前的图层、线型、线宽和颜色设置。

☑ 新建边界(N)：定义一个矩形或多边形剪裁边界，或者用多段线生成一个多边形剪裁边界。

☑ 多段线(S)/多边形(P)/矩形(R): 这 3 个选项分别表示以什么形状来指定剪裁边界。
☑ 反向剪裁(I): 表示反转剪裁边界的模式，隐藏边界外（默认）或边界内的对象。
例如，按照指定的矩形剪裁边界得到的剪裁外部参照图图形，如图 5-53 所示。

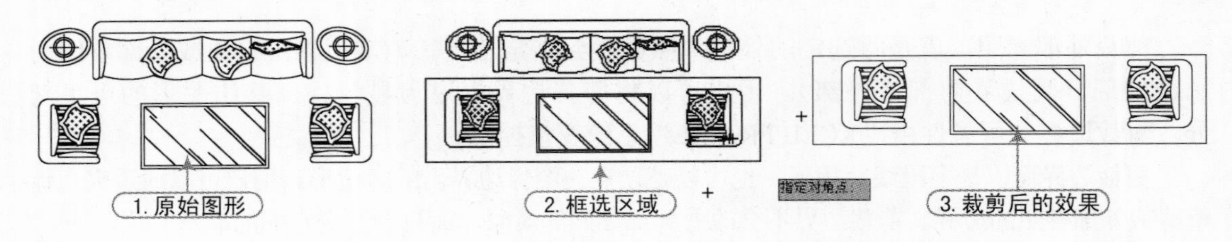

图 5-53　裁剪外部参照

裁剪仅用于外部参照或块的单个实例，而非定义本身，且不能改变外部参照和块中的对象，只能更改它们的显示方式。

5.2.5　绑定外部参照

用户在对包含外部参照的最终图形进行存档时，可以选择如何存储图形中的外部参照，系统提供了两种选择：一是将外部参照图形与最终图形一起存储；二是将外部参照图形绑定至最终图形。

将外部参照与最终图形一起存储要求图形总是保持在一起，对参照图形的任何修改将持续反映在最终图形中，为了防止修改参照图形时更新归档图形，一般情况将外部参照绑定到最终图形。

将外部参照绑定到图形上后，外部参照将成为图形中的固有部分，不再是外部参照文件。用户可以通过使用“xref”命令的“绑定”选项绑定外部参照图形的整个数据库，包括其所有依赖外部参照的命名对象（块、标注样式、图层、线型和文字样式）。

绑定外部参照的执行方式如下。

☑ 命令行：在命令行中输入或动态输入“xbind”命令。
☑ 菜单栏：选择“修改” | “对象” | “外部参照” | “绑定”命令。
☑ 工具栏：单击“参照”工具栏中的“外部参照绑定”按钮。

调用上述命令后，系统弹出“外部参照绑定”对话框，如图 5-54 所示。

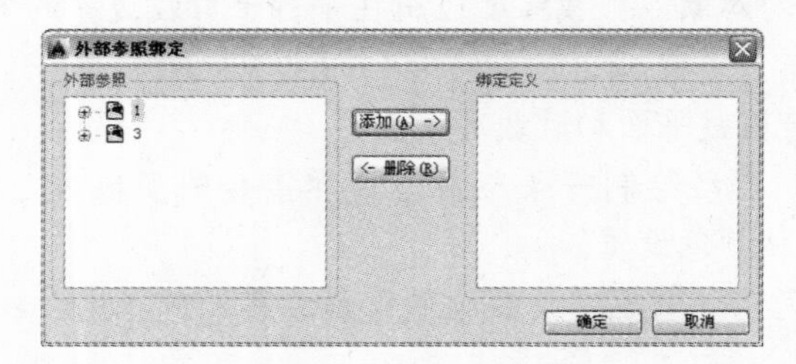

图 5-54　“外部参照绑定”对话框

在该对话框中，“外部参照”列表框用于显示所选择的外部参照。用户可以将其展开，显示该外部参照的各种设置定义名，如标注样式、图层、线型和文字样式等。“绑定定义”列表框用于显示将被绑定的外部参照的有关设置定义。

用户也可以在“外部参照”面板的“文件列表”中选择一个外部参照，来绑定外部参照。选择要绑定的外部参照文件，并单击鼠标右键，从弹出的快捷菜单中选择“绑定”命令，再选择“绑定类型”，此时将弹出“绑定外部参照”对话框，这时其“外部参照”面板的“文件参照”列表中将不会显示已经被绑定了的参照文件（被隐藏了），如图 5-55 所示。

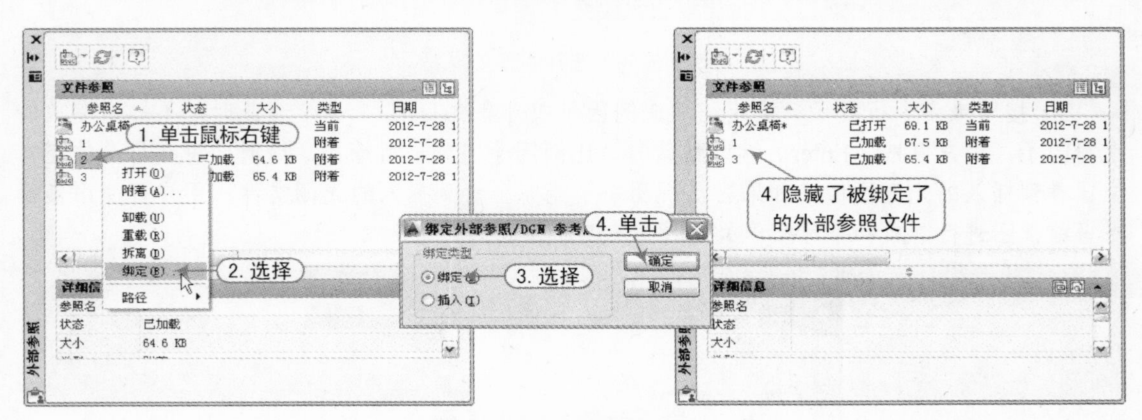

图 5-55　外部参照的绑定

软件技能

在“绑定类型”中，“绑定”将外部参照中的对象转换为块参照，命名对象定义将添加到带有“n”前缀的当前图形；“插入”将外部参照中的对象转换为块参照，命名对象定义将合并到当前图形中，但不添加前缀。

5.2.6　插入光栅图像参照实例

视频\05\插入光栅图像参照实例.avi
案例\05\光栅文件.jpg

用户除了能够在 AutoCAD 2014 环境中绘制并编辑图形之外，还可以插入所有格式的光栅图像文件（如.jpg），从而能够以此作为参照的底图对象进行描绘。

例如，在“案例\05”文件夹下存放有“光栅文件.jpg”图像文件，为了能够更加准确地绘制该图像中的对象，用户可按照如下操作步骤进行。

1）用户在 AutoCAD 2014 环境中选择“插入”|“光栅图像参照”命令，系统将弹出“选择参照文件”对话框，选择“光栅文件.jpg”图像文件，然后依次单击“打开”和“确定”按钮，如图 5-56 所示。

2）此时在命令行提示“指定插入点 <0,0>:”，在视图空白的指定位置单击，从而确定插入点，命令行将显示图片的基本信息“基本图像大小: 宽: 12.740317，高: 6.458124，Millimeters”。

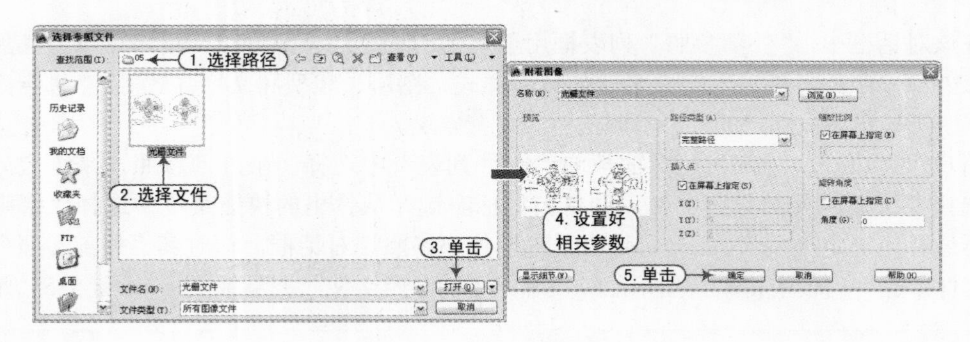

图 5-56　选择参照文件

3）接下来命令行提示“指定缩放比例因子或 [单位(U)] <1>:”，若此时并不知道缩放的比例因子，用户可按〈Enter〉键以默认的“比例因子 1”进行缩放，这时即可在屏幕的空白位置看到插入的光栅图像（如果当前视图中不能完全看到插入的光栅文件，用户可使用鼠标对当前视图进行缩放和平移操作），如图 5-57 所示。

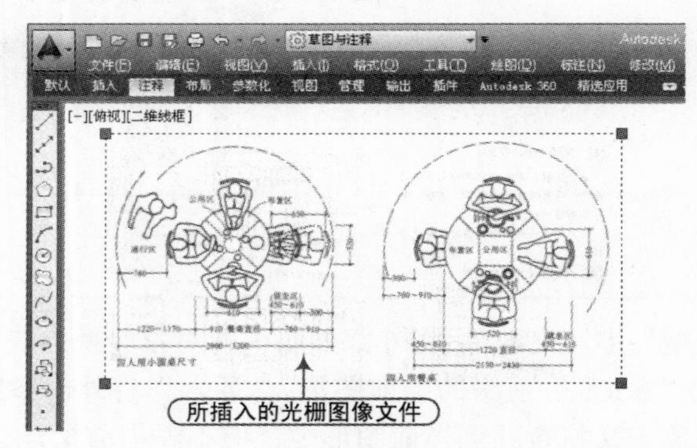

图 5-57　插入的光栅文件

4）为了使插入的图像能够作为参照底图来绘制图形，用户可选择该对象并单击鼠标右键，从弹出的快捷菜单中依次选择“绘图次序”→“置于对象之下”命令，如图 5-58 所示。

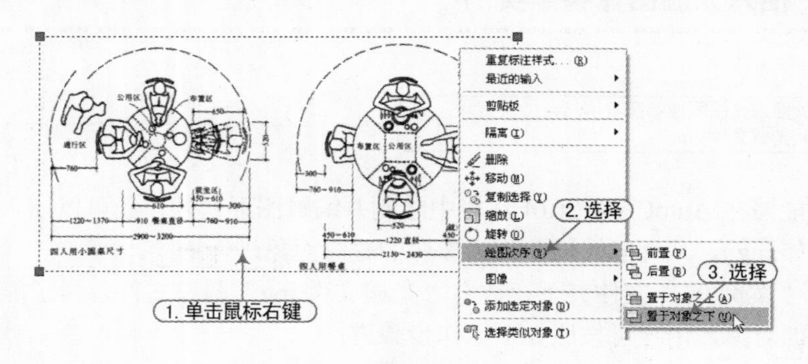

图 5-58　当图像置于对象之下

5）为了使插入的图像比例因子合适，这时可在“标注”工具栏中单击“线性标注”按钮，然后对指定的区域（520 处）“测量”直线距离为 1.04，如图 5-59 所示。需要注意的是，在此时测量，应尽量将视图放大，以便使指定的测量两点距离尽量接近。

6）由于原始的距离为 520，而现在测量的数值为 1.04，用户可选择“计算器”来进行计算：520 ÷ 1.04=500，这表示需要将插入的光栅图像缩放 500 倍。

7）在命令行中输入缩放命令“sc”命令，在“选择对象:”提示下选择插入的光栅对象，在“指定基点:”提示下指定光栅对象的任意一个角点，在“指定比例因子或 [复制(C)/参照(R)]: ”下输入比例因子“500”。

8）此时再使用“线性标注”按钮来测量的数值，可得 519.96，基本上已经接近 520 了，如图 5-60 所示。

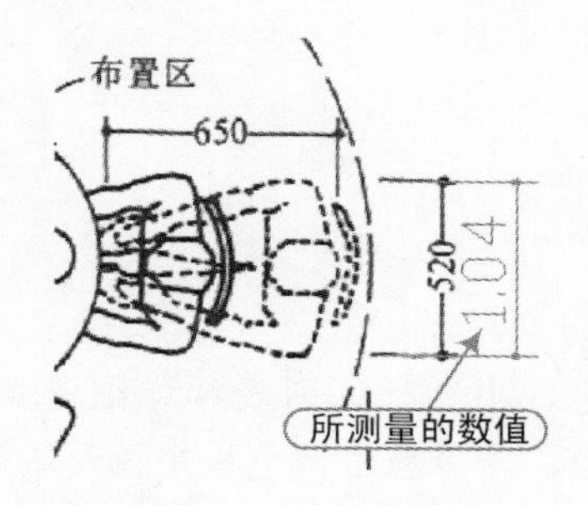

图 5-59　缩放前的测量数值

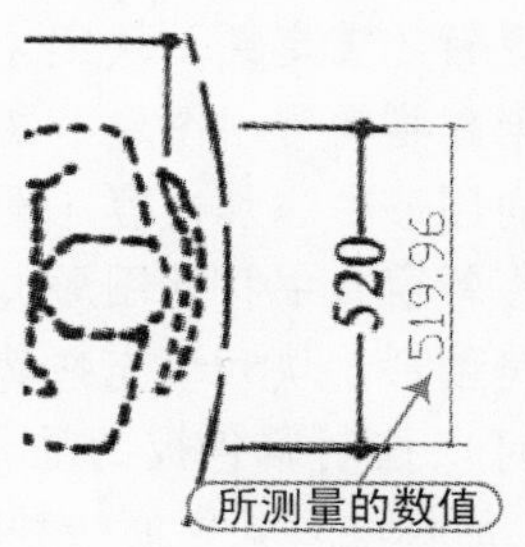

图 5-60　缩放后的测量数值

9）为了使描绘的图形对象与底图的光栅对象置于不同的图层，用户可以新建一个图层“描绘”，然后使用“直线”“样条曲线”等命令来对照描绘图形对象，待完成之后，将光栅对象的图层关闭显示即可。

5.3　使用设计中心

AutoCAD 2014 的设计中心为用户提供了一个直观且高效的工具，它与 Windows 资源管理器类似，可以方便地在当前图形中插入块、引用光栅图像及外部参照，在图形之间复制块、复制图层、线型、文字样式、标注样式以及用户定义的内容等。

打开“设计中心”面板的方式主要有以下 3 种。

☑ 菜单栏：选择“工具”｜“选项板”｜“设计中心”命令。

☑ 工具栏：在“标准”工具栏上单击“设计中心”按钮。

☑ 命令行：在命令行中输入或动态输入“adcenter”（快捷键“ADC”）

执行以上任何一种方法均可打开“设计中心”面板，如图 5-61 所示。

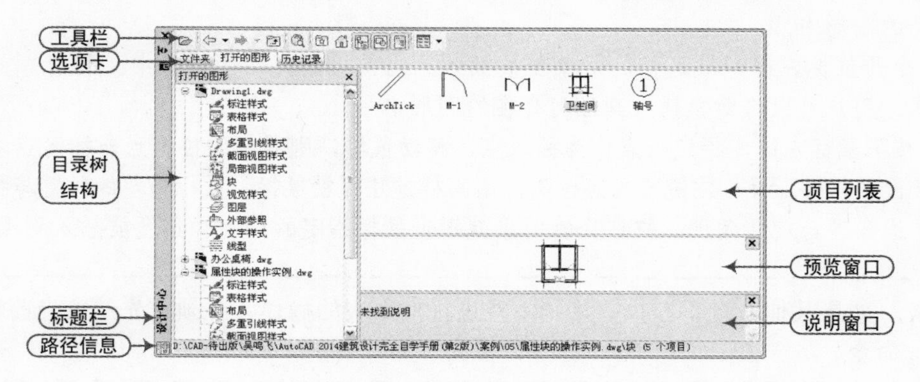

图 5-61 “设计中心”面板

5.3.1 设计中心的作用

在 AutoCAD 2014 中，使用设计中心可以完成如下工作。

1）浏览用户计算机、网络驱动器和 Web 页上的图形内容（例如图形或符号库）。

2）在定义表中查看图形文件中命名对象（例如块和图层）的定义，然后将定义插入、附着、复制和粘贴到当前图形中。

3）更新（重定义）块定义。

4）创建指向常用图形、文件夹和 Web 站点的快捷方式。

5）向图形中添加内容（例如外部参照、块和填充）。

6）在新窗口中打开图形文件。

7）将图形、块和填充拖动到工具栏选项板上以便访问。

8）可以控制调色板的显示方式；可以选择大图标、小图标、列表和详细资料等 4 种 Windows 的标准方式中的一种；可以控制是否预览图形，是否显示调色板中图形内容相关的说明内容。

5.3.2 通过设计中心添加内容

在设计中心，用户可以进行的操作包括向绘图区插入块、引用光栅图像、引用外部参照、在图形之间复制块、在图形之间复制图层及用户自定义内容等。

1. 插入块

把一个图块插入到图形中时，块定义就被复制到图形数据库当中。在一个图块被插入图形之后，如果原来的图块被修改，则插入到图形当中的图块也随之改变。

AutoCAD 2014 设计中心提供了两种插入图块的方法：“按默认缩放比例和旋转方式”和“精确指定坐标、比例和旋转角度方式”。

按默认缩放比例和旋转方式插入图块时，系统根据鼠标拉出的线段的长度与角度比较图形文件和所插入块的单位比例，以此比例自动缩放插入块的尺寸。

插入图块的具体步骤如下：

1）从“项目列表”或“查找”结果列表中选择要插入的图块，按住鼠标左键，将其拖动到打开的图形中。

2）松开鼠标左键，被选择的对象就被插入到当前被打开的图形当中。利用当前设置的捕捉方式，用户可以将对象插入到任何存在的图形中。

3）按下鼠标左键，指定一点作为插入点，移动鼠标，则鼠标的位置点与插入点之间的距离为缩放比例，按下鼠标左键来确定比例，用同样方法移动鼠标，鼠标指定的位置与插入点连线与水平线角度与旋转角度，被选择的对象就根据鼠标指定的比例和角度被插入到图形中。

如果其他命令正在执行，则不能进行插入块的操作，必须首先结束当前激活的命令。

按默认缩放比例和旋转方式插入图块时容易造成块内的尺寸发生错误，这时可以利用精确指定的坐标、比例和旋转角度插入图块的方式插入图块，具体步骤如下。

1）从“项目列表”或“查找”结果列表框选择要插入的块，用鼠标右键将对象拖动到绘图区。

2）松开鼠标右键，从弹出的快捷菜单中选择“插入为块”命令。

3）弹出“插入”对话框，在“插入”对话框里确定插入点、比例和角度等数值，或在屏幕上拾取确定以上参数。

4）单击“确定”按钮，被选择的对象根据指定的参数被插入到图形当中，如图5-62所示。

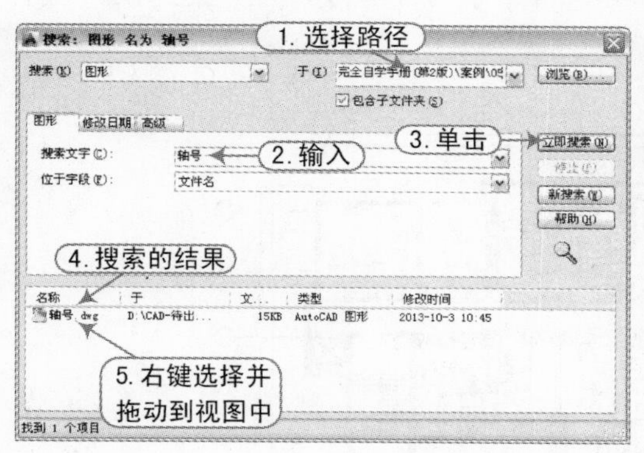

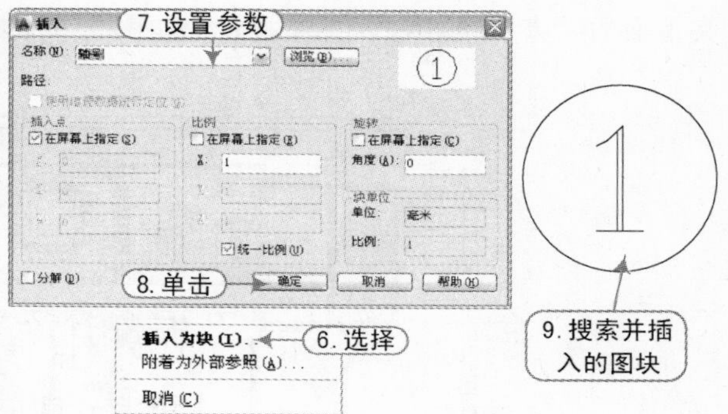

图5-62 插入图块操作

2. 引用光栅图像

光栅图像由一些着色的像素点组成，在AutoCAD 2014中，除了可以向当前图形插入块，用户还可以插入光栅图像，如数字照片、微标等。光栅图像类似于外部参照，插入时必须确定插入的坐标、比例和旋转角度。AutoCAD 2014几乎支持所有图像文件格式。

插入光栅图像的具体步骤如下。

1）在“设计中心”窗口左边的文件列表中找到光栅图像文件所在的文件夹名称。

2）用鼠标右键将所要加载的图形拖至绘图区，然后松开右键，从弹出的快捷菜单中选择“附着图像”命令，弹出“图形”对话框；也可以直接拖至绘图区，然后输入插入点坐标、缩放比例和旋转角度即可。

3）在“附着图形”对话框中设置插入点的坐标、缩放比例和旋转角度，单击“确定”按钮完成光栅引用。

3. 复制图层

与添加外部图块相似，图层、线型、尺寸样式、布局等都可以通过从内容区显示窗口中拖放到绘图区的方式添加到图形文件中，但添加内容时，不需要给定插入点、缩放比例等信息，它们将被直接添加到图形文件数据库中。

例如，使用设计中心复制图层，如果需要创建一个新的图层和设计中心提供的某个图形文件具有相同的图层时，只需要使用设计中心将这些预先定义好的图层拖放到新文件中，这样既节省了重新创建图层的时间，又能保证项目标准的要求，保证图形间的一致性。

5.3.3 设计中心操作实例

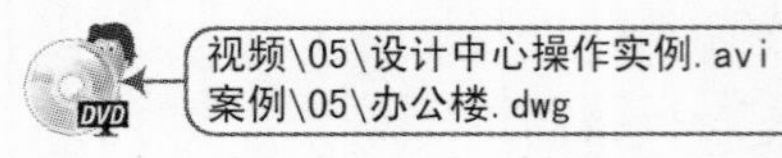

本实例通过设计中心来调用绘图环境，让用户能更快地去设置绘图环境（不用一点一点地去创建，只需要找到一个设置好的dwg文件，即可调用它的绘图环境），从而提高绘图效率。

1）正常启动 AutoCAD 2014 软件，选择“文件” | “打开”命令，将“案例\05”文件夹下面的“办公楼.dwg”文件打开，如图5-63所示。

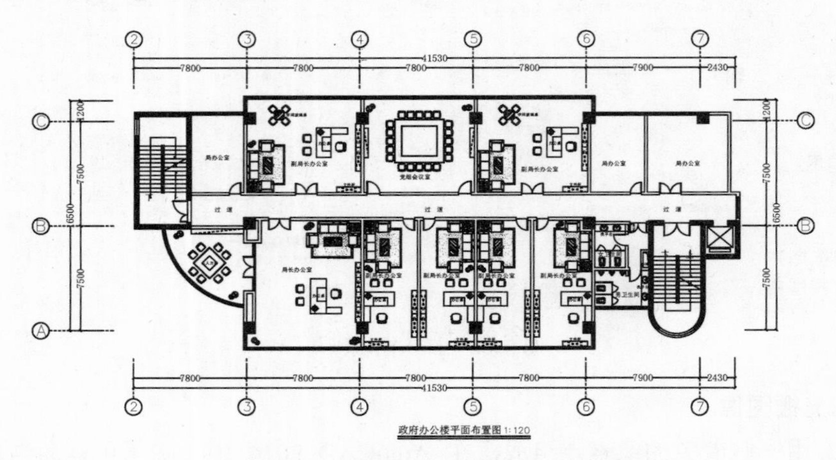

图5-63 打开“办公楼.dwg”文件

2）在“办公楼.dwg”文件中已经设置好了图层、标注样式、文字样式等，这时新建一个文件，就需要调用“办公楼.dwg”文件中设置好的绘图环境。

3）按〈Ctrl+N〉组合键，以默认系统设置创建一个新的DWG文件，文件名为“DrawingN.dwg”，效果如图5-64所示。

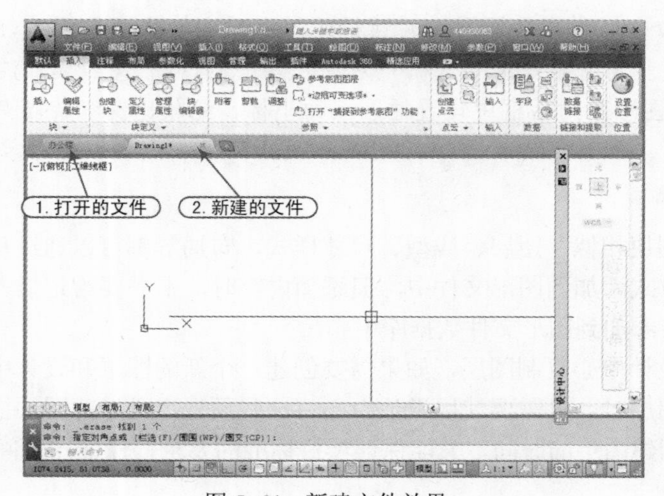

图5-64 新建文件效果

4）在键盘上按〈Ctrl+2〉组合键，系统将弹出“设计中心”面板，展开新建的“DrawingN.dwg”文件目录，将弹出新建文件的绘图环境，选择“标注样式”项，即可在右侧窗口中查看到该文件已有的几种默认的“标注样式”，如图 5-65 所示。

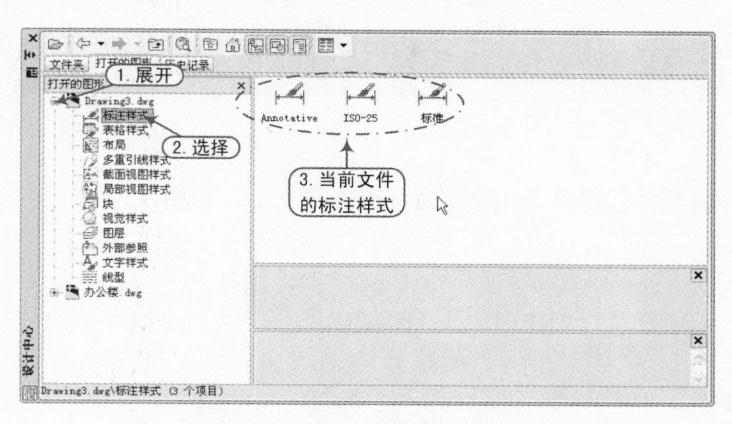

图 5-65 新建文件的标注样式

5）展开打开的“办公楼.dwg”文件目录，选择“标注样式”项，可以查看到“办公楼”的标注样式，框选所有标注样式，然后按住鼠标左键不放，将其拖动到绘图窗口中，然后松开鼠标，这时“办公楼”的标注样式就调用到了“DrawingN.dwg”，如图 5-66 所示。

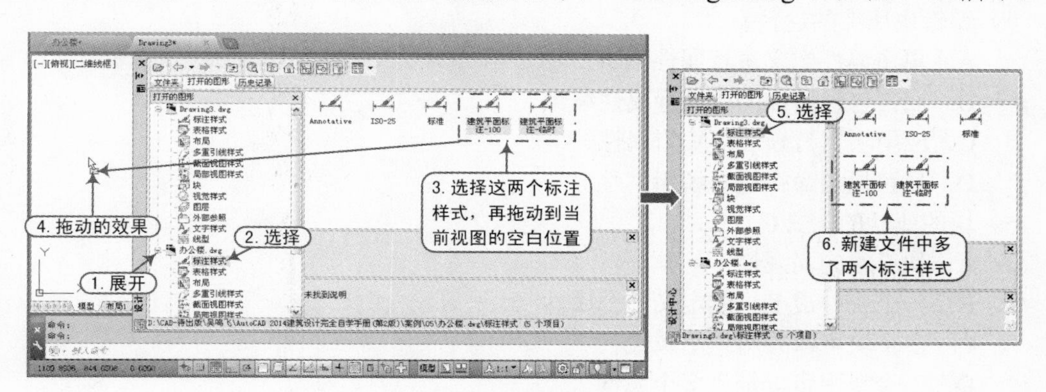

图 5-66 添加的图层

6）用同样的方法，将办公楼的“图层”样式调用到“DrawingN.dwg”，效果如图 5-67 所示。

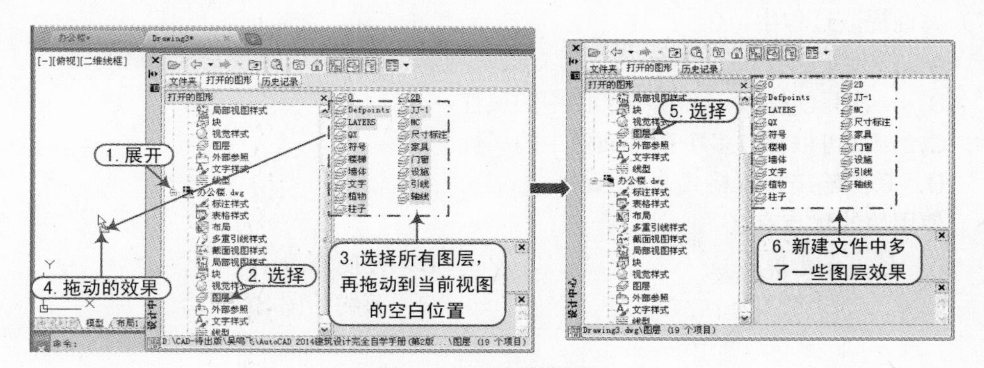

图 5-67 添加的图层

7）用同样的方法，还可以将所需要的其他样式调用到新建文件中，从而提高绘图效率。

8）至此，通过设计中心调用绘图环境的步骤已经完成，按“Ctrl+S”组合键即可将当前新建未命名的文件保存为指定的文件即可。

5.4 课后练习与项目测试

1．选择题

1）在定义块属性时，要使属性为定值，可选择（　　）模式。

A．不可见　　B．固定
C．验证　　D．预置

2）用（　　）命令可以创建图块,且只能在当前图形文件中调用,而不能在其他图形中调用。

A．block　　B．wblock
C．explode　　D．mblock

3）在创建块时，在块定义对话框中必须确定的要素为（　　）。

A．块名、基点、对象　　B．块名、基点、属性
C．基点、对象、属性　　D．块名、基点、对象、属性

4）编辑块属性的途径有（　　）。

A．单击属性定义进行属性编辑
B．双击包含属性的块进行属性编辑
C．应用块属性管理器编辑属性
D．只可以用命令进行编辑属性

5）块的属性的定义是（　　）。

A．块必须定义属性
B．一个块中最多只能定义一个属性
C．多个块可以共用一个属性
D．一个块中可以定义多个属性

6）图形属性一般含有的选项有（　　）。

A．基本　　B．普通　　C．概要　　D．视图

7）属性提取过程中，（　　）。

A．必须定义样板文件
B．一次只能提取一个图形文件中的属性
C．一次可以提取多个图形文件中的属性
D．只能输出文本格式文件 txt

8）使用块的优点有（　　）。

A．建立图形库　　B．方便修改
C．节约存储空间　　D．节约绘图时间

2．简答题

1）简述图块的使用及特点。

2）简述图块的创建及插入方法。

3）简述属性图块的创建及插入方法。

4）简述外部参照的特点及操作方法。

5）简述设计中心的使用及使用方法。

3．操作题

1）在 AutoCAD 2014 中环境，以“插入光栅”的方式将“案例\05\住宅人体尺寸.tif”文件插入其中，并调用其中的比例来绘制光栅中的图形对象。

2）打开“案例\13\建筑平面图.dwt”样板文件，通过“设计中心”命令来调用其中的图层、样式等来新建“建筑样板.dwt”文件。

3）打开“案例\05\CAD 常用图库.dwg”文件，如图 5-68 所示，然后将所需要的图形对象分别保存为单独的图块对象。

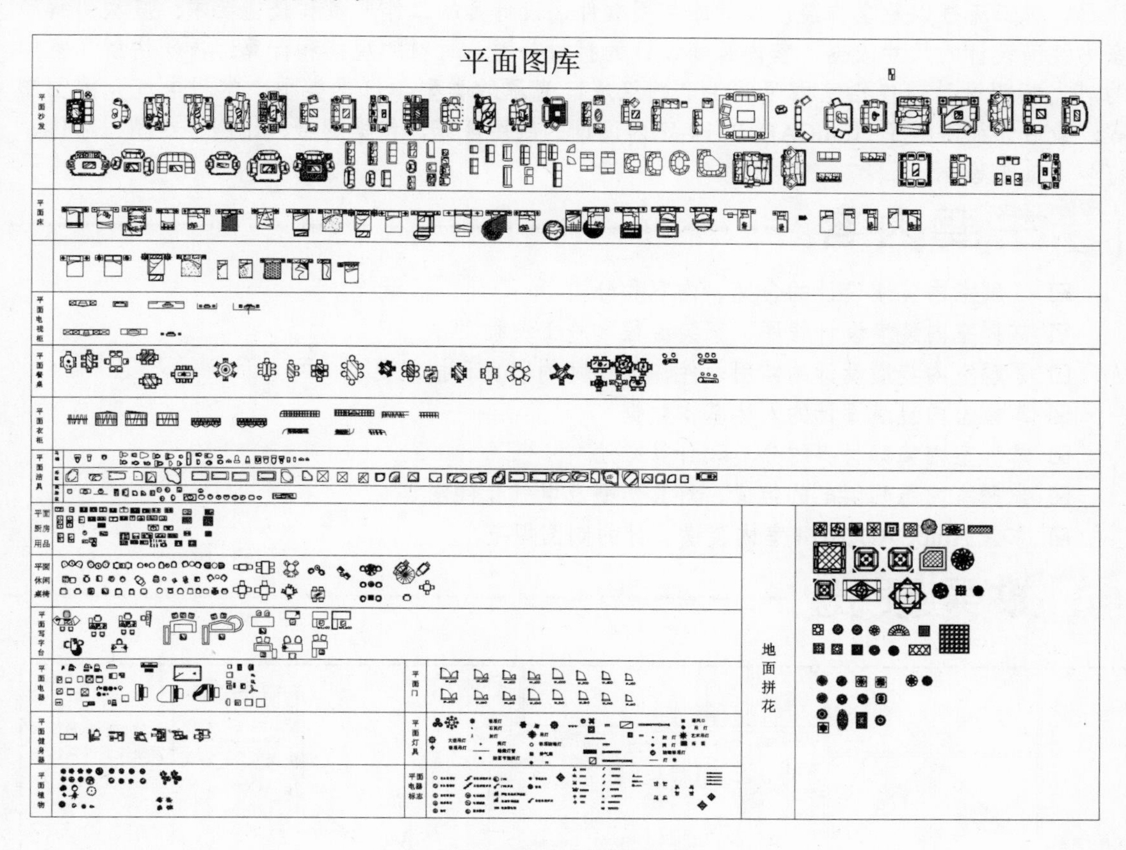

图 5-68　CAD 平面图库

第6章　室内装潢设计基础与CAD制图规范

本章导读

室内装潢设计是人们创建更好的生存和生活环境条件的重要活动，它通过运用现代的设计原理，进行“适用、美观”的设计，使空间更加符合人们的生理和心理需求，同时也促进了社会中审美意识的提高。

本章首先讲解了室内装潢设计的基本概述，即室内装潢设计的含义、内容、分类、家装流程、施工流程以及室内装潢设计的常用软件、设计师的工作职责和技能要求；其次讲解了室内装潢设计的尺寸依据，室内装潢设计的材料分类、材料的规格和计算；再次讲解了室内的灯光照明设计，包括室内照明供电的组成、光源的类型、灯具类型、常用电气元件图形等；最后详细讲解了 AutoCAD 2014 室内设计的制图规范，包括图纸、比例、线型、字体、符号、轴线等。

主要内容

- ☑ 了解室内装潢设计的含义、内容和分类
- ☑ 掌握室内装潢设计程序、家装流程和施工流程
- ☑ 了解室内装潢设计的常用软件、设计师的职责和技能要求
- ☑ 掌握室内装潢设计的人体基本数据
- ☑ 掌握室内装饰材料的分类和计算方法
- ☑ 掌握室内照明供电的组成、灯具类型及电气元件图等
- ☑ 掌握 AutoCAD 2014 室内装潢设计的制图规范

效果预览

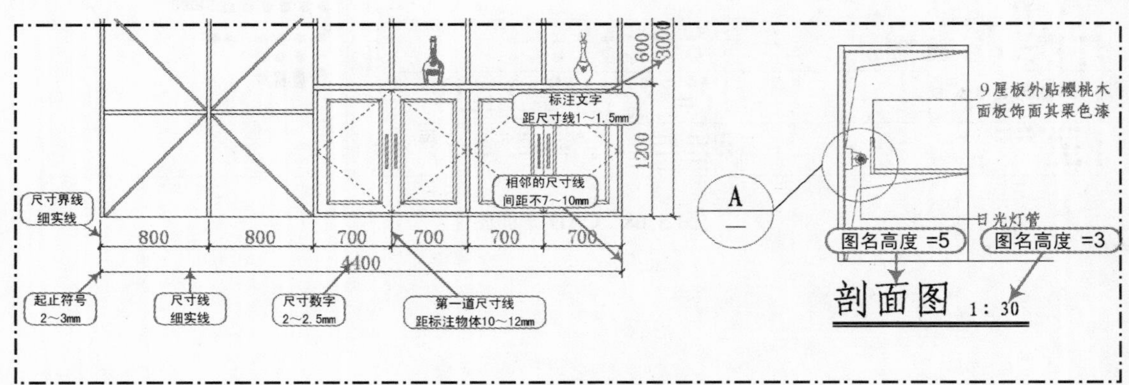

6.1 室内装潢设计的概念

室内装潢设计是建筑物内部的环境设计，是以一定建筑空间为基础，运用技术和艺术因素制造的一种人工环境；它是一种以追求室内环境多种功能的完美结合，充分满足人们生活、工作中的物质需求和精神需求为目标的设计活动；它是强调科学与艺术相结合，强调整体性、系统性特征的设计，是人类社会的居住文化发展到一定文明高度的产物。

6.1.1 室内装潢设计的含义

所谓室内装潢设计，是指将人们的环境意识与审美意识相互结合，从建筑内部把握空间的一项活动，可以从以下几个方面来理解。

1）室内装潢设计的具体含义。指根据室内的实用性质和所处的环境，运用物质材料、工艺技术及艺术的手段，创造出功能合理、舒适美观、符合人的生理和心理需求的内部空间；赋予使用者愉悦的，便于生活、工作、学习的，理想的居住与工作环境。从这一点来讲，室内设计便是改善人类生存环境的创造性活动。

2）几个相关定义的区别。室内装潢、室内装修、室内装饰的区别如图 6-1 所示。

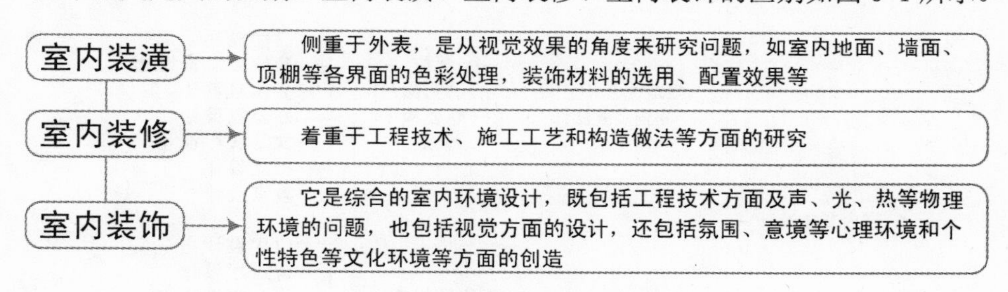

图 6-1 室内装潢、装修、装饰的区别

6.1.2 室内装潢设计的内容

用户可通过图 6-2～图 6-5 来掌握室内装潢设计的内容。

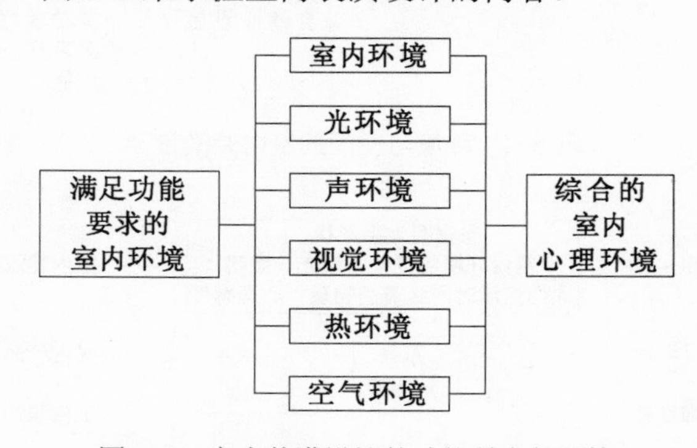

图 6-2 室内装潢设计的功能需求与环境

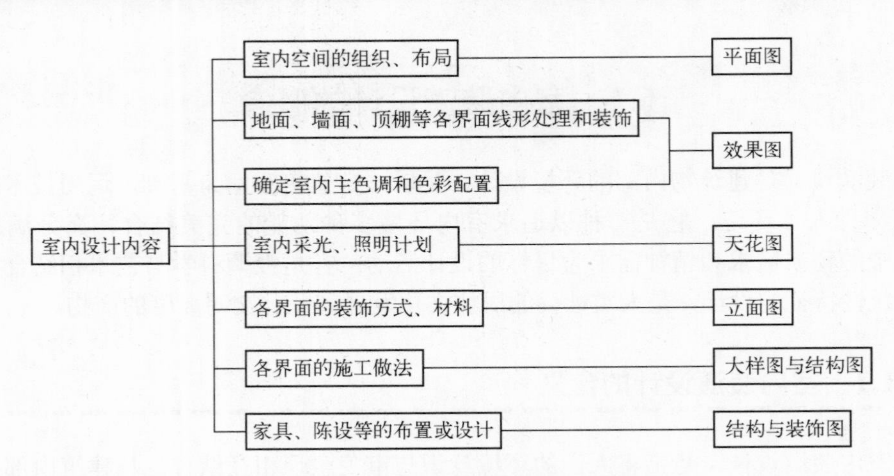

图 6-3　室内装潢设计的相关图纸

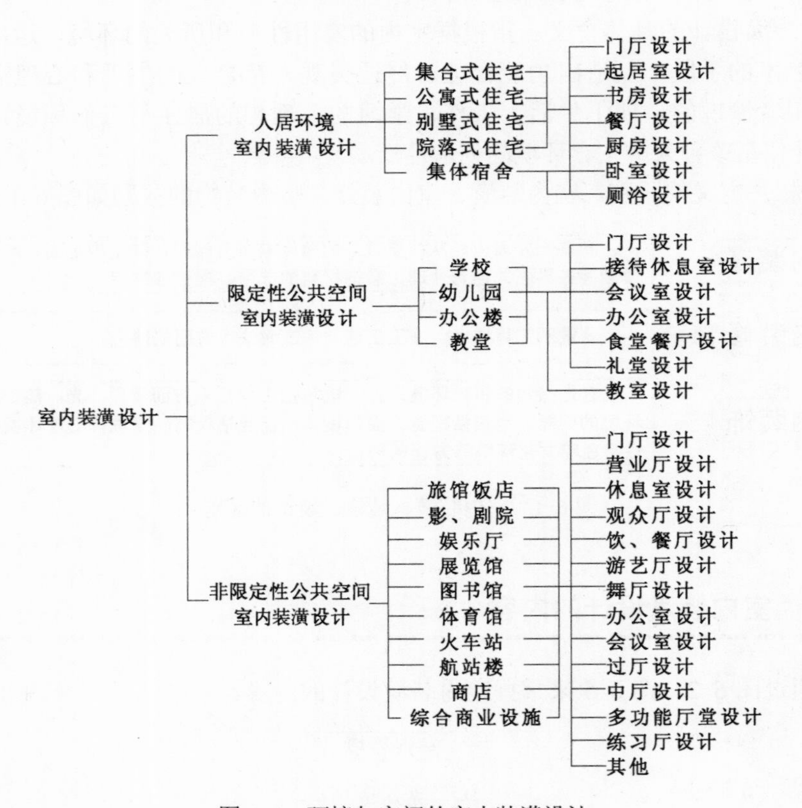

图 6-4　环境与空间的室内装潢设计

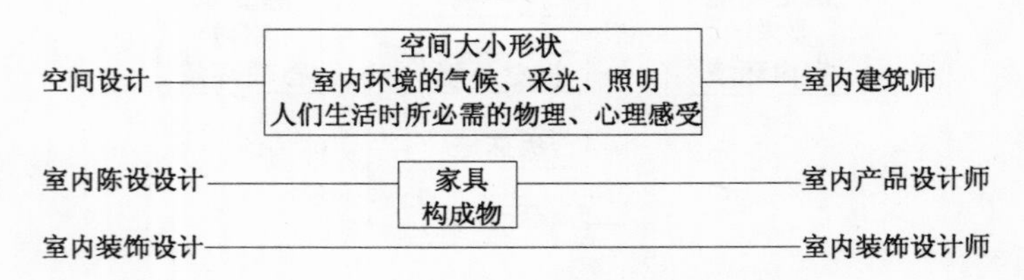

图 6-5　相关室内装潢设计师的定位

6.1.3 室内装潢设计的分类

根据建筑物的使用功能，室内装潢设计的分类如下。

1）居住建筑室内装潢设计。主要涉及住宅、公寓和宿舍的室内装潢设计，具体包括前室、起居室、餐厅、书房、工作室、卧室、厨房和浴厕设计。

2）公共建筑室内装潢设计，如图 6-6 所示。

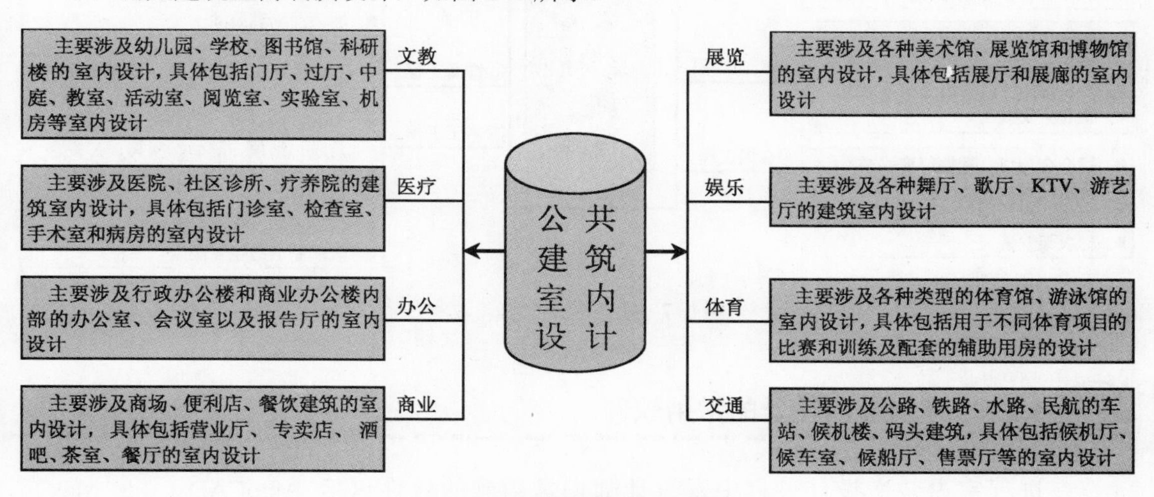

图 6-6　公共建筑室内装潢设计的分类

3）工业建筑室内装潢设计。主要涉及各类厂房的车间和生活间及辅助用房的室内装潢设计。

4）农业建筑室内装潢设计。主要涉及各类农业生产用房，如种植暖房、饲养房的室内装潢设计。

6.1.4 室内装潢工程的工作流程

在进行室内装潢工程中，其整个工作流程大致应按照以下流程进行：

接受装修业务→现场勘察测量→根据勘察结果设计初稿→根据客户意见修改设计方案→制作工程相关效果图→预算审核→制定报价单、报价→议价、签约→收取工程预付款→确定工程项目经理，布置各部门工程任务→施工所需要的详图→消防审核报审→按工程进度进行材料采购→工程队进场施工→按合同催收进度工程款→工程竣工、验收→工程总结算→工程售后服务

6.1.5 室内装潢的施工流程

在进行室内装潢时，其施工流程如图 6-7 所示。

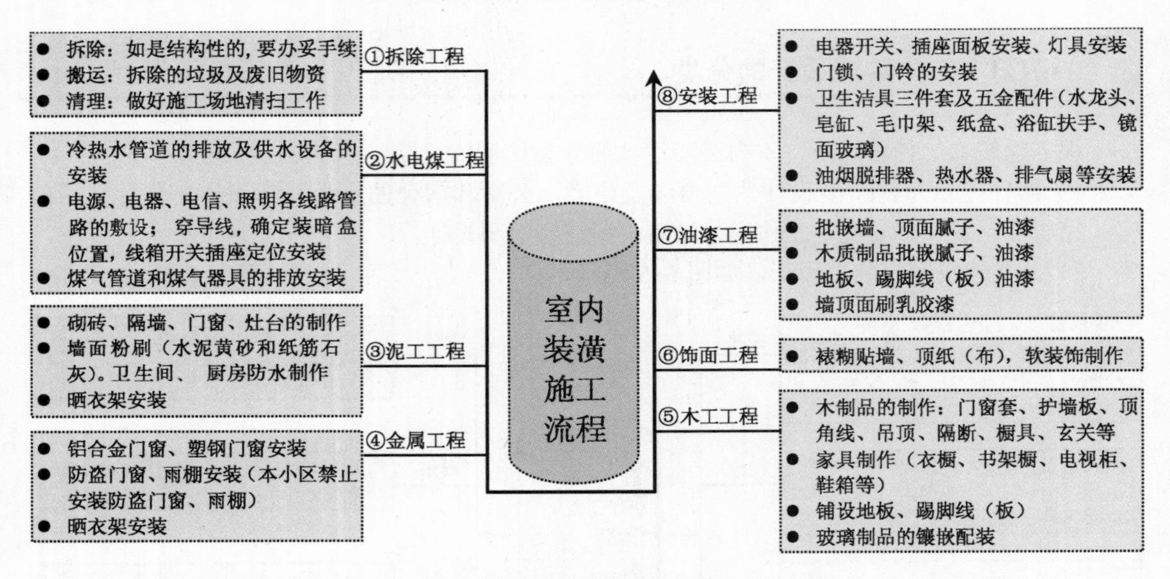

图 6-7　室内装潢的施工流程

6.1.6　室内装潢设计的常用软件

在进行室内装潢设计过程中，设计师们常用到的软件包括 AutoCAD、3ds Max、Lightscape 和 PhotoShop，如图 6-8 所示。

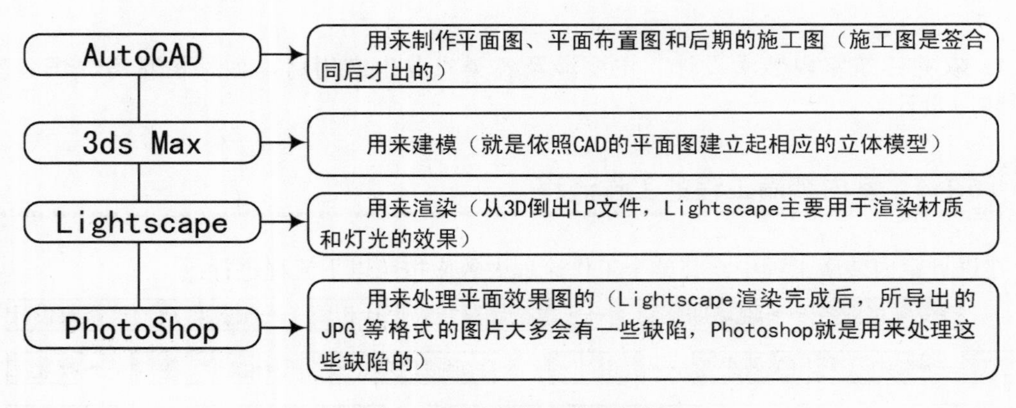

图 6-8　室内设计的常用软件

6.1.7　室内装潢设计师的职责

室内装潢设计师是指运用物质技术和艺术手段，对建筑物及交通工具等内部空间进行室内环境设计的专业人员。

室内装潢设计师的职责如图 6-9 所示。

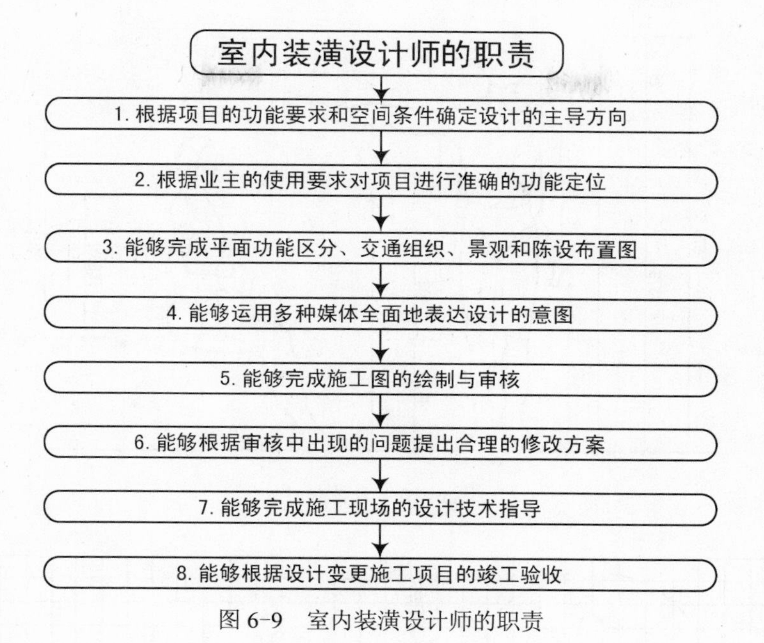

图 6-9 室内装潢设计师的职责

6.2 室内装潢设计的尺寸依据

在进行室内装修设计时，首先要根据人体构造、人体尺寸和人体动作域的一些基本尺寸数据来进行室内装修设计，包括家具的设计、家具的摆设。

人体基本数据主要有下列 3 个方面，即人体构造、人体尺寸和人体动作域的有关数据。

1．人体构造

与人体工程学关系最紧密的是运动系统中的骨骼、关节和肌肉，这三部分在神经系统的支配下，使人体各部分完成一系列的运动。骨骼由颅骨、躯干骨和四肢骨三部分组成，脊柱可完成多种运动，是人体的支柱；关节起骨间连接且能活动的作用；肌肉中的骨骼肌受神经系统指挥收缩或舒张，使人体各部分协调动作。

2．人体尺寸

人体尺寸是人体工程学研究的最基本的数据之一。不同年龄、性别、地区和民族国家的人体具有不同的尺度差别，如图 6-10 所示。

3．人体动作域

人们在室内各种工作和生活活动范围的大小被称为动作域，它是确定室内空间尺度的重要依据之一。以各种计测方法测定的人体动作域，也是人体工程学研究的基础数据。如果说人体尺寸是静态的、相对固定的数据，人体动作域的尺度则为动态的，其动态尺度与活动情景状态有关，如图 6-11 所示。

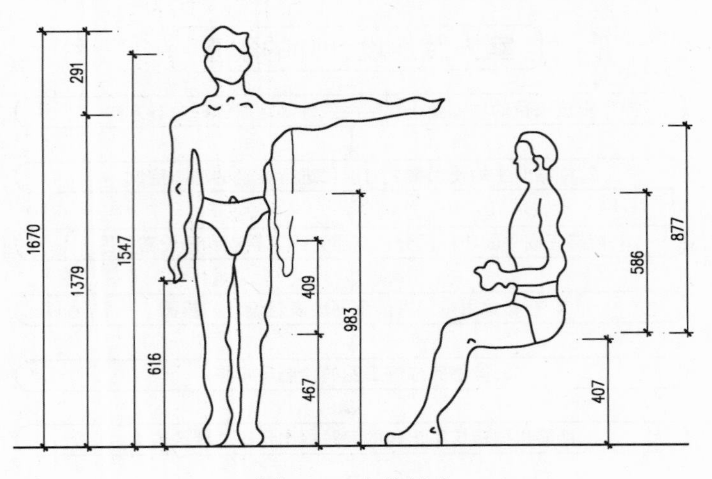

图 6-10　人体尺寸

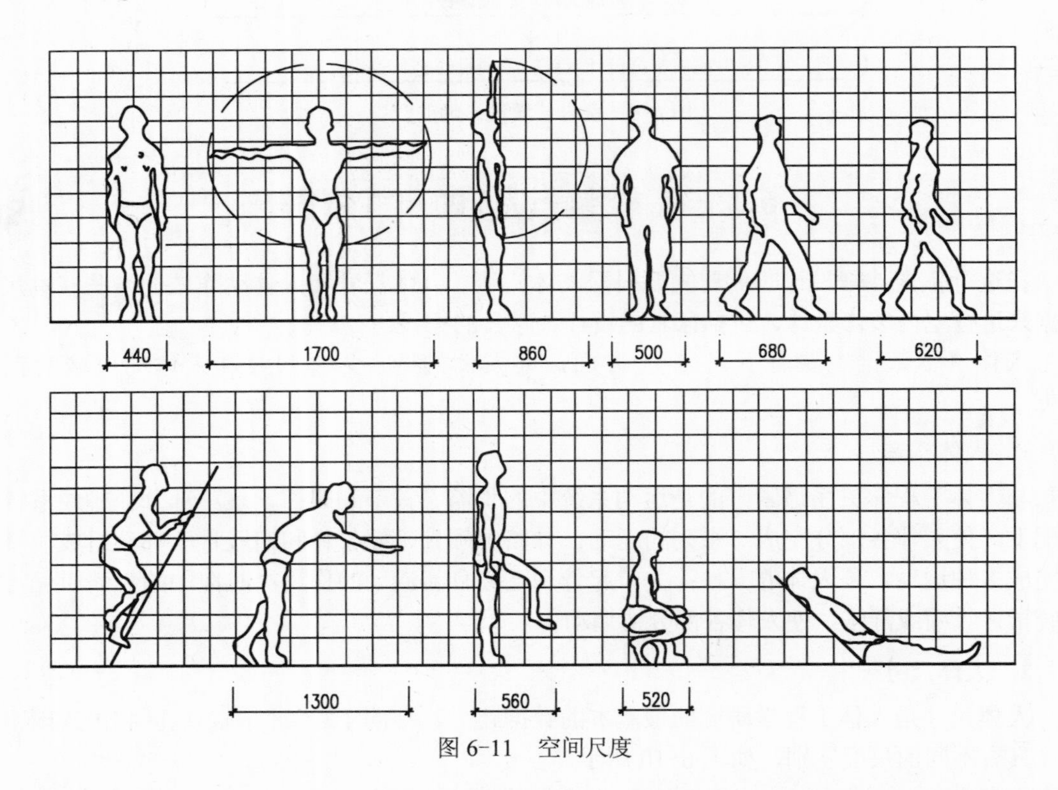

图 6-11　空间尺度

6.3　室内装潢设计的常用材料

室内装饰材料是指用于建筑物内部墙面、天花、柱面、地面等的罩面材料。严格来说，室内装饰材料应被称为室内建筑装饰材料。现代室内装饰材料不仅能改善室内的艺术环境，使人们得到美的享受，同时还兼具绝热、防潮、防火、吸声、隔音等多种功能，起着保护建筑物主体结构，延长其使用寿命以及满足某些特殊要求的作用，是现代建筑装饰不可缺少的一类材料。

6.3.1 室内装饰材料的分类

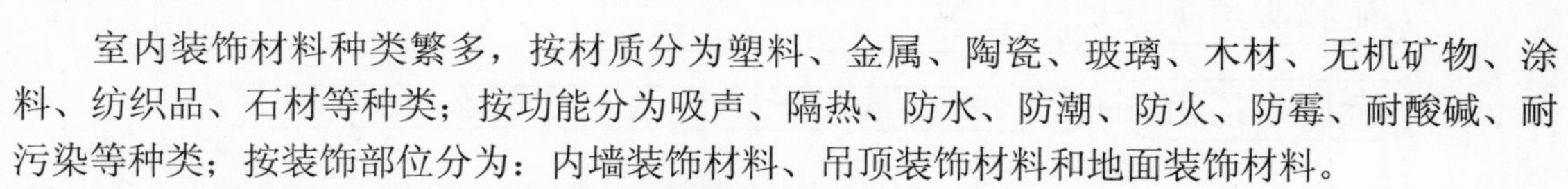

室内装饰材料种类繁多，按材质分为塑料、金属、陶瓷、玻璃、木材、无机矿物、涂料、纺织品、石材等种类；按功能分为吸声、隔热、防水、防潮、防火、防霉、耐酸碱、耐污染等种类；按装饰部位分为：内墙装饰材料、吊顶装饰材料和地面装饰材料。

内墙装饰材料、吊顶装饰材料和地面装饰材料的分类如下。

1）内墙装饰材料的分类如图 6-12 所示。

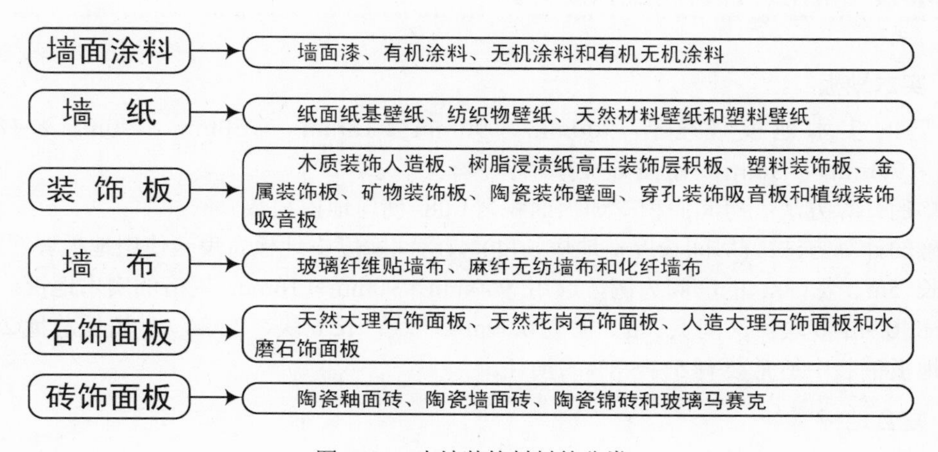

图 6-12 内墙装饰材料的分类

2）地面装饰材料的分类如图 6-13 所示。

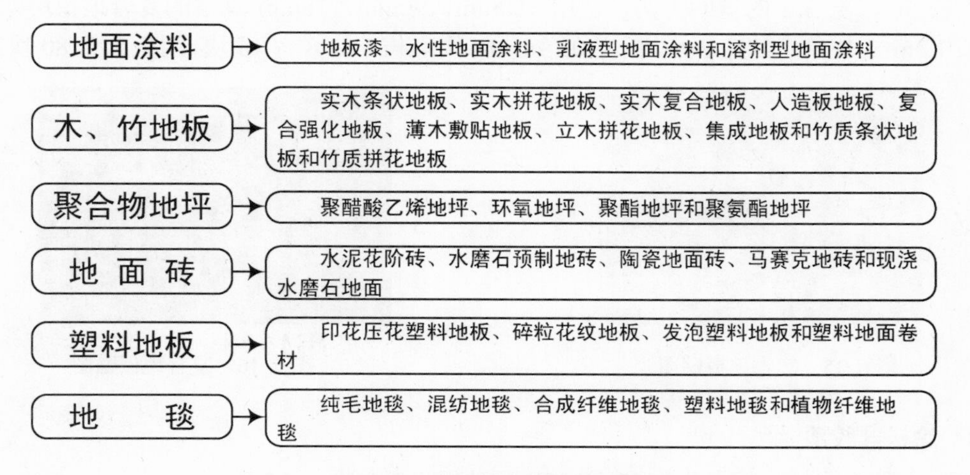

图 6-13 地面装饰材料的分类

3）吊顶装饰材料的分类如图 6-14 所示。

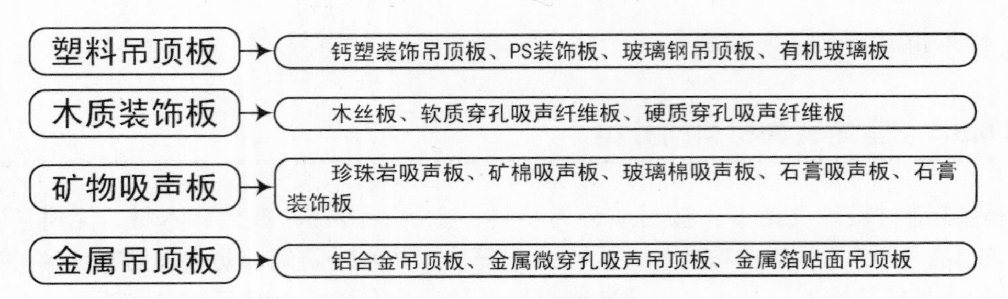

图 6-14　吊顶装饰材料的分类

6.3.2　常用装饰材料规格及计算

1．实木地板

常见的实木地板规格有 900mm×90mm×18mm，750mm×90mm×18mm，600mm×90mm×18mm，如图 6-15 所示。

粗略的计算方法：房间面积÷地板面积×1.08=使用地板块数。

精确的计算方法：(房间长度÷地板长度)×(房间宽度÷地板宽度)=使用地板块数。

以长 5m、宽 3m 的房间为例，选用 900mm×90mm×18mm 规格的实木地板，房间长 5m÷板长 0.9m=6 块；房间宽 3m÷板宽 0.09m=34 块；长 6 块×宽 34 块=用板总量 204 块。但实木地板铺装中通常要有 5%～8%的损耗。

2．复合地板

常见的复合地板规格有 900mm×90mm×18mm，750mm×90mm×18mm，600mm×90mm×18mm，如图 6-16 所示。

粗略的计算方法：房间面积÷0.228×1.05=地板块数。

以长 5m、宽 3m 的房间为例，选用 900mm×90mm×18mm 规格的复合地板房间长 5m÷板长 1.2m=5 块；房间宽 3m÷板宽 0.19m=16 块；长 5 块×宽 16 块=用板总量 80 块。

图 6-15　实木地板贴图

图 6-16　复合地板贴图

3．涂料乳胶漆

涂料乳胶漆的包装基本分为 5L 和 15L 两种规格，如图 6-17 所示。

以家庭中常用的 5L 容量为例，5L 的理论涂刷面积为两遍 35m^2。

粗略的计算方法：地面面积×2.5÷35=使用桶数。

精确的计算方法：(长+宽)×2×房高=墙面面积长×宽=顶面面积。

(墙面面积+顶面面积-门窗面积)÷35=使用桶数。

以长 5m、宽 3m、高 2.6m 的房间为例，室内的墙、顶涂刷面积计算如下。① 墙面面积：(5m+3m)×2×2.6m=41.6m^2；② 顶面面积：(5m×3m)=15m^2；③ 涂料量：(41.6+15)÷35m^2=1.4 桶。

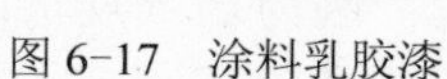
图 6-17 涂料乳胶漆

4．地砖

常见的地砖规格有 600mm×600mm、500mm×500mm、400mm×400mm、300mm×300mm，如图 6-18 所示。

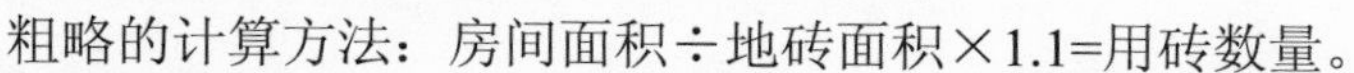

粗略的计算方法：房间面积÷地砖面积×1.1=用砖数量。

精确的计算方法：(房间长度÷砖长)×(房间宽度÷砖宽)=用砖数量。

以长 3.6m、宽 3.3m 的房间为例，采用 300mm×300mm 规格的地砖，房间长 3.6m÷砖长 0.3m=12 块；房间宽 3.3m÷砖宽 0.3m=11 块；长 12 块×宽 11 块=用砖总量 132 块。

5．地面石材

地面石材耗量与瓷砖大致相同，只是地面砂浆层稍厚。在核算时，考虑到切截损耗和搬运损耗，可加上 1.2%左右的损耗量。铺地面石材时，每平方米所需的水泥和砂要根据原地面的情况来定。通常在地面铺 15mm 厚的水泥砂浆层，其每平方米需普通水泥 15kg，中砂 0.05m^3。

6．墙面砖

对于复杂墙面和造型墙面，应按展开面积来计算使用材料的数量。每种规格的总面积计算出后，再分别除以规格尺寸，即可得各种规格板材的数量（单位是块），最后加上 1.2%左右的损耗量。墙面砖贴图效果如图 6-19 所示。

图 6-18 地砖拼图效果

图 6-19 墙面砖效果

瓷砖的品种规格有很多，在核算时，应先从施工图中查出各种品种规格瓷片的饰面位置，再计算各位置上的瓷片面积，然后将各处相同品种规格的瓷片面积相加，即可得各种瓷片的总面积，最后加上 3%左右的损耗量。

一般墙面用普通工艺镶贴各种瓷片，每平方米需普通水泥 11kg、中砂 33kg、石灰膏 2kg。柱面上用普通工艺镶贴各种瓷片，每平方米需普通水泥 13kg、中砂 27kg、石灰膏 3kg。

墙面镶贴瓷片时，水泥中常加入 107 胶，用这种方法镶贴墙面，每平方米需普通水泥 12kg、中砂 13kg、107 胶水 0.4kg。如用这种方法镶贴柱面，每平方米需普通水泥 14kg、中砂 15kg、107 胶水 0.4kg。

7. 墙纸

常见墙纸规格为每卷长 10m、宽 0.53m，如图 6-20 所示。

粗略的计算方法：地面面积×3=墙纸的总面积÷(0.53m×10m)=墙纸的卷数。

精确的计算方法：墙纸总长度÷房间实际高度=使用的分量数÷使用单位的分量数=使用墙纸的卷数。

因为墙纸规格固定，在计算它的用量时，要注意墙纸的实际使用长度，通常要以房间的实际高度减去踢角板以及顶线的高度。另外，房间的门、窗面积也要在使用的分量数中减去。

这种计算方法适用于素色或细碎花的墙纸。墙纸的拼贴中要考虑对花，图案越大，损耗越大，因此要比实际用量多买 10%左右。

8. 窗帘

普通窗帘多为平开帘，计算窗帘用料前，首先要根据窗户的规格来确定成品窗帘的大小。成品帘要盖住窗框左右各 0.15m，并且打两倍褶，安装时窗帘要离地面 1～2cm，如图 6-21 所示。

图 6-20　墙纸效果

图 6-21　窗帘效果

计算方法：(窗宽+0.15m×2)×2=成品帘宽度÷布宽×窗帘高=窗帘所需布料。

窗帘帘头计算方法：帘头宽×3 倍褶÷1.50m=幅数，(帘头高度+免边)=所需布数米数，此处的 1.50m 为布宽。

假如窗帘帘头宽 1.92m×0.48m，则用料米数为 1.92m×3 倍÷1.50m=3.84，即 4 幅布，4×(0.48+0.2m)=2.72m。

9. 木线条

木线条的主材料即为木线条本身（见图 6-22），核算时将各个面上木线条按品种规格分别计算。所谓按品种规格计算，即把木线条分为压角线、压边线和装饰线三类，其中又分为角线、半圆线、指甲线、凹凸线、波纹线等品种，每个品种又可能有不同的尺寸。计算时就是将相同品种和规格的木线条相加，再加上损耗量。一般对线条宽 10～25mm 的小规格木线条，其损耗量为 5～8%；宽度为 25～60mm 的大规格木线条，其损耗量为 3～5%。对一些较大规格的圆弧木线条，因为需要定做或特别加工，所以一般都需单项列出其半径尺寸和数量。

图 6-22 木线条效果

木线条的辅助材料是钉和胶。如用钉松来固定，每 100m 木线条需 0.5 盒，小规格木线条通常用 20mm 的钉枪钉。如用普通铁钉（俗称 1 寸圆钉），每 100m 需 0.3kg 左右。木线条的粘贴用胶，一般为白乳胶、309 胶、立时得等，每 100m 木线条需用量为 0.4～0.8kg。

6.4 室内装潢设计的灯光照明

室内照明设计是通过对建筑环境的分析，结合室内装潢设计的要求，合理地选择光源和灯具，确定照明设计方案，并通过适当的控制，使灯光环境符合人们的工作、生活等方面的要求，从而满足人们的需求。

6.4.1 室内照明供电的组成

室内供电一般有 5 路组成：照明电路、厨房插座、卫生间插座、空调插座和地插座。接线是并联接线，即总开关出来后分为 5 路，分别接 5 路电的供电端，然后输入到各个插座中，如图 6-23 所示。

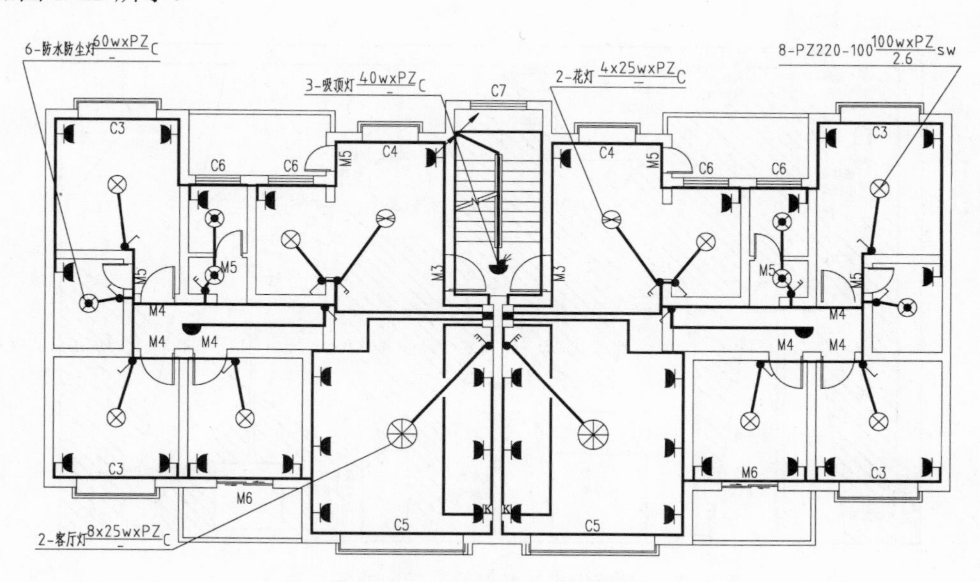

图 6-23 室内照明供电的组成

6.4.2 室内照明设计的原则

在进行室内照明设计时，其设计师人员应遵循如图 6-24 所示的六大原则。

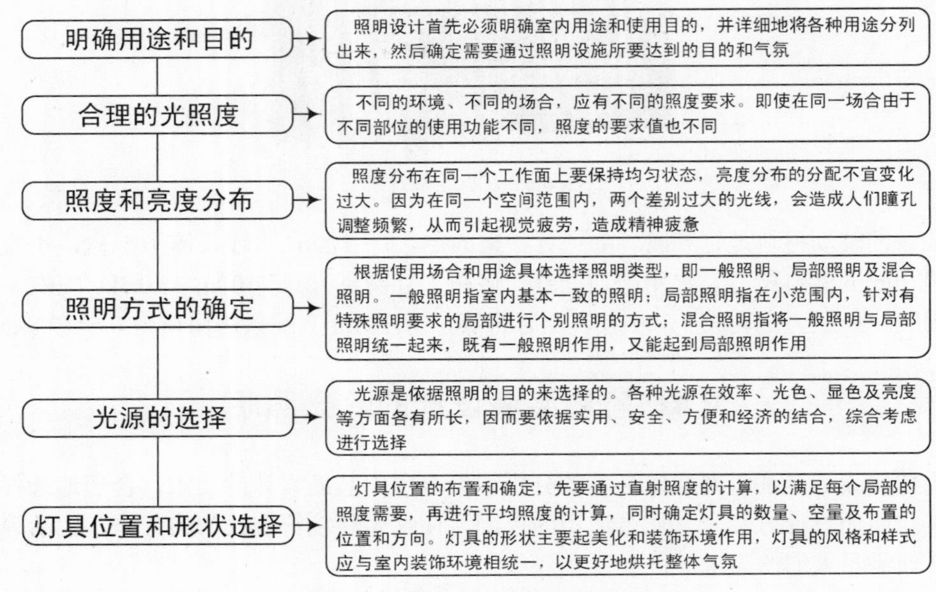

图 6-24 室内照明设计的原则

6.4.3 室内常用的光源类型

室内常用的光源类型有很多种，不同光源类型也应该用在不同场合和位置，如图 6-25 所示。

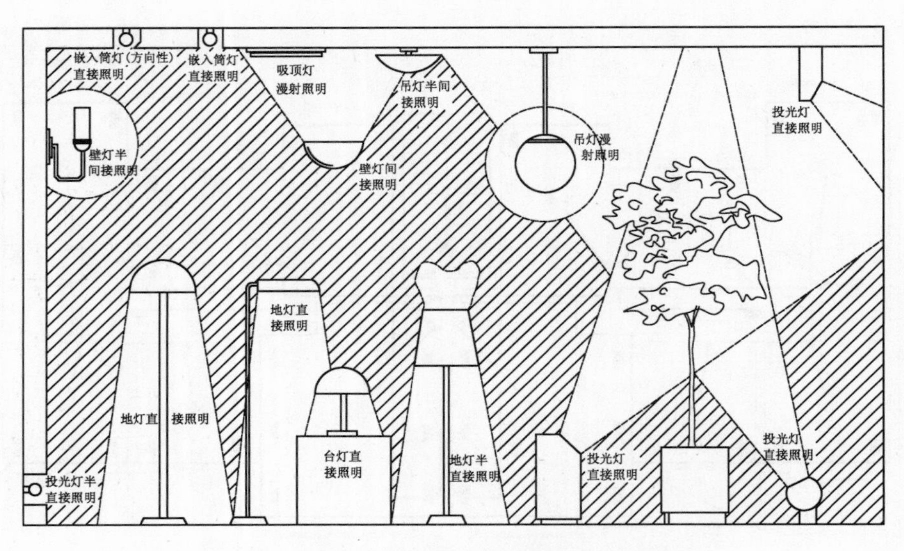

图 6-25 常用的光源类型及其适用的场合与位置

6.4.4 室内常用的照明灯具类型

室内常用的照明灯具类型如图 6-26 所示。

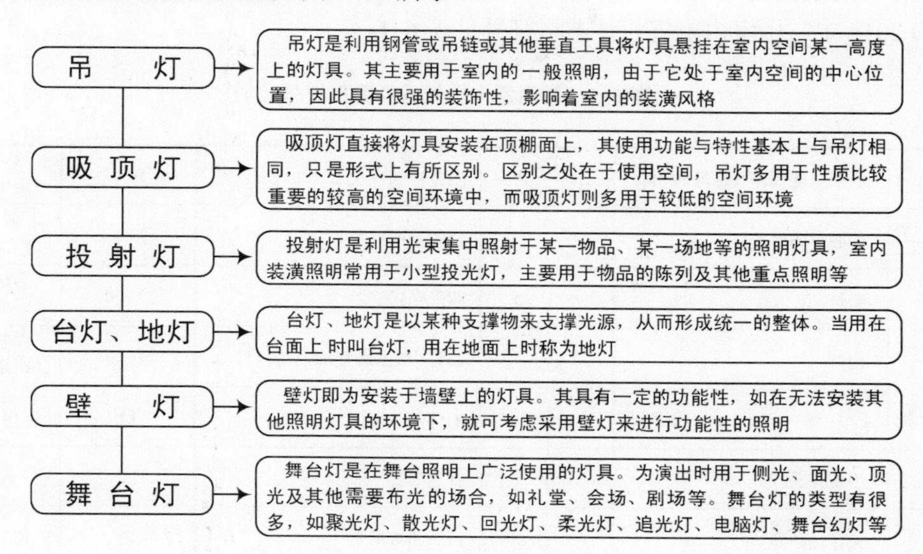

图 6-26 常用的照明灯具类型

6.4.5 室内主要房间的照明设计

在室内装潢过程中，设计师应注意每个房间的照明要求及灯具选择，如图 6-27 所示。

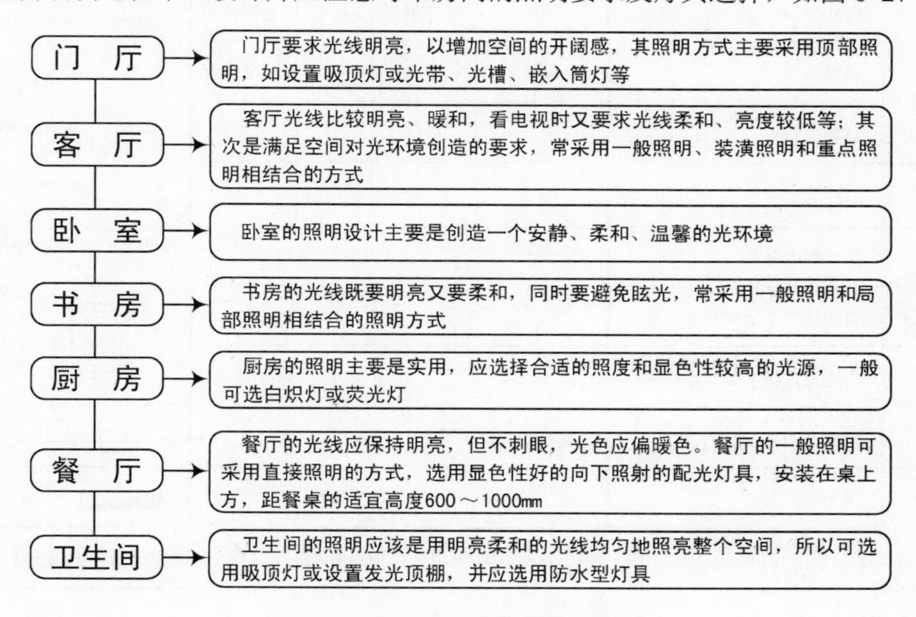

图 6-27 室内主要房间的照明设计

6.4.6 常用室内电气元件图形符号

在进行室内装潢的电气设计过程中，设计师需要布置一些电气符号来表示相应的元件。AutoCAD 2014 中常用室内电气元件图形符号见表 6-1。

表 6-1 常用室内电气元件图形符号

符号	名称	符号	名称	符号	名称
	墙面单座插座（距地300mm）	FW	服务呼叫开关	TL	台灯插座（距地300mm）
	地面单座插座	JJ	紧急呼叫开关	RF	冰箱插座（距地300mm）
WS	壁灯	YY	背景音乐开关	SL	落地灯插座（距地300mm）
	台灯		筒灯/根据选型确定直径尺寸	SF	保险箱插座（距地300mm）
喷淋	下喷 上喷 侧喷		草坪灯		客房插卡开关
	烟感探头		直照射灯		三联开关
	天花扬声器		可调角度射灯		二联开关
D	数据端口		洗墙灯		一联开关
T	电话端口		防雾筒灯；温控开关		600mm×600mm格栅灯
TV	电视端口		吊灯/选型；五孔插座		
F	传真端口		低压射灯；电视插座		
	风扇		地灯；网络插座		600mm×1200mm格栅灯
LCP	灯光控制板		灯槽；F 火警铃		
T	温控开关		吸顶灯；DB 门铃		300mm×1200mm格栅灯
CC	插卡取电开关	A/C A/C	下送风口/侧送风		
DND	请勿打扰指示牌开关	A/R A/R	下回风口/侧回风		排风扇
SAT	人造卫星信号接收器插座	A/C A/C	下送风口/侧送风		
MS	微型开关	A/R A/R	下回风口/侧回风	XHS	消火栓
SD	调光器开关		开关 单联 双联 三联		照明配电箱
MR	剃须插座(距地1250mm)	HR	吹风机插座(距地1250mm)	HD	烘手器插座(距地1400mm)

6.5　CAD 室内装潢设计制图规范

在进行室内装潢设计时，设计师应清楚掌握制图规范，以使所绘制的图形规范化、标准化和网络化。

6.5.1　室内装潢设计的图幅、图标及会签栏

图幅即图面的大小。根据国家规范的规定，图幅的等级按图面的长和宽的大小来确定。常用的图幅有 A0、A1、A2、A3 及 A4，每种图幅的长宽尺寸见表 6-2。

表 6-2　幅面及图框尺寸　（单位：mm）

尺寸代号＼图纸幅面	A0	A1	A2	A3	A4
$b \times l$	841×1189	594×841	420×594	297×420	210×297
c	10			5	
a	25				

专业技能

A0 图幅的面积为 $1m^2$，A1 图幅由 A0 图幅对裁得到，其他图幅依此类推。长边作为水平边使用的图幅被称为横式图幅，短边作为水平边的图幅被称为立式图幅。A0～A3 图幅宜横式使用，必要时可立式使用，A4 图幅只立式使用。

在图纸上，图框线必须用粗实线画出。其格式分为不留装订边和留有装订边两种，如图 6-28 所示。但同一产品的图样只能采用同一种格式，且图样必须画在图框之内。

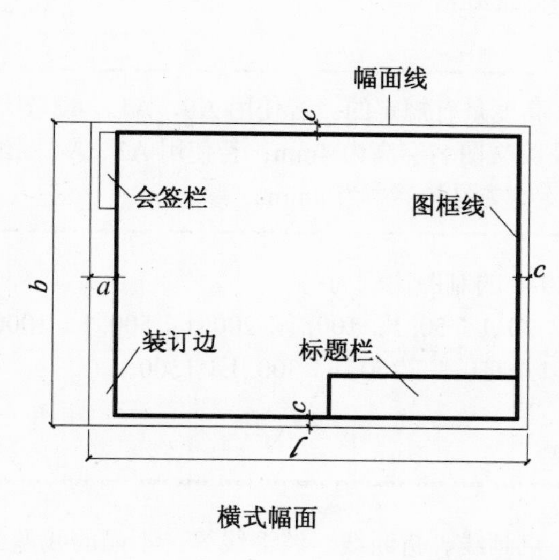

图 6-28　图幅格式

标题栏也被称为图标，是用来说明图样内容的专栏，设计师应根据工程需要确定其尺寸、格式及分区。图 6-29 所示的是学生作业用标题栏。

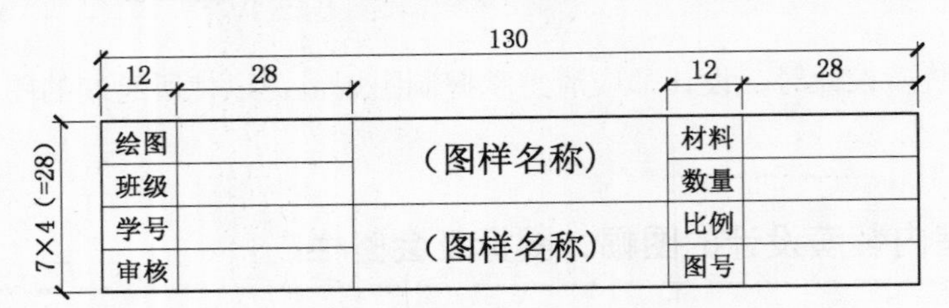

图 6-29　学生作业用标题栏

6.5.2　室内装潢设计的比例

图样中图形与实物相对应的线型尺寸之比，称为比例。比例书写在图名的右侧，字号比图名字体小一号，如图 6-30 所示。一般情况下，一个图样选用一个比例，如果一张图纸中各图比例相同，也可以把该比例统一写在标题栏中。

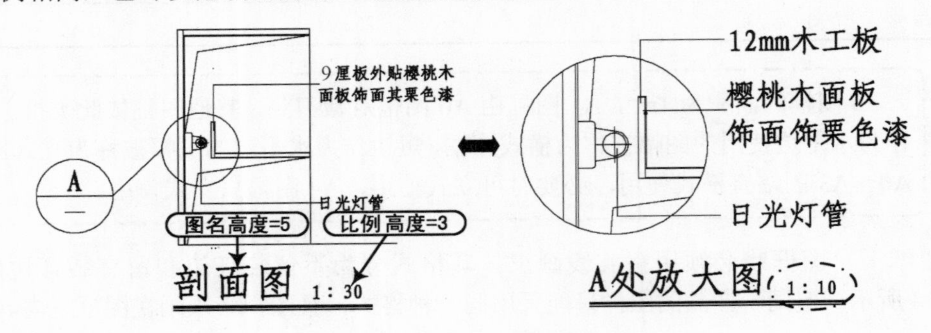

图 6-30　标注的比例

软件技能

在进行标注图名及比例时，其文字高度是有规定的。若使用 A0、A1、A2 图纸出图，其图名的字高为 7mm，比例及英文图名字高为 4mm；若使用 A3、A4 图纸出图，其图名的字高为 5mm，比例及英文图名字高为 3mm。

在进行室内装饰设计过程中，AutoCAD 2014 的制图比例为：

1）常用比例。1：1, 1：2, 1：5, 1：10, 1：20 ,1：50, 1：100, 1：200, 1：500, 1：1000。

2）可用比例。1：3, 1：15, 1：25, 1：30, 1：150, 1：250, 1：300, 1：1500。

6.5.3　室内装潢设计的线型与线宽

工程图上常用的基本线型有实线、虚线、点画线、折断线、波浪线等。不同的线型使用情况也不相同，表 6-3 为线型及用途表。

表 6-3　图线的线型、线宽及用途

名　称	线　型	线　宽	用　途
粗实线	————	b	剖面图中被剖到部分的轮廓线、建筑物或构筑物的外形轮廓线、结构图中的钢筋线、剖切符号、详图符号圆、给水管线等
中实线	————	$0.5b$	剖面图中未剖到但保留部分形体的轮廓线、尺寸标注中尺寸起止短线、原有各种给水管线等
细实线	————	$0.25b$	尺寸中的尺寸线、尺寸界线、各种图例线、各种符号图线等
中虚线	- - - - - -	$0.5b$	不可见的轮廓线、拟扩建的建筑物轮廓线等
细虚线	- - - - - -	$0.25b$	图例线、小于 $0.5b$ 的不可见轮廓线
粗单点长画线	—- —- —	b	起重机（吊车）轨道线
细单点长画线	—- —- —	$0.25b$	中心线、对称线、定位轴线
折断线	—\/—	$0.25b$	不需要画全的断开界线
波浪线	～～～	$0.25b$	不需要画全的断开界线 构造层次的断开线

在用 AutoCAD 2014 进行的所有施工图设计中，设计师均应参照表 6-4 所示的线宽来绘制。

表 6-4　各类施工图使用的线宽　（单位：mm）

种　类	粗　线	中粗线	细　线
建筑图	0.50	0.25	0.15
结构图	0.60	0.35	0.18
电气图	0.55	0.35	0.20
给排水	0.60	0.40	0.20
暖　通	0.60	0.40	0.20

在采用 AutoCAD 2014 技术绘图时，设计师应量采用色彩（COLOR）来控制绘图笔画的宽度，尽量少用多段线（PLINE）等有宽度的线，以加快图形的显示，缩小图形文件。打印出图笔号 1～10 号线宽的设置见表 6-5。

表 6-5　打印出图线宽的设计　（单位：mm）

1 号	红色	0.1	6 号	紫色	0.1～0.13
2 号	黄色	0.1～0.13	7 号	白色	0.1～0.13
3 号	绿色	0.1～0.13	8 号	灰色	0.05～0.1
4 号	浅蓝色	0.15～0.18	9 号	灰色	0.05～0.1
5 号	深蓝色	0.3～0.4	10 号	红色	0.6～1

注：10 号特粗线主要用于立面地坪线、索引剖切符号、图标上线、索引图标中表现索引图在本图的短线。

线型颜色设定及用途（按打印时从粗到细排列）如下：

1）红色（色号为 1）。立、剖面上的水平线，剖切符号上的剖切短线。

2）品红色（色号为 6）。仅用于图名上的水平线及圆圈。

3）黄色（色号为 2）。平面上的墙线，立面上的柱线，剖面上的墙线及柱线。

4）湖蓝色（色号为 4）。物体的轮廓线，剖面上剖切到的线，稍粗一些的线。

5）白色（色号为 7）。各种文字，平面上的窗线，以及各种一般粗细的线。

6）绿色（色号为 3）。剖断线，尺寸标注上的尺寸线、尺寸界线、起止符号，大样引出的圆圈及弧线，较为密集的线，最细的线。

6.5.4　室内装潢设计的符号

在进行各种建筑和室内装饰设计时，为了更明清楚明确地表明图中的相关信息，将以不同的符号对其表示。

1．剖切符号

剖面的剖切符号应由剖切位置线及剖视方向线组成，均应以粗实线绘制。剖切位置线的长度宜为 6～10mm；剖视方向线应垂直于剖切位置线，长度应短于剖切位置线，宜为 4～6mm。绘制时，剖切符号不宜与图面上的图线相接触。

剖切符号的编号宜采用阿拉伯数字，按顺序由左至右、由下至上连续编排，并应标注在剖视方向线的端部。需要转折的剖切位置线，在转折处如与其他图线发生混淆，应在转角的外侧加注与该符号相同的编号，如图 6-31 所示。

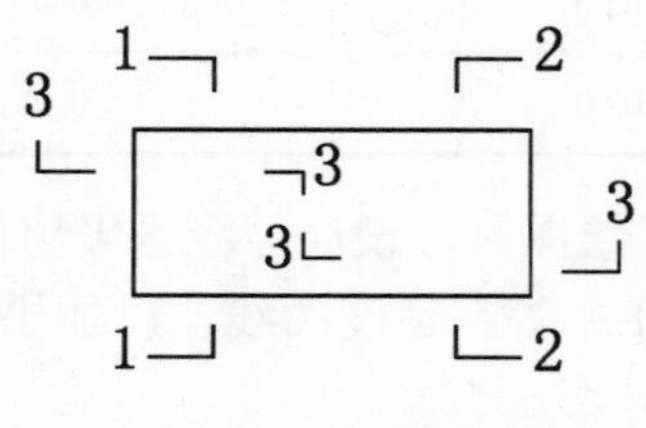

图 6-31　剖切符号

2．索引符号

索引符号（见表 6-6）是用细实线画出来的，圆的直径为 10mm。如详图与被索引的图在同一张图纸内时，在上半圆中用阿拉伯数字标注出该详图的编号，在下半圆中间画一段水平细实线；如详图与被索引的图不在同一张图纸内时，下半圆中用阿拉伯数字标注出该详图所在的图纸编号；如索引出的详图采用标准图时，在圆的水平直径延长线上加注该标准图册编号；如索引的详图是剖面（或断面）详图时，索引符号在引出线的一侧加画一剖切位置线，引出线的一侧，就表示投射方向。

表 6-6　索引及详图符号

名　称	符　号	说　明
详图的索引符号	5/— 详图的编号；详图在本张图纸上 5/— 局部剖面详图的编号；剖面详图在本张图纸上	详图在本张图纸上
	2/5 详图的编号；详图所在图纸的编号 4/3 局部剖面详图的编号；剖面详图所在图纸的编号	详图不在本张图纸上
	J106 3/4 标准图册的编号；标准详图的编号；详图所在图纸的编号	标准详图
详图符号	5 详图的编号	被索引的在本张图纸上
	5/3 详图的编号；被索引的图纸编号	被索引的不在本张图纸上

3．详图符号

详图符号（见表 6-6）是用粗实线绘制，圆的直径为 14mm。如圆内只用阿拉伯数字注明详图的编号时，说明该详图与被索引图样在同一张图纸内；如详图与被索引的图样不在同一张图纸内，可用细实线在详图符号内画一水平直径，在上半圆内注明详图编号，在下半圆中注明被索引图样的图纸编号。

专业点滴

轴号的规定

在 AutoCAD 2014 的索引符号中，圆的直径为 12mm（在 A0、A1、A2 图纸）或 10mm（在 A3、A4 图纸），字高 5mm（在 A0、A1、A2 图纸）或字高 4mm（在 A3、A4 图纸），如图 6-32 所示。

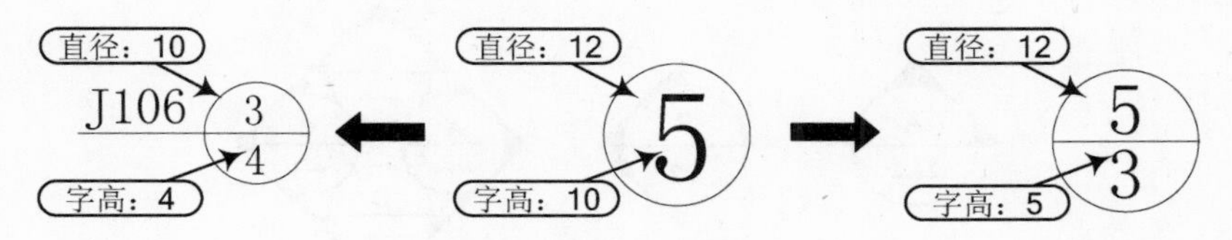

图 6-32　索引符号圆的直径与字高

6.5.5　室内装潢设计的引线

在室内装潢设计中，由图样引出一条或多条线段指向文字的说明，该线段就是引线。引线与水平方向的夹角一般采用 0°、30°、45°、60°、90°，常见的引线形式如图 6-33 所示。图 6-33a～d 为普通引线，图 6-33e～h 为多层构造引线。使用多层构造引线时，应注意构造分层的顺序要与文字说明的顺序一致。文字说明可以放在引线的端头（见图 6-33a～h），也可以放在引线水平段之上（见图 6-33i）。

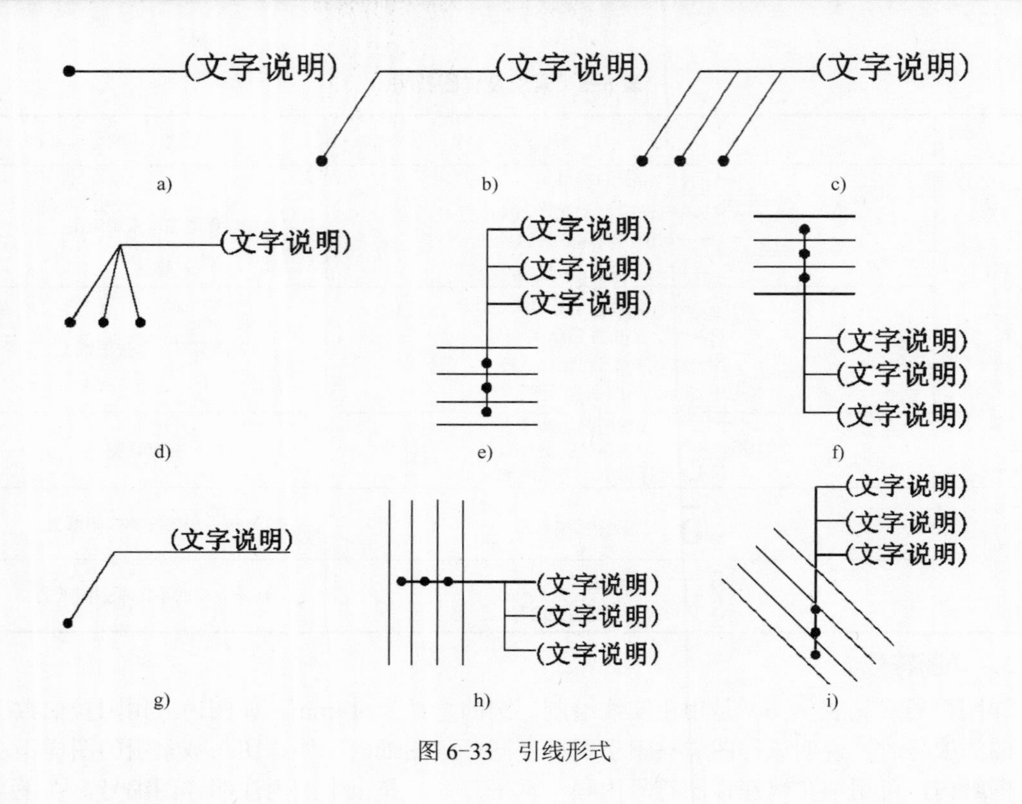

图 6-33　引线形式

6.5.6　室内装潢设计的内视符号

内视符号由一个等边直角三角形和细实线圆圈（直径为 8～12mm）组成。在等边直角三角形中，直角所指的垂直界面就是立面图所要表示的界面。圆圈上半部的字母或数字为立面图的编号，下半部的数字为该立面图所在图纸的编号，效果如图 6-34 所示。

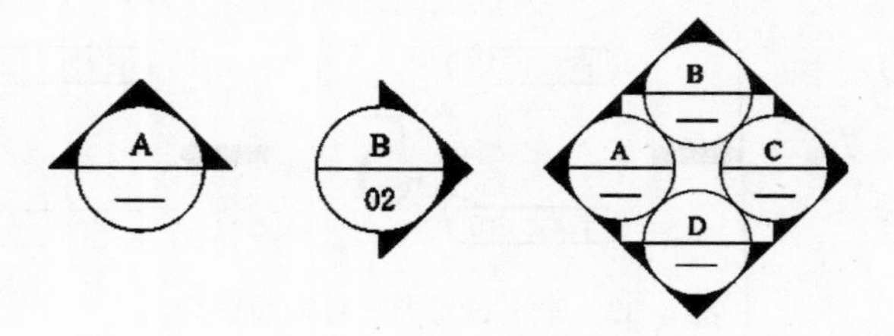

图 6-34　内视符号

6.5.7　室内装潢设计的标高符号

标高是用来表示室内装潢设计各部位高度的一种尺寸形式。标高符号用细实线画出，短横线是需标注高度的界线，长横线之上或之下标注出标高数字，标高符号应为等腰直角三角形，高 3mm，如图 6-35 所示。

标高数字以米为单位，标注到小数点以后第三位（在总平面图中可标注到小数点后第二位）。零点标高应标注成“±0.000”，正数标高不注“+”，负数标高应注“-”，例如 3.000、-0.600。图 6-36 为标高标注的几种格式。

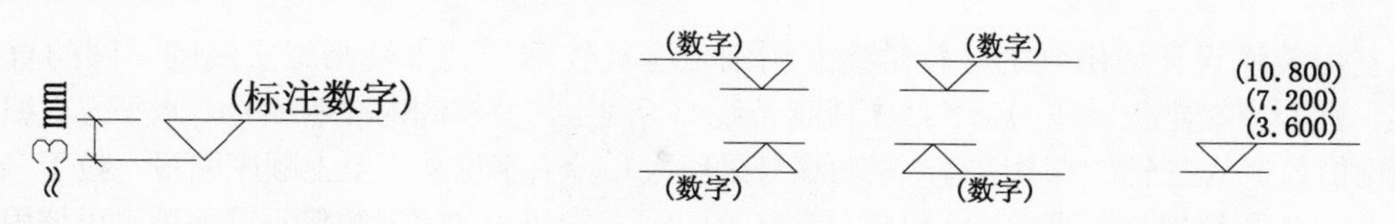

图 6-35 标高符号 图 6-36 标高数字标注的格式

6.5.8 室内装潢设计的尺寸标注

图样上的尺寸根据规定，由尺寸界线、尺寸线、尺寸起止符号（在 AutoCAD 2014 中被称作“箭头”）和尺寸数字组成，如图 6-37 所示。

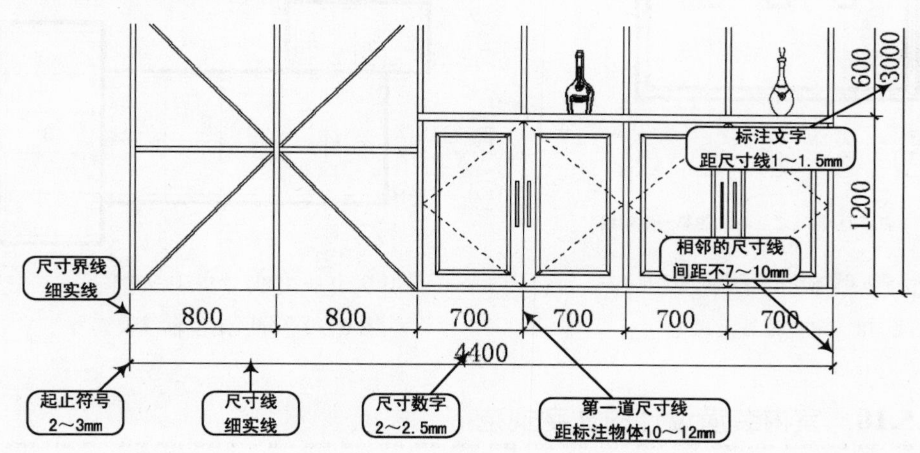

图 6-37 尺寸标注的组成及规格

标准规定，尺寸界线用细实线绘制，一般应与被标注的长度垂直，其一端应离开图样轮廓线 2～3mm（起点偏移量），另一端宜超出尺寸线 2～3mm；尺寸线也用细实线绘制，并与被标注长度平行，图样本身的图线不能用作尺寸线；尺寸起止符号一般用中粗斜短线绘制，其倾斜方向与尺寸界线成顺时针 45°，长度宜为 2～3mm，在轴测图中，尺寸起止符号一般用圆点表示；尺寸数字一般应依据其方向标注在靠近尺寸线的上方中部，尺寸数字的书写角度与尺寸线一致。图形对象的真实大小以图面标注的尺寸数据为准，与图形的大小及准确度无关。图样上的尺寸单位，除标高及总平面以米（m）为单位外，其他必须以毫米（mm）为单位。

尺寸宜标注在图样轮廓以外，不宜与图线、文字以及符号等相交。图线不得穿过尺寸数字，不可避免时，应将尺寸数字处的图线断开。图样轮廓线以外的尺寸界线距图样最外轮廓之间的距离，不宜小于 10mm。平行排列的尺寸线的间距，宜为 7～10mm，并应保持一致。互相平行的尺寸线，较小的尺寸应距离轮廓线较近，较大的尺寸，距离轮廓线较远。尺寸标注的数字应距尺寸线 1～1.5mm，其字高为 2.5mm（在 A0、A1、A2 图纸）或字高 2mm（在 A3、A4 图纸）。

6.5.9 室内装潢设计的定位轴线

室内装潢设计所用到的定位轴线采用细点画线表示，其末端画细实线圆，圆的直径为8mm。圆心应在定位轴线的延长线上或延长线的折线上，并在圆内注明编号。水平方向编号采用阿拉伯数字从左至右顺序编写；竖向编号采用大写拉丁字母从下至上顺序编写。拉丁字母中的I、O、Z不得用为轴线编号，以免与数字0、1、2混淆。如字母数量不够使用，可增用此字母或单字母加数字注脚，如AA、BB、……YY或A1、B1、……Y1，如图6-38所示。

组合较复杂的平面图中定位轴线也可采用分区编号。编号的注写形式应为“分区号-该分区编号”。分区号采用阿拉伯数字或大写拉丁字母表示，图6-39为分区定位轴线及编号，编号原则同上。

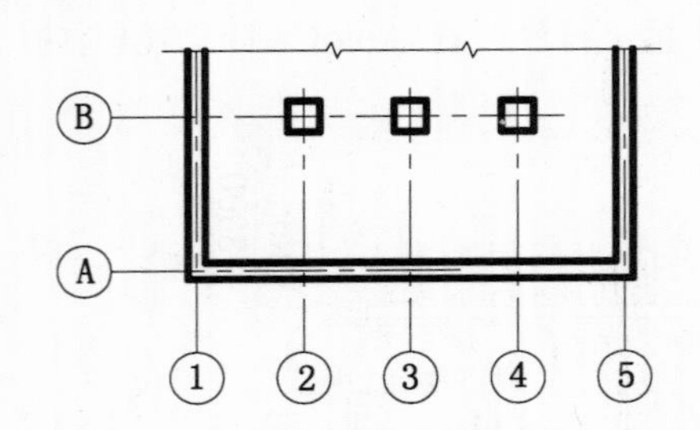

图6-38 定位轴线及编号

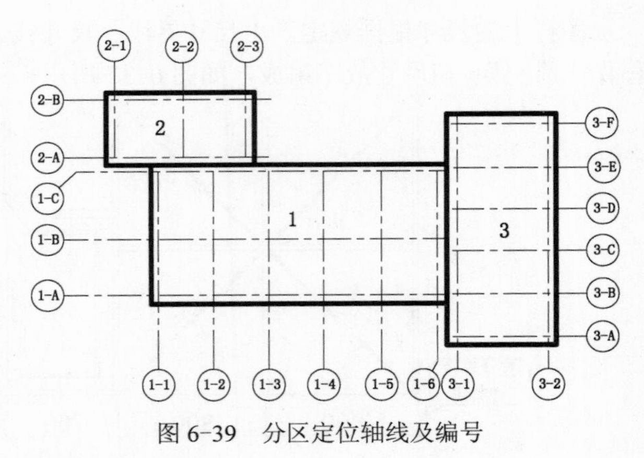

图6-39 分区定位轴线及编号

6.5.10 室内装潢设计的文字规范

在一幅完整的图样中用图线方式表现得不充分和无法用图线表示的地方，就需要进行文字说明，例如材料名称、构配件名称、构造方法、统计表及图名等。文字标注是图样内容的重要组成部分，制图规范对文字标注中的字体、字的大小、字体字号搭配等方面作了一些具体规定。

◆ 图中的汉字、字符和数字应做到排列整体、清楚正确，尺寸大小协调一致。汉字、字符和数字并列书写时，汉字字高略高于字符和数字字高。

◆ 汉字宜采用国家标准规定的矢量汉字，其标准及文件名见表6-7。

表6-7 矢量汉字标准

汉　字	长仿宋体	单线宋体	宋体	仿宋体	楷体	黑体
文件名	HZCF.*	HZDX.*	HZST.*	HZFS.*	HZKT.*	HZHT.*

◆ 汉字的高度应不小于2.5mm，字母与数字的高度应不小于1.8mm。

◆ 图及说明中的汉字应采用长仿宋体。大标题、图册封面、目录、图名、标题栏中设计的单位名称、工程名称、地形图等的汉字用表6-3所示的字体。

◆ 汉字的最小行距不小于2mm，字符与数字的最小行距应不小于1mm。当汉字与字符、数字混合使用时，最小行距等应根据汉字的规定使用。

◆ 除投标及其特殊情况外，均应采取表 6-8 中的字体文件，尽量不使用 TureType 字体，以加快图形的显示，缩小图形文件，且同一图形文件内的字型数目不要超过 4 种。

◆ 以下字体形文件为标准字体，将其放置在 CAD 软件的 FONTS 目录中即可：Romans.shx（英文花体）、romand.shx（英文花体）、bold.shx（英文黑体）、txt.shx（英文单线体）、simpelx（英文单线体）、st64f.shx（汉字宋体）、ht64f.shx（汉字黑体）、kt64f.shx（汉字楷体）、fs64f.shx（汉字仿宋）、hztxt.shx（汉字单线）。

◆ 汉字字型优先考虑采用 hztxt.shx 和 hzst.shx；英文优先考虑 romans.shx 和 simplex 或 txt.shx。所有中英文之标注宜按表 6-8 所示内容执行。

表 6-8 常用字型表

用 途	图纸名称	说明文字标题	标注文字	说明文字	总说明	标注尺寸
	中文	中文	中文	中文	中文	西文
字 型	St64f.shx	St64f.shx	Hztxt.shx	Hztxt.shx	St64f.shx	Romans.shx
字高/mm	10	5.0	3.5	3.5	5.0	3.0
宽高比	0.8	0.8	0.8	0.8	0.8	0.8

注：中西文比例设置为 1∶0.7，说明文字一般应位于图面右侧。字高为打印出图后的高度。

◆ 文字标注均为黑体；图名标注文字高度为：绘图比例 ×5，所用装饰材料及施工要点均要标示明确；标示文字高度为：绘图比例 ×2，图名标注下划线分别为 0.4mm 粗实线与 0.07mm 细实线。一般来说，说明文字应位于图面右侧。

6.6 课后练习与项目测试

1. 填空题

1）室内装潢工程竣工的验收包括 4 个阶段，即______________、______________、______________和______________。

2）室内装潢设计的步骤一般可以分为设计前期、_________、扩展设计、__________和设计实施这 5 个阶段。

3）抹灰、饰面、吊顶和隔断工程，应待隔墙、_________、__________、电线管和电器预埋件、预制钢筋混凝土楼板灌缝等完工后进行。

4）室内装潢设计师共设 3 个等级，分别为室内装潢设计员（国家职业资格三级）、室内装潢设计师（国家职业资格二级）和___________________。

5）在进行标注图名及比例时，若使用 A0、A1、A2 图纸出图时，其图名的字高为______，比例及英文图名字高为_______；若使用 A3、A4 图纸出图时，其图名的字高为_______，比例及英文图名字高为________。

2. 简答题

1）简述室内装潢工程的工作流程。

2）简述基面装潢和墙面装潢的要点。

3）简述室内装潢设计师的职责。

4）简述 CAD 进行室内制图时的线型、线宽的要求。

5）简述 CAD 进行室内制图时的标注与文字的要求。

3．操作题

1）根据要求掌握并绘制室内装潢制图所使用的施工符号图例，如图 6-40 所示。

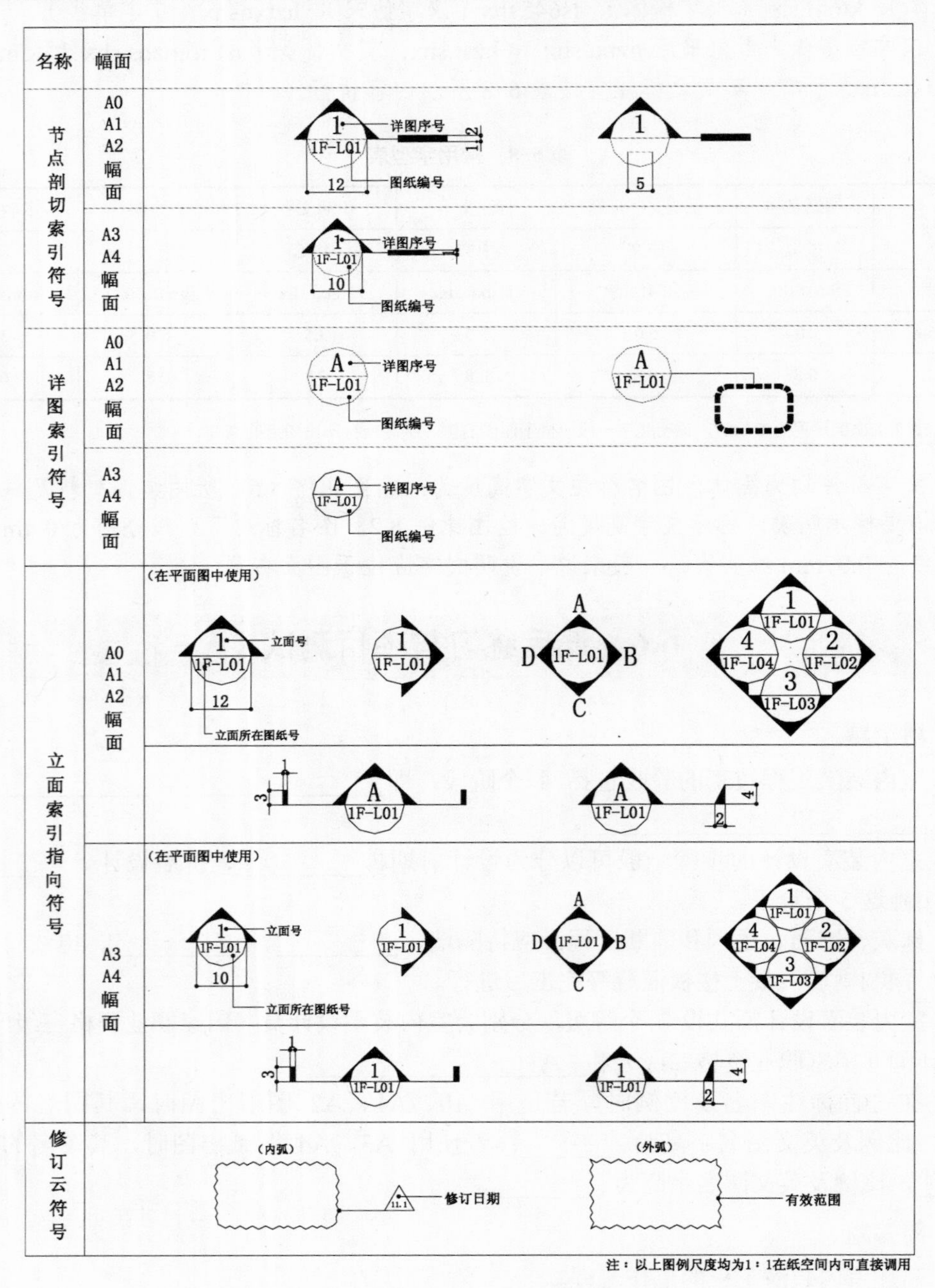

图 6-40　施工图符号图例

2）根据要求使用 AutoCAD 2014 软件来绘制室内装潢所使用的家具图例，如图 6-41 所示。

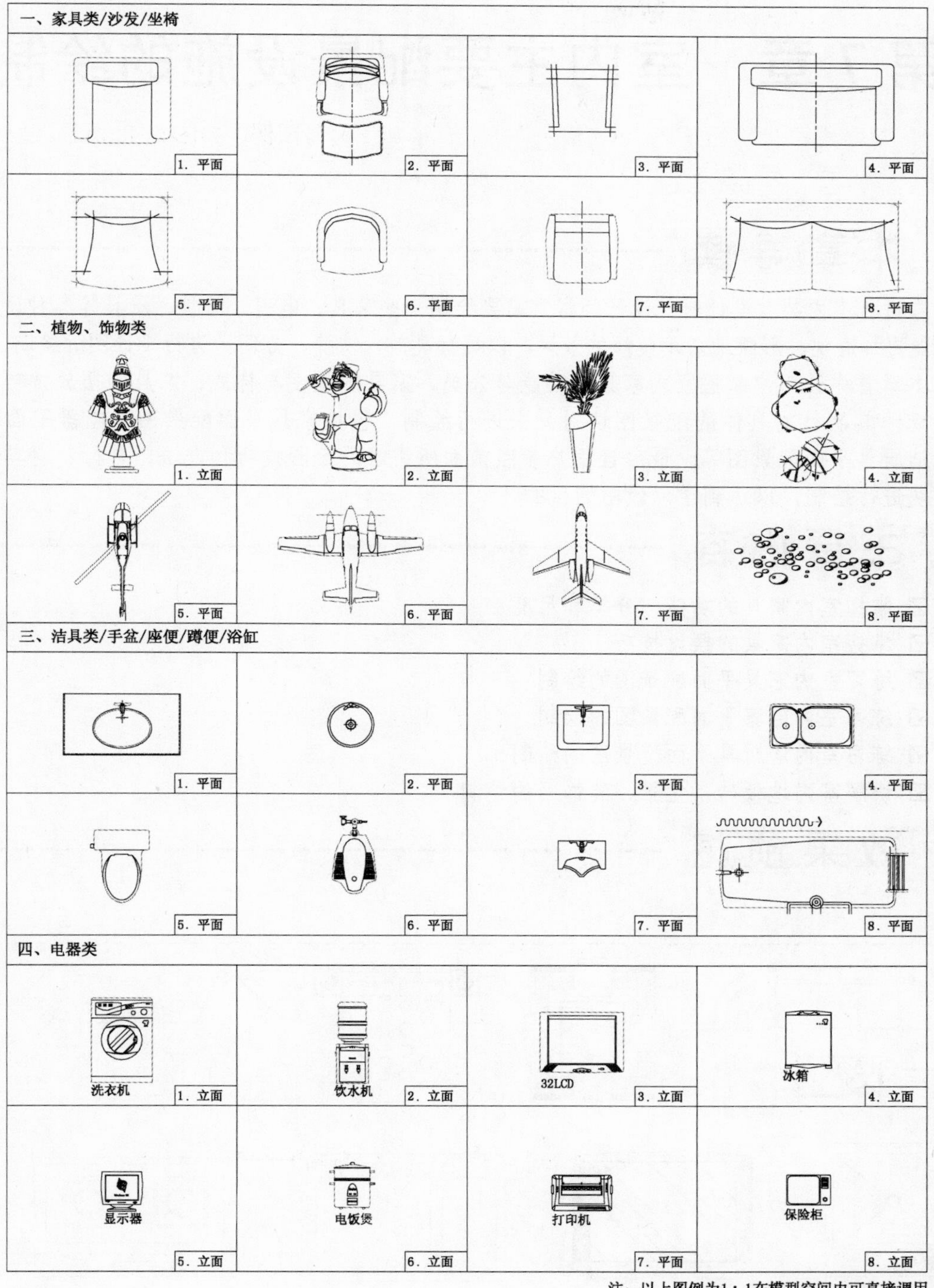

图 6-41　室内设计中的家具图例

第 7 章　室内主要配景设施的绘制

本章导读

在进行室内装潢设计时，设计师常常需要绘制一些家具、电器、洁具、厨具等各种设施，以便能更加真实、形象地表示装修的效果，以更加高效、快捷、方便地进行设计图的绘制。

本章首先让用户掌握室内家具的功能与分类、家具的尺度与样式、家具的摆放技巧等专业知识；其次针对具体的配景图块对象来进行绘制，包括家具平面配景图、电器平面配景图、洁厨具平面配景图等；最后让用户参照前面所讲解的绘图技巧和方法，自行针对其他配景图块进行绘制，以达到学以致用的目的。

主要内容

☑ 掌握室内家具的功能、分类和尺度
☑ 掌握室内家具的摆设技巧
☑ 练习室内家具平面配景图的绘制
☑ 练习室内电器平面配景图的绘制
☑ 练习室内洁厨具平面配景图的绘制
☑ 讲解室内地板砖、盆景、装饰画的绘制

效果预览

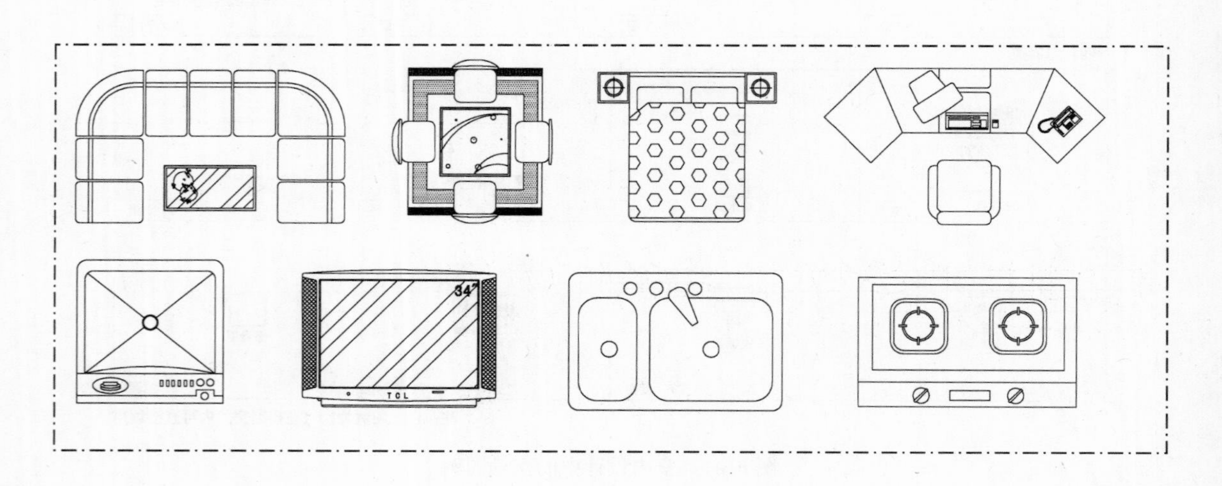

7.1 室内常用家具的概述

家具是室内设计中的一个重要组成部分，与室内环境形成一个有机的统一整体。室内设计的目的是创建一个更为舒适的工作、学习和生活环境。这个环境包括天花板、地面、墙面、家具、灯具、装饰织物、绿化以及其他陈设品，而家具是设计的主体，原因有二：其一是实用性，家具在室内设计中与人的各种活动关系最密切；其二是装饰性，家具是体现室内气氛和艺术效果的主要角色。

7.1.1 家具的功能与分类

室内装潢设计中的家具具有使用功能和视觉功能。

☑ 使用功能：卧类（坐、睡、方便工作）、倚类（坐、立式方便的操作台）、贮存类（收藏、整理、分隔空间）。

☑ 视觉功能：反映人的审美情趣（人的爱好、经历、文化修养、职业）、反映民族文化传统（地域、民族的文化、风土人情）、反映独特环境气氛（新、奇、特；中式、欧式风格）。

在进行家具分类时，可以按照以下方法进行分类。

☑ 按使用功能来分：家具可分为卧室、会客室、书房、餐厅及办公等家具。

☑ 按使用材料来分：家具可分为木、金属、钢木、塑料、竹藤、漆工艺、玻璃等家具。

☑ 按体型形式来分：家具可分为单体及组合家具等。

☑ 按结构形式来分：家具可分为框架、板式拆装及弯曲木等家具。

7.1.2 家具的尺寸

人和家具、家具和家具（如桌和椅）之间的关系是相对的，并应以人的基本尺寸（站、坐、卧不同状况）为准则来衡量这种关系，以确定其科学性和准确性，并决定相关的家具尺寸。

☑ 各类凳、椅的尺寸如图 7-1 所示。

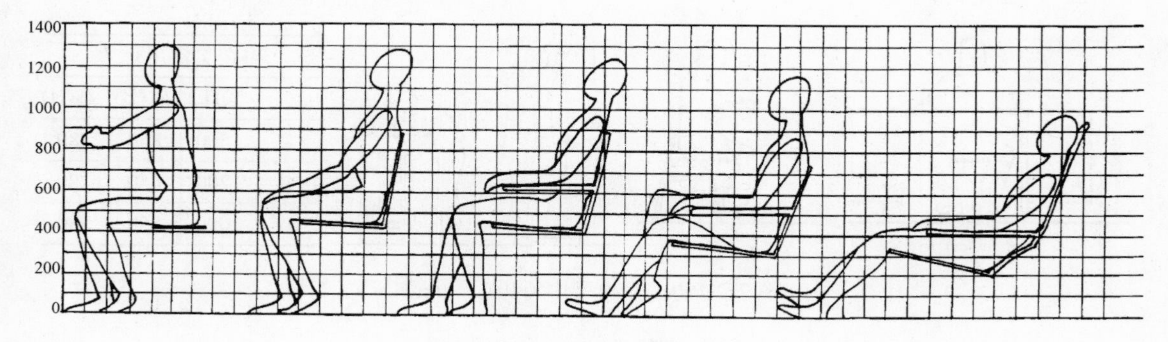

图 7-1　各类凳、椅的尺寸

☑ 各类凳、椅的常用尺寸表见表 7-1。

表 7-1　各类凳椅的常用尺寸表

	凳		靠背椅			扶手椅			沙发		
	一般	较小	较大	一般	较小	较大	一般	较小	较大	一般	较小
H/mm	440	420	829	800	790	820	800	790	900	820	780
H_1/mm			450	440	430	450	440	430	400	580	360
H_2/mm			425	415	405	425	415	405	350	530	310
H_3/mm						650	640	630	560	550	530
H_4/mm			400	390	390	400	390	390	600	510	490
H_5/mm											
W/mm	300	340	450	435	420	560	540	530	730	720	700
W_1/mm						480	460	450	560	550	530
W_2/mm			420	405	390	450	450	420	500	510	490
D/mm	280	265	545	525	520	560	555	540	790	770	750
D_1/mm			440	420	415	450	435	425	560	520	500
∠A			5° 15′	3° 20′	3° 25′	3° 12′	3° 18′	3° 22′	6° 10′	6° 18′	3° 20′
∠B			98°	97°	97°	100°	98°	97°	105°	105°	97°
∠C											

☑ 办公桌的尺寸如图 7-2 所示。

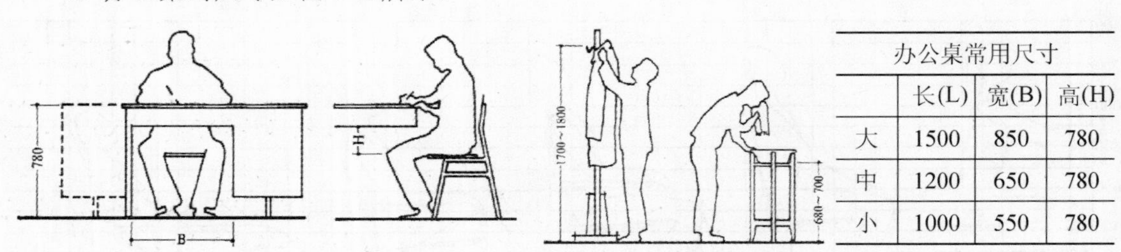

办公桌常用尺寸

	长(L)	宽(B)	高(H)
大	1500	850	780
中	1200	650	780
小	1000	550	780

图 7-2　办公桌的尺寸（单位：mm）

☑ 人体与各类家具的尺寸如图 7-3 所示。

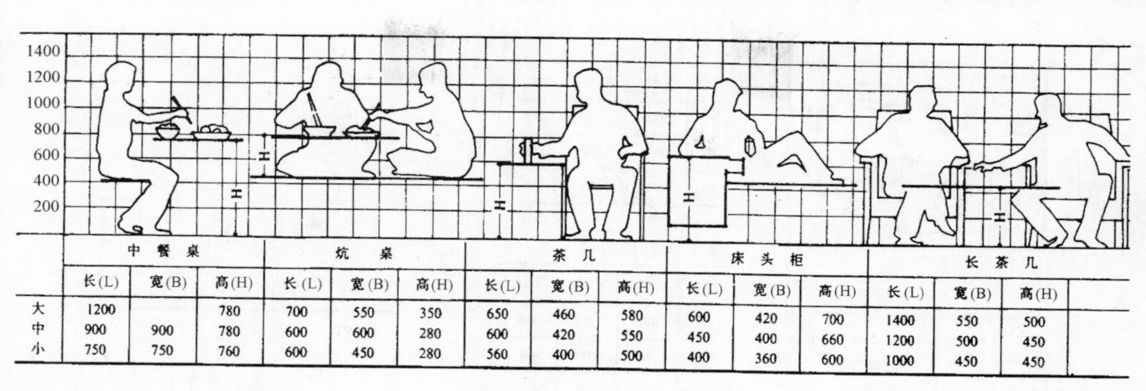

	中餐桌			炕桌			茶几			床头柜			长茶几		
	长(L)	宽(B)	高(H)	长(L)	宽(B)	高(H)	长(L)	宽(B)	高(H)	长(L)	宽(B)	高(H)	长(L)	宽(B)	高(H)
大	1200		780	700	550	350	650	460	580	600	420	700	1400	550	500
中	900	900	780	600	600	280	600	420	550	450	400	660	1200	500	450
小	750	750	760	600	450	280	560	400	500	400	360	600	1000	450	450

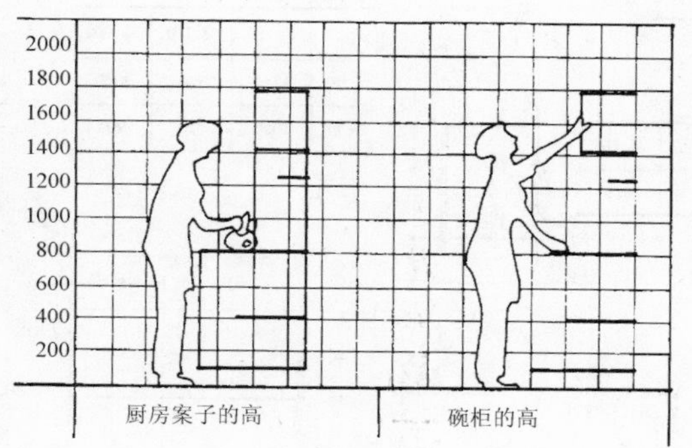

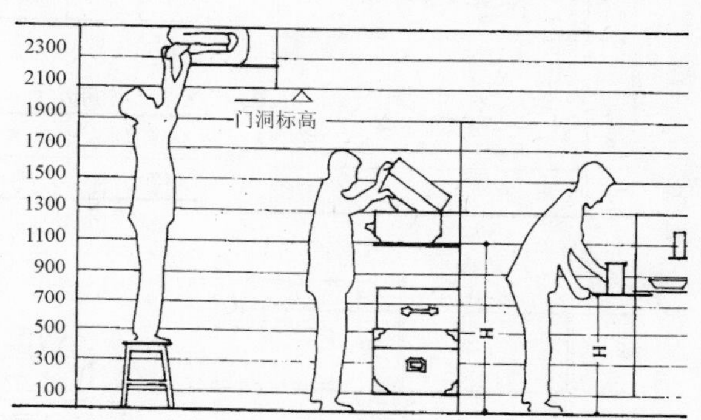

图 7-3　人体与各类家具的尺寸（单位：mm）

☑ 衣柜各部分的尺寸如图 7-4 所示。

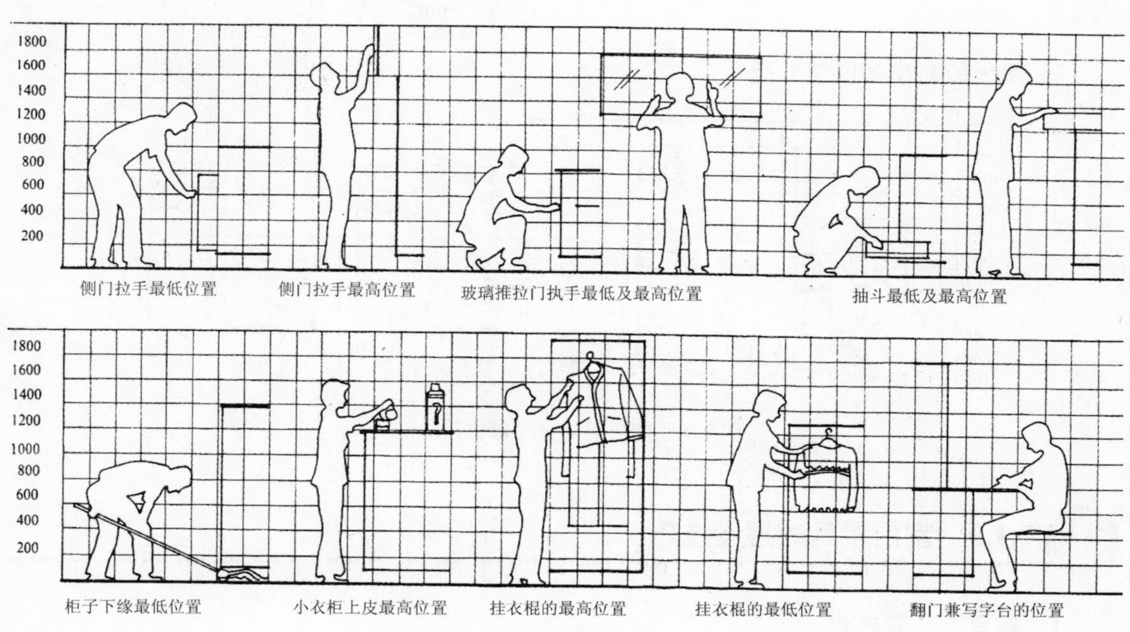

图 7-4　衣柜各部分的尺寸（单位：mm）

☑ 床的尺寸如图 7-5 所示。

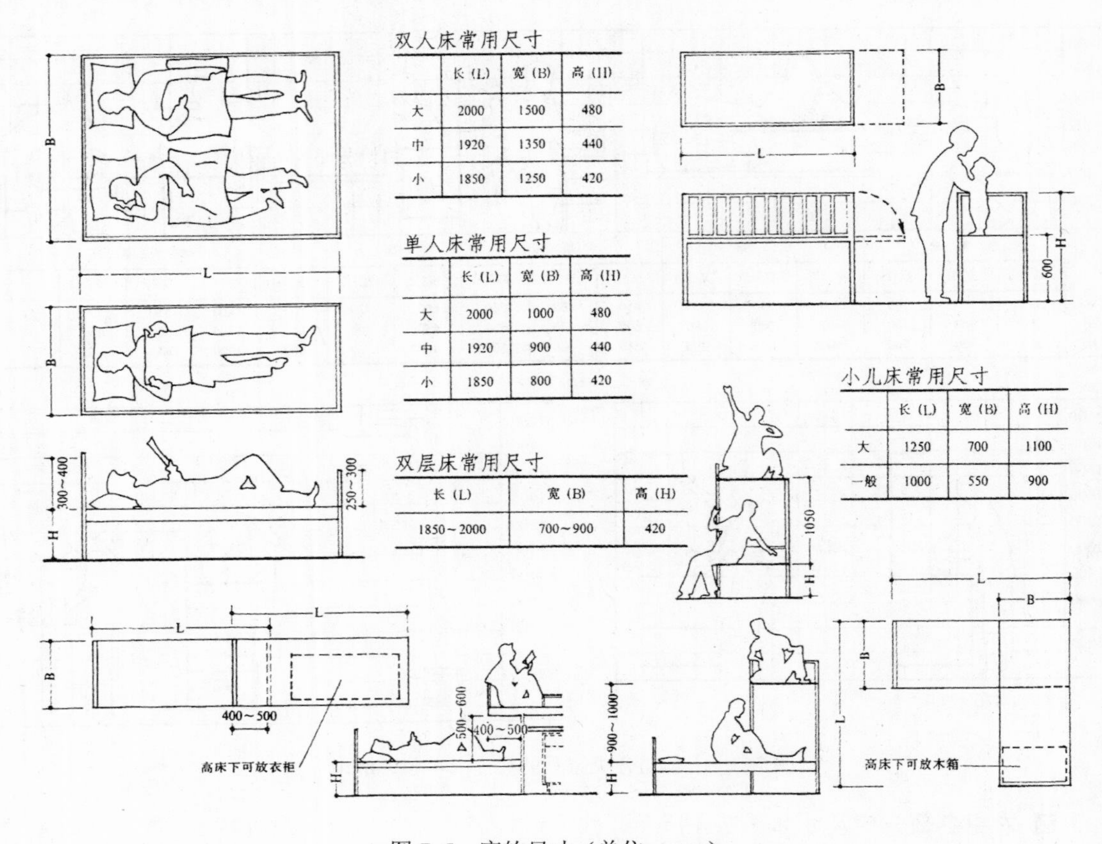

双人床常用尺寸

	长（L）	宽（B）	高（H）
大	2000	1500	480
中	1920	1350	440
小	1850	1250	420

单人床常用尺寸

	长（L）	宽（B）	高（H）
大	2000	1000	480
中	1920	900	440
小	1850	800	420

双层床常用尺寸

长（L）	宽（B）	高（H）
1850～2000	700～900	420

小儿床常用尺寸

	长（L）	宽（B）	高（H）
大	1250	700	1100
一般	1000	550	900

图 7-5　床的尺寸（单位：mm）

☑ 搁板的高度如图 7-6 所示。

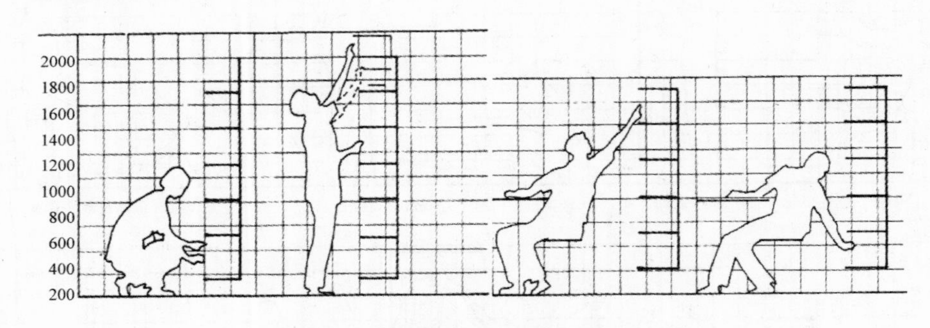

图 7-6　搁板的高度（单位：mm）

7.1.3　室内家具的摆设技巧

1. 家具的布置格式

☑ 围基式：即将家具沿着四壁陈设（常将床靠墙摆放）。这种格式简洁明快，室内活动区域较大，较适宜于 $14m^2$ 以下的小房间。

☑ 中隔式：即利用组合柜等高大家具将较大的房间分隔开。例如，可把一间 18 m^2 的房间分隔成会客与卧室两个区域，使两种功能既独立又互相保持联系。

2．确定家具在室内的具体位置

☑ 要考虑人的活动路线，尽可能简捷、方便，不过分迂回、曲折。
☑ 家具的周围要留有足够的空间，以保证人们能够方便地使用家具。

3．注意家具与门、窗、墙、柱以及其他设备的关系

或者靠窗、靠墙，或者集中到一个墙角，或者布置在房间的中央，都要搭配得当，使家具与家具、家具与居室内空间形成一个有机整体。

4．巧布置大面积房间的家具

一般 16 m^2 以上的大房间，家具摆放可依以下原则进行。

☑ 以床为轴心的对称摆法。给人以平衡、稳重的舒适感觉。
☑ 按不同的使用要求，把家具划分若干组进行陈设。它能给人以条理清晰的感觉，使用时也很方便。
☑ 用大体积的家具或屏隔（如组合家具、屏风、板壁）分隔室内空间，以形成两个以上的生活区域。

5．巧布置单间居室的家具

☑ 对称式摆法：以床为中心，床头靠墙，与床并排左右两边分别摆设大橱、五斗橱；床的另一头左右两边分别放置餐桌和写字台。这样就形成以床为中心的左右两边橱与橱对称、台子与台子的对称。整个居室看起来宽敞、整齐、简洁。
☑ 分组成摆法：根据不同的使用要求，把家具分成几个组进行摆设。床头和床的一边紧靠墙，与床头并排放床边橱作为睡卧家具组；中间放餐桌，桌四边各放一把椅子，作为会客、用餐家具组。这样摆设条理清晰，使用上也比较方便。

6．巧布置多间居室的家具

多间居室按照生活需要分设卧室、会客室（餐室）。会客室摆设书橱、写字台、餐室、椅子、沙发、茶几等。卧室按家庭成员分设主卧室和次卧室。主卧室摆较好的成套家具，次卧室一般作为孩子的卧室，按照孩子的生活、学习需要摆设一些整洁简单的家具。

7．居室中巧放置沙发

沙发供日常起坐及会客之用，单人沙发一般都成对使用，中间放置一小茶几供放茶具之用。双人或三人沙发前要放一长方形茶几。沙发应放置在近窗或照明灯具的下面，这样从沙发的位置看整个房间，感觉明亮。同时由于从沙发的位置观看整个房间的机会最多，因此应特别注意布置的美观，尽可能不使家具的侧面，或床沿对着沙发。

8．居室中巧放置睡床

卧室中最重要的是床。床的摆设对卧室的气氛起着决定的作用，根据专家的研究结果，一张睡床不管放置在什么地方，枕头的位置以刚巧在两个窗子的中间为好，因为那个地方特别通风。如果房间有两个窗子，一个向东，一个向南，床头就应选在房间靠近中央之处，刚巧是东南两个窗子的交叉点。床与窗的距离以 30cm 之外为好。

9．布置家具的注意事项

☑ 新的住宅设计，居室大都有阳台或壁橱，布置家具时要注意尽量缩短交通路线，以争取比较多的有效利用面积。同时，不要使交通路线过分靠近床位，以免由于来往走人对床位造成干扰。

☑ 活动面积适宜在靠近窗子的一边，沙发、桌椅等家具布置在活动面积范围内。这样可以使读书、看报有一个光线充足、通风良好的环境。

☑ 室内家具布置要匀称、均衡，不要把大的、高的家具布置在一边，而把小的、矮的家具放在另一边，给人以不舒服的感觉。带穿衣镜的大衣柜、镜子不要正对窗子，以免影响映像效果。

☑ 要注意家具与电器插销的相互关系。例如，写字台要布置在距离插销最近的地方，否则会因台灯电线过长而影响室内美观，用电也不够安全。

7.2 室内家具平面配景图的绘制

在使用 AutoCAD 2014 软件进行室内装潢设计图的绘制过程中，少不了使用一些家具、电器、绿化等图形进行配景，从而使整个室内设计更加完善。本节将讲解室内家具平面配景图的绘制，包括有组合沙发和茶几、组合餐桌和椅子、组合床和床头柜、组合办公桌等。

7.2.1 绘制组合沙发和茶几

视频\07\绘制组合沙发和茶几.avi
案例\07\组合沙发和茶几.dwg

在绘制组合沙发与茶几时，首先使用“矩形”等命令绘制单座沙发，并进行“复制”命令完成靠背的三座沙发；其次使用“复制”“旋转”“拉伸”及“镜像”等命令绘制旁座沙发；再次使用“圆弧”等命令绘制圆角沙发；最后绘制茶几，整个绘制流程如图 7-7 所示。

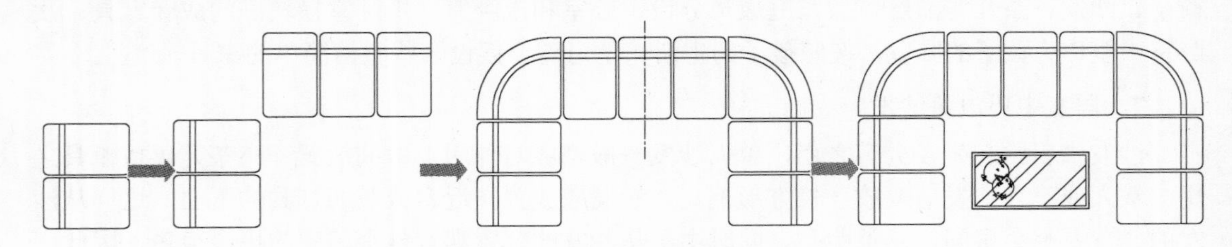

图 7-7 绘制组合沙发与茶几流程图

1）在 AutoCAD 2014 环境中，使用“矩形”命令（REC）在视图中绘制 880mm × 550mm 的圆角矩形，其圆角的半径为 55mm，再使用“打散”命令（X）对其圆角矩形分解，再使用“偏移”命令（O）将矩形左侧的垂直线段向右偏移 165mm 和 55mm，最后使用“延伸”命令（EX），将偏移的线段向两端进行延伸，从而完成单座沙发的绘制，如图 7-8 所示。

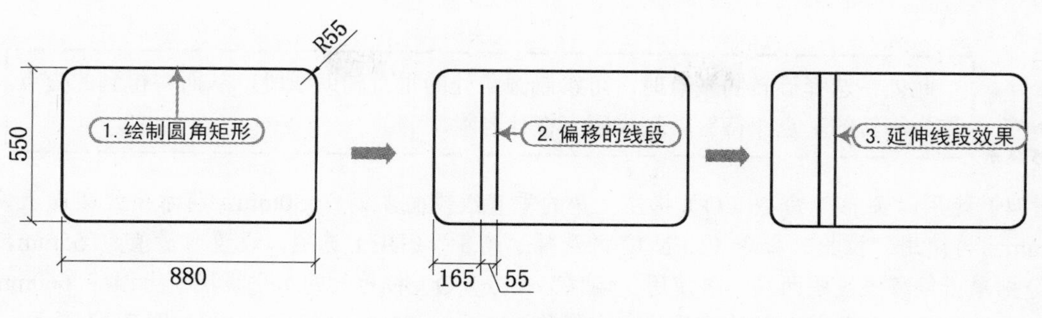

图 7-8　绘制单座沙发

2）使用“复制”命令（CO），将绘制的单座沙发垂直向上复制 580mm，再使用“偏移”命令（O）将矩形右侧的垂直线段向右偏移 885mm，最后使用“镜像”命令（O），将左侧的两座沙发水平镜像，如图 7-9 所示。

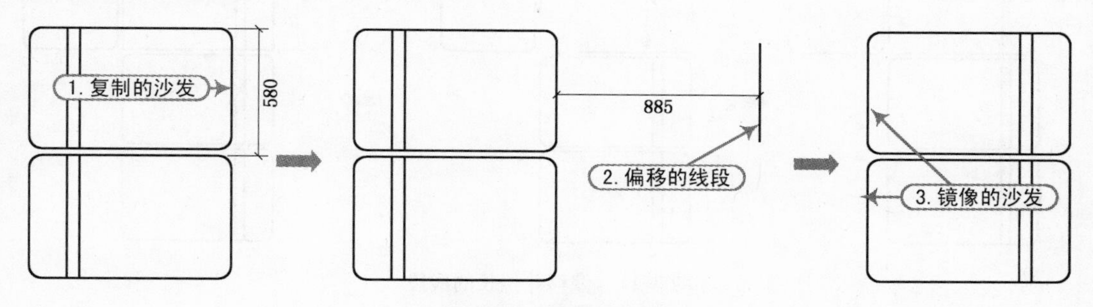

图 7-9　复制并镜像沙发

此处偏移 885mm 所得到的线段是作为镜像所使用的线段，待镜像完成后应将其删除。

3）使用“复制”命令（CO），将左侧上端复制的沙发再向上复制 580mm，再使用“旋转”命令（RO）将最上侧的单沙发旋转-90°，再使用“移动”命令（M），将旋转的沙发水平向右移动 30mm，使用“复制”命令（CO），将上侧移动的单座沙发水平向右复制 580mm 的另外两座沙发，如图 7-10 所示。

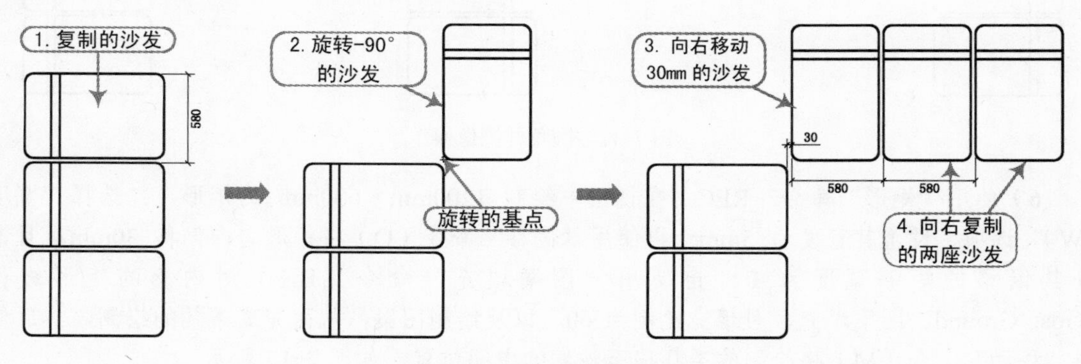

图 7-10　复制并旋转的沙发

此处在选择旋转的基点时，可绘制圆角处的垂直辅助线段，从而将得到的交点作为旋转的基点，待旋转完成后应将其删除。

4）使用“偏移”命令（O）将左上角的垂直线段向左偏移 30mm，将水平线段向上偏移 30mm；再使用“拉长”命令（LEN），并选择“增量”（DE）选项，设置增量值为 55mm，然后分别单击偏移线段的两端；再使用“偏移”命令（O）将拉长的水平线段向上偏移 660mm、55mm 和 165mm，将拉长的垂直线段向左偏移 660mm、55mm 和 165mm，如图 7-11 所示。

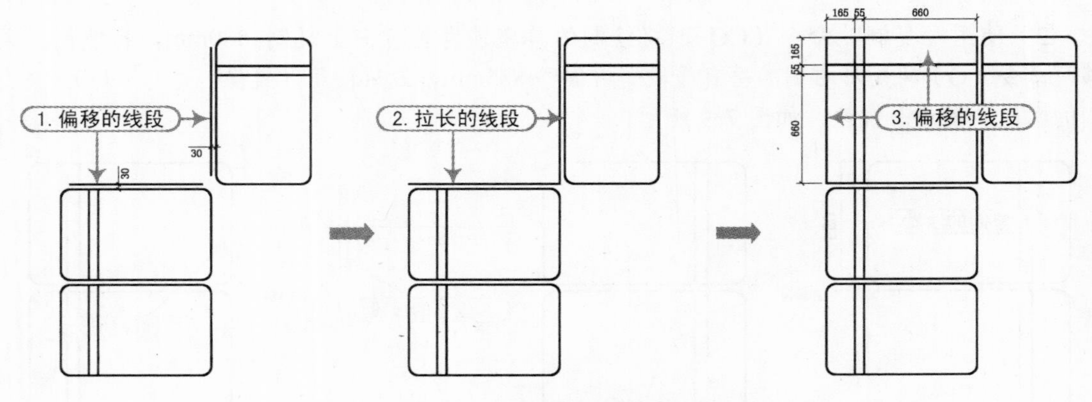

图 7-11　偏移并拉长的线段

5）使用“圆角”命令（F）将偏移和拉长的线段进行圆角操作，其圆角的半径分别为 550mm、605mm、770mm 和 55mm，从而形成转角沙发，再使用“镜像”命令（MI），将其左上角的圆角沙发以上侧中间沙发的中轴线进行水平镜像，如图 7-12 所示。

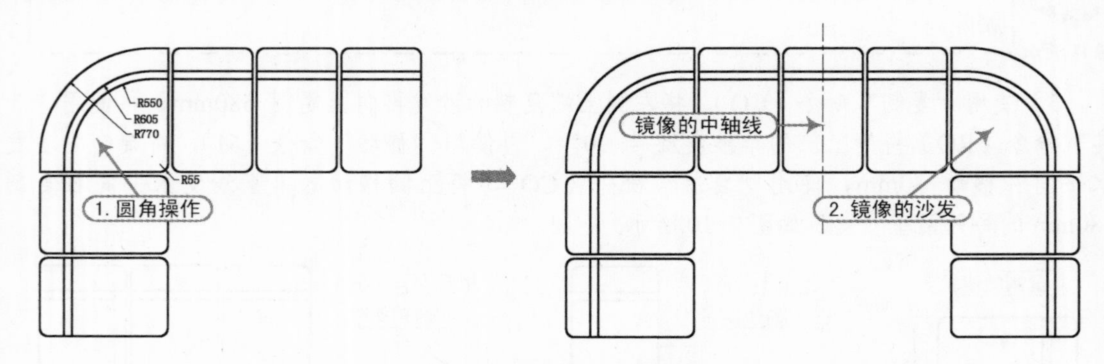

图 7-12　圆角并镜像操作

6）使用“矩形”命令（REC）在视图中绘制 1200mm × 600mm 的矩形，并选择“宽度（W）”选项，设置其宽度为 5mm；再使用“偏移”命令（O）将矩形向内偏移 30mm，且设置其偏移的矩形宽度为 0；再使用“图案填充”命令（BH）对内侧的矩形进行“Gost_Ground”图案填充，且填充比例为 60，以及绘制图案，从而完成茶几的绘制，然后使用“移动”命令（M）将绘制的茶几移至沙发的中间位置，如图 7-13 所示。

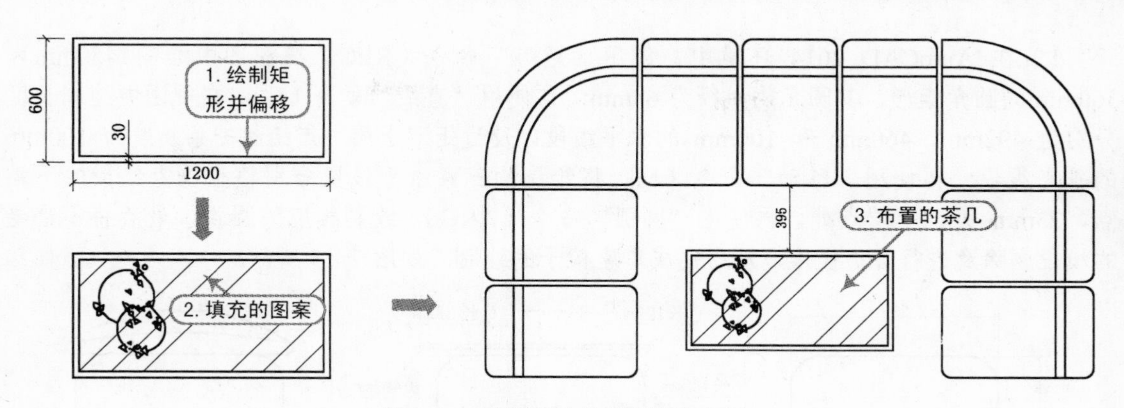

图 7-13　绘制茶几并移至沙发中间

专业点滴

沙发的一般尺寸

沙发因其风格及样式的多变，所以很难有一个绝对的尺寸标准，只有一些常规的一般尺寸。

- 沙发扶手。一般高 560～600mm。
- 单人式。长度：800～950mm，深度：850～900mm；座高：350～420mm；背高：700～900mm。
- 双人式。长度：1260～1500mm；深度：800～900mm。
- 三人式。长度：1750～1960mm；深度：800～900mm。
- 四人式。长度：2320～2520mm；深度：800～900mm。

7.2.2　绘制组合餐桌和椅子

视频\07\绘制组合餐桌和椅子.avi
案例\07\组合餐桌和椅子.dwg

在绘制组合餐桌与椅子时，首先使用“矩形”“圆弧”等命令绘制单座椅子，再使用“矩形”“圆弧”“圆”等命令绘制餐桌，然后对其椅子进行移动与环形阵列操作，再使用“矩形”“偏移”“修剪”“填充”等命令绘制地毯，从而完成组合餐桌与椅子的绘制，整个绘制流程如图 7-14 所示。

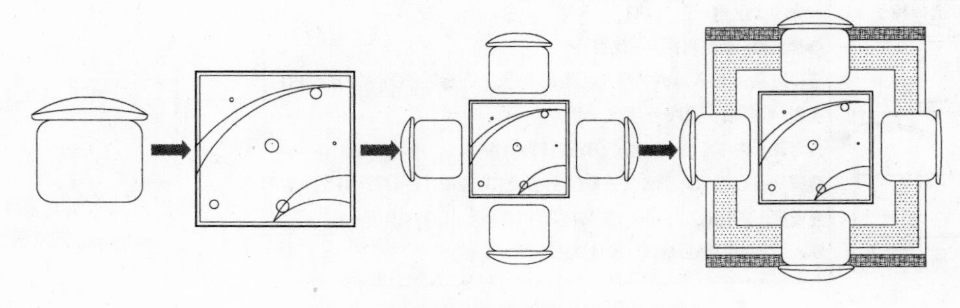

图 7-14　绘制组合餐桌与椅子流程图

1）在 AutoCAD 2014 环境中，使用“矩形”命令（REC）在视图中绘制 450mm×360mm 的圆角矩形，其圆角的半径为 68mm；再使用“直线”命令（L），在视图中绘制长度分别为 492mm、460mm 和 100mm 的水平线段以及过矩形上侧中点绘制一条长度为 100mm 的垂直线段；再使用“移动”命令（M）将绘制的三条水平线段分别移至垂直线段的下端点、23mm 处、上端点处，再使用“圆弧”命令（ARC），绘制相应的圆弧，最后将不需要的线段删除及进行修剪操作，从而完成单座椅子的绘制，如图 7-15 所示。

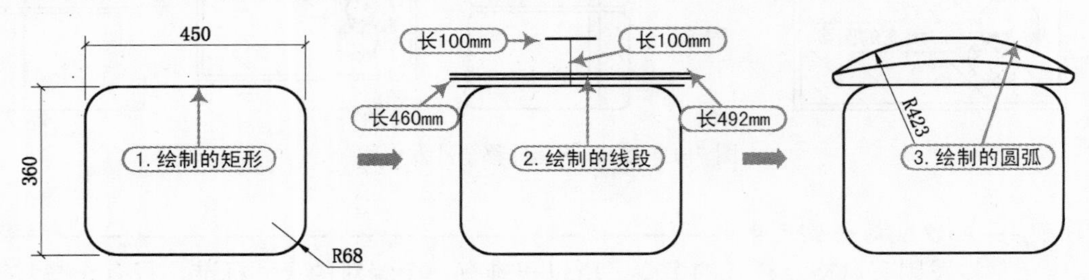

图 7-15　绘制单座椅子

2）使用“矩形”命令（REC）在视图中绘制 750mm×750mm 的矩形，并选择“宽度（W）”选项设置其宽度为 5；再使用“偏移”命令（O）将矩形向内偏移 20mm，且设置其偏移的矩形宽度为 0；最后使用“圆弧”命令（ARC）及“圆”命令（C）绘制相应的装饰图案，从而完成餐桌的绘制，如图 7-16 所示。

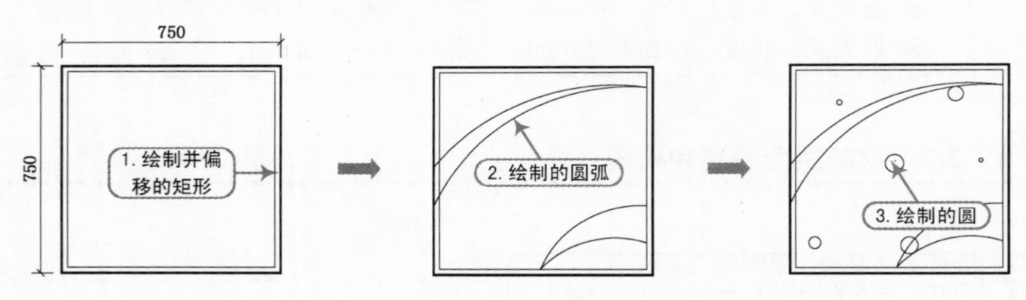

图 7-16　绘制的餐桌

3）使用“移动”命令（M），将前面绘制的平面椅子移至餐桌的上侧，再使用“阵列”命令（AR）对其椅子进行环形阵列操作，其环形阵列的中点为矩形的中点，阵列的数量为 4，如图 7-17 所示。

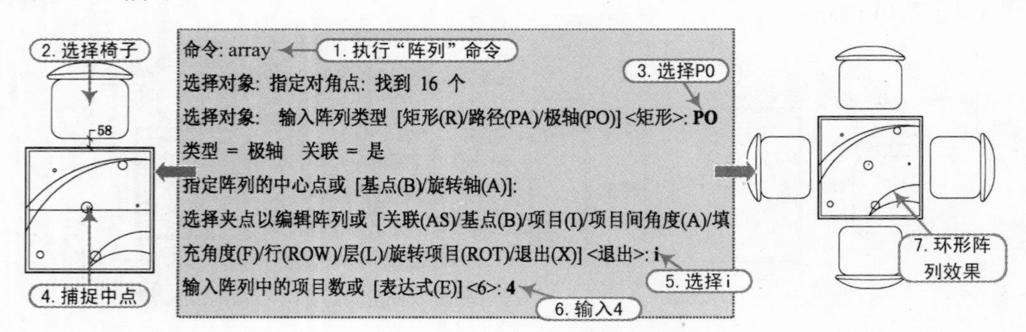

图 7-17　移动并阵列椅子

此处在选择环形阵列的中心点时，应事先过矩形的左右两侧中点绘制一条水平辅助线段，则水平线段的中点就是环形阵列的中心点，待环形阵列完成后应将其水平辅助线段删除。

4）使用“矩形”命令（REC）在视图中绘制 1442mm×1442mm 的矩形，再使用“偏移”命令（O）将其矩形向内侧偏移 50mm、150mm，再使用“移动”命令（M）将前面绘制的餐桌和椅子移至矩形的中央位置，然后使用“修剪”命令（TR），将多余的线段进行修剪操作，如图 7-18 所示。

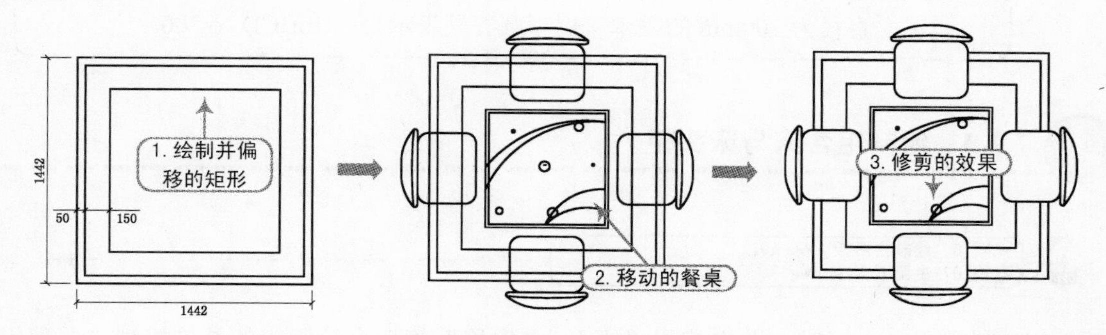

图 7-18 绘制矩形并移动餐桌

5）使用“直线”命令（L），在其上、下两侧绘制高度为 80mm 的封闭区域，再使用“图案填充”命令（BH），分别对其指定的区域进行填充，如图 7-19 所示。

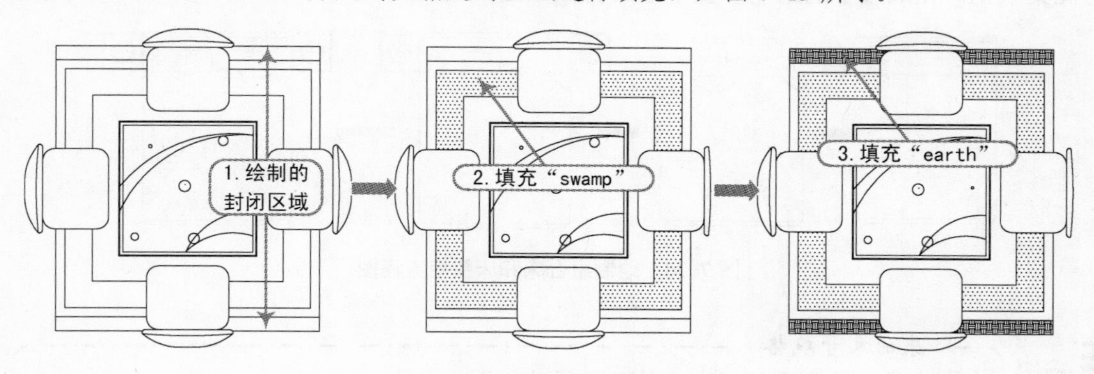

图 7-19 进行图案填充

餐桌餐椅的一般尺寸

- 餐桌高：750～790mm；餐椅高：450～500mm。
- 圆桌直径：2 人 500mm、2 人 800mm、4 人 900mm、5 人 1100mm、6 人 1100～1250mm，8 人 1300mm、10 人 1500mm、12 人 1800mm。
- 方餐桌尺寸：2 人 700mm×850mm、4 人 1350mm×850mm、8 人 2250mm×850mm。
- 餐桌转盘直径：700～800mm。

专业点滴

餐桌餐椅的代号及规格型号

1）代号：餐桌（CZ）；餐椅（CY）；餐凳（CD）。

2）产品规格型号由材质代号、分类代号、产品代号及桌（椅）面主要尺寸组成。

⊙ 产品桌面（座面）为矩形、正方形及椭圆形的用如下方法表示。

例如，宽 1500mm，深 800mm 的木质家具餐桌表示为：MFCZ1500×800

宽 460mm，深 440mm 的金属商用餐椅表示为：GSCY460×440

⊙ 产品桌面（座面）为圆形的用如下方法表示。

例如，直径为 1800mm 的木质商用型圆餐桌表示为：MSCZ ϕ800

直径为 300mm 的钢木家用型圆餐凳表示为：GmJCD ϕ300

7.2.3 绘制组合床与床头柜

视频\07\绘制主卧双人床.avi
案例\07\主卧双人床.dwg

在绘制床和床头柜时，首先使用“矩形”“偏移”等命令绘制床的结构模型，并使用“矩形”“复制”“移动”等命令绘制枕头，其次使用“矩形”“偏移”“圆”等命令绘制床头柜，并使用“移动”“复制”等命令将其移至床的左右两侧；最后使用图案填充命令对其进行图案填充，完成被子的绘制，整个绘制流程如图 7-20 所示。

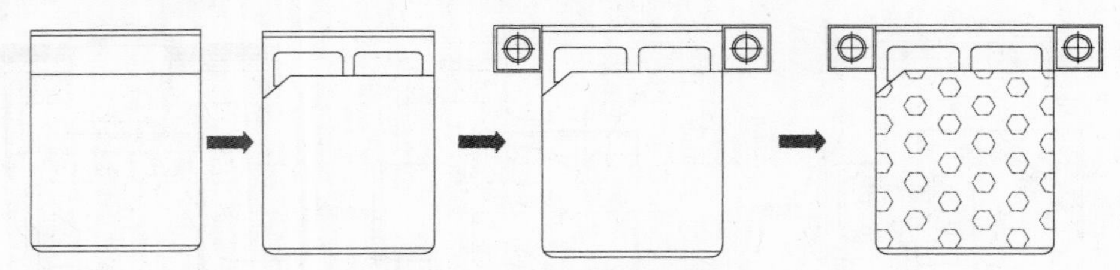

图 7-20　绘制组合床和床头柜流程图

专业点滴

床的尺寸规格

国内常见单人床和双人床的一般尺寸如下。

⊙ 单人床尺寸。小 180cm×120cm；大 200cm×120cm。

双人床尺寸。标准 150cm×200cm；加大 180cm×200cm。

⊙ 单人床尺寸。宽度：90cm、105cm、120c；

长度：180cm、186cm、200cm、210cm。

双人床尺寸。宽度：135cm、150cm、180cm；

长度：180cm、186cm、200cm、210cm。

⊙ 单人床尺寸。120cm×200cm 或 135cm×200cm。

双人床尺寸。150cm×200cm 或 150cm×180cm。

1）在 AutoCAD 2014 环境中，使用“矩形”命令（REC）在视图中绘制 1500mm × 2000mm 的矩形；再使用“圆角”命令（F）对矩形下侧的左右两侧的直角按照半径为 100mm 进行圆角处理；再使用“偏移”命令（O），将上侧的线段向下偏移 50mm 和 350mm，将下侧的线段向上偏移 50mm，如图 7-21 所示。

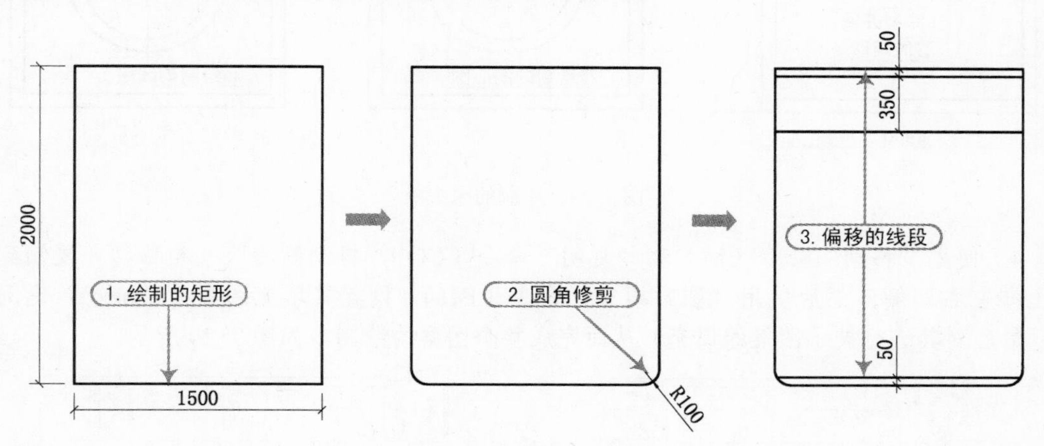

图 7-21　绘制矩形并偏移线段

2）同样，使用“矩形”命令（REC）在视图中绘制 600mm × 300mm 的矩形；再使用“圆角”命令（F）对矩形上侧的左右两侧的直角按照半径为 50mm 进行圆角处理；再使用“复制”命令（CO），其圆角矩形向右复制 700mm；再使用“移动”命令（M），将复制的两个圆角矩形移动到上一步绘制的矩形相应位置；最后使用“修剪”命令（TR）对其进行修剪操作，从而完成枕头与被子的绘制，如图 7-22 所示。

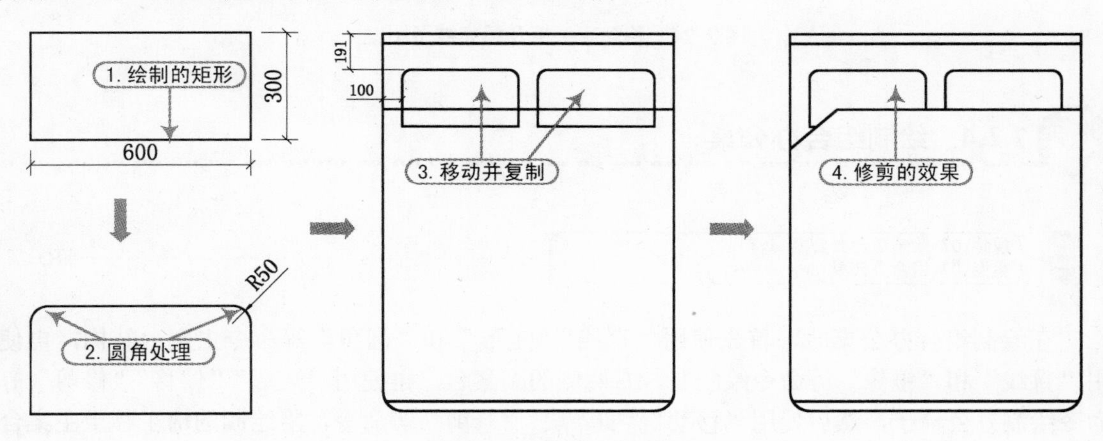

图 7-22　绘制枕头与被子

3）使用“矩形”命令（REC）在视图中绘制 400mm × 400mm 的矩形；再使用“偏移”命令（O）将其向内侧偏移 20mm；再使用“圆”命令（C），在矩形的中点位置绘制半径为 116mm 和 96mm 的同心圆；再使用“直线”命令（L），过圆心点绘制互相垂直的线段，从而完成床头柜的绘制，如图 7-23 所示。

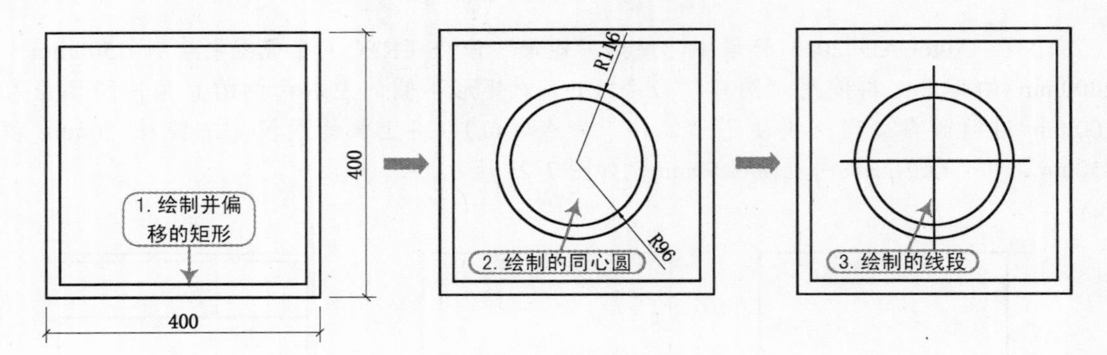

图 7-23　绘制的床头柜

4）使用“移动”命令（M）和“复制”命令（CO），将绘制的床头柜移动并复制到床的上端左右两侧；然后使用“图案填充”命令（BH），设置其填充图案为“hex”，比例为30，最后对其进行被子图案的填充，从而完成整个图案的绘制，如图 7-24 所示。

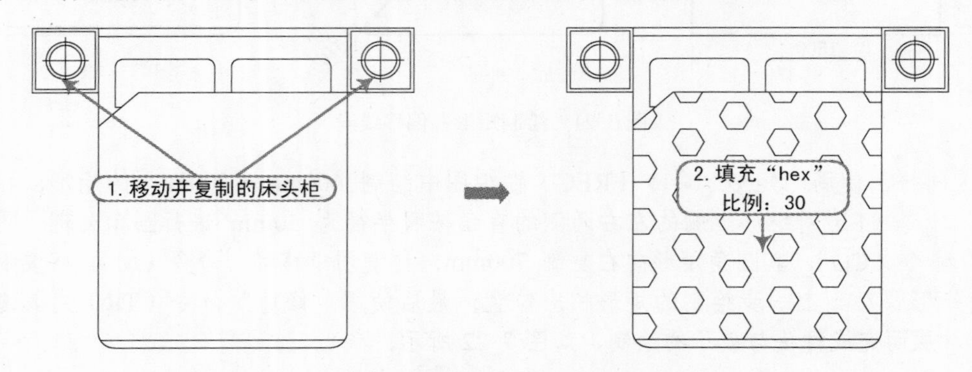

图 7-24　移动床头柜及填充被子图案

7.2.4　绘制组合办公桌

在绘制组合办公桌时，首先使用“直线”“矩形”和“圆角”等命令主案台结构，再使用“直线”和“镜像”等命令绘制左、右两侧的副案台，再使用“矩形”“偏移”“修剪”等命令绘制办公椅子，然后使用“移动”“插入块”“修剪”等命令，将绘制的椅子移至主案台下侧以及插入图块，且将多余的线段删除，整个绘制流程如图 7-25 所示。

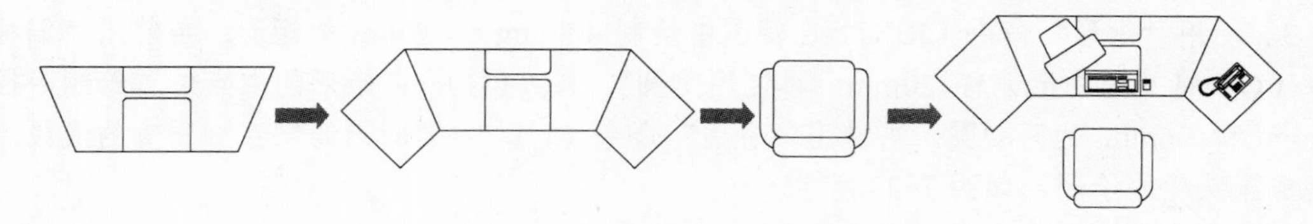

图 7-25　绘制组合办公桌流程图

专业点滴

办公桌和会议桌的规格尺寸

国内常见办公桌和会议桌的一般尺寸如下。

⊙ 办公桌标准尺寸：一般为 120cm×60cm，而 140cm×70cm 为主打产品，小的尺寸有 100cm×45cm，大的尺寸有 150cm×80cm。其材料以防火板为主。

⊙ 标准会议桌尺寸：一般为 180cm×90cm，而 200cm×100cm 为主打产品，小的尺寸有 160cm×80cm，大的尺寸有 240cm×120cm。其材料以防火板为主。

专业点滴

各类办公椅的标准尺寸（见表 7-2～表 7-4）

表 7-2 扶手办公椅标准尺寸

参数名称	男/mm	女/mm	参数名称	男/mm	女/mm
坐高	410～430	390～410	靠背高度	410～420	390～400
坐深	400～420	380～400	靠背宽度	440～460	440～460
坐位前宽	440～460	440～460	靠背倾斜度	98°～104°	98°～104°

表 7-3 轻便型休闲椅尺寸

参数名称	男/mm	女/mm	参数名称	男/mm	女/mm
坐高	360～380	360～380	靠背高度	460～480	450～470
坐宽	450～470	450～470	坐面倾斜度	7°～6°	7°～6°
坐深	430～450	420～440	靠背与坐面倾斜度	106°～112°	106°～112°

表 7-4 标准型休闲椅尺寸

参数名称	男/mm	女/mm	参数名称	男/mm	女/mm
坐高	340～360	320～340	靠背高度	480～500	470～490
坐宽	450～500	450～500	坐面倾斜度		
坐深	450～500	440～480	靠背与坐面倾斜度	112°～120°	112°～120°

1）在 AutoCAD 2014 环境中，使用“直线”命令（L）在视图中绘制长度分别为 1120mm、1617mm 的水平线段，再绘制一条高度为 600mm 的垂直辅助线段，再使用“移动”命令（M），将绘制的两条水平线段以其中点移至垂直线段的上下两个端点处，再使用“直线”命令（L），分别将左右两侧的端点进行连接，最后将绘制的垂直辅助线段删除，从而完成中间主案台的绘图，如图 7-26 所示。

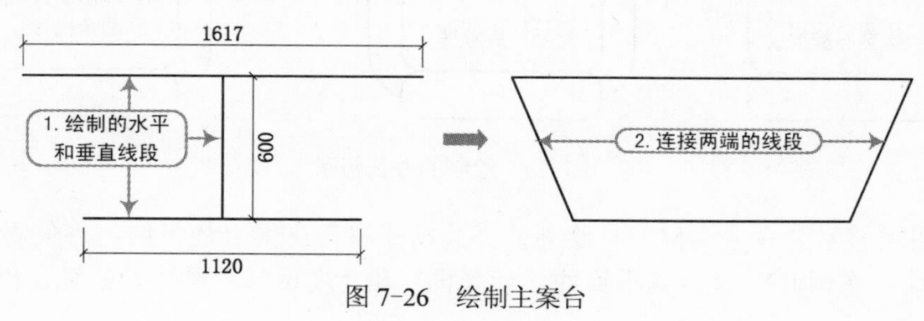

图 7-26 绘制主案台

2）使用“矩形”命令（REC）绘制 467mm × 380mm 和 467mm × 180mm 的两个矩形，再使用“圆角”命令（F），设置圆角半径为 33，将大矩形上侧的左右两角和小矩形下侧的左右两角进行圆角处理，然后使用“移动”命令（M），将绘制的矩形移至主案台上下两条线段的中点位置，如图 7-27 所示。

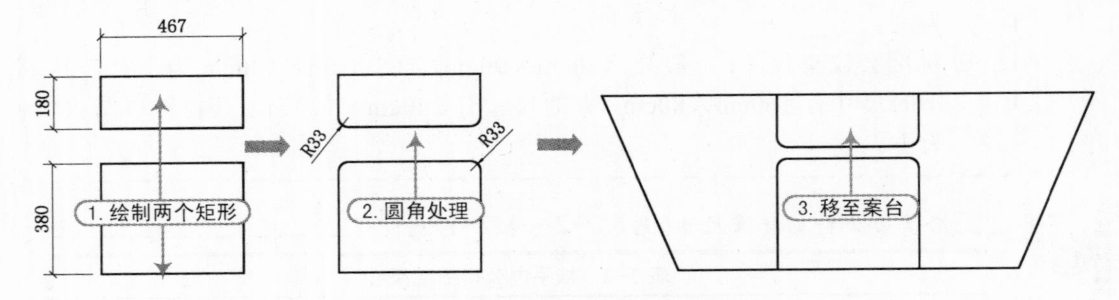

图 7-27　绘制主案台工作区

3）使用“直线”命令（L）绘制主案台左侧副案台，再使用“镜像”命令（MI），将左侧的副案台进行水平镜像，其镜像的中点为主案台的上下两中点，如图 7-28 所示。

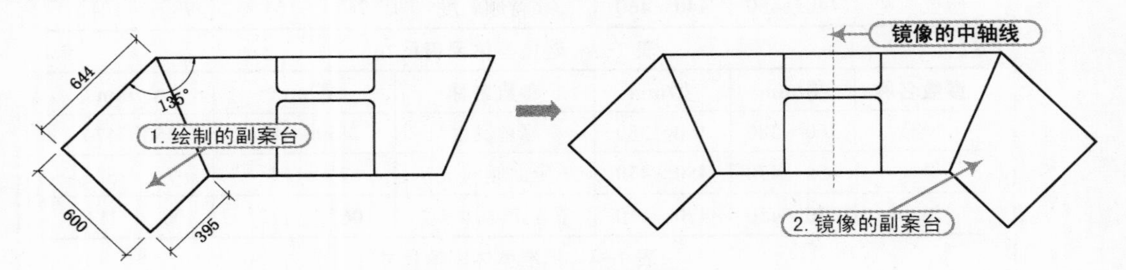

图 7-28　绘制并镜像的副案台

4）使用“矩形”命令（REC）绘制 490mm × 122mm 和 490mm × 480mm 的两个矩形，并设置圆角半径为 50mm，再使用“偏移”命令（O）将其上侧的圆角矩形向外偏移 80mm，并对其进行修剪，最后对其上侧进行修剪、圆角等操作，从而完成办公椅的平面图形，如图 7-29 所示。

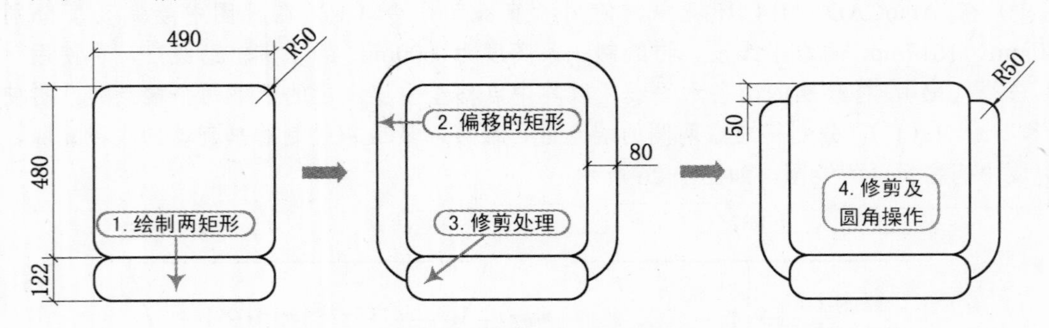

图 7-29　绘制的办公椅子

5）使用“移动”命令（M）将绘制的办公椅子移至主案台的下侧，再使用“插入块”命令（I），将“案例\07”文件夹下面的“计算机”和“电话”图案插入主案台和右侧的副案台处，再使用“修剪”命令（TR）将多余的线段进行修剪，从而完成整个组合办公桌的绘制，如图 7-30 所示。

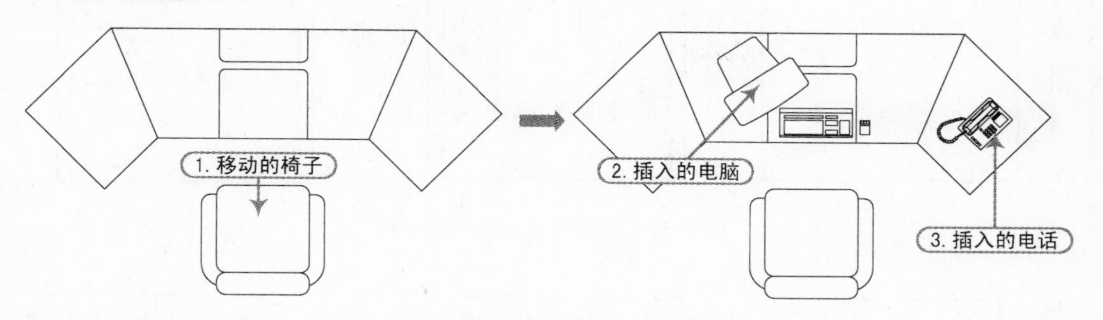

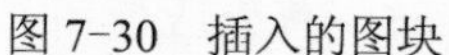

图 7-30　插入的图块

7.3　室内电器平面配景图的绘制

在进行室内装潢设计中，设计师少不了需要布置一些日常生活中的电器配景图，如冰箱、电视、洗衣机、电脑等。当然，在绘制这些电器配景图时，设计师应遵循其规格尺寸，不然在装修过程中会造成结构设计上的麻烦。

7.3.1　绘制平面洗衣机

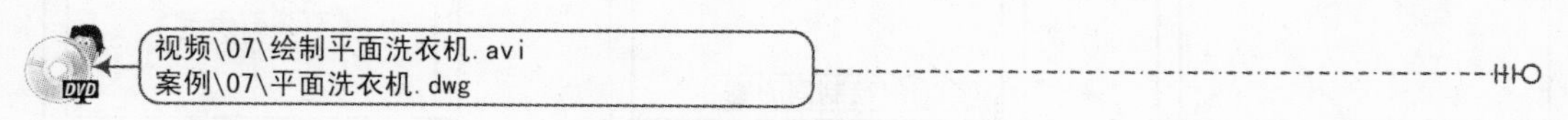

在绘制平面洗衣机时，首先使用“矩形”“偏移”“圆满角”等命令绘制洗衣机的外轮廓，再使用“直线”“圆满”“圆弧”命令绘制洗衣机的平面轮廓，再使用“椭圆”“复制”“矩形”等命令绘制旋转按钮，再使用“矩形”“复制”“圆”等命令绘制开关按钮，然后使用“移动”命令，将其绘制的开关按钮移至洗衣机面板的相应位置，整个绘制流程如图 7-31 所示。

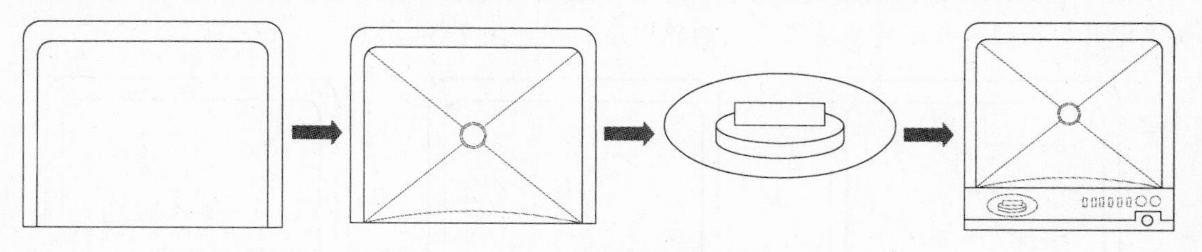

图 7-31　绘制平面洗衣机流程图

1）在 AutoCAD 2014 环境中，使用“矩形”命令（REC）在视图中绘制 690mm × 561mm 的矩形，再使用“偏移”命令（O）将左右两侧的垂直线段向内偏移 38mm，将上侧的水平线段向下偏移 55mm；再使用“圆角”命令（F）将上侧按照半径为 40mm 和 50mm 进行圆角操作，如图 7-32 所示。

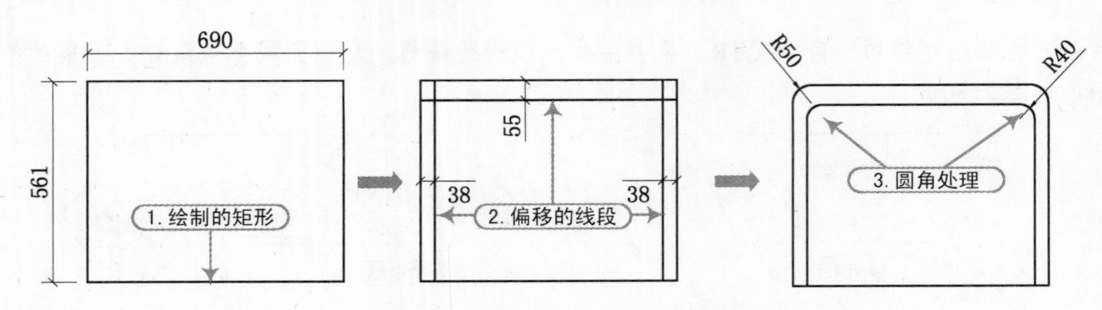

图 7-32　绘制矩形并进行圆角操作

软件技能

在对矩形的线段进行偏移时，首先应使用“分解”命令（X）对其进行打散操作，否则会导致整个矩形的偏移。

2）使用“直线”命令（L）绘制对角的两条连接线段，再使用“圆”命令（C）以其交点为圆心绘制半径为 32mm 和 37mm 的两个同心圆，再使用“修剪”命令（TR）对其多余的线段进行修剪，再使用“圆弧”命令（ARC）绘制一段圆弧，从而完成洗衣机平面轮廓的绘制，如图 7-33 所示。

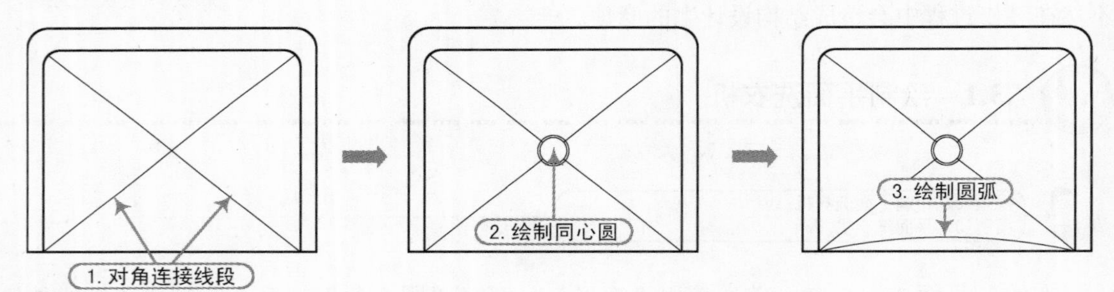

图 7-33　绘制洗衣机平面的轮廓

3）使用“矩形”命令（REC）绘制 690mm × 145mm 的矩形，再使用“偏移”命令（O）将下侧的水平线段向上偏移 36mm，然后使用“直线”“圆”“修剪”等命令在其右侧绘制电源开关按钮，从而完成洗衣面板的轮廓绘制，如图 7-34 所示。

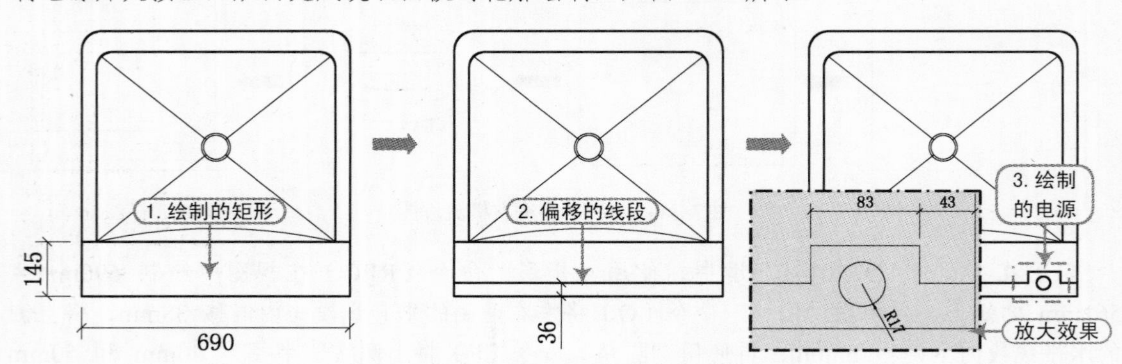

图 7-34　绘制洗衣机面板的轮廓

4）使用“椭圆”命令（EL）绘制 92mm×26mm 的椭圆，再使用“复制”命令（CO）将椭圆向下复制 11mm，再使用“直线”命令（L）对其左右的象限点进行直线连接，再使用“修剪”命令（TR）将多余的圆弧进行修剪，从而完成圆柱体的绘制，如图 7-35 所示。

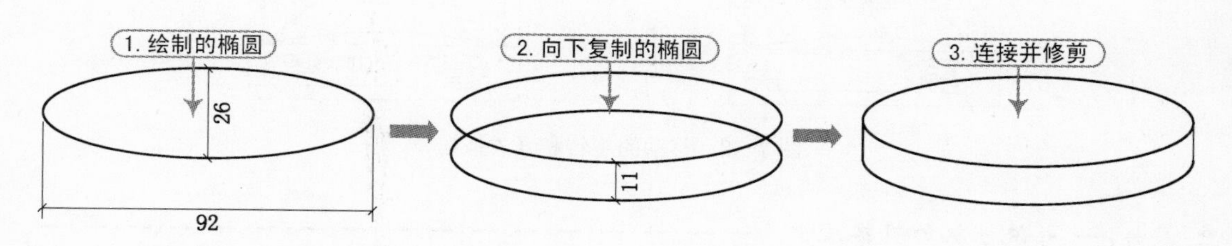

图 7-35　绘制的圆柱体

5）使用“椭圆”命令（EL）绘制 166mm×77mm 的椭圆（其椭圆的中点就是之前绘制椭圆的中点），再使用“矩形”命令（REC）绘制 67mm×17mm 的矩形，并将其移至椭圆的中点位置，再使用“修剪”命令（TR）将多余的圆弧进行修剪，从而完成洗衣机旋转开关按钮的绘制，如图 7-36 所示。

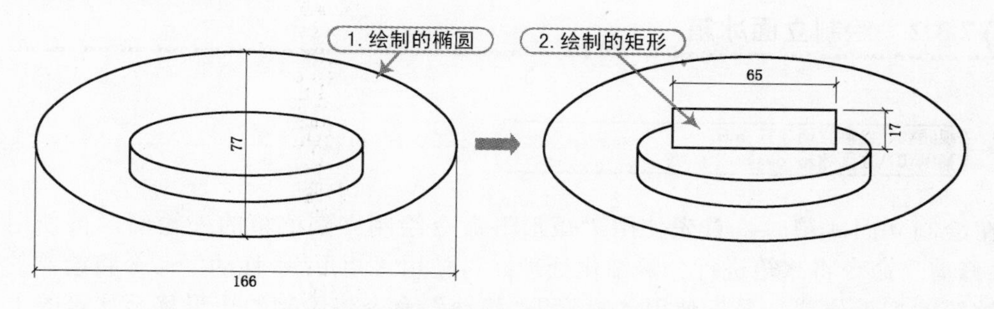

图 7-36　绘制的旋转开关按钮

6）使用“矩形”命令（REC）在视图中绘制 13mm×30mm 的矩形，再使用“复制”命令（CO）将其向右复制 5 个，其复制的间距均为 17mm，再使用“圆”命令（C），绘制半径为 17mm 的两个圆，从而完成洗衣机控制按钮的绘制，如图 7-37 所示。

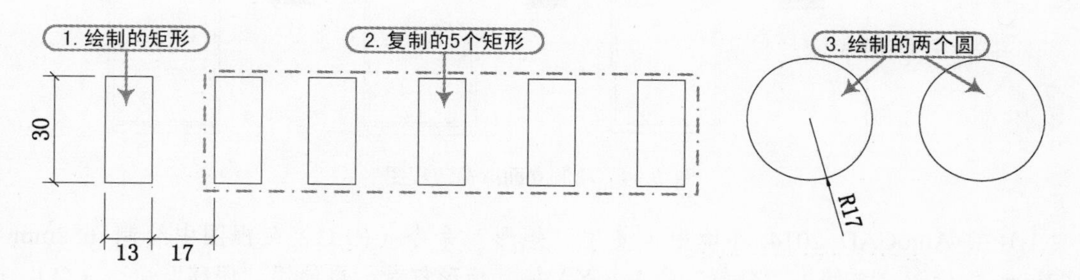

图 7-37　绘制的开关按钮

7）使用“移动”命令（M），将旋转开关按钮和控制按钮分别移至洗衣机控制面板的左右两侧，如图 7-38 所示。

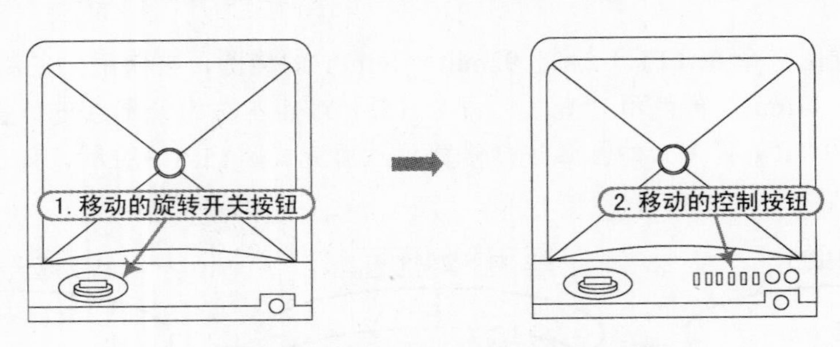

图 7-38　移动的旋转和开关按钮

专业点滴

洗衣机的规格尺寸

滚筒洗衣机的外形尺寸比较统一：高度为 860mm 左右，宽度为 595mm 左右，厚度根据不同容量和厂家而定，一般都在 460～600mm。

全自动洗衣机的高×宽×深：5kg 的为 902mm×500mm×510mm，6kg 的为 970mm×550mm×560mm。

7.3.2　绘制立面冰箱

视频\07\绘制立面冰箱.avi
案例\07\立面冰箱.dwg

在绘制立面冰箱时，首先使用“矩形”命令绘制立面冰箱的外轮廓，再使用“偏移”“修剪”命令将冰箱进行分隔细化处理，再使用“矩形”“移动”命令将绘制的矩形移至冰箱的把手位置，最后使用“矩形”“移动”命令将绘制的矩形移至冰箱的上侧，从而完成立面冰箱的绘制，整个绘制流程如图 7-39 所示。

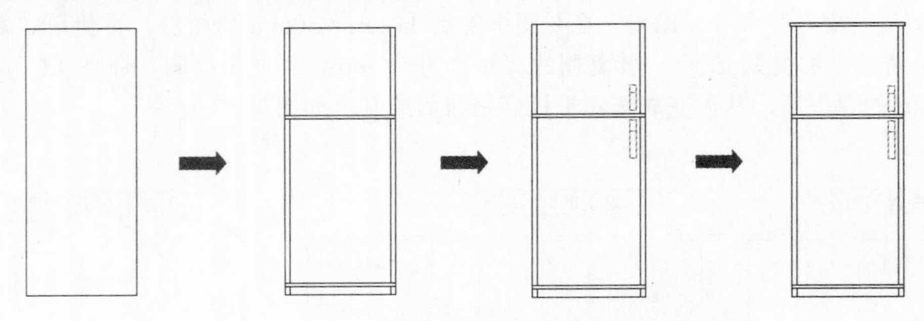

图 7-39　绘制立面冰箱流程图

1）在 AutoCAD 2014 环境中，使用“矩形”命令（REC）在视图中绘制 652mm×1611mm 的矩形，再使用“分解”命令（X）将其矩形打散，再使用“偏移”命令（O），将下侧的水平线段分别向上偏移 50mm、20mm、991mm、20mm，再将左右两侧的垂直线段分别向内偏移 30mm，最后使用“修剪”命令（TR），将其多余的线段进行修剪，从而完成立面冰箱外轮廓的绘制，如图 7-40 所示。

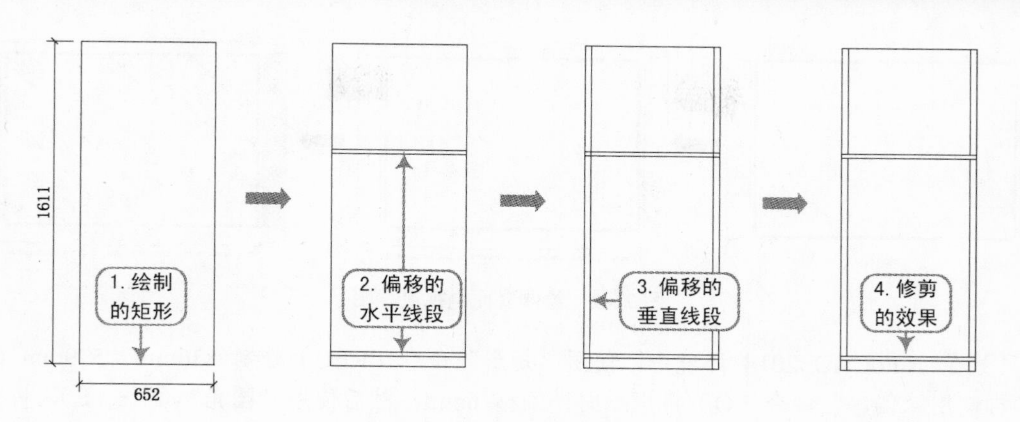

图 7-40 绘制立面冰箱的外轮廓

2）使用“矩形”命令（REC）绘制 38mm×221mm 和 38mm×149mm 的两个矩形，再使用“偏移”命令（O），分别将其矩形上侧的水平线段向下偏移 65mm 和 45mm，然后使用“移动”命令（M），将绘制的两个矩形移到冰箱的相应位置，从而完成冰箱拉手的绘制，如图 7-41 所示。

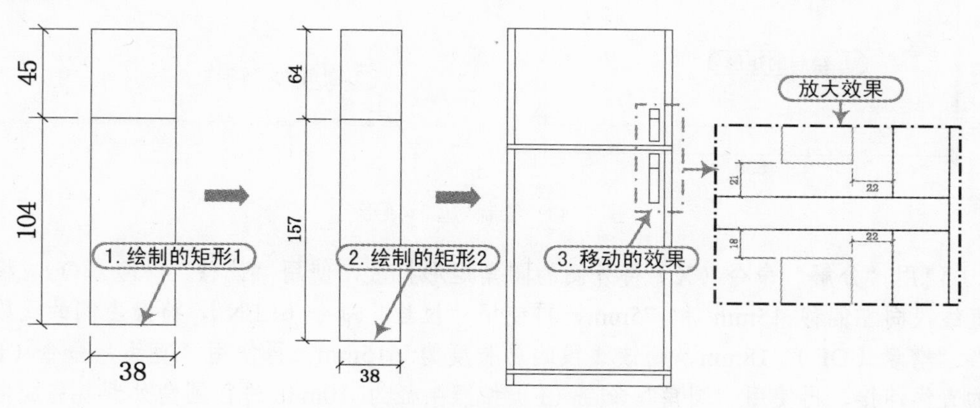

图 7-41 绘制并移动冰箱拉手

3）使用“矩形”命令（REC）绘制 669mm×20mm 矩形，再使用“移动”命令（M）将其移冰箱的上侧，从而完成立面冰箱的绘制。

7.3.3 绘制立面电视

视频\07\绘制立面电视.avi
案例\07\立面电视.dwg

在绘制立面电视时，首先使用“矩形”“偏移”“圆角”命令绘制电视显示屏轮廓，再使用“偏移”“拉长”“镜像”等命令绘制电视音箱轮廓，再使用“直线”“圆弧”“修剪”等命令绘制电视机底座轮廓，再使用“图案填充”“文字”等命令对其进行图案填充，整个绘制流程如图 7-42 所示。

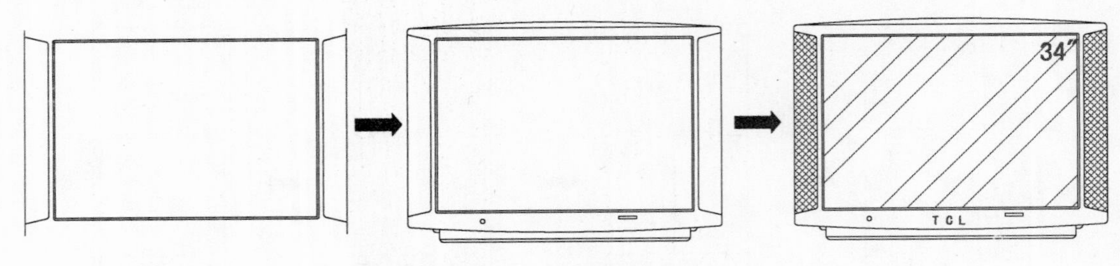

图 7-42　绘制立面电视流程图

1）在 AutoCAD 2014 环境中，使用“矩形”命令（REC）绘制 830mm × 579mm 的矩形，再使用“偏移”命令（O）将矩形向外偏移 6mm，然后使用“圆角”命令（F），将其外侧的圆角矩形按照半径为 6mm 进行圆角处理，如图 7-43 所示。

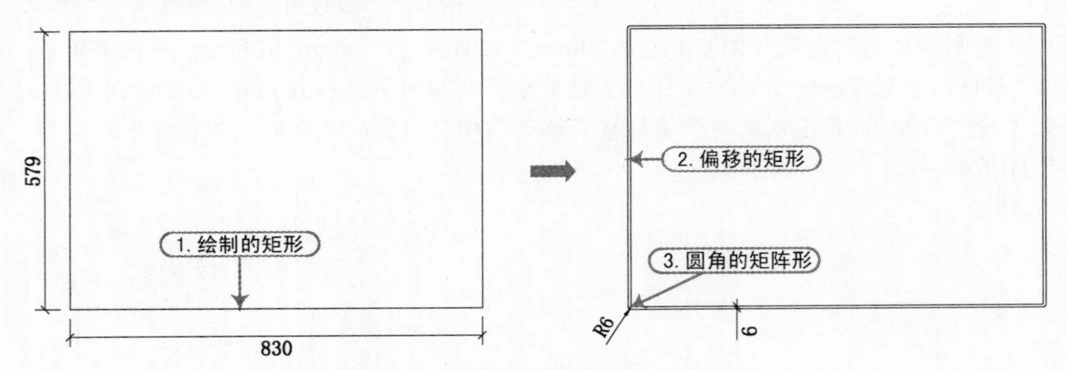

图 7-43　绘制与偏移矩形

2）使用“分解”命令（X）将外侧的圆角矩形打散，使用“偏移”命令（O），将左侧的垂直线段向左偏移 15mm 和 75mm，再使用“拉长”命令（LEN），将最左侧的线段上下两段各“增量（DE）”18mm，则该线段的总长度为 615mm，再使用“直线”命令（L）将两端的直线连接，再使用“圆角”命令（F）按照半径为 10mm 进行圆角处理，完成电视音箱轮廓的绘制，如图 7-44 所示。

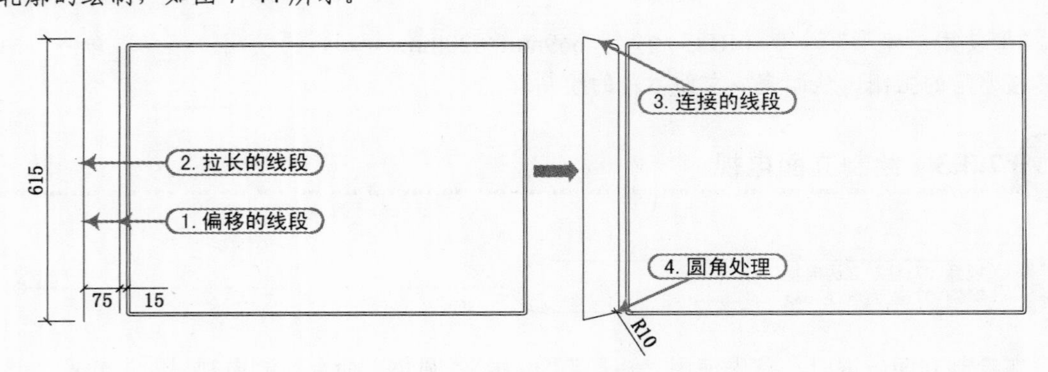

图 7-44　绘制电视音箱轮廓

3）选择“拉长”命令（LEN），将最左侧的线段上侧“增量（DE）”21mm，下侧增量（DE）”38mm，则该线段的总长度为 674mm，再使用“镜像”命令（MI）将左侧的音箱轮廓对象垂直镜像，其镜像的中点为内侧矩形的上下中点位置，如图 7-45 所示。

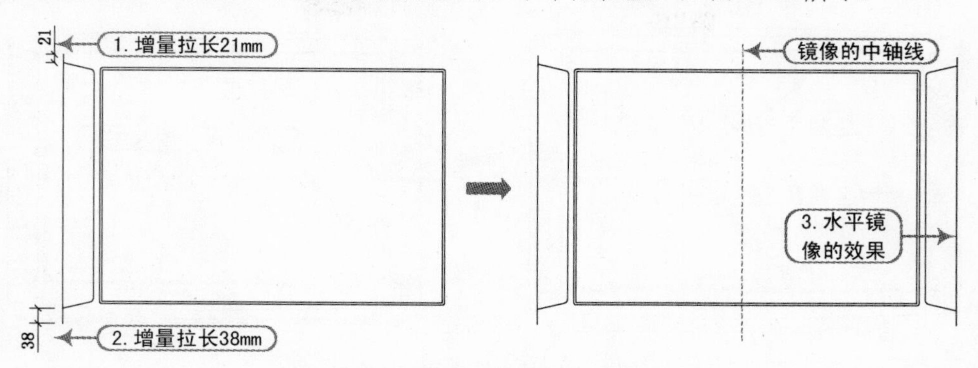

图 7-45 拉长与镜像操作

4）使用“直线”命令（L）对其上下水平线段的连接，再使用“圆角”命令（F）对其 4 个角点按照半径为 10mm 进行圆角操作，再使用“直线”命令（L）过连接直线的中点分别绘制长度为 20mm 和 67mm 的垂直线段，再将下侧的水平线段删除，然后使用“圆弧”命令（ARC），分别过水平线段和垂直线段的端点绘制两条圆弧，如图 7-46 所示。

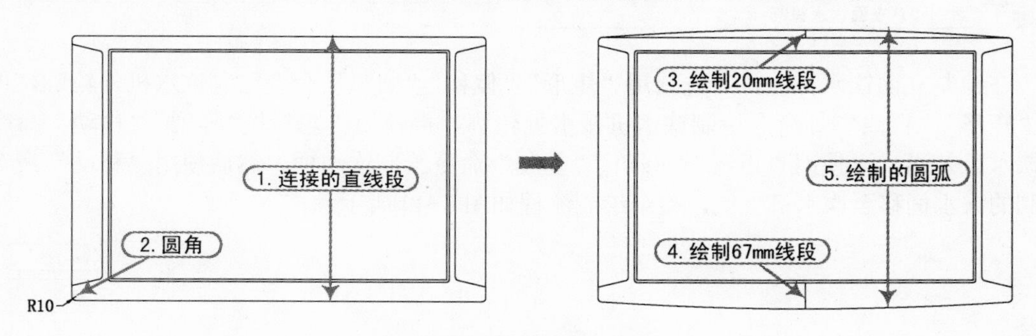

图 7-46 绘制直线和圆弧

5）同样，使用“偏移”“圆角”“修剪”等命令，绘制电视机的底座，再使用“圆”“矩形”命令绘制电视机的控制开关轮廓，如图 7-47 所示。

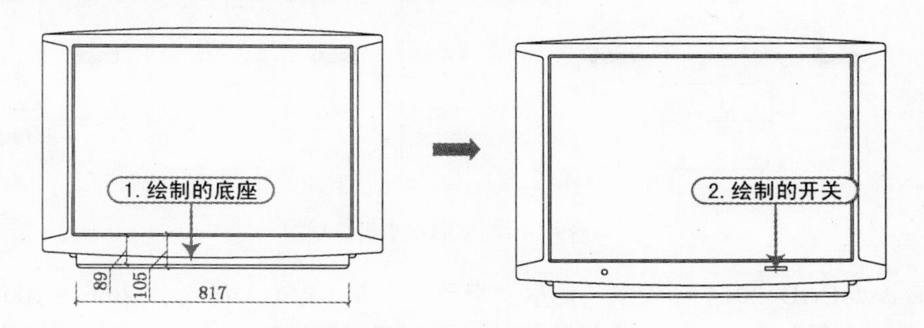

图 7-47 绘制底座和开关

6）使用“图案填充”命令（BH）将左右两侧的音箱按照“ANSI 37”图案进行填充，比例为 5，将中间的电视屏按照“ANSI 34”图案进行填充，比例为 20，再使用“文字”工具在相应的位置进行文字的标注，如图 7-48 所示。

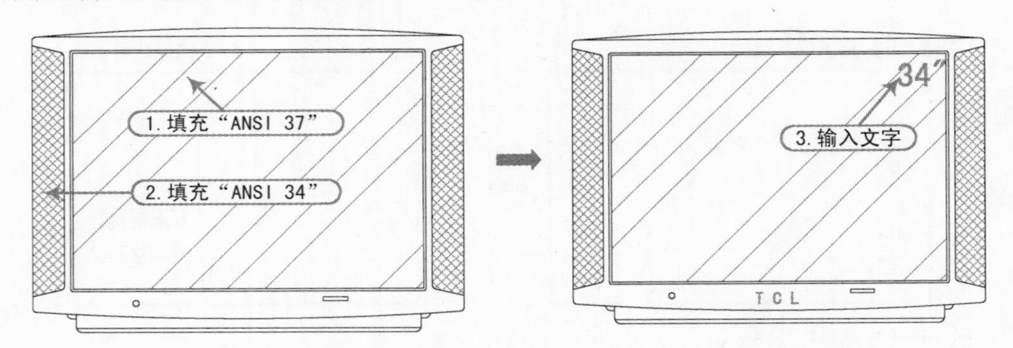

图 7-48 填充图案和输入文字

7.3.4 绘制立面饮水机

在绘制立面饮水机时，首先使用“矩形”“偏移”“圆弧”命令绘制饮水机外轮廓，再使用“矩形”“直线”等命令绘制饮水机接水处轮廓，再使用“矩形”“阵列”“移动”命令完成饮水机效果，再使用“矩形”“圆角”“复制”命令绘制饮水桶，然后使用“移动”命令将绘制的饮水桶移至饮水机上侧，整个绘制流程如图 7-49 所示。

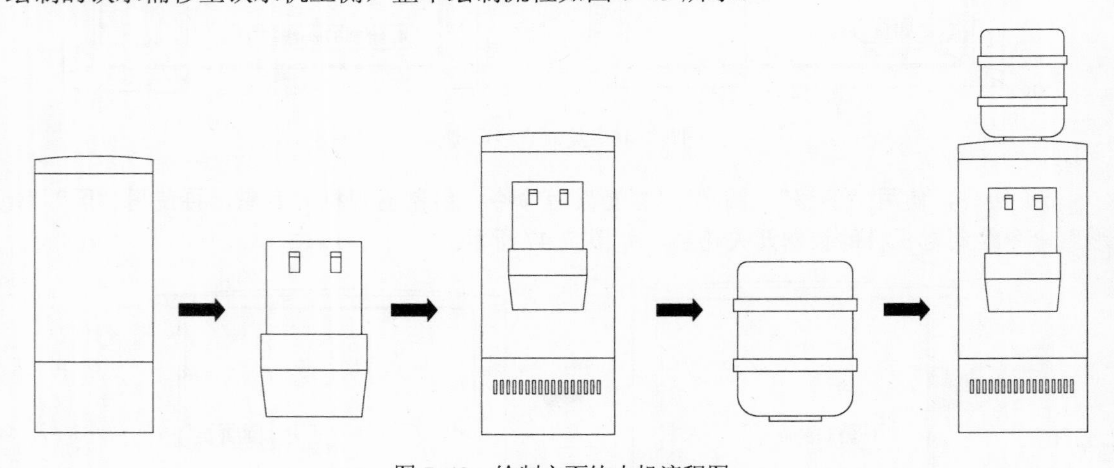

图 7-49 绘制立面饮水机流程图

1）在 AutoCAD 2014 环境中，使用“矩形”命令（REC）绘制 432mm × 1003mm 的矩形，再使用“分解”命令（X）将矩形打散，再使用“偏移”命令（O）将下侧的水平线段向上依次偏移 256mm、696mm、51mm，再使用“圆弧”命令（ARC）在矩形的上侧绘制一段圆弧，再使用“直线”命令（L）和“修剪”命令（TR）绘制 116mm 的水平线段，最后对其圆弧进行修剪，从而绘制饮水机的外轮廓，如图 7-50 所示。

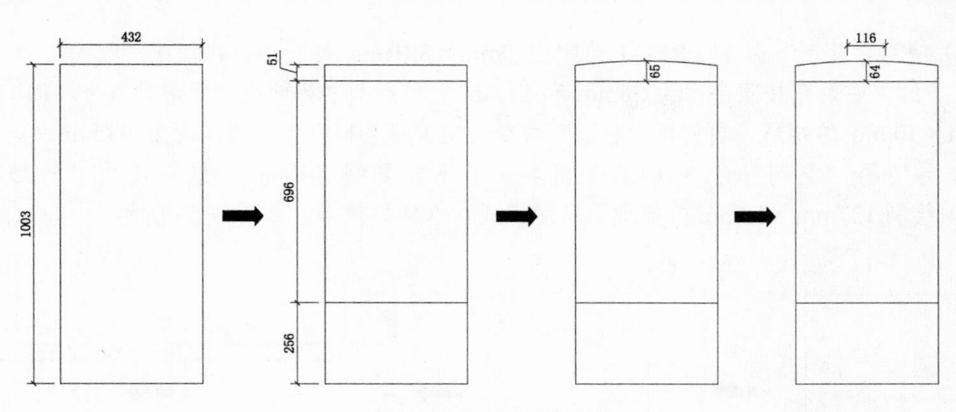

图 7-50 绘制饮水机的外轮廓

2）使用“矩形”命令（REC）绘制 254mm × 89mm 和 229mm × 229mm 的两个矩形，再使用“偏移”命令（O）将小矩形的水平线段向下偏移，再使用“直线”命令（L）进行直线连接，再使用“矩形”命令（REC）绘制 25mm × 38mm 和 25mm × 13mm 的两个小矩形，最后使用“镜像”命令（MI）对其进行水平镜像，从而完成饮水机接水处轮廓的绘制，如图 7-51 所示。

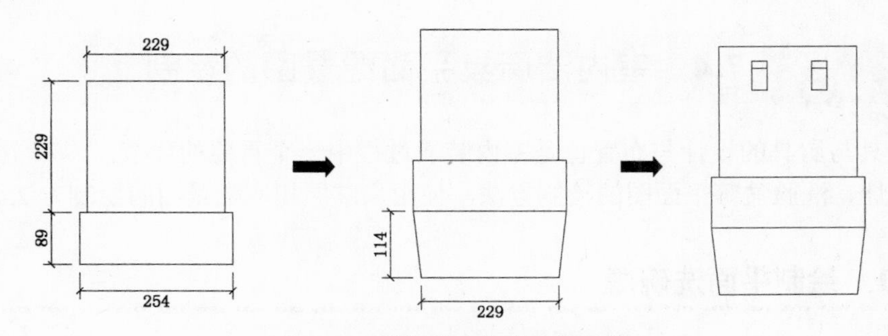

图 7-51 绘制饮水机接水处轮廓

3）使用“矩形”命令（REC）在饮水机外轮廓的下侧处绘制 9mm × 45mm 的矩形，再使用“阵列”命令（AR），对其绘制的小矩形进行矩形阵列，阵列的列数为 17 个，列间距为 21mm，再使用“移动”命令（M），将前面绘制的饮水机接水处轮廓移至相应的位置，如图 7-52 所示。

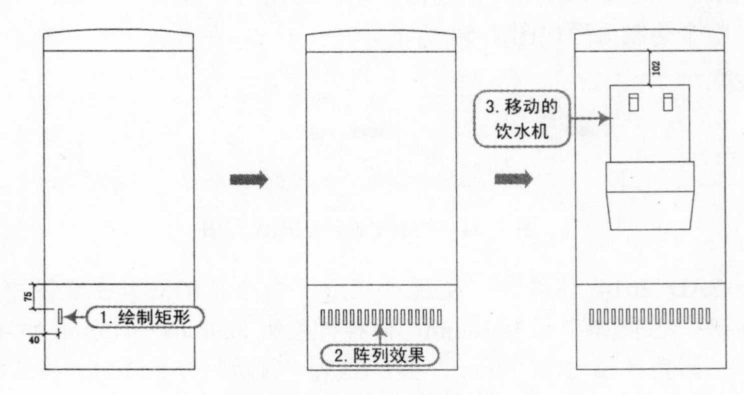

图 7-52 完成的饮水机效果

4）使用“矩形”命令（REC）绘制 279mm×381mm 的矩形，再使用“圆角”命令（F）对其上下的左右两角按照半径为 25mm 和 51mm 进行圆角，再使用“矩形”命令（REC）绘制 299mm×30mm 的矩形，再使用“移动”命令（M）将其移至距上侧间距为 93mm 处，且中间对齐，再使用“复制”命令（CO）将其矩形下向复制 148mm，最后使用“矩形”命令（REC）绘制 127mm×13mm 的矩形，从而完成饮水桶的效果，如图 7-53 所示。

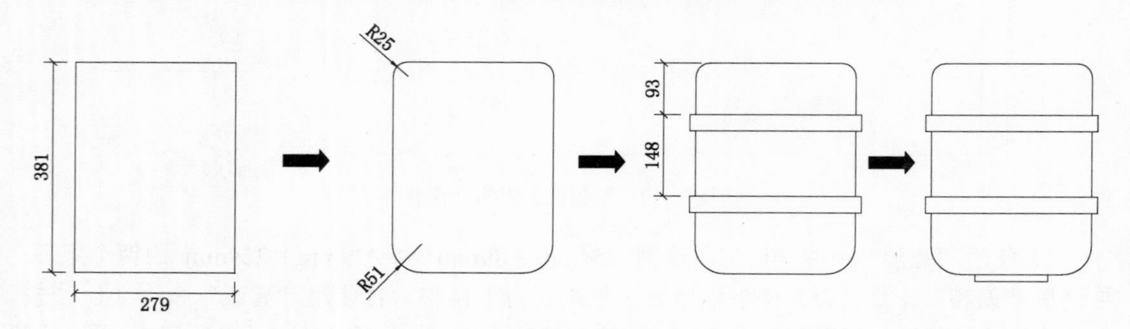

图 7-53　绘制的饮水桶

5）最后使用“移动”命令（M）将绘制的饮水桶移至饮水机上侧的中间位置。

7.4　室内洁厨具平面配景图的绘制

室内洁具与厨具的设计与布置也是室内装潢过程中一个重要的环节。本节主要讲解了洗碗槽、燃气灶、洗脸盆等平面图的绘制方法，使用户掌握相应配景图的绘制方法。

7.4.1　绘制平面洗碗槽

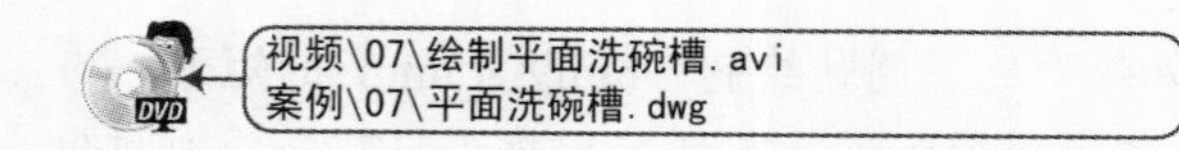

在绘制平面洗碗槽时，首先使用“矩形”命令绘制 3 个大小不同的圆角矩形，再使用“圆”命令绘制两个不同大小的圆，并进行复制；再使用“直线”“圆弧”“修剪”等命令绘制水龙头把手，整个绘制流程如图 7-54 所示。

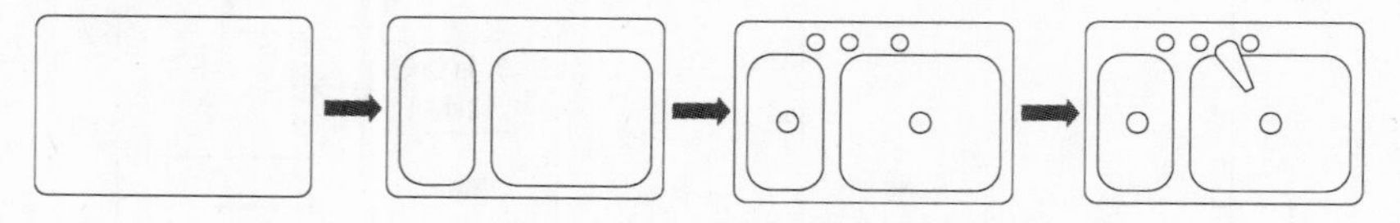

图 7-54　绘制平面洗碗槽流程图

1）在 AutoCAD 2014 环境中，使用“矩形”命令（REC）在视图中绘制 838mm×558mm 的圆角矩形，且圆角半径为 38mm，同样再绘制 229mm×419mm 和 483mm×419mm 的两个圆角矩形，圆角半径均为 76mm，然后使用“移动”命令（M）将其移至大矩形的相应位置，如图 7-55 所示。

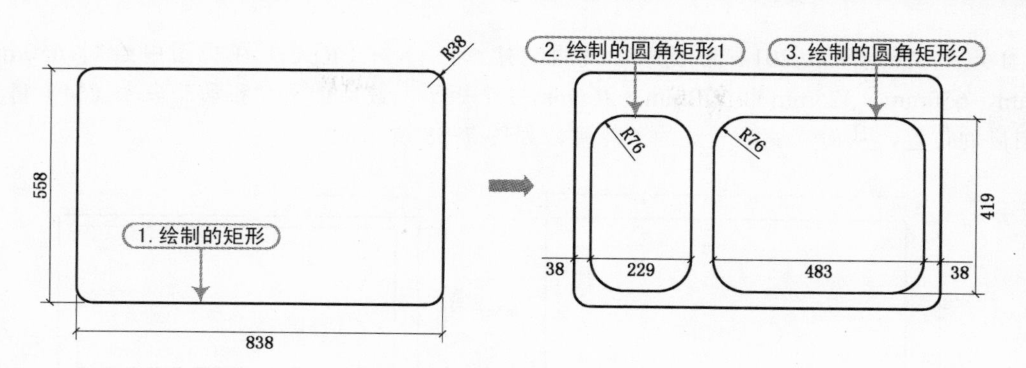

图 7-55 绘制 3 个圆角矩形

2）使用“圆”命令（C），绘制半径为 25mm 的圆，再使用“复制”命令（CO），将该圆向右水平复制，复制的间距为 102mm 和 152mm，再绘制半径为 32mm 的两个圆，且分别放置在小圆角矩形的中央位置，最后绘制洗碗槽水龙头开关按钮，如图 7-56 所示。

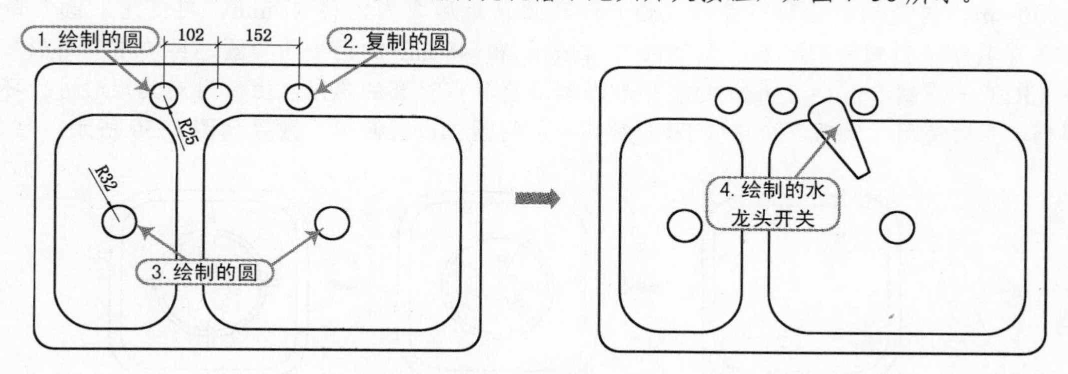

图 7-56 绘制的洗碗槽

7.4.2 绘制平面燃气灶

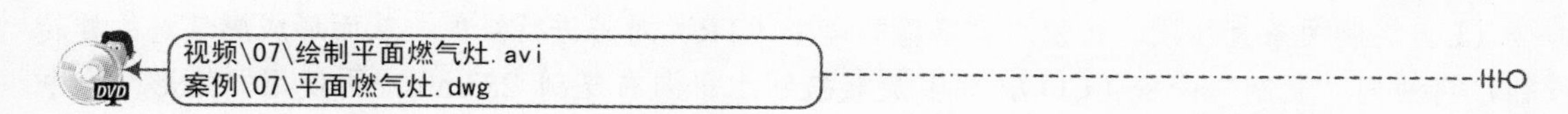

在绘制平面燃气灶时，首先使用“矩形”命令绘制 3 个不同大小的矩形，并移动到相应的位置，再使用“矩形”命令绘制圆角矩形，并将其向内进行偏移，再绘制两个同心圆，再绘制小矩形并进行环形阵列，并将其复制到相应的位置，然后绘制小圆、矩形等对象，从而完成燃气灶开关的绘制，整个绘制流程如图 7-57 所示。

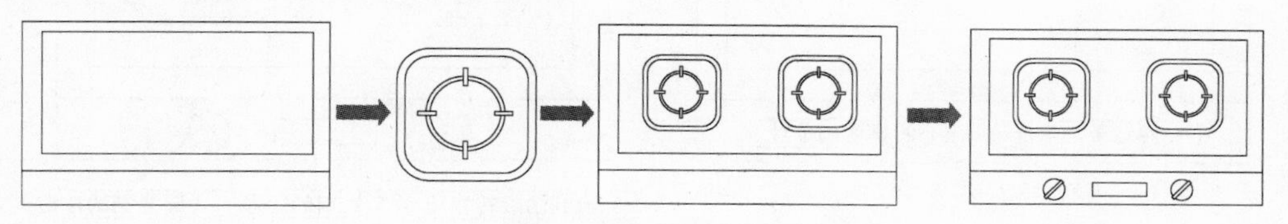

图 7-57 绘制平面燃气灶流程图

1）在 AutoCAD 2014 环境中，使用“矩形”命令（REC）在视图中绘制 650mm×75mm、650mm×325mm 和 572mm×266mm 3 个矩形，最后使用“移动”命令（M）将其移至相应的位置，从而完成燃气灶的外轮廓，如图 7-58 所示。

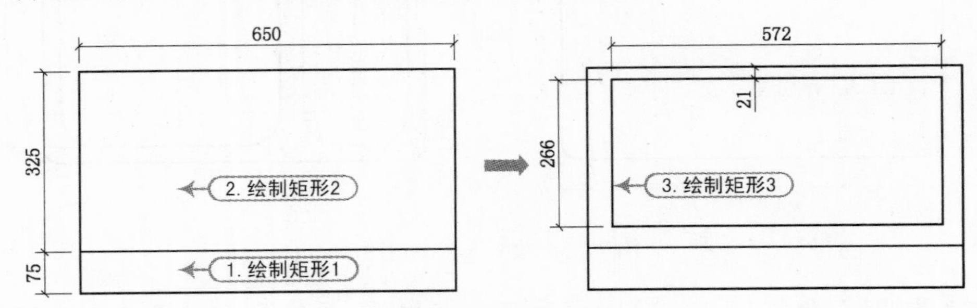

图 7-58　绘制 3 个矩形

2）使用“矩形”命令（REC）在视图中绘制 170mm×170mm 的圆角矩形，其圆角半径为 40mm，再使用“偏移”命令（O）将其圆角矩形向内偏移 10mm，再使用“圆”命令（C）以其中央位置为圆心点绘制半径为 43mm 和 48mm 的两个同心圆，再使用“矩形”命令（REC）绘制 5mm×23mm 的小矩形，然后将其移至圆的象限点上，再对其矩形进行环形阵列，然后使用“修剪”命令（TR）对其多余的圆弧进行修剪，效果如图 7-59 所示。

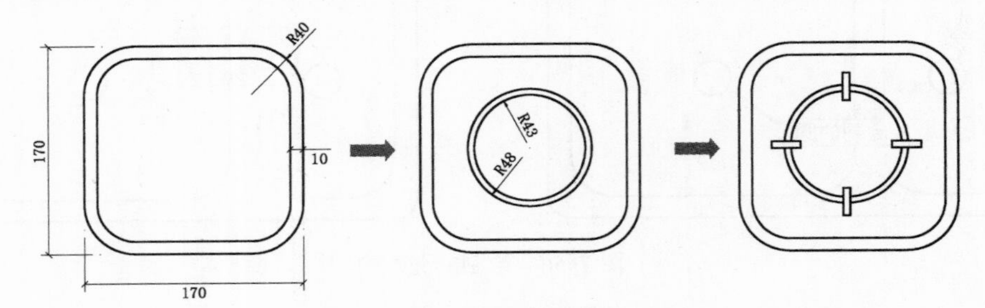

图 7-59　绘制的单灶

3）使用“移动”命令（M）将绘制的单灶移至燃气灶轮廓的相应位置，再使用“镜像”命令（MI）将其单灶水平镜像，再使用“圆”命令（C）绘制半径为 24mm 的圆，且使用“直线”命令（L）绘制两条直线段，再使用“修剪”命令（TR）对其进行修剪，从而形成燃气灶的旋转按钮，再使用“复制”命令（CO），将其旋转按钮水平向右复制 283mm，再使用“矩形”命令（REC）绘制 120mm×30mm 的小矩形，从而完成燃气灶的绘制，效果如图 7-60 所示。

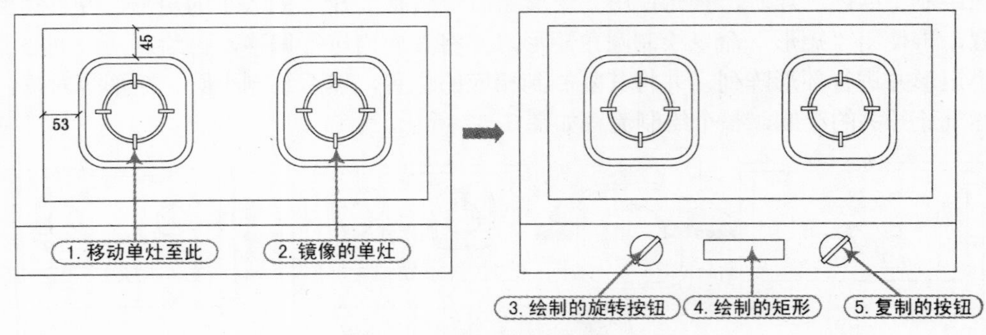

图 7-60　绘制完成的燃气灶

7.4.3 绘制平面洗脸盆

在绘制平面洗脸盆时，首先使用“矩形”“圆角”“圆弧”等命令绘制洗脸盆架，再使用“椭圆”“圆满”“直线”等命令绘制洗脸盆轮廓，然后使用“移动”命令，将其绘制的洗脸盆移至洗脸盆架的相应位置，整个绘制流程如图 7-61 所示。

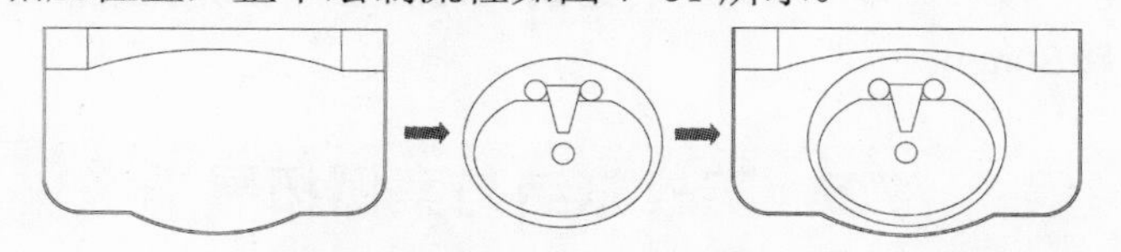

图 7-61 绘制平面洗脸盆流程图

1）在 AutoCAD 2014 环境中，使用“矩形”命令（REC）在视图中绘制 966mm × 540mm 的矩形，再使用“圆角”命令（F），对其下侧的左右两角按照半径为 108mm 进行圆角修剪，再使用“直线”命令（L），以其下侧水平线段的中点向下绘制长度为 60mm 的垂直线段，再使用“偏移”命令（O）将其垂直线段向左、右各偏移 240mm，最后使用“圆弧”命令（ARC）绘制圆弧，从而完成洗脸盆架外轮廓的绘制，如图 7-62 所示。

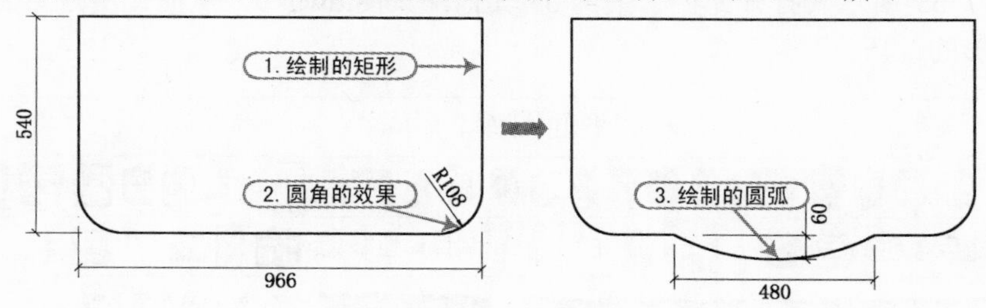

图 7-62 绘制洗脸盆架的外轮廓

2）选择“修改”|“对象”|“多段线”命令，将绘制的轮廓转换为多段线（除上侧水平线段），再使用“偏移”命令（O）将多段线向内偏移 6mm，再使用“直线”“圆弧”等命令绘制轮廓，如图 7-63 所示。

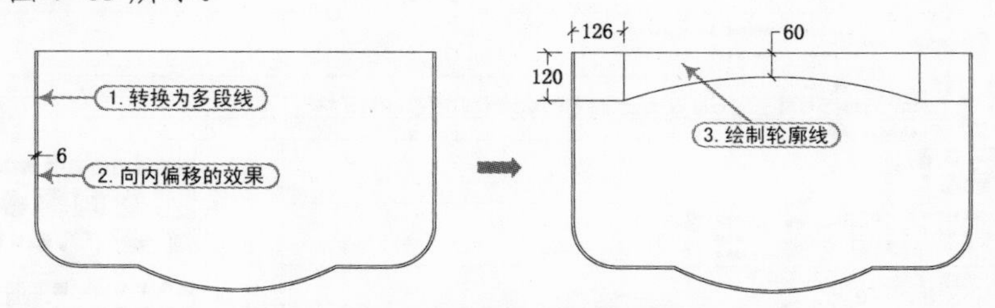

图 7-63 偏移多段线并绘制轮廓

3）使用“椭圆”命令（EL），绘制 548mm × 488mm 和 488mm × 362mm 的两个椭圆，且两个椭圆下侧相距 31mm，再以小椭圆的中心点向上绘制 153mm 的垂直线段，且过该垂直线段上侧的端点绘制一条水平线段，再使用“修剪”命令（TR）对其进行修剪，再使用“圆”命令（C）绘制半径为 30mm 的圆，且复制到相应的位置，再使用“直线”命令（L）

绘制相应的线段，从而完成洗脸盆的绘制，如图 7-64 所示。

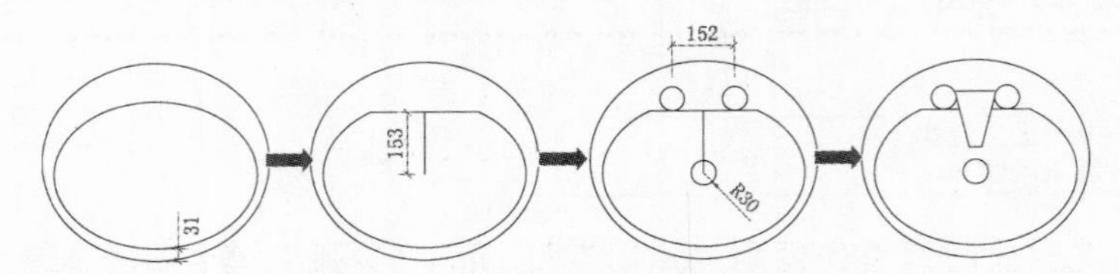

图 7-64　绘制的洗脸盆

4）最后，使用“移动”命令（M）将绘制的洗脸盆移至洗脸盆架的相应位置，且距下侧最外侧的圆弧轮廓 30mm。

7.5　实战总结与案例拓展

本章首先讲解了室内装潢中的家具功能与分类、家具的尺寸以及家具的摆放技巧等；其次在后面通过多个典型的案例讲解了室内装潢中常用配景图的绘制，包括家具与电器配景图、洁具与厨具配景图的绘制等，以帮助用户能够掌握在 AutoCAD 2014 软件中绘制相应图形的技巧。

其实，在家具的一些配景图中，除了前面所讲解的一些图形外，用户还可以绘制其他配景图，如图 7-65 所示（打开光盘“案例\07\其他配景图.dwg”），从而让用户更为熟练地掌握绘制其他图形的技巧。

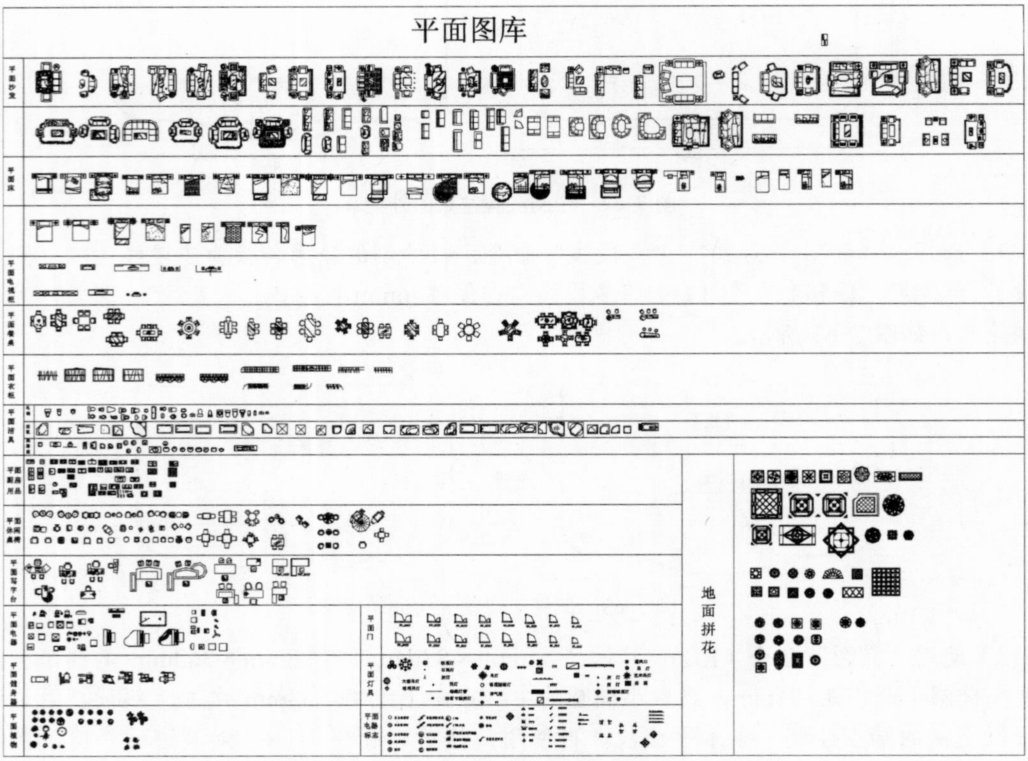

平面图库

地面拼花

图 7-65　其他配景图

第 8 章　室内装潢平面图的设计要点与绘制

本章导读

在室内装潢设计过程中，要使施工人员能够准确、快捷地进行施工，设计师必须事先准备好室内装潢施工图，包括平面布置图、天花布置图、各立面图、电气布置图、门窗节点构造详图等，而在这些所有室内装潢施工图中，尤以平面图最为重要，其他立面图、电气布置图、构造详图等都是在它的基础上进行设计的。那么，设计人员在进行平面图设计时，就应该综合考虑与其他相关施工图的配合，这样才不至于设计出来的施工图互相矛盾、抵触。

本章首先让用户熟练掌握住宅室内各功能空间的设计要点、注意事项、人体尺寸要求等知识；其次以某住宅室内装潢平面图和天花布置图为例详细地讲解了绘制方法和技巧；最后通过另一套住宅的平面布置图和天花布置图来进行操作演示。

主要内容

- ☑ 讲解卫生间、厨房和餐厅的设计要点及人体尺寸
- ☑ 讲解卧室、客厅的设计要点及人体尺寸
- ☑ 讲解住宅室内平面布置图的绘制
- ☑ 讲解住宅室内天花布置图的绘制

效果预览

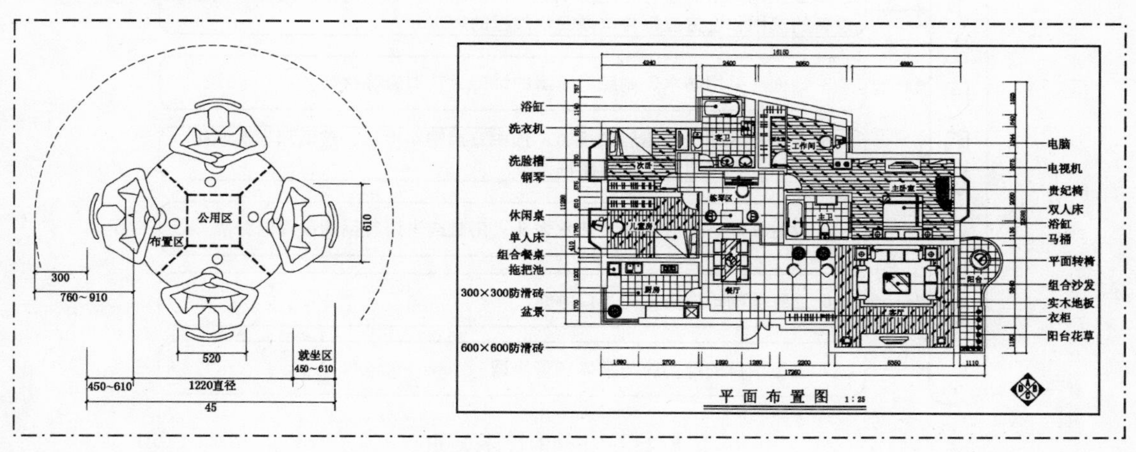

8.1　住宅的设计要点和人体尺寸

在进行住宅室内装修设计时，设计师应根据不同的功能空间需求进行相应的设计，也必须符合相关的人体尺寸要求。下面就针对住宅中主要空间（卫生间、厨房、餐厅、卧室、客厅）的设计要点进行讲解。

8.1.1　卫生间的设计要点

在现代生活中，卫生间不仅是清洁身体，放松身心的地方，也是舒缓身心、放松神经的场所。因此，无论在空间布置上，还是设备材料、色彩、灯光等方面，设计师都不应忽视，应使之发挥最佳效果。卫生间的装饰预览效果如图 8-1 所示。

图 8-1　卫生间的装饰预览效果

1．卫生间的设计原则

在进行卫生间的设计时，设计师应遵循如图 8-2 所示的几项原则。

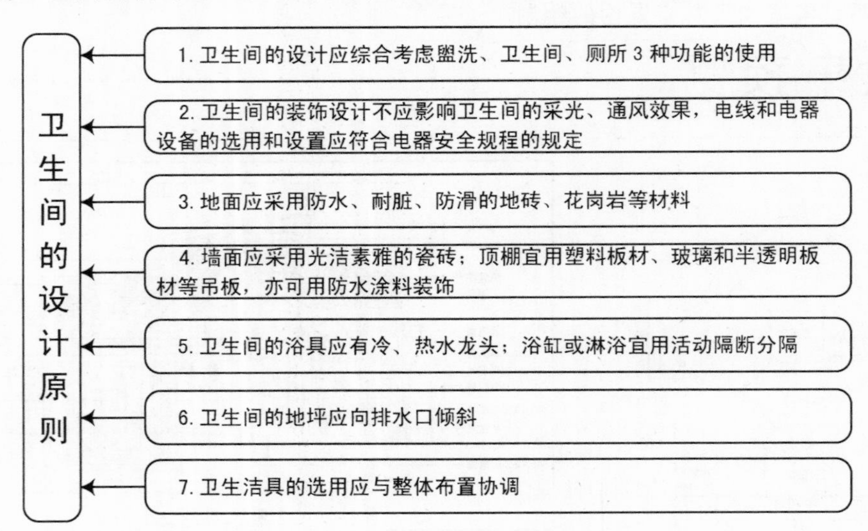

图 8-2　卫生间的设计原则

2．卫生间设计的注意事项

卫生间设计的注意事项，如图 8-3 所示。

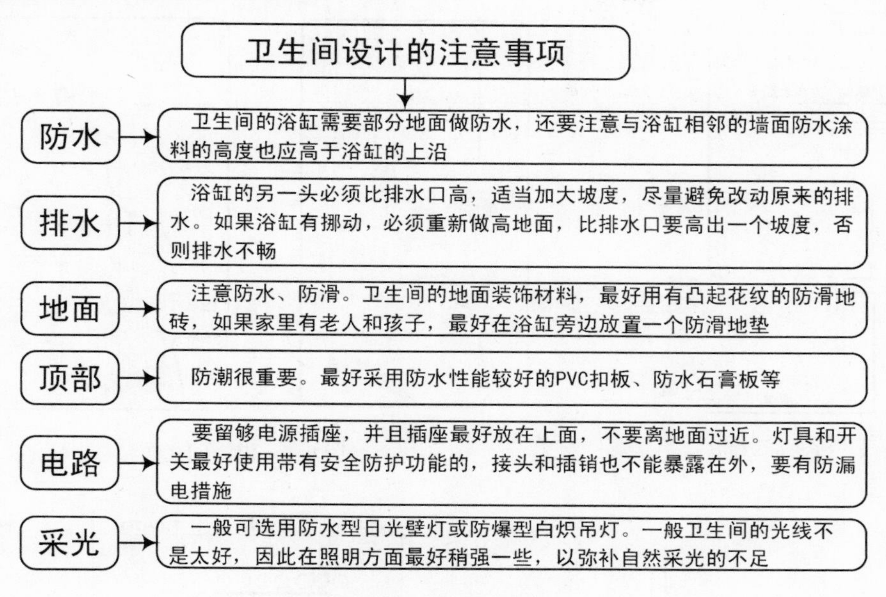

图 8-3 卫生间设计的注意事项

3．卫生间设计的空间尺度

在进行卫生间设计时，设计师应考虑色彩的搭配、空间的布置、高度的确定，如图 8-4 所示。

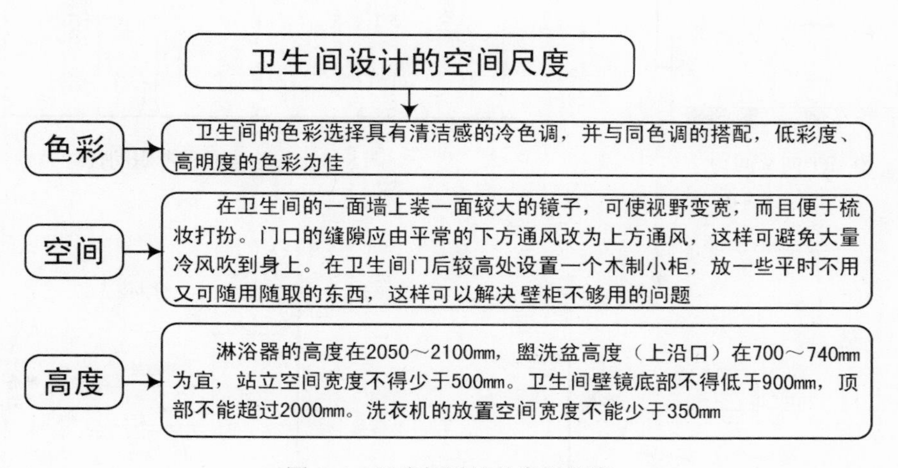

图 8-4 卫生间设计的空间尺度

4．卫生间设计的人体尺寸

卫生间中洗浴部分应与厕所部分分开。如不能分开，也应在布置上有明显的划分，并尽可能设置隔帘、隔屏等。浴缸及便池附近应设置尺度适宜的扶手，以方便老、弱、病人的使用。如空间允许，洗脸梳妆部分应单独设置。其人体尺寸及各设备之间的尺寸，应参照如图8-5～图8-15所示的数据。

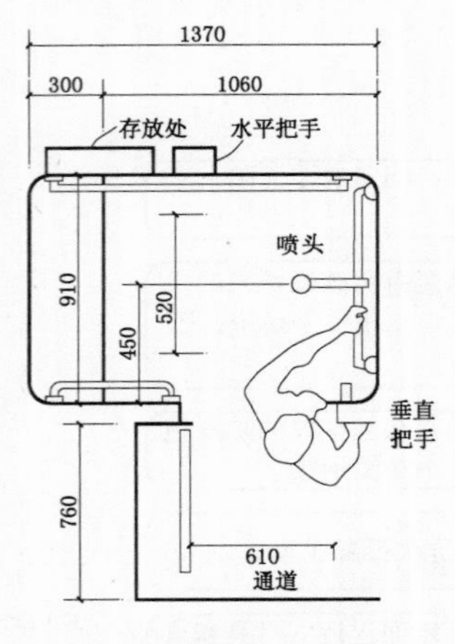

图 8-5　淋浴间平面

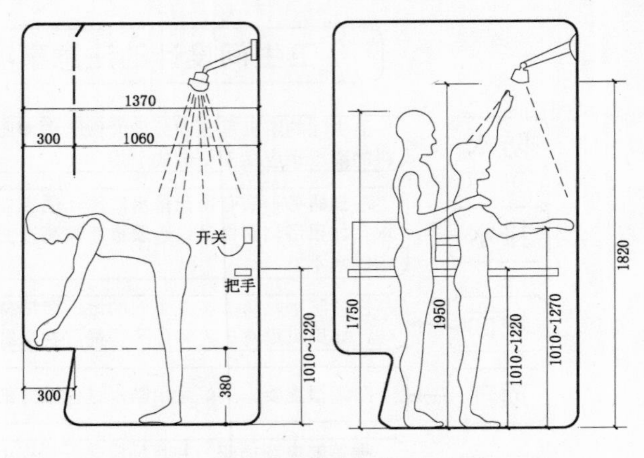

图 8-6　淋浴间立面

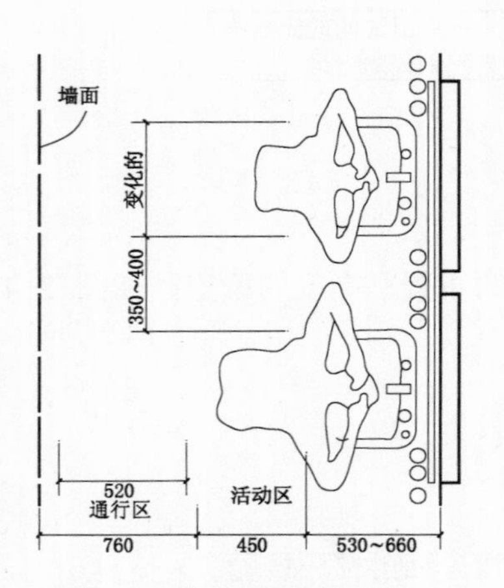

图 8-7　浴盆平面及间距

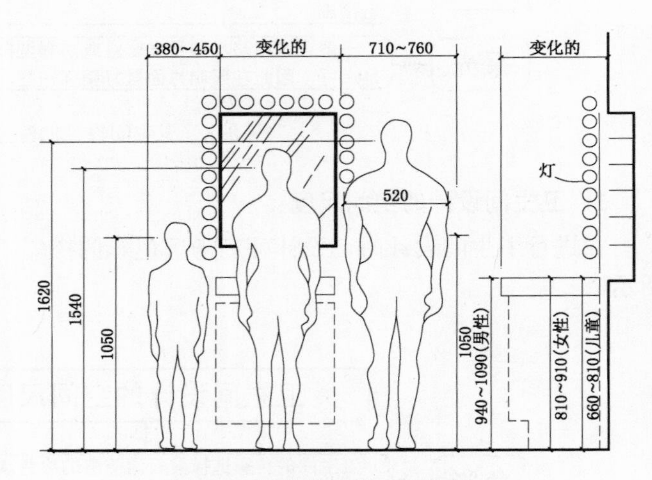

图 8-8　洗脸盆通常考虑的尺寸

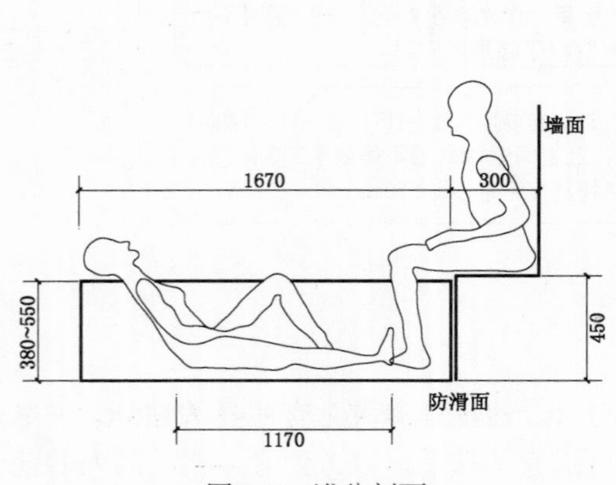

图 8-9　浴盆剖面

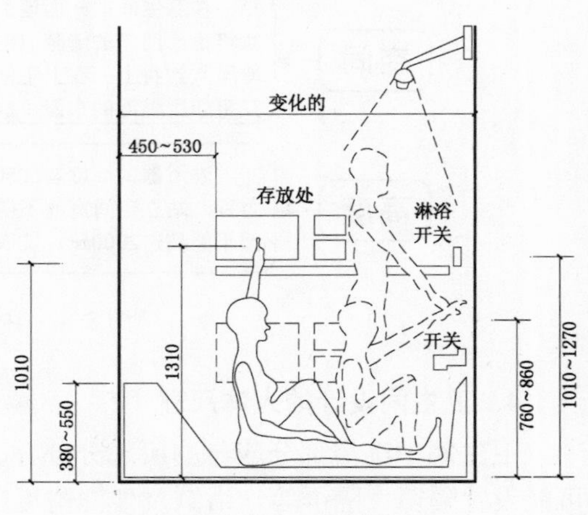

图 8-10　淋浴、浴盆立面

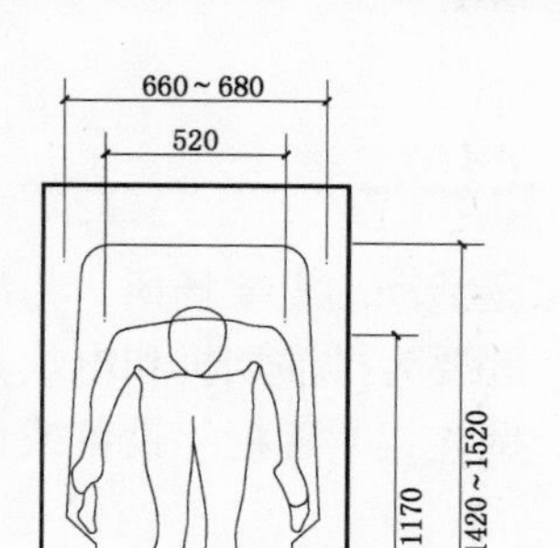

图 8-11 单人浴盆平面

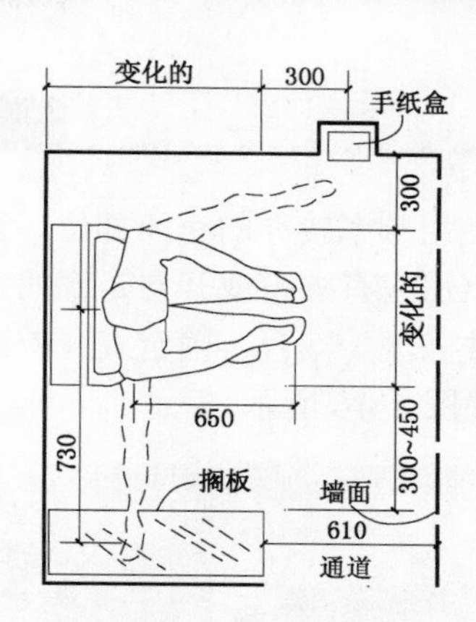

图 8-12 坐便池平面

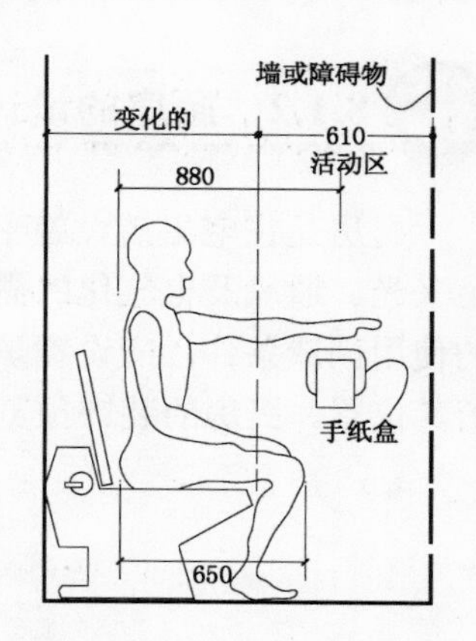

图 8-13 坐便池立面

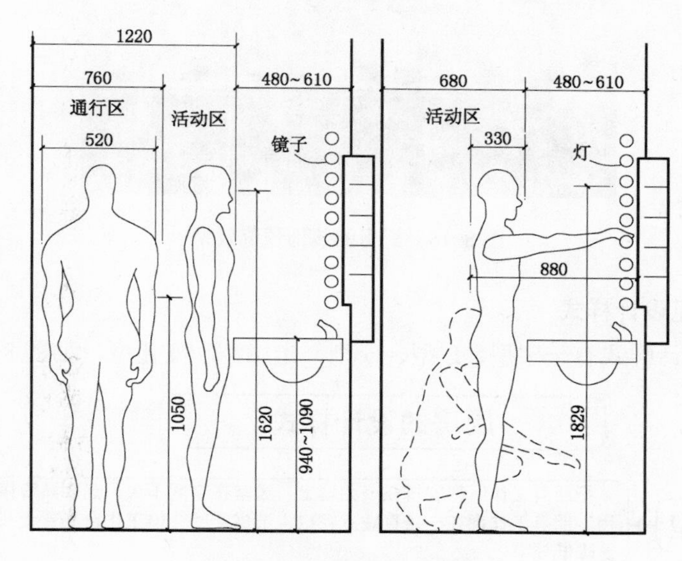

图 8-14 男性的洗脸盆尺寸

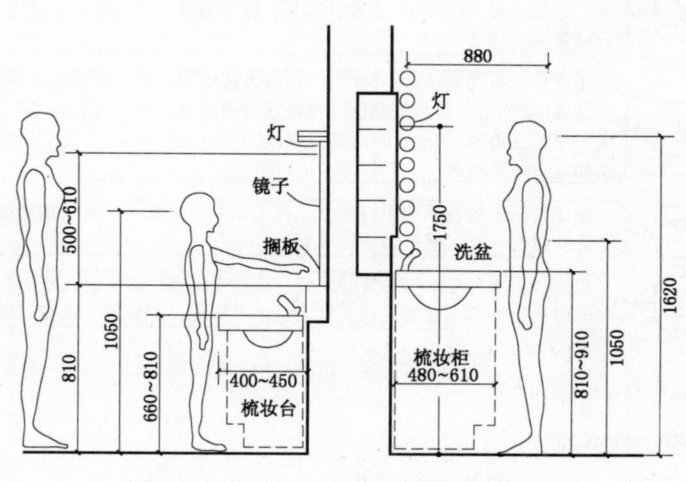

图 8-15 女性和儿童的洗脸盆尺寸

8.1.2 厨房的设计要点

厨房是住宅生活设施密度和使用频率较高的空间部位，也是家庭活动的重要场所。为满足采光、通风及电气化的需要，厨房应有外窗或开向走廊的窗户，并要为排油烟机和电炊具的使用创造条件，应设置炉灶、洗涤池、案台、固定式（或搁式、壁龛式）碗柜等设备或预留其位置。厨房的装饰预览效果如图 8-16 所示。

图 8-16　厨房的装饰预览效果

1．厨房的常见设计样式

厨房的常见设计样式有一字型、L 型、U 型、走廊型和变化型，如图 8-17 所示。

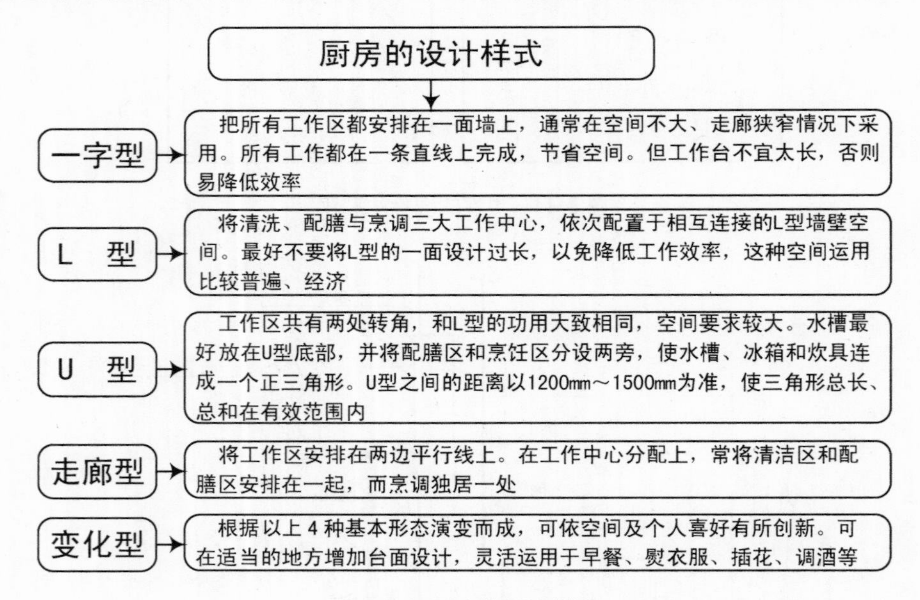

图 8-17　厨房的设计样式

2．厨房装修的注意事项

在进行厨房装修时，设计师需要注意图 8-18 所示的几点注意事项。

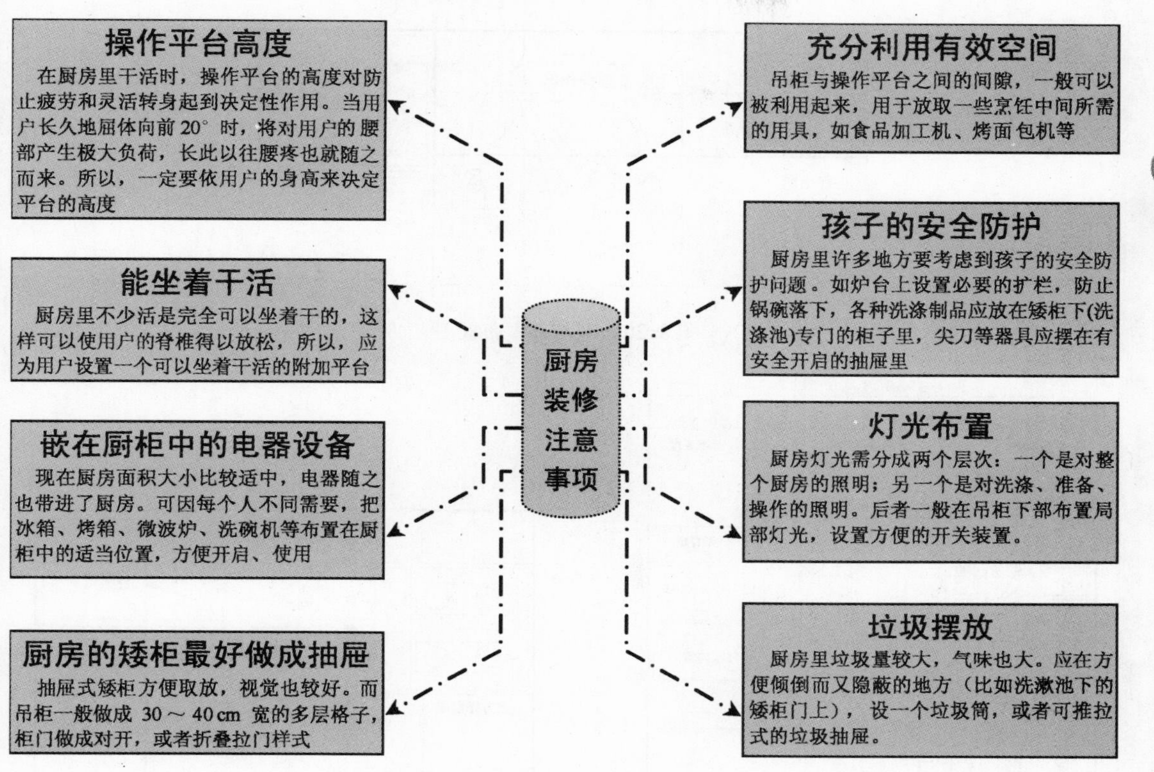

图 8-18 厨房装修的注意事项

3．厨房设计的人体尺寸

在进行平面布置时，除考虑人体和家具尺寸外，设计师还应考虑家具的活动范围尺寸大小。其厨房的常用人体尺寸，应参照如图 8-19～图 8-22 所示。

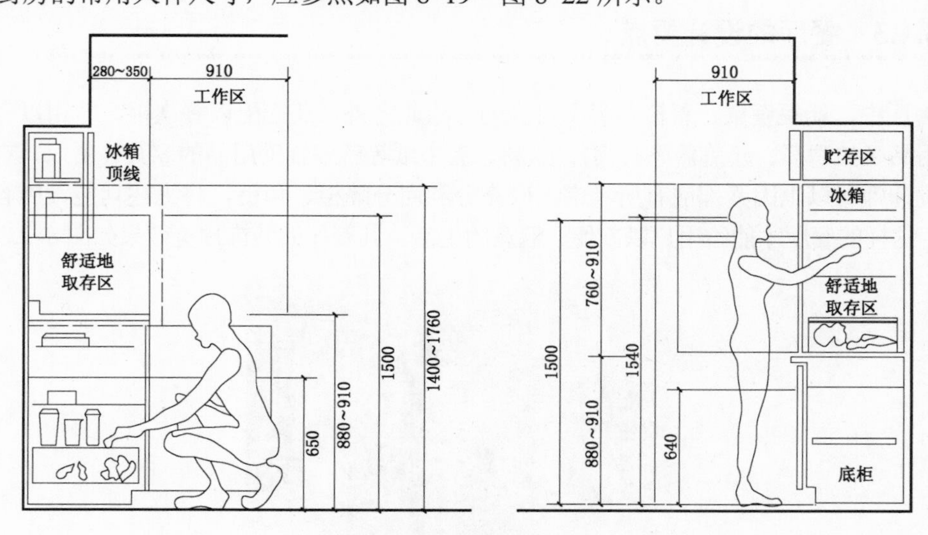

图 8-19 冰箱布置立面图

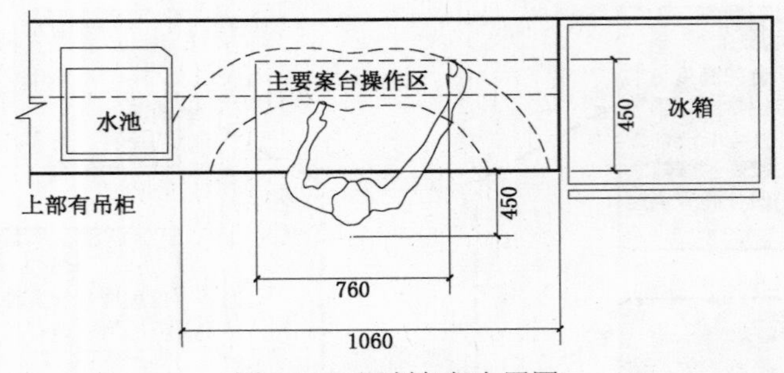

图 8-20　调制备餐布置图

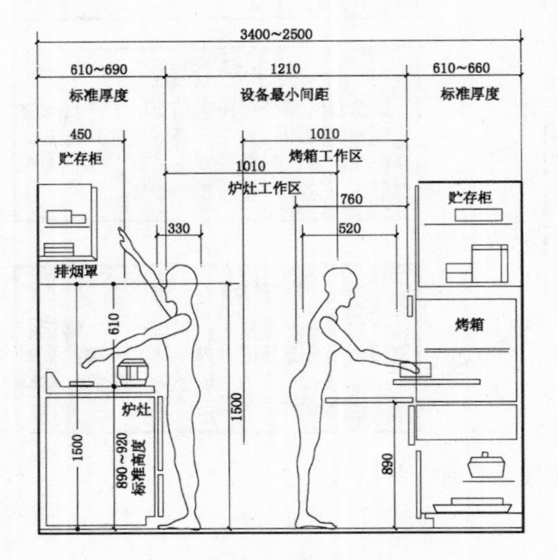

图 8-21　炉灶布置立面

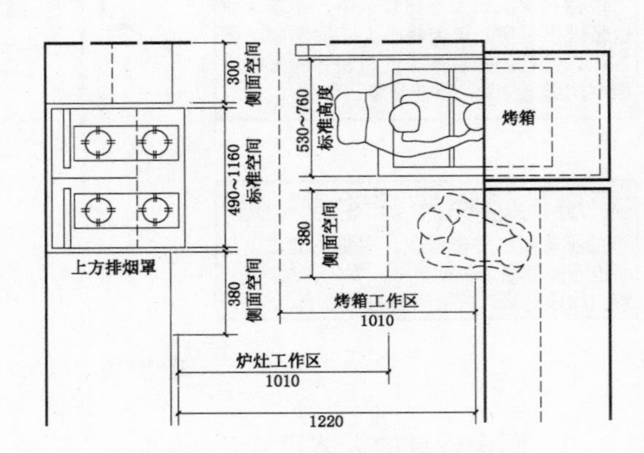

图 8-22　设备之间的最小间距

8.1.3　餐厅的设计要点

在餐厅中，就餐餐桌、餐椅是必不可少的，除此之外，还应配以餐饮柜，即用以存放部分餐具、用品（如酒杯、起盖器等）、酒、饮料、餐巾纸等就餐辅助用品的家具。所以，在设计餐厅时，设计师对以上因素都应有所考虑，应充分利用分隔柜、角柜，将上述功能设施容纳进就餐空间，这样的餐厅才能给用户以方便、惬意的生活。其餐厅的装饰预览效果如图 8-23 所示。

图 8-23　餐厅的装饰预览效果

1．餐厅空间和人体尺寸

餐厅的设置方式主要有 3 种：①厨房兼餐室；②客厅兼餐室；③独立餐室。另外，也可结合靠近入口过厅布置餐厅。狭长的餐厅可以靠墙或窗放一长桌，将一条长凳依靠窗边摆放，桌另一侧摆上椅子。餐厅在居室中的位置，除了客厅或厨房兼餐室外，独立的就餐空间应安排在厨房与客厅之间，这样可以最大限度地节省从厨房将食品摆到餐桌以及人们从客厅到餐厅就餐耗费的时间和空间。餐厅内部家具主要有餐桌、椅和餐饮柜等，它们的摆放与布置必须为人们在室内的活动留出合理的空间。餐厅的常用人体尺度，应参照如图 8-24～图 8-31 所示。

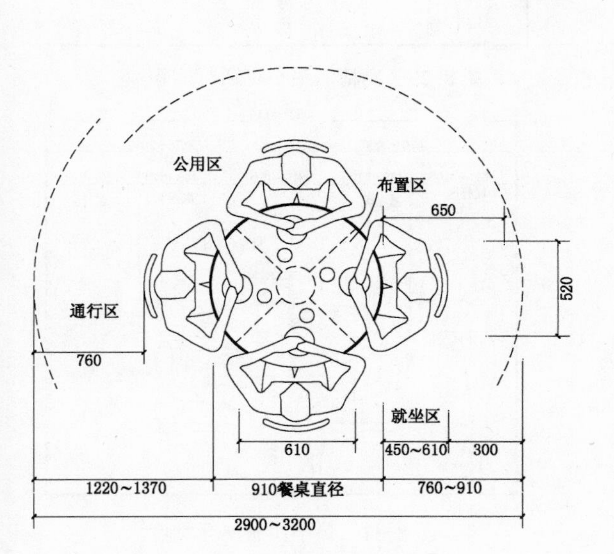

图 8-24　四人用小圆桌尺寸

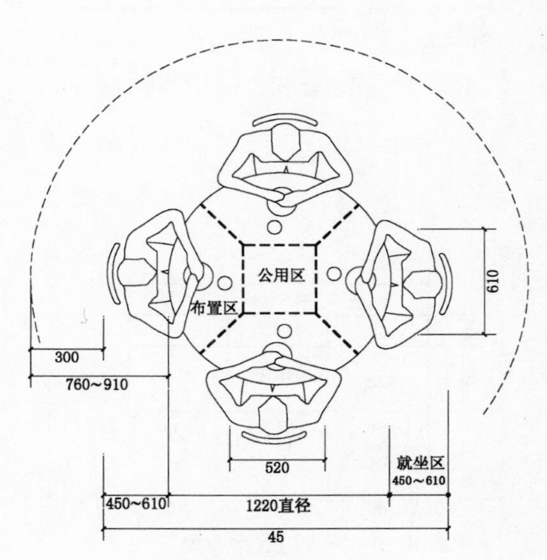

图 8-25　四人用餐桌

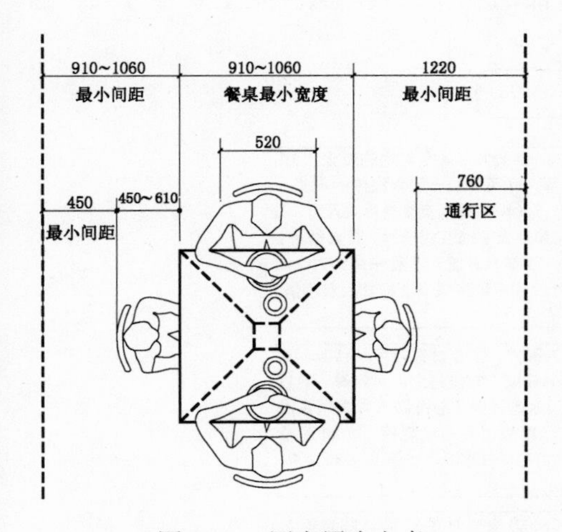

图 8-26　四人用小方桌

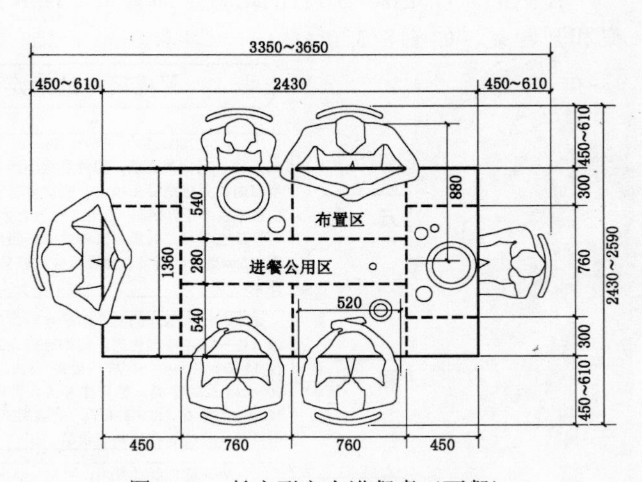

图 8-27　长方形六人进餐桌（西餐）

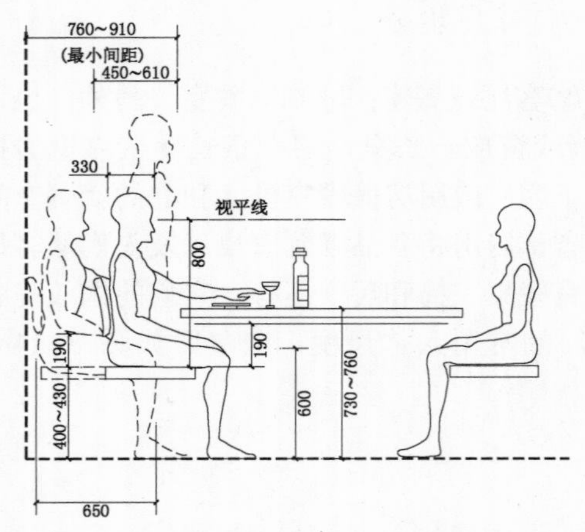

图 8-28　最小就坐区间距（不能通行）

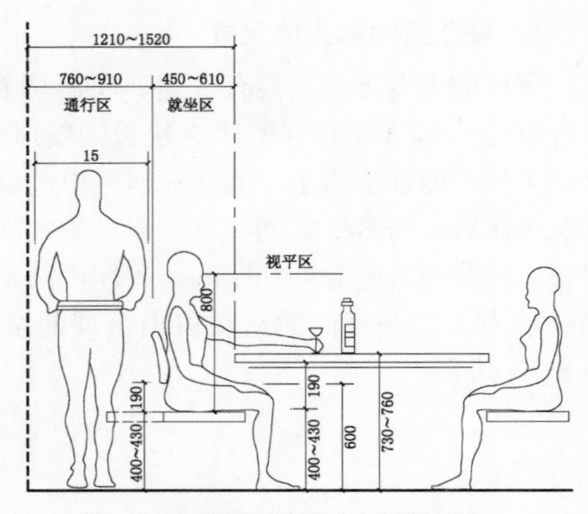

图 8-29　座椅后最小可通行间距

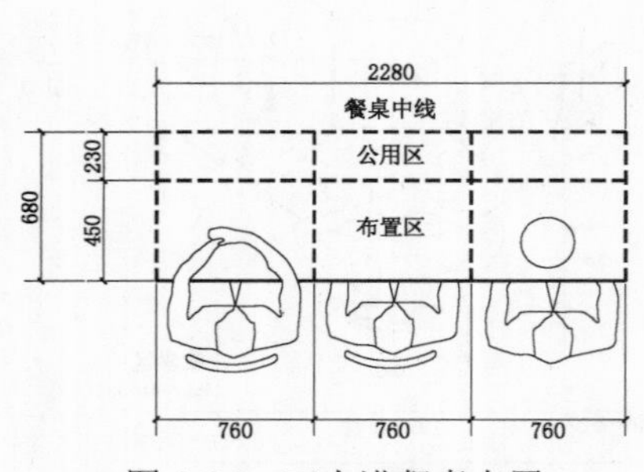

图 8-30　三人进餐桌布置

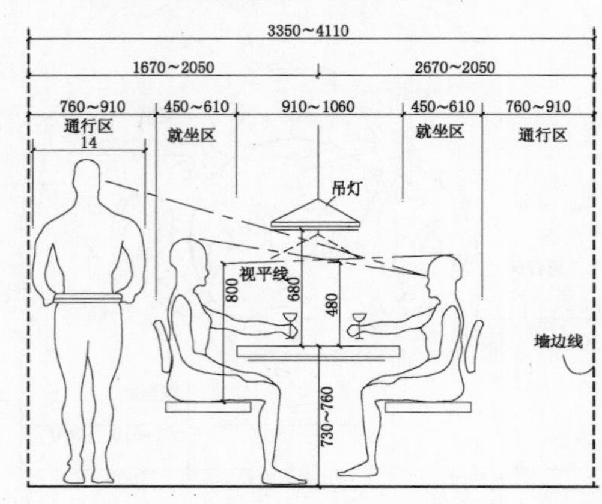

图 8-31　最小用餐单元宽度

2．餐桌尺寸的确定

住宅的餐厅是家人用餐的地方，而餐桌是摆放食品的主要家具，其类型主要有方桌、圆桌和开合桌，如图 8-32 所示。

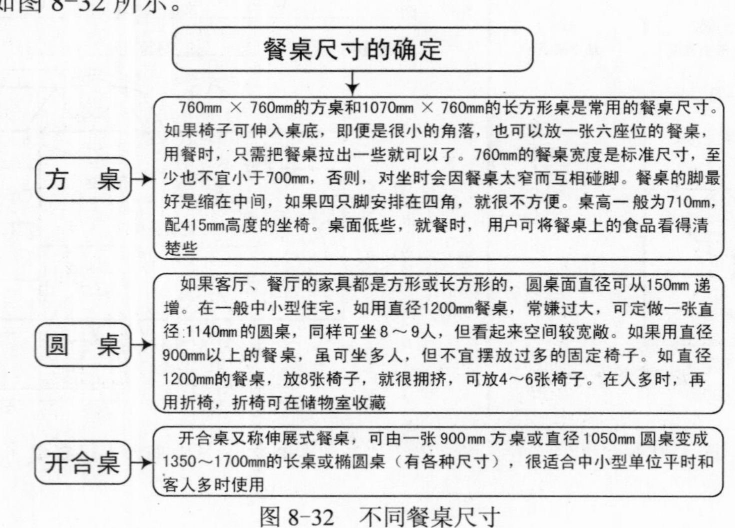

图 8-32　不同餐桌尺寸

3. 餐椅尺寸的确定

餐椅太高或太低，吃饭时都会感到不舒服，餐椅太高，会令人腰酸背疼（许多进口餐椅是 480mm），也不宜坐沙发吃饭，餐椅高度一般以 410mm 左右为宜。餐椅座椅及靠背要平直（即使有斜度，也以 2°～3°为妥），坐垫约 20mm 厚，连底板也不过 25mm 厚。有些餐椅配有 50mm 软垫，下面还有蛇形弹弓，坐此餐椅吃饭，并不比前述的椅子来得舒服。餐桌、餐椅的效果如图 8-33 所示。

图 8-33　餐桌、餐椅的效果

8.1.4　卧室的设计要点

在家庭的众多房间中，在夜间使用最多的是卧室。下班之后，人们在家的大部分时间其实是在卧室中度过的，而且是处于睡眠状态。正是由于卧室使用时间和功能的特殊性，因此它在装修设计中有很多独特的地方。其卧室的装饰预览效果如图 8-34 所示。

图 8-34　卧室的装饰预览效果

1．卧室设计的三大步骤

在进行卧室设计时，设计师应大致按照三大步骤进行设计，如图 8-35 所示。

确定区域划分	一般来说，卧室的划分有活动区、睡眠区、储物区、梳妆区、展示区、学习区等
整体布局	在这一阶段，需要大致确定室内的家具结构安排，和整体风格设计，以明确装饰风格，继续下一步的装修
电路和照明设计	①电路：一般应为7支路线，包括电源线、照明线、空调线、电视天线、电话线、计算机线和报警线；②照明：卧室对照明的要求较为普通，主要由一般照明与局部照明组成

图 8-35　卧室设计的三大步骤

在住宅卧室进行设计、装修、布置时，设计师应注意如图 8-36 所示的要点。

厨房的设计要点

1. 床头柜的上方预留电源线口，并采用5孔插线板带开关为宜，可以减少床头灯没开关的麻烦。还应预留电话线口，如果是双床头柜，应在两个床头柜上方分别预留电源和电话线口

2. 梳妆台上方应预留电源接线口（吹风机），另外考虑梳妆镜上方应有反射灯，在电线盒旁另加装一个开关

3. 写字台或电脑台上方应安装电源线、电视馈线、电脑线和电话线接口

4. 照明灯光采用单头或吸顶灯，可采用单联开关，多头灯应加装分控器，根据需要调节亮度，建议采用双控开关，一个开关安装在卧室门外侧，另一个安装在床头柜上侧或床边较易操作部位

5. 在电视柜上方预留电源（5孔面板）、电视、电脑线终端

6. 在卧室内可能占用电源线的电器有电视、DVD、音响、电脑、电话、加湿器和台灯等

7. 在所有空间装修中，如果在装修时无法确定日后所需的全部电器，则建议多预留几个电源接口，这样做的最大问题是会使电路改造的费用上升，而好处则是大大提高了未来房屋布置的灵活性，毕竟开墙动土是项 大工程，将来再反悔就比较麻烦了

图 8-36　卧室的设计要点

- ◆ 书桌照明。照度值在300LX以上，一般采用书写台灯照明。
- ◆ 阅读照明。不少人喜欢睡前倚在床边看书读报，因此要考虑添加台灯或壁灯照明。台灯的特点是可移动、灵活性强，且台灯本身就是艺术品，能给人以美的享受。壁灯的优点是通过墙壁的反射光，能使光线柔和。
- ◆ 梳妆照明。照度值要在300LX以上，梳妆镜灯通常采用温射型灯具，光源以白炽灯或三基色荧光灯为宜，灯具安装在镜子上方，在视野60度立体角之外，以免产生眩光。

2．卧室装修的施工程序

普通卧室的施工工序较少，施工基本包括电路改造、墙面装饰、吊顶和铺设地板。这些施工过程与房屋整体施工基本一致，且都可在整体施工中一并完成。

卧室装修时管线较少，房间的规格也相对较好。其施工应遵循“先顶面、再墙面、最后地面”的总原则，以木工制作为主要内容，其他工种配合作业。

卧室装修的施工过程应特别注意以下问题：

1）细木装修未完工前，不能进行同空间的其他作业，以防污染、破坏木器表面，只能待上完第一道底漆后，才能进行墙体和顶面的涂刷和裱糊作业。

2）在墙面工程施工时，一定要预留好空调等电器的安装线路，并做好电路的改造，防止后期安装时损坏墙、地面已装修好的部分。

3．卧室的布置

卧室布置的原则是最大限度地提高舒适度和私密性，另外，设计师还应从颜色的搭配、整体的布置和卧室的装饰3个方面进行考虑，如图8-37所示。

卧 室 的 布 置

1. 颜色的搭配。卧室色调为暖色调为宜，颜色搭配要令人看了觉得舒服。所谓令人舒服的颜色就是色彩统一、和谐、淡雅、温馨，比如床单、窗帘、枕套皆使用同一色系，尽量不要用对比色，避免给人太强烈鲜明的感觉而不易入眠。

卧室大面积色调，一般是指墙面、地面、顶面三大部分的基础色调，家具织物为主色，天花板颜色宜轻不宜重，而地板的颜色则应以稍深色为主，家具色彩要注意与房间的大小、室内光线的明暗相结合，并且要与墙、地面的颜色相协调，但又不能太相近，不然没有相互衬托，也不能产生良好的效果

2. 整体布局。卧室的家具要简单实用，不宜过多，一般可采用二元或三元陈设。二元即卧具元和储物元，卧具元包括床、床头柜，或视空间情况放一把安乐椅或一对小沙发等；储物元即大衣柜或组合式壁橱，要求整体感强，装饰效果好。三元即再加上化妆元，主要是梳妆台及梳妆台专用皮椅。

安静是对卧室和卧具的空间位置、光线、隔音等因素的要求。如卧室的位置不应太近大门，不要让客人一进大门就看到卧具。床的位置有东西向、南北向和斜角向3种，要以冬暖夏凉为基本原则。而装有空调的卧室则可更多考虑使用上的方便和美观。此外，床不宜放在靠近走道或客厅的一边，以免外面的声音打扰室内的安静

3. 卧室的装饰。卧室中摆放的小物件的颜色也是营造舒适卧室的主要因素。卧室的装饰品和摆设可以用玫瑰色，它会让卧室需要亮丽的色彩。但是，不能使用对比反差大、搭配不协调的色彩，它们会吸引目光，妨碍注意力集中。适宜卧室的摆设有布偶、书画作品、照片、盆景、海报、壁挂和壁毯等

图8-37　卧室的布置

4．卧室设计的人体尺寸

在进行卧室的设计时，其功能布置应该有睡眠、储藏、梳妆及阅读等部分，平面布置应以床为中心，睡眠区的位置应相对比较安静。卧室中常用的人体尺寸如图 8-38～图 8-46 所示。

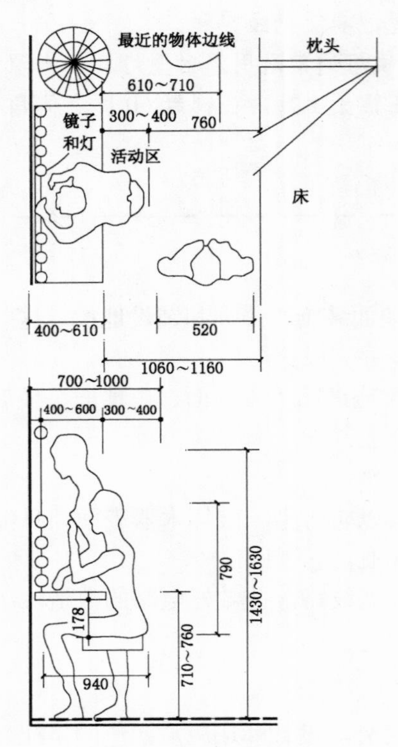

图 8-38　梳妆台

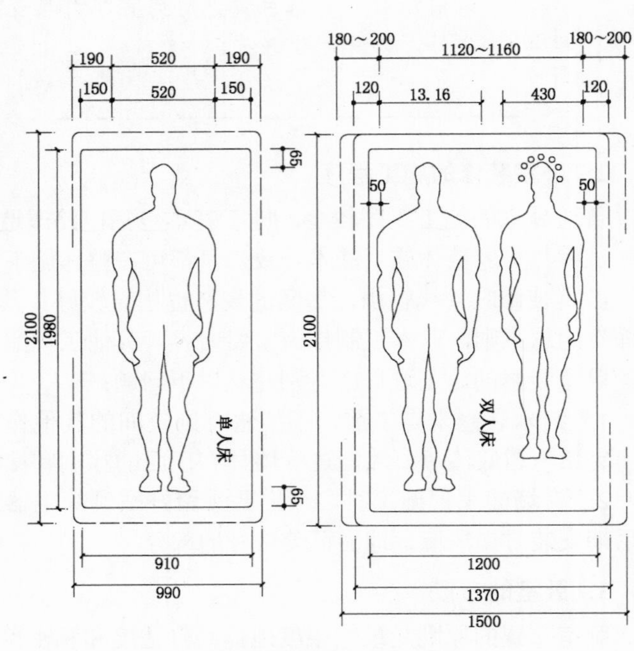

图 8-39　单人床与双人床

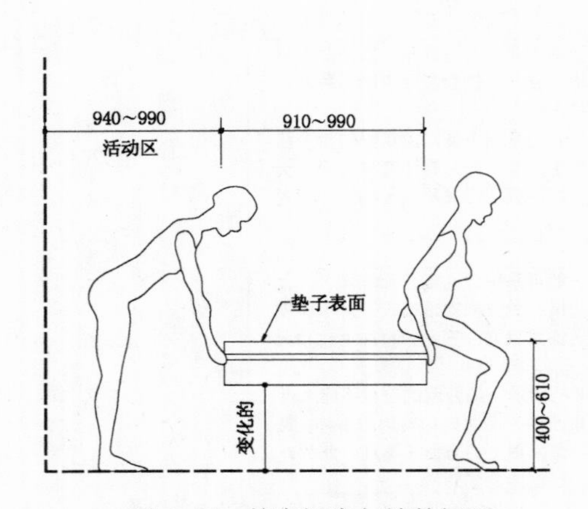

图 8-40　单床间床与墙的间距

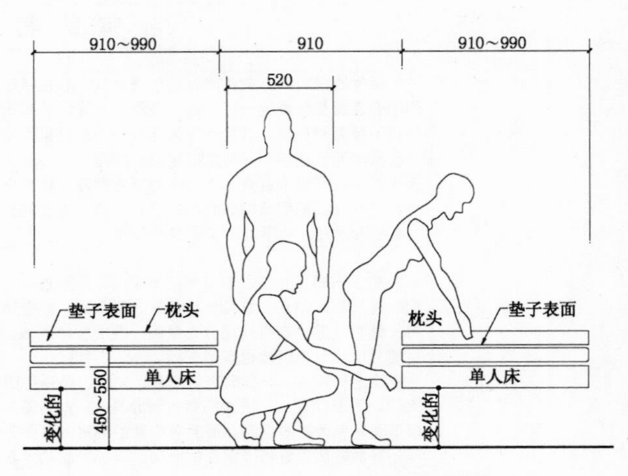

图 8-41　双床间床的间距

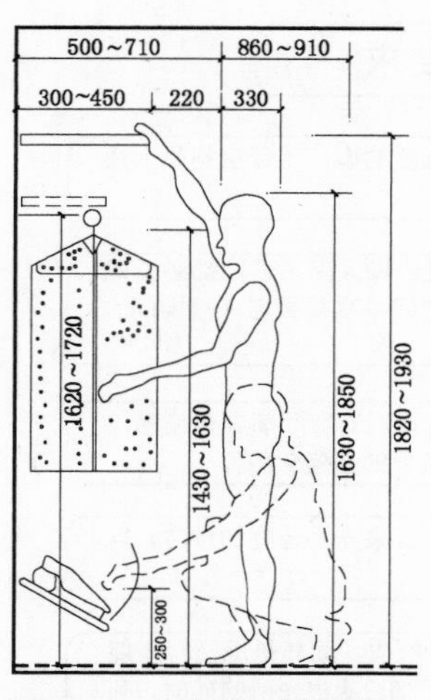

图 8-42　男性使用的壁橱

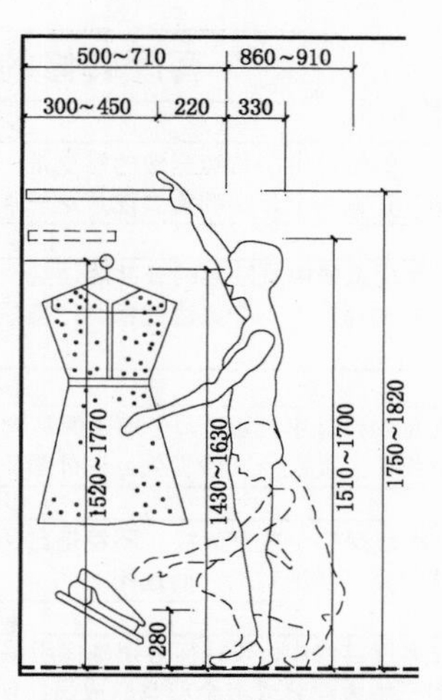

图 8-43　女性使用的壁橱

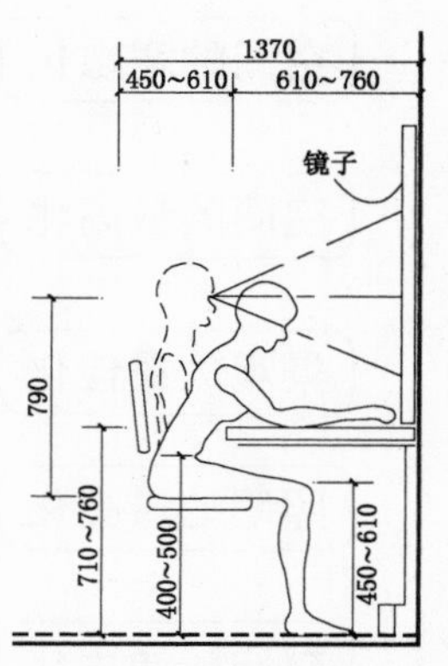

图 8-44　书桌与梳妆台

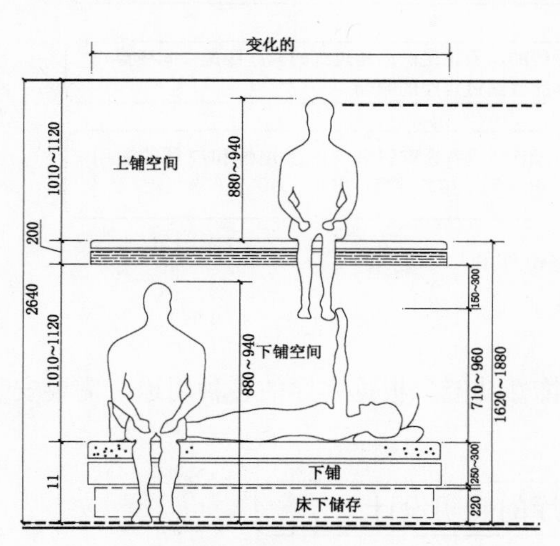

图 8-45　成人用双层床

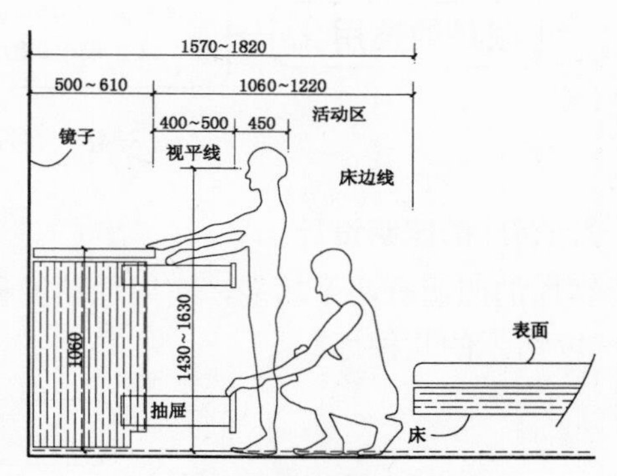

图 8-46　小床柜与床的间距

8.1.5　客厅的设计要点

客厅是家庭居住环境中最大的生活空间，也是家庭的活动中心，它的主要功能是家庭会客、看电视、听音乐、家庭成员聚谈等。客厅室内家具配置主要有沙发、茶几、电视柜、酒吧柜及装饰品成例柜等。客厅的装饰预览效果如图 8-47 所示。

图 8-47　客厅的装饰预览效果

1. 客厅装修设计的基本要求

客厅可以说是家居中活动最频繁的一个区域，因此如何设计这个空间就显得尤其关键。在进行客厅装修设计时，设计师应按照图 8-48 所示的基本要求来进行设计。

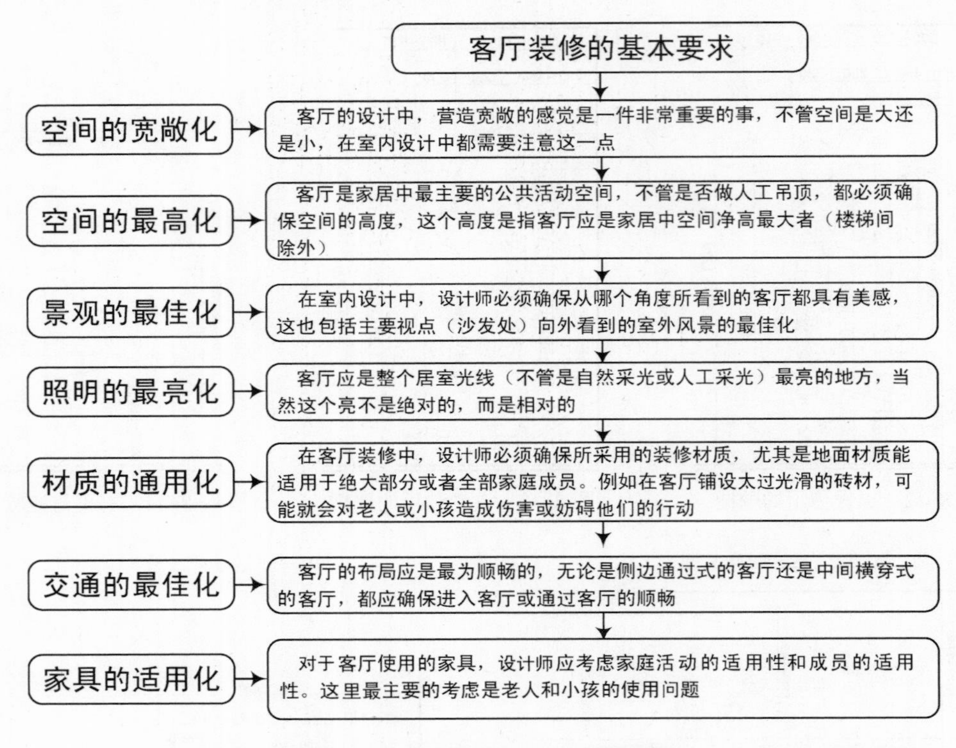

图 8-48　客厅装修设计的基本要求

2．客厅的照明设计

客厅的照明有两个功能，实用性功能和装饰性功能。根据客厅的各种用途，需要安装如图 8-49 所示的几种灯。

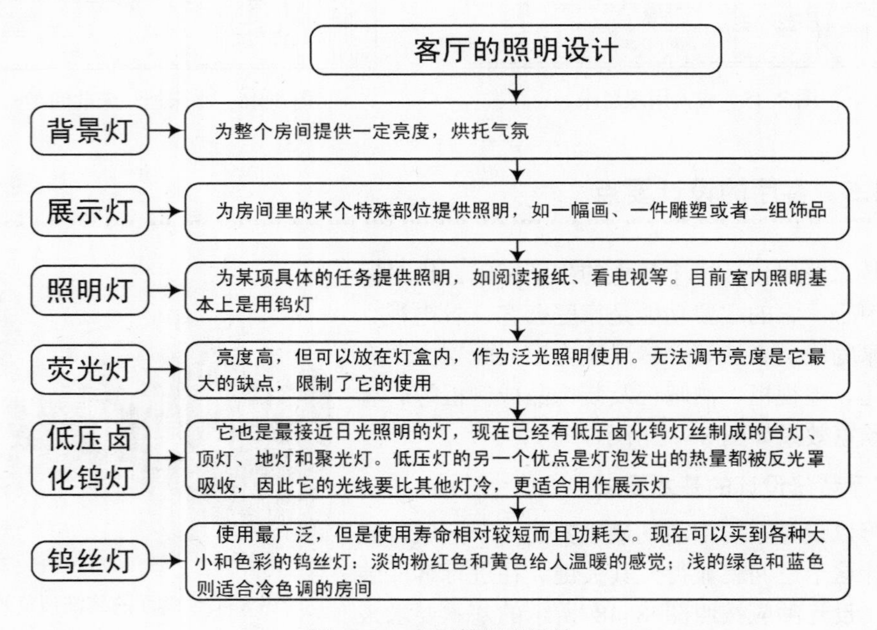

图 8-49　客厅的照明设计

3．客厅设计的人体尺寸

客厅的装饰设计和家具布置均应符合人体尺寸。客厅中常用的人体尺寸如图 8-50～图 8-59 所示。

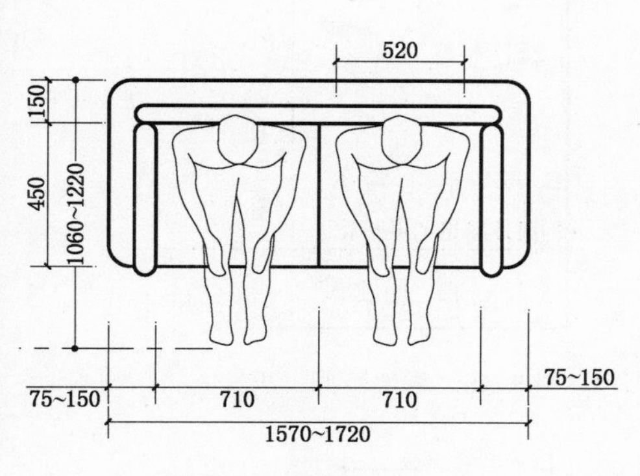

图 8-50　双人沙发（男性）

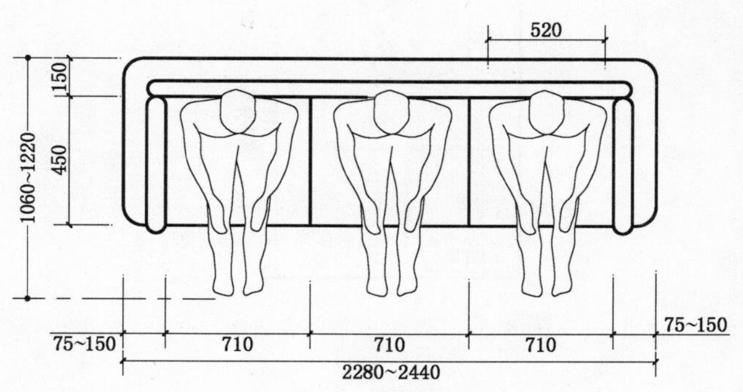

图 8-51　三人沙发（男性）

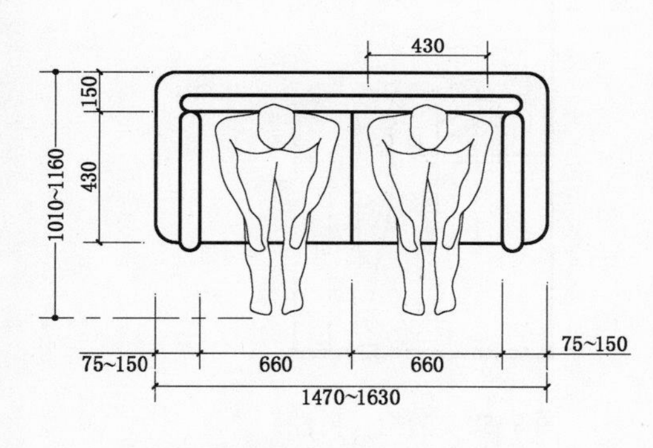

图 8-52　双人沙发（女性）

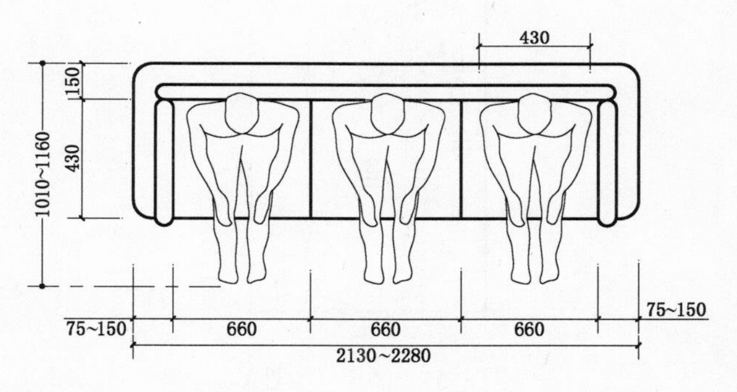

图 8-53　三人沙发（女性）

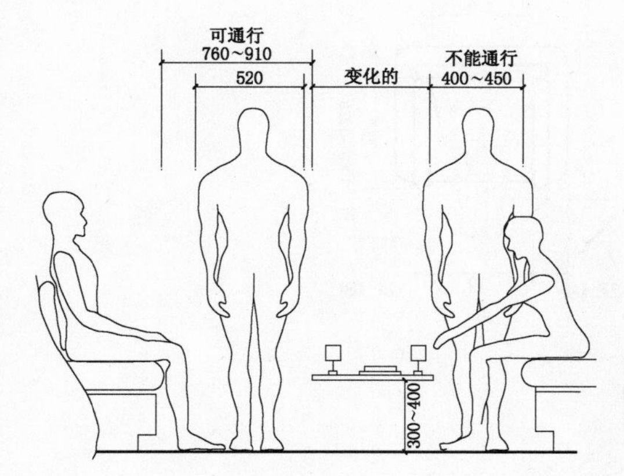

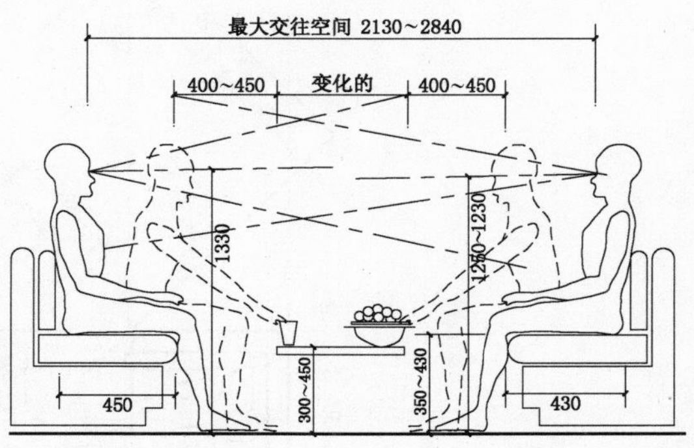

图 8-54　沙发间距

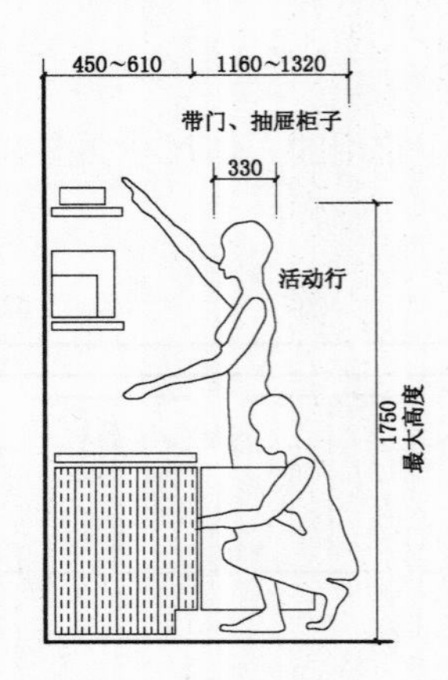

图 8-55　靠墙柜橱（女性）

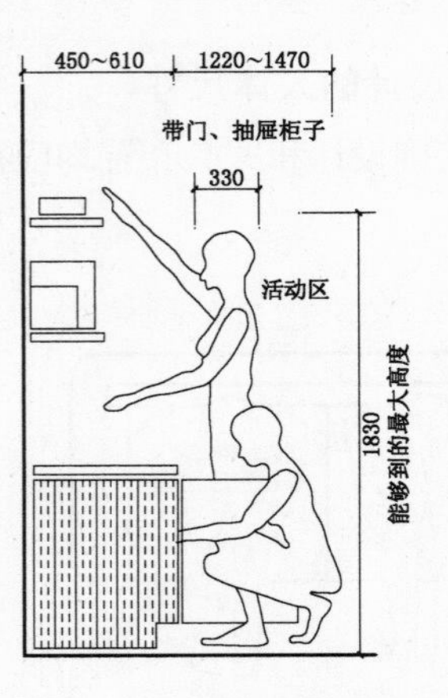

图 8-56　靠墙柜橱（男性）

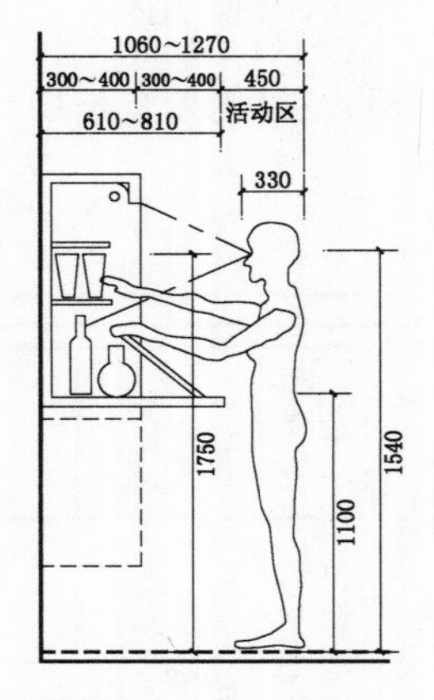

图 8-57　酒柜（女性）

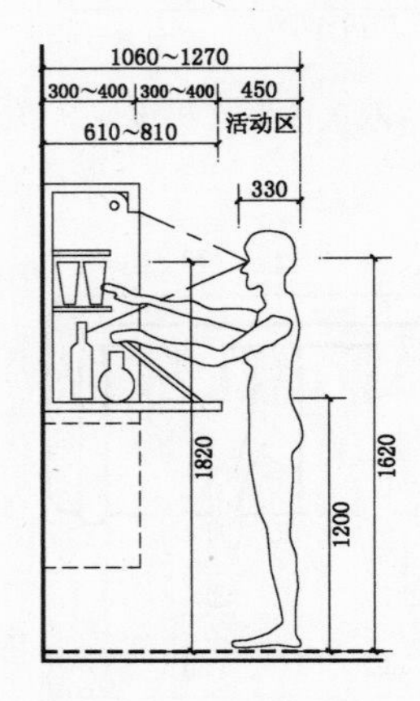

图 8-58　酒柜（男性）

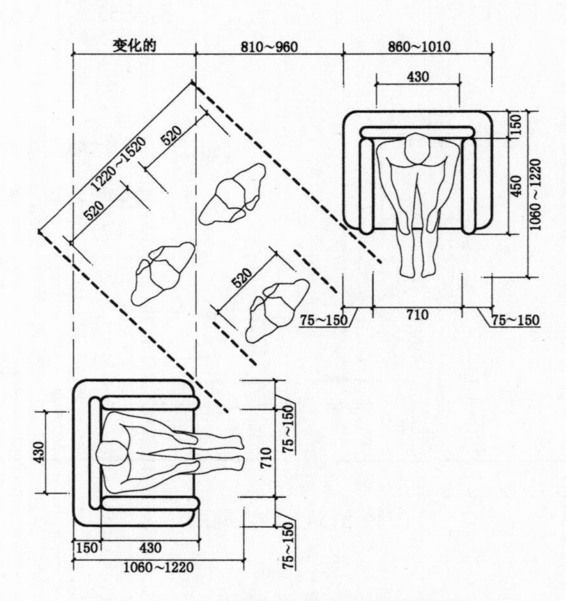

图 8-59　可通行的拐角处沙发布置

8.2 室内装潢平面图的绘制

案例\08\室内装潢平面图的绘制.avi
案例\08\室内装潢平面图.dwg

本实例主要针对一套经典住宅来创建室内装潢平面布置图。该室内住宅平面图的总共面积约 120m^2，包括有客厅、餐厅、厨房、卫生间、主卧室、次卧室、儿童房、书房、阳台等。用户可将事先准备好的室内平面图置入当前环境中，然后根据各功能间进行平面布置图布置，其效果如图 8-60 所示。

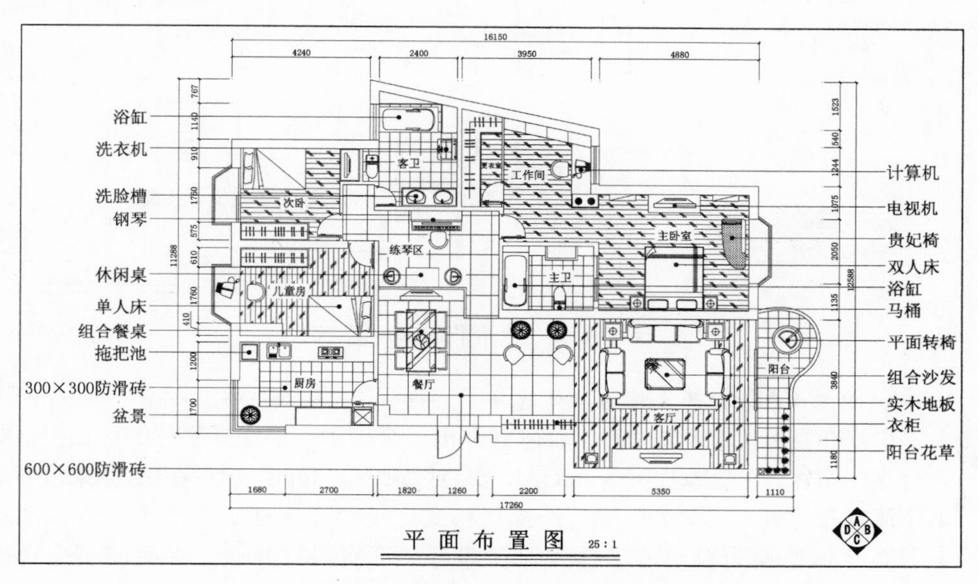

图 8-60 住宅室内装潢平面布置图

专业点滴

室内装饰平面布置图的基本内容

室内装饰平面布置图主要应该清楚地表达以下一些内容。

- 建筑结构与构造的平面形式和基本尺寸。
- 墙体、门窗、隔断、空间布局、室内家具、家电与陈设、室内环境绿化、人流交通路线、地面材料（也可单独绘制地面材料平面图）。
- 标注房间尺寸、室内家具、地面材料与陈设尺寸。相对复杂的公共建筑，应标注轴线编号。
- 标注房间名称及室内家具名称。
- 标注室内地面标高。
- 标注详图索引符号、图例、立面内视符号。
- 标注图名和比例。
- 标注材料及施工工艺的文字说明，如需要，还应提供统计表格。

8.2.1 建筑平面图的调用

在使用 AutoCAD 2014 进行室内装潢设计之前，如果没有现存的原始平面图，这时应绘制相应的建筑原始平面图；反之，可以将其借调，并加以修改使之符合需要。本案例已有准备好的“原始平面图.dwg”文件，这时可以将其打开并另存为新的文件。

1）正常启动 AutoCAD 2014 软件，选择“文件” | “打开”命令，将“案例\08\原始平面图.dwg”文件打开，如图 8-61 所示。

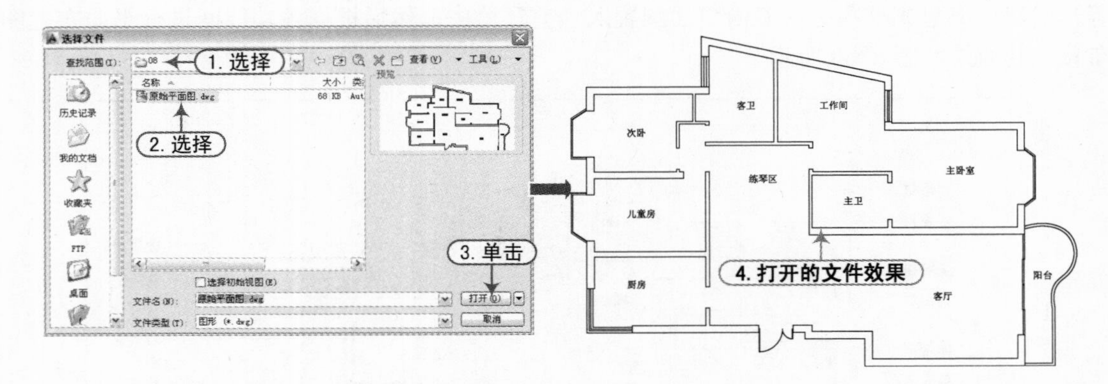

图 8-61 打开“原始平面图.dwg”文件

软件技能

解决 CAD 打开文件的字体选择

用户在打开 CAD 文件时，若碰到弹出一个提示需要选择字体的对话框，如果有这种字体，直接添加进 AutoCAD 安装目录下的 fonts 文件夹中；如果没有这种字体，在打开 CAD 文件后，选择“格式” | “文字样式”命令，将该图纸中所有字体替换为自己的字体并保存即可，下次再打开该文件时就不会再出现此提示了。

2）选择“文件” | “另存为”命令，系统会弹出“图形另存为”对话框，将其打开的图形文件另存为“案例\08\室内装潢平面图.dwg”。

8.2.2 布置客厅与餐厅

从已打开的原始平面图中可以看出，其客厅与餐厅区域是连通的，为了使客厅与餐厅区分开来，应对其进行区域的划分，并在适当的位置进行家具、装饰、地板等的布置，从而使施工人员按照要求进行施工布置，并要使房主能够安排调整。

1）选择“格式” | “图层”命令（或者输入简捷命令“LA”），在打开的“图层特性管理器”面板中新建“辅助线”图层，并将其图层置为当前图层，如图 8-62 所示。

辅助线				253	Continuous	—— 0.20 毫米

图 8-62 新建“辅助线”图层

为了高效的绘图，应该将不同功能的对象置于不同图层中，所以在这里先建立一个“辅助线”图层，作为整个装饰图的辅助线、隔断、台板等。

2）使用“偏移”命令（O）和“直线”命令（L），在进户门的右侧绘制鞋柜和进门衣柜，如图8-63所示。

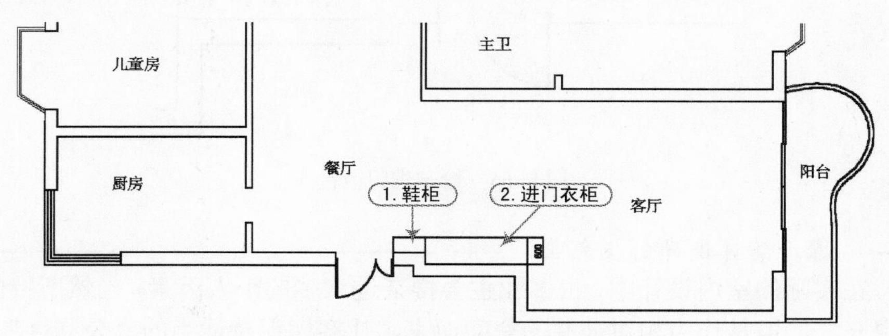

图8-63 绘制鞋柜和进门衣柜

3）使用“直线”命令（L），过衣柜右侧垂直线段的中点绘制一条水平的条段，再使用“样条曲线”命令，绘制一个单独的衣架，然后使用“复制”命令（CO）将其衣架进行水平复制，如图8-64所示。

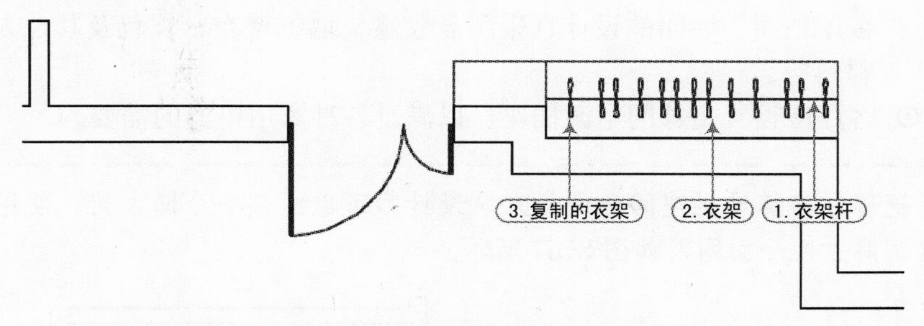

图8-64 绘制衣架杆和衣架

4）使用“矩形”命令（REC），绘制3000mm×600mm的矩形，且置于下侧墙线的中点，如图8-65所示。

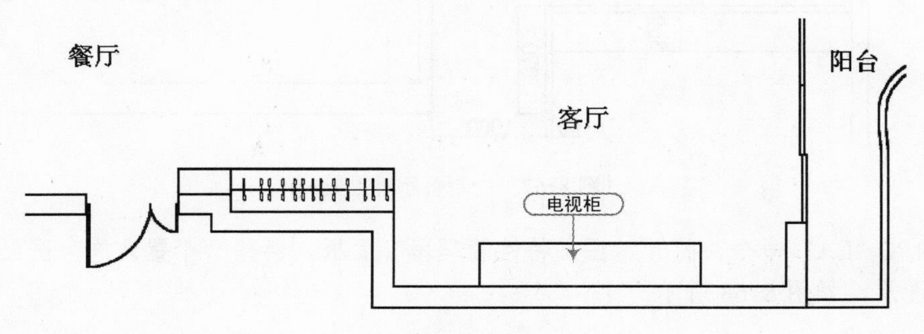

图8-65 绘制平面电视柜

5）使用“偏移”命令（O）和“直线”命令（L），在进户门的左侧绘制进门柜台，如

图 8-66 所示。

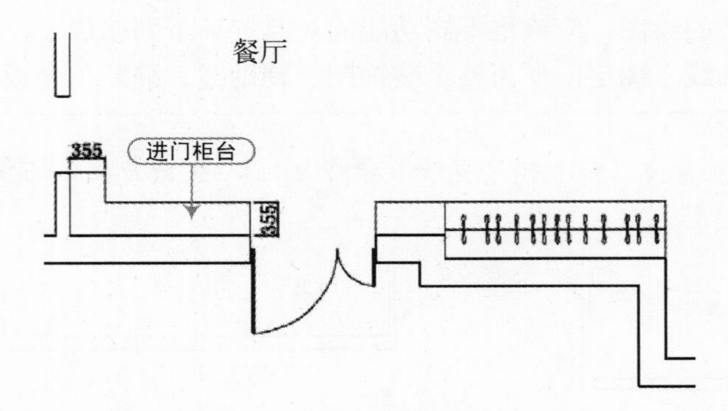

图 8-66　绘制进门柜台

客厅装饰设计的注意点

在实际的室内设计中，很多业主会搀杂进太多的个人因素，当然所持的理由也很充分，但是作为相对公共的空间而言，让客厅保持适当的“公共性”必要的。

- 客厅的设计应根据住户的不同需要、生活习惯及住房面积等因素来进行空间区划及平面布置。
- 客厅的地面宜采用耐磨、防滑型材料，如大块彩色釉面陶瓷地砖、木地板、塑胶地板、地毯等。
- 客厅顶面、墙面的设计宜采用乳胶漆、墙纸壁布、软包及其他人工或天然材料等。
- 客厅应设置足够的电源插座，以满足各种家用电器的需要。

6）为了把餐厅与练琴区空间分隔开来，设计师可以绘制一个博古架。使用“直线”命令（L）来绘制博古架平面图，如图 8-67 所示。

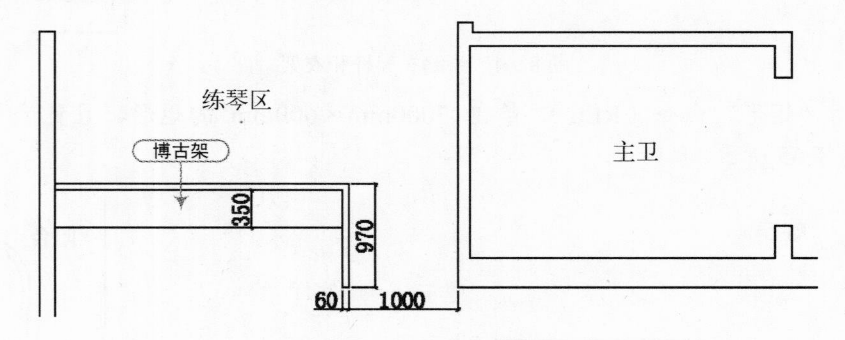

图 8-67　绘制餐厅博古架

7）输入“LA”命令，打开“图层特性管理器”面板，新建“布置设施”图层，并将其置为当前图层，如图 8-68 所示。

图 8-68　新建“布置设施”图层

专业点滴

餐厅装饰设计的注意点

- 顶面：应以素雅、洁净材料做装饰，如漆、局部木制、金属，并用灯具作衬托，有时可适当降低吊顶，可给人以亲切感。
- 墙面：齐腰位置考虑用些耐磨的材料，如选择一些木饰、玻璃、镜子做局部护墙处理，而且能营造出一种清新、优雅的氛围，以增加就餐者的食欲，给人以宽敞感。
- 地面：选用表面光洁、易清洁的材料，如大理石、地砖、地板，局部可用玻璃（而且下面有光源），便于制造浪漫气氛和神秘感。
- 餐桌：方桌、圆桌、折叠桌、不规则型，不同的桌子造型给人的感受也不同。方桌感觉规整，圆桌感觉亲近，折叠桌感觉灵活方便，不规则型感觉神秘。
- 灯具：灯具造型不要烦琐，但要足够亮度。可以安装方便实用的上下拉动式灯具；把灯具位置降低；也可以用发光孔，通过柔和光线，既限定空间，又可获得亲切的光感。
- 绿化：可以在角落摆放一株绿色植物，在竖向空间上以绿色植物进行点缀。
- 装饰：字画、壁挂、特殊装饰物品等，可根据餐厅的具体情况灵活安排，用以点缀环境，但要注意不可过多，以免让餐厅显得杂乱无章。
- 音乐：在角落可以安放一只音箱，就餐时，适时播放一首轻柔美妙的背景乐曲，可促进人体内消化酶的分泌，促进胃的蠕动，有利于消化。

8）输入“I”命令系统将弹出“插入”对话框，单击“名称”后面的“浏览”按钮，弹出“选择图形文件”对话框，选择“案例\08\平面组合沙发”，并单击“打开”按钮，返回到“插入”对话框中，然后单击“确定”按钮，如图 8-69 所示。

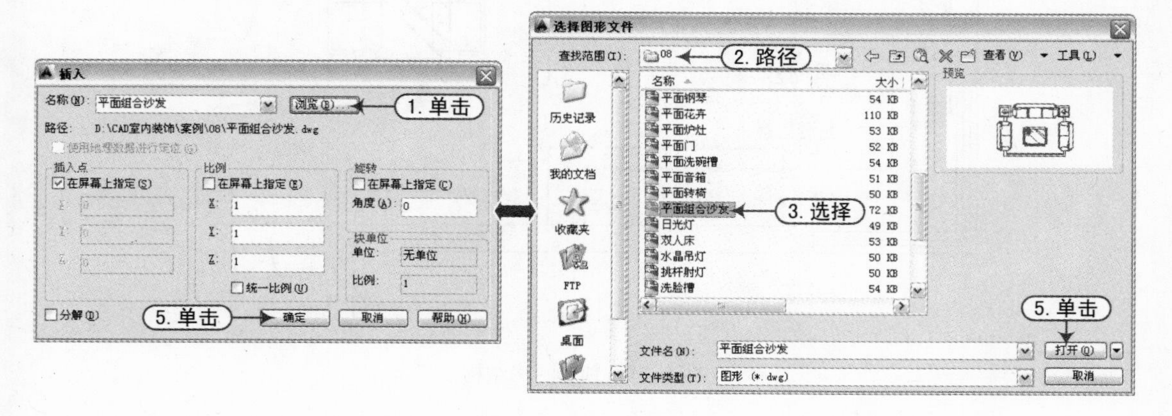

图 8-69 插入图块

9）当单击“确定”按钮后，便将所选择的“平面组合沙发”图块插入到了客厅的适当位置。同样，将“案例\08”文件夹下面的“平面电视”“平面音箱”“平面餐桌”“平面花卉”（插入比例为0.3）“平面凳子”等图块插入到指定的位置，如图8-70所示。

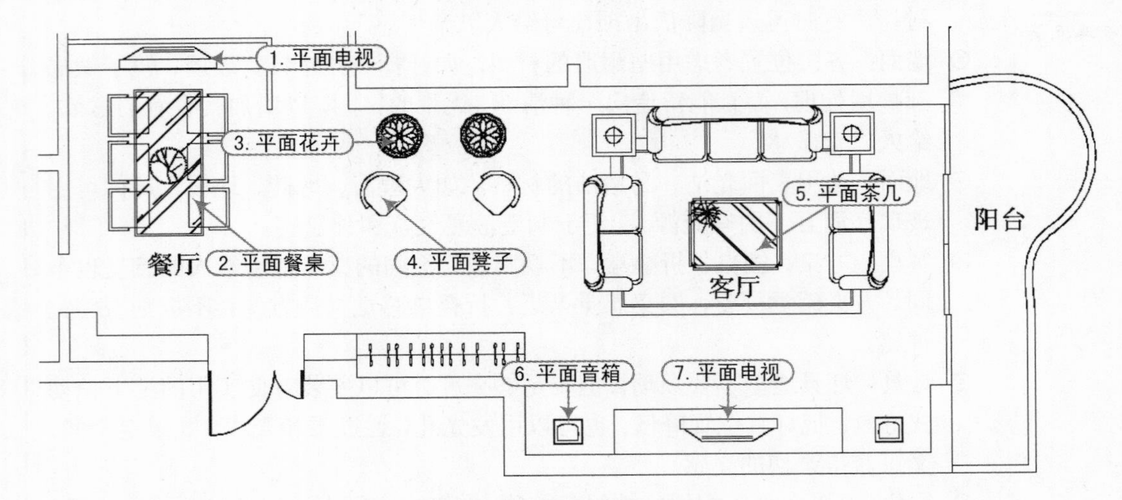

图8-70　插入其他图块

8.2.3　布置厨房和儿童房

住宅的厨房少不了冰箱、炉灶、洗碗槽、碗柜、拖把池等陈设，而在儿童房中，衣柜、床、书架、电脑等也是不可或缺的。

1）当“辅助线”图层置为当前图层，然后使用“直线”命令（L）、“偏移”命令（O）等来绘划分厨房的灶台、操作台、洗手台、洗碗槽、拖把池等，如图8-71所示。

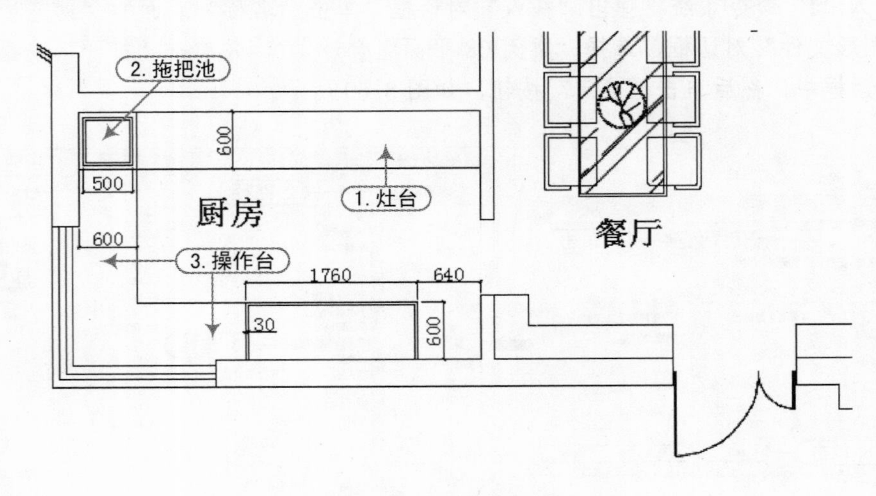

图8-71　划分厨房结构

2）执行“插入块”命令（I），将“案例\08”文件夹下面的“平面炉灶”“平面洗碗槽”“平面冰箱”“平面花卉”等图块插入到厨房的相应位置，如图8-72所示。

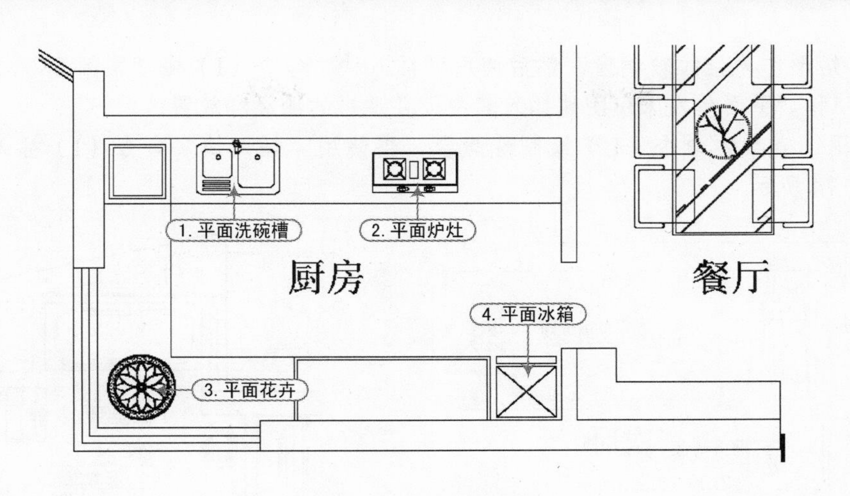

图 8-72 插入厨房图块

3）使用“矩形”命令（REC）绘制 2100mm × 600mm 的矩形，并对其向内偏移 30mm，再使用“直线”命令（L）过矩形左右两侧的中点绘制水平线段作为衣架杆，再使用“样条曲线”命令绘制衣架，并对其绘制的衣架进行水平移动，从而完成衣柜的绘制。

4）使用“直线”命令（L）过窗台绘制垂直线段，再绘制 1300mm 宽的书架，再使用“插入块”命令（I），将“案例\08”文件夹下的“平面电脑”“平面凳子”和“平面单人床”插入到儿童房中，如图 8-73 所示。

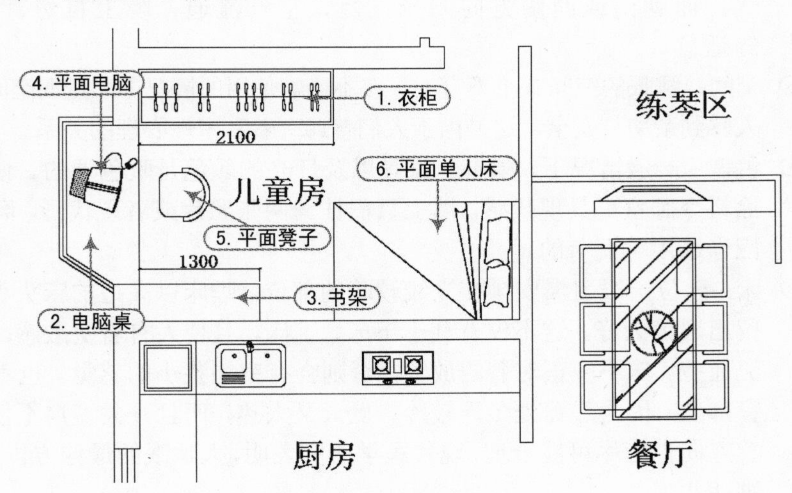

图 8-73 布置儿童房

8.2.4 布置次卧室和客卫

在本案中，次卧室中应该布置一台电视、衣柜、单人床，且要推拉式玻璃窗；在客卫中应该布置有洗脸槽、便槽、梳妆镜，同样应该将洗衣机布置在其中。

1）使用“直线”命令（L）绘制次卧室的衣柜以及电脑放置台，并绘制 30mm × 880mm

的两个矩形矩形作为推拉玻璃窗，然后使用“插入块”命令（I）将“案例\08”文件夹下的“平面电视”和“平面单人床”图块插入其中，并适当的缩放和放置。

2）使用“直线”命令（L）绘制洗漱台，再使用“插入块”命令（I）插入指定的图块，如图 8-74 所示。

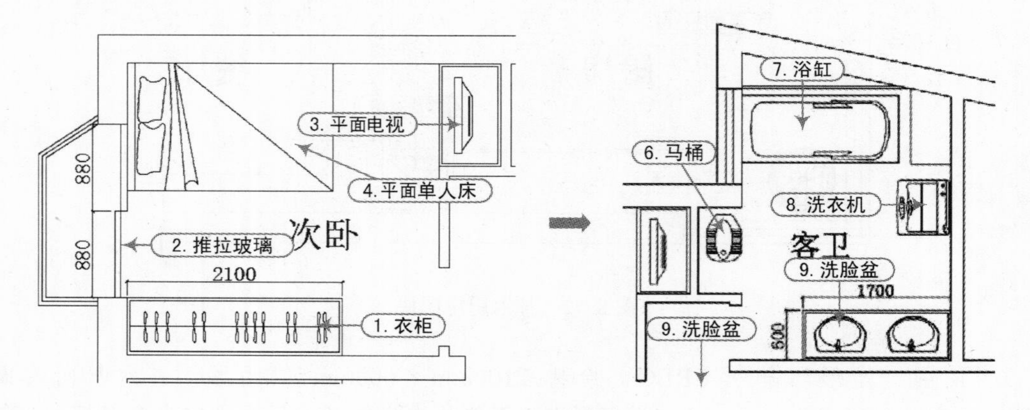

图 8-74　布置儿童房和客卫

专业点滴

卧室的布置

- 朝向：卧室朝南或朝西南方向有利睡眠。睡眠中，大脑仍需大量氧气，而朝南或西南方向阳光充足，空气流通，晚上自然有着很好的舒适感。
- 空间：睡眠的空间宜小不宜大。在不影响使用的情况下，睡眠空间越小越使人感到亲切与安全，这是由于人们普遍有着私密性心理的关系。
- 色调：一般情况下，墙壁、家具以及灯光的颜色是暖色调的。使用单色的涂料令卧室更具现代感，墙上只需挂一两张照片或者现代画。卧室的灯光应当选用可调节的。
- 床：床位一般习惯安排在光线较暗的部位。睡床以高边的床头靠墙，两侧留出通道为好。这不仅有利于下床、上床，且使人有着宽敞感，显得空气流通些。床不应正对着门放置，否则会有空间狭小的感觉。也不宜放在临窗部位，因为靠窗处冬天较冷，夏天又太热，而且开关窗户不便。床的安置方向也应尽可能合理，现代医学研究表明，人睡眠的最佳方位是头朝南、脚朝北。
- 床头柜：床头柜的放置既要考虑美观，又要照顾上床、下床和随手取东西方便。根据房间大小、家具多少，可选择单边放置、两边放置等。
- 窗帘：一般选择落地且质地较厚的，不透光也不会被大风吹起。
- 宽度方面：单人床以 900mm 以上的宽度为好。床过窄不易使人入睡，这是由于人在睡眠中，大脑仍存在着警戒性，担心翻身时跌下床。床下不要堆积杂物，以免藏污纳垢，招致蚊虫鼠蚤的繁殖与滋生，影响睡眠与健康。

8.2.5 布置主卧室和卫生间

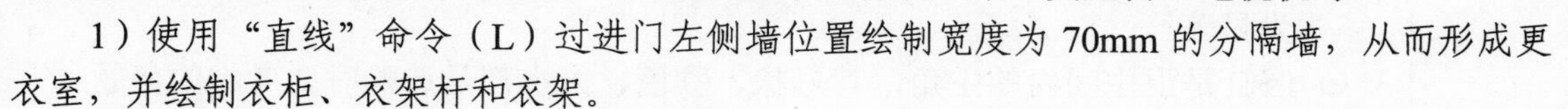

主卧室分成了两个区域，即主卧室和主卫间，另外可以将其进门左侧的区域划分出来作为工作间，以便于办公学习之用。在工作间中布置有更衣室、书架、书桌、电脑等，在主卫间中布置有马桶、浴缸、洗漱台等，在睡眠区布置有双人床、贵妃椅、电视机等。

1）使用“直线”命令（L）过进门左侧墙位置绘制宽度为 70mm 的分隔墙，从而形成更衣室，并绘制衣柜、衣架杆和衣架。

2）使用“直线”命令（L）绘制宽度为 600mm 的书桌和 350mm 的书架，并使用“插入块”命令（I），将“案例\08”文件夹下面的“平面电脑”和“平面凳子”图块插入到工作间中，如图 8-75 所示。

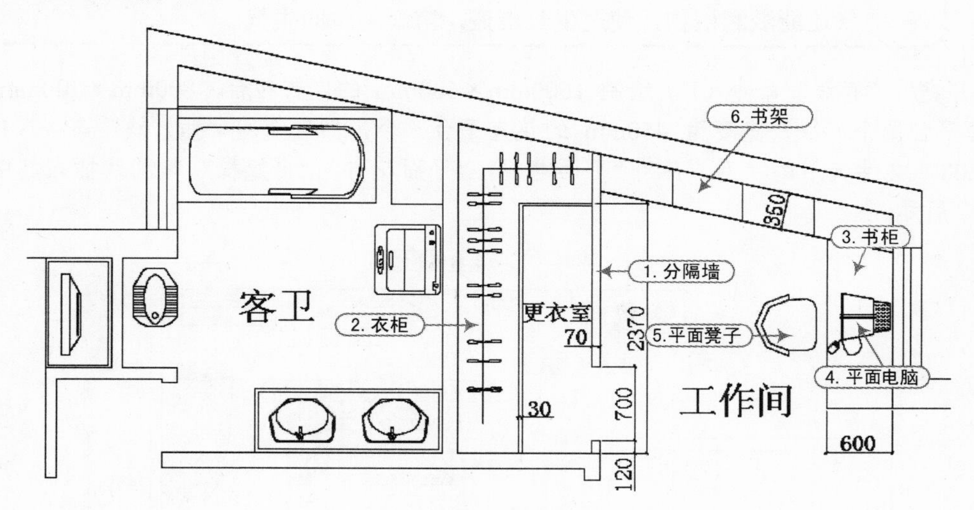

图 8-75 布置工作间

3）使用“矩形”命令（REC）绘制 60mm × 700mm 的两个矩形作为推拉门窗，再使用“直线”命令（L）绘制主卫间的洗漱台，然后使用“插入块”命令（I）将“案例\08”文件夹下的“浴缸”和“马桶”图块插入其中，如图 8-76 所示。

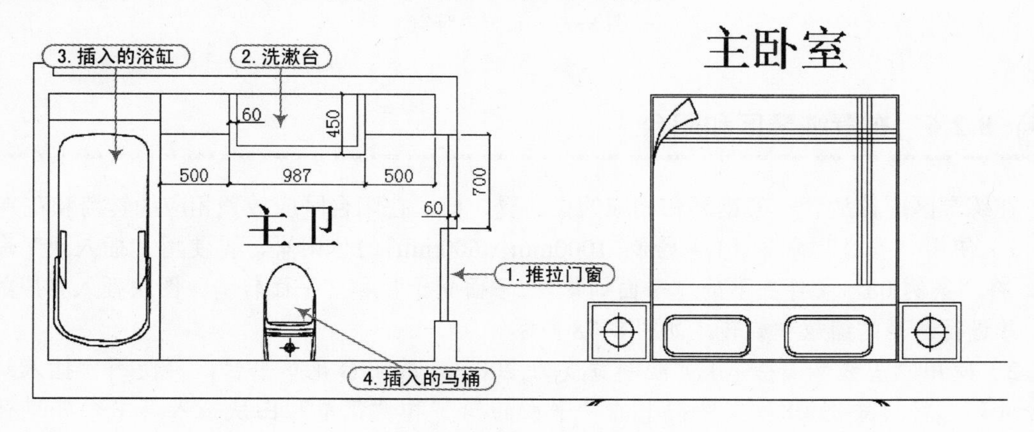

图 8-76 布置主卫

专业点滴

卫生间的装修建议

- 卫生间的设计基本上以方便、安全、易于清洗及美观得体为主。由于水气很重，内部装潢用料必须以防水物料为主。
- 在地板方面，以天然石料做成地砖，既防水又耐用。大型瓷砖清洗方便，容易保持干爽；而塑料地板的实用价值甚高，加上饰钉后，其防滑作用更为显著。
- 浴缸是卫生间内的主角，其形状、颜色、大小都是选购时要考虑的问题。卫生间窗户的采光功用并不重要，其重点在于通风透气。镜子是化妆打扮的必需品，在卫生间中自然相当重要。卫生间的照明，一般以柔和的亮度就足够了。卫生间内的温度高，放置盆栽十分适合。同时，卫生间内的湿气还能滋润植物，使之生长茂盛，增添卫生间生气。

4）使用“直线”命令（L）绘制 1600mm × 600mm 的电视柜台，800mm × 200mm 的电视音箱平台两个，以及宽度为 450mm 的花卉平台一个，然后使用“插入块”命令（I），将“案例\08”文件夹下的“双人床”“平面电视”“平面花卉”“贵妃椅”等图块插入其中，如图 8-77 所示。

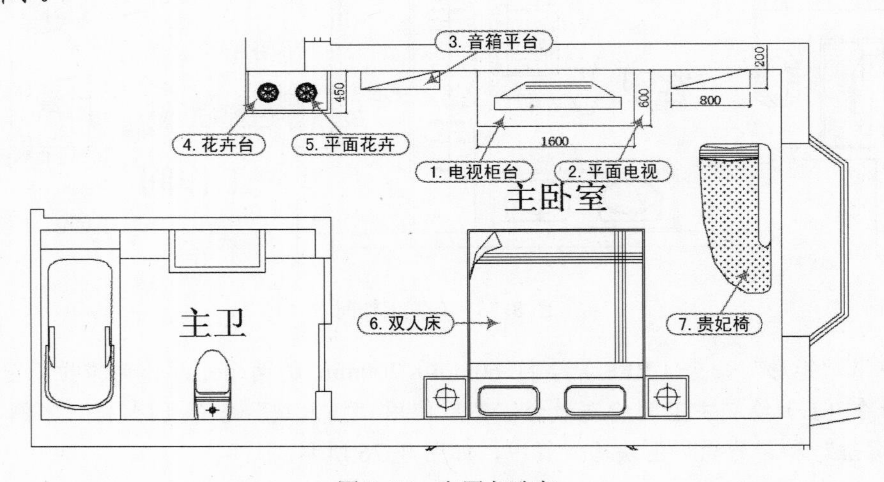

图 8-77 布置主卧室

8.2.6 布置练琴区和阳台

在练琴区应该放置一架钢琴和相应的桌、凳、椅，在阳台区应放置相应的转椅和花卉。

1）使用“直线”命令（L）绘制 1000mm × 600mm 的休闲桌，再使用“插入块”命令（I），将“案例\08”文件夹下的“平面钢琴”“平面凳子”和“平面转椅”图块插入相应的位置，并进行适当的缩放和旋转，如图 8-78 所示。

2）使用“直线”命令（L）绘制宽度为 200mm 的阳台花草平台，再使用“插入块”命令（I），将“案例\08”文件夹下的“平面转椅”和“花草”图块插入其中，并进行复制，如图 8-79 所示。

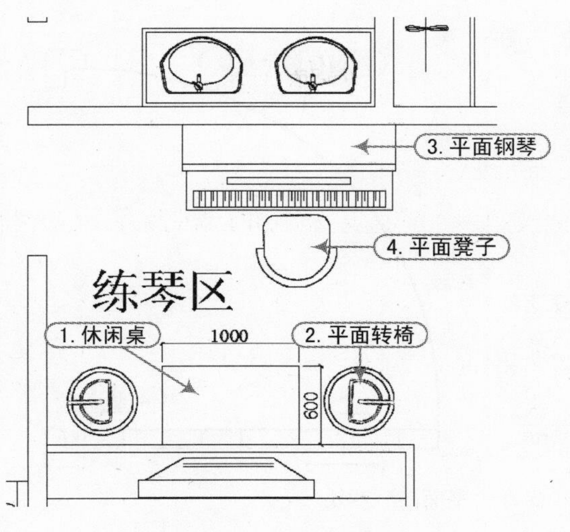

图 8-78 布置练琴区

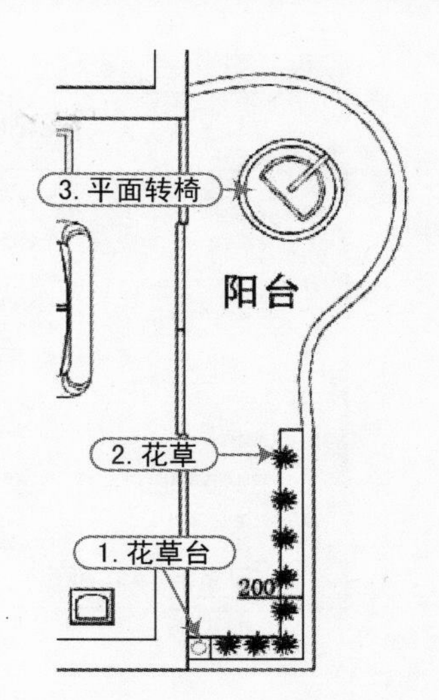

图 8-79 布置阳台

8.2.7 布置各房间和门窗

在装饰平面布置图中，各房间的门应布置在相应的位置，在本案例中来绘制“平面门”，然后使用“W”命令将其保存为“平面门”图块，再使用“插入块”命令将其插入指定的门口位置，再使用“旋转”命令对其进行旋转，使之符合门的开口方向，再对其“平面门”图块进行缩放，使之与门的开口尺寸一致即可。

1）首先使用“直线”“镜像”“矩形”“阵列”“圆弧”等命令绘制平面门，如图 8-80 所示。

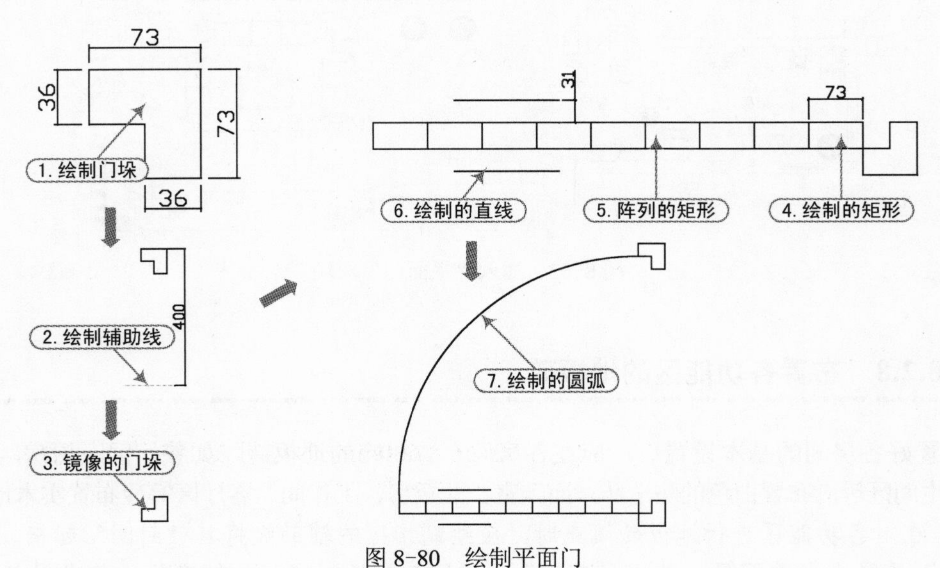

图 8-80 绘制平面门

2）在命令行中输入“W”命令，系统将弹出“写块”对话框，然后按照如图 8-81 所示将其绘制的图形保存为“案例\08\平面门.dwg”图块。

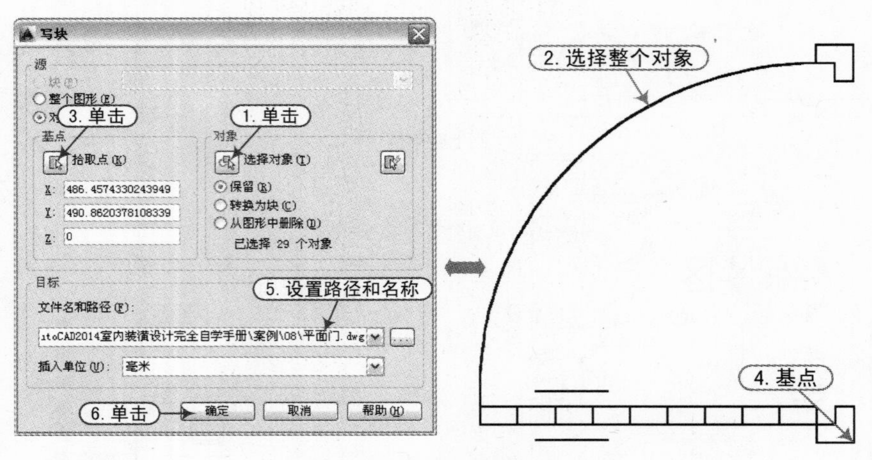

图 8-81　保存“平面门”图块

3）将“门窗”图层置为当前图层，使用“插入块”命令（I），将“案例\08”文件夹下的“平面门”图块插入指定的门口位置，并对其进行旋转和缩放，如图 8-82 所示。

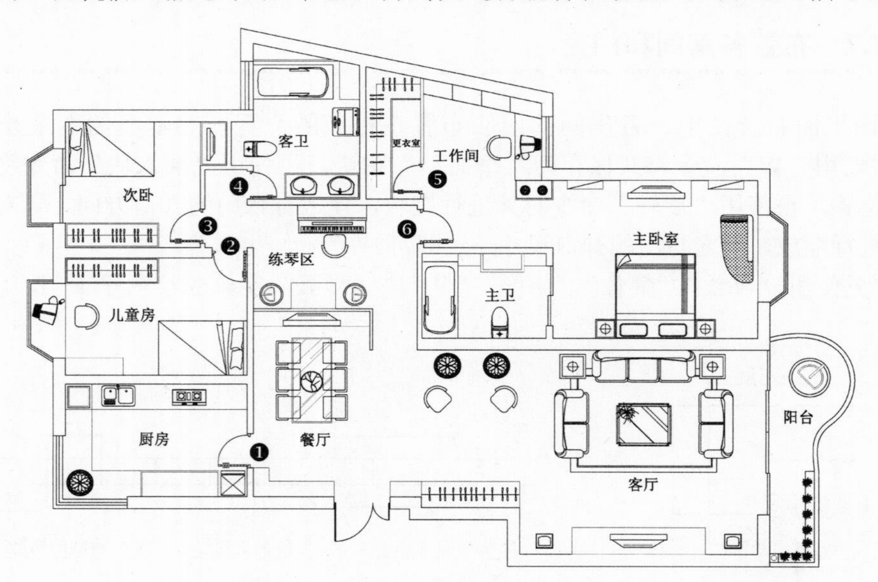

图 8-82　插入“平面门”图块

8.2.8　布置各功能区的地板砖

布置好各房间的基本设置后，应在各房间布置相应的地板砖，如餐厅区、厨房区、阳台区、卫生间区等应布置白色的防滑砖，而卧室、儿童房、工作间、客厅区等应布置实木地板。

1）在对各功能区进行地板砖填充时，应绘制相应的辅助线将其“封闭”起来。将“辅助线”图层置为当前图层，使用“直线”命令（L）绘制相应的辅助线，使各功能间“封闭”起来，如图 8-83 所示。

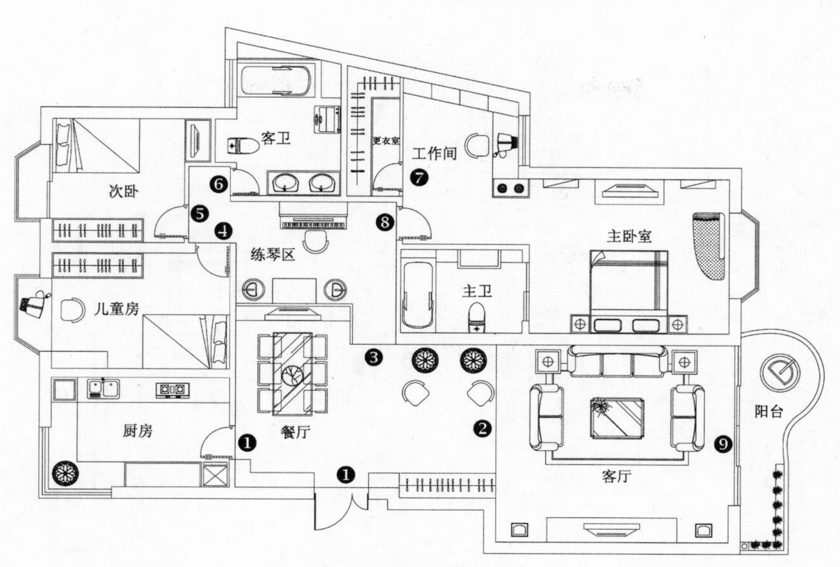

图 8-83 绘制辅助线

2）选择“格式” | “图层”命令（或者输入快捷命令“LA”），在打开“图层特性管理器”面板中新建“地板”图层，并将该图层置为当前图层，如图 8-84 所示。

图 8-84 新建“地板”图层

3）在“绘图”工具栏中单击“填充”按钮，系统弹出“图案填充和渐变色”对话框，在“图案”下拉列表框中选择“NET”选项，将“比例”设置为“100”，并单击“孤岛”选项组中的“外部”单选按钮，如图 8-85 所示。

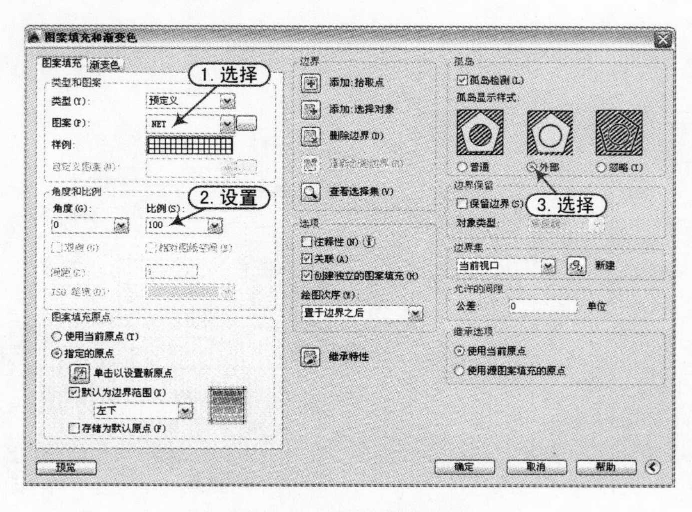

图 8-85 设置填充参数

4）此时单击“添加：拾取点”按钮返回绘图窗口，使用鼠标分别在厨房、客卫、主卫、阳台功能区选择并按〈Enter〉键返回，然后单击“确定”按钮，则填充 300mm × 300mm 的防滑地板砖，如图 8-86 所示。

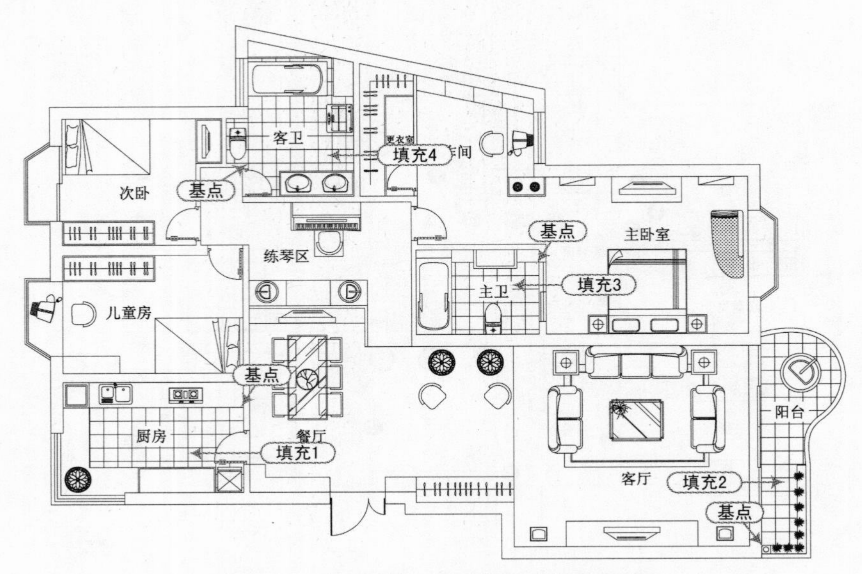

图 8-86　填充 300mm×300mm 防滑地板砖

为了使各个功能间填充的防滑地板砖能够准确到位，设计师应单独地对它们进行填充，且应指定不同的填充基点。

5）再单击“填充”按钮，在打开的“图案填充和渐变色”对话框中设置填充比例为“200”，然后单击“添加：拾取点”按钮返回绘图窗口，使用鼠标分别在餐厅、练琴功能区选择并按〈Enter〉键返回，最后单击“确定”按钮，则填充 600mm × 600mm 的防滑地板砖，如图 8-87 所示。

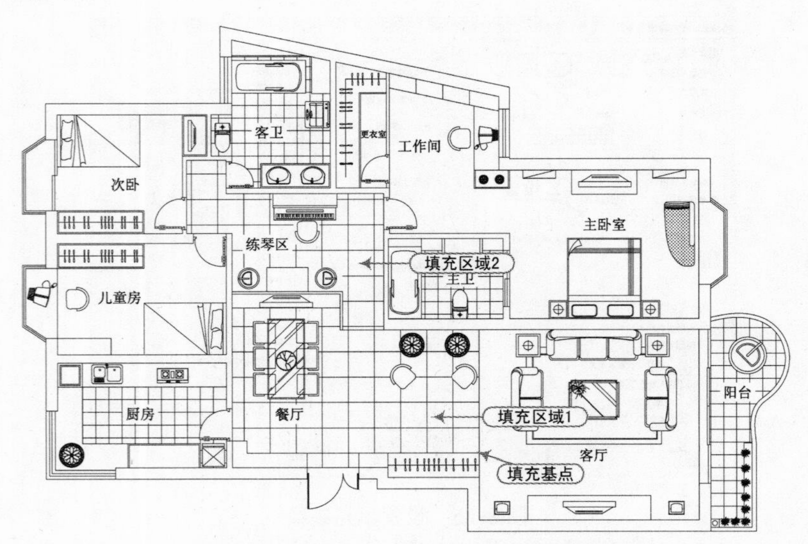

图 8-87　填充 600mm×600mm 防滑地板砖

6）单击“填充”按钮，系统将“图案填充和渐变色”对话框，在“图案”下拉列表框中选择“CORK”选项，将“比例”设置为“50”，分别设置不同的旋转角度（90° 或 0° ），并单击“孤岛”选项组中的“外部”单选按钮，然后选择不同的填充区域，如图 8-88 所示。

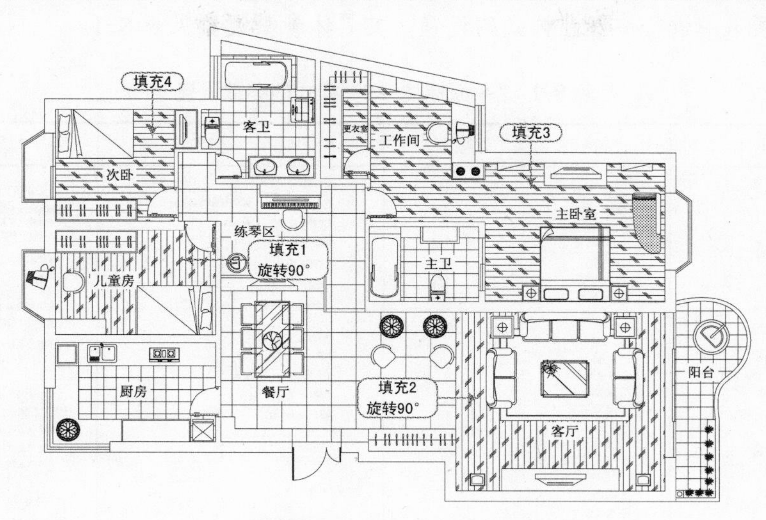

图 8-88　填充实木地板

8.2.9　对平面布置图进行尺寸标注

前面已经对住宅建筑平面图进行了结构划分、设施布置、安装门窗、安装地板等，接下来应对其进行尺寸标注。为了使标注更加规范灵活，设计师应建立一个“平面标注”图层以及“平面标注-25”标注样式，然后对其上下、左右进行尺寸标注。

1）选择“格式”|“图层”命令，在打开的“图层特性管理器”面板中新建“平面标注”图层，并将该图层置为当前图层，如图 8-89 所示。

图 8-89　新建“平面标注”图层

2）选择“格式”|“标注样式”命令，弹出“标注样式管理器”对话框，单击“新建”按钮，弹出“创建新标注样式”对话框，在“新样式名”文本框中输入“平面标注-25”，再单击“继续”按钮，如图 8-90 所示。

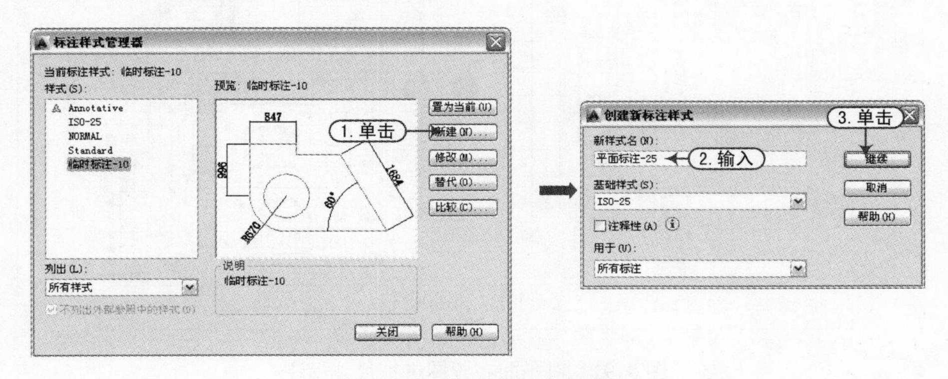

图 8-90　创建新标注样式

3）在随后弹出的“修改标注样式”对话框，用户可以在“线”“符号和箭头”“文字”和“调整”选项卡中进行该标注样式的设置，其具体参数设置见表 8-1。

表 8-1 “平面标注-25”样式的参数设置

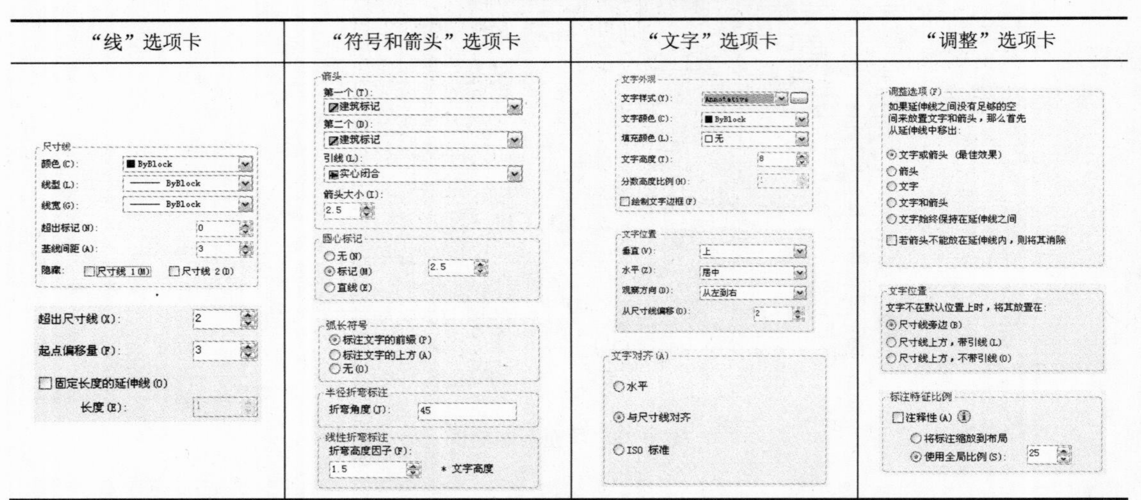

“线”选项卡	“符号和箭头”选项卡	“文字”选项卡	“调整”选项卡
尺寸线 颜色(C): ByBlock 线型(L): ByBlock 线宽(G): ByBlock 超出标记(N): 0 基线间距(A): 3 隐藏: 尺寸线 1(M) 尺寸线 2(D) 超出尺寸线(X): 2 起点偏移量(F): 3 固定长度的延伸线(O) 长度(E):	箭头 第一个(T): 建筑标记 第二个(D): 建筑标记 引线(L): 实心闭合 箭头大小(I): 2.5 圆心标记 无(N) 标记(M) 2.5 直线(E) 弧长符号 标注文字的前缀(P) 标注文字的上方(A) 无(O) 半径折弯标注 折弯角度(J): 45 线性折弯标注 折弯高度因子(F): 1.5 * 文字高度	文字外观 文字样式(Y): Annotative 文字颜色(C): ByBlock 填充颜色(L): 口无 文字高度(T): 分数高度比例(H): 绘制文字边框(F) 文字位置 垂直(V): 上 水平(Z): 居中 观察方向(D): 从左到右 从尺寸线偏移(O): 2 文字对齐(A) 水平 与尺寸线对齐 ISO 标准	调整选项(F) 如果延伸线之间没有足够的空间来放置文字和箭头，那么首先从延伸线中移出: 文字或箭头（最佳效果） 箭头 文字 文字和箭头 文字始终保持在延伸线之间 若箭头不能放在延伸线内，则将其消除 文字位置 文字不在默认位置上时，将其放置在: 尺寸线旁边(B) 尺寸线上方，带引线(L) 尺寸线上方，不带引线(O) 标注特征比例 注释性(A) 将标注缩放到布局 使用全局比例(S): 25

4）“平面标注-25”标注样式的参数设置完成后返回到“标注样式管理器”对话框中，在“样式”列表框中选择“平面标注-25”标注样式，然后单击右侧的“置为当前”按钮，并单击“关闭”按钮。

5）在“标注”工具栏中单击“线性”按钮和“连续”按钮，分别对其平面图进行上下、左右的相关结构尺寸进行标注，如图 8-91 所示。

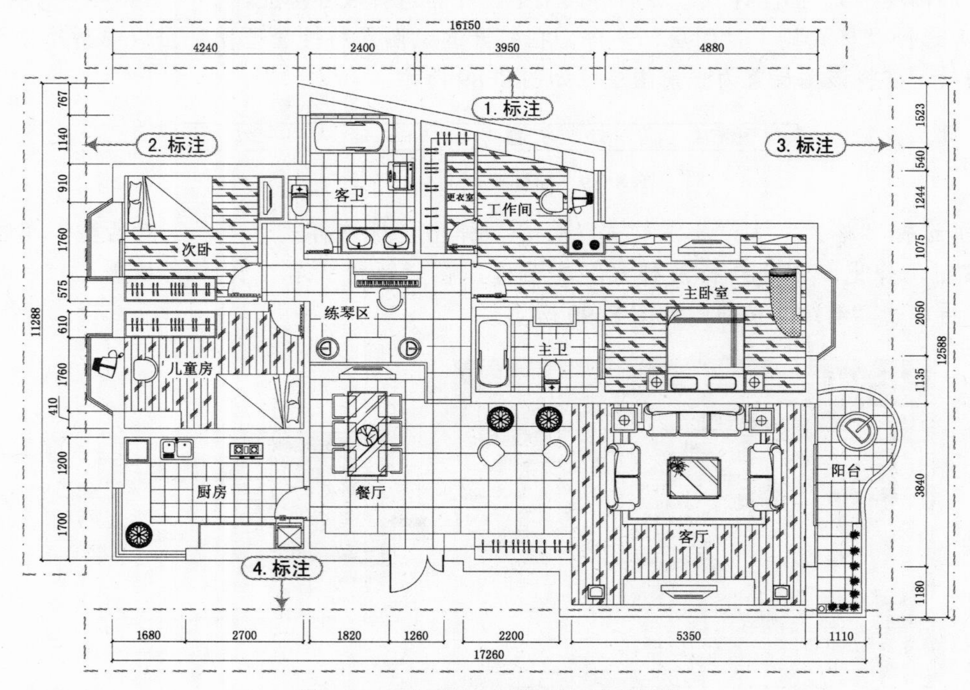

图 8-91 对平面布置图进行尺寸标注

8.2.10 对平面布置图进行文字标注

一个完整的平面布置图还应该有相应的文字标注。在这里，我们通过“多重引线”的方式来进行文字标注，具体步骤为：先建立一个“文字标注”图层，再建立一个“引线标注-25”多重引线样式，然后对其进行文字标注。

1）选择“格式”｜“图层”命令，在打开的“图层特性管理器”面板中新建“文字标注”图层，并将该图层置为当前图层，如图 8-92 所示。

图 8-92 新建“文字标注”图层

2）选择“格式”｜“多重引线样式”命令，弹出“多重引线样式管理器”对话框，然后按照如图 8-93 所示的步骤建立“引线标注-25”多重引线样式。

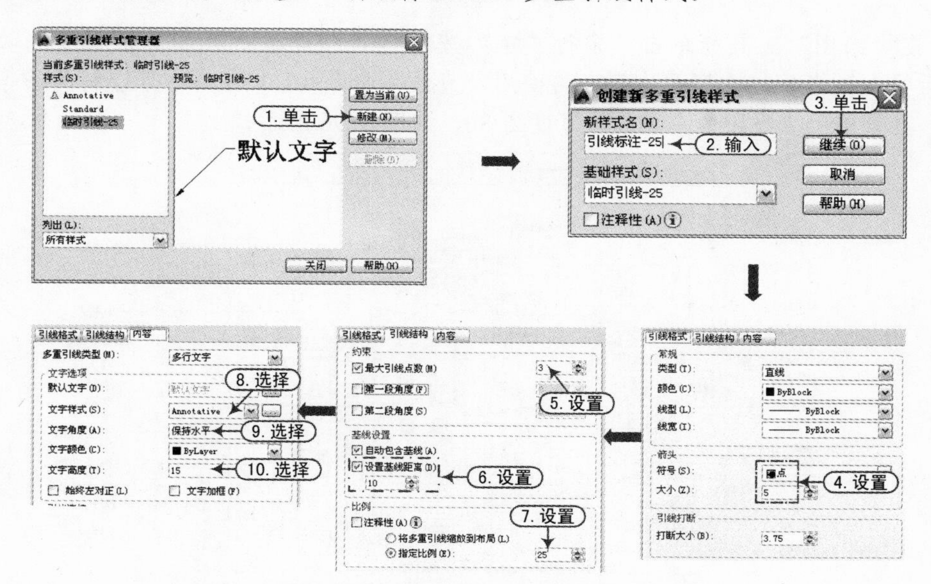

图 8-93 建立“引线标注-25”多重引线样式

3）将鼠标置于任意工具栏上并单击鼠标右键，从弹出的快捷菜单中选择“多重引线”命令，从而将“多重引线”工具栏显示出来，如图 8-94 所示。

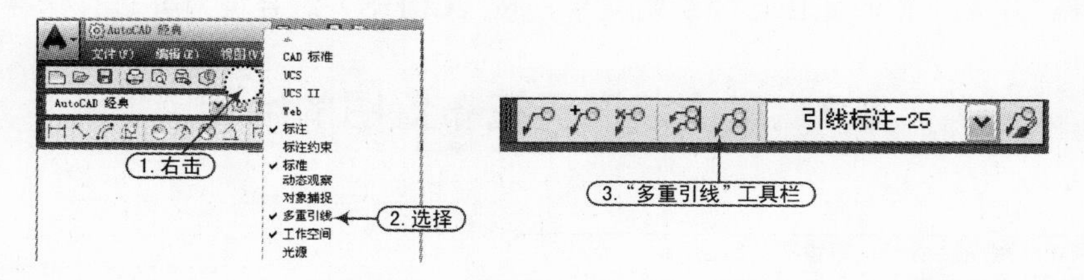

图 8-94 显示“多重引线”工具栏

4）在“多重引线”工具栏上单击“多重引线”按钮，分别进行多重引线的标注，然后单击“引线对齐”按钮对其进行对齐，如图 8-95 所示。

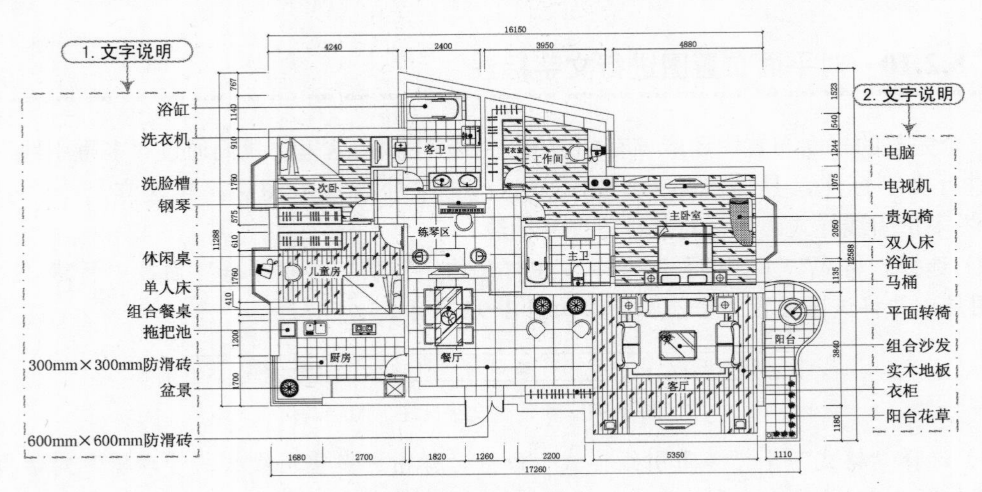

图 8-95 标注文字

5）在"绘图"工具栏单击"多行文字"按钮A，使用鼠标在图的正下方拖动出一个框，然后输入图名标注内容及比例，再使用"直线"命令（L）在其下方绘制两条等长的水平线段，且设置上侧线段为多段线，宽度为 30，如图 8-96 所示。

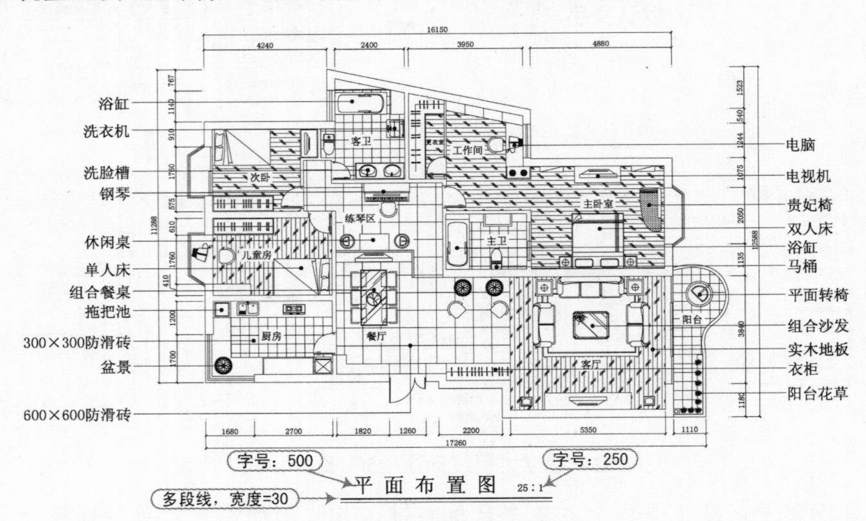

图 8-96 标注图名及比例

6）至此，建筑平面布置图已经绘制完毕，按〈Ctrl+S〉组合键对其进行保存。

8.3 室内装潢天花布置图的绘制

案例\08\室内装潢天花布置图的绘制.avi
案例\08\室内装潢天花布置图.dwg

经过前面的操作，住宅室内装潢平面图已布置完毕，而一个完整的平面布置图还应该包括有天花布置图，天花布置图应该包括吊顶、灯饰等内容。住宅室内天花布置图如

图 8-97 所示。

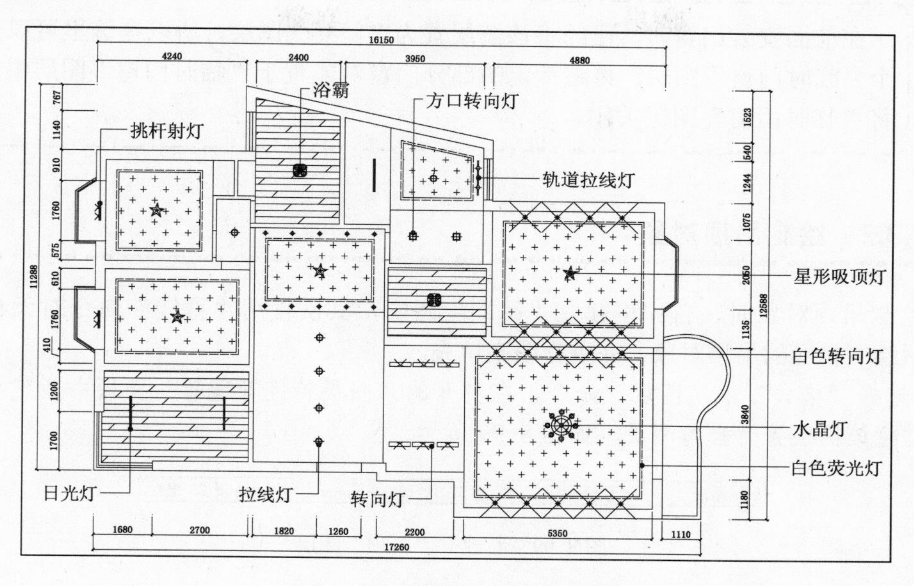

图 8-97　住宅室内天花布置图

8.3.1　另存为新的文件

在绘制天花布置图时，设计师直接将前面绘制的建筑平面布置图另存为新的文件进行绘制天花布置图即可。

1）启动 AutoCAD 2014 软件，选择“文件”｜“打开”命令，打开前面绘制的“案例\08\室内装潢平面图.dwg”文件。

2）选择“文件”｜“另存为”命令，将该文件另存为“案例\08\室内装潢天花布置图.dwg”文件。

3）隐藏图层对象。在“图层”工具栏的“图层控制”组合框中，将暂时不需要的“文字标注”图层隐藏起来，如图 8-98 所示。

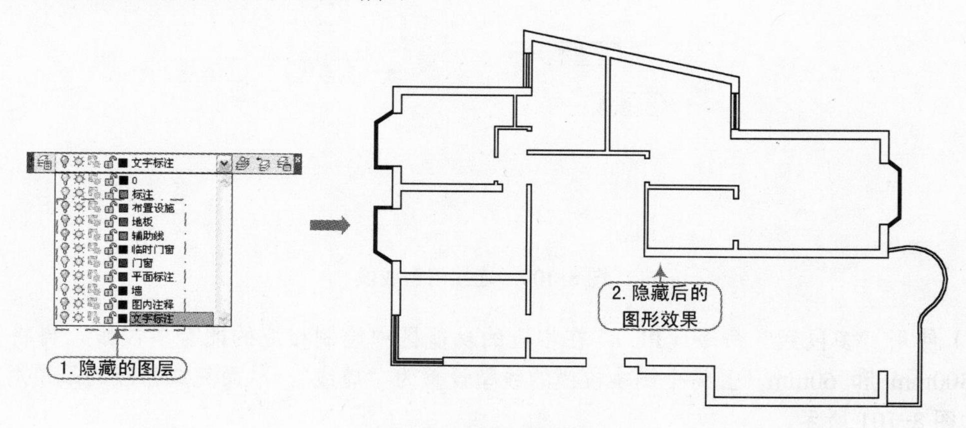

图 8-98　隐藏图层对象

在前面安装门窗时，已经将该图层置为“门窗”图层，所以在这里可以建立一个“临时门窗”图层，再将指定的部分门窗对象置于“临时门窗”图层中，然后将“临时门窗”图层关闭。

8.3.2 绘制吊顶对象

在绘制吊顶对象时，首先应建立“吊顶”图层，其次使用“直线”命令对天花进行分隔，最后绘制相应的吊顶对象，并进行图案填充。

1）选择“格式”|“图层”命令，在打开的“图层特性管理器”面板中新建“吊顶”图层，并将该图层置为当前图层，如图 8-99 所示。

吊顶 10 Continuous —— 0.25 毫米

图 8-99 新建立“吊顶”图层

2）使用“直线”命令（L），将门窗的开口进行直线连接，并分隔相应的功能区，如图 8-100 所示。

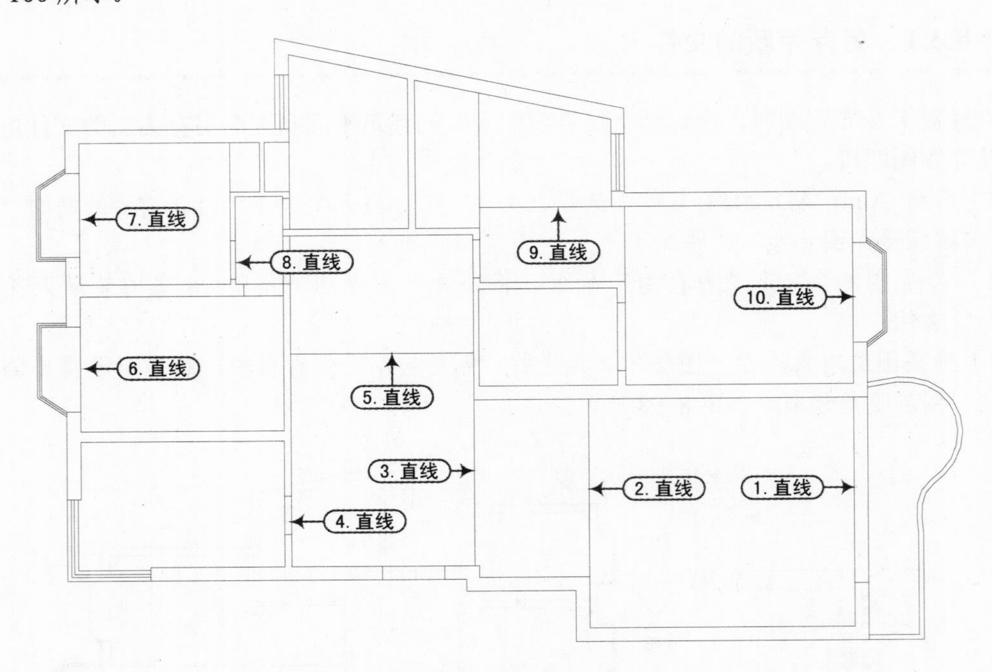

图 8-100 连接门窗线段

3）使用“多段线”命令（PL），在相应的功能区中绘制相应的闭合多段线，再将其向内偏移 300mm 和 60mm，且将个侧多段线的线型设置为“虚线”，从而完成相应的吊顶对象的绘制，如图 8-101 所示。

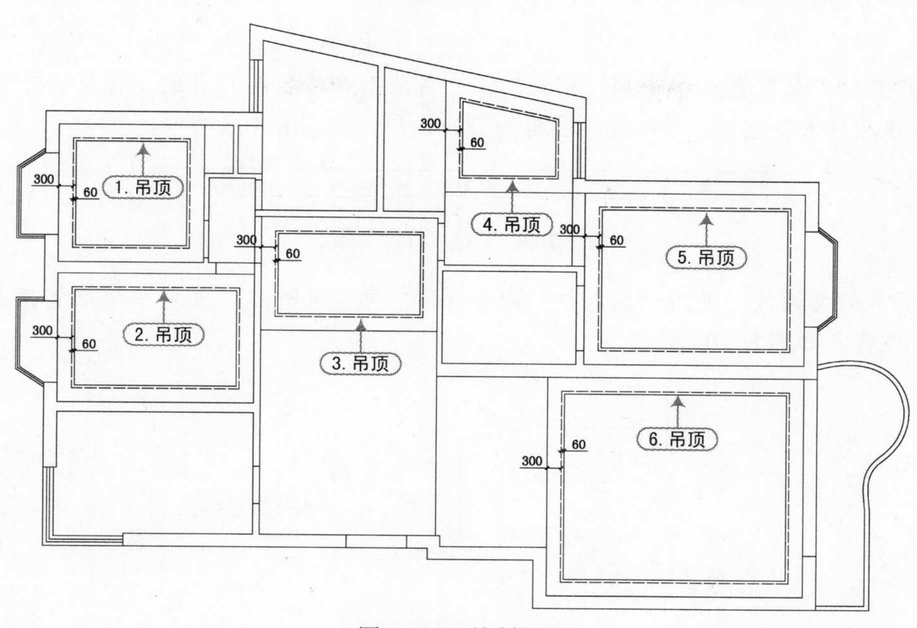

图 8-101 绘制吊顶

4）在“绘图”工具栏中单击“图案填充”按钮，分别针对主卫、客卫、厨房等进行“Dolmit”图案填充，其填充比例为 30；再针对客厅、主卧室、次卧室、儿童房、工作间、练琴区等进行“Cross”图案填充，其填充比例为 50，如图 8-102 所示。

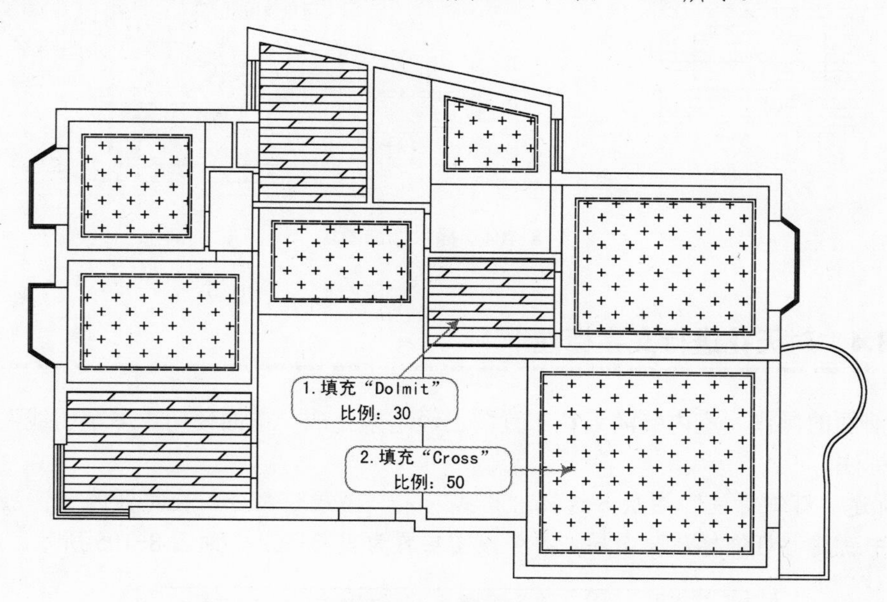

图 8-102 吊顶装饰

8.3.3 布置天花灯饰对象

天花吊顶绘制完成过后，新建“灯饰”图层，并将准备好的灯饰图块插入到相应的位置。

1）建立“灯饰”图层。选择“格式”|“图层”命令，在打开的“图层特性管理器”面板中新建“灯饰”图层，并将该图层置为当前图层，如图 8-103 所示。

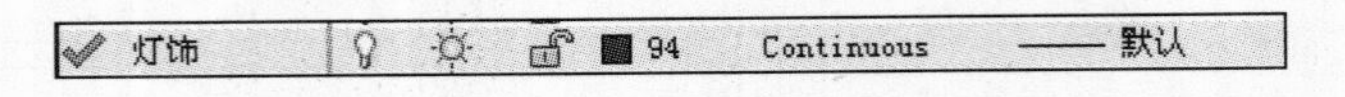

图 8-103　新建“灯饰”图层

2）插入灯饰图块。使用“插入块”命令（I），将“案例\08”文件夹下面的相关图块插入相应的位置，如图 8-104 所示。

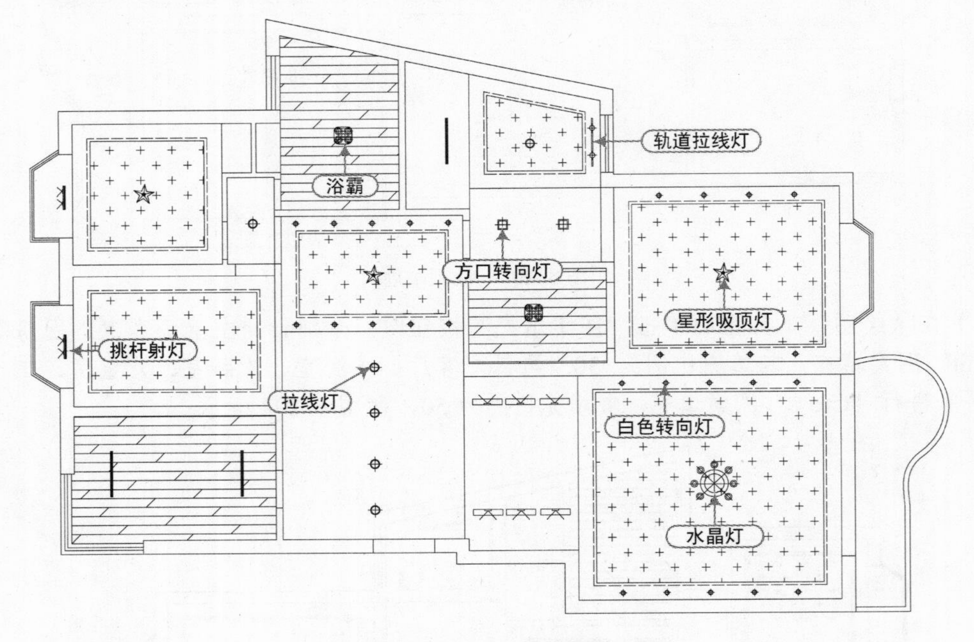

图 8-104　插入灯饰图块

8.3.4　对天花进行文字标注

经过前面的操作，室内装潢天花布置图已经基本完成，下面使用“多重引线”功能对其进行文字标注。

1）新建“灯饰标注”图层。选择“格式”|“图层”命令，在打开的“图层特性管理器”面板中新建“灯饰标注”图层，并将该图层置为当前图层，如图 8-105 所示。

图 8-105　新建“灯饰标注”图层

2）标注天花文字。在“多重引线”工具栏上单击“多重引线”按钮，分别按照如图 8-106 所示的样式进行多重引线的标注。

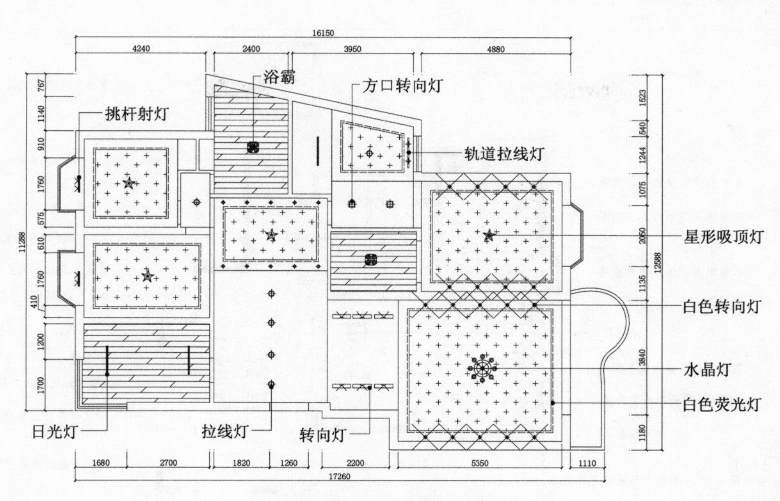

图 8-106 标注天花文字

8.4 实战总结与案例拓展

本章首先讲解了住宅各功能空间的设计要点和人体尺寸，从而让用户掌握了各功能空间的设计原则、设计风格、基本要求、注意事项、人体尺寸等；其次通过一个典型的案例讲解了住宅室内装潢平面与天花布置图的绘制，使用户能够通过 AutoCAD 2014 软件的功能来绘制相应的图形，从而到达电子化图形设计的目的。

在前面的案例中，用户可通过一步一步地讲解来进行绘制，接下来通过另外一个案例来让用户自行设计并绘制住宅室内装潢平面与天花布置图，从而到达举一反三、事半功倍的效果，如图 8-107 和图 8-108 所示。

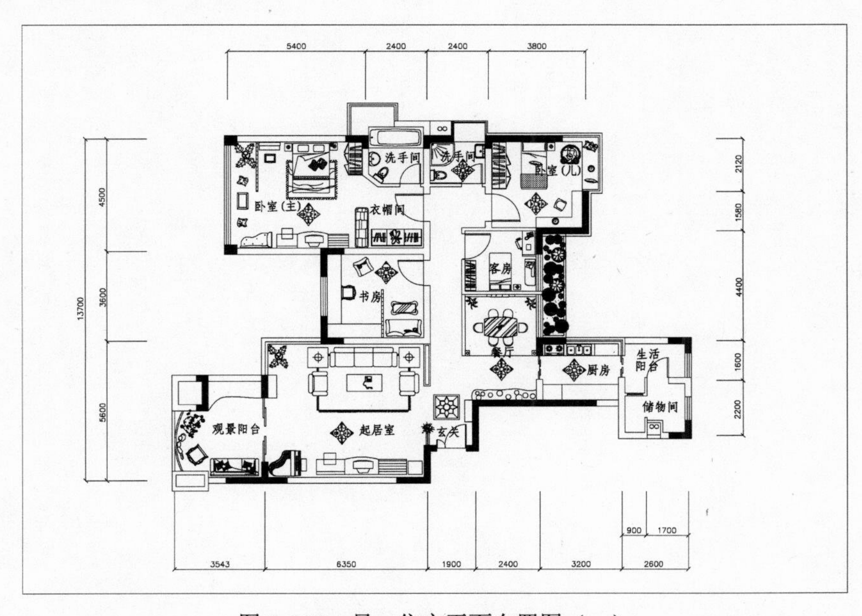

图 8-107 另一住宅平面布置图（一）

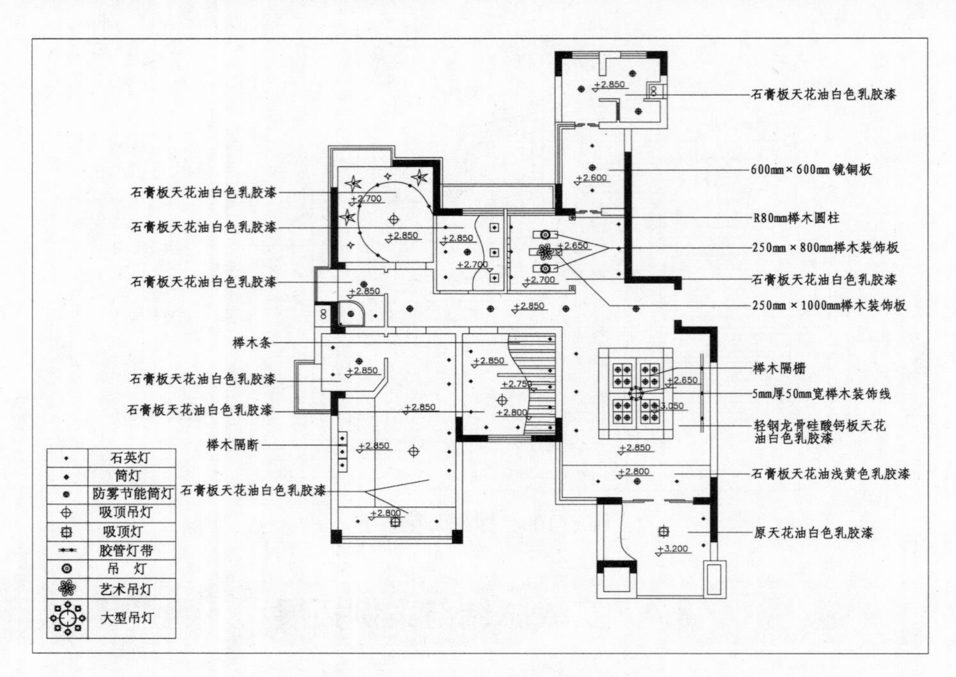

图 8-108 另一住宅天花布置图（二）

用户可打开“案例\08\另一住宅室内装潢图.dwg”文件进行参照设计。

第 9 章　室内装潢立面图的设计要点与绘制

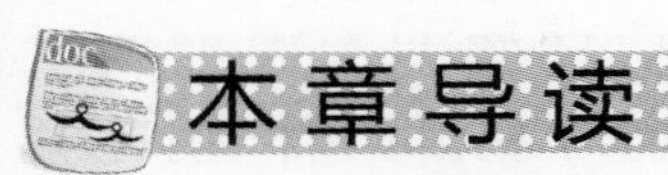

本章导读

通过室内装潢立面图的展示，能够反映室内空间垂直方向的装潢设计形式、尺寸与做法、材料与色彩的选用等内容，是装潢工程施工图中的主要图样之一，是确定墙面做法的主要依据。

本章首先讲解了室内装潢设计中立面图的形成与表达方式、立面图的识读与画法、立面图的示图内容等基本知识；其次通过一个个典型的室内立面图案例，来指导用户一步一步地进行绘制，从而让用户掌握不同立面图的绘制方法和技巧；最后举出了相关的立面图案例，让用户自行绘制，从而达到举一反三的目的。

主要内容

- ☑ 讲解室内装潢设计中立面图的形成与表达方式
- ☑ 讲解室内装潢设计中立面图的识读与画法
- ☑ 练习客厅 A 立面图的绘制
- ☑ 练习主卧室 A 立面图的绘制
- ☑ 练习厨房 A 立面图的绘制
- ☑ 练习客卫 D 立面图的绘制

效果预览

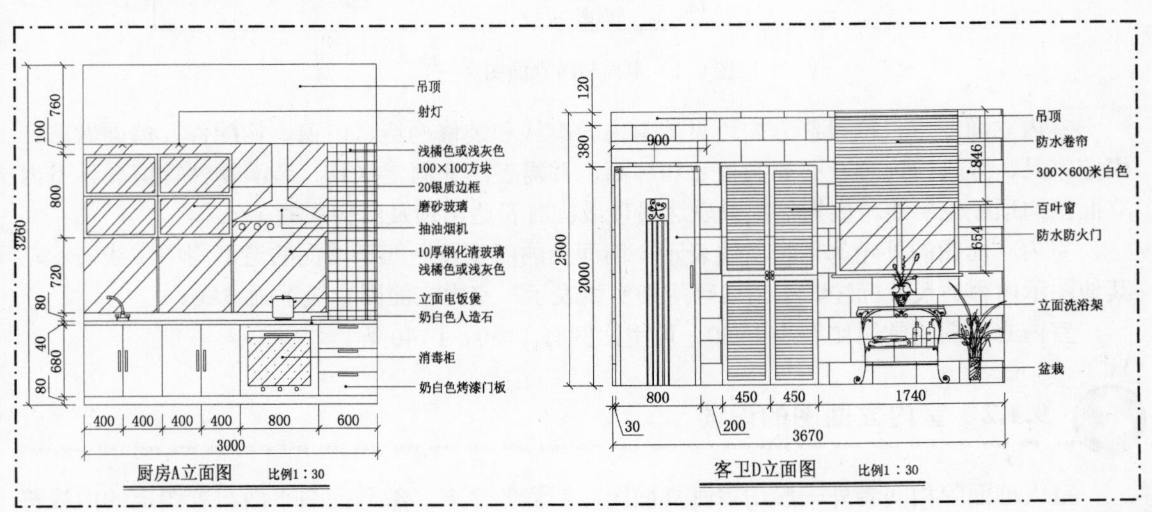

9.1 室内装潢设计立面图的概述

装潢立面图包括室外装潢立面图和室内装潢立面图，而室内装潢立面图主要表明建筑内部某一装潢空间的立面形式、尺寸及室内配套布置等内容。

9.1.1 室内立面图的形成与表达方式

室内立面图是将房屋的室内墙面按内视投影符号的指向，向直立投影面所作的正投影图。它用于反映室内空间垂直方向的装潢设计形式、尺寸与做法、材料与色彩的选用等内容，是装潢工程施工图中的主要图样之一，是确定墙面做法的主要依据。室内立面图的名称应根据平面布置图中内视投影符号的编号或字母确定（如①立面图、②立面图），如图 9-1 所示。

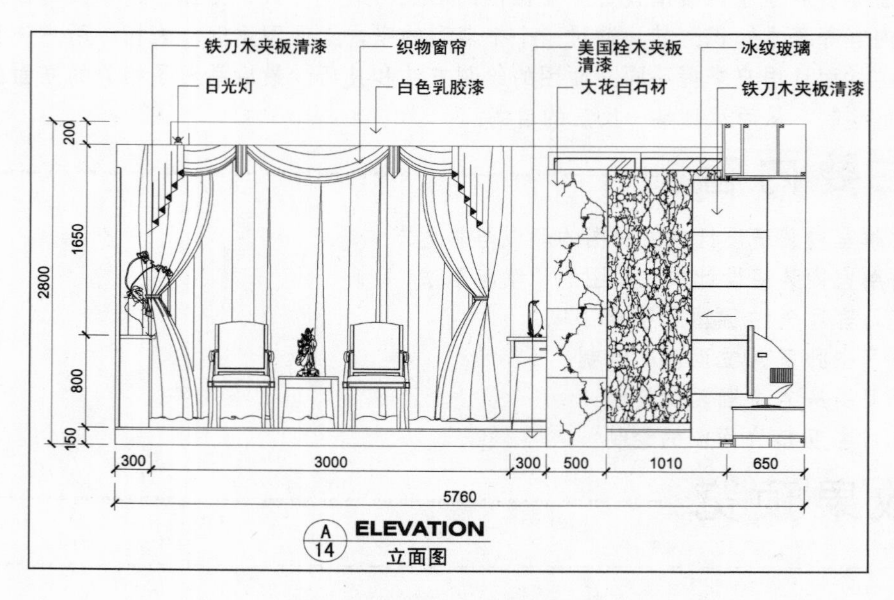

图 9-1　室内装潢立面图（一）

室内立面图应包括投影方向可见的室内轮廓线和装修构造、门窗、构配件、墙面做法、固定家具、灯具等内容及必要的尺寸和标高，并需表达非固定家具、装潢物件等情况。室内立面图的顶棚轮廓线可根据情况只表达吊顶或同时表达吊顶及结构顶棚。

室内立面图的外轮廓用粗实线表示，墙面上的门窗及凸凹于墙面的造型用中实线表示，其他图示内容、尺寸标注、引出线等用细实线表示。室内立面图一般不画虚线。

室内立面图的常用比例为 1:50，可用比例有 1:30、1:40 等。

9.1.2 室内立面图的识读

室内墙面除相同者外一般均需画立面图，图样的命名、编号应与平面布置图上的内视符

号的编号相一致，内视符号决定室内立面图的识读方向，同时也给出了图样的数量，如图 9-2 所示。

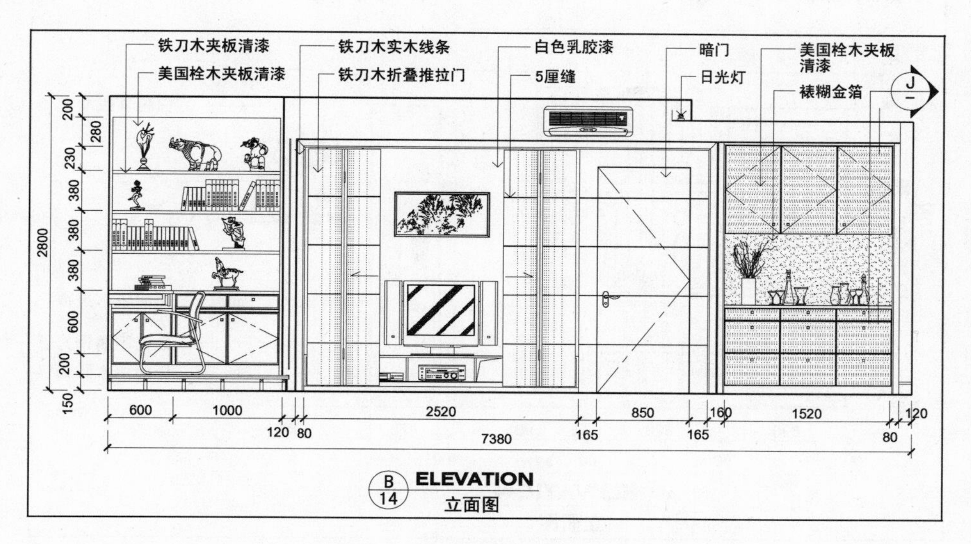

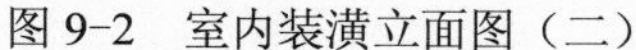

图 9-2 室内装潢立面图（二）

室内立面图的识读方法和步骤如下。

☑ 首先确定要读的室内立面图所在房间位置，按房间顺序识读室内立面图。

☑ 在平面布置图中按照内视符号的指向，从中选择要读的室内立面图。

☑ 在平面布置图中明确该墙面位置有哪些固定家具和室内陈设，并注意其定形、定位尺寸，做到对所读墙（柱）面布置的家具、陈设等有一个基本了解。

☑ 浏览选定的室内立面图，了解所读立面的装潢形式及其变化。

☑ 详细识读室内立面图，注意墙面装潢造型及装潢面的尺寸、范围、选材、颜色及相应做法。

☑ 查看立面标高、其他细部尺寸、索引符号等。

9.1.3 室内立面图的图示内容

室内立面图的设计及绘制应包括以下内容，如图 9-3 所示。

☑ 室内立面轮廓线，顶棚有吊顶时可画出吊顶、叠级、灯槽等剖切轮廓线（粗实线表示），墙面与吊顶的收口形式，可见的灯具投影图形等。

☑ 墙面装潢造型及陈设（如壁挂、工艺品等），门窗造型及分格，墙面灯具、暖气罩等装潢内容。

☑ 装潢选材、立面的尺寸标高及做法说明。国外一般标注一至两道竖向及水平向尺寸，以及楼地面、顶棚等的装潢标高；图内一般应标注主要装潢造型的定形、定位尺寸。做法标注采用细实线引出。

☑ 附墙的固定家具及造型（如影视墙、壁柜）。

☑ 索引符号、说明文字、图名及比例等。

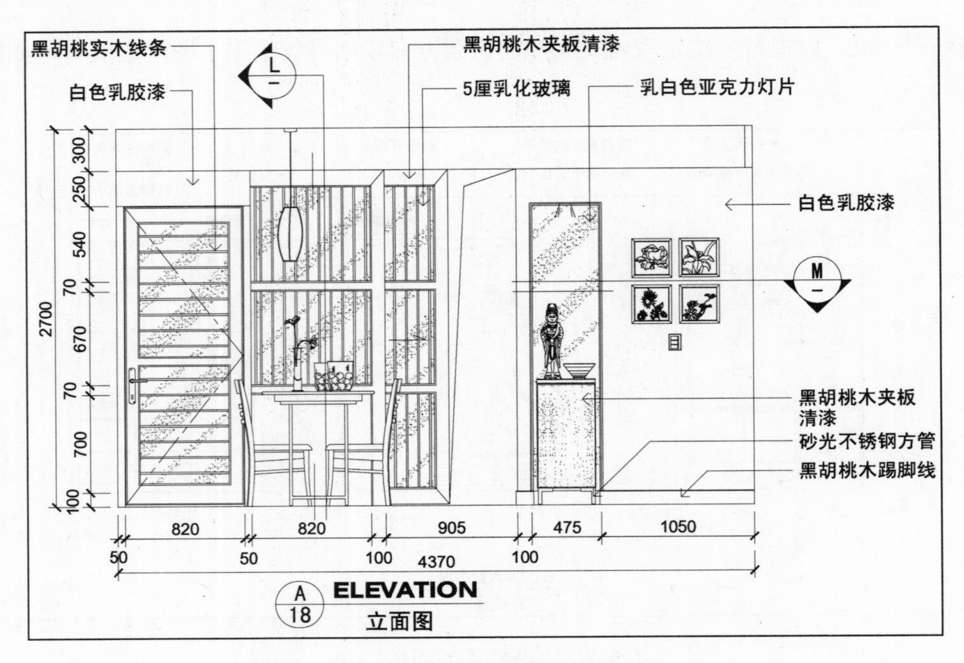

图 9-3　室内装潢立面图（三）

9.1.4　室内立面图的画法

在进行室内立面图的绘制时，设计师应按照以下方法来进行绘制。

☑ 画出楼地面、楼盖结构、墙柱面的轮廓线（有时还需画出墙柱的定位轴线）。

☑ 画出墙柱面的主要造型轮廓。画出上方顶棚的剖面和可见轮廓（比例 <1∶50 时顶棚轮廓可用单线表示）。

☑ 检查并加深、加粗图线。其中室内周边墙柱、楼板等结构轮廓用粗实线，顶棚剖面线用粗实线，墙柱面造型轮廓用中实线，造型内的装潢及分格线以及其他可见线用细实线。

☑ 标注尺寸，相对于本层楼地面的各造型位置及顶棚底面标高。

☑ 标注详图索引符号、剖切符号、说明文字、图名比例。

9.2　客厅 A 立面图的绘制

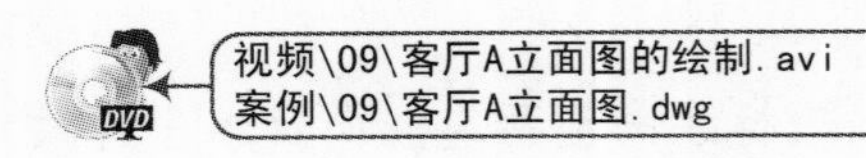

在第 8 章中，已经针对某室内装潢设计中的平面布置图、天花布置图进行了讲解和绘制，而一个完整的室内装潢施工图还需要有相应各房间的不同立面图以及构造详图等，以便施工人员根据不同的图形来进行施工。下面将分别讲解各功能间立面图的绘制。

下面各室内立面图均以其相应的平面布置图的结构尺寸为依据进行绘制（案例\08\住宅建筑装潢平面图.dwg），如图 9-4 所示。

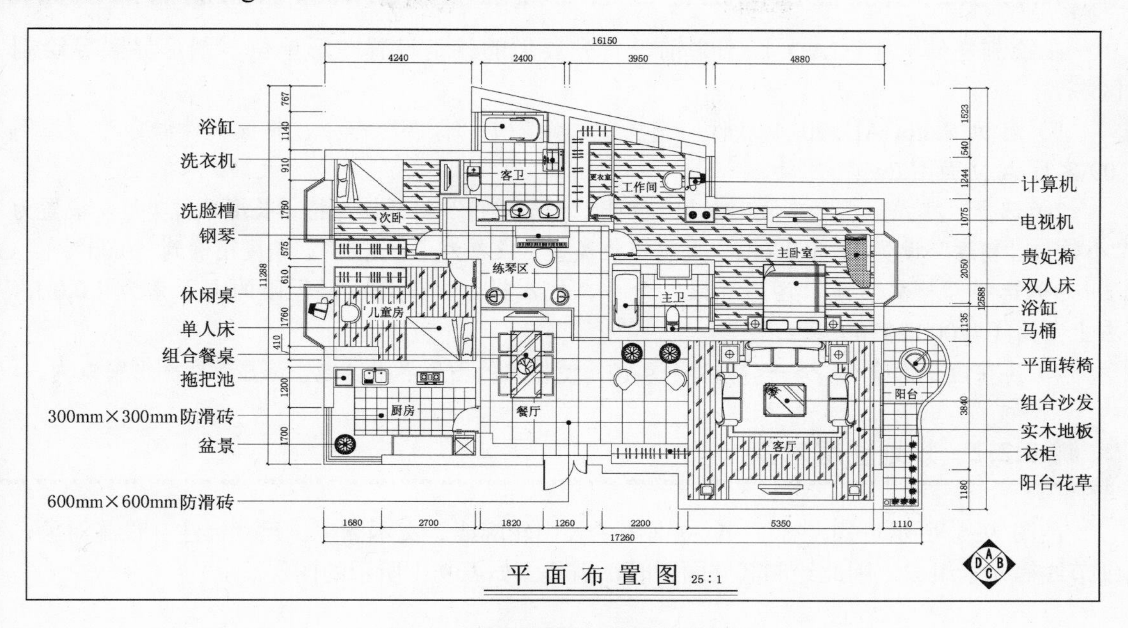

图 9-4 住宅室内装潢平面布置图

在绘制客厅 A 立面图时，应先设置绘图环境，包括绘图区域、图层的规划、文字与标注样式等，再根据相应的平面布置图的布局结构来确定客厅 A 立面图的轮廓线（7550mm×2840mm 矩形），再对其进行偏移形成踢脚线、吊顶线和分隔线等，再绘制装潢图框，再插入事先准备好的图块以及对其进行图案填充，最后创建多重引线样式对其进行文字标注，并对其进行尺寸标注和图名标注等，其效果如图 9-5 所示。

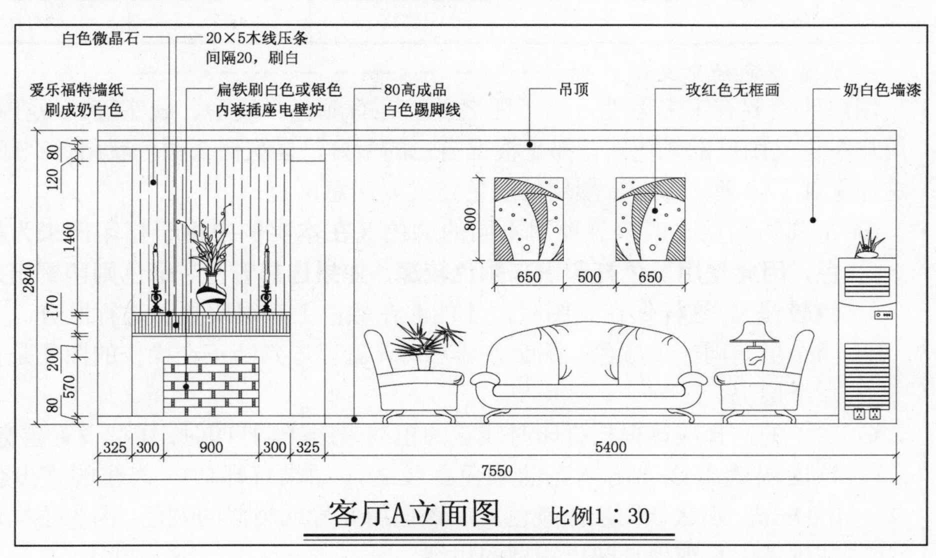

图 9-5 绘制的客厅 A 立面图

9.2.1 设置绘图区域

在绘制任何一个 CAD 图形之前，首先要做的就是设置图形单位、图形界限等绘制区域。

1）启动 AutoCAD 2014 软件，选择“文件” | “保存”命令，将该文件保存为“案例\09\客厅 A 立面图.dwg”文件。

2）选择“格式” | “单位”命令，弹出“图形单位”对话框，将“长度单位类型”设置为“小数”，“精度”设置为“0.000”，“角度单位类型”设置为“十进制”，精度精确到“0.00”。

3）选择“格式” | “图形界限”命令，依次提示，设定图形界限的左下角为（0,0），右上角为（42000,29700）。

4）再在命令行输入<Z>→<空格>→<A>，使输入的图形界限区域全部显示在图形窗口内。

9.2.2 规划图层对象

由图 9-5 所示可知，客厅 A 立面图主要由轮廓线、文本标注、尺寸标注、设施对象、细节线等元素组成，因此绘制其立面图时，需建立如表 9-1 所示的图层。

表 9-1 图层设置

序号	图层名	线宽	线型	颜色	打印属性
1	轮廓线	0.3	实线	黑色	打印
2	文本	0.15	实线	黑色	打印
3	尺寸	0.15	实线	蓝色	打印
4	设施	0.15	实线	黑色	打印
5	细节	0.15	实线	洋红	打印

图层颜色的定义

图层的设置有很多属性，除了图名外，还有颜色、线形、线宽等。现在很多用户在定义图层的颜色时，都是根据自己的爱好，喜欢什么颜色就用什么颜色，这样做并不合理。那么，图层的颜色定义要注意两点：

- 不同的图层一般来说要用不同的颜色（**在本实例中由于打印出来为黑白色，因此使用黑色打印出来颜色较深，如果选择青色、绿色则印刷出来颜色较浅**）。这样做在画图时，才能够在颜色上有很明显的进行区分。如果两个层是同一个颜色，那么在显示时，就很难判断正在操作的图元是在哪一个层上。
- 颜色的选择应该根据打印时线宽的粗细来选择。打印时，线型设置越宽的，该图层就应该选用越亮的颜色；反之，如果打印时，该线的宽度仅为 0.09mm，那么该图层的颜色就应该选用 8 号或类似的颜色。因为这样可以在屏幕上直观地反映出线型的粗细。

选择“格式”|“图层”命令（LA），根据要求建立相应的图层，如图 9-6 所示。

名称	颜色	线型	线宽
标注	蓝	Continuous	0.15 毫米
轮廓线	250	Continuous	0.30 毫米
设施	250	Continuous	0.15 毫米
文本	250	Continuous	0.15 毫米
细节	洋红	Continuous	0.15 毫米

图 9-6　规划图层

9.2.3　设置文字样式

由图 9-4 所示可知，该立面图上的文字有尺寸文字、标注文字、图名文字等，打印比例为 1:30，文字样式中的高度为打印到图纸上的文字高度与打印比例倒数的乘积。根据建筑制图标准，该立面图文字样式的规划见表 9-2。

表 9-2　文字样式

文字样式名	打印到图纸上的文字高度 /mm	图形文字高度（文字样式高度）/mm	字体文件
图内说明	3.5	105	宋体
尺寸文字	3.5	105	宋体
图名	7	210	宋体

1）选择“格式”|“文字样式”命令，系统将弹出“文字样式”对话框，单击“新建”按钮，弹出“新建文字样式”对话框，在“样式名”文本框中输入“图内说明”，再单击“确定”按钮，然后按照表 9-2 所示的内容设置“字体”为“宋体”，“高度”为“105”，最后单击“应用”按钮，如图 9-7 所示。

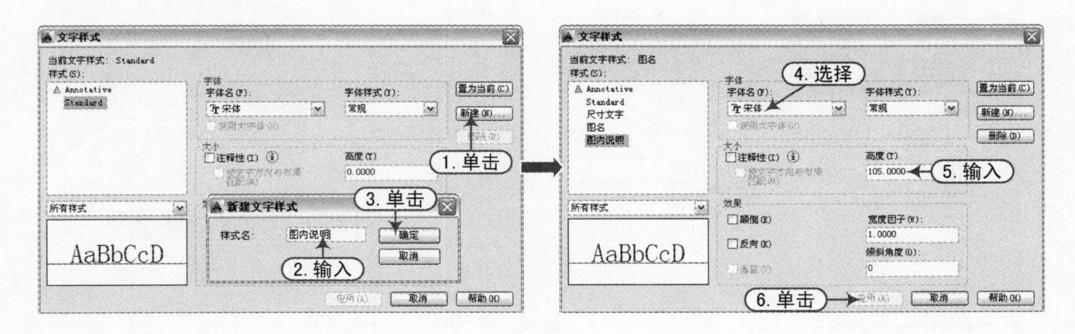

图 9-7 设置文字样式

2）重复以上步骤，建立表 9-2 中所示的其他各种文字样式。

9.2.4　设置标注样式

通过设置图形的尺寸标注样式可以使用户对标注的对象灵活地进行控制和修改。

1）选择“格式”｜“标注样式”命令，弹出“标注样式管理器”对话框，单击“新建”按钮，弹出“创建新标注样式”对话框，在“新建样式名”文本框中输入“立面图标注-30”，单击“继续”按钮，如图 9-8 所示，则弹出“新建标注样式：立面图标注-3D”对话框。

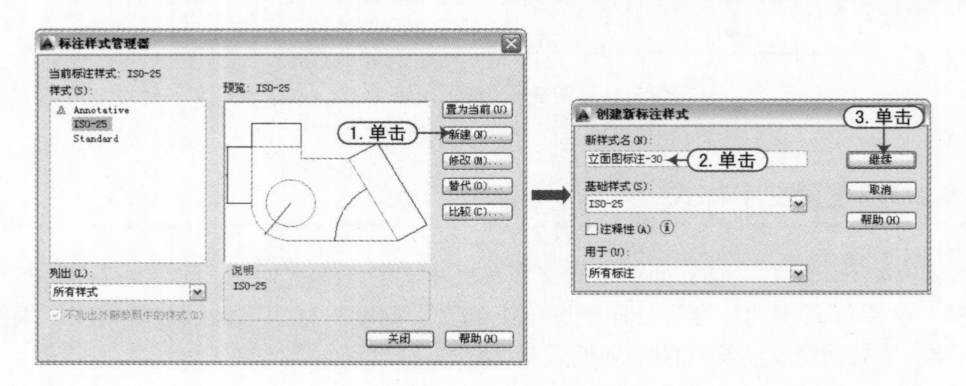

图 9-8　新建文字样式

2）在“新建标注样式：立面图标注-3D”对话框中，根据要求在“线”“符号和箭头”“文字”“调整”各选项卡中设置“立面图标注-30”的相关参数，如图 9-9 所示。

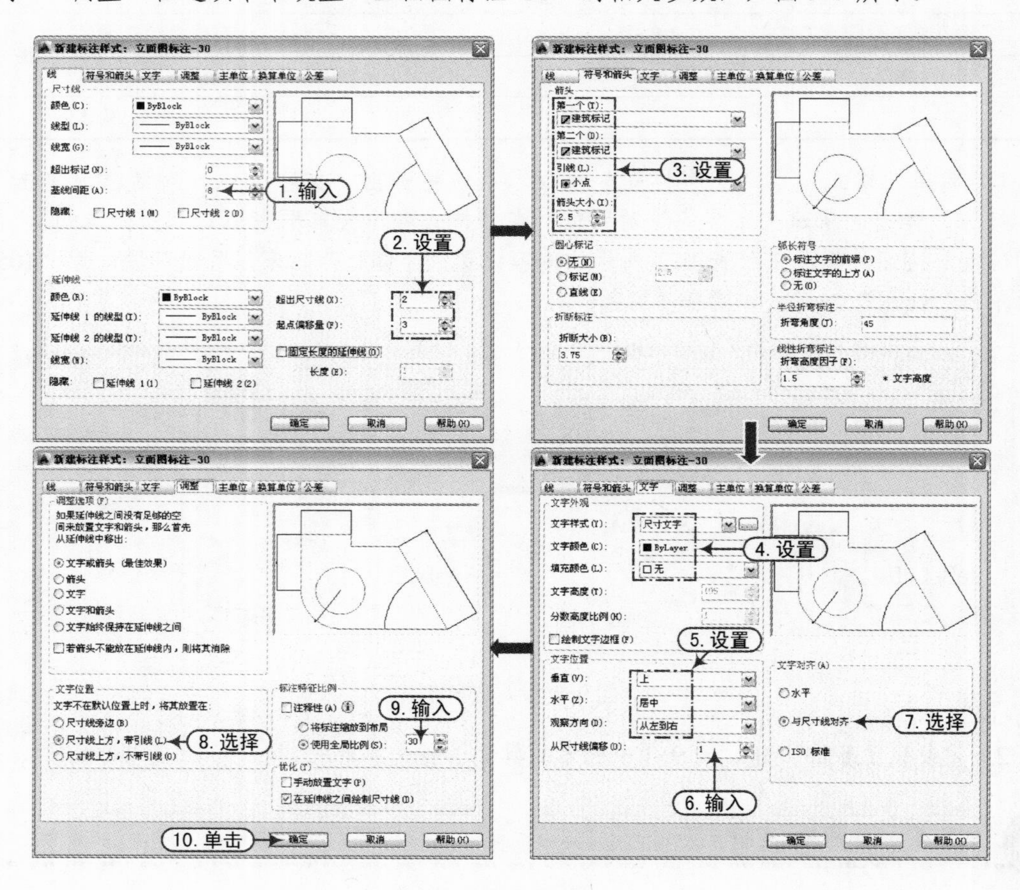

图 9-9　新建标注样式

3）在返回到的“标注样式管理器”对话框中，再单击“关闭”按钮，退出“标注样式管理器”对话框，从而完成尺寸标注样式的设置。

9.2.5 绘制客厅 A 立面图

从图 9-4 所示的室内平面布置图的结构中可以看来，其客厅 A 立面图的宽度为 7500mm，而该客厅的立面高度为 2840mm，所以应先绘制一个 7550mm×2840mm 的矩形作为 A 立面图的轮廓。

1）将“轮廓线”图层置为当前图层，使用“矩形”命令（REC）在视图中绘制 7550mm×2840mm 的矩形，再使用“分解”命令（X）将绘制的矩形打散，再使用“偏移”命令（O），将下侧的轮廓线向上偏移 80mm 作为踢脚线，将上侧的轮廓线向下偏移 100mm 和 80mm 作为吊顶的轮廓线，将左侧的轮廓线向右偏移 325mm、1500mm 和 325mm 作为花卉分隔线，如图 9-10 所示。

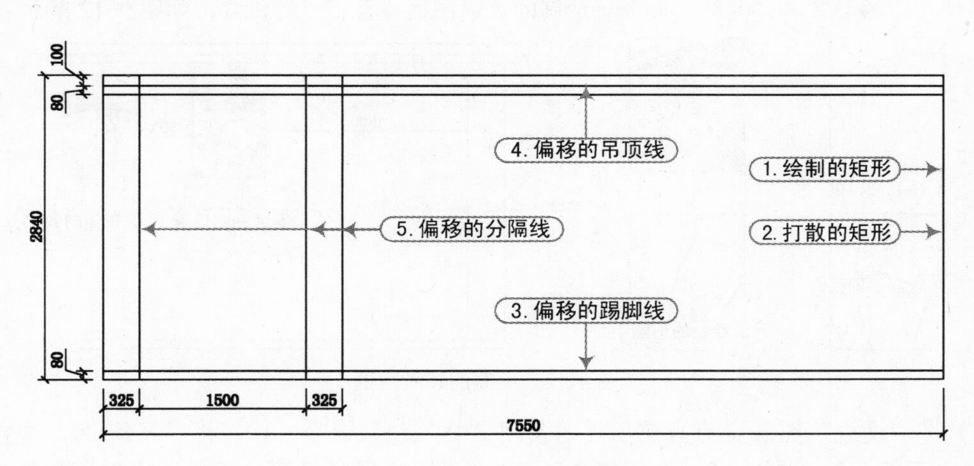

图 9-10 绘制轮廓线并偏移

操作提示

用户应将所偏移的对象转换为“细节”图层。

2）将“细节”图层置为当前图层，使用“矩形”命令（REC）在视图中绘制 900mm×570mm 和 1500mm×170mm 的矩形，且放置在相应的位置，再使用“偏移”命令（O）将 1500mm×170mm 的矩形打散后的上下水平线段分别向上、下偏移 30mm，再将上侧吊顶线向下偏移 120mm，然后使用“修剪”（TR）命令对其多余的线段进行修剪，如图 9-11 所示。

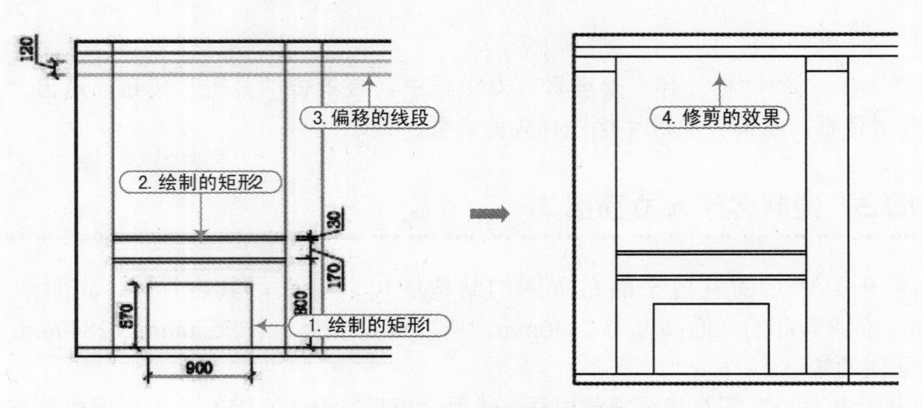

图 9-11　绘制矩形并进行修剪

3）使用“矩形”命令（REC）在视图中绘制 650mm × 800mm，再使用“圆弧”命令（ARC）绘制相应的圆弧，并使用“圆”命令（C）绘制大小不同的小圆，再使用“图案填充”命令（BH），对其封闭区域进行“ANSI 31”图案填充，填充比例为 8，从而绘制装潢图框，再使用“移动”和“复制”命令将绘制的装潢图框移至相应的位置，如图 9-12 所示。

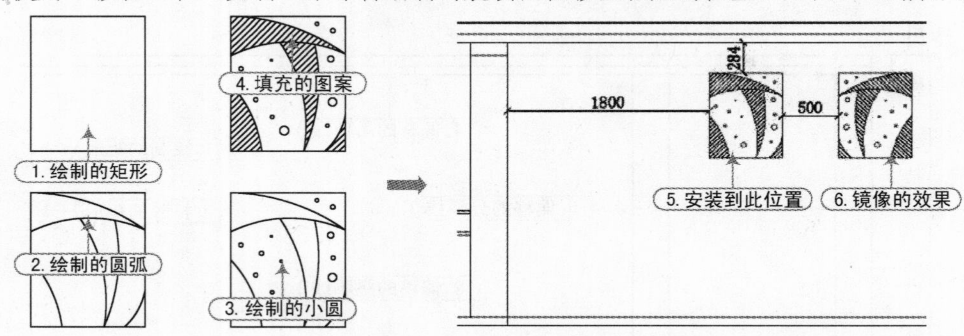

图 9-12　绘制的装潢图框

4）将“设施”图层置为当前图层，使用“插入块”命令（I），将“案例\09”文件夹下面的“立面花盆”“蜡烛台”“立面组合沙发”“立面空调”等图块插入到当前图形的相应位置，如图 9-13 所示。

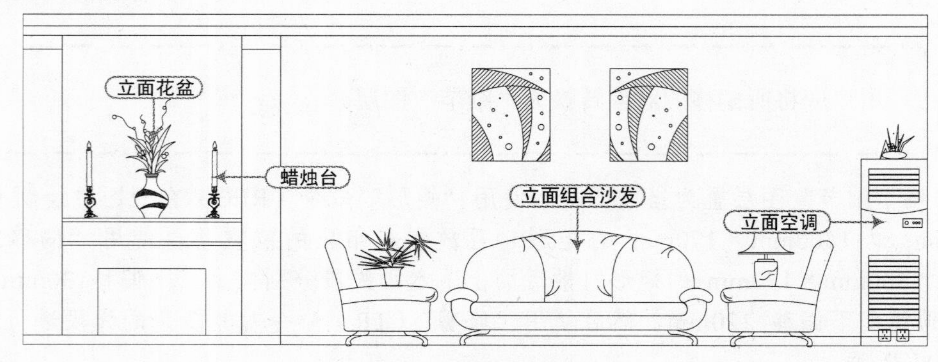

图 9-13　插入的图块

5）使用“图案填充”命令（BH），分别对其指定的封闭区域进行不同图案和比例的填充，再使用“修剪”命令（TR），对其下侧立面沙发和立面空调所遮挡的踢脚线进行修剪，如图 9-14 所示。

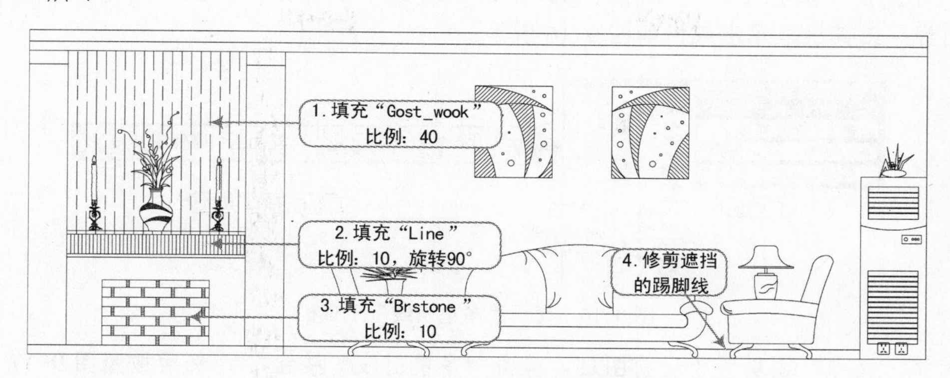

图 9-14　填充图案并修剪踢脚线

9.2.6　进行文字和尺寸标注

完成了客厅 A 立面图的绘制后，下面应对其进行多重引线文字标注、尺寸标注和图名标注。

1）选择"格式"｜"多重引线样式"命令，弹出"多重引线样式管理器"对话框，单击"新建"按钮，弹出"创建新多重引线样式"对话框，在"新样式名"文本框中输入"立面图引线标注-30"，再单击"继续"按钮，然后在弹出的"修剪多重引线样式"对话框的"引线格式""引线结构""内容"选项卡中进行多重引线样式的设置，如图 9-15 所示。

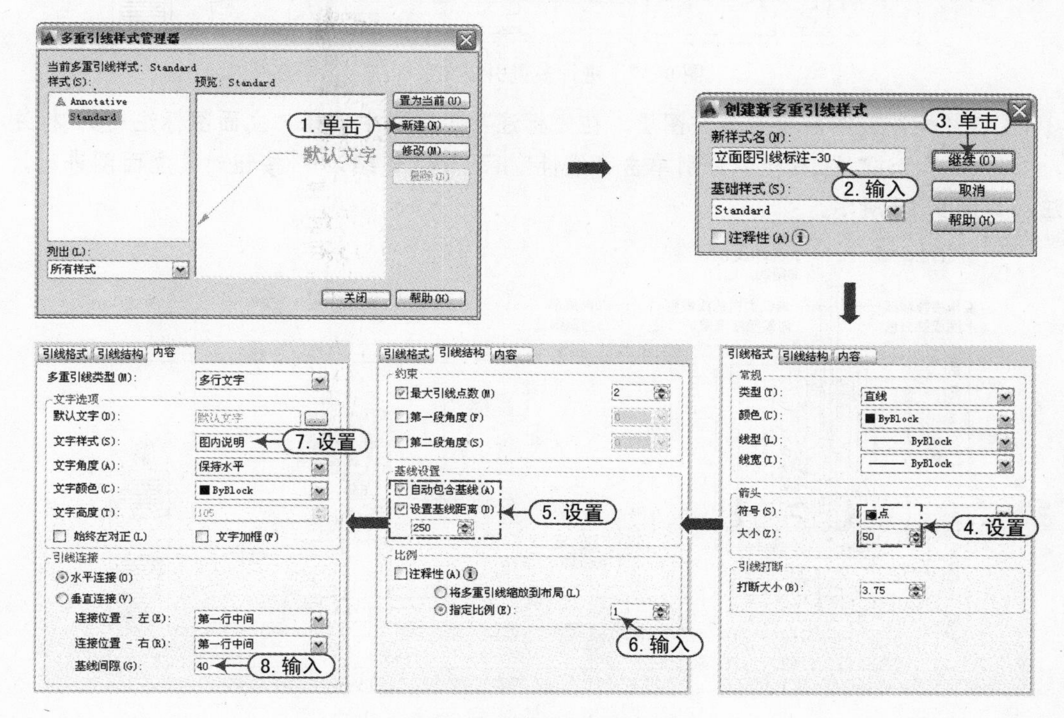

图 9-15　新建并设置多重引线样式

2）在任意工具栏中单击鼠标，在弹出的快捷菜单中选择“多重引线”命令，从而将“多重引线”工具栏显示出来，如图 9-16 所示。

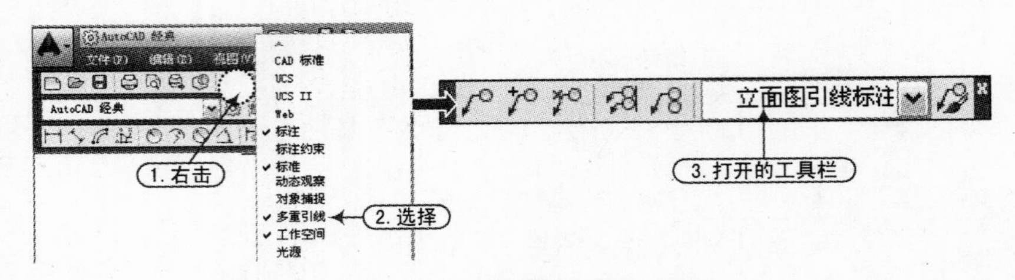

图 9-16 显示“多重引线”工具栏

3）将“文本”图层置为当前图层，单击“多重引线”按钮，然后按照图 9-17 所示的样式进行相应的多重引线文本的标注。

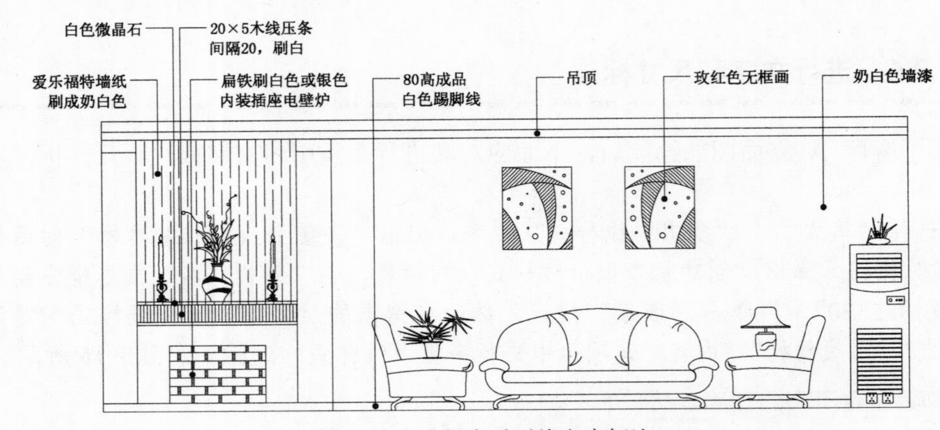

图 9-17 进行多重引线文字标注

4）将“标注”图层置为当前图层，在“标注”工具栏中选择“立面图标注-30”标注样式，然后在“标注”工具栏中分别单击“线性”和“连续”按钮对其立面图进行尺寸标注，如图 9-18 所示。

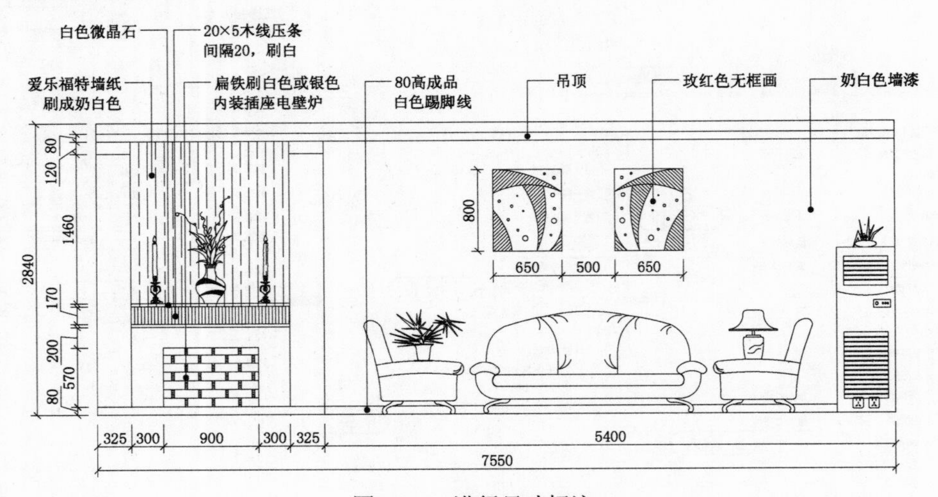

图 9-18 进行尺寸标注

5）将“文本”图层置为当前图层，在“样式”工具栏的“文字样式”控制框中选择“图名”样式，在“绘图”工具栏中单击“多行文字”按钮A，在图形的正下方“拖”出一个区域，然后输入相应的图名“客厅 A 立面图　比例 1:30”，且设置“比例 1:30”文字的大小为 150，再使用“多段线”命令（PL）在图名的下方绘制两条水平线段，如图 9-19 所示。

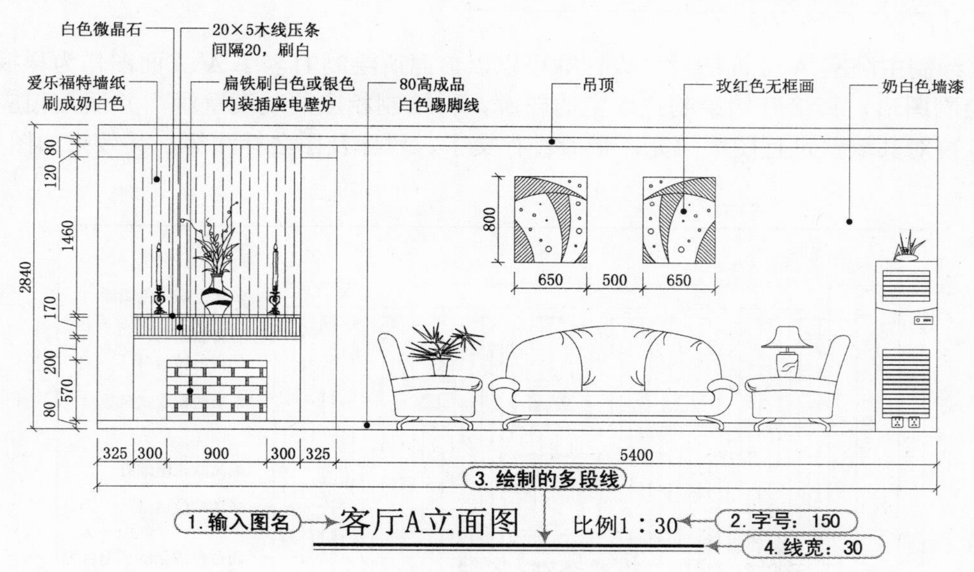

图 9-19　进行图名标注

6）至此，客厅 A 立面图已经绘制完毕，选择“文件” | “保存”命令，保存该文件。

用户可以根据前面所讲述的方法来绘制“客厅 C 立面图”（案例\09\客厅 C 立面图.dwg），其效果如图 9-20 所示。

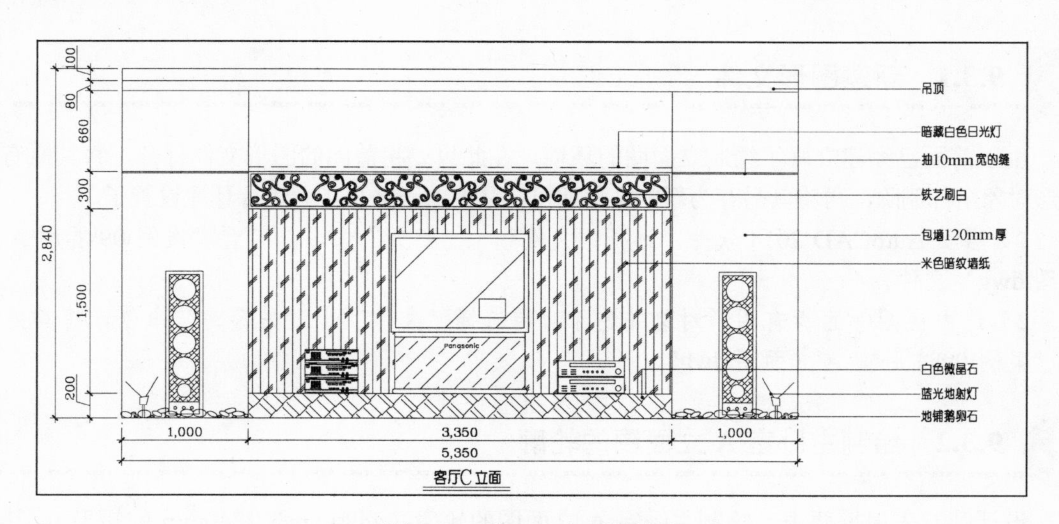

图 9-20　客厅 C 立面图效果

9.3 主卧室A立面图的绘制

视频\09\主卧室A立面图的绘制.avi
案例\09\主卧室A立面图.dwg

在绘制主卧室A立面图时，设计师可以以前面所绘制的客厅A立面图作为样板文件进行绘制图形，直接开始绘制主卧室的轮廓，再绘制相应的装潢壁画，并插入相应的图块等，再对其墙壁进行图案填充，最后进行文字、尺寸及图名标注等，其效果如图9-21所示。

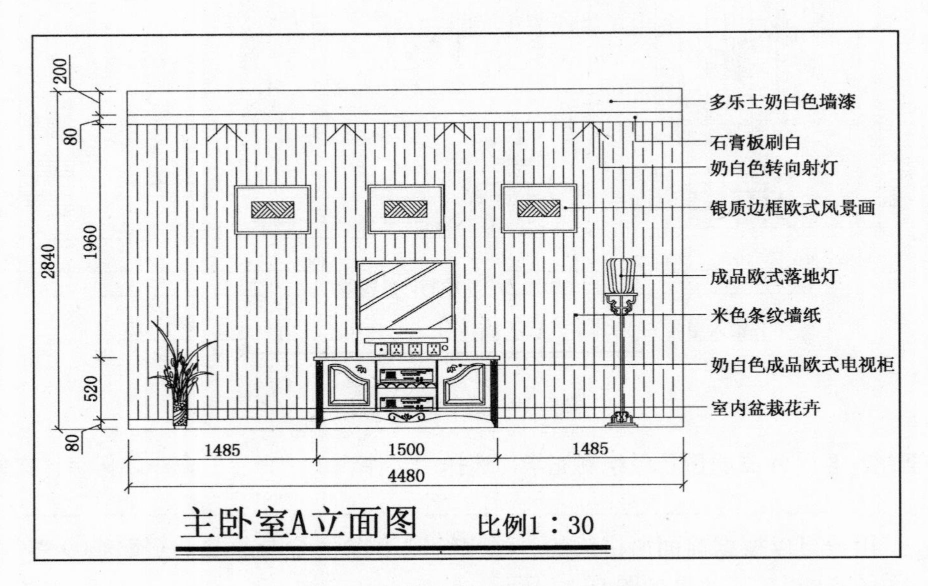

图9-21　绘制的主卧室A立面图

9.3.1 新建图形文件

由于前面已经建立好了绘制立面图的环境，在此只要将前面的图形文件打开，将其原有的图形对象全部删除，再将其另存为新的文件即可，从而就不必再一一进行环境设置了。

1）启动AutoCAD 2014软件，选择“文件”｜“打开”命令，打开“案例\09\客厅A立面图.dwg”文件。

2）选中视图中的所有图形对象并删除，再选择“文件”｜“另存为”命令，将其另存为“案例\09\主卧室A立面图.dwg”。

9.3.2 绘制主卧室A立面图的轮廓

设计师首先根据要求，绘制主卧室A立面图的轮廓（4480mm×2840mm的矩形），其次

绘制相应的风景壁画，最后将相应的图块设施插入到相应的位置。

1）将“轮廓线”图层置为当前图层，使用“矩形”命令（REC）在视图中绘制 4480mm×2840mm 的矩形，再使用“分解”命令（X）将绘制的矩形打散，再使用“偏移”命令（O），将下侧的轮廓线向上偏移 80mm 作为踢脚线，将上侧的轮廓线向下偏移 200mm 和 80mm 作为吊顶的轮廓线，如图 9-22 所示。

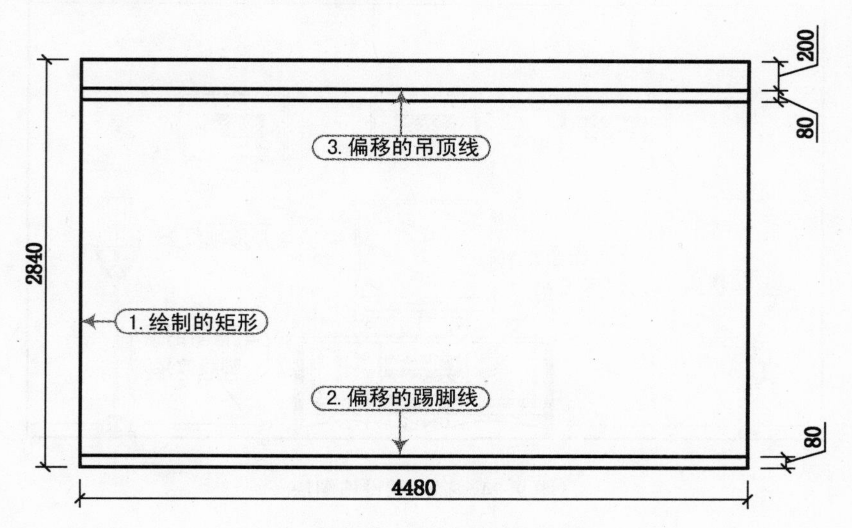

图 9-22 绘制轮廓并偏移线段

2）选中偏移的线段，然后在“图层”工具栏的“图层控制”框中选择“细节”对象，从而将其转换为“细节”图层。

3）将“细节”图层置为当前图层，使用“矩形”命令（REC）在视图中绘制 610mm×405mm 的矩形，再使用“偏移”命令（O）将矩形向内侧偏移 20mm 和 116mm，再使用“图案填充”命令（BH）对其内部的矩形填充“Ar-parq1”图案，比例为 0.5，旋转 45°，然后使用“移动”和“复制”命令将风景壁画移至立面图的相应位置，如图 9-23 所示。

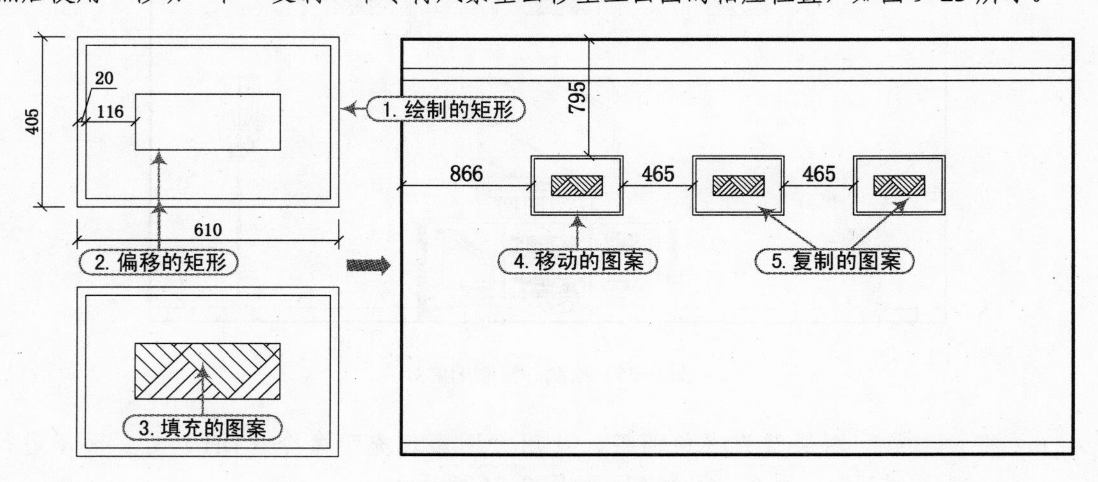

图 9-23 绘制的风景壁画

4）将“设施”图层置为当前图层，使用“插入块”命令（I），将“案例\09”文件夹下面的“落地灯”“组合立面电视”“盆栽”等图块插入到当前图形的相应位置，然后使用“修剪”命令（TR），对遮挡住的踢脚线进行修剪，如图 9-24 所示。

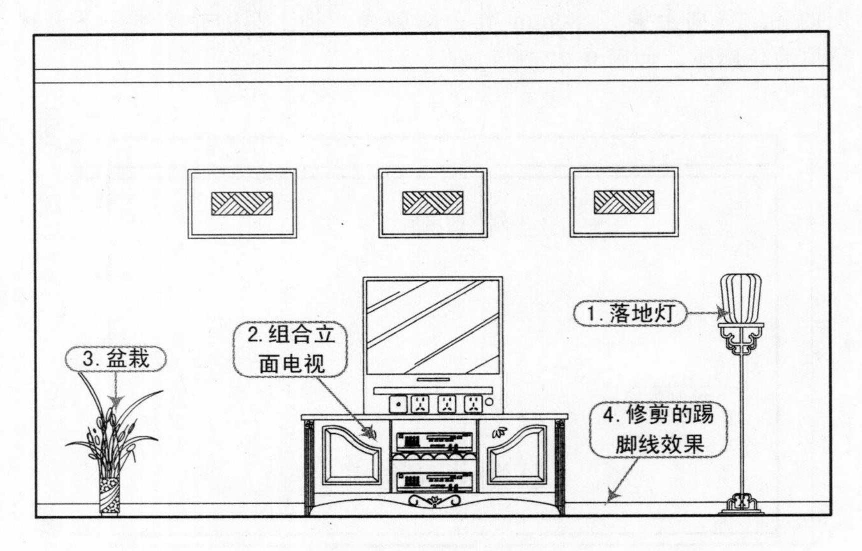

图 9-24　插入的设施图块

5）使用“直线”命令绘制一射灯简易图形，再使用“复制”命令（CO）将其复制 3 次，如图 9-25 所示。

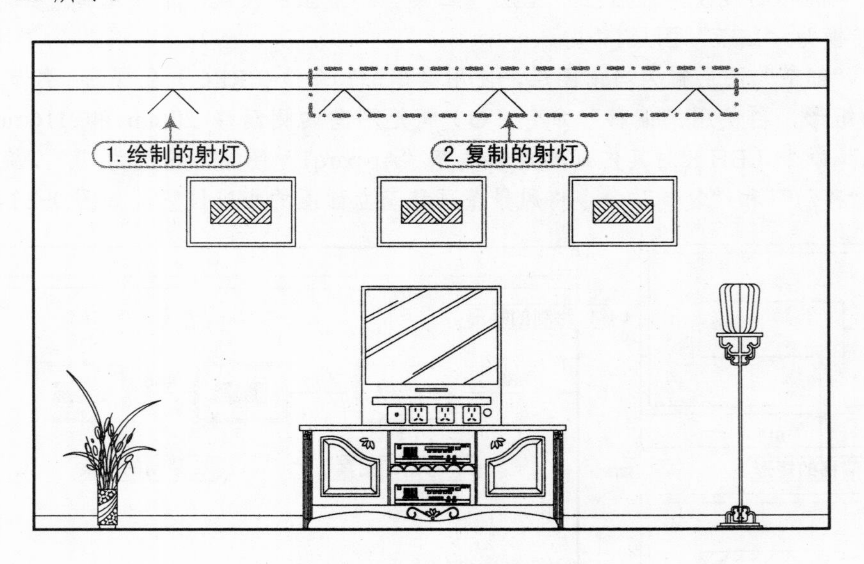

图 9-25　绘制并复制的射灯

6）将“细节”图层置为当前图层，使用“图案填充”命令（BH）对立面墙进行“Gost_wood”图案填充，填充比例为 40，如图 9-26 所示。

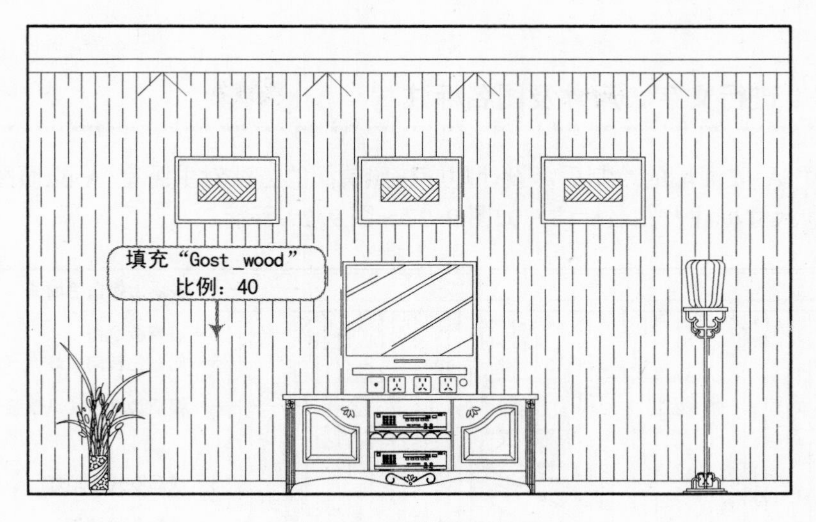

图 9-26 装潢立面墙

墙纸材料的计算方法

（1）粗略计算方法

⊙ 地面面积×3=墙纸的总面积。

⊙ 墙纸的总面积÷(0.53m×10)=墙纸的卷数。

（2）精确的计算方法

⊙ 墙纸每卷长度÷房间实际高度=使用单位的分量数。

⊙ 房间的周长÷墙纸的宽度=使用单位的总量数。

⊙ 使用单位的总量数÷使用单位的分量数=使用墙纸的卷数。

（3）公式计算

将房间的面积乘以 2.5，其积就是贴墙用料数，如 $20m^2$ 房间用料为 $20\times2.5=50m^2$。还有一个较为精确的公式：

$$S=(L/M+1)(H+h)+C/M$$

其中，S——所需贴墙材料的长度（m）；

L——扣去窗、门等后四壁的总长度（m）；

M——贴墙材料的宽度（m），加 1 作为拼接花纹的余量；

H——所需贴墙材料的高度（m）；

h——贴墙材料上两个相同图案的距离（m）；

C——窗、门等上下所需贴墙的面积（m^2）。

（4）建议

由于墙纸规格固定，因此在计算它的用量时，要注意墙纸的实际使用长度。通常要以房间的实际高度减去踢脚线以及顶线的高度。另外，房间的门、窗面积也要在使用的分量数中减去。这种计算方法适用于素色或细碎花的墙纸。墙纸的拼贴中要考虑对花导致的损耗，图案越大，损耗越大，因此要比实际用量多买 10%左右。

9.3.3 进行文字、尺寸及图名标注

完成客厅 A 立面墙的绘制后，设计师应按照前面的方法对主卧室 A 立面图进行多重引线文字标注、尺寸标注及图名标注，如图 9-27～图 9-29 所示。

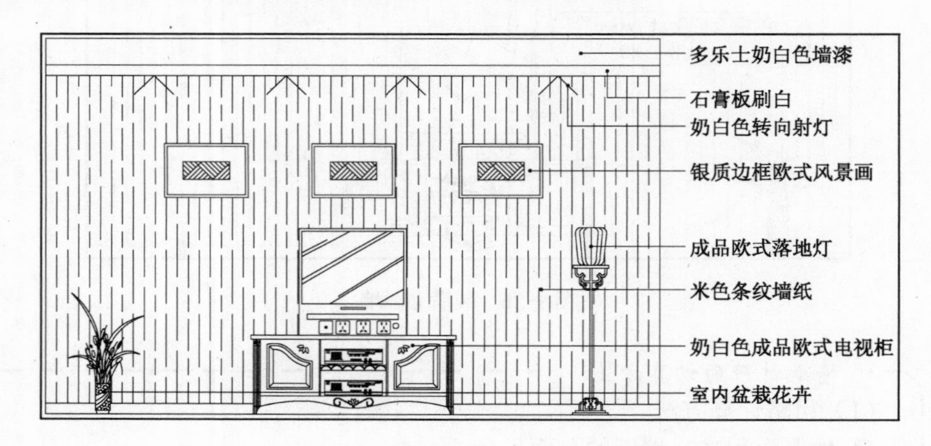

图 9-27 进行文字标注

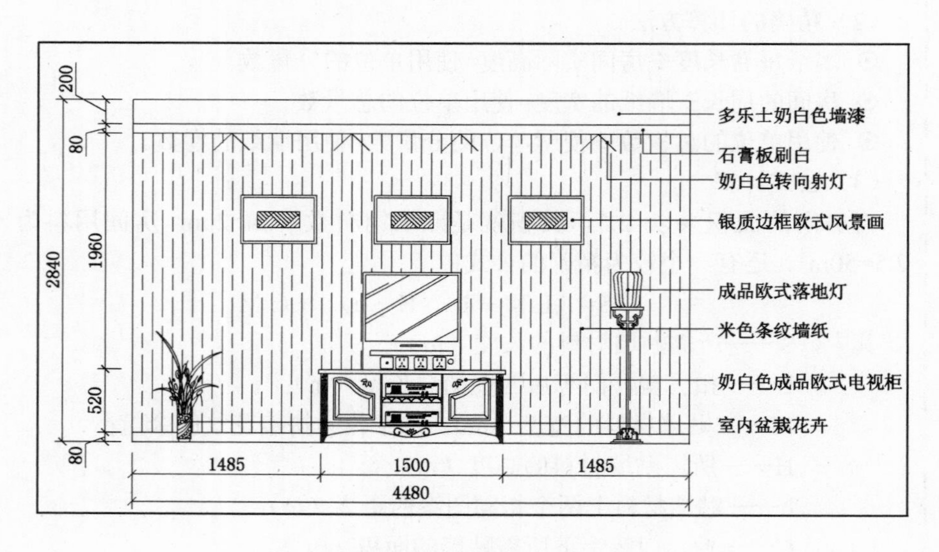

图 9-28 进行尺寸标注

软件技能

用户可以根据前面所绘制的方法来绘制“主卧室 C 立面图”（案例\09\主卧室 C 立面图.dwg），其效果如图 9-30 所示。

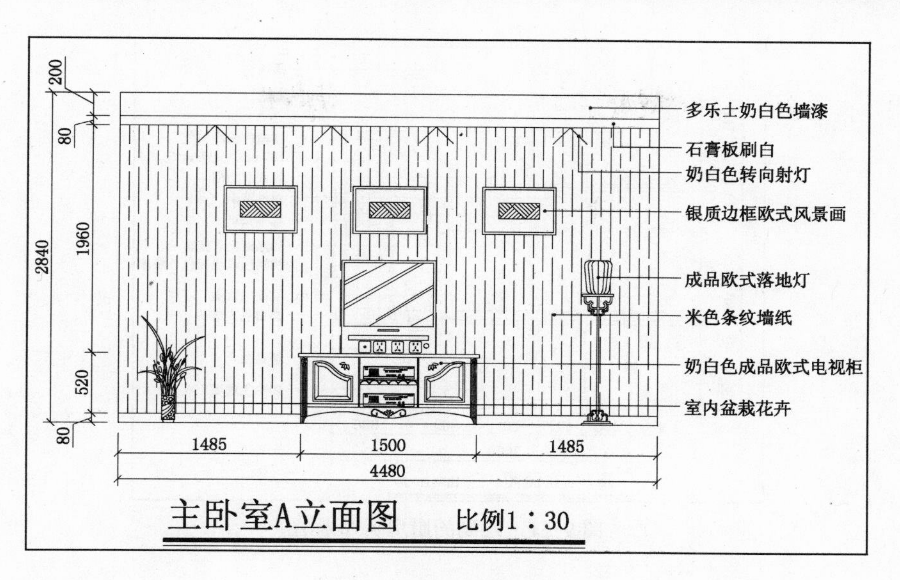

图 9-29 进行图名标注

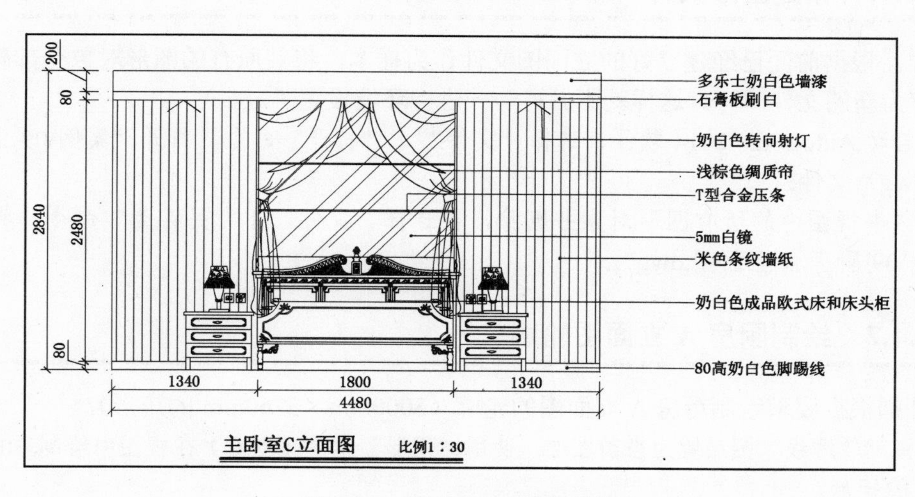

图 9-30 主卧室 C 立面图效果

9.4 厨房 A 立面图的绘制

视频\09\厨房A立面图的绘制.avi
案例\09\厨房A立面图.dwg

在绘制厨房 A 立面图时，设计师可以以主卧室 A 立面图作为样板文件进行绘制图形，直接开始绘制厨房的轮廓，再绘制厨房矮柜、消毒柜、玻璃框、抽油烟机等，再绘制立面电饭煲、立面水龙头、射灯等其他设施，最后进行文字、尺寸及图名标注等，其效果如图 9-31 所示。

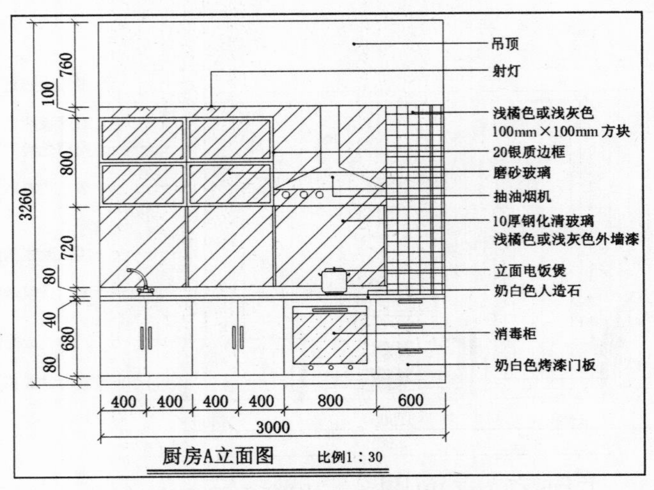

图 9-31　绘制的厨房 A 立面图

9.4.1　新建图形文件

同样，根据前面已经建立好的立面图文件作为样本，将其原有的图形对象全部删除，再将其另存为新的文件即可，这样就不必再一一进行环境设置了。

1）启动 AutoCAD 2014 软件，选择“文件”｜“打开”命令，打开“案例\09\主卧室 A 立面图.dwg”文件。

2）选中视图中的所有图形对象并删除，再选择“文件”｜“另存为”命令，将其另存为“案例\09\厨房 A 立面图.dwg”。

9.4.2　绘制厨房 A 立面图轮廓

设计师根据要求绘制厨房 A 立面图的轮廓（3000mm×3260mm 的矩形）。

1）将“轮廓线”图层置为当前图层，使用“矩形”命令（REC）在视图中绘制 3000mm×3260mm 的矩形。

2）使用“分解”命令（X）将绘制的矩形打散，再使用“偏移”命令（O），将下侧的轮廓线向上偏移 80mm 作为踢脚线，将上侧的轮廓线向下偏移 760mm 作为吊顶的轮廓线，如图 9-32 所示。

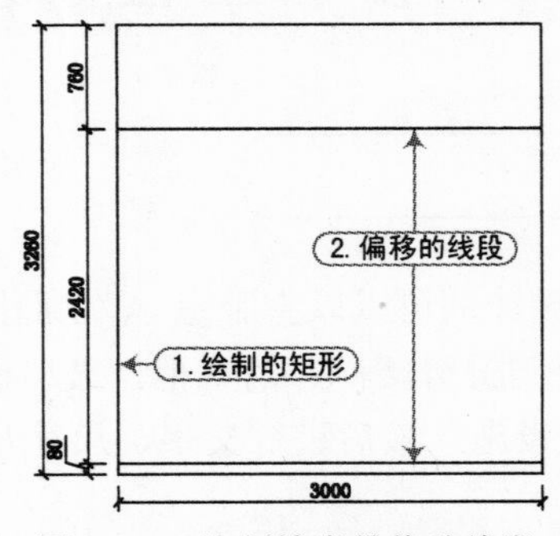

图 9-32　绘制轮廓并偏移线段

9.4.3 绘制厨房装饰设施

住宅的厨房装潢少不了配置一些装餐具用的矮柜、消毒柜以及抽油烟机等。设计师可以使用“直线”“偏移”“修剪”等命令进行绘制。

1）将“细节”图层置为当前图层，使用“偏移”命令（O）将踢脚线向上偏移 680mm 和 40mm，再使用“直线”命令（L）绘制垂直线段，从而绘制出矮柜的大致轮廓，如图 9-33 所示。

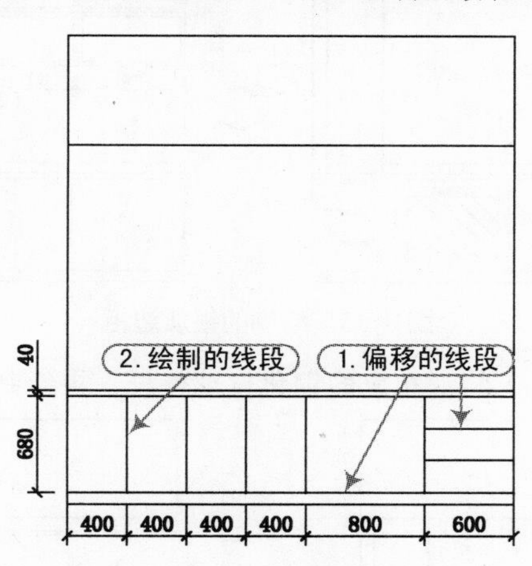

图 9-33 偏移线段并绘制垂直线段

2）使用“矩形”命令（REC）在视图中绘制 20mm × 200mm 的矩形作为拉手槽，并使用“移动”和“复制”命令将拉手槽复制到相应的位置，再使用“矩形”命令（REC）绘制 640mm × 520mm 的矩形作为消毒柜的轮廓，且将上侧的水平线段向下偏移 65mm，再使用“图案填充”命令（BH）对其内部填充“Sacncr”图案，比例为 40，最后使用“移动”命令（M），将消毒柜移至矮柜的相应位置，从而完成消毒柜的绘制，如图 9-34 所示。

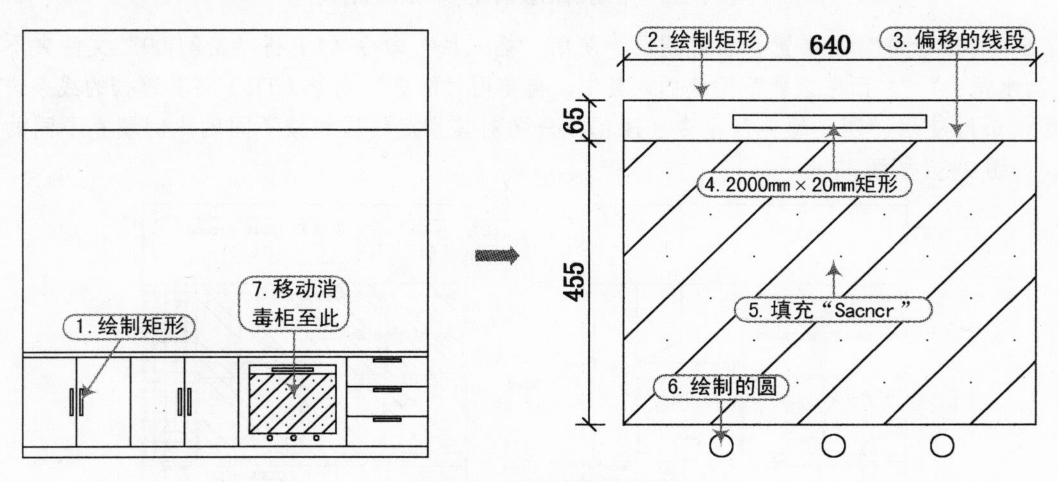

图 9-34 绘制的消毒柜

3）使用“偏移”命令（O），将矮柜上侧的水平线段向上偏移 80mm，将外侧矩形的右侧垂直线段向左偏移 100mm 和 400mm，再使用“修剪”命令（TR）将多余的线段进行修剪，再使用“矩形”命令（REC）在视图中绘制 760mm×400mm 的矩形，再使用“偏移”命令将其矩形向内侧偏移 30mm，再使用“复制”命令（CO）将其向右、向下复制，从而完成银质边框的绘制，如图 9-35 所示。

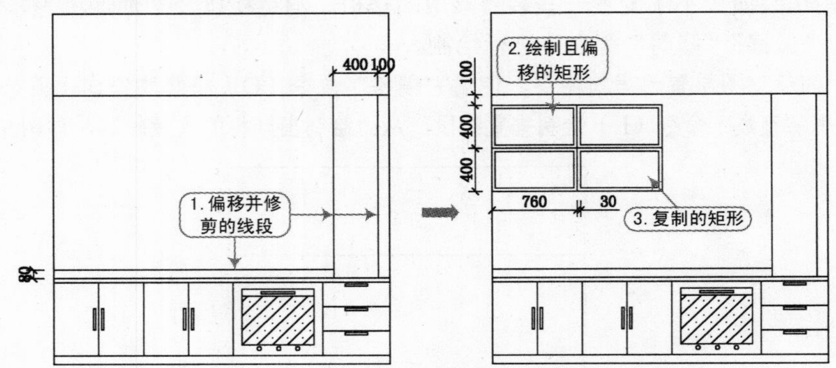

图 9-35　绘制的银质边框

4）使用“直线”命令（L）绘制相应的钢化玻璃外框，再绘制抽油烟机，如图 9-36 所示。

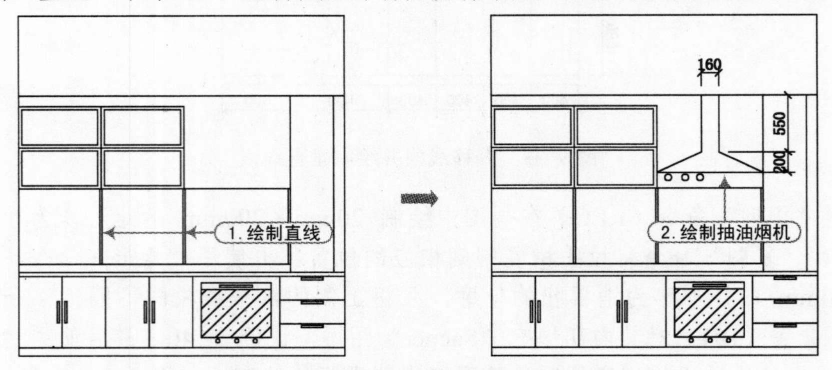

图 9-36　绘制钢化玻璃外框和抽油烟机

5）将“设施”图层置为当前图层，使用“插入块”命令（I）将“案例\09”文件夹下的“立面水龙头”“立面电饭煲”图块插入其中，再使用“修剪”命令（TR）将其遮档的线条进行修剪，最后使用“图案填充”命令（BH），分别对其指定的区域按不同的比例填充不同的图案，如图 9-37 所示。

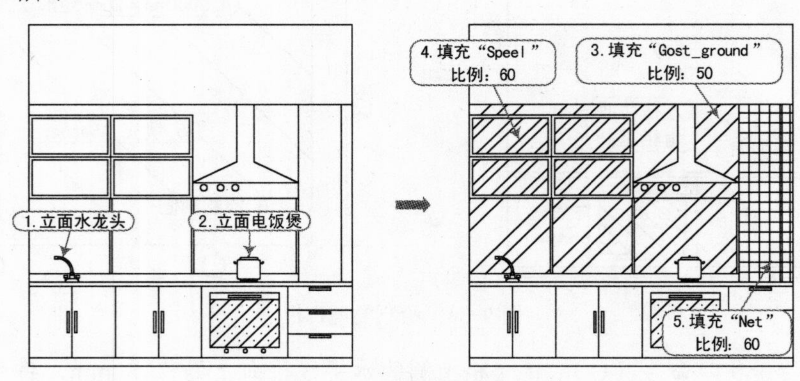

图 9-37　插入图块并填充图案

9.4.4 进行文字、尺寸及图名标注

完成厨房 A 立面墙的绘制后，设计师需按照前面的方法对其进行多重引线文字标注、尺寸标注及图名标注，如图 9-38 所示。

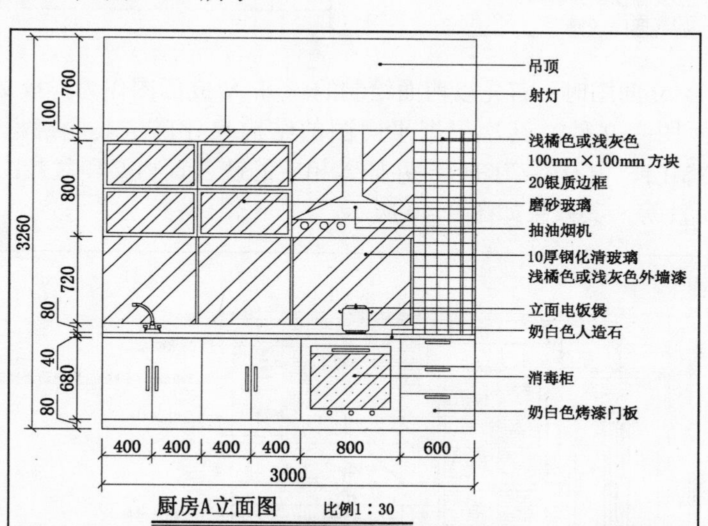

图 9-38 绘制完成的厨房 A 立面图

软件技能

用户可以根据前面所绘制的方法来绘制其“厨房 C 立面图”（案例\09\厨房 C 立面图.dwg），其效果如图 9-39 所示。

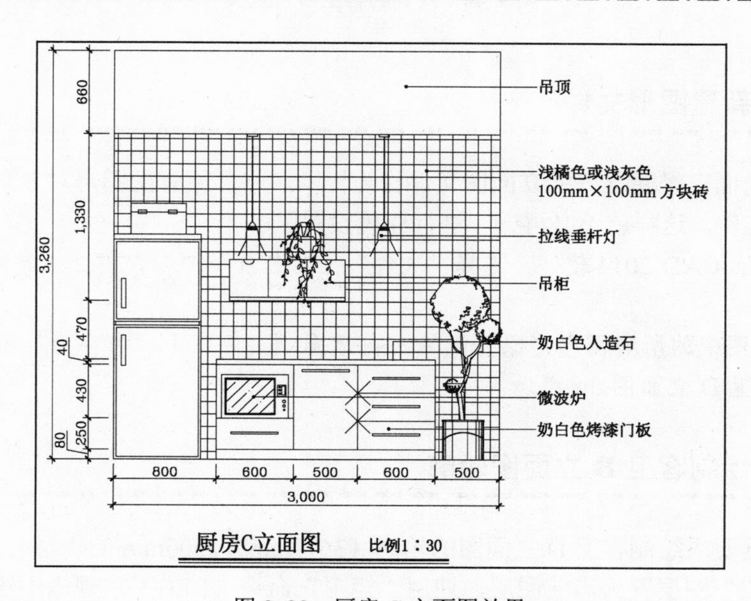

图 9-39 厨房 C 立面图效果

9.5 客卫 D 立面图的绘制

视频\09\客卫D立面图的绘制.avi
案例\09\客卫D立面图.dwg

在绘制客卫 D 立面图时，首先以前面绘制的厨房 A 立面图作为样板文件，并将其另存为“客卫 D 立面图”文件，其次根据平面图的结构尺寸确定其轮廓框架为 3670mm×2500mm，两次绘制门、窗及卷帘图形，并插入相应的铁艺置物架和盆栽图块，最后进行文字、尺寸及图名标注等，其效果如图 9-40 所示。

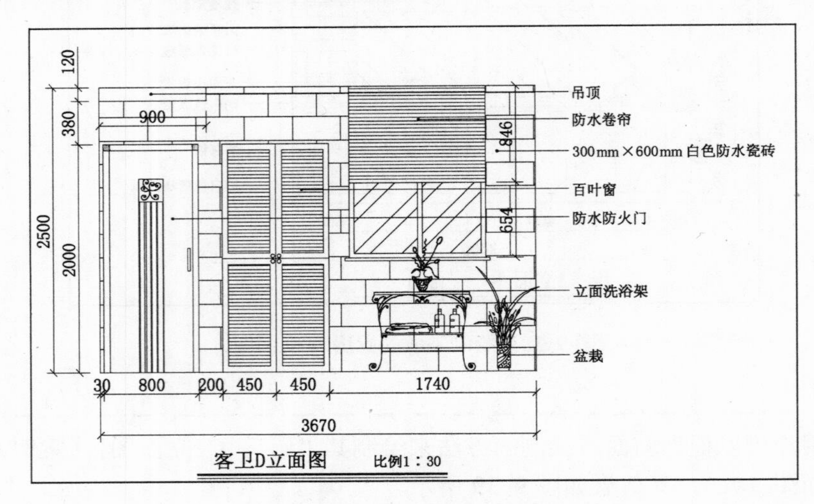

图 9-40　绘制的客卫 D 立面图

9.5.1 新建图形文件

同样，以前面已经建立好的立面图文件作为样本，将其原有的图形对象全部删除，再将其另存为新的文件，这样就不必再一一进行环境设置了。

1）启动 AutoCAD 2014 软件，选择“文件”｜“打开”命令，打开“案例\09\厨房 A 立面图.dwg”文件。

2）选中视图中的所有图形对象并删除，再选择“文件”｜“另存为”命令，将其另存为“案例\09\客卫 D 立面图.dwg”。

9.5.2 绘制客卫 D 立面图轮廓

设计师根据要求绘制客卫 D 立面图的轮廓（3670mm×2500mm 的矩形）。

将“轮廓线”图层置为当前图层，使用“矩形”命令（REC）在视图中绘制 3670mm×2500mm 的矩形，再使用“直线”命令（L）绘制相应的吊顶轮廓，如图 9-41 所示。

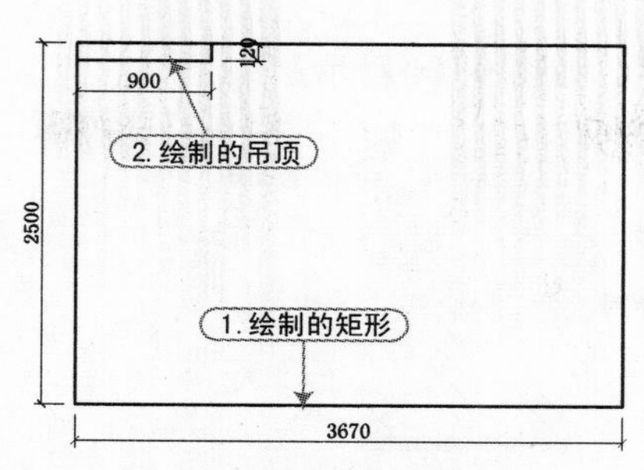

图 9-41 绘制轮廓及吊顶

9.5.3 绘制客卫的其他设施

在绘制客卫 D 立面图时，设计师应先布置相应的门框、百叶窗及防水卷帘，再使用“图案填充”方法对其立面墙贴防水瓷砖，并采用插入块的方法布置一些盆栽及洗浴架图块。

1）将“细节”图层置为当前图层，使用“矩形”命令（REC）在视图中绘制 800mm×2000mm 的矩形，再将矩形的左、右、上侧的线段向内偏移 50mm，再绘制 208mm×1800mm 的矩形，并进行偏移及修饰，最后将其移至距主框架左下侧 30mm 的位置，从而完成门框结构的绘制，如图 9-42 所示。

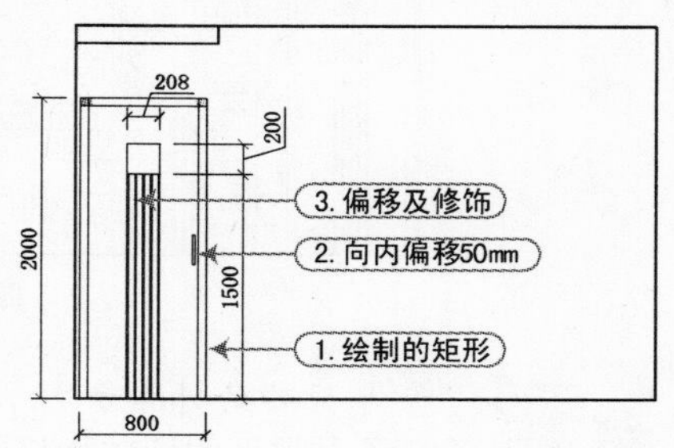

图 9-42 绘制的门框结构

2）使用“矩形”命令（REC）在视图中绘制 450mm×1000mm 的矩形，再使用“偏移”命令（O）将矩形向内侧偏移 50mm，再使用“复制”命令（CO）对其水平、垂直复制 3 个，然后使用“图案填充”命令（BH），对其内部进行“Line”图案填充，填充比例为 10，最后将其移至主框架的下侧，且距左侧 1030mm，从而完成百叶窗的绘制，如图 9-43 所示。

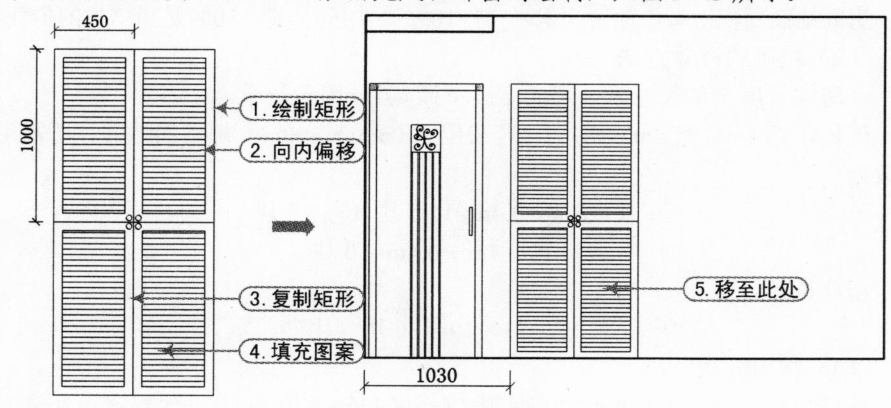

图 9-43 绘制的百叶窗

3）使用“矩形”命令（REC）在视图中绘制 1150mm×1500mm 和 1220mm×25mm 的两个矩形，再使用“偏移”命令（O）将矩形上侧的线段向下偏移 846mm，再使用“直线”命令（L）绘制其他轮廓线，然后使用“图案填充”命令（BH）对其进行“Line”和“Ansi 32”图案填充，填充比例分别为 10 和 40，最后将其移至主框架的上侧，且距右侧 420mm，从而完成防水卷帘结构的绘制，如图 9-44 所示。

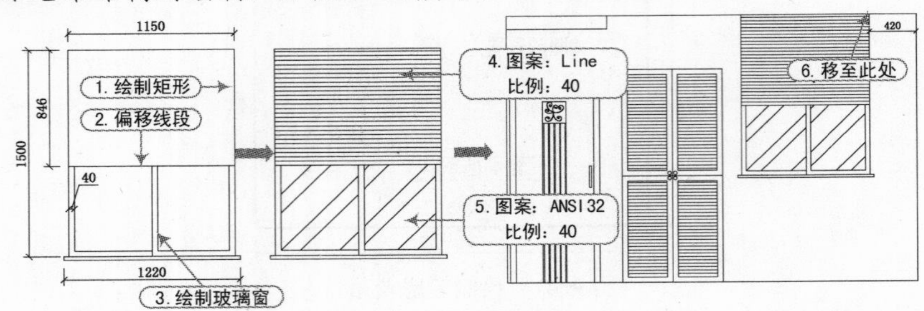

图 9-44　绘制的防水卷帘

4）将"设施"图层置为当前图层，使用"图案填充"命令（BH）对其墙壁按照"AR-B816C"进行填充，填充比例为 1，再使用"插入块"命令（I）将"案例\09"文件夹下面的盆栽和洗浴架插入到适当的位置，从而完成 300mm×600mm 防水瓷砖的填充如图 9-45 所示。

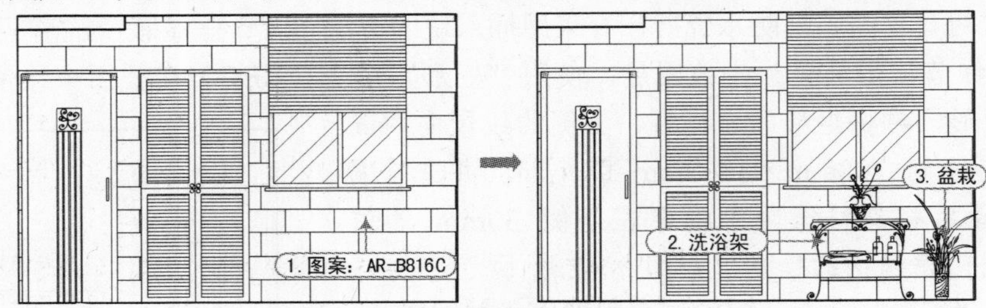

图 9-45　填充图案及插入图块

墙地砖的计算方法

市场上常见的地砖规格有 600mm×600mm、500mm×500mm、400mm×400mm 和 300mm×300mm。

（1）粗略的计算方法

房间地面面积÷每块地砖面积×（1+10%）=用砖数量（10%是指增加的损耗量）

（2）精确的计算方法

（房间长度÷砖长）×（房间宽度÷砖宽）=用砖数量。

例如，长 5m、宽 4m 的房间，若采用 400mm×400mm 规格的地砖，所需用片数为

长：5m÷0.4m=12.5 块（取 13 块）

宽：4m÷0.4m=10 块

由此可得

所需用片数=13×10=130 块（用砖总量）。

（3）常用方法

地砖片数=房间铺设墙地砖的面积 / [（块料长+灰缝宽）×（块料宽＋灰缝宽）]×（1＋损耗率）。

例如，选用规格为 0.5m×0.5m 的复古地砖，灰缝宽为 0.002m，损耗率为 1%，$100m^2$ 需用片数为

$100m^2$ 用量=100/[（0.5m+0.002m）×（0.5m×0.002m）]×（1+0.01）≈401 片。

9.5.4 进行文字、尺寸及图名标注

完成客卫 D 立面墙的绘制后，设计师应按照前面的方法对其进行多重引线文字标注、尺寸标注及图名标注，如图 9-46 所示。

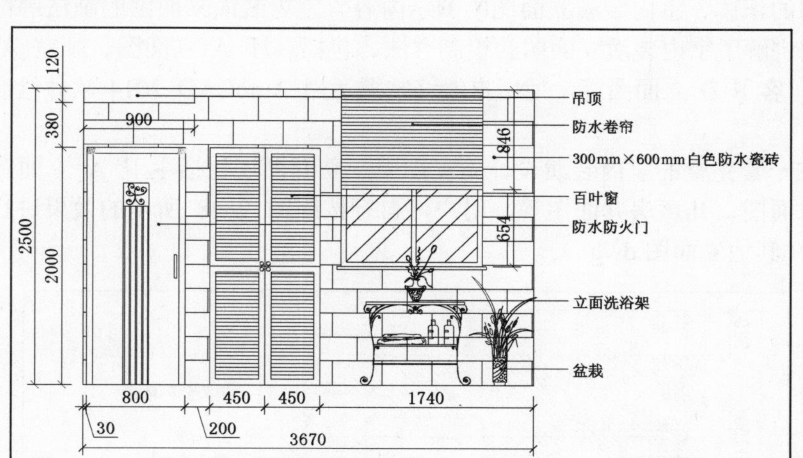

图 9-46 绘制完成的客卫 D 立面图

软件技能

用户可以根据前面所绘制的方法来绘制其“客卫 B 立面图”（案例\09\客卫 B 立面图.dwg），其效果如图 9-47 所示。

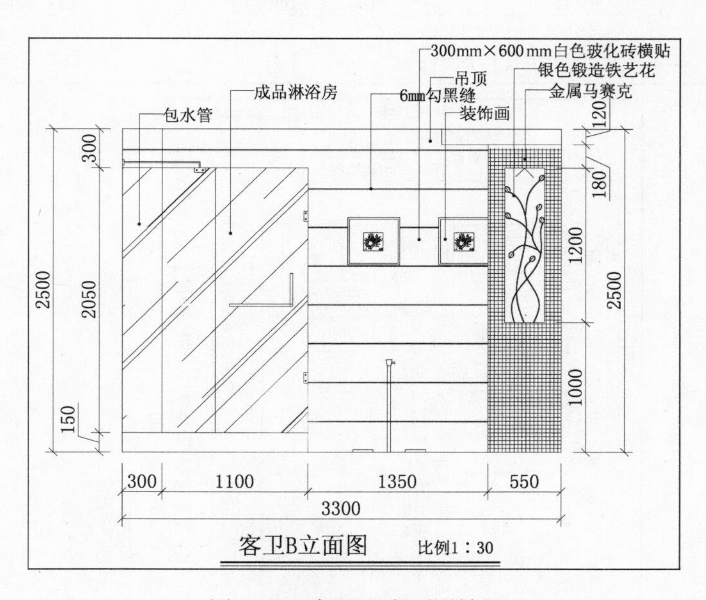

图 9-47 客卫 B 立面图效果

9.6 实战总结与案例拓展

本章首先讲解了室内装潢中立面图的概述，包括室内装潢立面图的形成与表达方式、室内装潢立面图的识读、室内装潢立面图的图示内容、室内装潢立面图的画法等；其次通过多个典型的案例讲解了室内装潢立面图的绘制方法，包括客厅 A 立面图、卧室 A 立面图、厨房 A 立面图、客卫 D 立面图等，使用户能够掌握运用 AutoCAD 2014 软件绘制室内装潢立面图的方法。

其实，在一套完整的室内装潢设计施工图中，立面图还包括主卫 A 立面图、书房立面图、次卧室立面图、儿童房立面图等，用户可自行按照图 9-48 所示的效果进行绘制（打开光盘“案例\09\其他立面图.dwg”）。

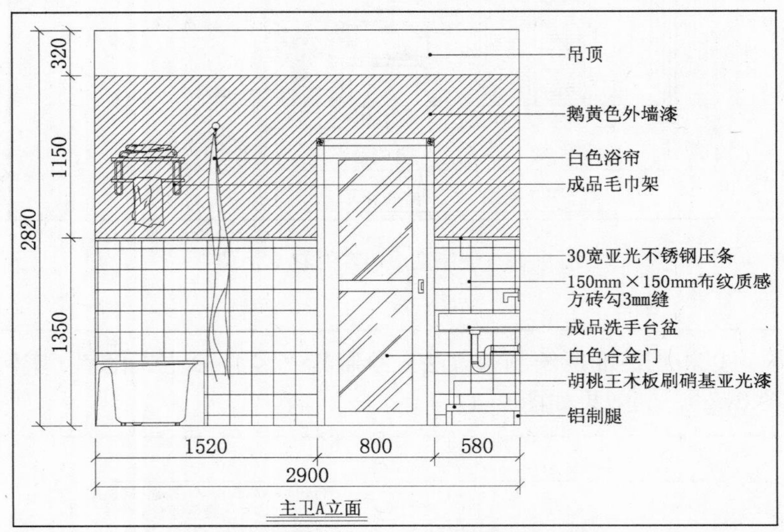

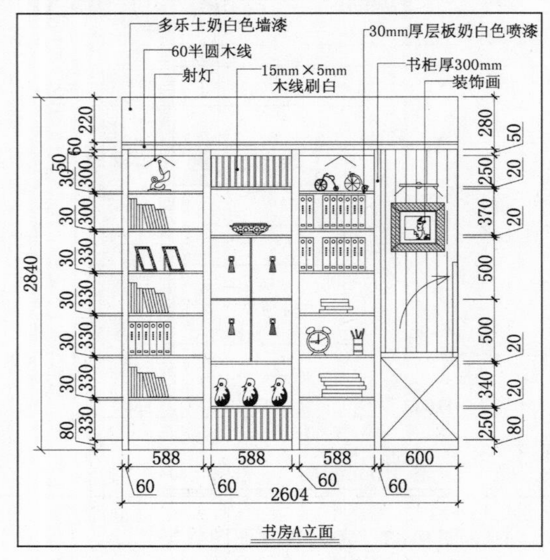

图 9-48 室内其他立面图

第10章　室内装潢构造详图的设计要点与绘制

本章导读

在进行室内装潢设计过程中，平面图、设施配景图、立面图等是施工人员的主要依据。为了使施工人员能够做到准备更加无误、细节更加到位，其构造详图也是施工人员所必须掌握的。

本章首先让用户掌握构造详图的形成、表达与分类，掌握构造详图的识读与图示内容，掌握构造详图的绘制步骤与方法；其次讲解了地面（包括客厅、厨房、卫生间、卧室）构造详图的绘制方法，再次讲解了墙面构造详图的绘制方法；最后通过铝合金和茶几详图的效果预览，让用户自行去练习绘制。

主要内容

- ☑ 讲解构造详图的形成、表达与分类
- ☑ 讲解构造详图的识读与图示内容
- ☑ 讲解构造详图的绘制步骤与方法
- ☑ 掌握地面构造详图的绘制方法
- ☑ 掌握墙面构造详图的绘制方法

效果预览

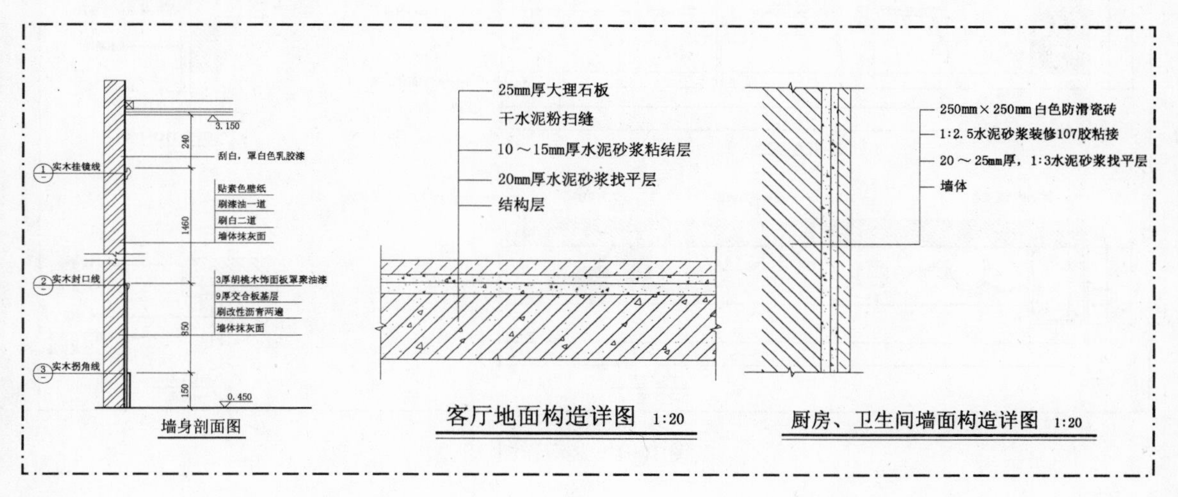

墙身剖面图

客厅地面构造详图　1:20

厨房、卫生间墙面构造详图　1:20

10.1 室内装潢构造详图的概述

构造详图也被称为构造大样图，是用以表达室内装修做法中材料的规格及各材料之间搭接组合关系的详细图案，是施工图中不可缺少的部分。构造详图的难度不在于如何绘制，而在于如何设计构造做法，它需要设计人员深入了解材料特性、制作工艺、装修施工，是跟实际操作结合得非常紧密的环节。

10.1.1 装潢详图的形成、表达与分类

在前面所绘制的立面图中，由于受到图幅和比例的限制，无法完全表达细部的精确，因此设计师要根据设计意图另行作出比例较大的图样，来详细表明细部的式样、用料、尺寸和做法，这些图样即为装潢详图，如图 10-1所示。

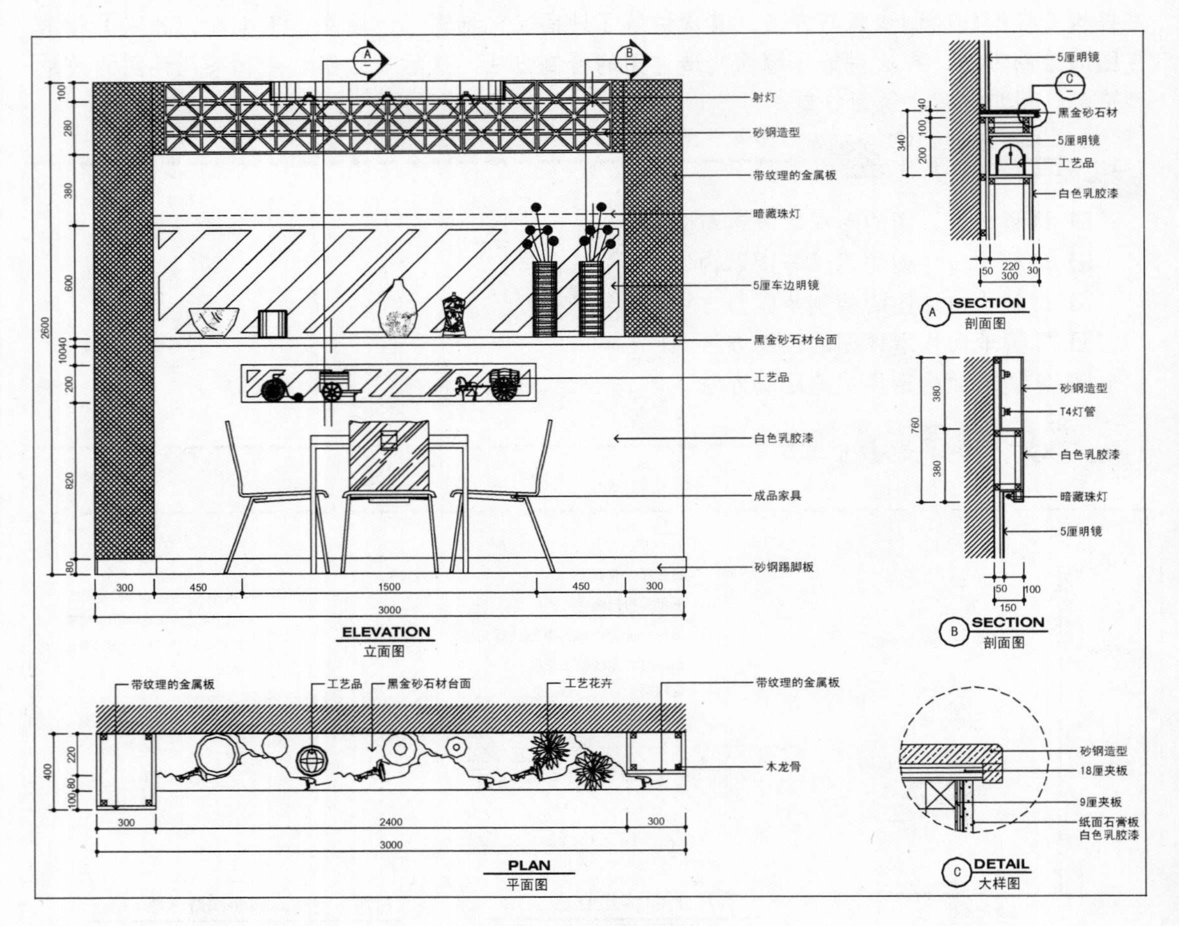

图 10-1 装潢详图

装潢详图按照其部位可分为如图 10-2 所示的几种。

装潢详图的分类

墙（柱）面装饰剖面图
主要用于表达室内立面的构造，着重反映墙（柱）面在分层做法、选材、色彩上的要求

吊顶详图
主要用于反映吊顶构造，做法的剖面图或断面图

楼地面详图
反映地面的艺术造型及细部做法等内容

家具详图
主要指需要现场制作。加工、油漆的固定式家具，如衣柜、书柜、储藏柜等。有时也包括可移动家具如床、书桌、展示台等

装饰门窗及门窗套详图
门窗是装饰工程中的主要施工内容之一，其形式多种多样，在室内起着分割空间、烘托装饰效果的作用，它的样式、选材和工艺做法在装饰图中有特殊的地位，其图样有门窗及门窗套立面图，剖面图和节点详图

装饰造型详图
独立的或依附于墙柱的装饰造型，表现装饰的艺术氛围和情趣的构造体，如影视墙、花台。屏风、壁龛、栏杆造型等的平、立、剖面图及线角详图

小品及饰物详图
小品及饰物详图包括雕塑、水景、指示牌、织物等的制作图

图 10-2　装潢详图的分类

10.1.2　装潢详图的识读

室内装潢空间通常由 3 个基面构成：吊顶、墙面和地面。这 3 个基面经过装饰设计师的精心设计，再配以风格协调的家具、绿化与陈设等，可营造出特定的气氛和效果。这些气氛和效果的营造必须通过细部做法及相应的施工工艺才能实现，而实现这些内容的重要技术文件就是装潢详图。

1．墙（柱）面装饰剖面图的识读

墙（柱）面装饰剖面图是用于表示装饰墙（柱）面从本层楼（地）面到本层吊顶的竖向构造、尺寸与做法的施工图样。它是假想用竖向剖切平面，沿着需要表达的墙（柱）面进行剖切，移去介于剖切平面和观察者之间的墙（柱）体，对剩下部分所作的竖向剖面图。它反映墙（柱）面造型沿竖向的变化、材料选用、工艺要求、色彩设计、尺寸标高等，通常选用 1∶10、1∶15、1∶20 等比例绘制，如图 10-3 所示。

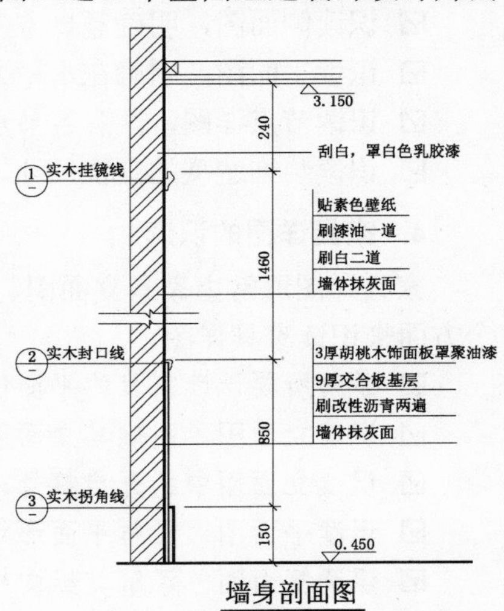

图 10-3　某别墅餐厅的墙身剖面图

2．吊顶详图的识读

图 10-4 为某别墅一层餐厅吊顶详图，它反映的是轻钢龙骨纸面石膏板吊顶做法的断面图。其中吊杆为翎钢筋，其下端有螺纹，用螺母固定大龙骨垂直吊挂件，垂直用挂件钩住高度 50mm 的大龙骨，再用中龙骨垂直吊挂件钩住中龙骨（高度 19mm），在中龙骨底面固定 9.5mm 厚纸面石膏板，然后在板面批腻刮白、罩白色乳胶漆。图中有荧光灯槽做法，灯的右侧为石膏顶角线白色乳胶漆饰面，用本螺钉固定在三角形木龙骨上，三角形木龙骨又固定在左侧的本龙骨架上，荧光灯左侧有灯槽板做法，灯槽板为本龙骨架、纸面石膏板。吊顶用木质材料时应进行防火处理，如涂刷防火涂料等。

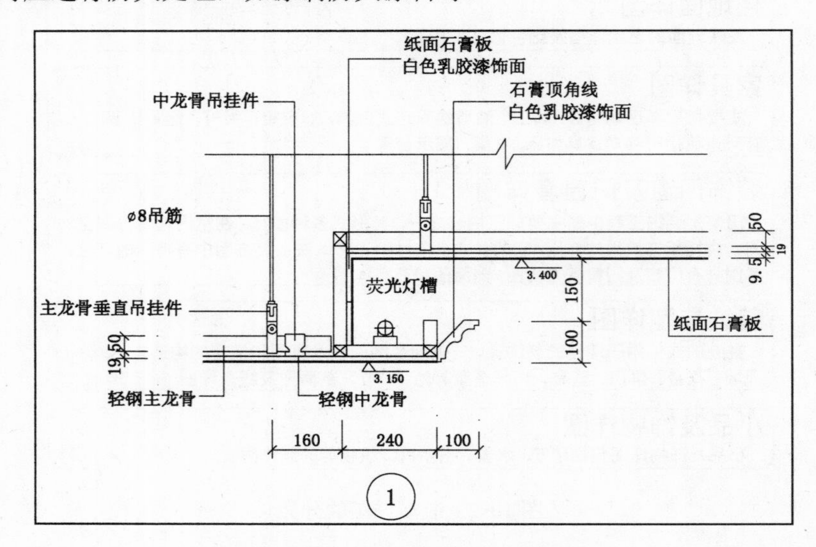

图 10-4　某别墅餐厅的吊顶详图

3．装饰造型详图的识读

☑ 识读正立面图，明确装饰形式、用料、尺寸等内容。
☑ 识读侧面图，明确竖直方向的装饰构造、做法、尺寸等内容。
☑ 识读平面图，明确在水平方向的凹凸变化、尺寸及材料用法。
☑ 识读节点详图，注意各节点做法、线角形式及尺寸，掌握细部构造内容。
☑ 识读装饰造型的定位尺寸。

4．家具详图的识读

家具详图通常由家具立面图、平面图、剖面图和节点详图等组成。施工人员应从以下几个方面来识读家具详图。

☑ 了解所要识读家具的平面位置和形状。
☑ 识读立面图，明确其立面形式和饰面材料。
☑ 识读立面图中的开启符号、尺寸和索引符号（或剖、断面符号）。
☑ 识读平面图，了解平面形状和结构，明确其尺寸和构造做法。
☑ 识读侧面图，了解其纵向构造、做法和尺寸。
☑ 识读家具节点详图。

专业点滴

家具是室内环境设计中不可或缺的组成部分，它具有使用、观赏和分割空间关系的功能，有着特定的空间含义。它们与其他装饰形体共同体现室内装潢的风格、表达出特有的艺术效果并提供相应的使用功能，而这些都需要通过设计加以反映。家具的设计制作图也是装潢工程施工图的组成部分。

5．装饰门窗及门窗套详图的识读

门窗是装潢工程的重要内容之一。门窗既要符合使用要求又要符合美观要求，同时还需满足防火、疏散等特殊要求，这些内容在装饰施工图中均应有所反映。装饰门窗及门窗套详图的识读方法如下：

☑ 识读门的立面图，明确立面造型、饰面材料及尺寸等。

☑ 识读门的平面图。

☑ 识读节点详图。

6．楼地面详图的识读

楼地面在装饰空间中是一个重要的基面，要求其表面平整、美观，并且强度和耐磨性要好，同时兼顾室内保温、隔窗等要求，做法、选材、样式非常多。

楼地面详图一般由局部平面图和断面图组成。

1）局部平面图。如图 10-5 所示中①详图是一层客厅地面中间的拼花设计图，属局部平面图。该图标注了图案的尺寸、角度，用图例表示了各种石材，并标注了石材的名称。图案大圆直径为 3.00m，图案由 4 个同心圆和钻石图形组成。

2）断面图。图 10-5 中的右图表示该拼花设计图所在地面的分层构造，图中采用分层构造引出线的形式标注了地面每一层的材料、厚度及做法等，是地面施工的主要依据。图中楼板结构边线采用粗实线、其他各层采用中实线表示。

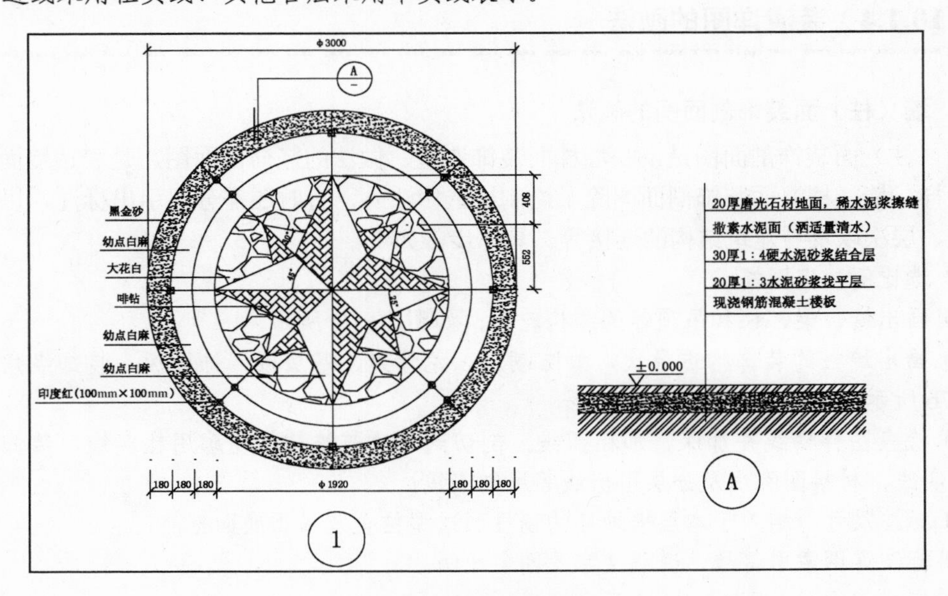

图 10-5 楼地面详图

10.1.3 装潢详图的图示内容

当装潢详图所反映的形体和面积较大且造型变化较多时，设计师通常需要先画出平、立、剖面图来反映装饰造型的基本内容。如准确的外部形状、凸凹变化、与结构体的连接方式，标高、尺寸等。选用比例一般为 1∶10～1∶50，有条件时平、立、剖面图应画在一张图纸上。当该形体按上述比例画出的图样不够清晰时，需要选择 1∶1～1∶10 的大比例绘制。当装饰详围较简单时，可只画其平面图、断面图（如地面装饰详图）即可。其装潢详图图示内容如图 10-6 所示。

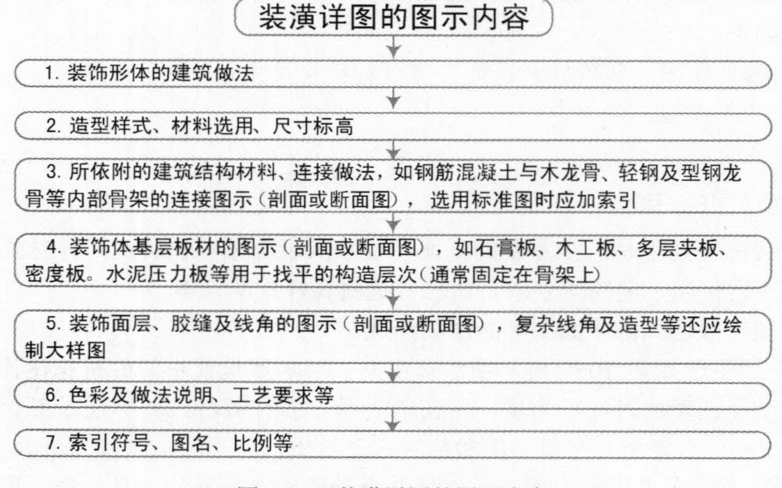

图 10-6 装潢详图的图示内容

10.1.4 装潢详图的画法

1. 墙（柱）面装饰剖面图的画法

墙（柱）面装饰剖面图是反映墙柱面装饰造型、做法的竖向剖面图，是表达墙面做法的重要图样。墙（柱）面装饰剖面图除了绘制构造做法外，有时还需分层引出标注，以明确工艺做法、层次以及与建筑结构的连接等。具体步骤如下。

1）选比例、定图幅。

2）画出墙、梁、柱和吊顶等的结构轮廓，如图 10-7a 所示。

3）画出墙柱的装饰构造层次，如防潮层、龙骨架、基层板、饰面板、装饰线角等，如图 10-7b 所示。

4）检查图样稿线并加深、加粗图线。剖切到的建筑结构体轮廓用粗实线，装饰构造层次用中实线，材料图例线及分层引出线等用细实线。

5）标注尺寸、相对于本层楼地面的墙柱面造型位置及吊顶底面标高。

6）标注详图索引符号、说明文字及图名比例。

7）完成作图，如图 10-7c 所示。

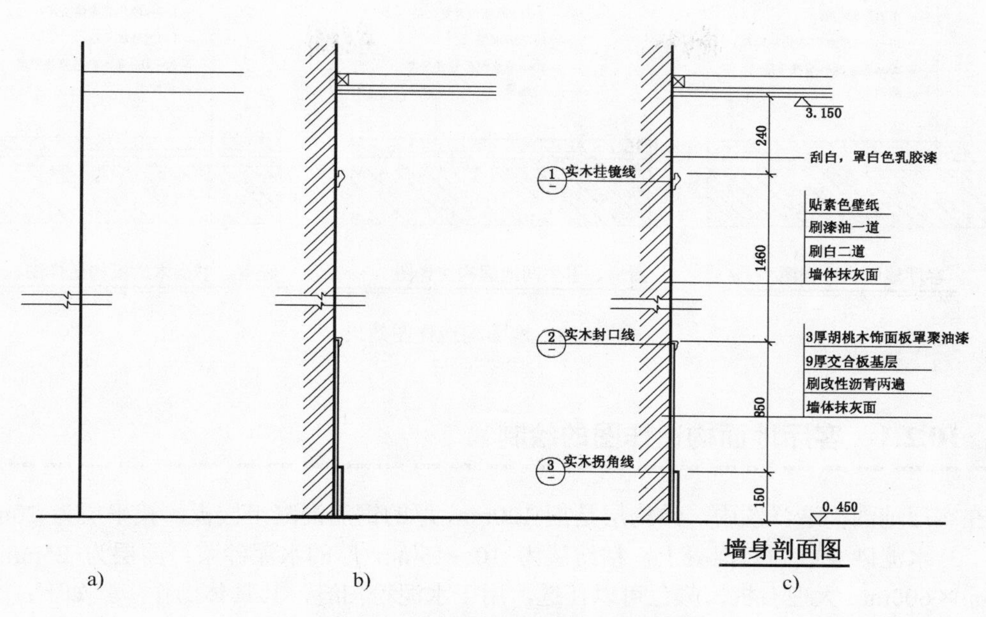

图 10-7 墙（柱）面装饰剖面图的画法

2．装潢详图（以门为例）的画法

具体操作步骤如下：

1）选比例、定图幅。

2）画墙（柱）的结构轮廓。

3）画出门套、门扇等装饰形体轮廓。

4）详细画出各部位的构造层次及材料图例。

5）检查并加深、加粗图线。剖切到的结构体画粗实线，各装饰构造层用中实线，其他内容如图例、符号和可见线均为细实线。

6）标注尺寸、做法及工艺说明。

7）完成作图。

10.2 地面构造详图的绘制

案例\10\地面构造详图的绘制.avi
案例\10\地面构造详图.dwg

对地面构造的命名和分类多种多样。目前常见的地面构造形式有粉刷类地面、铺贴类地面、木地面及地毯。粉刷类地面包括水泥地面、水磨石地面和涂料地面等；铺贴类地面内容繁多，常见的有天然石材地面、人工石材地面及各种面砖及塑料地面板材等。本实例所涉及的地面主要是铺贴类地面和木地面，其绘制的效果如图 10-8 所示。

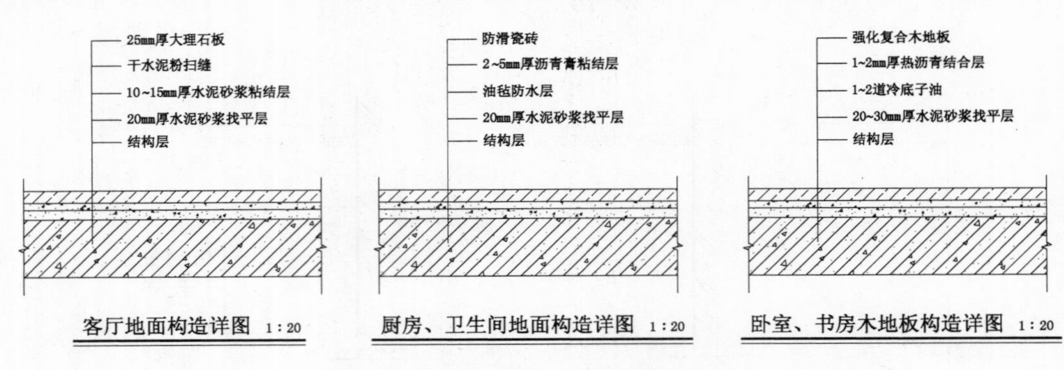

图 10-8　地面构造详图效果

10.2.1　客厅地面构造详图的绘制

在客厅地面构造详图中，结构层是指 120mm 厚的钢筋混凝土楼板，找平层为 20mm 厚的 1∶3 水泥砂浆或细石混凝土，粘结层为 10～15mm 厚的水泥砂浆；面层为 25mm 厚的 600mm×600mm 大理石板，颜色可以任选，用干水泥粉扫缝，其具体操作步骤如下：

1）启动 AutoCAD 2014 软件，并新建“案例\10\地面构造详图.dwg”图形文件。

2）使用“图层”命令（LA），新建“详图”和“填充图案”图层，并将“详图”图层置为当前图层，如图 10-9 所示。

状.	名称	开	冻结	锁..	颜色	线型	线宽	透明度
	0				白	Contin...	—— 默认	0
	填充图案				蓝	Contin...	—— 默认	0
	详图				白	Contin...	—— 默认	0

图 10-9　新建的图层

3）使用“直线”命令（L），绘制一条长度为 500mm 的水平直线，再使用“偏移”命令（O），将其水平线段向上偏移 120mm、20mm、15mm、25mm，完成各层的轮廓线，如图 10-10 所示。

4）使用“直线”或“多段线”命令绘制两端的剖切线，如图 10-11 所示。

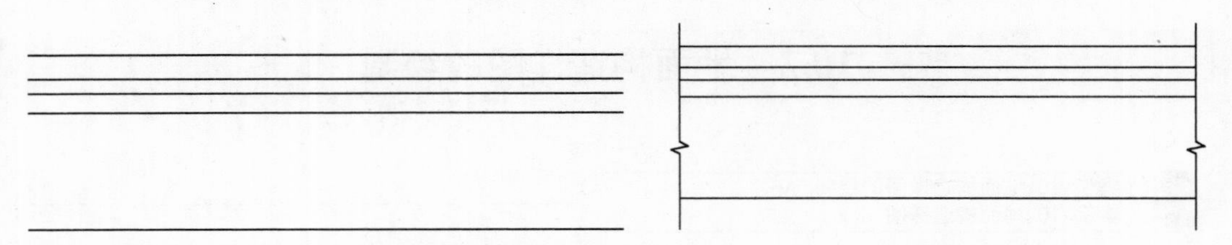

图 10-10　绘制的各层轮廓线　　　　图 10-11　绘制的剖切线

5）将“填充图案”图层置为当前图层，使用“图案填充”命令（BH）将各层的材料图例填充到相应的结构层内，如图 10-12 所示。

6）由于该详图的比例为 1∶20，用户应使用“缩放”命令（SC）将绘制的图样整体放大为原来的 20 倍。

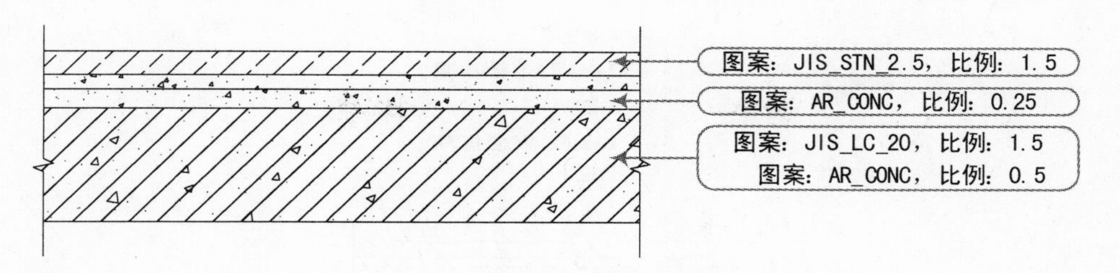

图 10-12 填充的图案效果

7）新建“文字”图层，并将其置为当前图层，使用“文字”和“直线”命令标注出文字说明，如图 10-13 所示。

8）同样，使用“文字”和“多段线”命令对详图进行图名和比例标注，如图 10-14 所示。

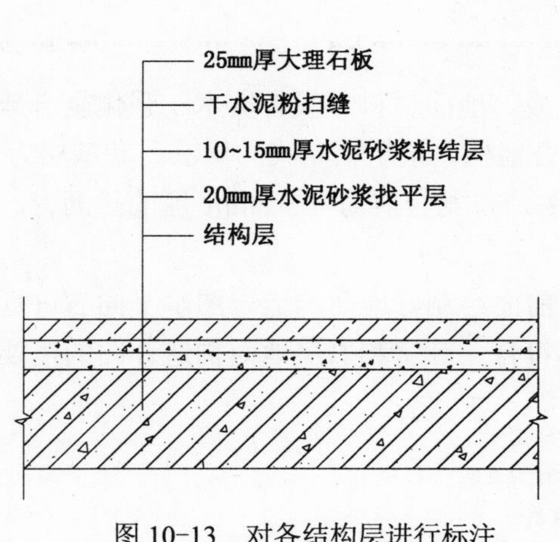

图 10-13 对各结构层进行标注

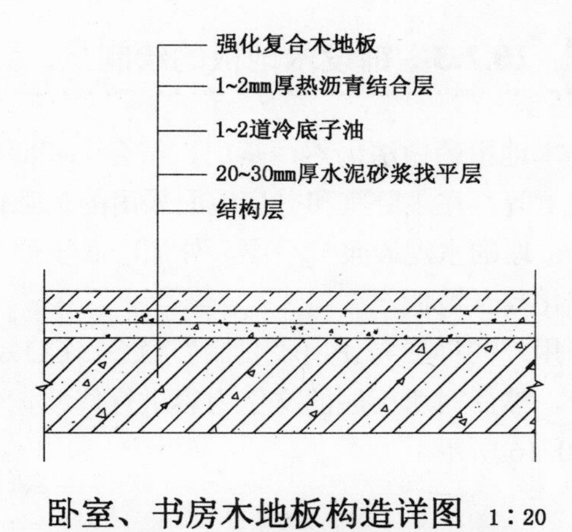

图 10-14 进行图名标注

由于本实例具体涉及的铺贴材料是大理石（客厅、过道）和防滑地砖（厨房、卫生间、阳台和储藏室），它们的基本构造层次是相同的，即由下至上依次为结构层、找平层、粘结层和面层。但是由于厨房、卫生间长期与水接触，因此应在找平层和粘结层之间增加一个防水层，避免地面出现渗漏现象。

10.2.2 厨房、卫生间地面构造详图的绘制

在厨房和卫生间的地面构造详图中，结构层是指 120mm 厚的钢筋混凝土楼板，找平层为 20mm 厚的 1∶3 水泥砂浆或细石混凝土，防水层为油毡防水层，粘结层为 2～5mm 厚的沥青膏粘结层，面层为 25mm 厚的 250mm×250mm 的防滑瓷砖。

用户应先使用“复制”命令（CO），将前面绘制好的客厅地面构造详图水平向右进行复制一份，然后对所标注的文字内容进行修改，使其符合厨房、卫生间地面构造详图的需要，如图 10-15 所示。

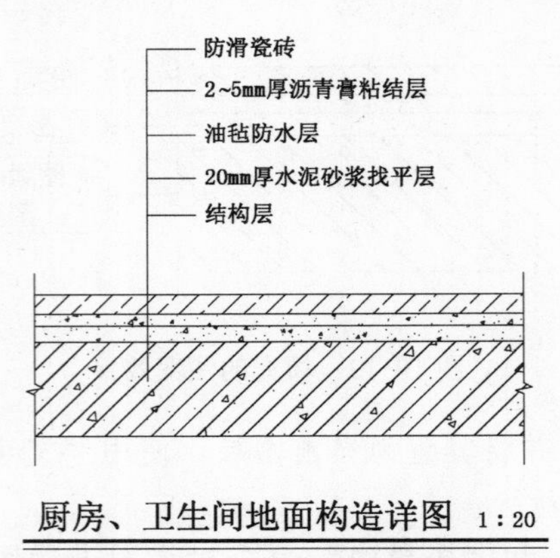

图 10-15 厨房、卫生间地面构造详图

10.2.3 铺设木地板的绘制

木地板的做法仍然由基层、结合层和面层组成。地面材料一般有实木、强化复合地板以及软木等。在主卧室和书房地面采用的是强化复合地板，采用粘贴式的做法。其基层为 20～30mm 厚的水泥砂浆找平层，外加冷底子油 1～2 道，结合层为 1～2mm 厚的热沥青，面层为强化复合地板。

用户同样应先使用“复制”命令（CO），将前面绘制好地面构造详图水平向右进行复制一份，然后对所标注的文字内容进行修改，使其符合主卧室和书房地面构造详图的需要，如图 10-16 所示。

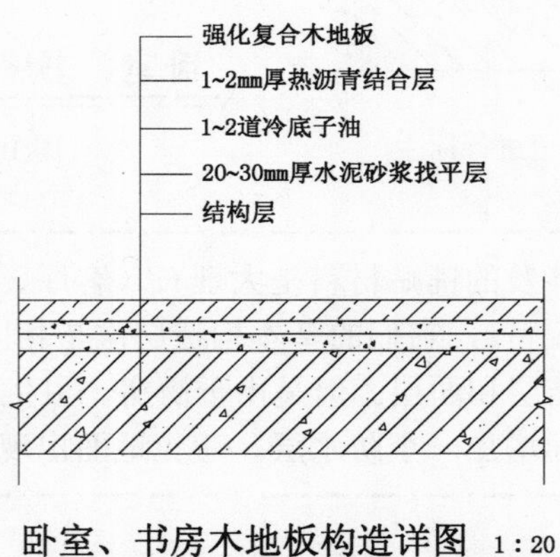

图 10-16 卧室、书房木地板构造详图

10.3 墙面构造详图的绘制

案例\10\墙面构造详图的绘制.avi
案例\10\墙面构造详图.dwg

在本实例中将介绍厨房、卫生间墙面的做法。厨房、卫生间墙面贴 250mm×250mm 的

防水瓷砖，它表面光滑、易擦洗、吸水率低，属于铺贴式墙面。具体做法是：首先用 1∶3 水泥砂浆打底并刮毛，其次用 1∶2.5 水泥砂浆掺 107 胶将面砖表面刮满，贴于墙上，轻轻敲实平整。

墙面构造详图的绘制方法与地面构造详图的绘制方法大致相同，具体操作步骤如下。

1）将前面绘制的地面构造详图调出，并将其另存为新的图形文件“案例\10\墙面构造详图.dwg”。

2）使用“删除”命令将多余的构造详图删除，只保留其中的一个构造详图即可。

3）使用“旋转”命令（RO）将其保留下来的地面详图旋转 90°（文字及图名标注对象不作旋转）。

4）使用“修剪”“移动”等编辑命令对其图形作相应的修改即可，如图 10-17 所示。

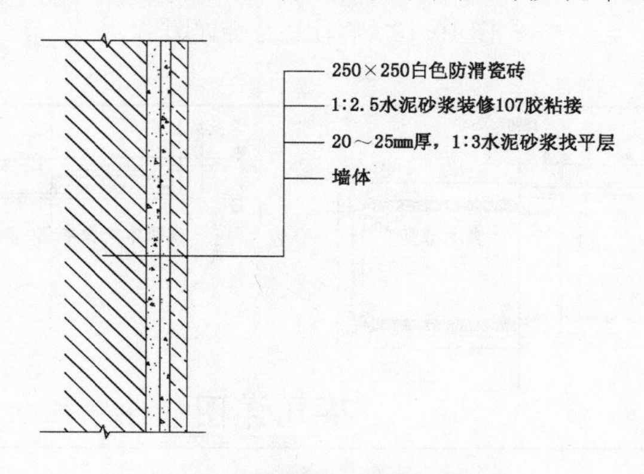

厨房、卫生间墙面构造详图 1:20

图 10-17 厨房、卫生间墙面构造详图

专业点滴

墙面是建筑的围护部分，有承重结构墙和非承重填充墙两种类型。隔墙与隔断，属墙面的组成部分。墙面是建筑设计用来限定和划分空间的主要手段和设施，也是装修设计与施工中所占面积比例较大的部分。目前，墙面表面装修的种类多样，包括粉刷类墙面、石材墙面、木质墙面、陶瓷墙面、玻璃墙面、皮革与织锦墙面、壁纸墙面等。

10.4 实战总结与案例拓展

本章首先讲解了室内装潢构造详图的绘制要点，包括构造详图的形成与分类、详图的识读、详图的内容和详图的画法；其次在“软件技能”部分中讲解了地面构造详图的装修方法与绘制方法；最后讲解了墙面构造详图的装修方法与绘制方法。

通过前面专业知识与实际案例的讲解与绘制方法，下面通过另外一个案例让用户自行设计并绘制客厅铝合金详图和茶几详图，如图 10-18 和图 10-19 所示。

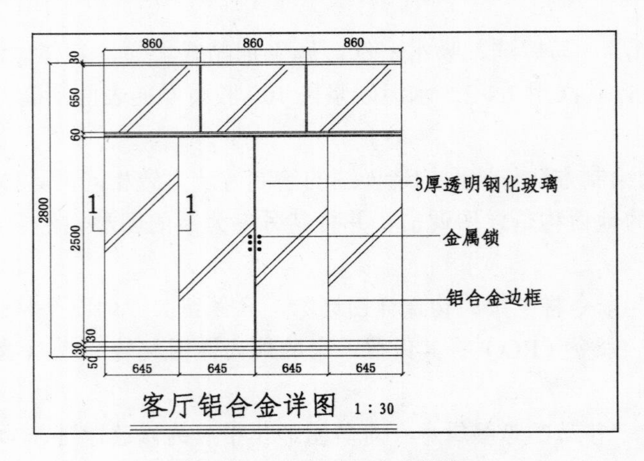

图 10-18 客厅铝合金详图

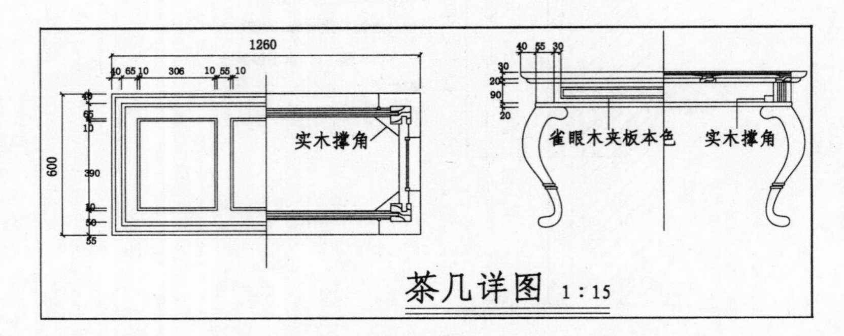

图 10-19 茶几详图

操作提示

用户可打开"案例\10\拓展-铝合金与茶几构造详图.dwg"文件进行参照设计。

第 11 章　室内装潢水电施工图的绘制

本章导读

一套完整的室内装潢施工图，除了前面所讲解的建筑平面图、平面布置图、天花布置图、各立面图、剖面图、构造详图之外，还应包括相应的水电施工图，如给水施工图、排水施工图、开关插座布置图、电气管线布置图等。

本章首先针对住宅室内给水施工图来进行详细的绘制，并按照同样的方法来绘制其排水施工图；其次针对住宅室内的开关插座布置图进行详细的绘制，并绘制其室内电气（强电、弱电）管线布置图；最后给出另一套室内施工图效果，以引导用户自行练习。

主要内容

- ☑ 住宅室内给水施工图的绘制
- ☑ 住宅室内排水施工图的绘制
- ☑ 住宅室内开关插座布置图的绘制
- ☑ 住宅室内电气管线布置图的绘制

效果预览

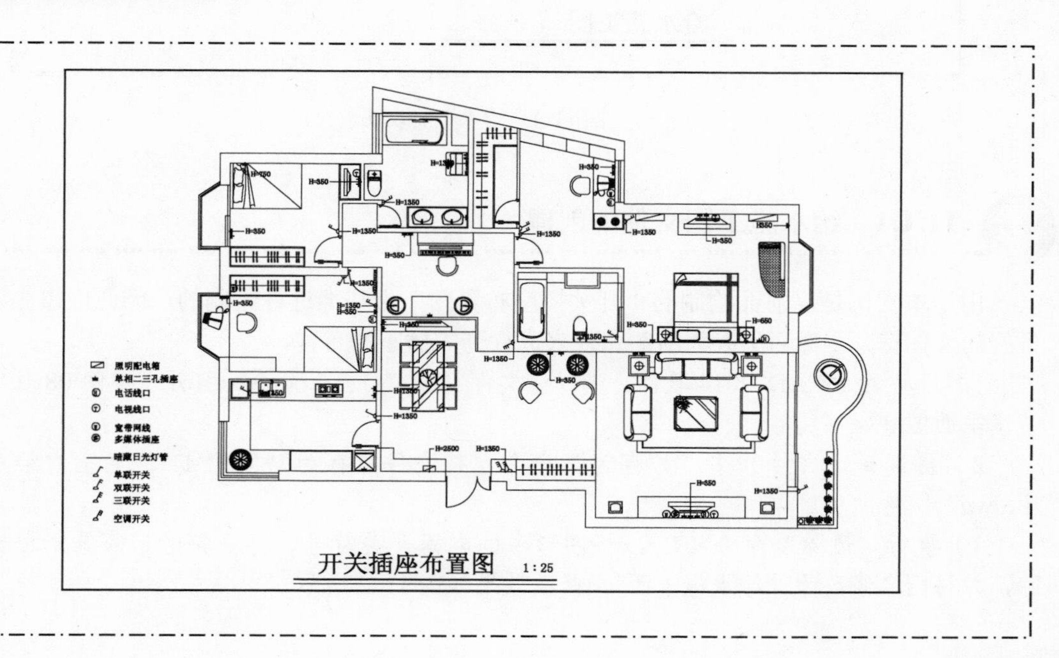

开关插座布置图　1:25

11.1 住宅室内给水施工图的绘制

视频\11\住宅室内给水施工图的绘制.avi
案例\11\住宅室内给水施工图.dwg

在进行住宅室内给水施工图的绘制时，设计师应先将前面绘制好的开关插座布置图打开，并将其另存为给水施工图文件，将多余的图形进行删除，再布置立水管及出水点、给水管线，最后进行相应的文字标注，其布置效果如图 11-1 所示。

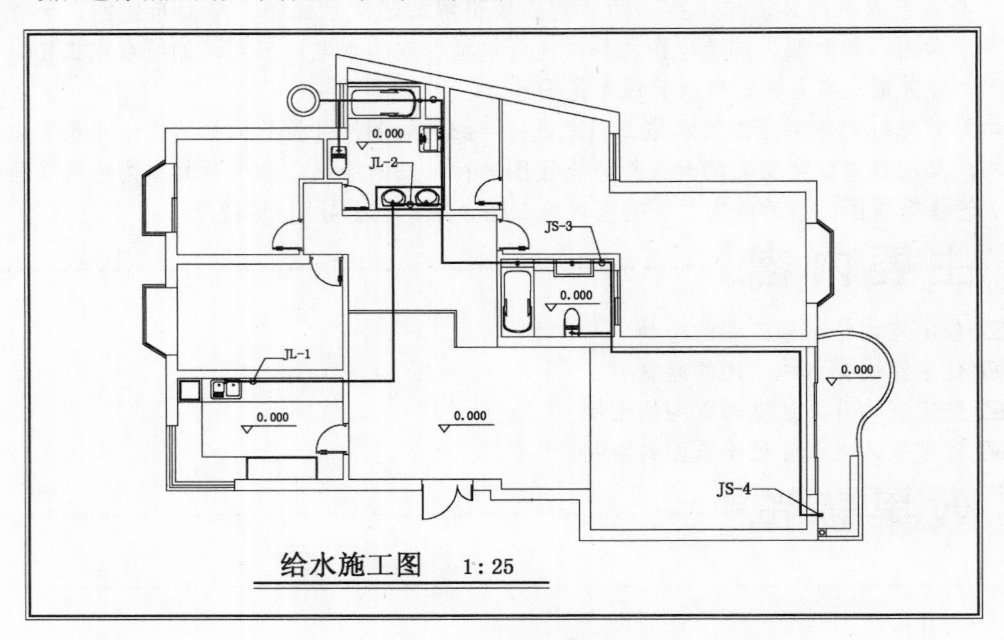

图 11-1 给水平面效果

11.1.1 给水施工图文件的创建

由于本实例是以前面绘制的“开关插座布置图”为基准进行绘制的，因此应事先将其准备好的文件打开，然后另存为新的文件来进行开关插座的布置。

1）启动 AutoCAD 2014 软件，选择“文件” | “打开”命令，打开“案例\08\住宅建筑装潢平面图.dwg”文件。

2）再选择“文件” | “另存为”命令，将文件另存为“案例\11\住宅室内给水施工图.dwg”文件。

3）执行“删除”命令（E），将图形中的电器开关符号、标高符号、家具对象进行删除，并将图名修改为“给水施工图”，修改效果如图 11-2 所示。

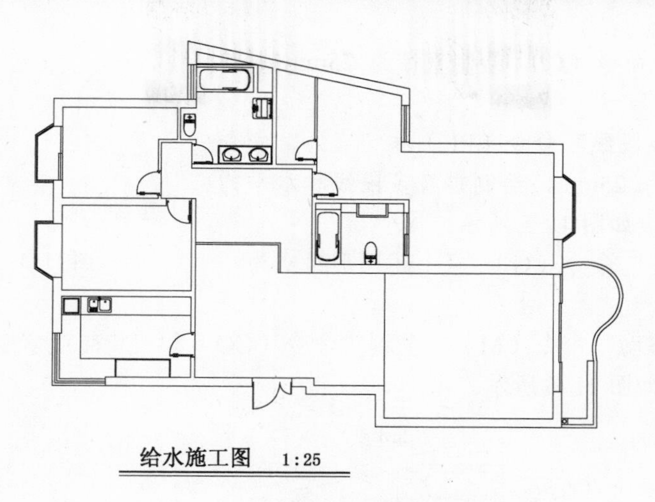

图 11-2　修改效果

11.1.2　布置用水设施

前面已经设置好了绘图环境，接下来为平面图内的相应位置布置相关的用水设备。

1）执行“图层特性管理”命令（LA），在打开的“图层特性管理器”面板中，新建“给水管线”和“给水设备”图层，并将“给水设备”图层置为当前图层，如图 11-3 所示。

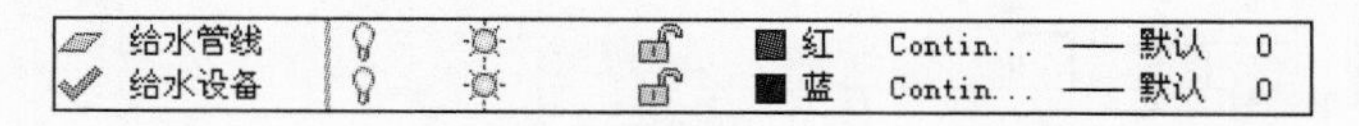

状态	名称	开	冻结	锁定	颜色	线型	线宽	透明度
	给水管线				红	Contin...	—— 默认	0
✓	给水设备				蓝	Contin...	—— 默认	0

图 11-3　新建的图层

2）执行“圆”命令（C），绘制直径为 150mm 的圆作为给水立管；通过执行“复制”命令（CO），将给水立管复制到相应位置，如图 11-4 所示。

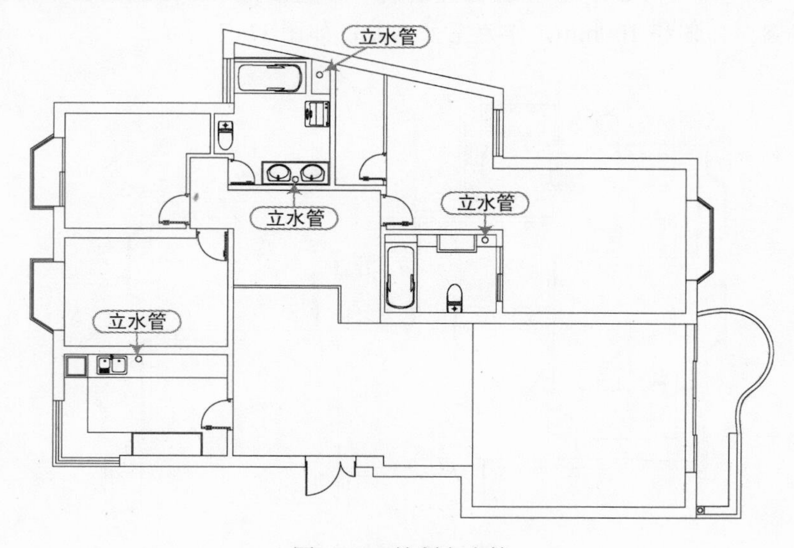

图 11-4　绘制立水管

3）执行“圆”命令（C），绘制直径为 75mm 的圆作为出水点。

4）再执行“多段线”命令（PL）和“直线”命令（L），设置其宽度为 25mm，绘制垂直多段线和水平的直线，作为水龙头，如图 11-5 所示。

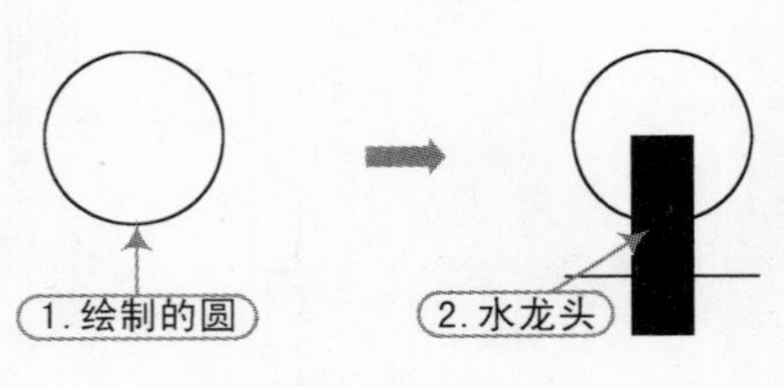

图 11-5　绘制出水点

5）执行“编组”命令（G），将上述图形组成为一个对象。

6）再执行“移动”命令（M）、“复制”命令（CO）和“旋转”命令（RO），将出水点放置到相应位置，如图 11-6 所示。

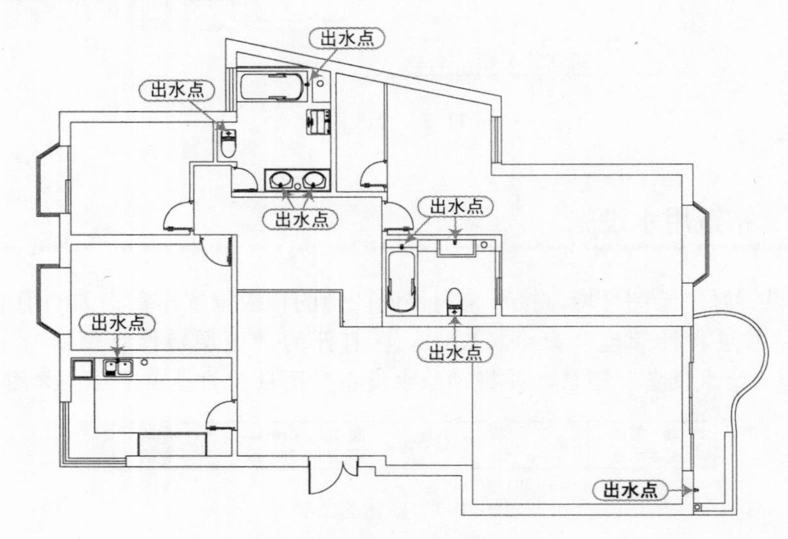

图 11-6　绘制出水点

7）执行“圆”命令（C），在相应位置绘制一个直径为 800mm 的圆；再执行“偏移”命令（O），将圆向内偏移 100mm，作为室外水井，如图 11-7 所示。

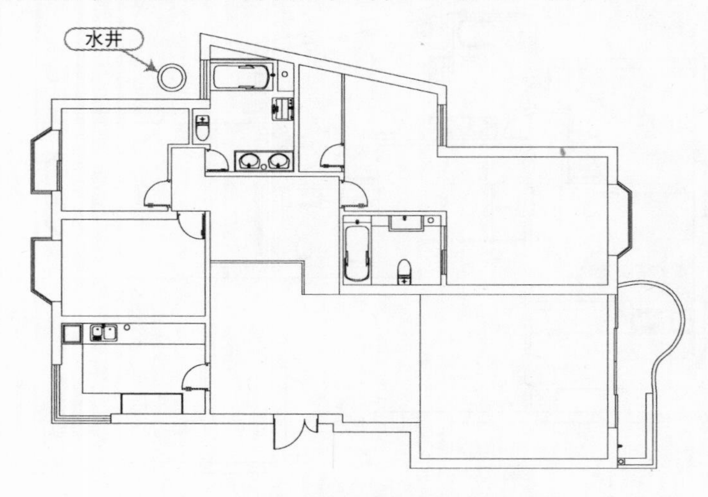

图 11-7　绘制水井

11.1.3 绘制给水管线

前面已经布置好了相关的用水设备，接下来绘制相应位置的给水管线，然后将给水管线与相关的用水设备连接起来。

1）将“给水”管线图层置为当前层，执行“多段线”命令（PL），设置宽度为 30mm，从室外水井引出，连接至右侧卫生间各管道及用水设备给水点的一条管线，如图 11-8 所示。

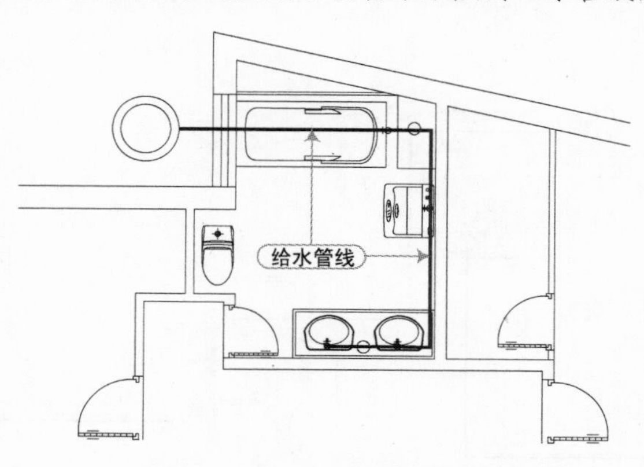

图 11-8 绘制的一条给水管线

2）继续执行“多段线”命令（PL），使用相同的方法，在图中绘制出其他位置的给水管线，如图 11-9 所示。

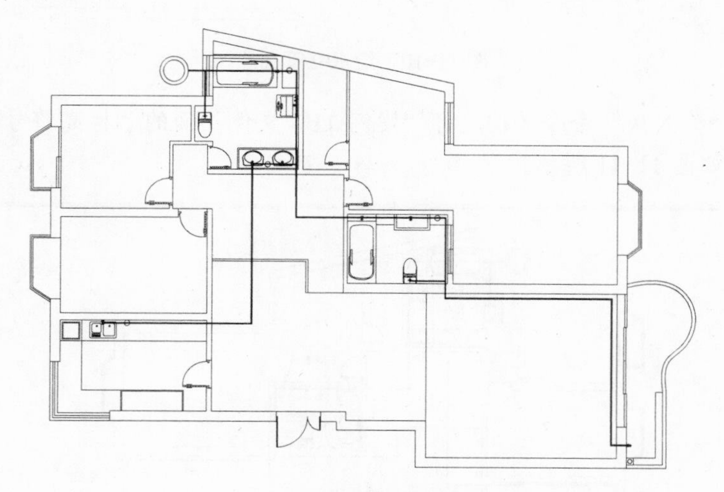

图 11-9 绘制给水管线

操作提示

确定线宽的方法有很多种，管道的宽度也可以在设定图层性质时来定，这时管线用“Continus”线型绘制，给水管用 0.25mm 的线宽，排水管用 0.30mm 的线宽，用“点”表示用水点，但是对于初学者来说，在绘制步骤中对线宽的具体尺寸可能把握不好，所以在这时候根据实际效果输入线宽可能比较直观。

11.1.4 给水施工图的标注

前面绘制好了给水管线及给水设备，下面为给水平面图内的相关内容进行文字标注，其中包括给水立管名称标注、给水管管径标注以及标注各层标高。

1）执行“多行文字”命令（MT），设置字体为宋体，文字大小为 250，对平面图中的给水立管进行名称标注，标注名称分别为“JL-1”“JL-2”“JL-3”“JL-4”，如图 11-10 所示。

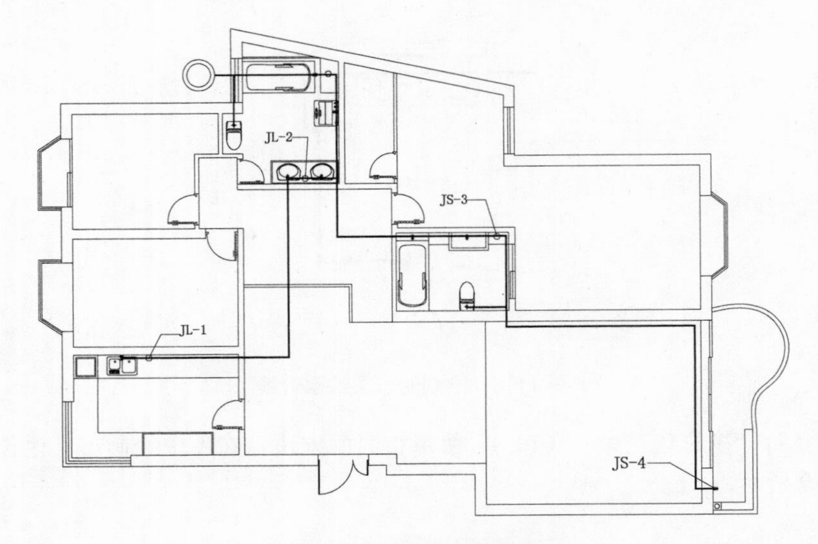

图 11-10 给水立管标注

2）再执行“插入块”命令（I），将“案例\11”文件下面的“标高符号”插入并复制到图形相应位置，如图 11-11 所示。

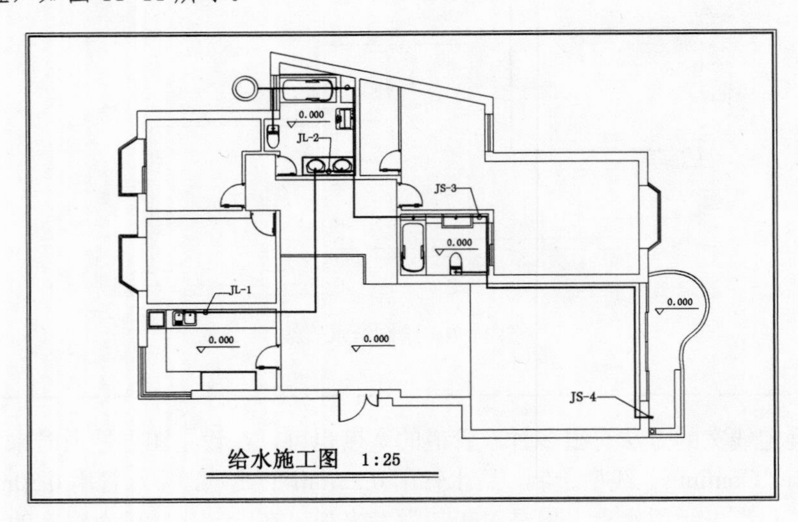

图 11-11 标高效果

给水布置图的标注

在进行给水排水布置图的标注说明时，设计师应按照以下方式来操作。

1）文字标注及相关必要的说明。建筑给排水工程图，一般采用图形符号与文字标注符号相结合的方法，文字标注包括相关尺寸、线路的文字标注以及相关的文字特别说明等，都应该按相关标准要求，做到文字表达规范、清晰明了。

2）管径标注。给排水管道的管径尺寸以毫米（mm）为单位。

3）管道编号。

① 当建筑物的给水引入管或排水排出管的根数大于 1 根时，通常用汉语拼音的首字母和数字对管道进行标号。

② 对于给水立管及排水立管（即穿过一层或多层的竖向给水或排水管道），当其根数大于 1 根时，也应采用汉语拼音首字母及阿拉伯数字对其进行编号，如"JL-2"表示 2 号给水立管，"J"表示给水；"PL-2"表示 2 号排水立管，"P"表示排水。

4）标高。对于建筑平面图来说，在同一标准层上可以同时表示出各个层的标高，这样更加直观。

5）尺寸标注。建筑的尺寸标注共 3 道，第一道是细部标注，主要是门窗洞的标注，第二道是轴网标注，第三道是建筑长宽标注。

11.2 住宅室内排水施工图的绘制

视频\11\住宅室内排水施工图的绘制.avi
案例\11\住宅室内排水施工图.dwg

在进行室内排水施工图的绘制时，设计师应先将前面绘制好的给水施工图打开，将其另存为给水施工图文件，将多余的图形进行删除，再布置排水管及排水管线，最后进行相应的文字标注，其布置效果如图 11-12 所示。

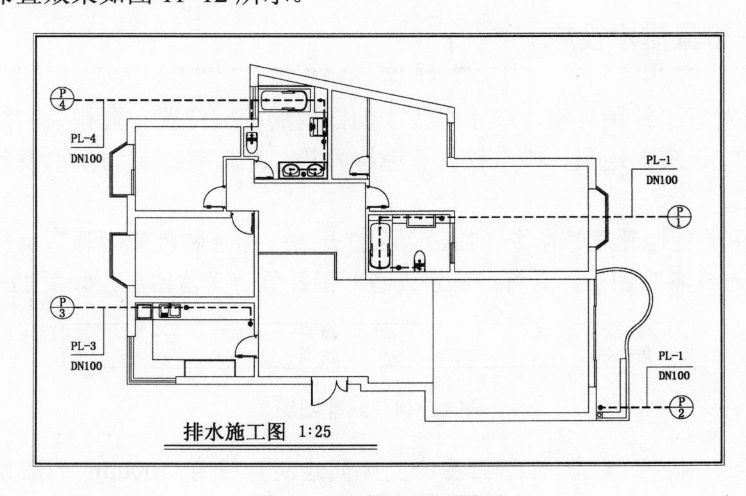

图 11-12 排水平面效果

11.2.1 排水施工图文件的创建

由于本实例是以前面绘制的“给水施工图”为基础进行绘制的，因此设计师应事先将其准备好的文件打开，然后将其另存为新的文件，以进行开关插座的布置。

1）启动 AutoCAD 2014 软件，选择“文件” | “打开”命令，打开“案例\11\住宅室内给水施工图.dwg”文件。

2）再选择“文件” | “另存为”命令，将该文件另存为“案例\11\住宅室内排水施工图.dwg”文件。

3）执行“删除”命令（E），将图形中的给水设备、给水管线、文字、标高标注对象删除掉，并将图名修改为“排水施工图”，修改效果如图 11-13 所示。

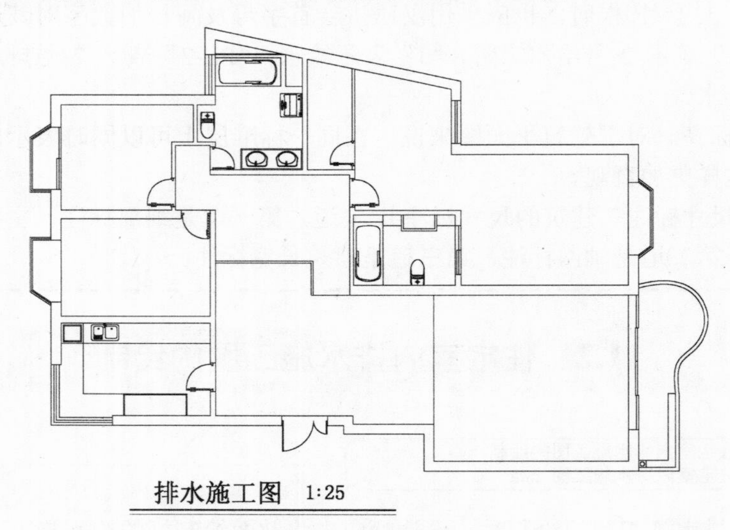

图 11-13 修改效果

11.2.2 布置排水设施

前面已经设置好了绘图环境，接下来为平面图内的相应位置布置相关的排水设备，其中包括绘制排水立管、圆形地漏、排水栓、管道标号等，然后将绘制的排水设备布置到平面图中相应的位置处。

1）执行“图层特性管理”命令（LA），在打开的“图层特性管理器”面板中，新建“排水管线”和“排水设备”图层，且将“给水设备”图层置为当前图层，如图 11-14 所示。

排水管线				红	DASHED	—— 默认	0
✓ 排水设备				蓝	Contin...	—— 默认	0

图 11-14 新建图层

2）执行“圆”命令（C），在平面图的卫生间绘制直径为 100mm 的圆作为排水立管；再执行“复制”命令（CO），将其复制到相应位置，如图 11-15 所示。

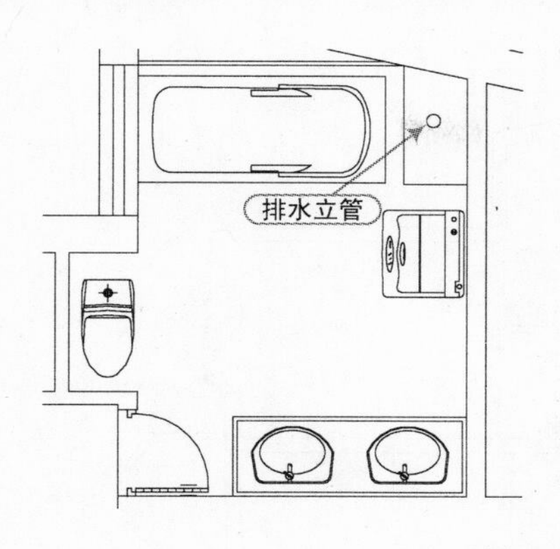

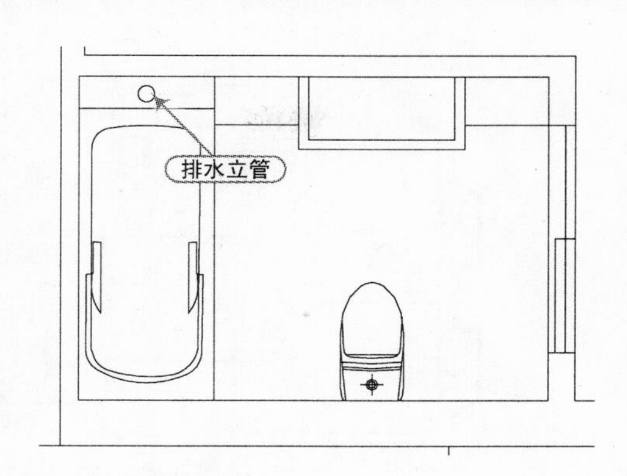

图 11-15　绘制排水立管

3）执行“圆”命令（C），绘制直径为 75mm 的圆作为排水口；再执行“复制”命令（CO），将其复制到洁具的各个出水口处，如图 11-16 所示。

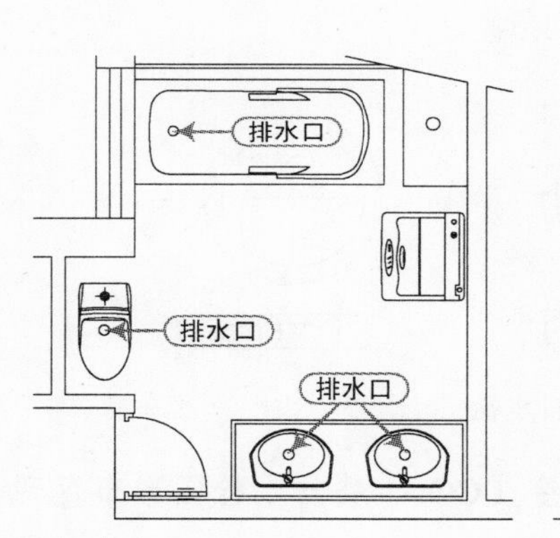

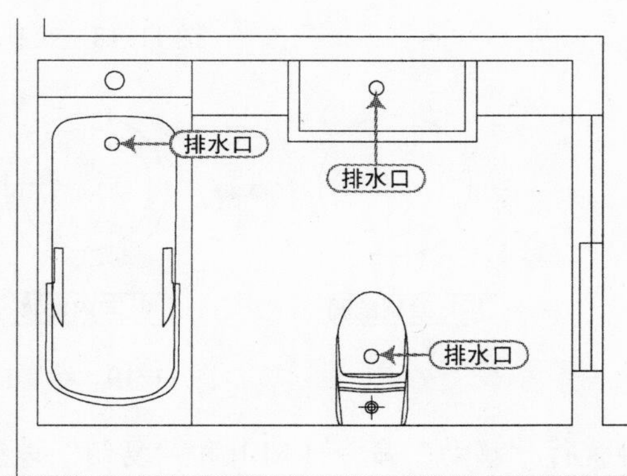

图 11-16　绘制排水口

4）执行“圆”命令（C），绘制半径为 75mm 的圆；再执行“图案填充”命令（H），选择样例为“ANSI31”，比例为 5，对圆进行填充，完成地漏的绘制，如图 11-17 所示。

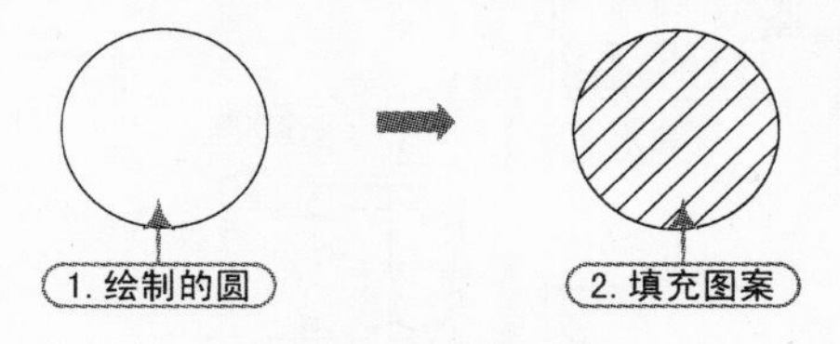

图 11-17　绘制地漏

5）再执行“移动”命令（M）和“复制”命令（CO），将地漏布置到需要安装排水设备的相应位置，如图 11-18 所示。

6）同样，执行“圆”命令（C），绘制半径为 75mm 的圆；再执行“偏移”命令（O），将圆向内偏移 15mm；最后执行“直线”命令（L），捕捉内部圆象限点，绘制两条相垂直的线段，完成排水栓的绘制，如图 11-19 所示。

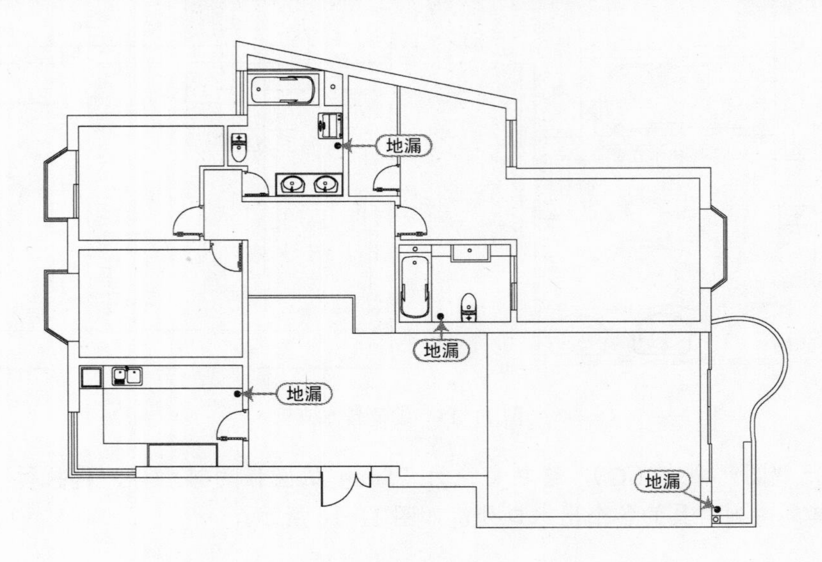

图 11-18　绘制地漏

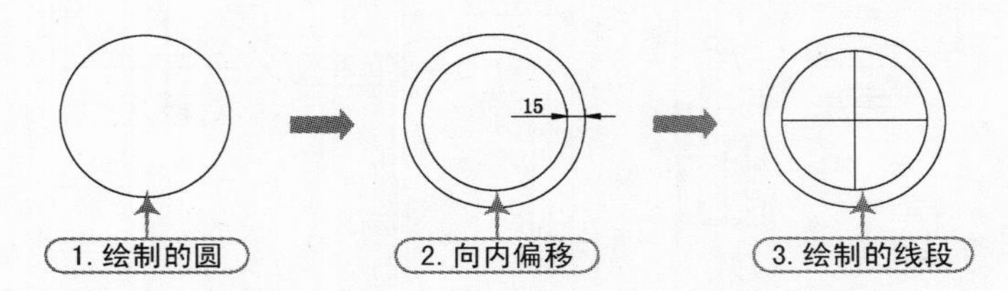

图 11-19　绘制排水栓

7）再执行“移动”命令（M）和“复制”命令（CO），将排水栓图形布置到需要安装排水设备的相应位置，如图 11-20 所示。

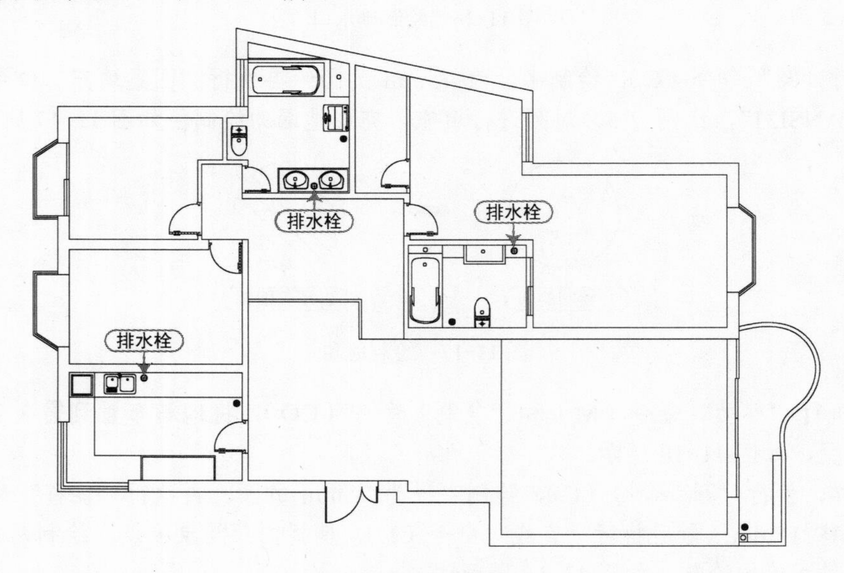

图 11-20　绘制排水栓

8）绘制“管道标号”符号，执行“圆”命令（C），在相应位置绘制一个半径为 400mm 的圆；过圆左、右象限点绘制一条水平线段，如图 11-21 所示。

9）再执行“多行文字”命令（MT），设置字体大小为 300，在圆内分别输入“P”和“1”两个字符，如图 11-22 所示。

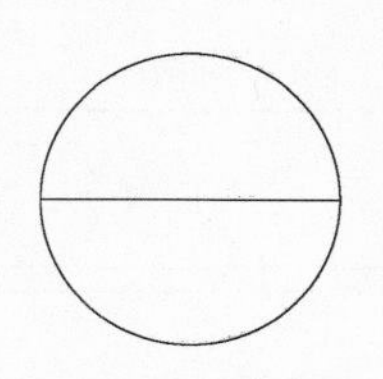

图 11-21　绘制圆和直线

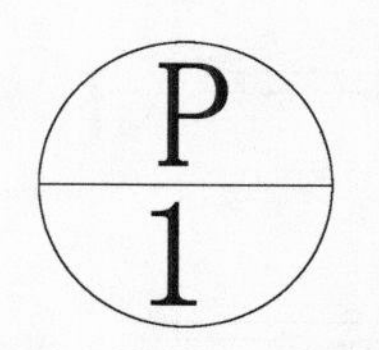

图 11-22　输入文字

10）执行“复制”“移动”命令，将管道标号布置到平面图上侧的相应位置；再双击下半圆数字“1”，分别修改为 2、3、4，表示该平面图中有 4 根排水管，如图 11-23 所示。

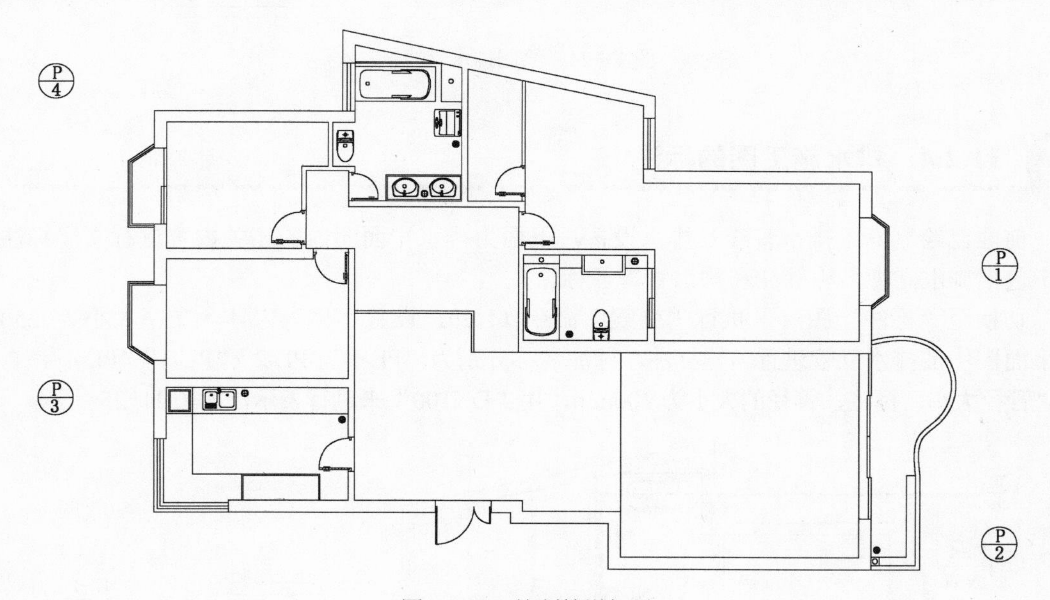

图 11-23　绘制管道标号

11.2.3　绘制排水管线

前面已经布置好了相关的排水设备，接下来绘制相应位置的排水管线，然后将排水管线与相关的排水设备连接起来。

1）将“排水”管线图层置为当前层，执行“多段线”命令（PL），设置宽度为 30mm，按照排水管线的布局设计要求，绘制出从室外管道编号引出，连接室内各排水设备的排水管线。

2）执行“线型比例因子”命令（LTS），将全局比例因子调整为 20，效果如图 11-24 所示。

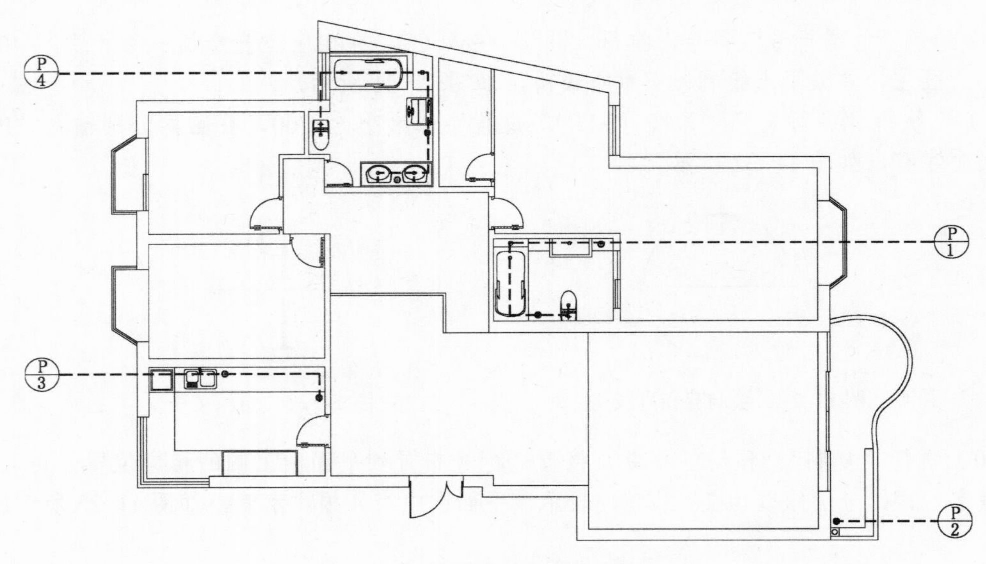

图 11-24 绘制排水管线

11.2.4 排水施工图的标注

前面已绘制好了排水管线及排水设备，下面为排水平面图内的相关内容进行文字标注，其中包括排水立管名称标注和排水管管径标注。

切换至“标注”图层，执行“引线”命令（LE），设置字体为宋体，文字大小为 250，对平面图中的排水立管进行名称标注，标注名称分别为“PL-1”“PL-2”“PL-3”“PL-4”，再进行“管径大小”标注，管径的大小为100mm，用“DN100”来进行表示，如图 11-25 所示。

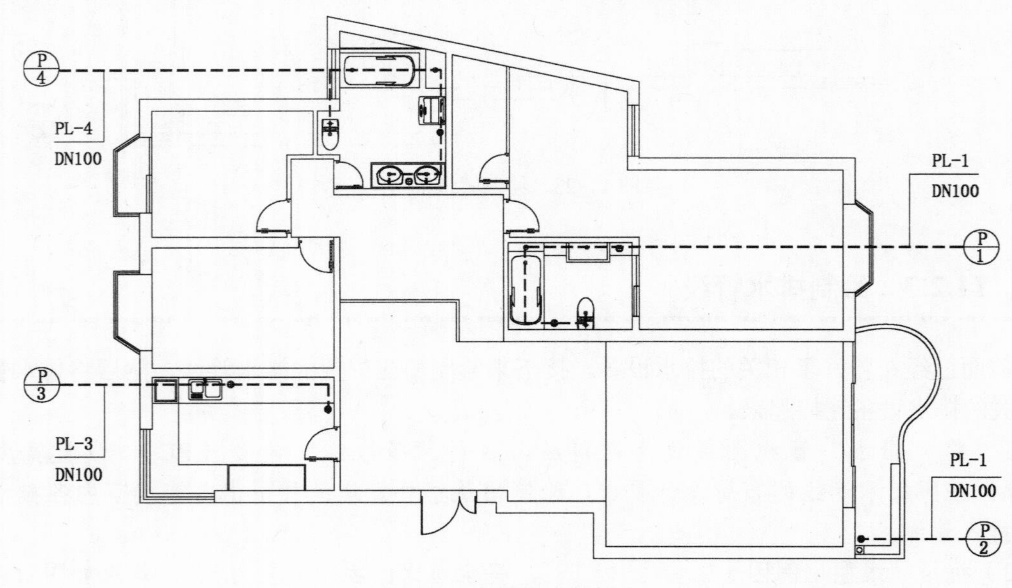

图 11-25 排水立管标注

11.3 住宅室内开关插座布置图的绘制

视频\11\住宅室内开关插座布置图的绘制.avi
案例\11\住宅室内开关插座布置图.dwg

在进行室内装潢照明线路图的绘制时，设计师应在原有平面布置图的基础上进行绘制，先将准备好的灯具、开关、插座图标符号复制到原图上，然后将不同的符号复制到相应的位置，最后将不同的路线管线依次连接到不同的元件符号上即可。

在绘制住宅室内开关插座布置图时，设计师应先打开事先准备好的平面布置图，并将其复制到一个新的dwg文件中，再将备好的电气图标复制到新的文件中，最后将指定的电气图标复制到指定位置，并标注出开关插座的高度，其布置效果如图11-26所示。

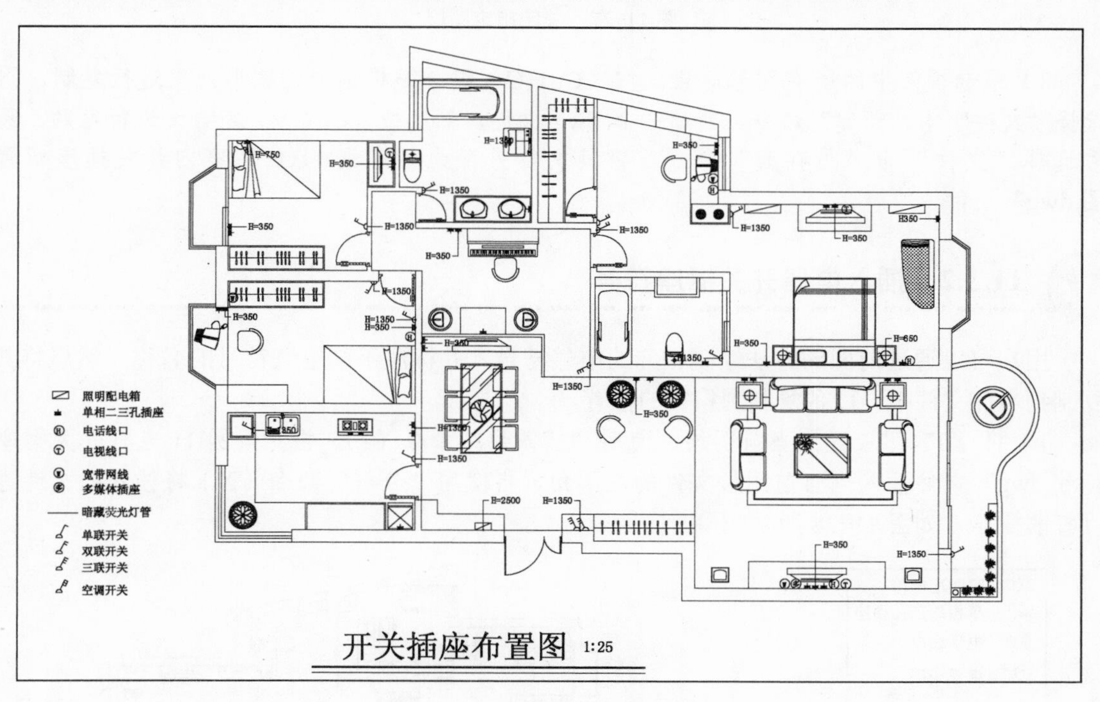

图11-26 开关插座布置图效果

11.3.1 开关插座施工图文件的创建

由于本实例是以前面绘制的“住宅建筑装潢平面图”为基础进行绘制的，因此设计师应事先将其准备好的文件打开，然后将其另存为新的文件，以进行开关插座的布置。

1）启动AutoCAD 2014软件，选择“文件” | “打开”命令，打开“案例\08\住宅建筑装潢平面图.dwg”文件。

2）选择“格式” | “图层”命令，在打开的“图层特性管理器”面板中，关闭地板、

平面标注、图内注释、文字标注等图层，如图 11-27 所示。

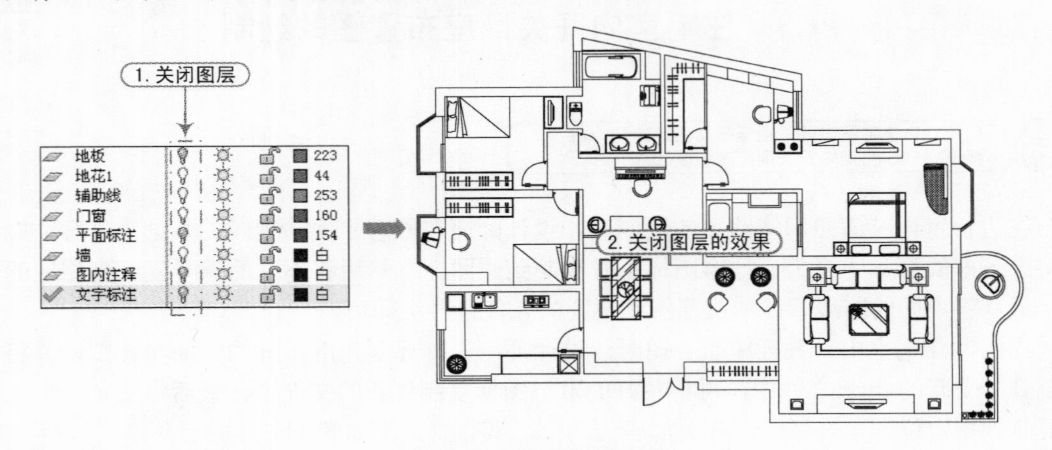

图 11-27　关闭指定图层

3）框选视图中的所有图形对象，按〈Ctrl+C〉组合键将选中的图形对象进行复制，再选择“文件”|“新建”命令，新建一个 dwg 文件，然后按〈Ctrl+V〉组合键进行粘贴，最后选择“文件”|“另存为”命令，将其文件另存为“案例\11\住宅室内开关插座布置图.dwg”文件。

11.3.2　插入电器开关插座符号

用户可以通过前面的方法绘制相应的电气符号，并标注不同电气符号的名称，然后将其复制到当前文件中，以备复制到相应的位置。

1）将“0”图层置为当前图层，使用“插入块”命令（I），将“案例\11\电气开关插座符号.dwg”文件插入到当前图形文件的左下角，再使用“分解”命令（X）将插入的文件进行打散操作，如图 11-28 所示。

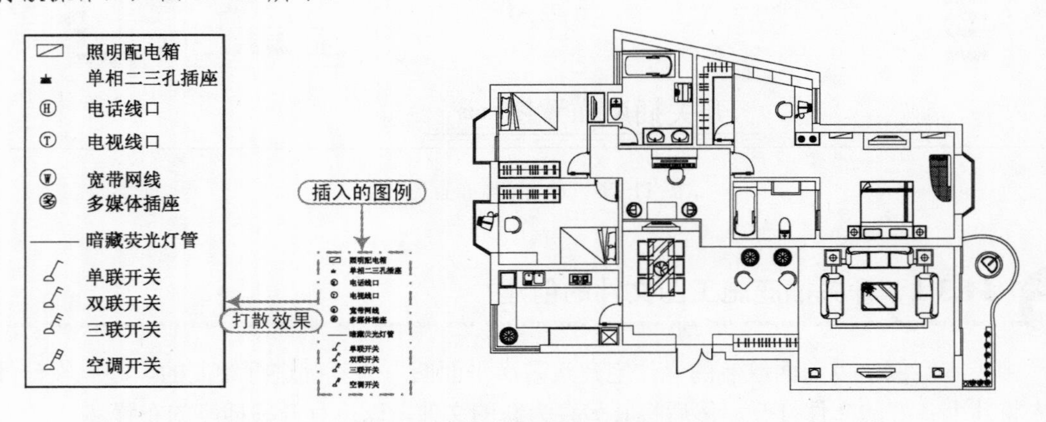

图 11-28　插入的电气开关插座符号

2）使用“图层”命令（LA），新建“开关插座”图层，且将该图层置为当前图层，如图 11-29 所示。

开关插座 红 Continuous —— 默认

图 11-29 新建“开关插座”图层

3）将插入的电气开关插座符号置为“开关插座”图层，则这些符号将显示为“红色”。

操作提示

用户可使用“对象编组”命令（G），在弹出的“对象编组”对话框中，分别将不同的开关插座符号进行单独的编组，使之后面在进行复制这些符号时，能够以某个符号进行整体移动复制。

11.3.3 布置开关插座

在布置开关插座时，用户可依次布置每个房间的不同开关。

1）使用“复制”命令，将“三联开关”符号复制到入户门口的右侧，再使用“旋转”命令（RO），将复制的两个“三联开关”符号进行旋转，如图 11-30 所示。

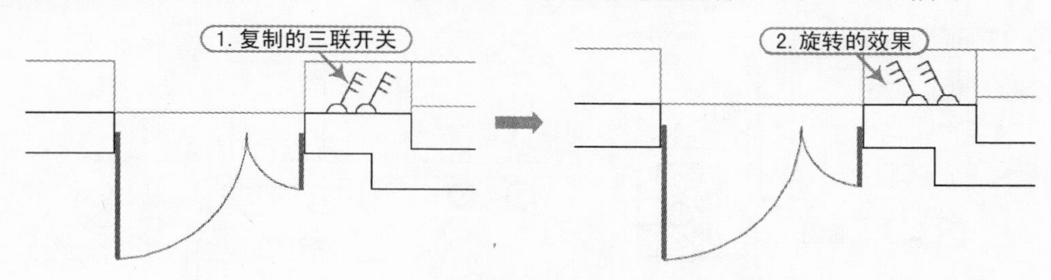

图 11-30 复制并旋转“三联开关”符号

操作提示

在进行开关插入布置时，设计师可以先将“布置设施”图层关闭，以方便操作。

2）同样，使用复制的方法将“单相二三孔插座”、“电视线口”Ⓣ、“宽带网线”Ⓦ和“电话线口”Ⓗ符号插入到客厅的电视机后面，如图 11-31 所示。

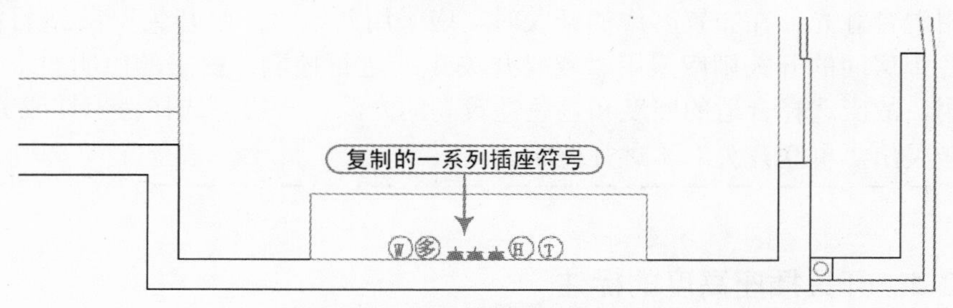

图 11-31 布置电视机后面的插座

3）同样，使用复制的方法将“单相二三孔插座”符号插入到客厅的沙发后面，如图 11-32 所示。

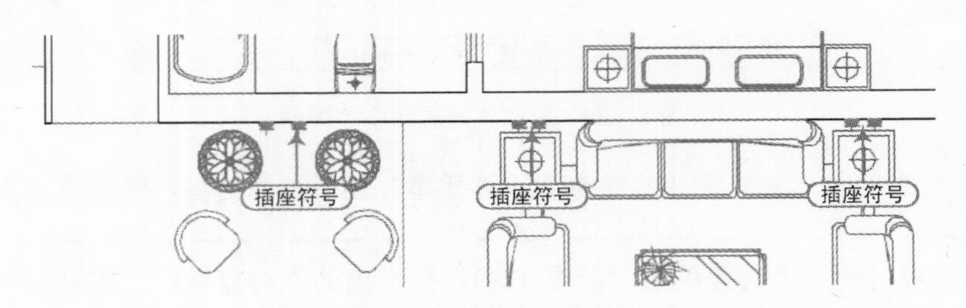

图 11-32　布置沙发后面的插座

4）前面已经将客厅的开关及插座符号复制到了指定的位置，按照同样的方法对其他房间布置开关及插座符号，在此不再一一详述，所有开关插座的布置效果如图 11-33 所示。

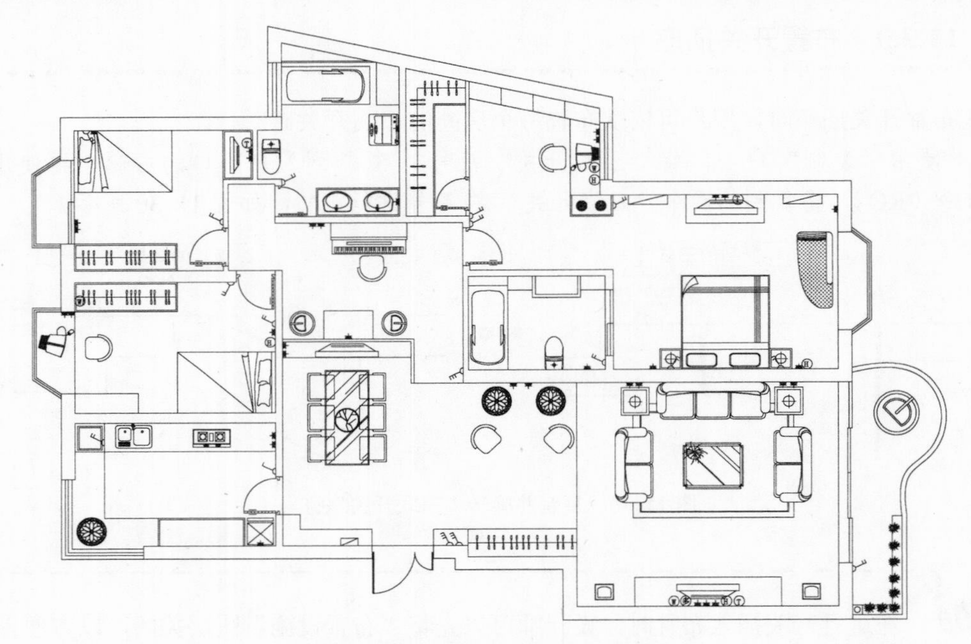

图 11-33　所有开关插座的布置效果

专业点滴

由于客厅的光线比较明亮，看电视时又要求光线柔和、亮度较低等，因此应采用混合灯光，在布置客厅的开关时，应采用两组“三联开关”进行控制；而各个房间的开关则应采用“双联开关”进行控制；厨房的照明要求主要是实用，故应选择合适的照度和显色性较高的光源（一般可选择白炽灯或荧光灯），应采用“单联开关”进行控制。

11.3.4　开关插座高度的标注

在布置开关和插座时，设计师应根据不同功能需求将其安装在不同的高度，如进门开关应安装在距地面 1350mm 高的位置，插座应安装在距地面 350mm 高的位置，床头开关及插座应安装在距地面 750mm 高的位置，而空调插座应安装在距地面 1800mm 高的位置。

将“文字标注”图层置为当前图层，在“多重引线”工具栏中单击“多重引线”按钮，分别对不同的开灯开关与插座进行安装位置高度的标注，如图 11-34 所示。

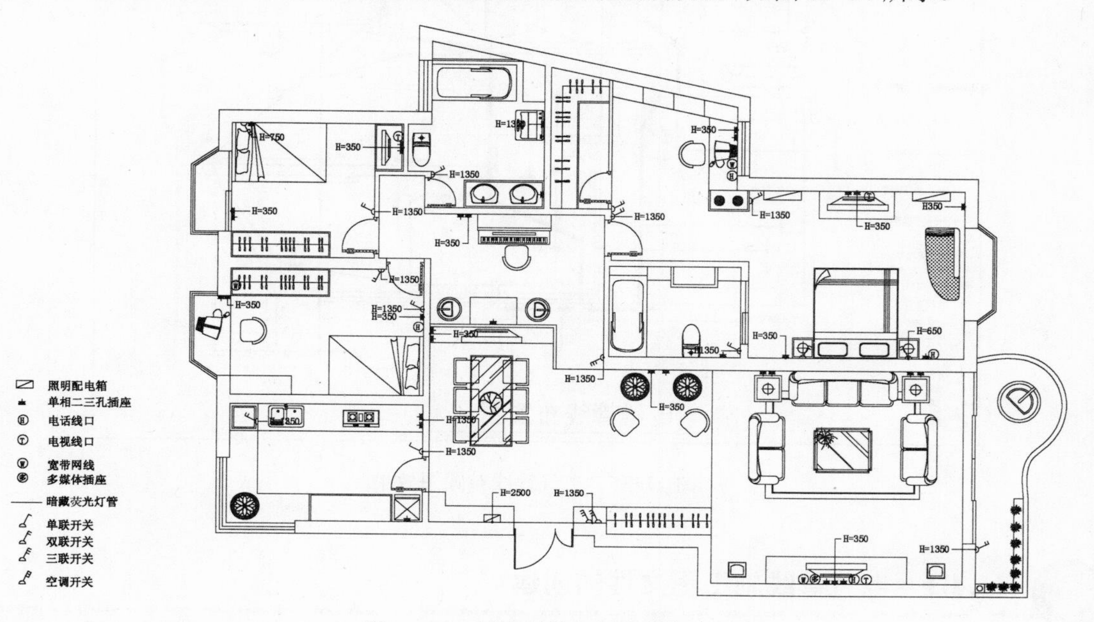

图 11-34　标注开关与插座的高度

专业点滴

开关插座距离地面的安装高度

电源开关距地面的高度一般为 1200～1350mm（一般开关高度是和成人的肩膀一样高）；视听设备、台灯、接线板等的墙上插座一般距地面 300mm（客厅插座根据电视柜和沙发而定）；洗衣机的插座距地面 1200～1500mm；电冰箱的插座距地面 1500～1800mm；空调、排气扇等的插座距地面 1800～2000mm；厨房功能插座距地面 1100mm。

一般开关都是用方向相反的一只手进行开启关闭，而且用右手多于左手。所以，一般家里的开关多数是装在进门的左侧，这样方便进门后用右手开启，符合行为逻辑。

11.4　住宅室内电气管线布置图的绘制

视频\11\住宅室内电气管线布置图的绘制.avi
案例\11\住宅室内电气管线布置图.dwg

在绘制住宅室内电气管线布置图时，设计师可先借助前面绘制的开关插座布置图，以及第 8 章绘制的“住宅建筑天花布置图.dwg”文件来配合绘制，再绘制不同的电气管线，如电源管线、宽带管线、电话管线、电视管线等。电气管线布置效果如图 11-35 所示。

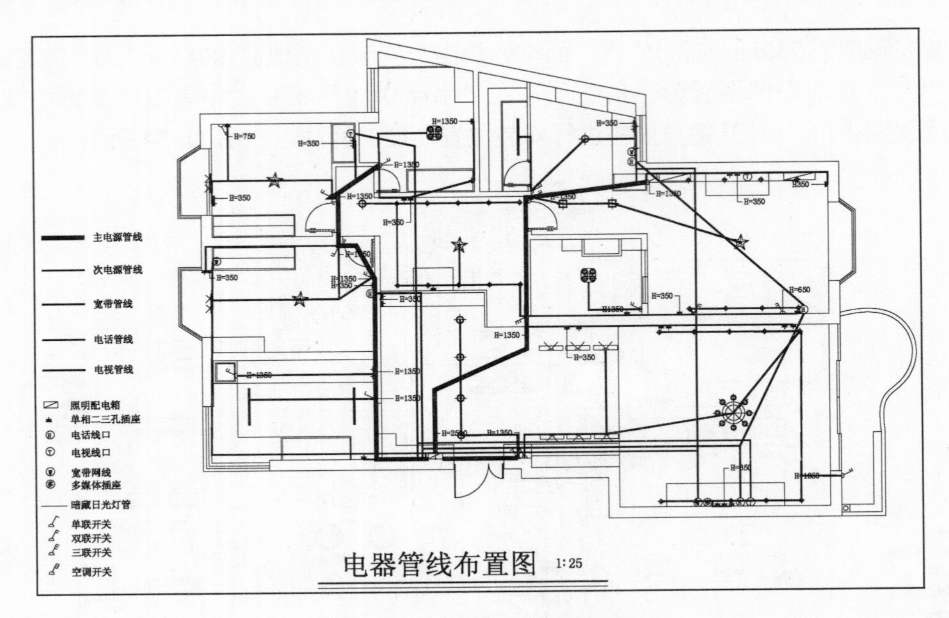

图 11-35 电气管线布置图效果

11.4.1 电气管线施工图文件的创建

由于本实例是以"案例\08\住宅建筑天花布置图.dwg"和"案例\11\住宅室内开关插座布置图.dwg"文件为基础进行绘制的，因此设计师应事先将其准备好的文件打开，将指定的灯具对象复制到开关布置图上，然后将其另存为新的文件。

1）启动 AutoCAD 2014 软件，选择"文件" | "打开"命令，打开"案例\08\住宅建筑天花布置图.dwg"和"案例\11\住宅室内开关插座布置图.dwg"文件。

2）在"窗口"菜单下选择"住宅建筑天花布置图.dwg"文件，使之成为当前文件。

3）选择"工具" | "快速选择"命令，弹出"快速选择"对话框，按照图 11-36 所示的样式将图形中的所有"灯饰"图层中的对象全部选中。

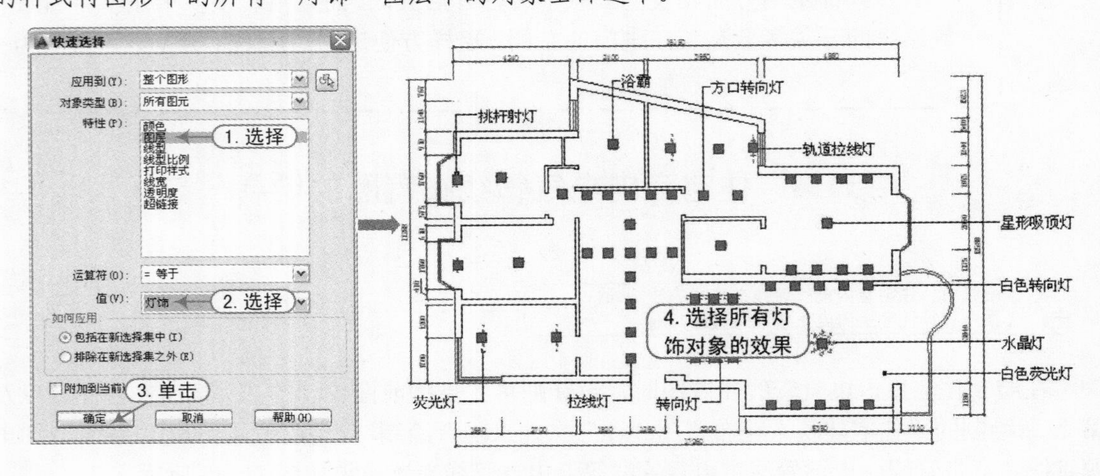

图 11-36 选择所有灯饰对象

4）按〈Ctrl+C〉组合键，将选中的灯饰对象复制到内存中，再在“窗口”菜单下选择“住宅室内开关插座布置图.dwg”文件，使之成为当前文件，然后按〈Ctrl+V〉组合键，将复制的内容粘贴在当前视图的空白位置，如图 11-37 所示。

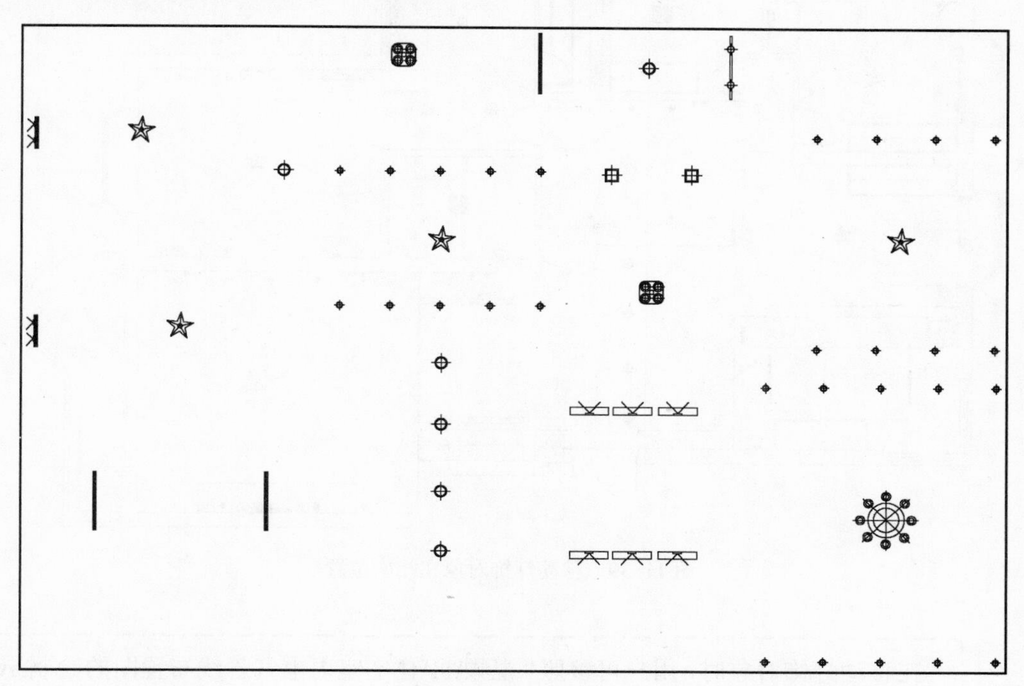

图 11-37 粘贴的灯饰对象

5）选择“格式”｜“图层”命令，在打开的“图层特性管理器”面板中，将指定的图层进行关闭，如图 11-38 所示。

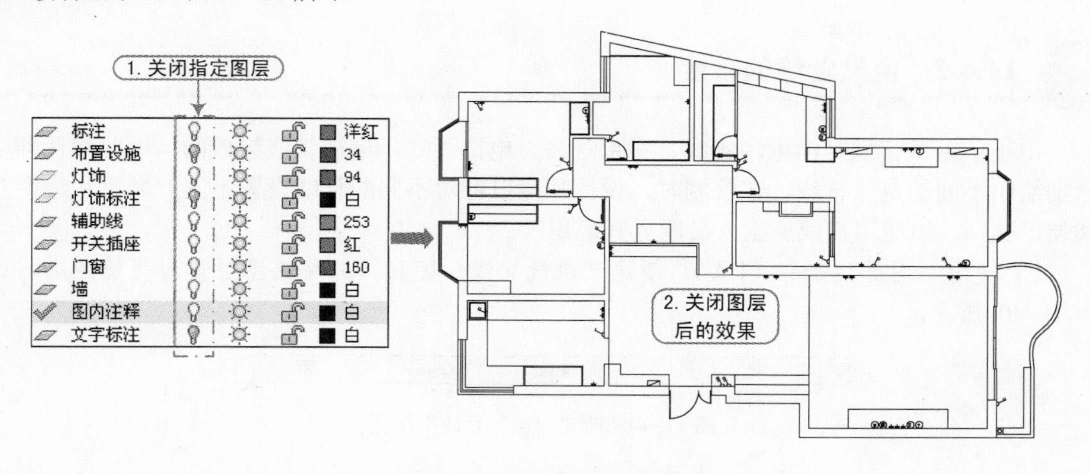

图 11-38 选择所有灯饰对象

6）使用“移动”命令（M），将粘贴过来的灯饰对象移至相应的位置，使之“套叠”在相应的位置，如图 11-39 所示。

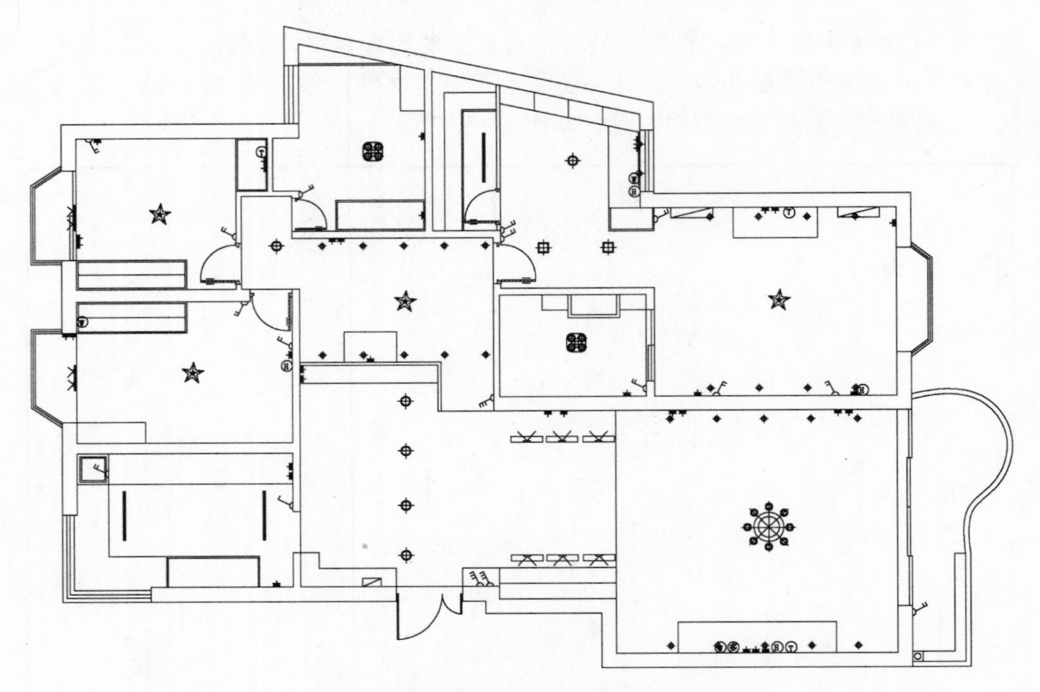

图 11-39　移动灯饰对象在相应位置

操作提示

在移动灯饰对象时，用户可参照“视频\11\住宅室内电气管线布置图的绘制.avi”视频文件进行操作。

7）选择“文件” | “另存为”命令，将该文件另存为“案例\11\住宅室内电气管线布置图.dwg”文件。

11.4.2　电气管线的布置

由于该电气管线是由电源管线、宽带管线、电话管线、电视管线组成的，因此设计师应分别绘制不同的电气管线。在绘制时，设计师可以针对不同的管线设置不同的颜色和线型对其加以区别，以便用户或施工人员能更好地识读。

1）使用“图层”命令（LA），新建“电气管线”图层，并将该图层置为当前图层，如图 11-40 所示。

图 11-40　新建“电气管线”图层

2）绘制电源管线。使用“多段线”命令（PL），从入户门左侧的“照明配电箱”图标处，分别绘制至各个房间的灯具开关处，以此来作为电源管线，且将多段线的宽度设置为 100mm，颜色设置为蓝色，这是作为主电源管线来使用的，如图 11-41 所示。

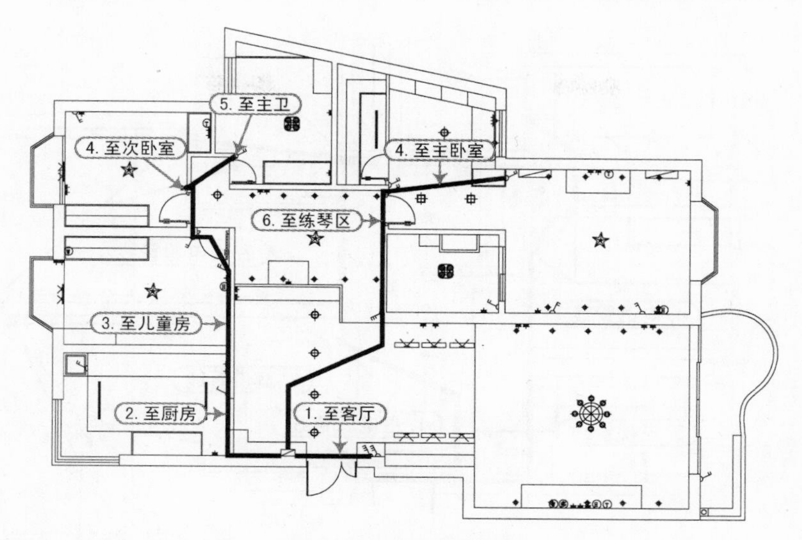

图 11-41 绘制主电源管线

3）同样，绘制各房间的次电源管线，即从主管线绘制至相应的插座及灯具处，将多段线的宽度设置为 30mm，颜色设置为红色，如图 11-42 所示。

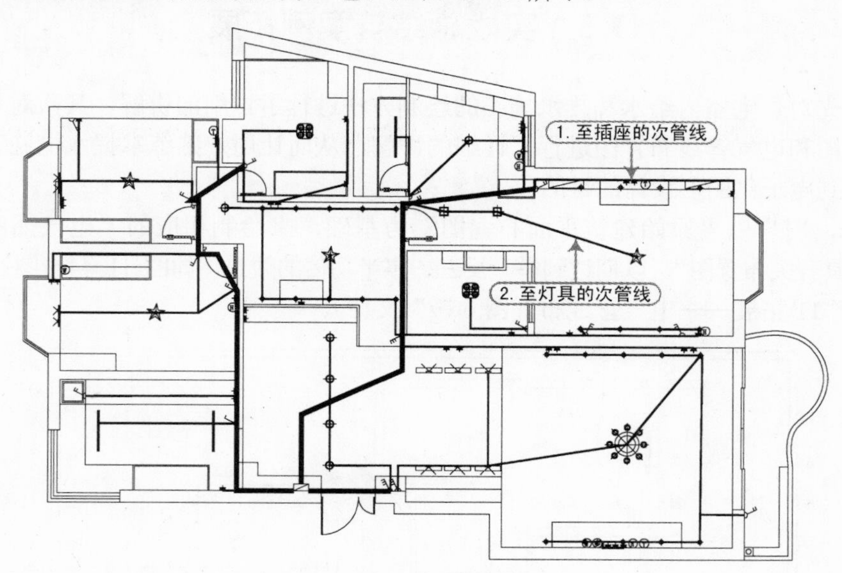

图 11-42 绘制次电源管线

操作提示

在绘制次电源管线时，应从主管线至各个插座连通，从开关处至各个灯具处连通，且到达每个开关控制不同灯具为目的。

4）同样，在绘制宽带管线、电话管线、电视管线时，应设置不同的颜色代表不同的管线，如宽带管线为绿色、电话管线为洋红色、电视管线为青色，其多段线的宽度为 30mm，如图 11-43 所示。

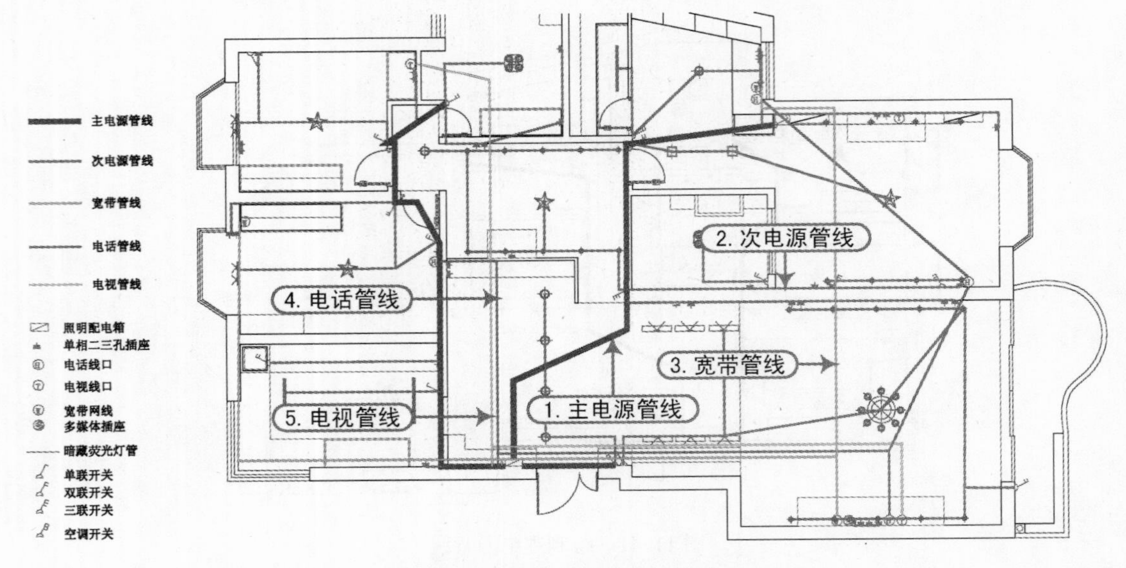

图 11-43　绘制好的电气管线

11.5　实战总结与案例拓展

本章首先对住宅室内给水和排水施工的绘制方法进行了详细的讲解，其次对住宅室内开关插座布置图和电气管线布置图进行了详细的讲解，从而让用户熟练掌握水电施工图的绘制方法，以达到电子化图形设计的目的。

接下来，用户以“原始建筑平面布置图”为基础，来绘制相应的“电气插座平面布置图”和“灯具开关布置图”，以期达到举一反三、事半功倍的效果，如图 11-44～图 11-46 所示（参见“案例\11\拓展——电气管线布置图.dwg”文件）。

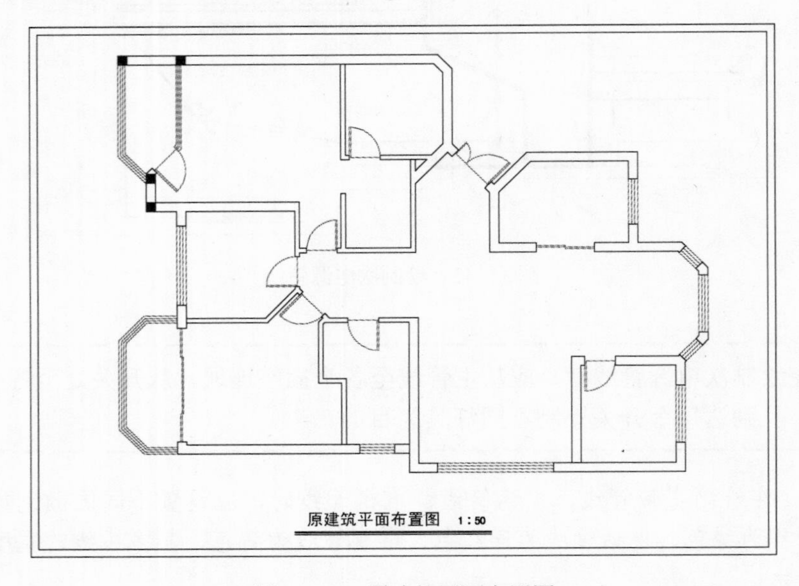

图 11-44　原建筑平面布置图

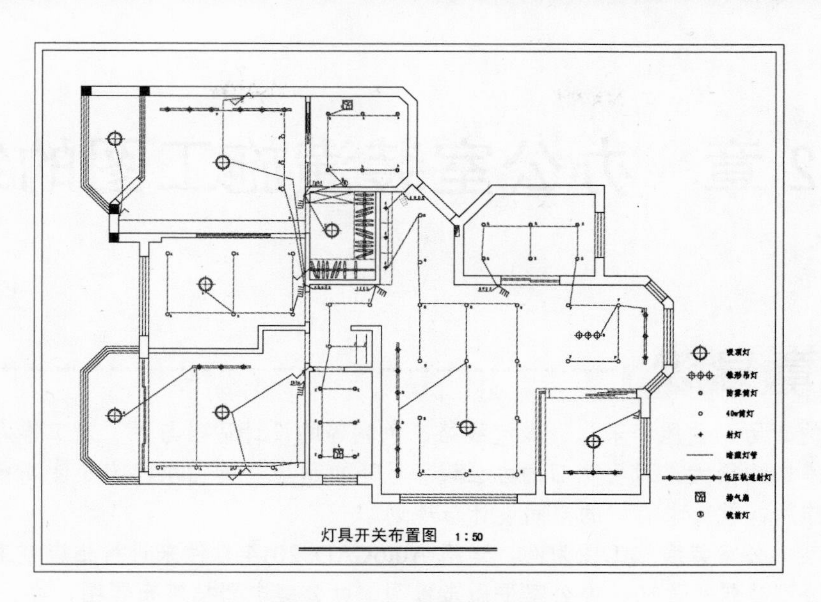

图 11-45 灯具开关布置图

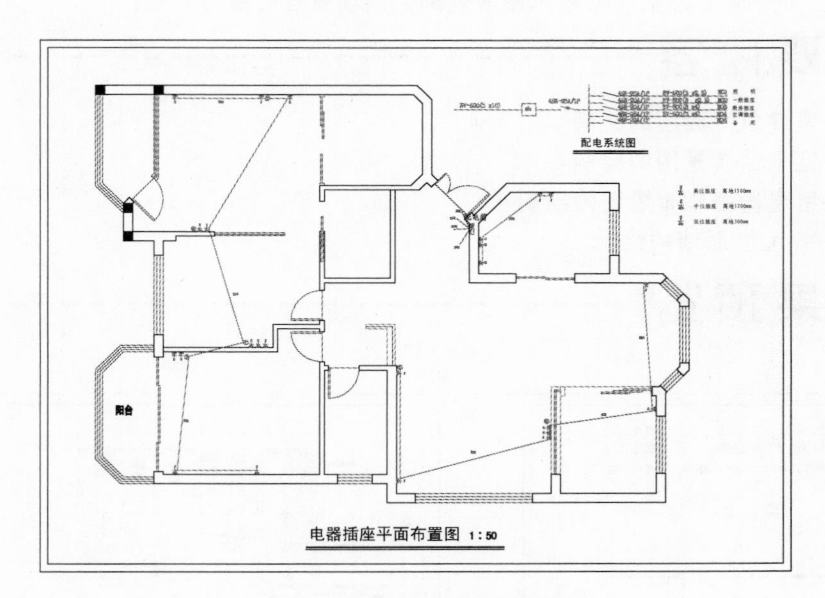

图 11-46 电气插座布置图

第 12 章　办公室装潢施工图的绘制

本章导读

办公室的布局、通风、采光、人流线路、色调等的设计适当与否，对工作人员的精神状态及工作效率影响很大。过去陈旧的办公设备已不再适应新的需求，为了使高科技办公设备更好地发挥作用，就要求有好的空间设计与规划。

本章以某办公室装潢施工图为例，运用 AutoCAD 2014 软件来进行相应施工图的详细绘制，包括办公室建筑平面图、办公室平面布置图、办公室电器插座布置图、办公室 A 立面墙等。最后给出另一套办公室装潢施工图的效果，供读者自行练习绘制。

主要内容

- ☑ 办公室建筑平面图的绘制
- ☑ 办公室平面布置图的绘制
- ☑ 办公室电器插座布置图的绘制
- ☑ 办公室 A 立面墙的绘制

效果预览

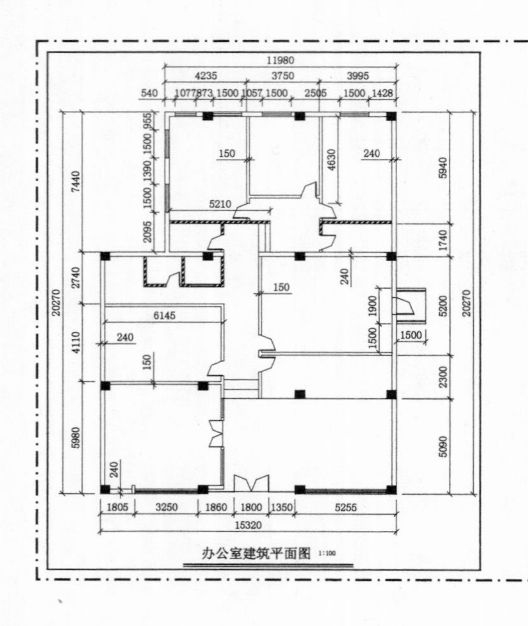

办公室建筑平面图 1:100

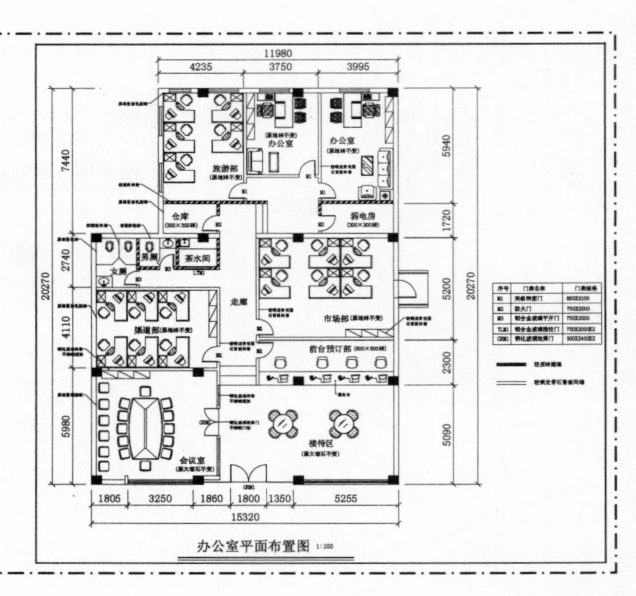

办公室平面布置图 1:100

12.1 办公室建筑平面图的绘制

视频\12\办公室建筑平面图的绘制.avi
案例\12\办公室建筑平面图.dwg

在绘制办公室建筑平面图之前，设计师应先通过“设计中心”将第 8 章绘制的室内平面图中的绘图环境（如标注样式、文字样式、多段线样式等）调入新建的文件中，然后依次绘制外墙线、内墙线、开启门窗结构、柱子及轻质砖建墙，并插入门窗图块等，最后进行尺寸及图名的标注。绘制的效果如图 12-1 所示。

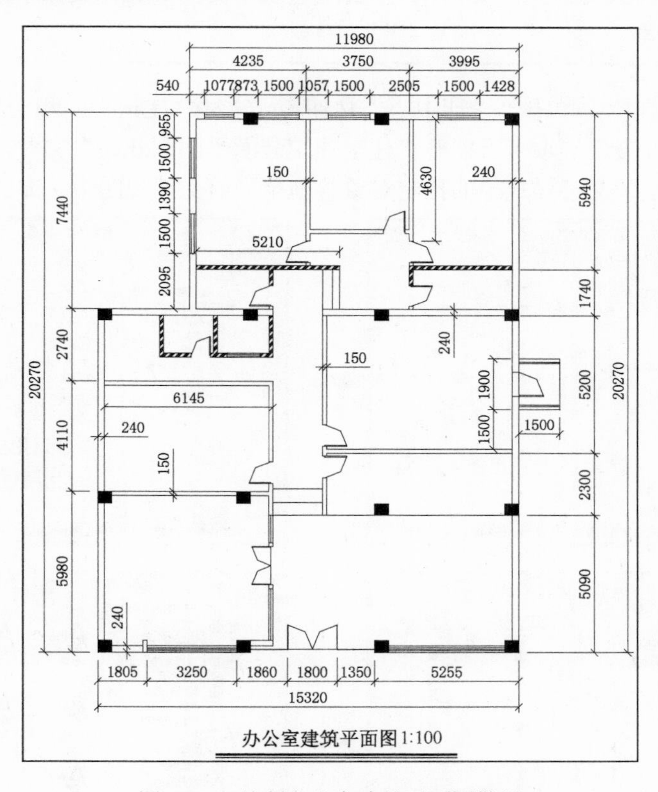

图 12-1 绘制办公室建筑平面图效果

12.1.1 新建图形文件

新建图形文件的具体步骤如下。

1）启动 AutoCAD 2014 软件，选择“文件”|“打开”命令，打开“案例\08\住宅建筑装潢平面图.dwg”文件。

2）选择“文件”|“新建”命令，将弹出“选择样板”对话框，选择“acadiso.dwt”文件，并单击“打开”按钮，将新建一个空白文件。

3）选择“文件”|“另存为”命令，将该空白文件保存为“案例\12\办公室建筑平面图.dwg”文件。

12.1.2 调用绘图环境

操作提示

在绘制建筑平面图之前，设计师首先应设置图层、文字样式、标注样式等，这在第 8 章已经详细讲解过了，在此就不再赘述。在绘制本图之前，设计师可通过“设计中心”将“案例\08\住宅建筑装饰平面图.dwg”文件中的设置图层、文字样式、标注样式等调入“案例\12\办公室建筑平面图.dwg”文件中，这样可以大大提高绘图效率。

在“标注”工具栏中单击“设计中心”按钮（或按〈Ctrl+2〉组合键），打开“设计中心”面板，在“文件夹”选项卡下展开“住宅建筑装潢平面图.dwg”文件，然后将标注样式、多重引线样式、图层、文字样式中的指定对象等拖至当前文件视图中，如图 12-2 所示。

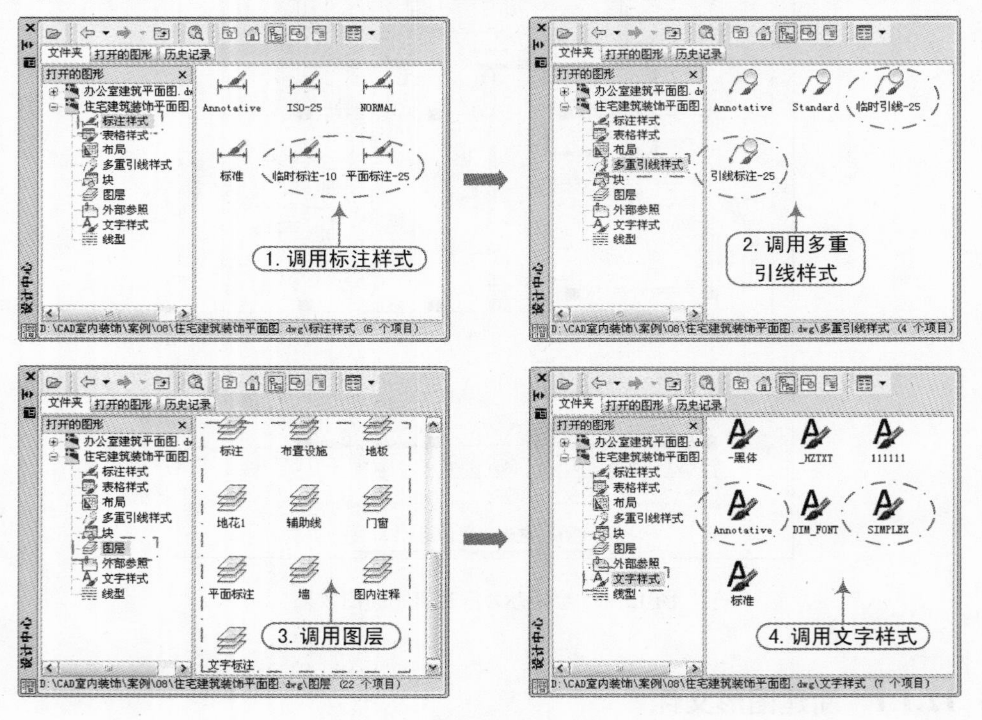

图 12-2　调用绘图环境

12.1.3 建筑墙线的绘制

1）将“墙”图层置为当前图层，使用“多段线”命令（PL）按照图 12-3 所示的步骤绘制墙线，并将多段线的宽度设置为 10mm，再使用“偏移”命令（O），将其多段线向外偏移 240mm。

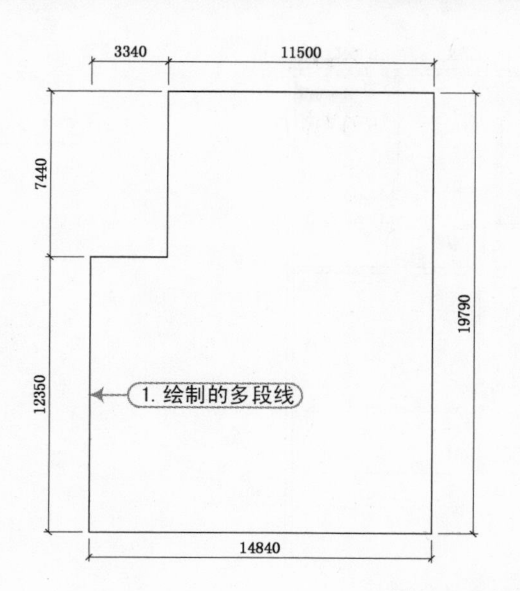

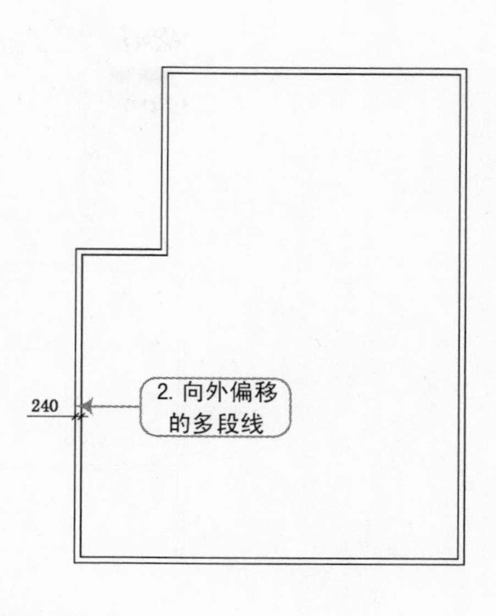

图 12-3 绘制的墙线

2）使用“直线”命令（L），分别按照图 12-4 所示的尺寸绘制内墙线，将内墙线的宽度设置为 120mm，并分隔门框。

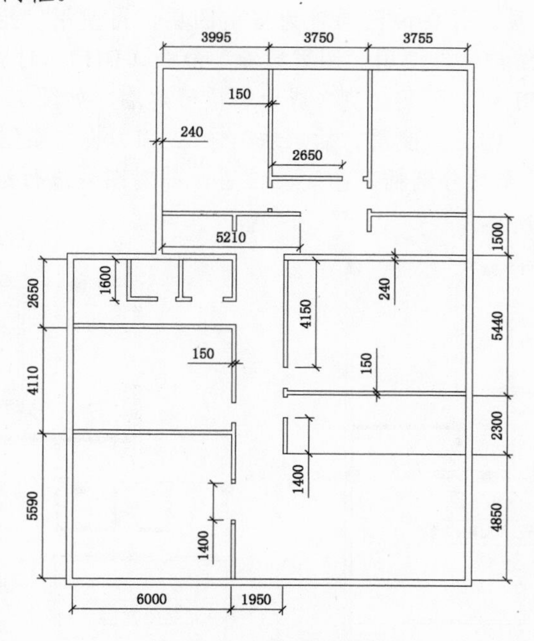

图 12-4 绘制的内墙线

12.1.4 柱子及门窗结构的绘制

1）将“门窗”图层置为当前图层，分别在指定的位置进行门窗结构的分隔与绘制，如图 12-5 所示。

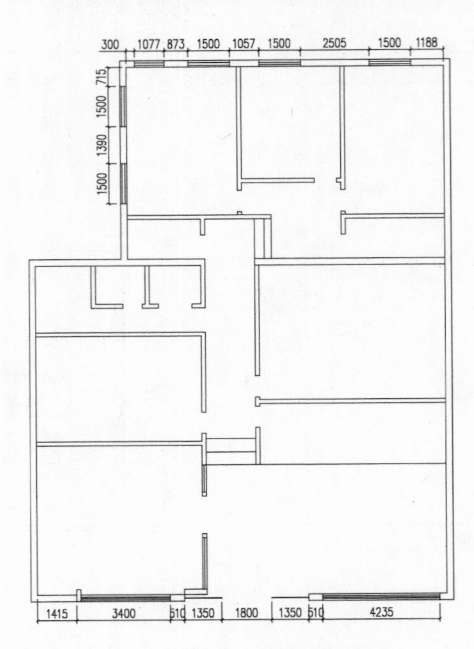

图 12-5 分隔的门窗结构

2）新建“柱子”图层，并将该图层置为当前图层，再使用“矩形”命令（REC）绘制510mm×440mm的柱形结构，再使用“图案填充”命令（BH），对柱填充“SOLID”图案，再对指定的墙填充“ANSI 34”图案，使之成为轻质砖建墙，如图 12-6 所示。

3）再切换到“门窗”图层，使用“插入块”命令（I）将“案例\11”文件夹下面的“双开门.dwg”和“单开门”图块分别插入指定的位置，并对图块进行适当的缩放，再绘制步行楼梯间结构，如图 12-7 所示。

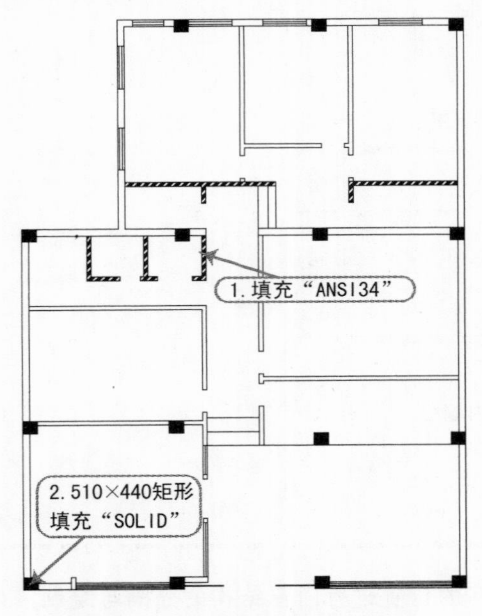

图 12-6 绘制柱及填充轻质砖墙

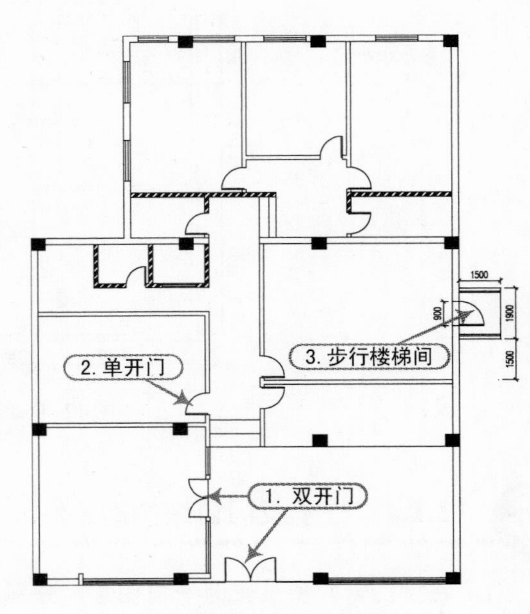

图 12-7 绘制门及楼梯间

12.1.5 尺寸及图名的标注

1）将“标注”图层置为当前图层，在“标注”工具栏中单击“标注样式”按钮，将原有的“平面标注-25”样式名更改为“平面标注-100”，然后按照图12-8所示的步骤修改标注样式。

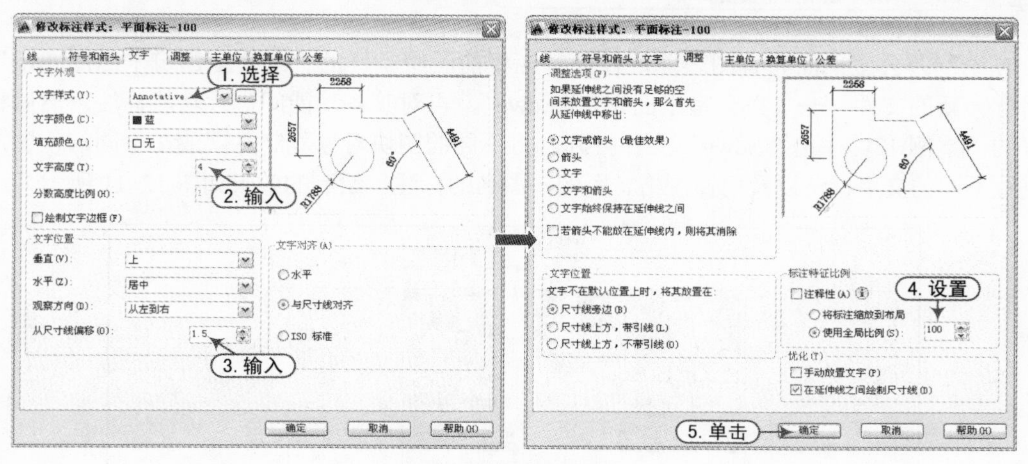

图12-8 修改标注样式

2）在“标注”工具栏中分别单击“线性”和“连续”按钮，然后按照图12-9所示的尺寸对图形进行标注。

3）将“文字标注”图层置为当前图层，在“绘图”工具栏中单击“多行文字”按钮，在视图下侧输入“办公室建筑平面图 1：100”，并选择“SIMPLEX”文字样式，文字大小为500mm和250mm，最后使用“多段线”命令（PL）绘制两条多段线，如图12-10所示。

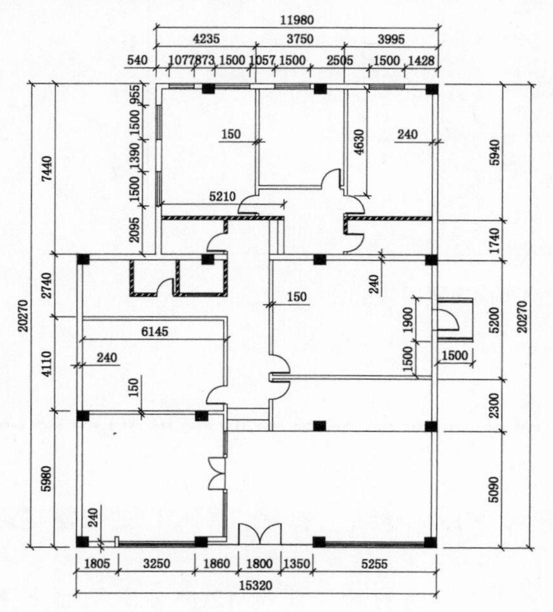

图12-9 进行尺寸标注

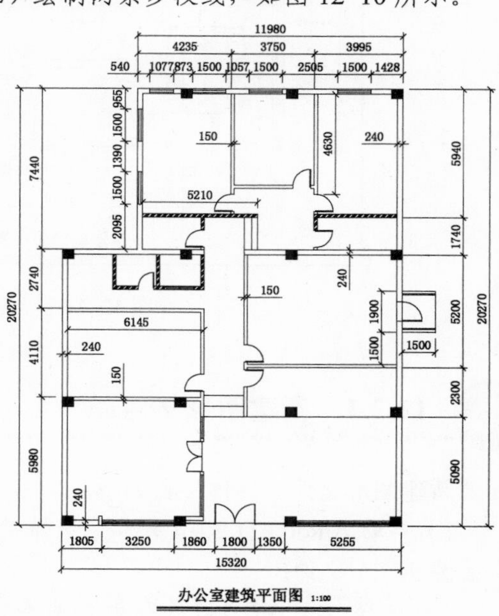

图12-10 进行图名标注

12.2 办公室平面布置图的绘制

视频\12\办公室平面布置图的绘制.avi
案例\12\办公室平面布置图.dwg

在绘制办公室平面布置图之前，设计师应将前面绘制好的“办公室建筑平面图.dwg”文件另存为新的文件——“办公室平面布置图.dwg”，再对其各功能间进行功能标注，然后将准备好的“案例\12\各种图块.dwg”文件打开，将不同的图块对象复制并摆放在不同的位置，最后进行不同的文字标注以及门窗规格、图例、图名的标注。绘制的效果如图 12-11 所示。

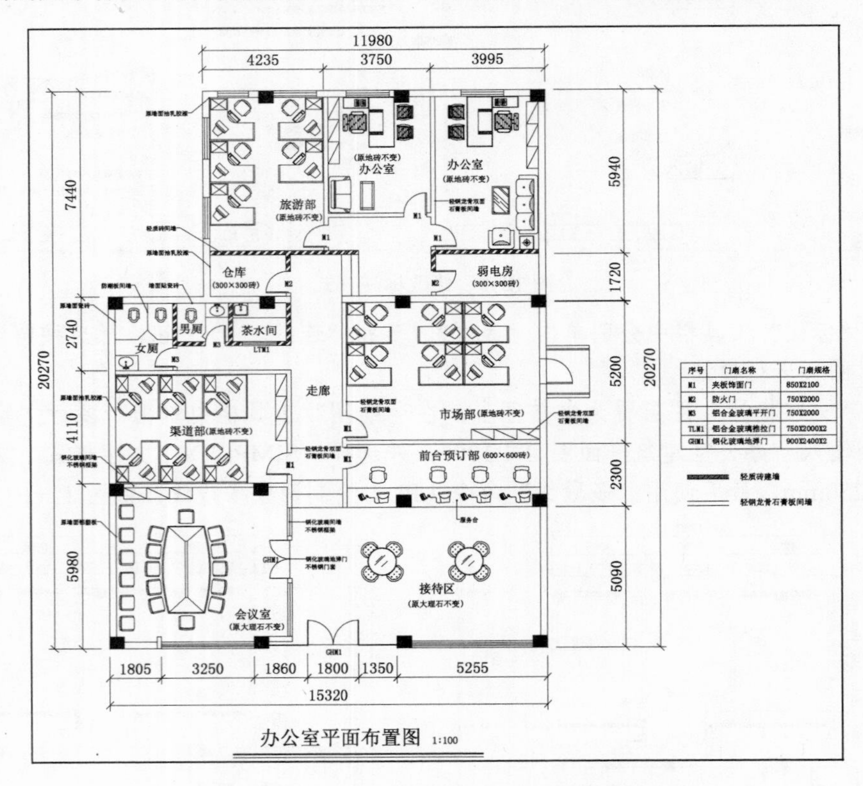

图 12-11 绘制办公室平面布置图效果

 12.2.1 新建图形文件

新建图形文件的具体步骤如下。

1）启动 AutoCAD 2014 软件，选择“文件”|“打开”命令，打开“案例\12\办公室建筑平面图.dwg”文件。

2）选择“文件”|“另存为”命令，将上述文件另存为“案例\12\办公室平面布置图.dwg”。

3）在进行办公室平面图布置时，设计师可将所需的各种图块组合在一个文件中，以便调用。选择“文件”|“打开”命令，打开“案例\12\各种图块.dwg”文件，如图 12-12 所示。

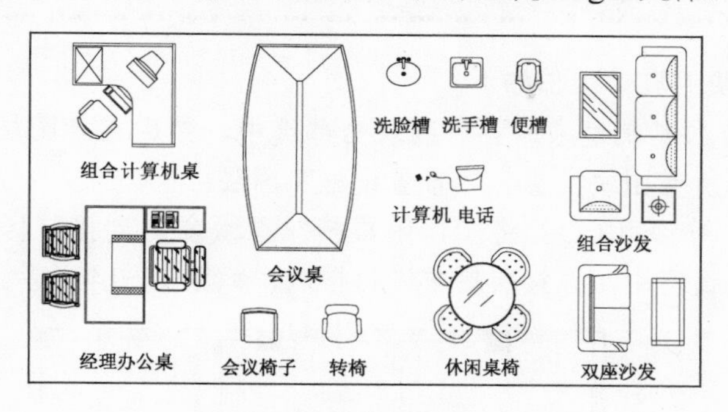

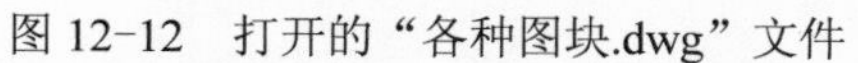
图 12-12 打开的“各种图块.dwg”文件

4）选中所有图块对象，按〈Ctrl+C〉组合键对其进行复制，再选择“窗口”菜单下的“办公室平面布置图.dwg”文件，使之成为当前文件，然后按〈Ctrl+V〉组合键将图块粘贴到当前文件的空白位置，以便调用。

12.2.2 标注各功能间

标注各功能间的具体步骤如下。

1）将“标注”图层关闭，再将“文字标注”图层置为当前图层。

2）选择“格式”|“文字样式”命令，然后选择“SIMPLEX”文字样式，并修改该文字样式的大小为 300，最后单击“单行文字”按钮 A，分别对各个功能间进行文字标注，如图 12-13 所示。

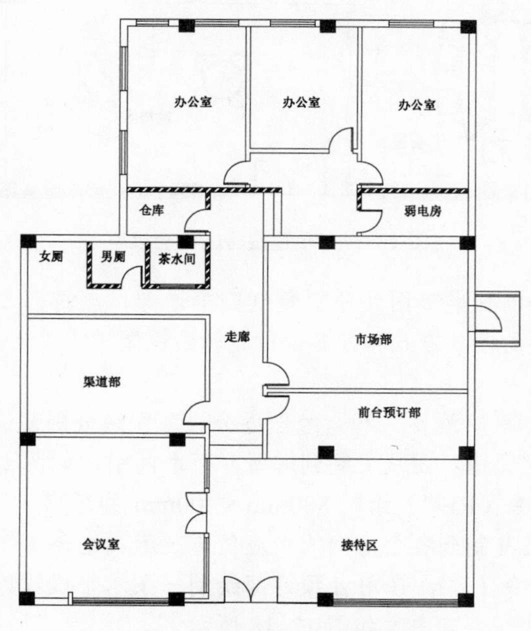

图 12-13 标注各功能间

12.2.3 布置各功能间图块

布置各功能间图块的具体步骤如下。

1）使用鼠标将前面复制过来的各种图块全部选中，然后在“图层控制”下拉列表框中选择“布置设施”，将所有图块设置为“布置设施”图层。

2）使用“复制”命令（CO）将“休闲桌椅”图块复制到接待区中，将“会议桌”和“会议椅子”复制到会议室中，并按照要求进行摆放，如图 12-14 所示。

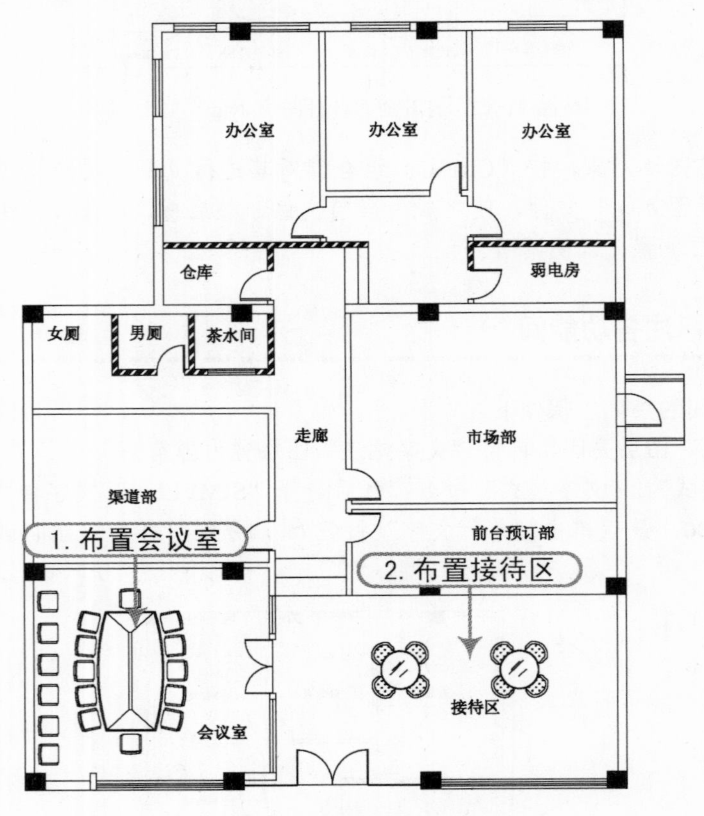

图 12-14　布置接待区和会议室

3）同样，将“组合电脑桌”图块分别复制到渠道部、旅游部、市场部房间中。在复制时，设计师应根据电脑桌的摆放方式和方向进行旋转、镜像操作，使之符合要求，如图 12-15 所示。

4）将“组合沙发”“双座沙发”和“经理办公桌”图块分别复制到两个办公室房间，将“洗脸槽”“洗手槽”和“便槽”图块复制到厕所和茶水间中，如图 12-16 所示。

5）使用“矩形”命令（REC）绘制 800mm × 400mm 的矩形，再绘制对角直线段以作为单个的文件柜，然后将其复制到各个房间的相应位置，形成组合文件柜，如图 12-17 所示。

6）使用“直线”命令（L），在前台预订部绘制一条水平线段以作服务台，再将“计算机电话”和“转椅”图块插入其中，如图 12-18 所示。

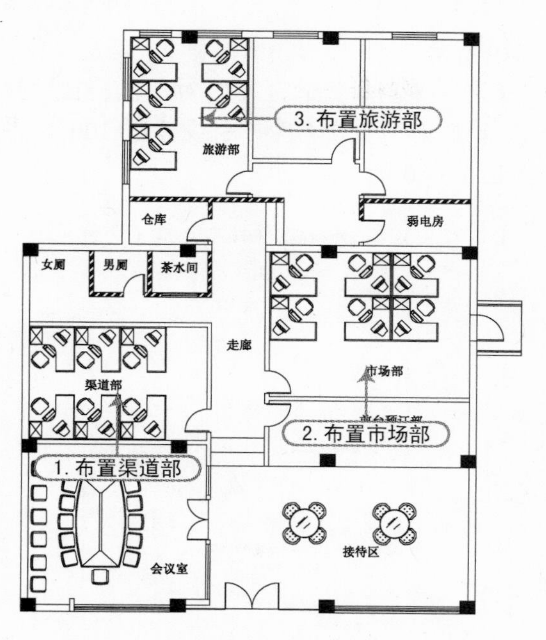

图 12-15　布置渠道部、旅游部、市场部

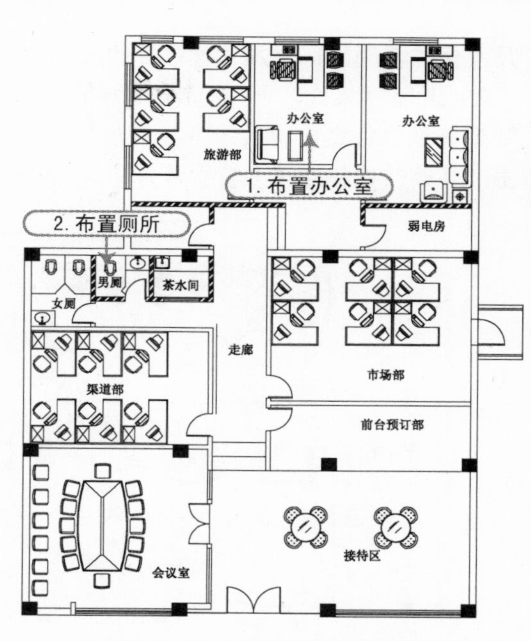

图 12-16　布置办公室和厕所

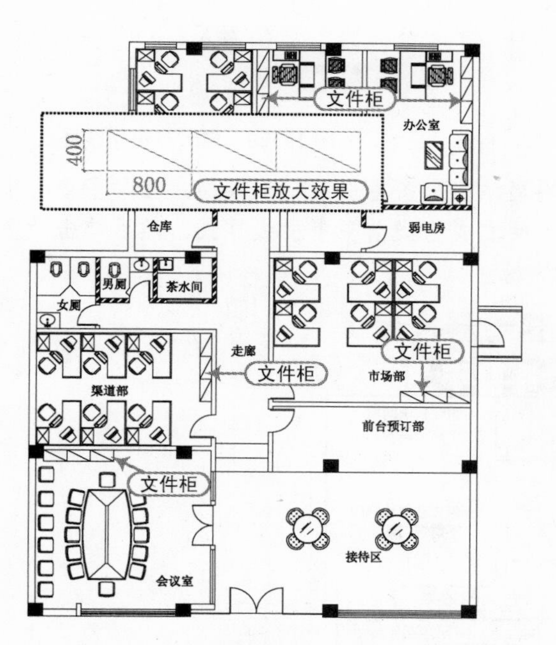

图 12-17　布置渠道部、旅游部、市场部

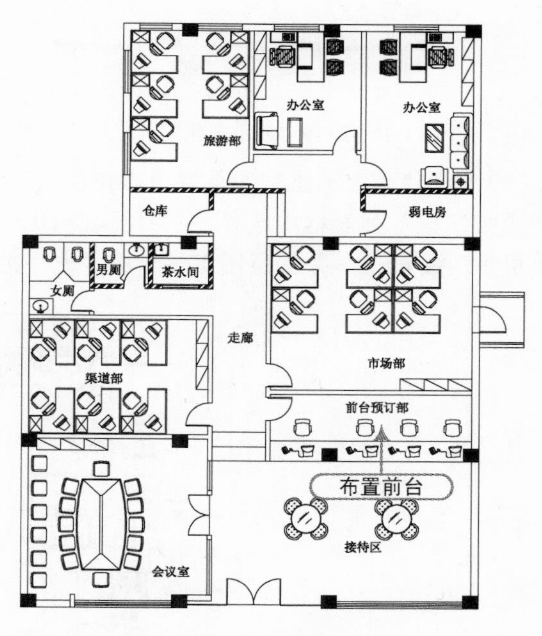

图 12-18　布置前台预订部

12.2.4　文字及图名的标注

文字及图名标注的具体步骤如下。

1）将“标注”图层显示出来，然后将一些细节部分的尺寸标注删除，只显示外面的两

道尺寸标注，删除部分尺寸标注后的效果如图 12-19 所示。

2）选择“格式”|“多重引线样式”命令，弹出“多重引线管理器”对话框，在“样式”列表框中将之前调入的多重引线样式名“引线标注-25”重命名为“引线标注-100”，再单击“修改”按钮对该多重引线样式进行修改，如图 12-20 所示。

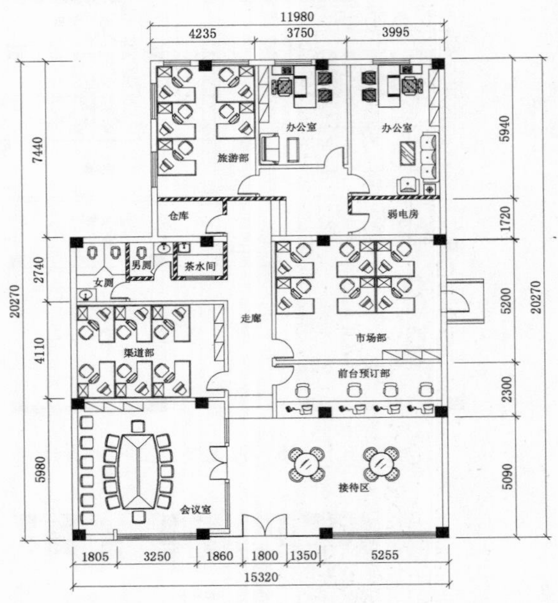

图 12-19　显示并删除部分尺寸标注

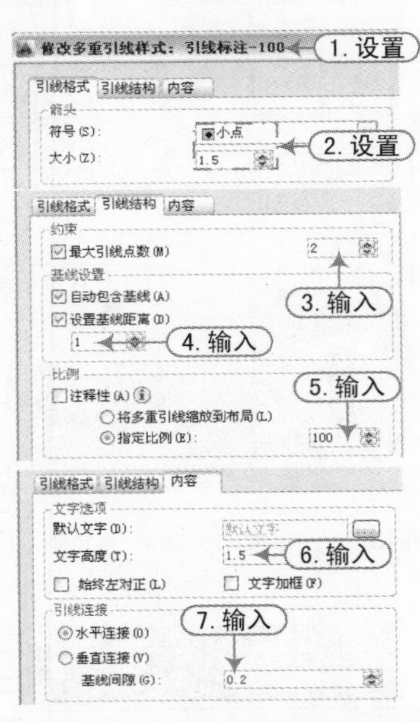

图 12-20　修改多重引线样式

3）将“文字标注”图层置为当前图层，再显示出“多重引线”工具栏，在“多重引线样式控制框”列表框中选择“引线标注-100”，使之成为当前多重引线样式，然后单击“多重引线”按钮，并按照图 12-21 所示进行文字标注。

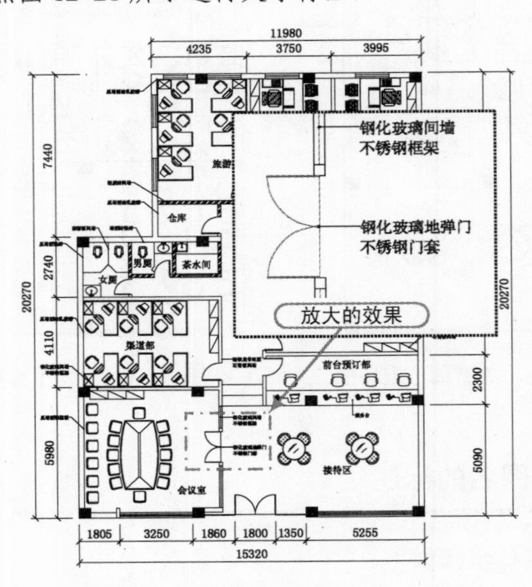

图 12-21　进行文字标注

4）同样，使用“多行文字”功能对各种门进行文字标注，并标注各房间的地板砖情况，然后对其进行图名标注，且在右侧标注出门窗型号规格及图例，如图 12-22 所示。

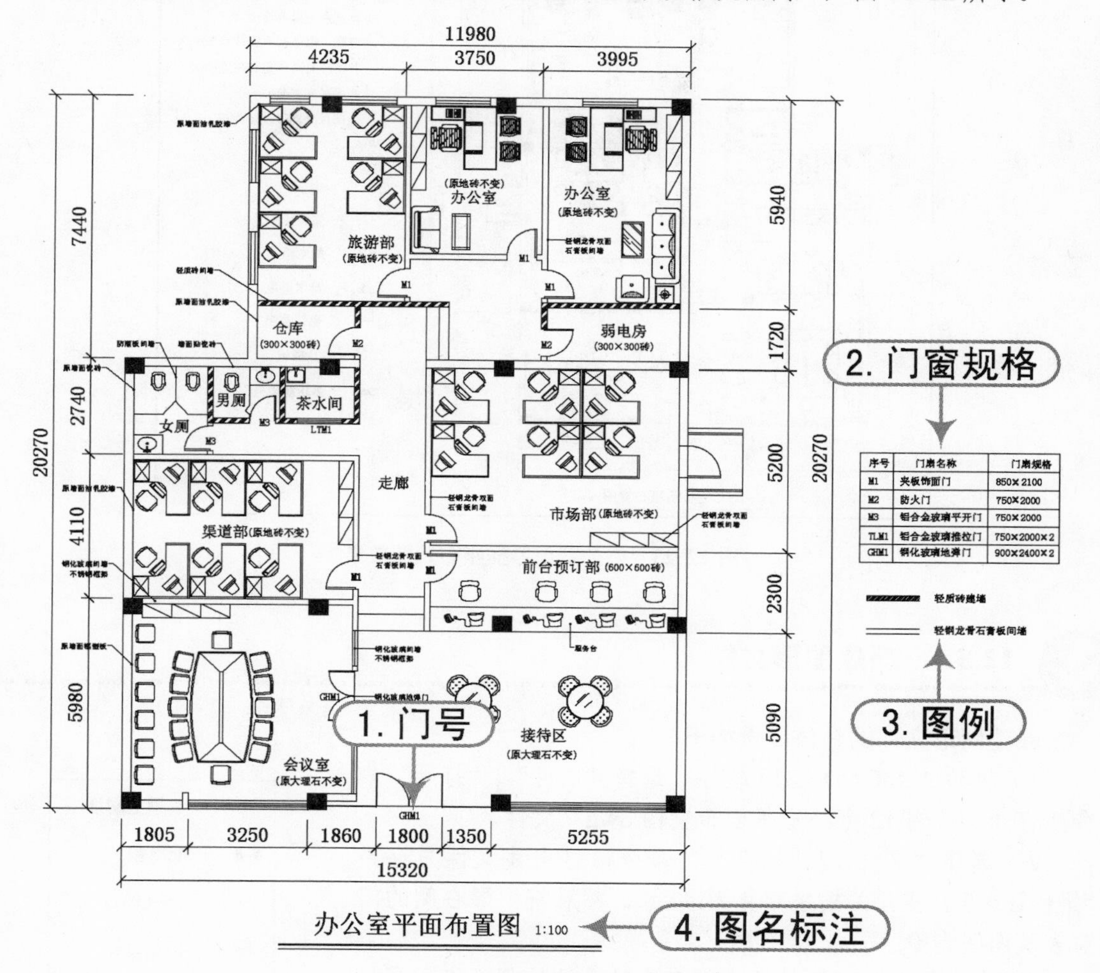

序号	门扇名称	门扇规格
M1	夹板饰面门	850×2100
M2	防火门	750×2000
M3	铝合金玻璃平开门	750×2000
TLM1	铝合金玻璃推拉门	750×2000×2
GHM1	钢化玻璃地弹门	900×2400×2

图 12-22 门号、图例及图名标注

12.3 办公室电器插座布置图的绘制

视频\12\办公室电器插座布置图的绘制.avi
案例\12\办公室电器插座布置图.dwg

在绘制办公室电器插座布置图之前，用户应将前面绘制的“办公室平面布置.dwg”文件另存为新的文件“办公室电器插座布置图.dwg”，再将其部分标注置于新的图层中并隐藏，然后将准备好的“案例\12\各种插座符号.dwg”图块文件打开，并复制到“办公室电器插座布置图.dwg”中，最后将不同的图块对象复制并摆放在不同的位置。绘制的效果如图 12-23 所示。

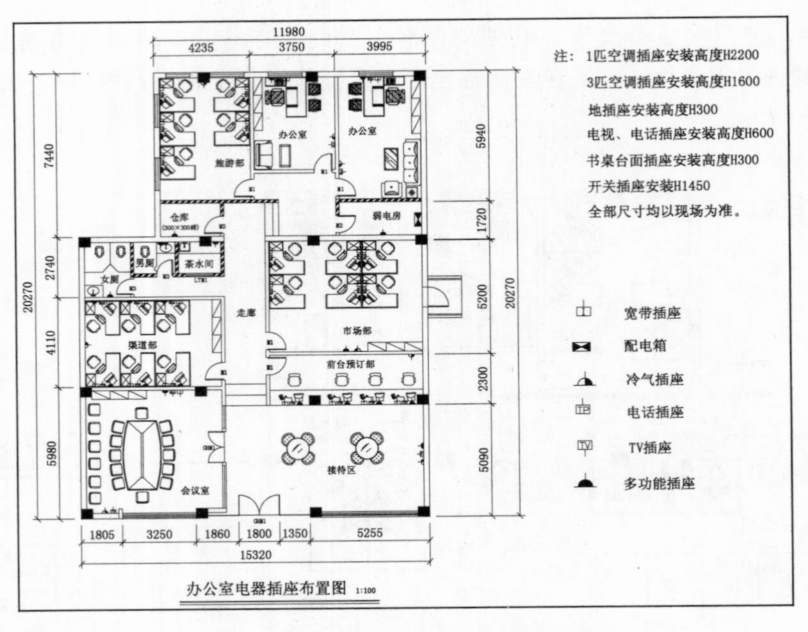

图 12-23　办公室电器插座布置图效果

12.3.1　新建图形文件

新建图形文件的具体步骤如下。

1）启动 AutoCAD 2014 软件，选择“文件”|“打开”命令，打开“案例\12\办公室平面布置图.dwg”文件。

2）选择“文件”|“另存为”命令，将上述文件另存为“案例\12\办公室开关插座布置图.dwg”，然后将图形右侧的门窗表及图例删除。

3）在进行办公室开关插座图布置时，设计师可将所需的各种开关、插座符号图块组合在一个文件中，以便调用。选择“文件”|“打开”命令，打开“案例\12\各种插座符号.dwg”文件，如图 12-24 所示。

图 12-24　各种插座符号.dwg

4）选中所有图块对象，按〈Ctrl+C〉组合键将其复制到内存中，再选择“窗口”菜单下的“办公室开关插座布置图.dwg”文件，使之成为当前文件，然后按〈Ctrl+V〉组合键将图块粘贴到当前文件的空白位置，以便调用。

12.3.2　布置多功能插座

布置多功能插座的具体步骤如下。

1）新建“临时图层”图层，将图形中的部分文字标注置于“临时图层”图层中，然后将“临时图层”图层隐藏起来，如图 12-25 所示。

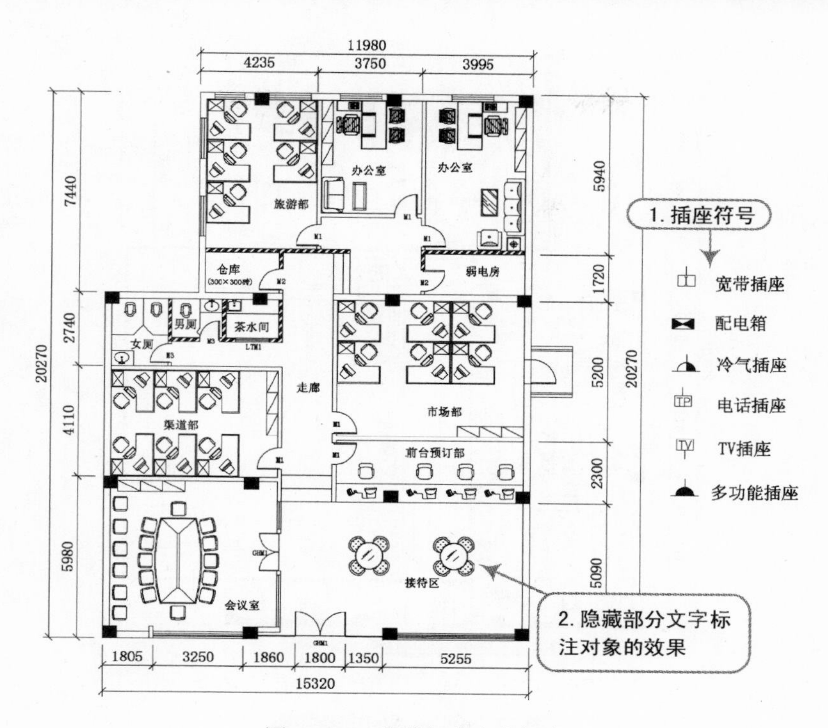

图 12-25 隐藏部分文字标注

2）新建“电器插座”图层，将复制过来的电器符号置换到“电器插座”图层中。

操作提示

由于复制过来的电器符号较大，用户可以将其右侧的电器符号再复制一份，然后使用“缩放”命令（SC）将复制过来的电器符号缩小至原来的2/5。

3）使用“复制”命令（CO）将电器符号复制到每个房间的不同位置，如图 12-26 所示。

操作提示

在布置电器插座时，“宽带插座”“电话插座”和“多功能插座”是每台计算机办公室桌都应该有的，“冷气插座”和“多功能插座”也是每个房间都应布置的，“TV 插座”在接待区和两间办公室都应配有，“配电箱”则应配置在弱电房。

12.3.3 文字及图名的标注

文字及图名标注的具体步骤如下。

将“文本标注”图层置为当前图层，使用“多行文字”命令（MT）在图形的右上侧输入电器插座配置说明，最后在图形的下侧标注出图名标注及比例。绘制完成的电器插座如图 12-26 所示。

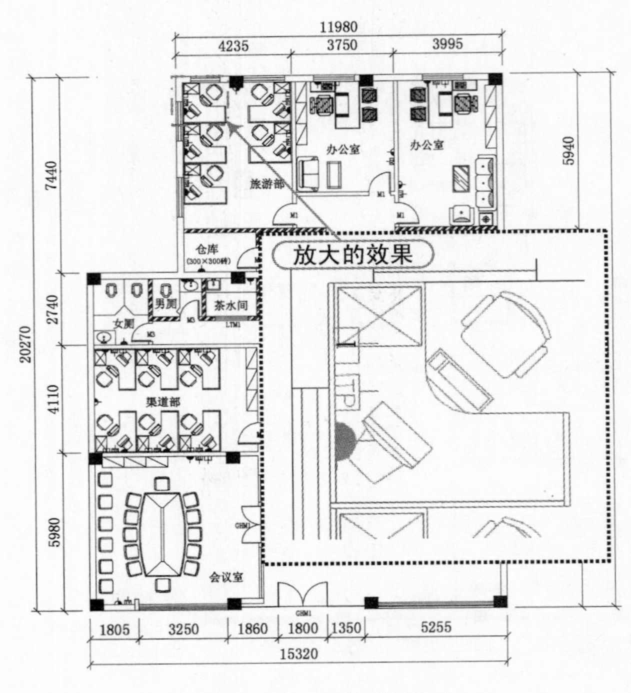

图 12-26　布置的电器插座

办公室的布置程序

- 通过对各部门的业务及工作内容与性质进行考察与分析，明确各部门及各员工间的关系，以作决定其位置的依据与参考。
- 列表将各部门的工作人员及其工作职责分别记录下来。
- 按工作人员数量及其办公所需的空间，设定其空间大小。通常，办公室的大小因各人工作性质而异；但一般而言，每人的办公室间，大者可 3～10m^2，普通者 1.5～8m^2 即可。
- 根据工作需要决定所需的家具、桌椅等，列表分别详细记载。
- 然后依据这些步骤所得结果进行研究与计划，然后绘制办公室座位布置图，最后依图布置办公室。

12.4　办公室 A 立面墙的绘制

视频\12\办公室A立面墙的绘制.avi
案例\12\办公室A立面墙.dwg

在绘制办公室 A 立面墙之前，设计师应将前面绘制好的“办公室平面布置.dwg”文件另存为新的文件——“办公室 A 立面墙.dwg”，再使用“直线”命令从其平面布置图中引出办公室 A 立面墙的轮廓结构，然后根据要求对办公室 A 立面墙进行局部的绘制，最后进行尺寸标注、文字标注和图名标注。绘制的效果如图 12-27 所示。

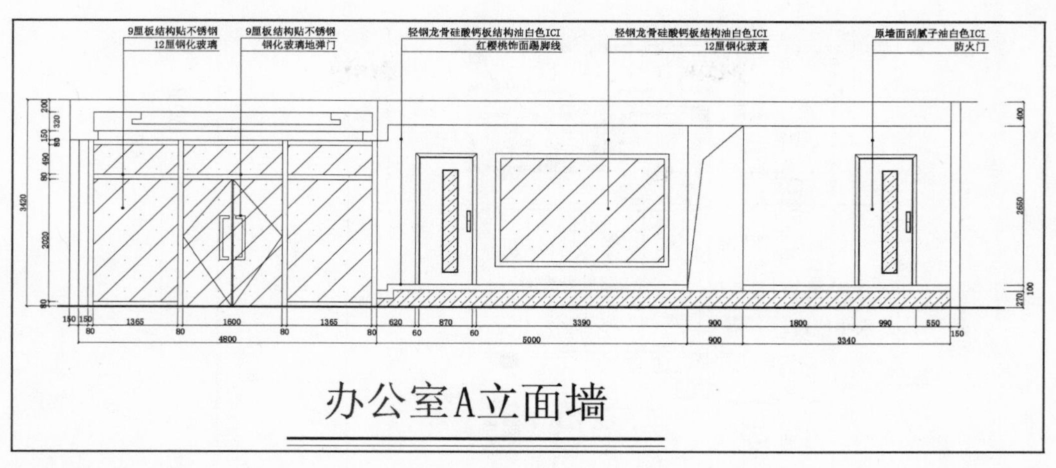

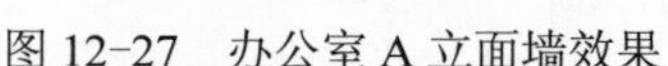

图 12-27　办公室 A 立面墙效果

12.4.1　新建图形文件

新建图形文件的具体步骤如下。

1）启动 AutoCAD 2014 软件，选择“文件”|“打开”命令，打开“案例\12\办公室平面布置图.dwg”文件。

2）选择“文件”|“另存为”命令，将上述文件另存为“案例\12\办公室 A 立面墙.dwg”，然后使用“删除”命令（E）将右侧的门窗表格及图例内容删除。

12.4.2　绘制办公室 A 立面墙的轮廓

根据要求，办公室 A 立面墙轮廓的定位，从会议室外墙角点至仓库内墙角点依次来绘制多条水平线段。

绘制办公室 A 立面墙轮廓的具体步骤如下。

1）将“墙”图层置为当前图层，使用“直线”命令（L）在图形的左侧空白处绘制一条垂直线段，再分别从厕所、渠道部、会议室处引出水平线段来分隔轮廓，如图 12-28 所示。

2）使用“偏移”命令（O）将垂直线段向左侧偏移 3420mm，再使用“删除”命令（E）将原有图形的所有内容删除，再使用“修剪”命令（TR）将绘制水平和垂直线段的多余部分删除，如图 12-29 所示。

3）使用“旋转”命令（RO）将绘制的图形对象旋转-90°，再使用“偏移”命令（O）将图形的左侧结构按照图 12-30 所示进行偏移。

4）同样，使用“偏移”命令（O）对其水平线段进行偏移，再使用“修剪”命令（TR）将多余的线段进行修剪，如图 12-31 所示。

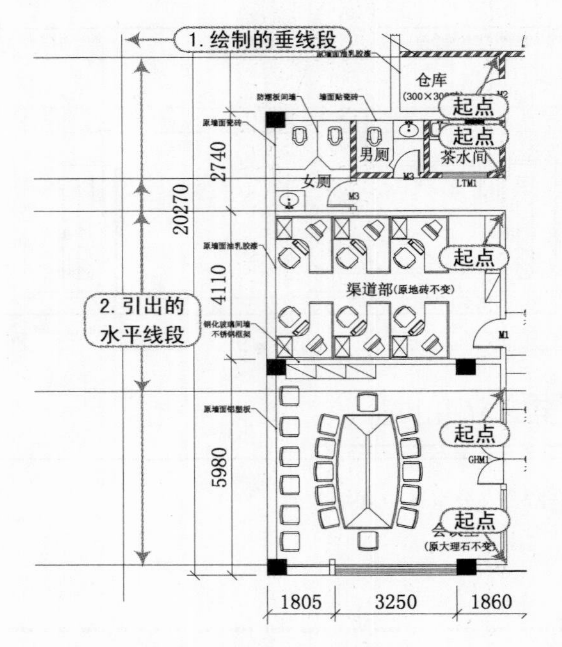

图 12-28 引线的水平线段

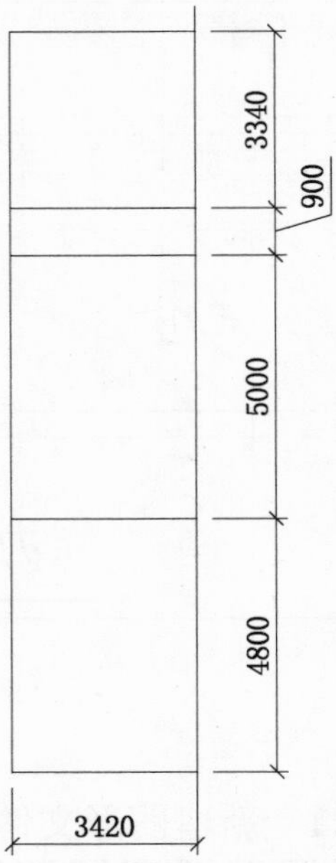

图 12-29 偏移并修剪线段

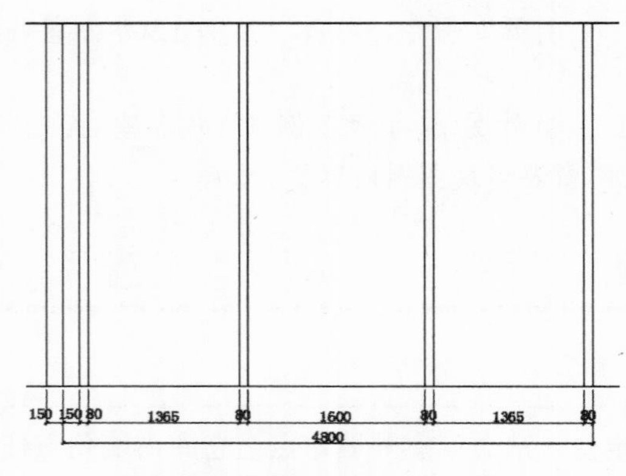

图 12-30 旋转并偏移垂直线段

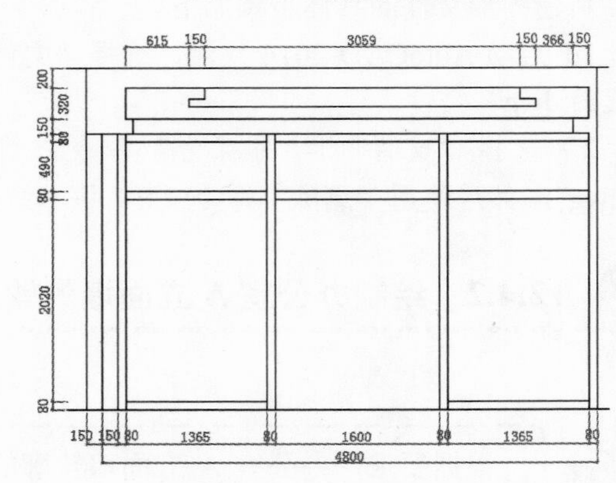

图 12-31 偏移并修剪水平线段

5）同样，使用“偏移”命令（O）对其水平线段进行偏移，再使用“修剪”命令（TR）将多余的线段进行修剪，使其中间和右侧的结构如图 12-32 所示。

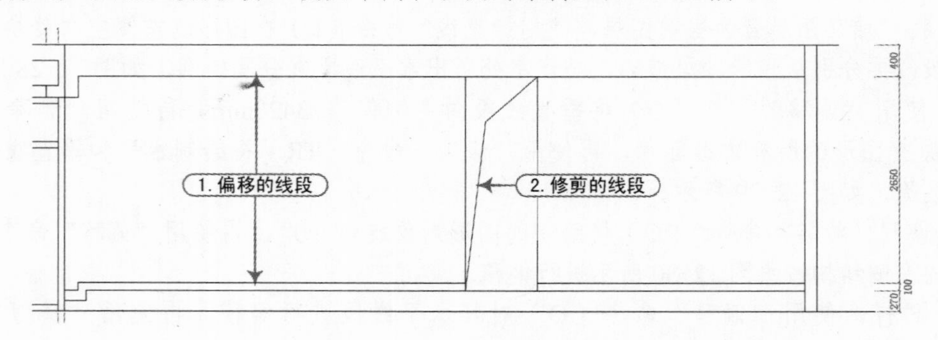

图 12-32 绘制中间和右侧结构

6）使用“插入块”命令（I）将“案例\12\夹板门立面图.dwg”图块文件插入相应的位置，再使用“矩形”命令（REC）绘制尺寸为 2790mm × 1870mm 的矩形，再将矩形向内侧偏移 80mm，并对其内部进行“SACNCR”图案填充，从而形成钢化玻璃框，如图 12-33 所示。

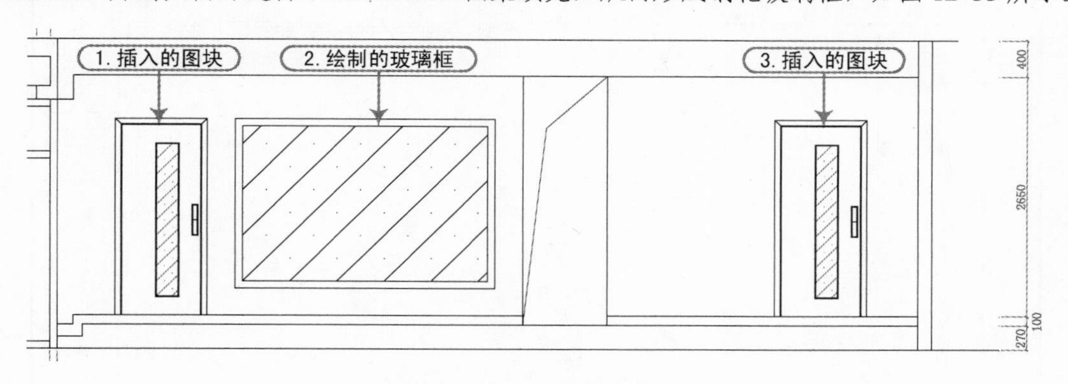

图 12-33 插入门块并绘制玻璃框

7）使用“图案填充”命令（BH）对指定的区域进行图案填充，再将下侧的水平线段转换为多段线，并设置该多段线的宽度为 20mm，从而完成立面墙轮廓结构的绘制，如图 12-34 所示。

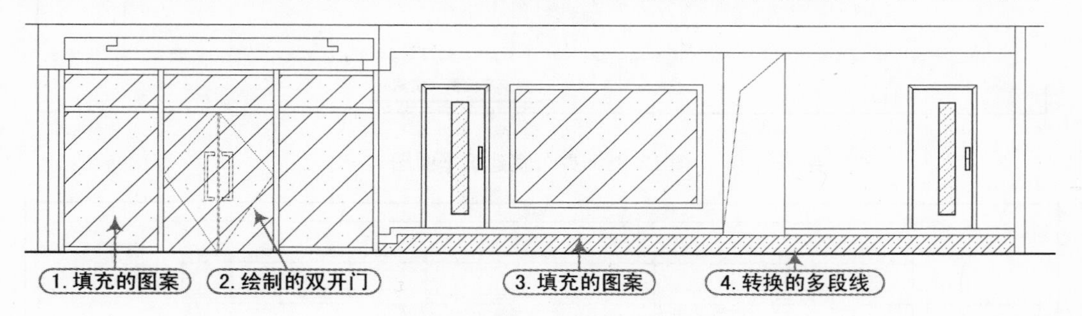

图 12-34 完成的办公室 A 立面墙轮廓

12.4.3 尺寸、文字及图名标注

根据前面的方法分别对图形进行尺寸标注、多重引线标注以及图名标注等，如图 12-27 所示。

12.5 实战总结与案例拓展

本章讲解了办公室装潢施工图纸的绘图方法，包括办公室建筑平面图、办公室平面布置图、办公室电器插座布置图和办公室 A 立面墙的绘制等，帮助用户熟练掌握运用 AutoCAD 2014 软件绘制相应图形的方法和技巧。

最后，用户可根据本章所学内容自行完成办公室建筑平面图、办公室平面布置图、顶棚布置图、照明布置图、门厅形象墙立面图、文件柜（隔断墙）立面图的绘制，效果如图 12-35～图 12-40 所示（参见“案例\12\拓展—某办公室装修图.dwg”文件）。

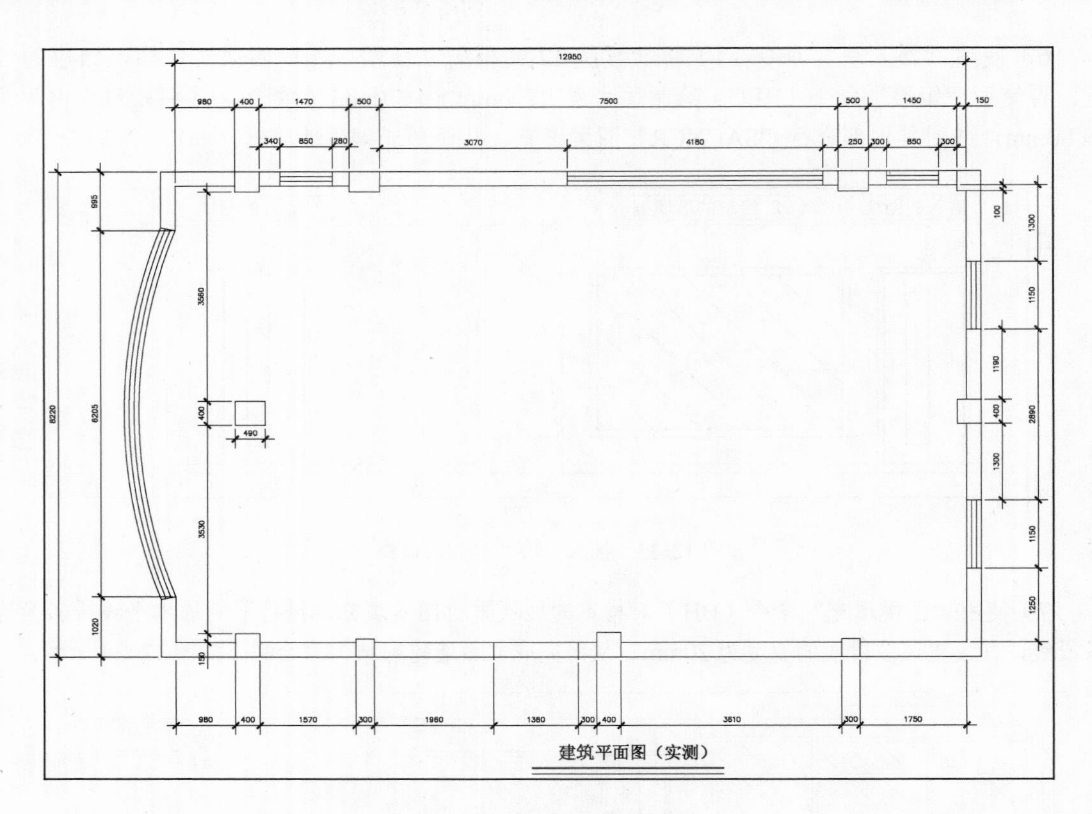

图 12-35　办公室建筑平面图

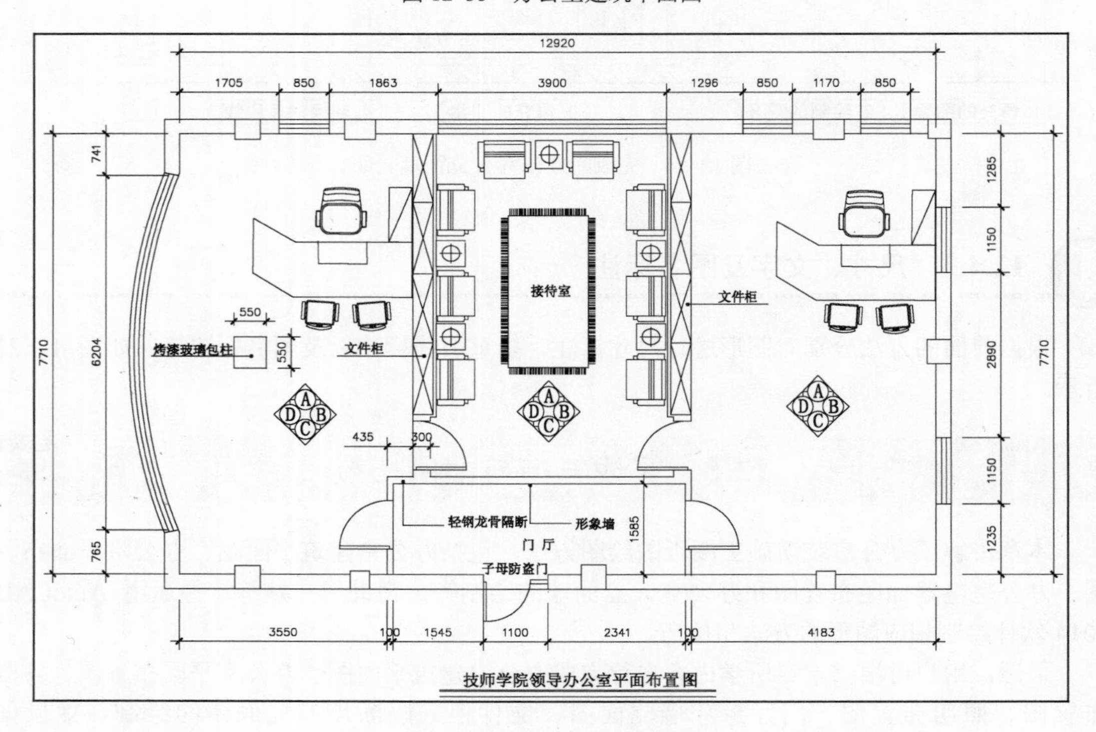

图 12-36　办公室平面布置图

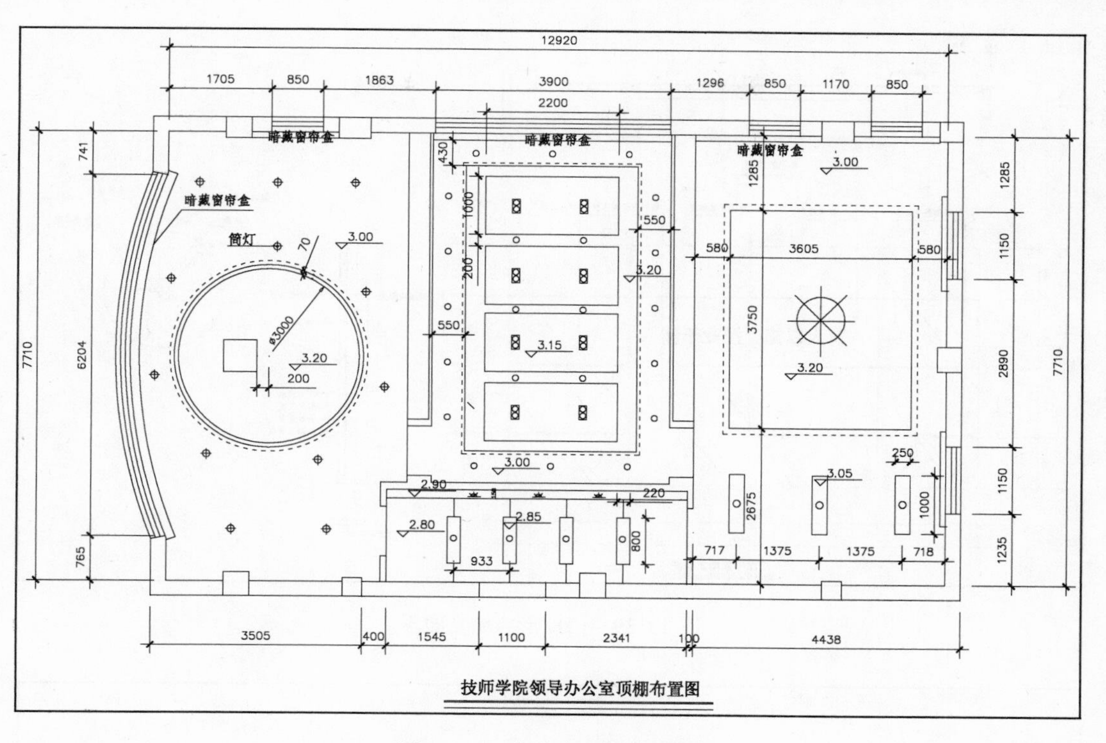

图 12-37 办公室顶棚布置图

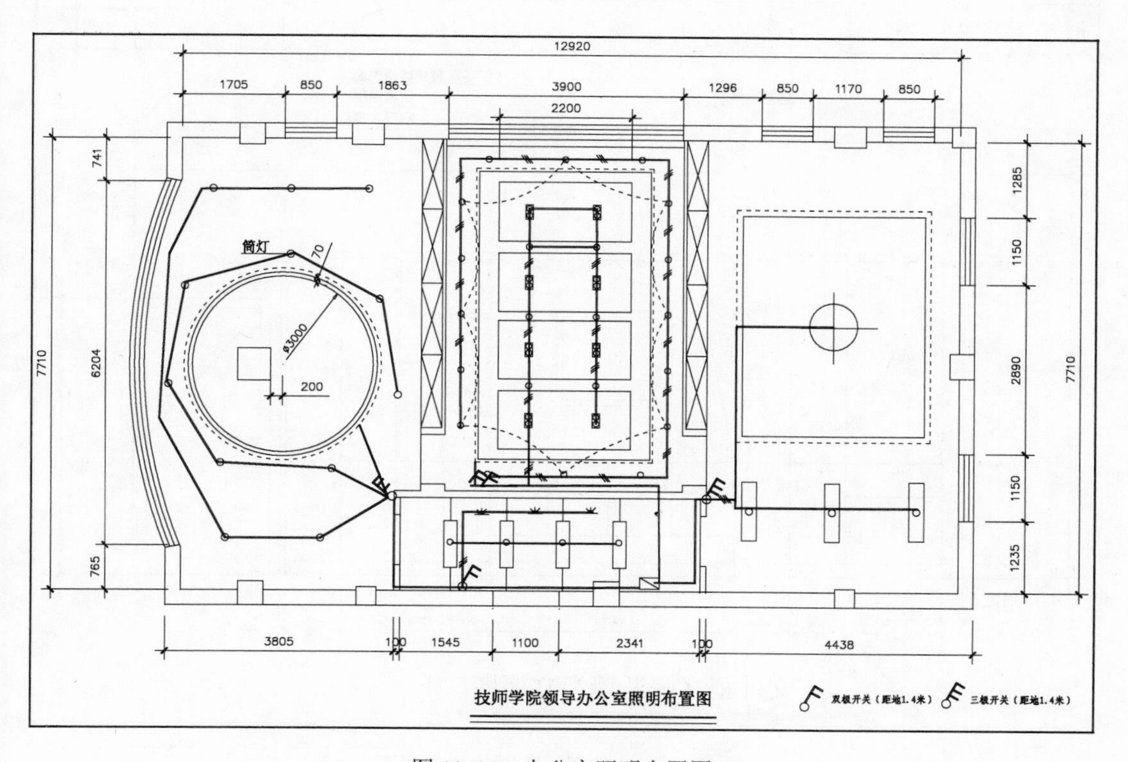

图 12-38 办公室照明布置图

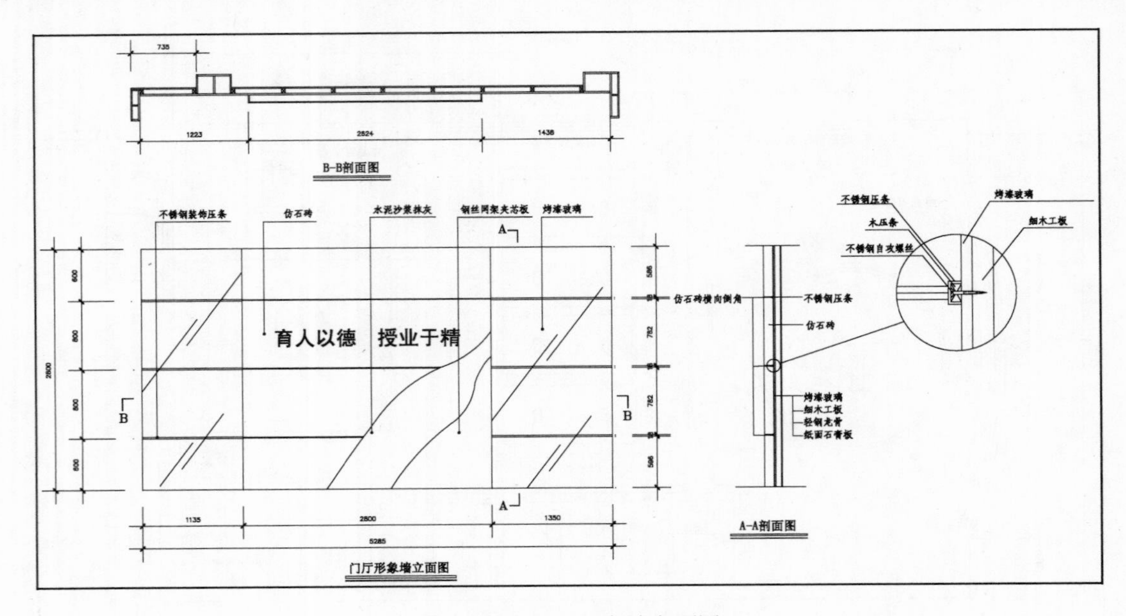

图 12-39　门厅形象墙立面图

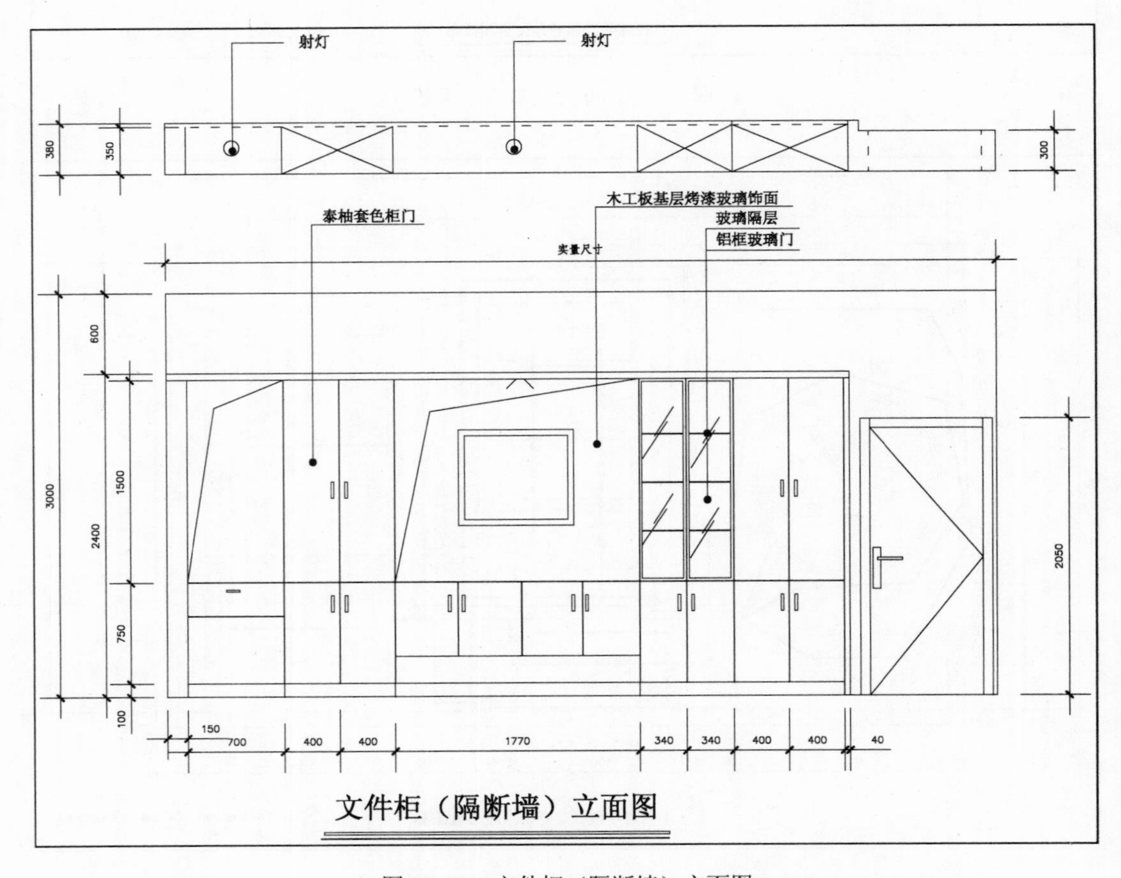

图 12-40　文件柜（隔断墙）立面图

第 13 章　汽车展厅装潢施工图的绘制

本章导读

展厅的分类繁多，不胜枚举；展厅的类别不同，其设计要求也有所不同。各种规模的商展、促销活动、交易会、订货会、新产品发布会等都可视为经济类展示活动，其表现形式虽多种多样，但最终目的还是确立企业形象，促成消费行为。

本章以汽车展厅装潢施工的绘制为例，分别讲解了销售中心一层室内布置图、销售中心一层地面布置图、销售中心一层天花布置图、销售中心二层平面布置图、销售中心入口外立面图、营业区电视幕墙立面图以及电视幕墙 A-A 剖面图的绘制，帮助用户更加熟练地掌握展厅类装潢施工图的绘制方法。

主要内容

☑ 销售中心一层室内布置图的绘制
☑ 销售中心一层地面布置图的绘制
☑ 销售中心一层天花布置图的绘制
☑ 销售中心二层平面布置图的绘制
☑ 销售中心入口外立面图的绘制
☑ 营业区电视幕墙立面图的绘制
☑ 电视幕墙 A-A 剖面图的绘制

效果预览

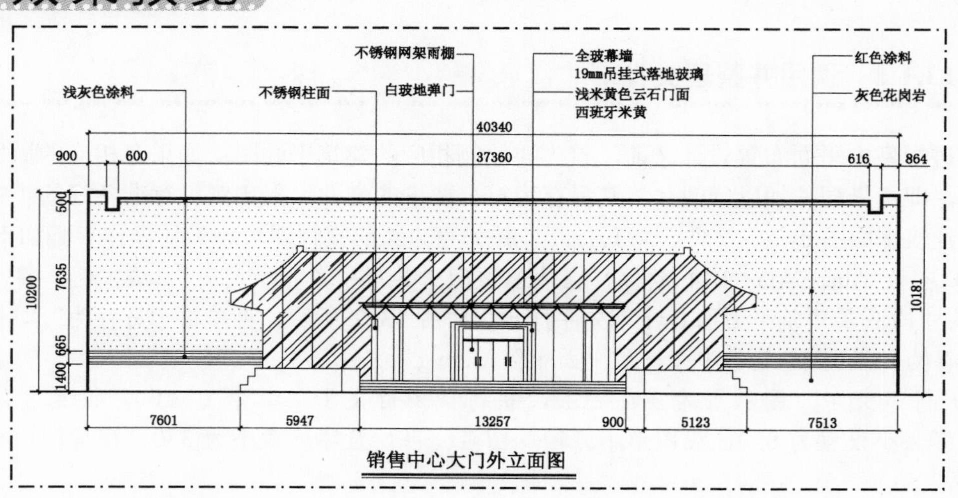

销售中心大门外立面图

13.1 销售中心一层平面布置图的绘制

视频\13\销售中心一层平面布置图的绘制.avi
案例\13\销售中心一层平面布置图.dwg

首先将准备好的销售中心一层建筑平面布置图打开，其次根据各个展示间平面图特点的功能性，分别进行平面布置图的设计。在进行家具摆放之前，设计师应先根据需要绘制固定家具造型的轮廓，再插入一些家具图块，最后进行尺寸标注、文字标注，图名标注等。布置效果如图 13-1 所示。

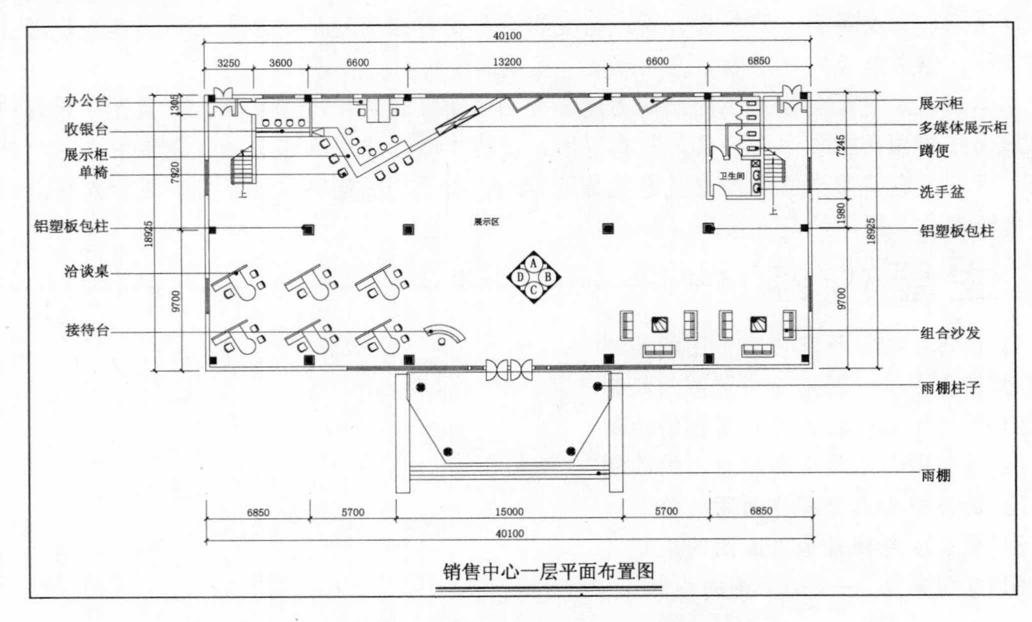

图 13-1 销售中心一层平面布置图效果

13.1.1 调用并整理文件

在进行室内平面布置设计之前，首先要绘制相应的建筑平面图；如果有相应的原始建筑平面图，即可借调并加以修改，将其另存为符合要求的文件。本实例已有准备好的“销售中心一层建筑平面图.dwg”文件，将其打开，并另存为新的文件即可。具体操作步骤如下。

1）启动 AutoCAD 2014 软件，在快速访问工具栏中单击“打开”按钮，将“案例\13\销售中心一层建筑平面图.dwg”文件打开。如图 13-2 所示。再单击“另存为”按钮，将其另存为“案例\13\销售中心一层平面布置图.dwg”文件。

2）将“文字”图层置为当前图层，执行“多行文字”命令（MT），设置字体为宋体，文字大小设置为 600，在图形下方输入图名；再设置字体大小为 350，在房间内标注房间名称。

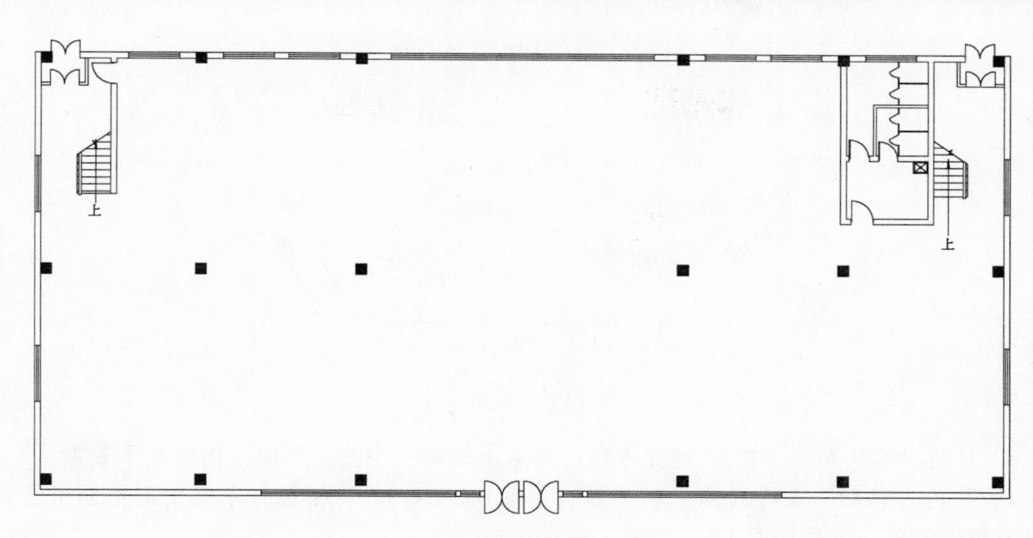

图 13-2 打开的图形

3）再执行“多段线”命令（PL），设置宽度为 50，在图名下方绘制一条多段线；再执行“直线”命令（L），绘制一条与多段线同长的直线段，如图 13-3 所示。

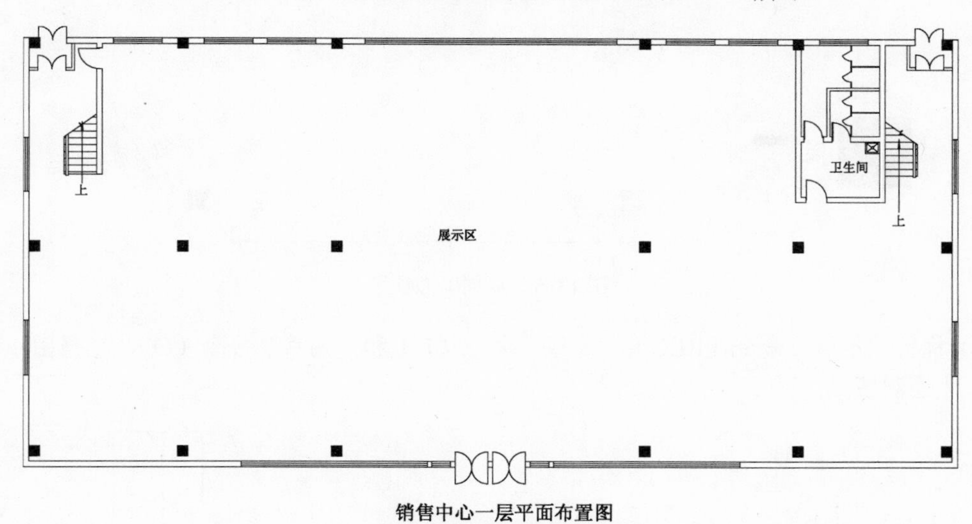

图 13-3 绘制图名效果

13.1.2 绘制室内布置图造型

在绘制室内布置图时，设计师应该先绘制出室内家具造型的轮廓，例如柱子装饰等，然后通过插入块的方式将该家具店的成品家具插入到相应位置。具体操作步骤如下。

1）切换到“家具”图层，执行“直线”命令（L），绘制如图 13-4 所示的图形。

2）执行“矩形”命令（REC），绘制 400mm × 400mm 的矩形；再执行“图案填充”命令（H），选择样例为“SOLID”，对矩形进行填充。

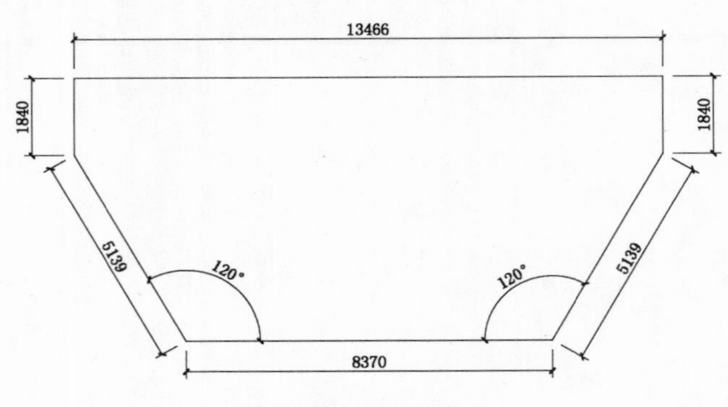

图 13-4　绘制线段

3）执行“圆”命令（C），捕捉矩形对角点来绘制一个圆，形成雨棚圆柱子效果。

4）执行“移动”命令（M）和“复制”命令（CO），将雨棚柱子复制到前面所绘制图形中的相应位置，效果如图 13-5 所示。

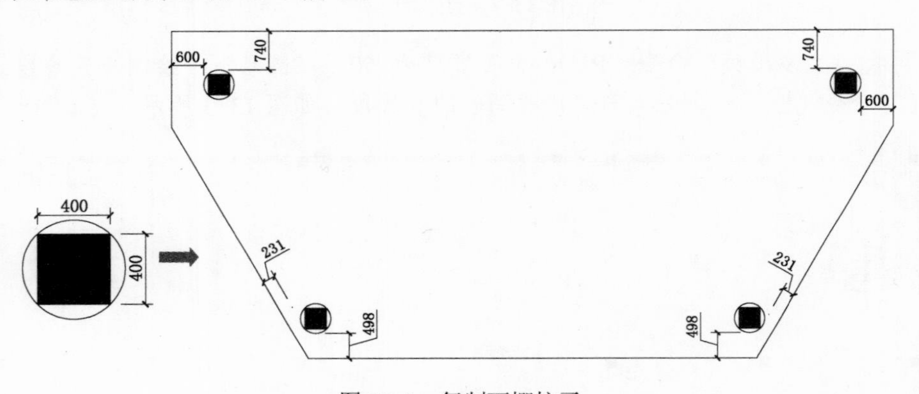

图 13-5　复制雨棚柱子

5）执行“矩形”命令（REC）、“直线”命令（L）和“偏移”命令（O），根据图 13-6 所示的尺寸绘制图形。

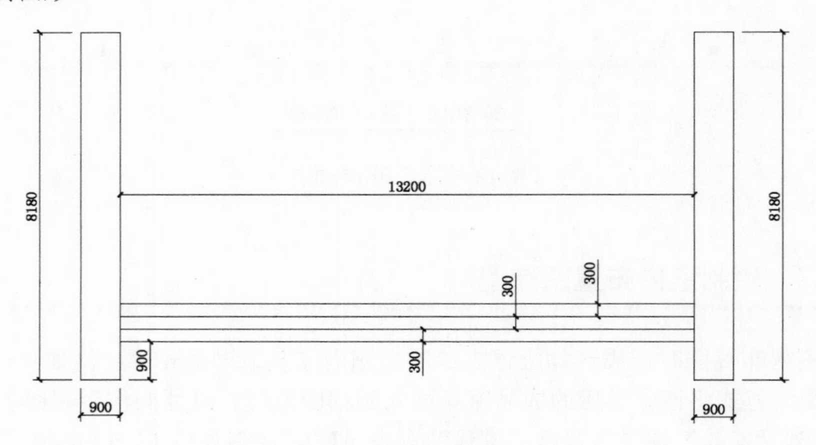

图 13-6　绘制图形

6）执行“移动”命令（M），将绘制好的图形移动到距离前面图形 200mm 的位置，形成雨棚，效果如图 13-7 所示。

7）再执行“移动”命令（M），将雨棚移动到平面图的入口墙体中点往下 147mm 的位置，如图 13-8 所示。

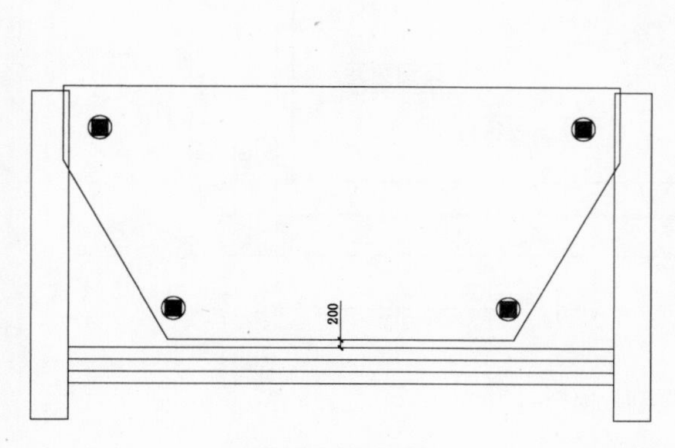

图 13-7 移动组合

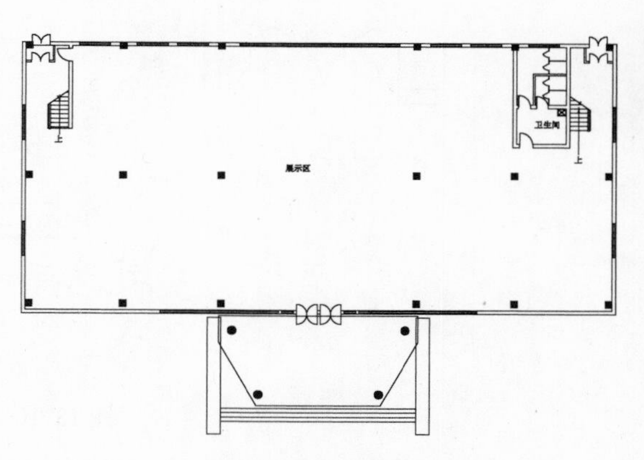

图 13-8 移动雨棚

8）执行“矩形”命令（REC），捕捉展示区内部柱子轮廓绘制矩形；再执行“偏移”命令（O），将矩形向外偏移 75mm 和 50mm，形成包裹柱子，如图 13-9 所示。

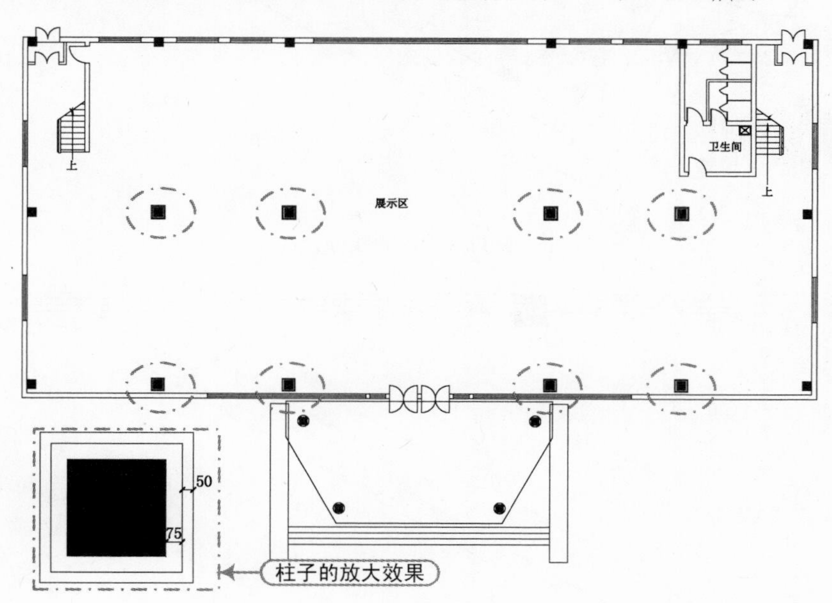

图 13-9 包裹柱子

9）执行“偏移”命令（O）、“直线”命令（L）和“修剪”命令（TR），在展区左上角绘制出收银台和隔断基本轮廓，并切换至“家具”图层，如图 13-10 所示。

10）执行“直线”命令（L），在步骤 9）绘制的隔墙右侧捕捉点，绘制图 13-11 所示的斜线办公台图形。

11）执行“偏移”命令（O）、“修剪”命令（TR）和“直线”命令（L），在斜线上绘制出展示柜，如图 13-12 所示。

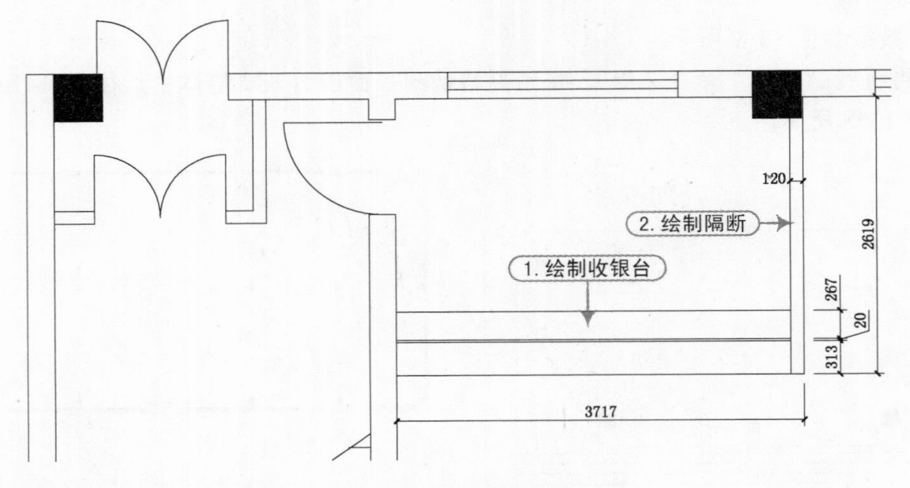

图 13-10　绘制收银台

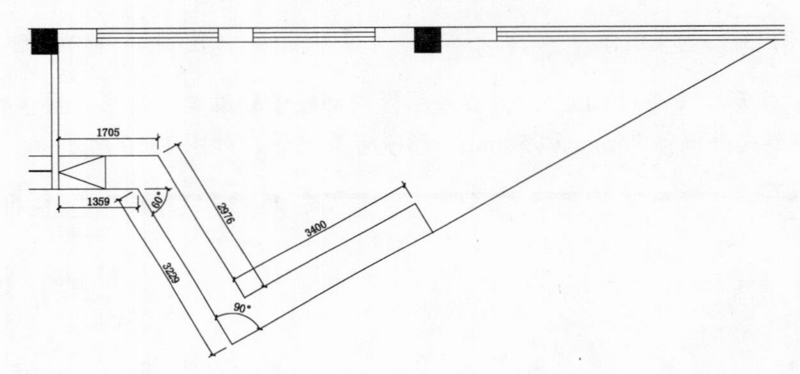

图 13-11　绘制斜线办公台

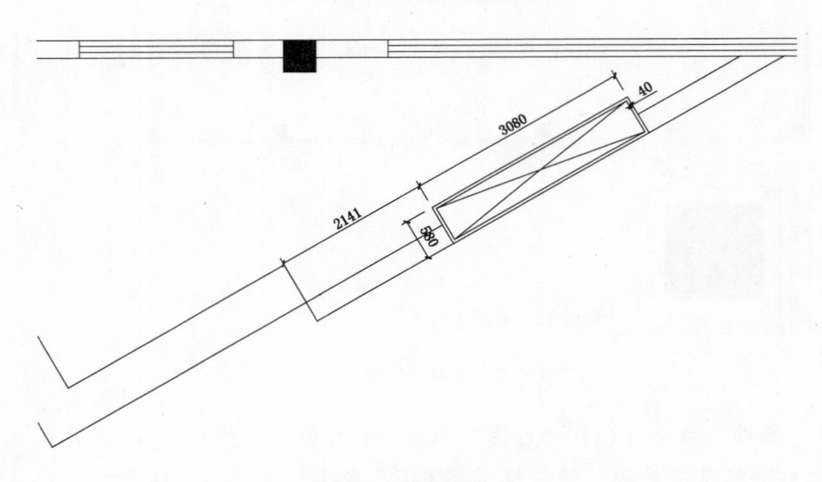

图 13-12　绘制展示柜（一）

12）执行“直线”命令（L），继续在右侧绘制斜线展示柜，如图 13-13 所示。

13）执行“圆”命令（C），绘制半径为 2008mm、1608mm 和 1408mm 的同心圆，如图 13-14 所示。

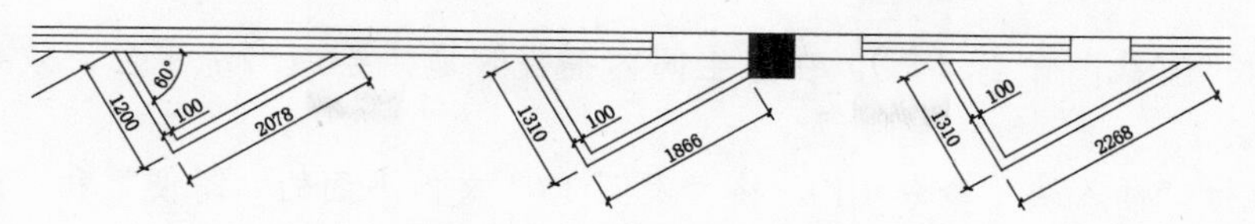

图 13-13　绘制展示柜（二）

14）执行“直线”命令（L），绘制角度为 30° 和 120° 的线段，如图 13-15 所示。

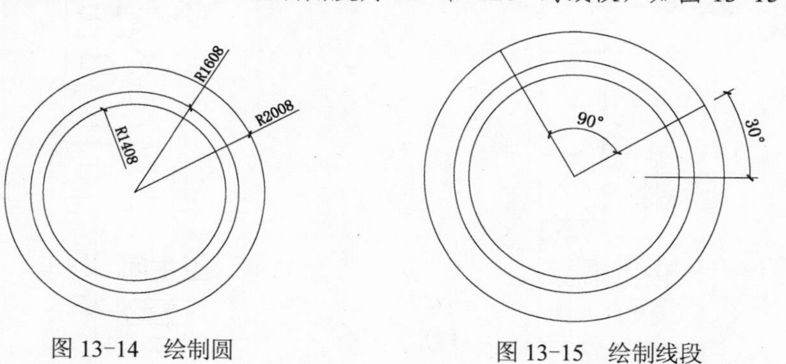

图 13-14　绘制圆　　　　图 13-15　绘制线段

15）执行“修剪”命令（TR），修剪多余圆弧，形成接待台，效果如图 13-16 所示。

16）执行“移动”命令（M），将接待台移动到门口位置，如图 13-17 所示。

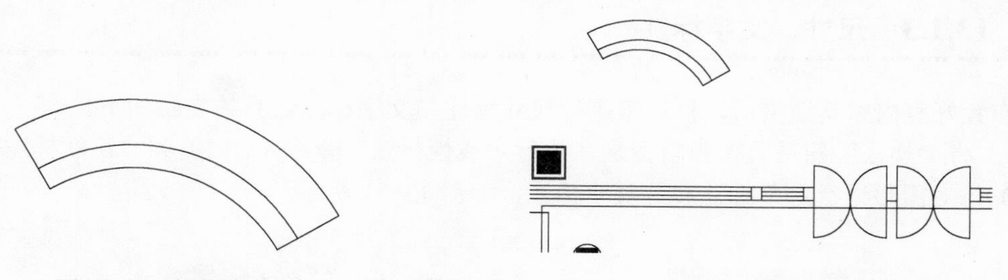

图 13-16　修剪效果　　　　图 13-17　移动图形

17）执行“插入块”命令（I），将“案例\13”文件下面的相应图块插入到图形中，并通过“复制”“移动”“旋转”等操作，将相应图块放置到图 13-18 所示的位置。

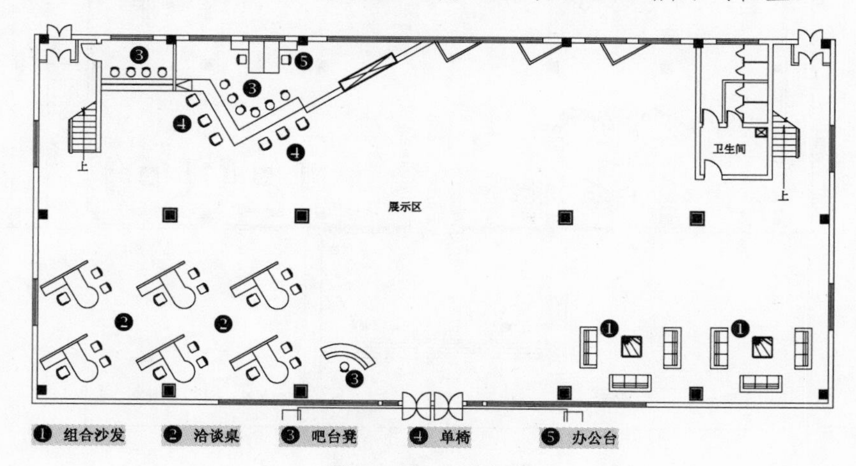

图 13-18　插入图块

18）执行“直线”命令（L），在卫生间内捕捉管道，绘制出洗手台，效果如图 13-19 所示。

19）再执行“插入块”命令（I），将“案例\13”文件下面的“蹲便”和“洗手盆”图块插入并复制到相应位置，效果如图 13-20 所示。

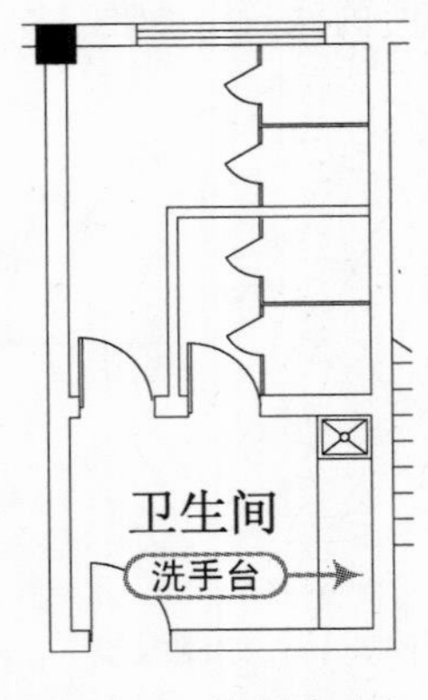

图 13-19 绘制洗手台

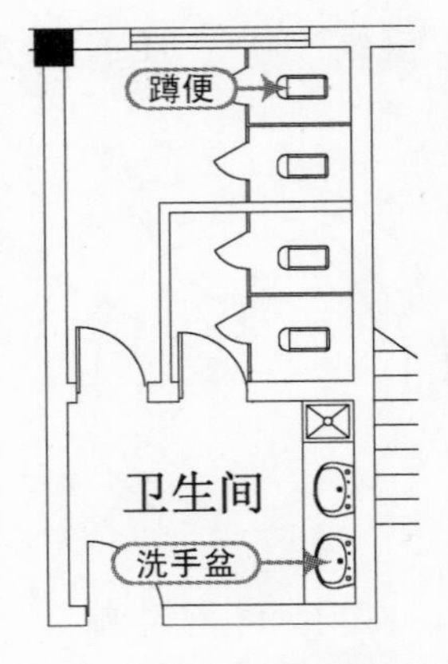

图 13-20 插入图块

13.1.3 尺寸、文字标注

布置好室内家具造型后，接下来进行尺寸标注与文字标注。具体步骤如下。

1）将“标注”图层置为当前图层，执行“线性标注”命令（DLI）和“连续标注”命令（DCO），对图形进行对象标注和总尺寸标注，如图 13-21 所示。

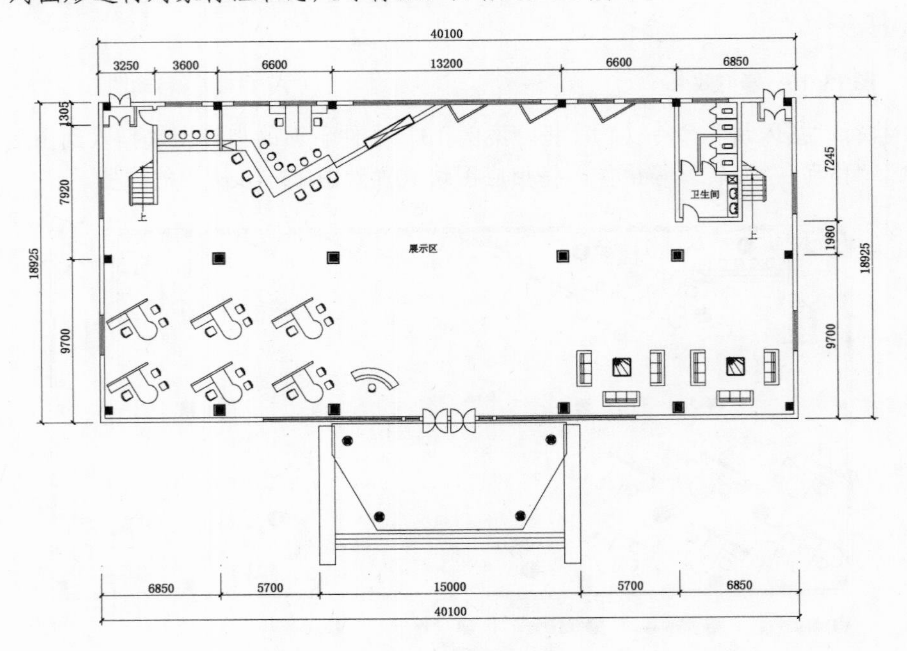

图 13-21 尺寸标注

2）将“文字”图层置为当前图层，执行“多重引线”命令（MLD），在拉出一条直线以后，弹出“文字格式”对话框，设置字体为仿宋、字体大小为 700，根据要求对室内布置图进行文字标注，效果如图 13-22 所示。

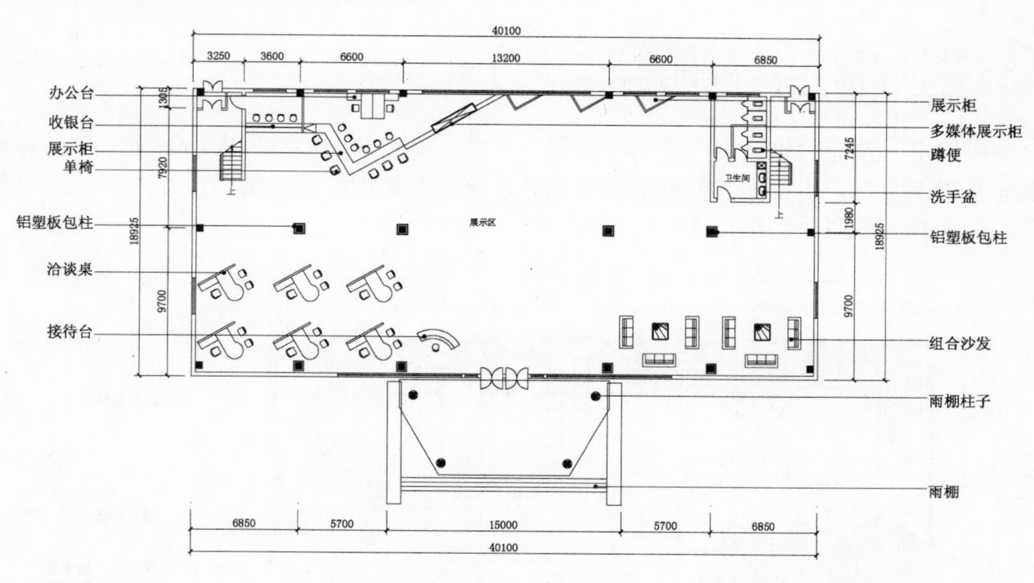

图 13-22　文字标注

3）将“FH-符号”图层置为当前图层，执行“插入块”命令（I），将“案例\14”文件夹下面的“索引符号”图块插入到图中，如图 13-23 所示。

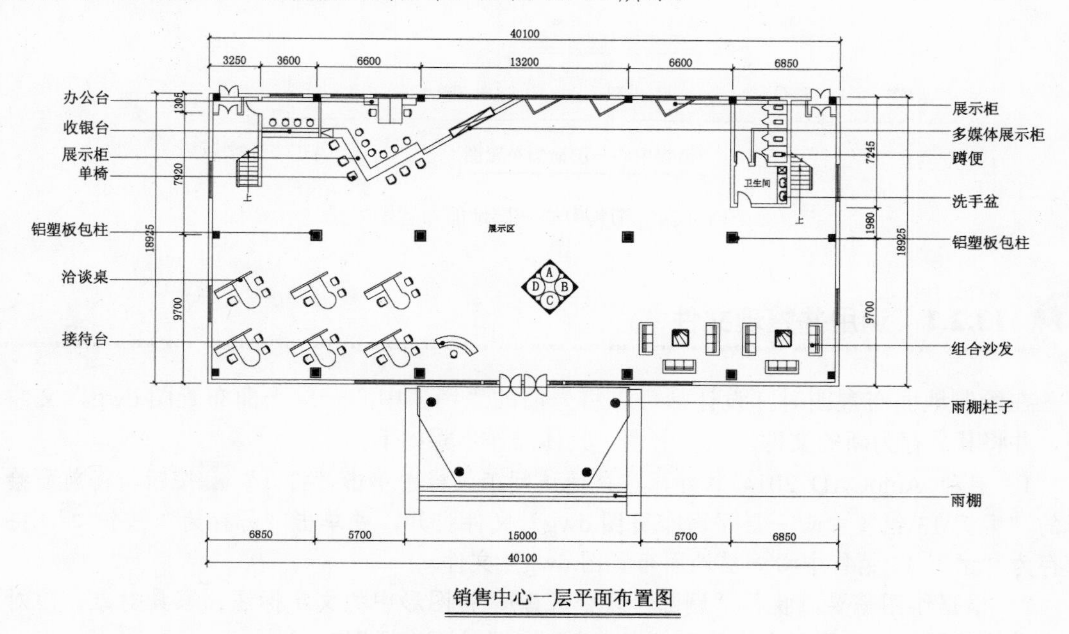

图 13-23　插入索引符号

4）至此，销售中心一层平面布置图已经绘制完成，按〈Ctrl+S〉组合键对其进行保存。

13.2 销售中心一层地面布置图的绘制

视频\13\销售中心一层地面布置图的绘制.avi
案例\13\销售中心一层地面布置图.dwg

本实例中，设计师先调用“平面布置图”文件，将多余图形对象进行删除，并将其另存为地面布置图文件，再根据绘制地面布置图要求来绘制地面轮廓，最后进行图案填充和文字标注，其效果如图 13-24 所示。

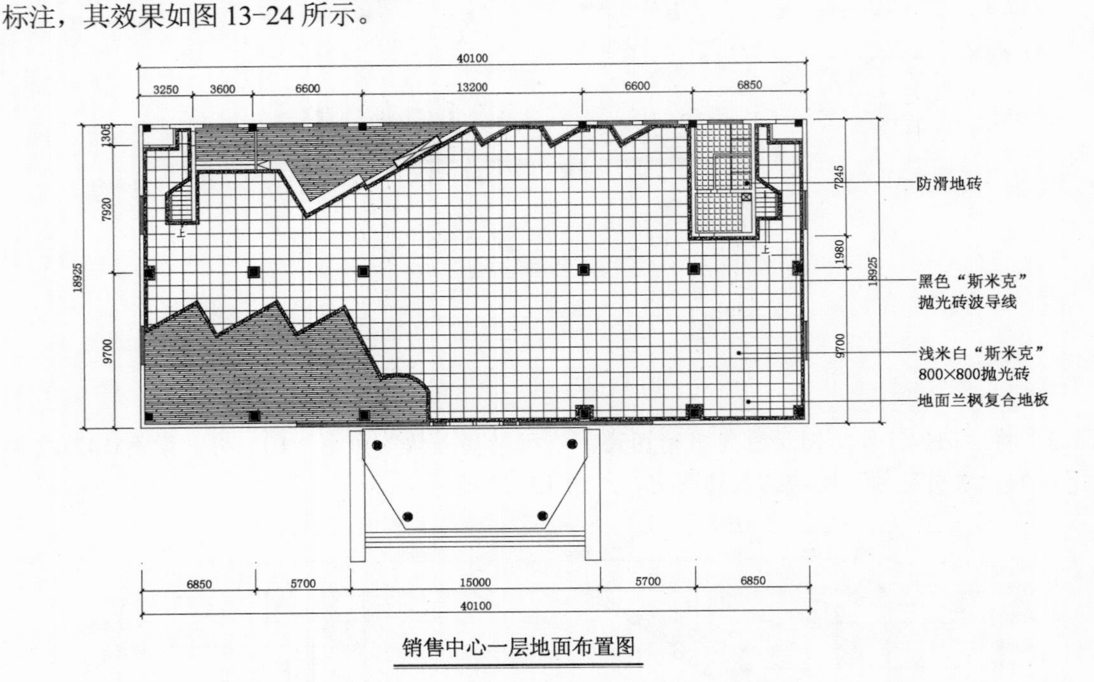

图 13-24 销售中心一层地面布置图效果

13.2.1 调用并整理文件

在绘制地面布置图时，设计师可以将先前的“销售中心一层平面布置图.dwg”文件打开，并将其另存为新的文件，以便借调。具体操作步骤如下。

1）启动 AutoCAD 2014 软件，在快速访问工具栏中单击“打开”按钮，将前面绘制好的“案例\13\销售中心一层平面布置图.dwg”文件打开，并单击“另存为”按钮，将其另存为“案例\13\销售中心一层地面布置图.dwg”文件。

2）根据作图需要，执行“删除”命令（E），将图形中的文字标注、家具对象、门对象和索引符号删除，并将图名修改为“销售中心一层地面布置图”。

3）将“地面”图层置为当前图层，执行“直线”命令（L），将门洞口封闭起来，修改效果如图 13-25 所示。

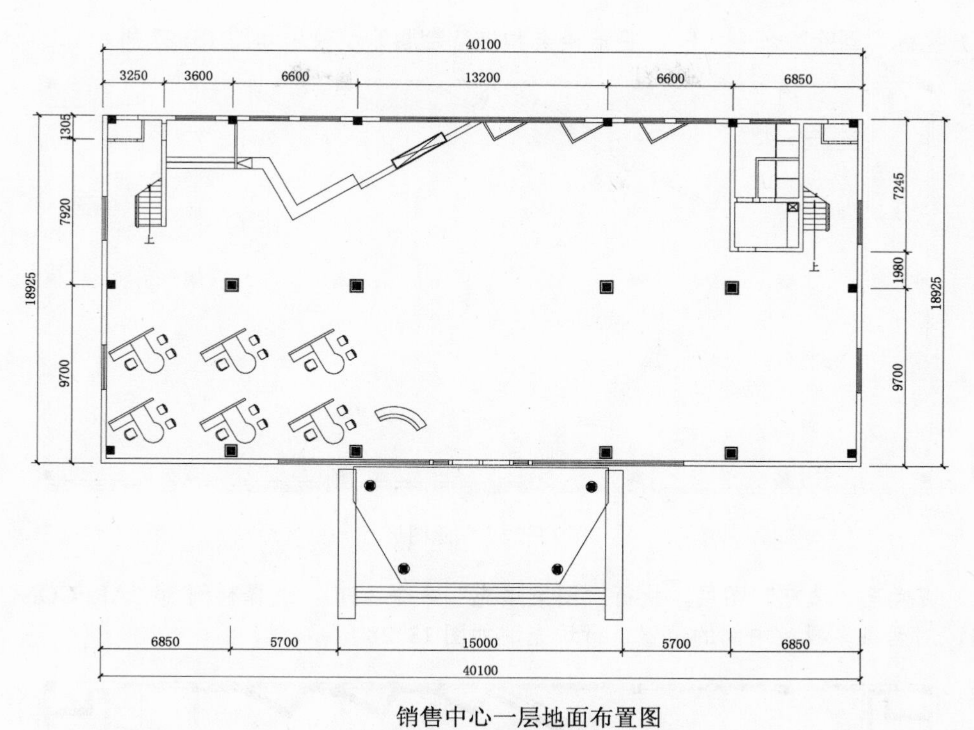

图 13-25 调用并整理图形

13.2.2 填充地面材质

填充地面材质能更真实表达空间的材质感觉，具体操作步骤如下。

1）执行“多段线”命令（PL），捕捉图形内部墙体、家具、柱子轮廓，绘制一条多段线；再执行“偏移”命令（O），将多段线向内偏移 200mm，效果如图 13-26 所示。

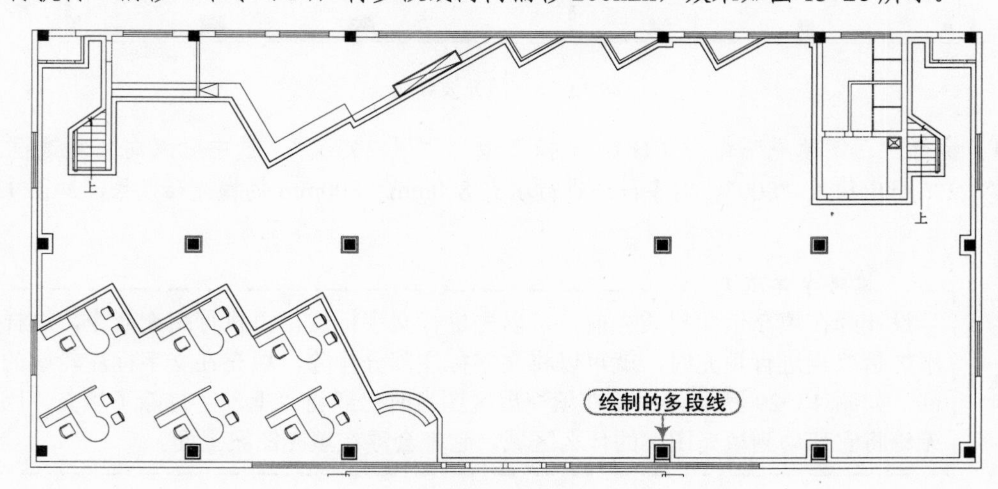

图 13-26 绘制多段线

2）执行“删除”命令（E），将洽谈桌和接待台删除，效果如图 13-27 所示。

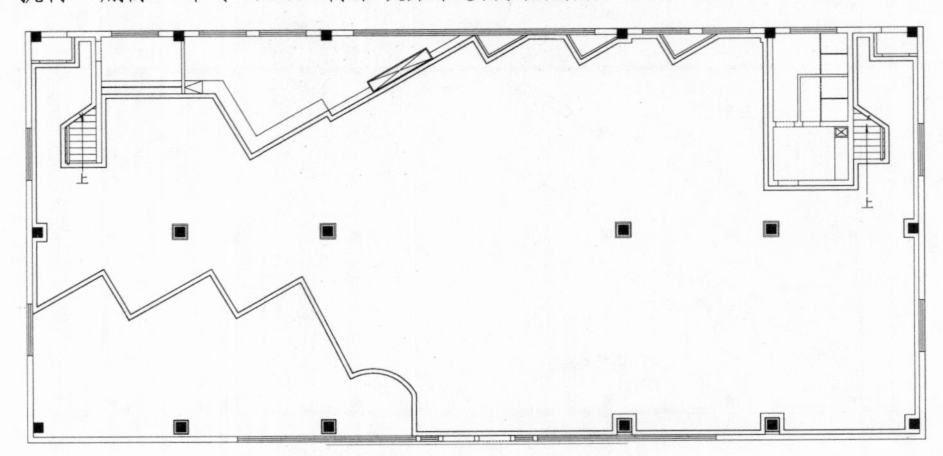

图 13-27　删除图形

3）切换至“填充”图层，执行“图案填充”命令（H），选择样例为“AR-CONC”，比例为 1，对两条多段线中间的位置进行填充，如图 13-28 所示。

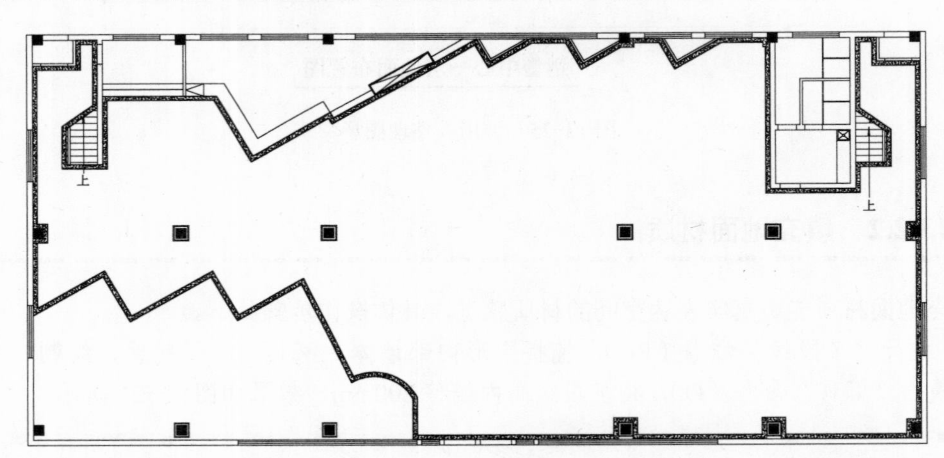

图 13-28　填充波导线

4）执行“图案填充”命令（H），选择类型为“用户定义”，选中“双向”复选框，在“间距”文本框中输入“800”，对多段线进行填充 800mm × 800mm 的抛光砖效果，如图 13-29 所示。

专业点滴

排除字体填充

设计师在填充地面材质之前，可以先进行文字标注，再执行填充命令，这样在添加拾取点进行填充时，就可以将文字标注部分排除，填充在文字标注轮廓的外部。如图 13-29 所示，由于在填充展区图案时已经将“上”字排除了填充，因此无论将它移动到填充图案的什么区域，它都会浮在填充图案上面。

5）执行“图案填充”命令（H），选择“预定义”，样例为“DOLMIT”，比例为 20，对相应区域填充复合地板，效果如图 13-30 所示。

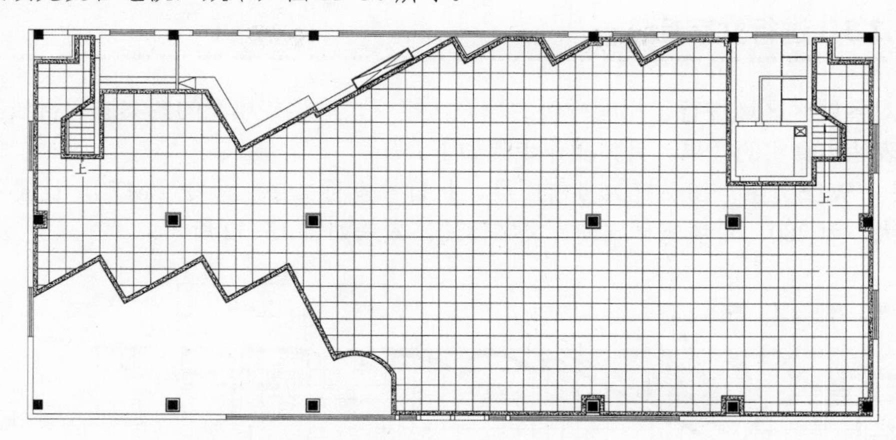

图 13-29　填充抛光砖

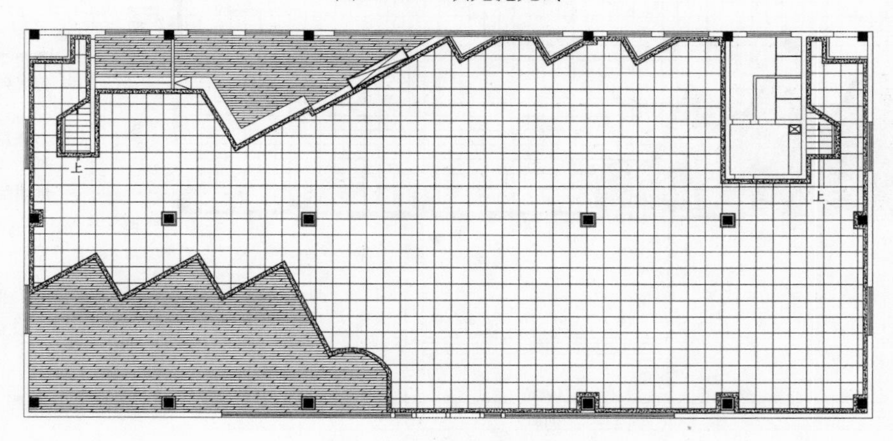

图 13-30　填充复合地板

6）重复执行“图案填充”命令（H），选择样例为“ANGLE”，比例为 50，对卫生间进行填充防滑砖，效果如图 13-31 所示。

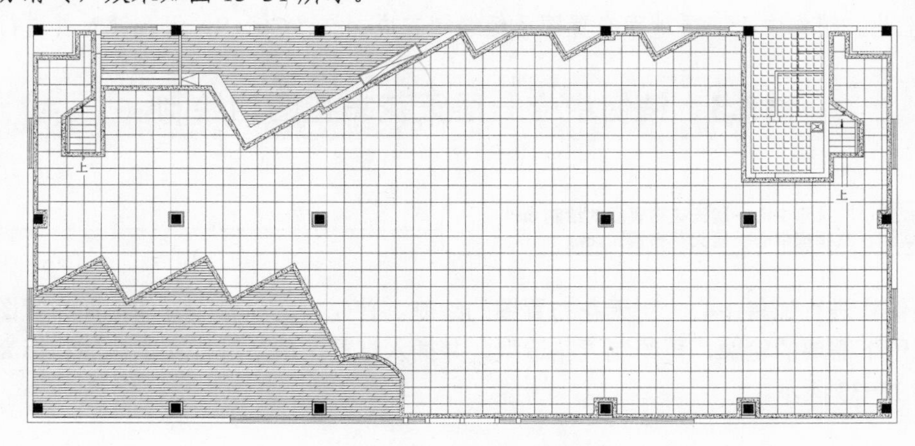

图 13-31　填充卫生间

13.2.3 进行文字标注

前面对各展区区域进行了相应样例的填充，接下来对这些填充的图案进行材质的说明，以清楚地表达出真实的效果。具体操作步骤如下。

1）将“WZ-文字”图层置为当前图层，执行“多行文字”命令（MT），设置字体为宋体，文字大小为280，对填充材质进行文字标注，效果如图13-32所示。

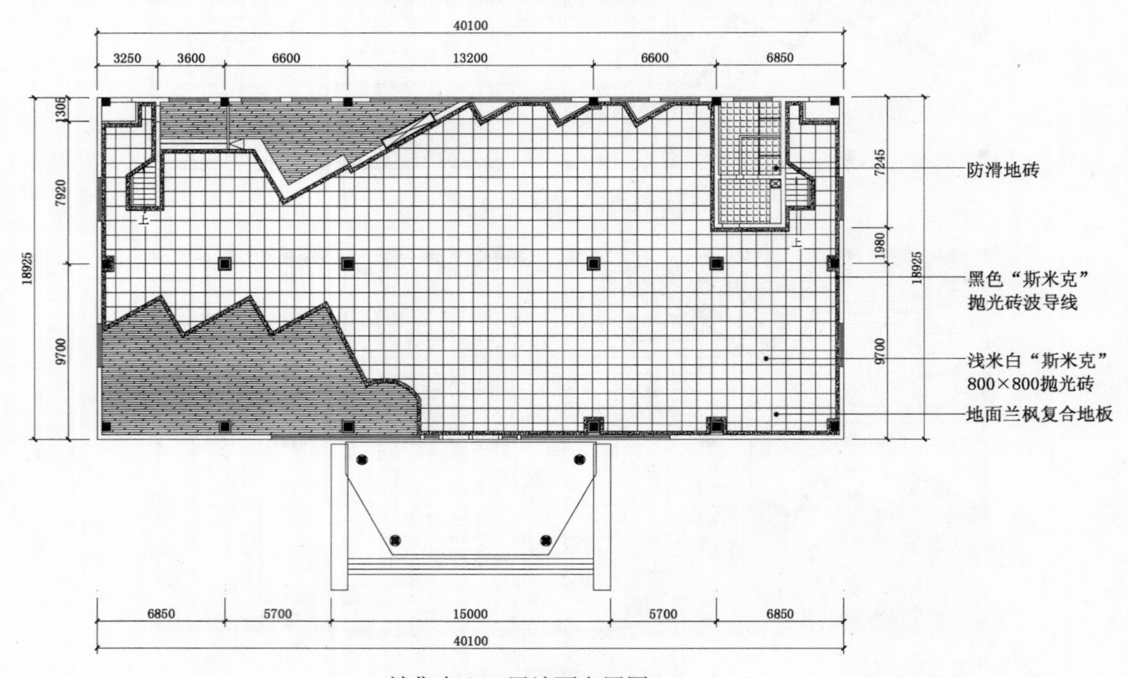

图13-32 文字标注

2）至此，销售中心一层地面布置图已经绘制完成，按〈Ctrl+S〉组合键对其进行保存。

13.3 销售中心一层天花布置图的绘制

视频\13\销售中心一层天花布置图的绘制.avi
案例\13\销售中心一层天花布置图.dwg

本实例将进行销售中心一层天花布置图的绘制。首先将之前绘制好的地面布置图打开，通过整理留下需要的轮廓，再绘制天花造型，并插入灯具，最后进行文字标注和标高。布置效果如图13-33所示。

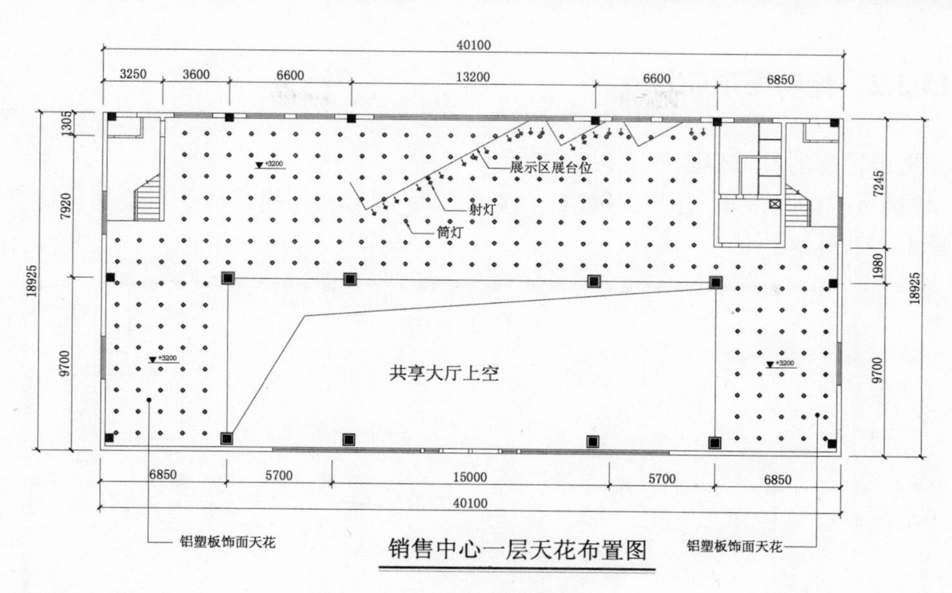

图 13-33　天花布置效果

13.3.1　绘制立面轮廓

在绘制天花布置图之前，设计师可打开前面绘制好的地面布置图，这样可以更快捷、方便地进行天花布置图的绘制。具体操作步骤如下。

1）启动 AutoCAD 2014 软件，在快速访问工具栏中单击“打开”按钮，将前面绘制好的“案例\13\销售中心一层地面布置图.dwg”文件打开；再单击“另存为”按钮，将其另存为“案例\13\销售中心一层天花布置图.dwg”文件。

2）根据绘图要求，执行“删除”命令（E），将图形中的文字标注、填充图案、雨棚进行删除；再将门洞线转换为“DD-吊顶”图层；在下侧将图名修改为“销售中心一层天花布置图”，修改效果如图 13-34 所示。

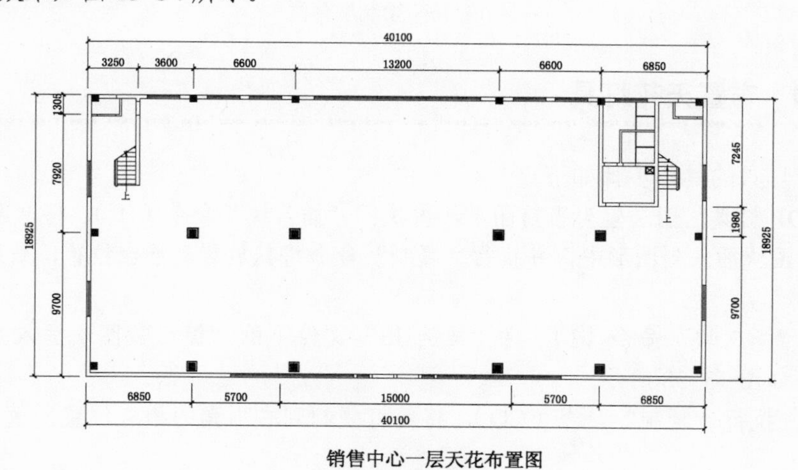

图 13-34　整理图形

13.3.2 绘制吊顶轮廓

绘制吊顶轮廓的具体步骤如下。

1）切换至“DD–吊顶”图层，执行“直线”命令（L），捕捉柱子，绘制出镂空楼板，效果如图 13–35 所示。

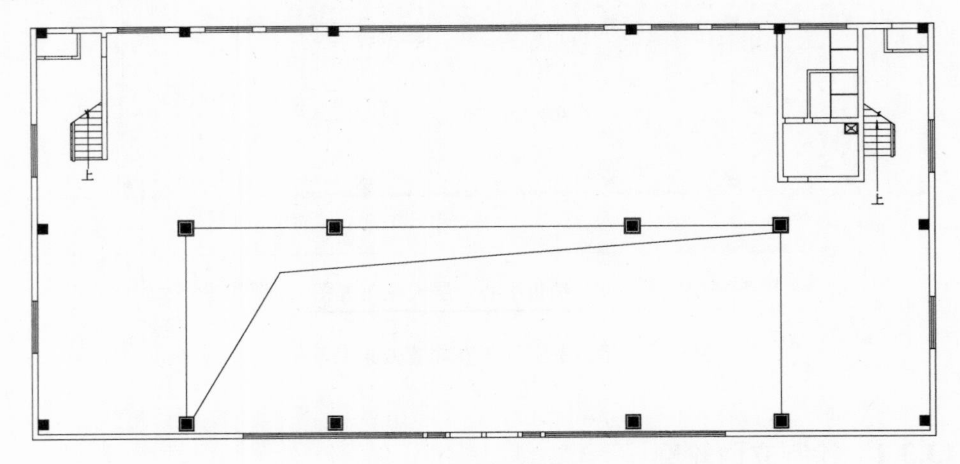

图 13–35 绘制线段

2）执行“直线”命令（L），在上侧位置绘制出展示区的展台位置；再执行“直线”命令（L）和“删除”命令（E），从两侧将楼梯封闭起来，效果如图 13–36 所示。

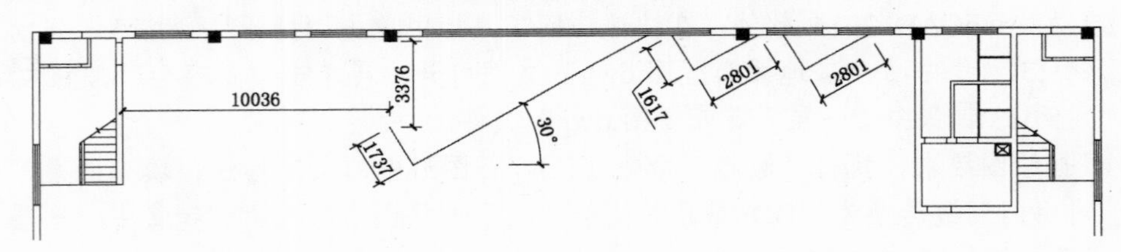

图 13–36 绘制展台位

13.3.3 布置天花灯具

布置天花灯具的具体步骤如下。

1）将“DJ–灯具”图层置为当前图层，再执行“插入块”命令（ I ），将“案例\13”文件下的“射灯”图块插入到图形中，并执行“复制”命令将其放置到展台位置，效果如图 13–37 所示。

2）执行“插入块”命令（I），将“案例\13”文件下的“筒灯”图块插入并复制到左下角位置，效果如图 13–38 所示。

3）同样，执行“复制”命令（CO），将筒灯复制到右下角的相应位置，效果如图 13–39 所示。

4）执行“陈列”命令（AR），将步骤 3）中放置的两组筒灯各向上以 1200mm 的间距进行矩形阵列；再执行“分解”“删除”命令，将阵列后的多余筒灯删除，效果如图 13-40 所示。

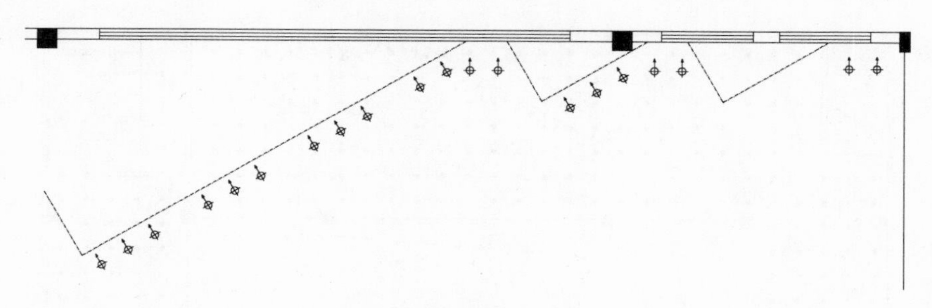

图 13-37 放置灯具（一）

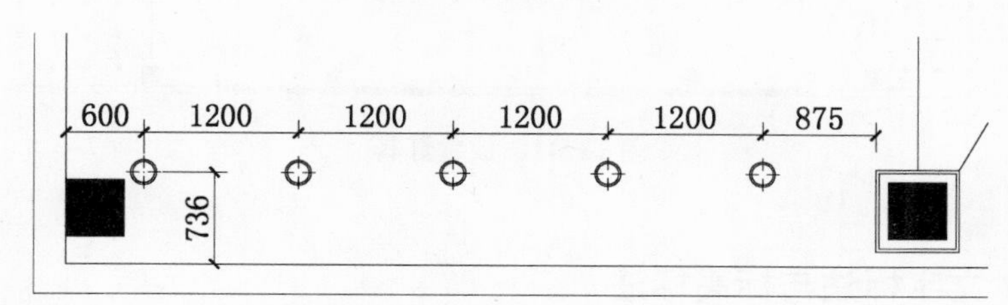

图 13-38 放置灯具（二）

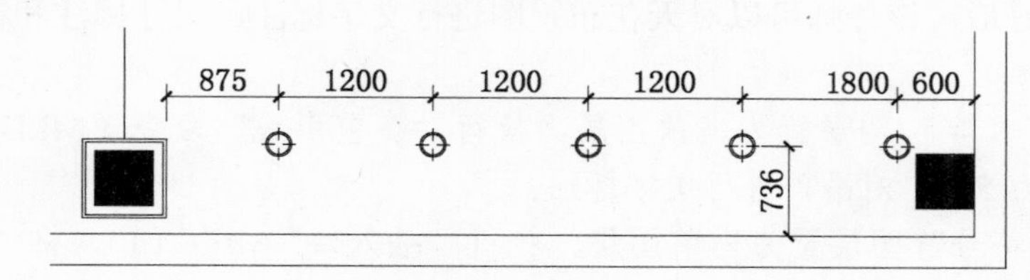

图 13-39 放置灯具（三）

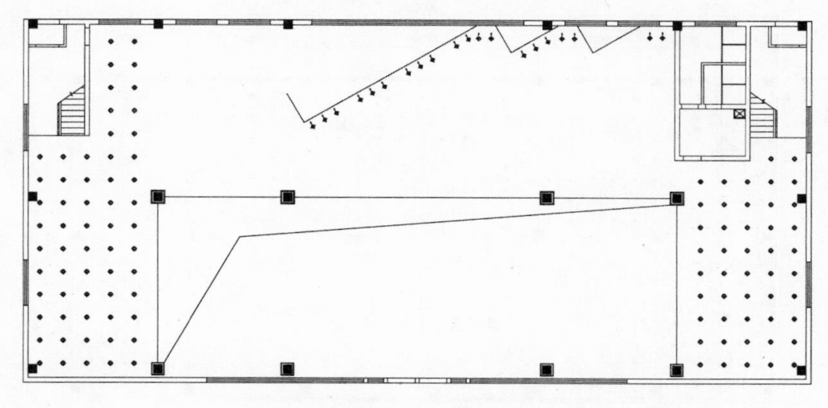

图 13-40 绘制筒灯

操作提示

在进行“阵列”操作时，阵列的间距为 1200mm。在不知道阵列的行数时，设计师可以先随意输入一个数（如 10），结束命令后，可以通过阵列的夹点来拖动到最顶端，则自动排列出阵列的图形。

5）继续执行“陈列”命令（AR），将上侧相应筒灯同样以 1200mm 的间距向右进行矩形阵列，效果如图 13-41 所示。

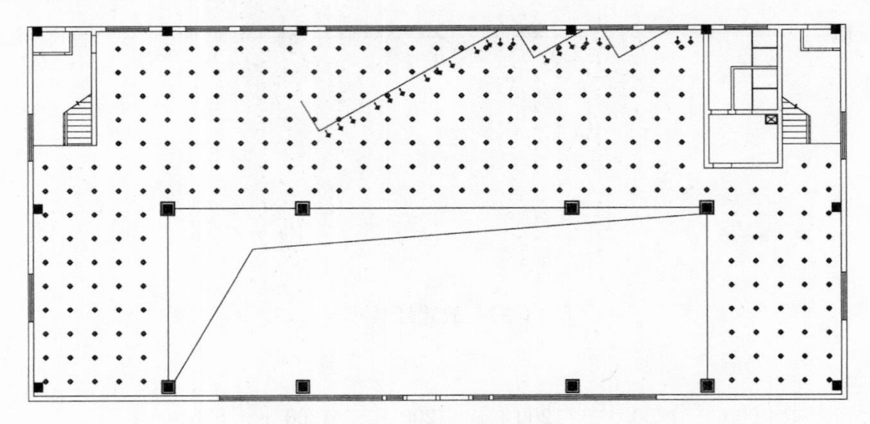

图 13-41　放置灯具

13.3.4　文字标注与标高标注

在灯具布置好后，设计师可以对天花布置图进行文字标注、尺寸标注和标高标注。具体操作步骤如下。

1）将“WZ-文字”图层置为当前图层，执行“多重引线”命令（MLD），设置字体为宋体，文字大小为 500，对吊顶进行文字标注。

2）将“FH-符号”图层置为当前图层，执行“插入块”命令（I），将“案例\13”文件夹下面的“标高符号”图块插入到图中，再修改不同的标高值，效果如图 13-42 所示。

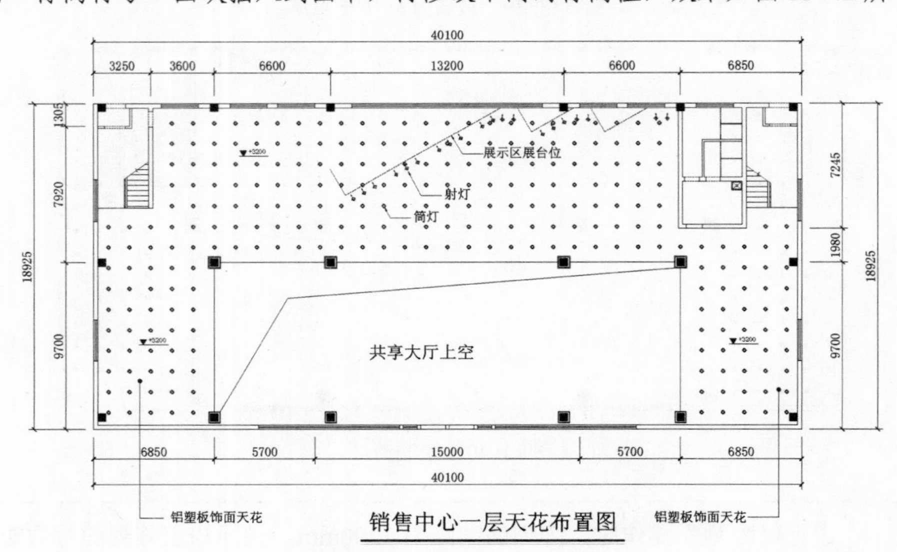

图 13-42　文字标注和标高标注

3）至此，销售中心一层天花布置图已经绘制完成，按〈Ctrl+S〉组合键对其进行保存。

13.4 销售中心二层平面布置图的绘制

视频\13\销售中心二层平面布置图的绘制.avi
案例\13\销售中心二层平面布置图.dwg

与销售中心一层平面布置图的绘制方法一样，绘制销售中心二层平面布置图也要先借用销售中心二层建筑图，然后根据房间的功能性进行布置，其布置效果如图 13-43 所示。

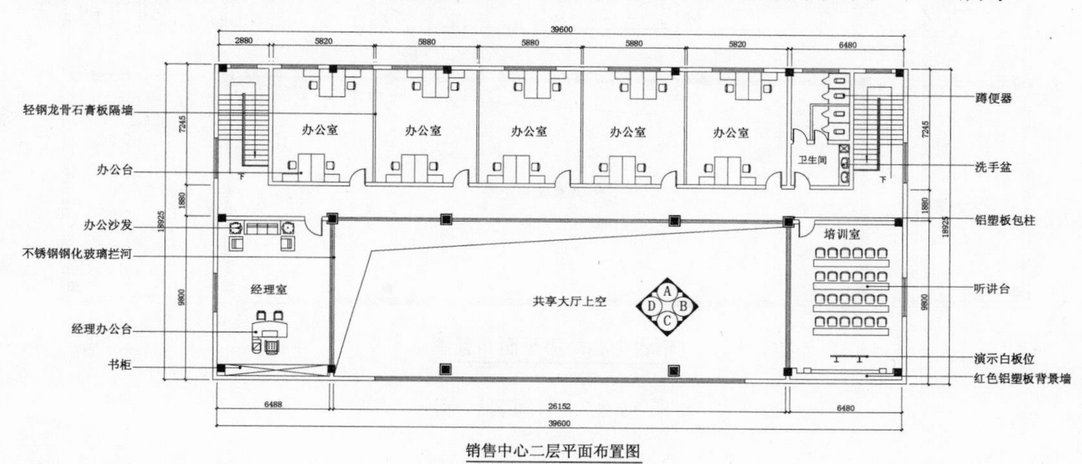

图 13-43 销售中心二层平面布置图效果

13.4.1 调用并整理文件

调用并整理文件的具体操作步骤如下。

1）启动 AutoCAD 2014 软件，在快速访问工具栏中单击“打开”按钮，将“案例\13\销售中心二层建筑图.dwg”文件打开，如图 13-44 所示；再单击“另存为”按钮，将其另存为“案例\13\销售中心二层平面布置图.dwg”文件。

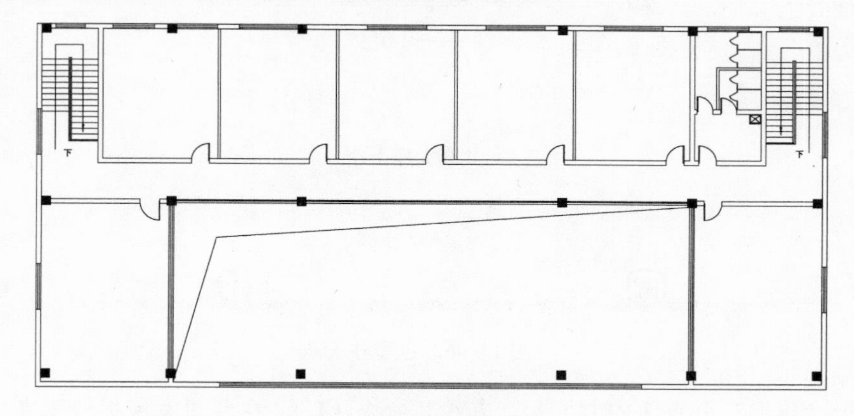

图 13-44 打开的图形

2）将“文字”图层置为当前图层，执行“多行文字”命令（MT），设置字体为宋体，文字大小为650，在图形下侧输入图名；再设置字体大小为500，在房间内标注房间名称。

3）再执行“多段线”命令（PL），设置宽度为50，在图名下侧绘制一条多段线；再执行“直线”命令（L），绘制一条与多段线同长的直线段，如图13-45所示。

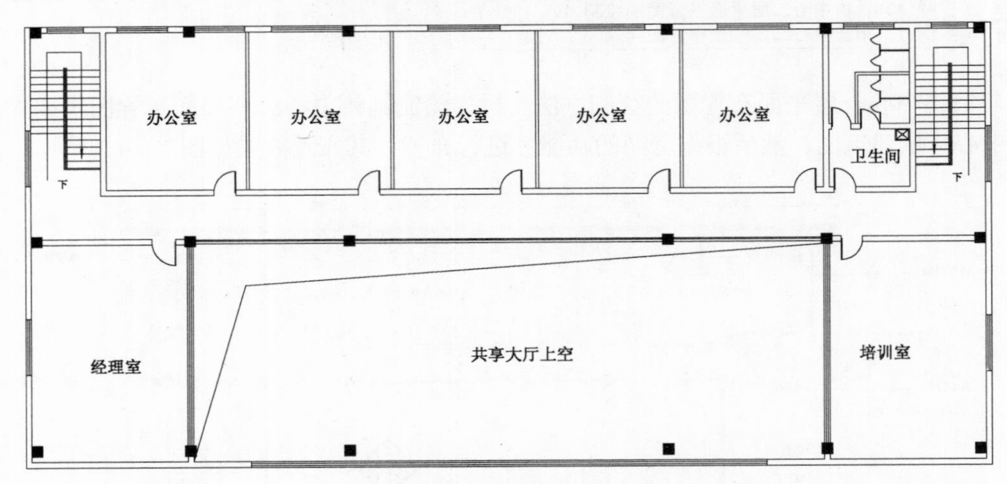

图13-45 房间名称标注

13.4.2 绘制室内布置图造型

在绘制室内布置图时，设计师应先绘制出室内各个展厅的家具造型的轮廓，例如柱子装饰等，最后通过“插入块”的方式将该家具店的成品家具插入到相应位置。具体操作步骤如下。

1）切换至“家具”图层，执行“矩形”命令（REC），捕捉展示区内部柱子轮廓来绘制矩形；再执行“偏移”命令（O），将矩形向外偏移75mm和50mm，形成包裹柱子，并修剪多余的线条，如图13-46所示。

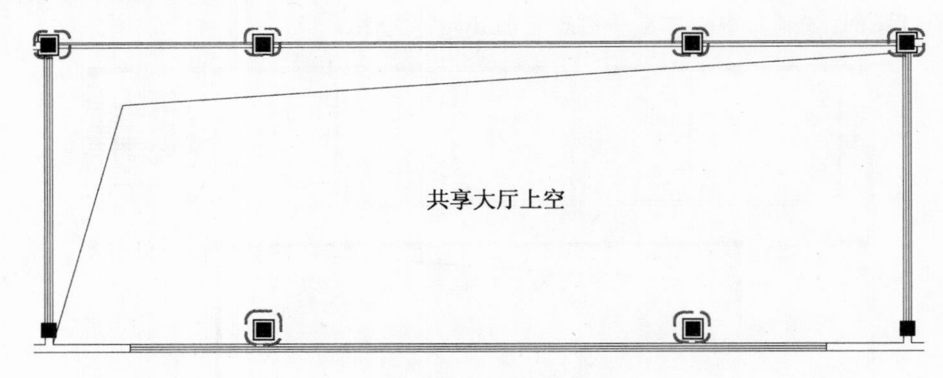

图13-46 包裹柱子

2）执行“矩形”命令（REC）和“直线”命令（L），在经理室捕捉墙体来绘制书柜，效果如图 13-47 所示。

3）执行“插入块”命令（I），将“案例\13”文件下的“办公沙发”和“经理班台”图块插入到图形相应位置，效果如图 13-48 所示。

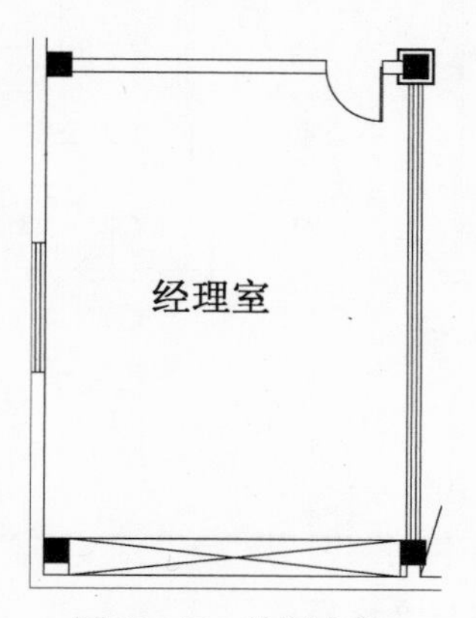

图 13-47 绘制书柜

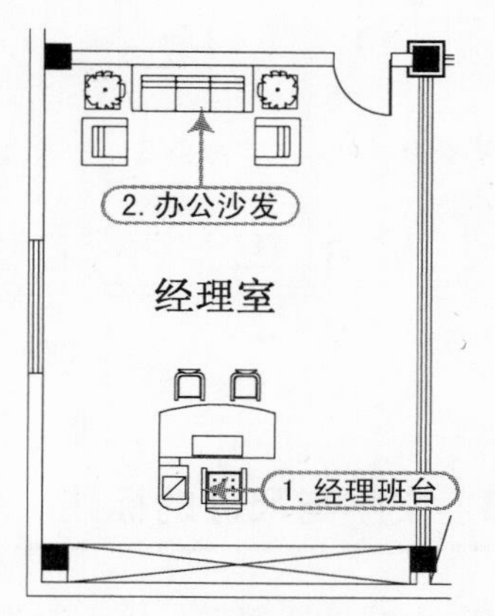

图 13-48 布置经理室

4）执行“偏移”命令（O）和“修剪”命令（TR），在培训室绘制出背景墙轮廓，效果如图 13-49 所示。

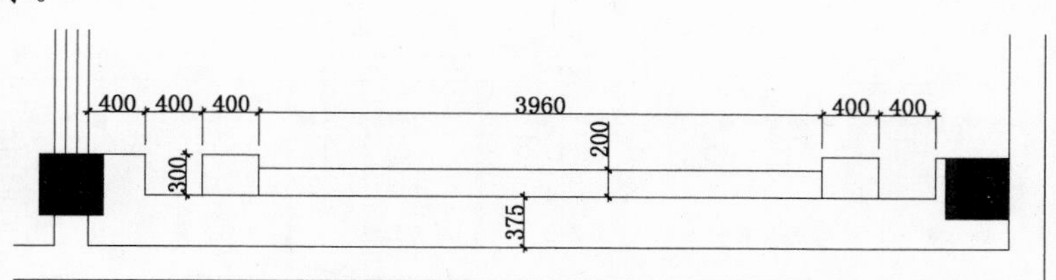

图 13-49 绘制背景墙

5）执行“插入块”命令（I），将“案例/13”文件下的“听讲台”和“演示板”图块插入到图形中的相应位置，效果如图 13-50 所示。

6）执行“直线”命令（L），在卫生间内捕捉管道以绘制出洗手台；再执行“插入块”命令（I），将“案例/13”文件下的“蹲便”和“洗手盆”图块插入并复制到相应位置，效果如图 13-51 所示。

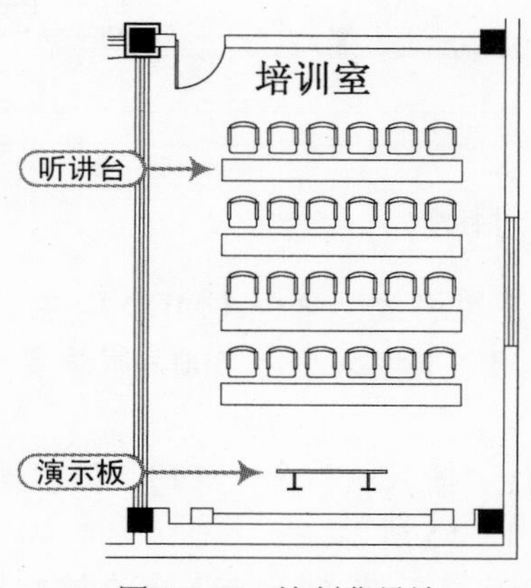

图 13-50 绘制背景墙

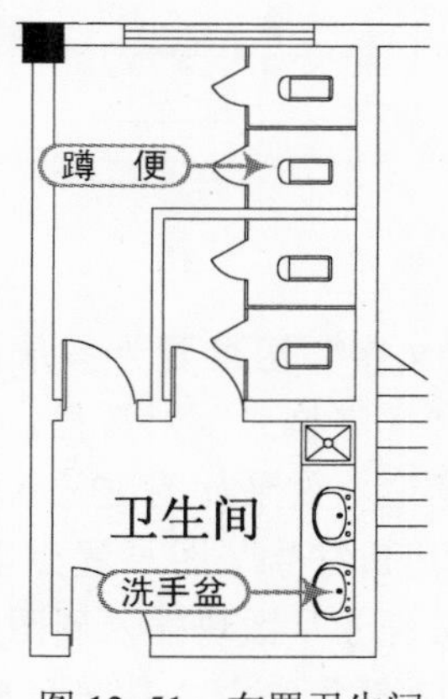

图 13-51 布置卫生间

7）执行“插入块”命令（I），将“案例\13”文件下的“办公台”图块插入到图形中，并通过“镜像”“复制”命令将其放置到相应位置，效果如图 13-52 所示。

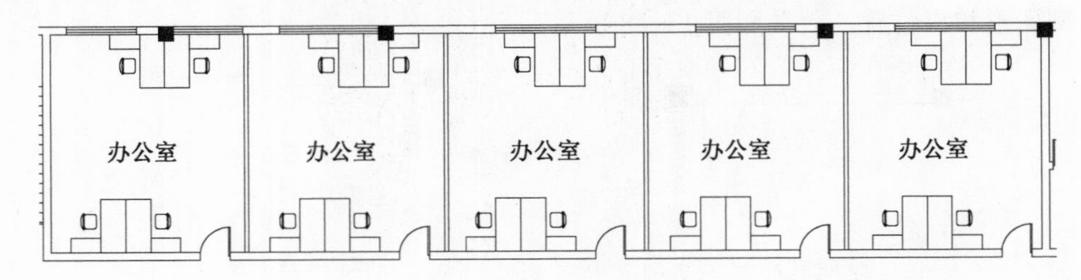

图 13-52　布置办公室

13.4.3　文字与尺寸的标注

在布置好室内家具造型后，接下来进行尺寸标注与文字标注。

1）将“标注”图层置为当前图层，执行“线性标注”命令（DLI）和“连续标注”命令（DCO），对图形进行对象标注和总尺寸标注，如图 13-53 所示。

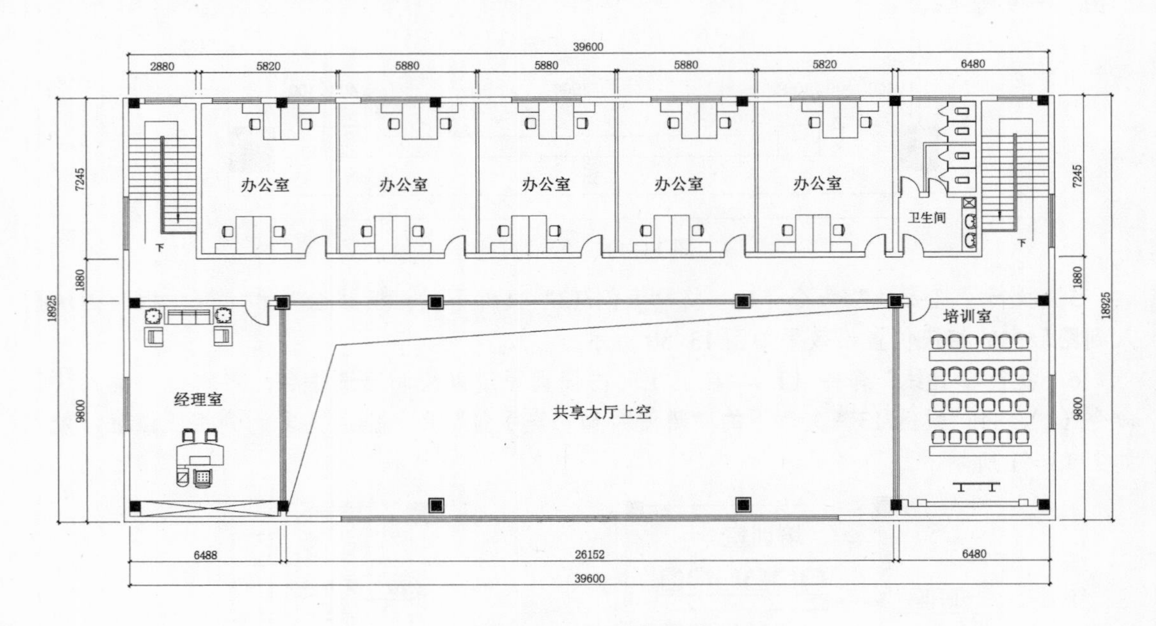

图 13-53　尺寸标注

2）将“文字”图层置为当前图层，执行“多重引线”命令（MLD），在拉出一条直线以后，弹出“文字格式”对话框，设置字体为仿宋、文字大小为 500，根据要求对室内布置图进行文字标注，效果如图 13-54 所示。

3）将“FH-符号”图层置为当前图层，执行“插入块”命令（I），将“案例\13”文件夹下的“索引符号”图块插入到图中，效果如图 13-55 所示。

4）至此，销售中心二层平面布置图已经绘制完成，按〈Ctrl+S〉组合键对其进行保存。

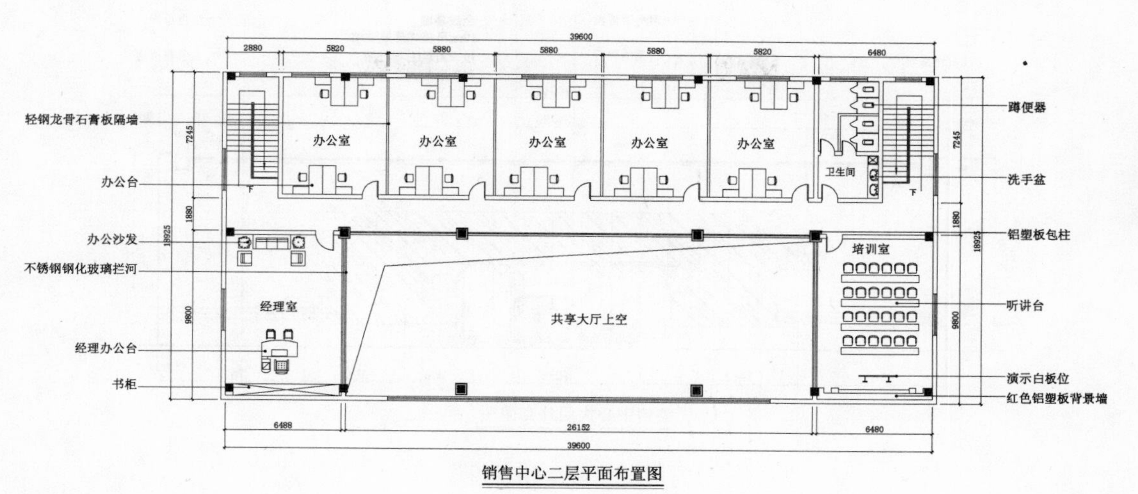

图 13-54 文字标注

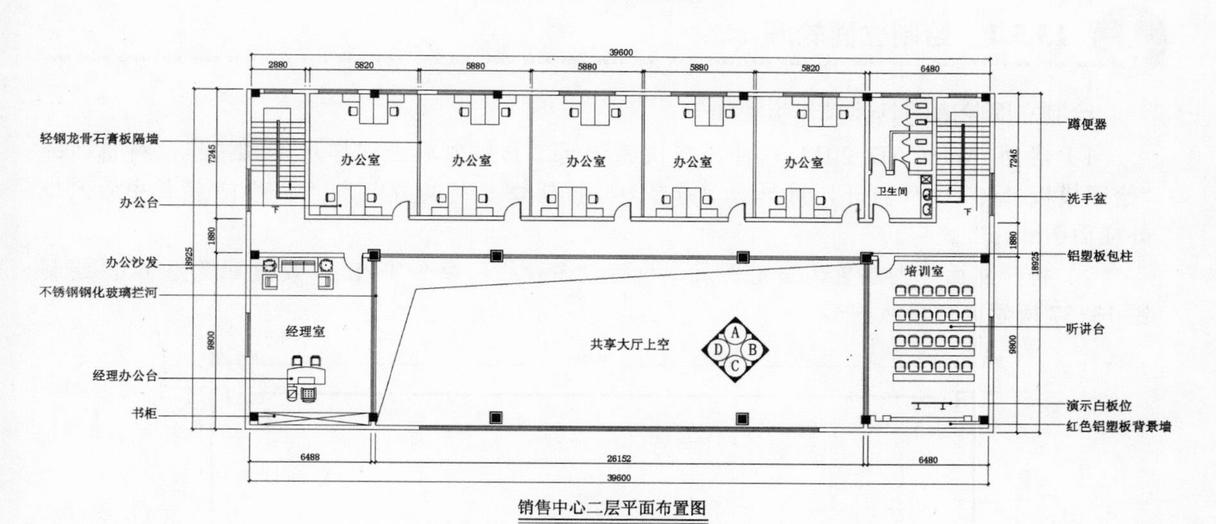

图 13-55 插入内视符号

13.5 销售中心入口外立面图的绘制

视频\13\销售中心入口外立面图的绘制.avi
案例\13\销售中心入口外立面图.dwg

在绘制销售中心入口外立面图之前，设计师可以将案例文件下的绘图模板打开，再根据从平面布置图相应位置测量出的长度进行绘制，这样可使立面图的绘制更为简便，其效果如图 13-56 所示。

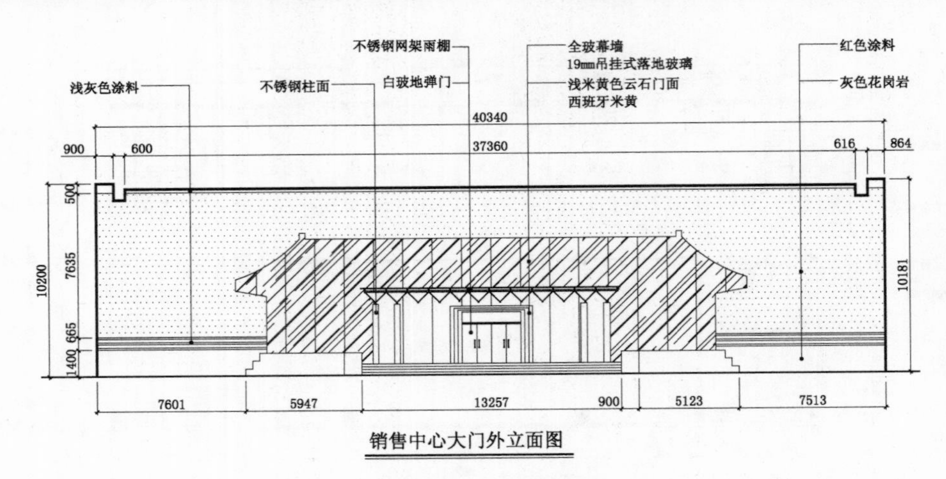

图 13-56　立面效果

13.5.1　绘制立面轮廓

绘制立面轮廓的具体操作步骤如下。

1）启动 AutoCAD 2014 软件，在快速访问工具栏中单击“打开”按钮，将前面的“绘图模板.dwt”文件打开，再单击“另存为”按钮，将其另存为“案例\13\销售中心入口外立面图.dwg”文件。

2）将“立面”图层置为当前图层，执行“多段线”命令（PL），设置宽度为 60，绘制图 13-57 所示的多段线图形。

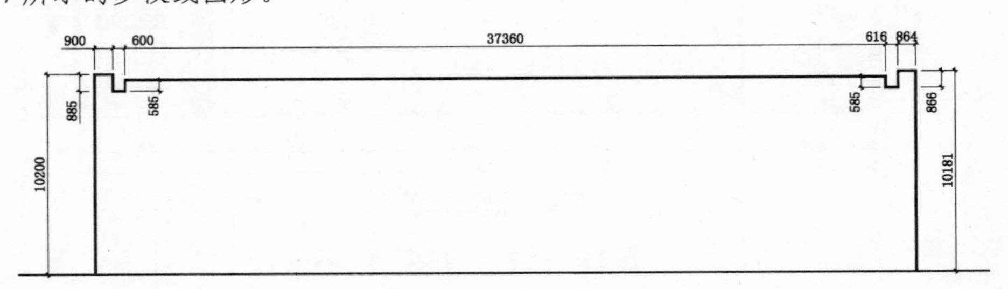

图 13-57　绘制多段线

3）执行“直线”命令（L），在步骤 2）绘制的多段线下方 200mm 处，绘制一条水平线段，然后执行“修剪”命令，绘制效果如图 13-58 所示。

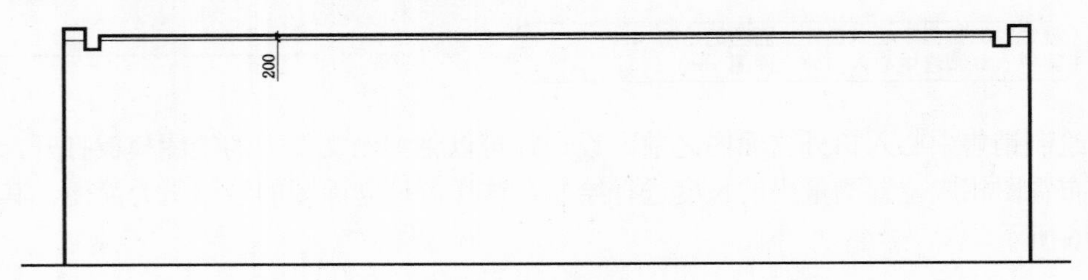

图 13-58　绘制水平线

4）执行“直线”命令（L），在图13-59所示的相应位置绘制线段图形。

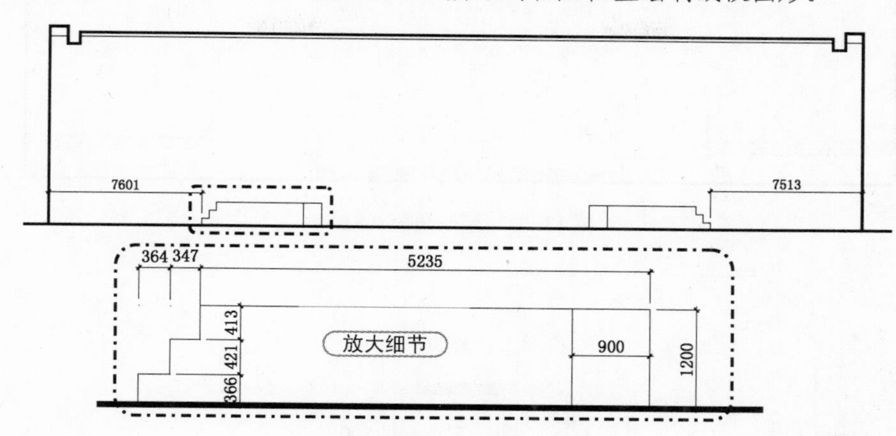

图13-59 绘制线段（一）

5）执行“直线”命令（L）、“圆弧”命令（A）和“镜像”命令（MI），在相应位置绘制出图13-60所示的轮廓。

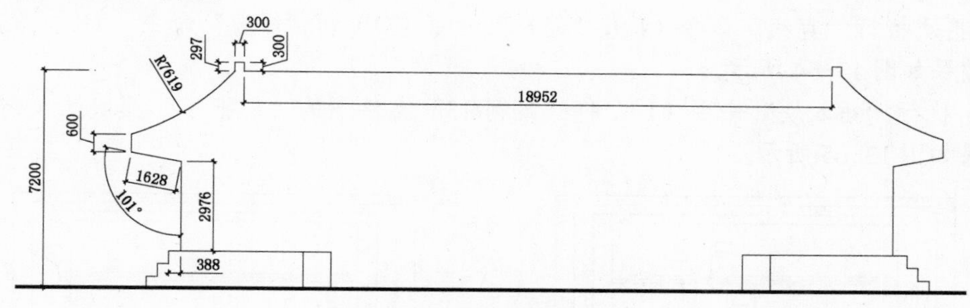

图13-60 绘制轮廓

6）执行“直线”命令（L）和“偏移”命令（O），在距地面1400mm处绘制水平线，再将水平线向上偏移101mm、180mm、101mm、180mm、101mm，如图13-61所示。

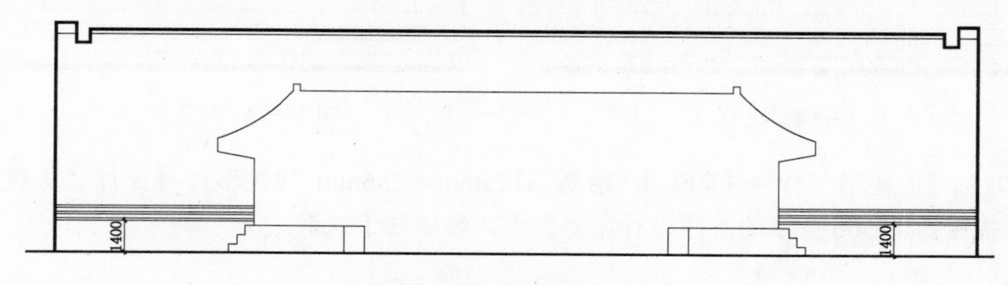

图13-61 绘制线段（二）

7）同样执行“直线”命令（L），在中间位置绘制间距均为150mm的4条水平线段，如图13-62所示。

8）执行“矩形”命令（REC），在中间位置绘制4200mm×3000mm的矩形；再执行“分解”命令、“偏移”命令，将上侧水平线向下以100mm的距离偏移3次，将左、右垂直线段按照200mm的距离向内各偏移3次；最后将多余的线条修剪掉，效果如图13-63所示。

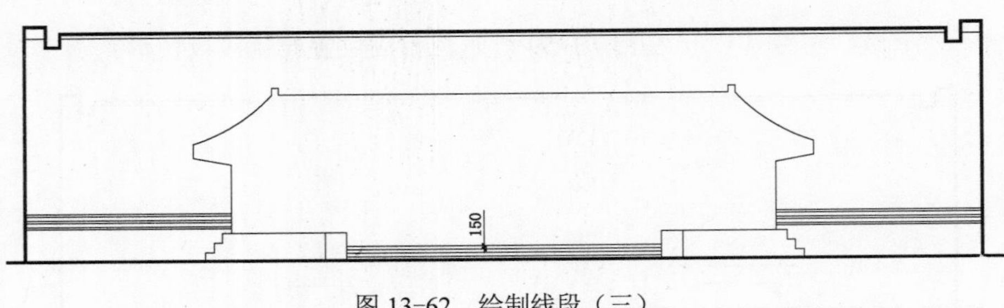

图 13-62 绘制线段（三）

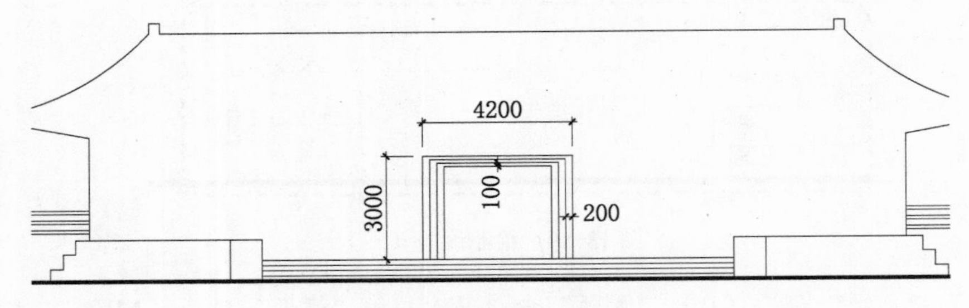

图 13-63 绘制门框

9）再次执行“直线”命令（L）、“偏移”命令（O）和“修剪”命令（TR），完成门的绘制，效果如图 13-64 所示。

10）执行“插入块”命令（I），将“案例/13”文件下的“门把手”图块插入到相应位置，效果如图 13-65 所示。

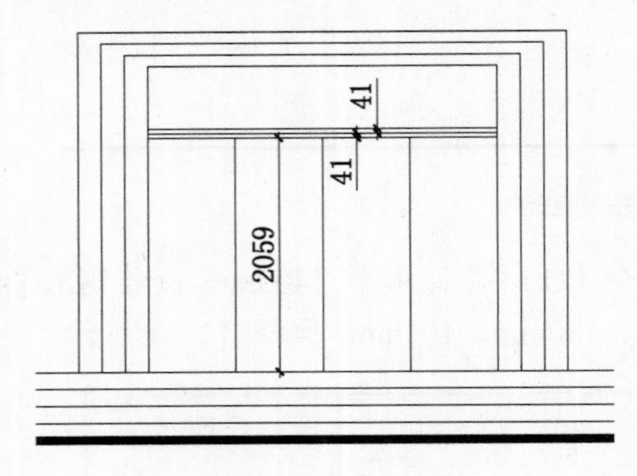

图 13-64 绘制门

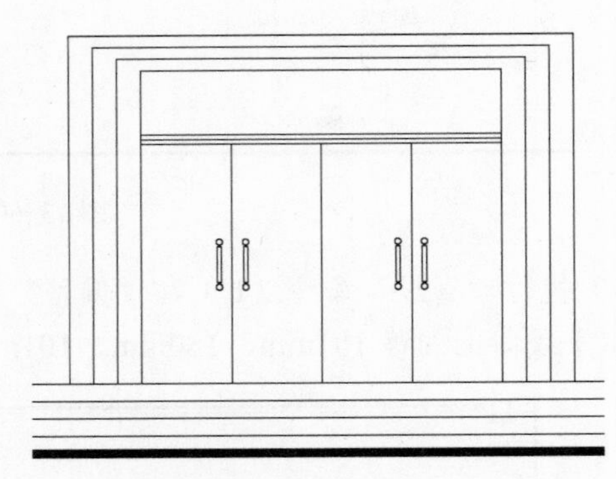

图 13-65 插入把手

11）执行“矩形”命令（REC），绘制 3125mm × 286mm 的矩形；再执行“复制”命令（CO），按照图 13-66 所示的尺寸进行复制操作，形成柱子效果。

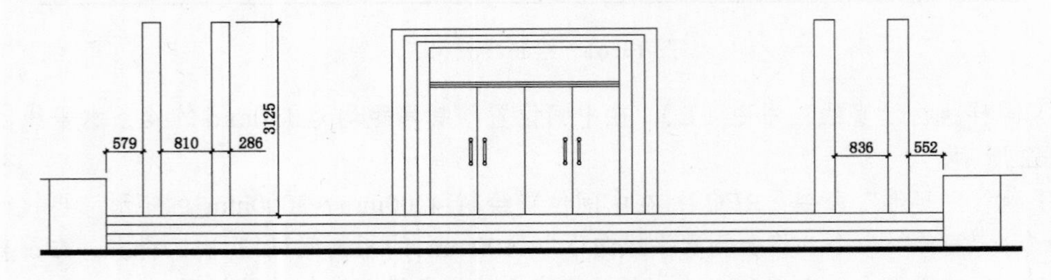

图 13-66 绘制柱子

12）执行“插入块”命令（I），将“案例/13”文件下的“雨棚”图块插入到相应位置，效果如图13-67所示。

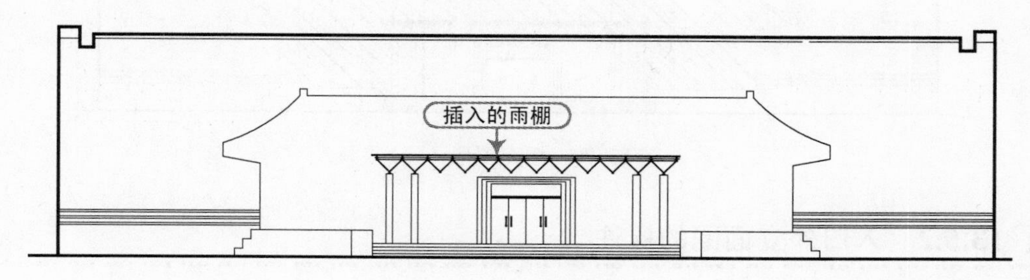

图13-67 插入雨棚

13）切换至“填充”图层，执行“图案填充”命令（H），设置用户定义，角度为90°，间距为1500mm，在相应位置进行填充，效果如图13-68所示。

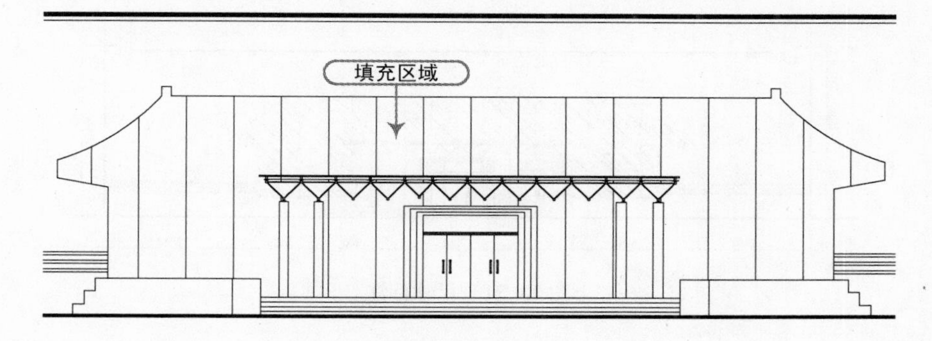

图13-68 填充图形（一）

14）重复执行“图案填充”命令（H），选择样例为“AR-RROOF”，比例为30，角度为45°，对前面绘制的图形进行填充，效果如图13-69所示。

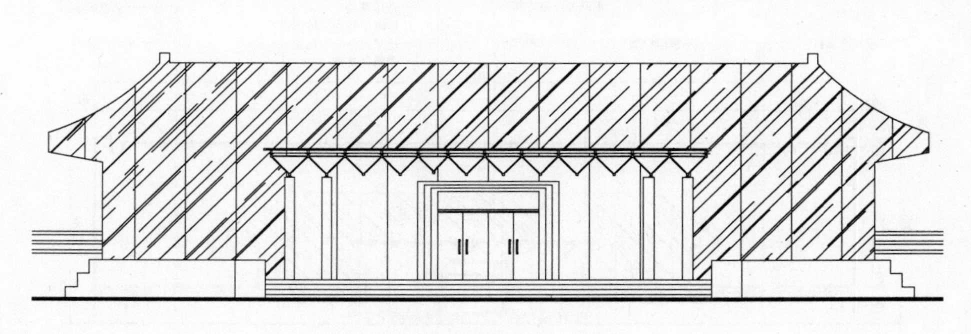

图13-69 填充图形（二）

15）重复执行“图案填充”命令（H），选择样例为“DOTS”，比例为200，对外轮廓进行填充涂料效果，效果如图13-70所示。

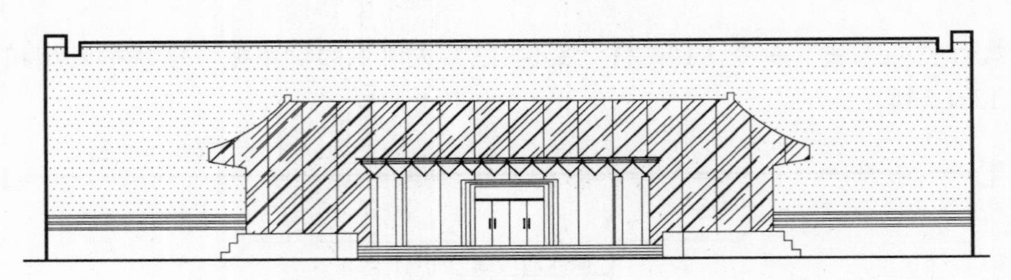

图 13-70　填充图形（三）

13.5.2　入口外立面图的标注

入口外立面图的标注步骤如下。

1）将“标注”图层置为当前图层，执行“线性标注”命令（DLI）、“连续标注”命令（DCO）命令，对立面图进行尺寸标注，效果如图 13-71 所示。

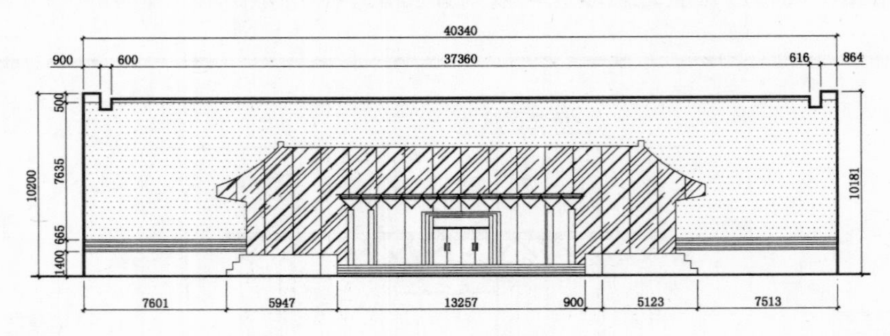

图 13-71　尺寸标注

2）将“文字”图层置为当前图层，执行“多重引线”命令（MLD），设置文字为宋体，文字大小为 500，对立面图进行文字标注。

3）执行“多行文字”命令（MT），设置字体为宋体，文字大小为 700，对立面图进行图名标注；再执行“多段线”命令（PL）和“直线”命令（L），在图名下侧绘制同图名同长的线段，效果如图 13-72 所示。

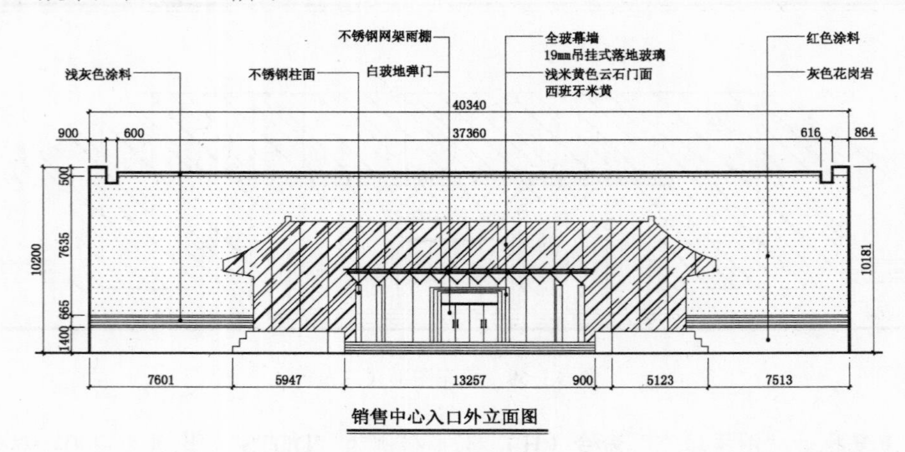

图 13-72　入口处立面图效果

4）至此，销售中心入口外立面图已经绘制完成，按〈Ctrl+S〉组合键对其进行保存。

13.6 营业区电视幕墙立面图的绘制

视频\13\营业区电视幕墙立面图的绘制.avi
案例\13\营业区电视幕墙立面图.dwg

在绘制营业区电视幕墙立面图时，设计师可以将案例文件下的绘图模板打开，在此环境下来绘制该立面图。其效果如图 13-73 所示。

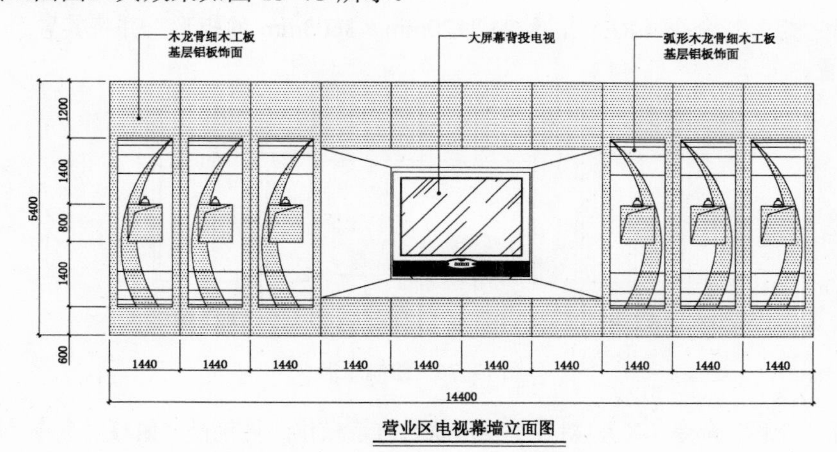

图 13-73 立面效果（一）

13.6.1 绘制立面轮廓

绘制立面轮廓的具体操作步骤如下。

1）启动 AutoCAD 2014 软件，在快速访问工具栏中单击“打开”按钮，将前面的“绘图模板.dwt”文件打开，再单击“另存为”按钮，将其另存为“案例\13\营业区电视幕墙立面图.dwg”文件。

2）将“立面”图层置为当前图层，执行“直线”命令（L）和“偏移”命令（O）绘制线段，效果如图 13-74 所示。

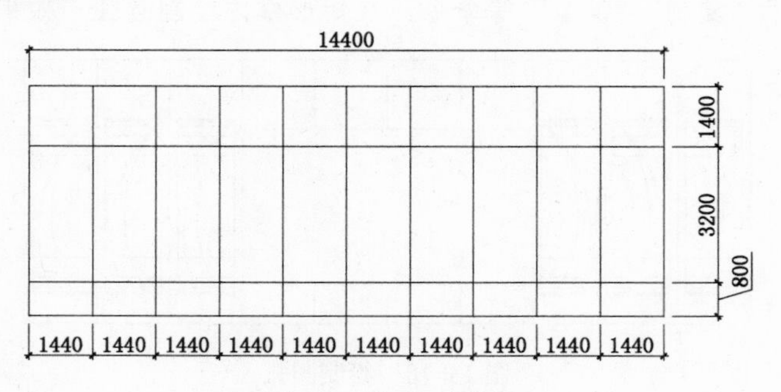

图 13-74 绘制线段

3）执行“修剪”命令（TR），对相应的线条进行修剪，效果如图 13-75 所示。

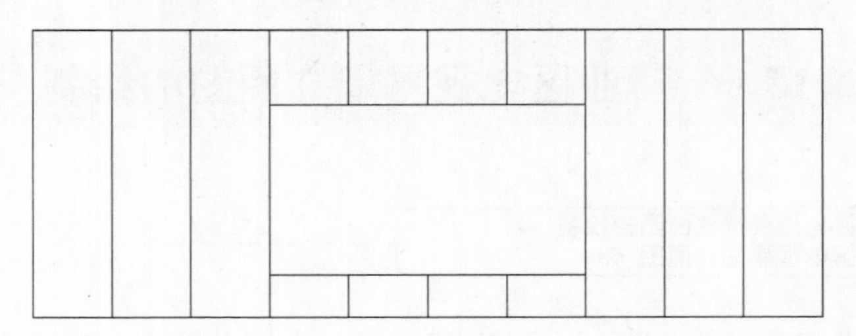

图 13-75　修剪效果

4）执行“矩形”命令（REC），绘制 1120mm × 3600mm 的矩形，并将其置于图 13-76 所示的中间位置。

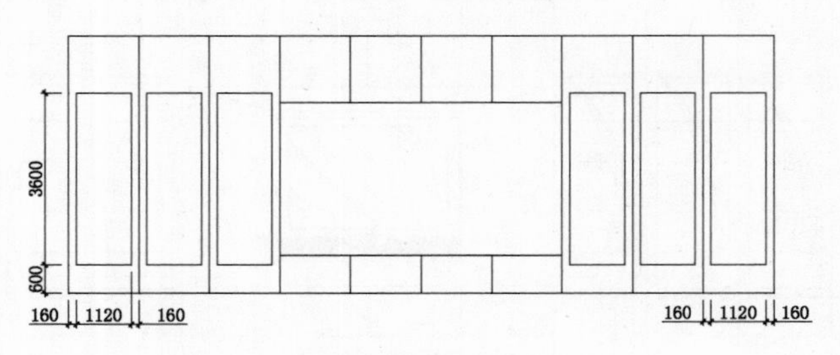

图 13-76　绘制矩形

5）执行“分解”命令（X），对各个矩形执行打散操作；再执行“偏移”命令（O），将矩形上、下水平线段各向内偏移 50mm、100mm、200mm、400mm 的距离，形成弧形曲面，效果如图 13-77 所示。

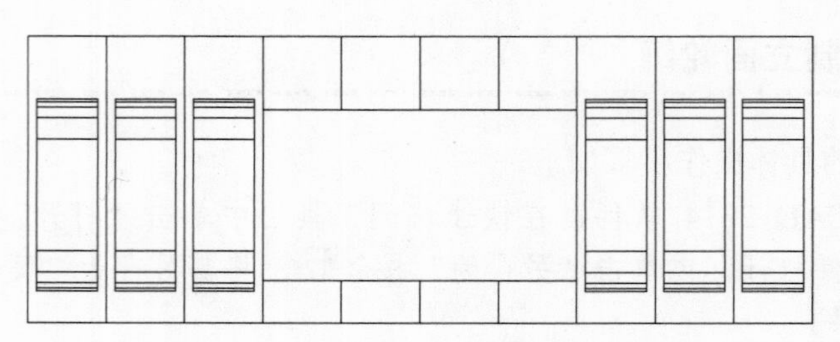

图 13-77　偏移操作

6）执行“圆弧”“复制”“镜像”等命令，在矩形框内绘制圆弧，效果如图 13-78 所示。

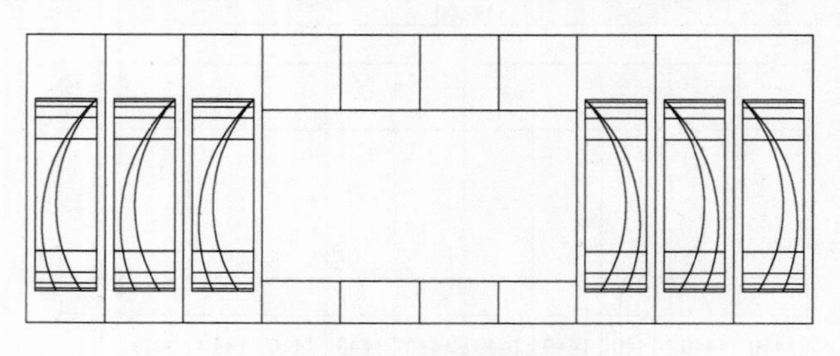

图 13-78　绘制圆弧

7）执行“矩形”命令（REC）和“直线”命令（L），绘制 700mm × 800mm 的矩形镂空图形；再通过“移动”“复制”“修剪”等命令，将其放置到大矩形的中部位置，并对圆弧进行修剪，效果如图 13-79 所示。

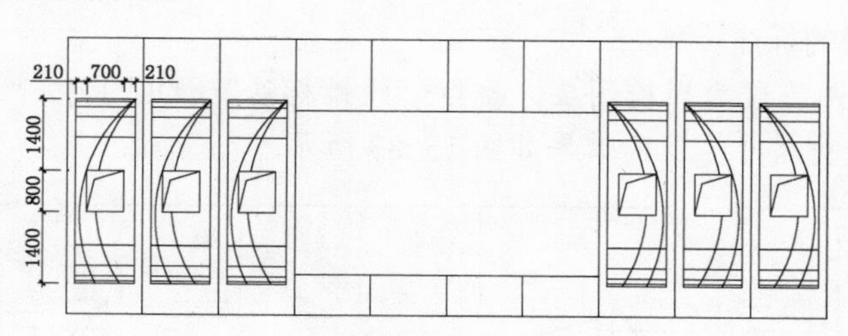

图 13-79 绘制镂空图形

8）切换至“家具”图层，再执行“插入块”命令（I），将“案例/13”文件下的“背投电视机”和“立面射灯”图块插入并复制到相应位置，效果如图 13-80 所示。

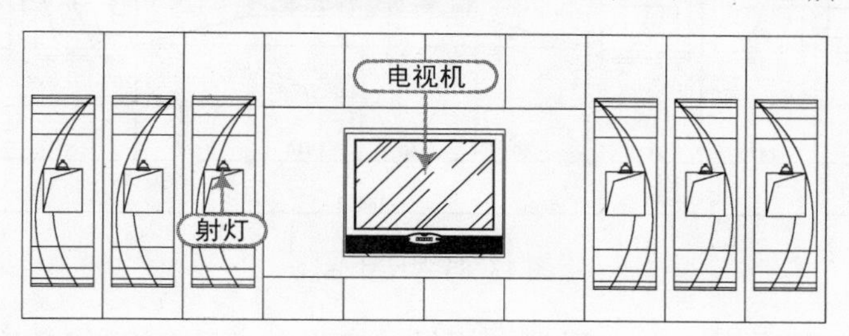

图 13-80 插入家具

9）执行“直线”命令（L），连接电视机的角点，绘制出如图 13-81 所示的凹凸效果。

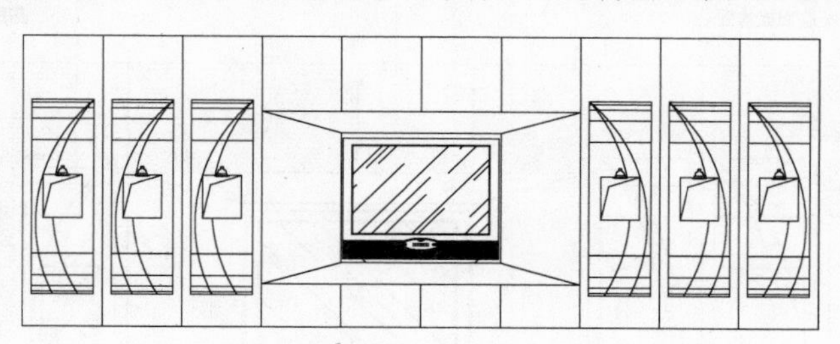

图 13-81 绘制出凹凸效果

10）切换至“填充”图层，执行“图案填充”命令（H），选择样例为“DOTS”，比例为 30，对相应位置进行填充，效果如图 13-82 所示。

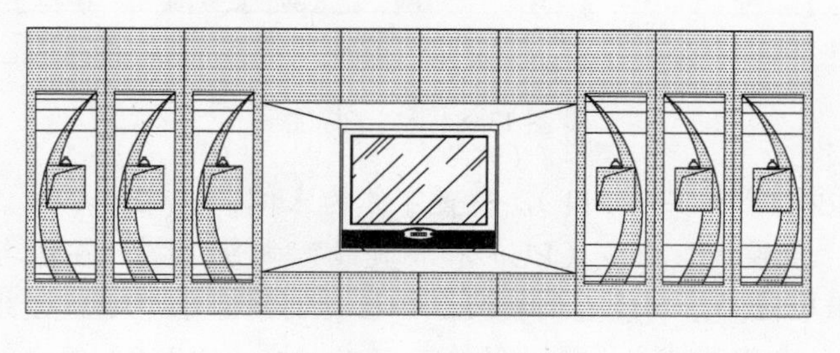

图 13-82 填充图形

13.6.2 电视幕墙立面图的标注

电视幕墙立面图的标注步骤如下。

1）将“标注”图层置为当前图层，执行“线性标注”（DLI）和“连续标注”（DCO）等命令，对立面图进行尺寸标注，效果如图 13-83 所示。

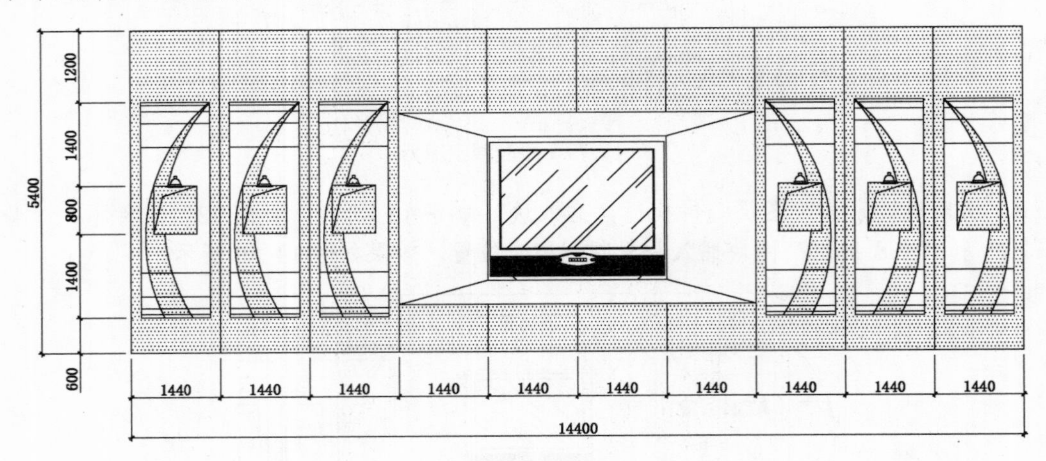

图 13-83　尺寸标注

2）将“文字”图层置为当前图层，执行“多重引线”命令（MLD），设置字体为宋体，文字大小为 180，对立面图进行文字标注，效果如图 13-84 所示。

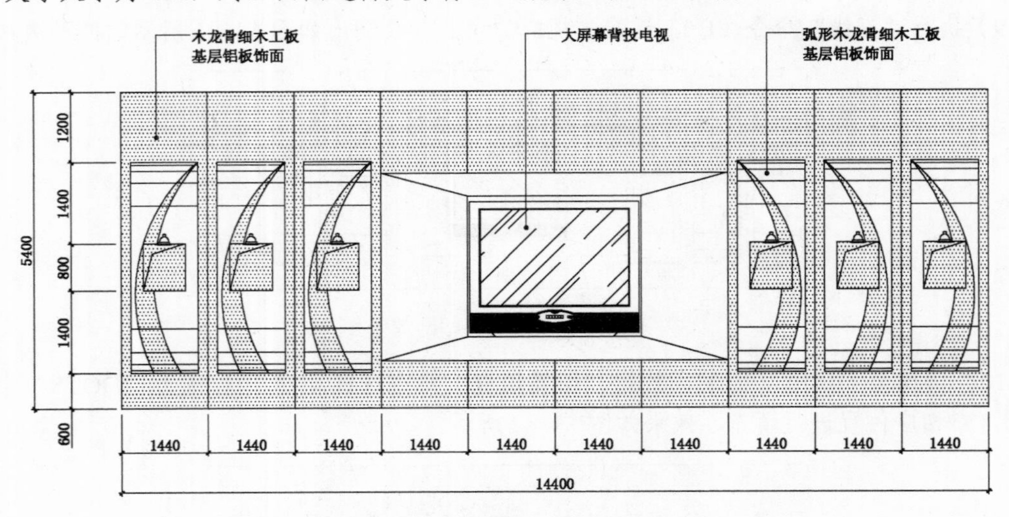

图 13-84　文字标注

3）执行“多行文字”命令（MT），设置字体为宋体，文字大小为 250，对立面图进行图名标注；再执行“多段线”命令（PL）和“直线”命令（L），在图名下侧绘制与图名同长的线段；同样在相应位置绘制竖直剖切线，并注释剖面标号“A”，效果如图 13-85 所示。

4）至此，营业区电视幕墙立面图已经绘制完成，按〈Ctrl+S〉组合键对其进行保存。

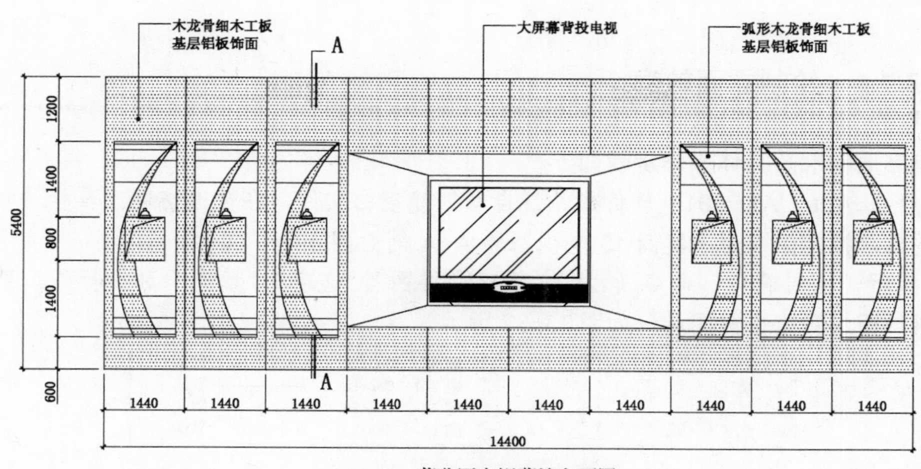

图 13-85　立面效果（二）

13.7　电视幕墙 A-A 剖面图的绘制

视频\13\电视幕墙A-A剖面图的绘制.avi
案例\13\电视幕墙A-A剖面图.dwg

在绘制好的“营业区电视幕墙立面图”中，有个 A-A 剖面符号，本节则以该剖面为例讲解其剖面图的绘制方法。绘制效果如图 13-86 所示。

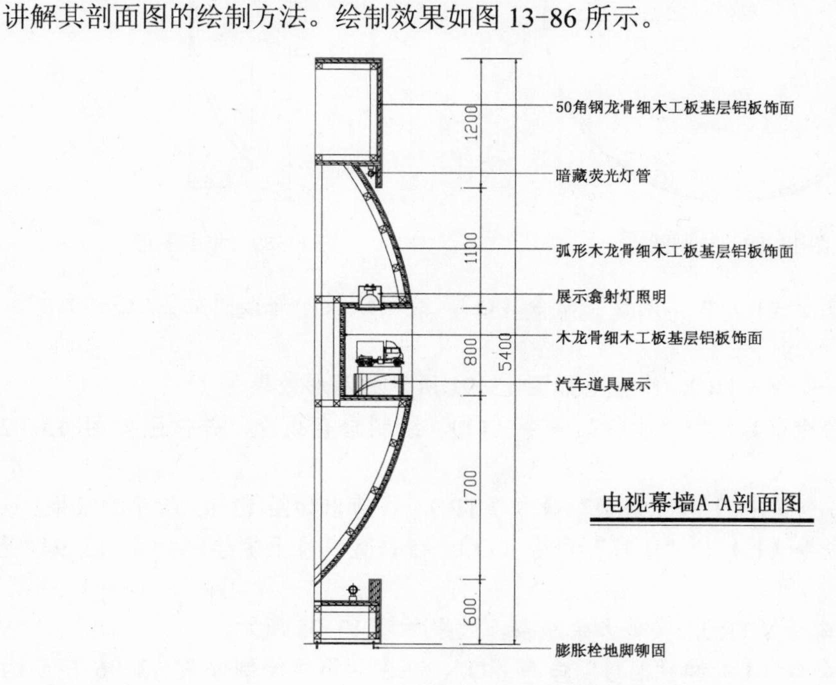

图 13-86　剖面图效果

13.7.1 绘制立面轮廓

绘制立面轮廓的具体操作步骤如下。

1）启动 AutoCAD 2014 软件，系统自动创建空白文件，在快速访问工具栏中单击“保存”按钮，将其保存为“案例\13\电视幕墙 A-A 剖面图.dwg”文件。

2）执行“图层管理”命令（LA），新建“详图”“文字”“填充”和“标注”图层，并将“详图”图层置为当前图层，如图 13-87 所示。

名称	颜色	线型	线宽
标注	蓝	Contin...	默认
填充	251	Contin...	默认
详图	白	Contin...	默认
文字	白	Contin...	默认

图 13-87　新建图层

3）执行“圆”命令（C），绘制半径为 3073mm 的圆；再执行“偏移”命令（O），将圆向内偏移 10mm、36mm、60mm，如图 13-88 所示。

4）执行“直线”命令（L）、“偏移”命令（O）和“修剪”命令（TR），修剪多余的圆弧，效果如图 13-89 所示。

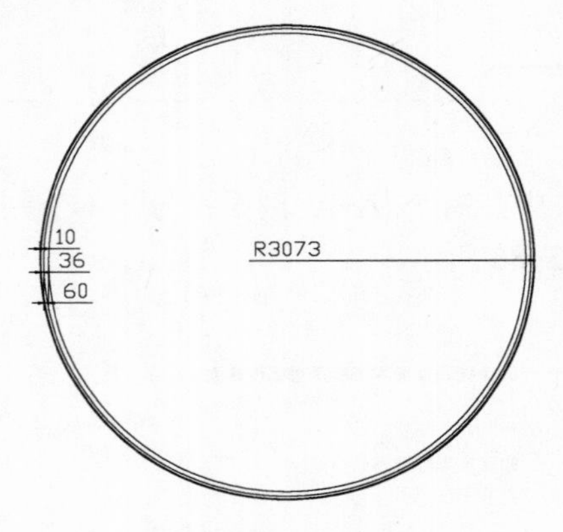

图 13-88　绘制圆

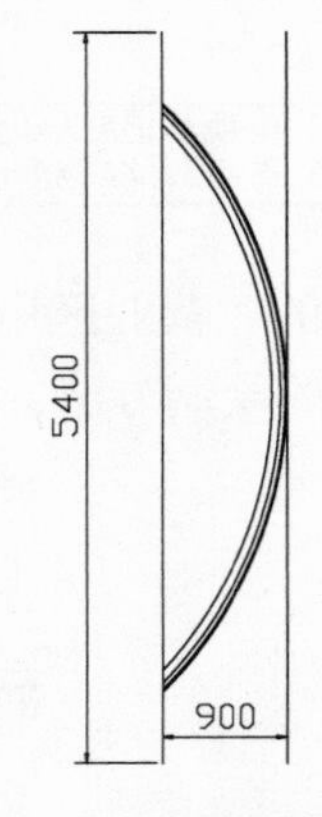

图 13-89　修剪图形

5）执行“直线”命令（L）和“偏移”命令（O），绘制线段，并按照如图 13-90 所示的尺寸进行偏移。

6）再执行“修剪”命令（TR），修剪出如图 13-91 所示的图形效果。

7）执行“直线”命令（L）和“偏移”命令（O），绘制垂直线段，并按照如图 13-92 所示的尺寸进行偏移。

8）执行“延伸”命令（EX）和“修剪”命令（TR），修剪出如图 13-93 所示的效果。

9）执行“直线”命令（L）和“偏移”命令（O），在垂直线段上侧绘制如图 13-94 所示的图形效果。

10）执行“修剪”命令（TR），修剪多余线条，效果如图 13-95 所示。

11）执行“直线”命令（L）和“偏移”命令（O），在图形下侧绘制如图 13-96 所示的线段。

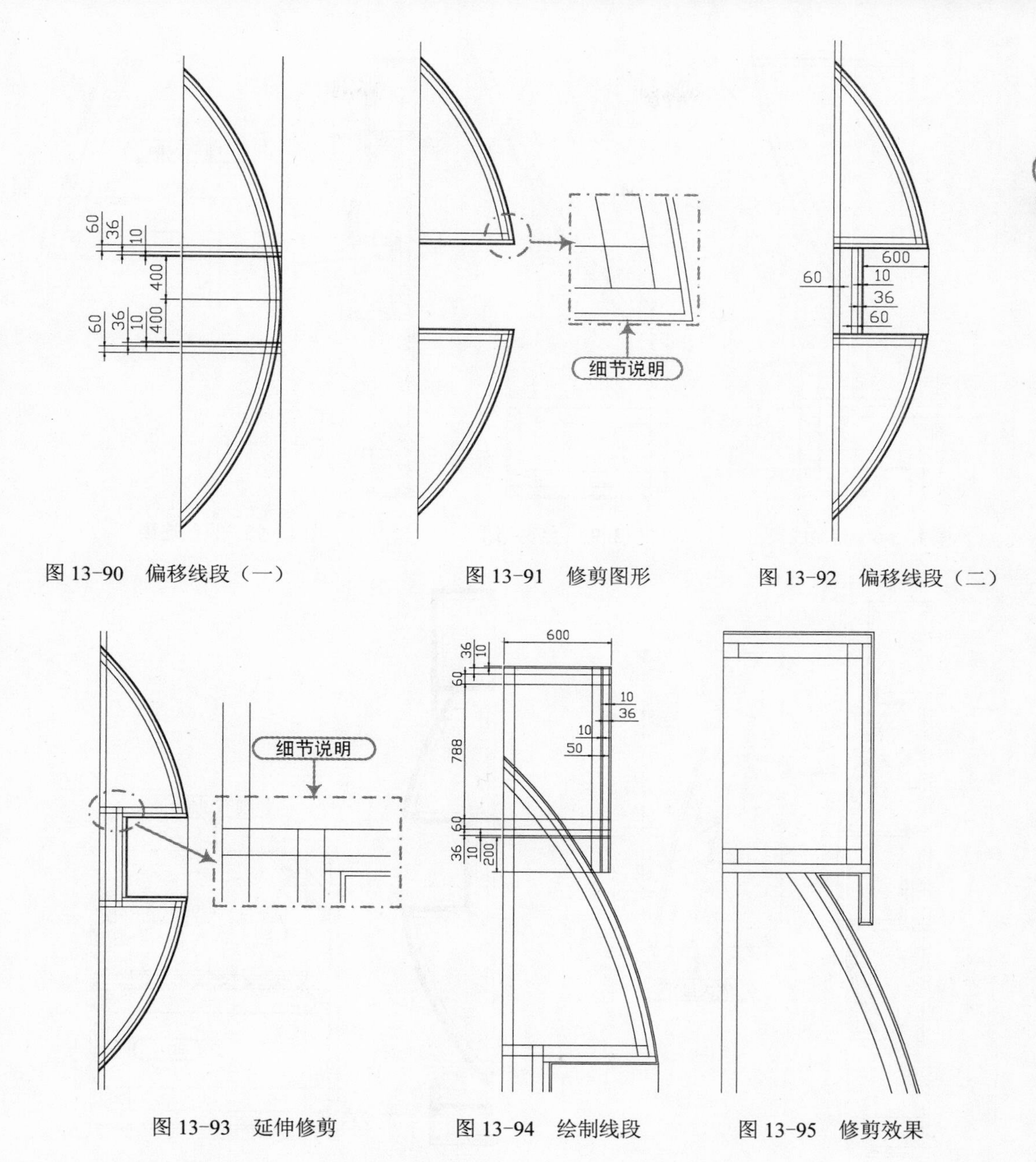

图 13-90　偏移线段（一）　　图 13-91　修剪图形　　图 13-92　偏移线段（二）

图 13-93　延伸修剪　　图 13-94　绘制线段　　图 13-95　修剪效果

12）执行“修剪”命令（TR），修剪图形，效果如图 13-97 所示。

13）执行“直线”命令（L），在图形偏移 60mm 的小格子里绘制连接线，如图 13-98 所示。

14）执行“直线”命令（L），在圆弧上绘制垂直于两圆弧的斜线段；执行“偏移”命令（O），将线段偏移 60mm，并连接对角点形成龙骨，效果如图 13-99 所示。

15）执行“图案填充”命令（H），选择样例为“CORK”，比例为 5，在间距为 36mm 的线段内部单击拾取，并设置垂直区域角度为 90°，水平区域角度为 0°，填充基材，效果如图 13-100 所示。

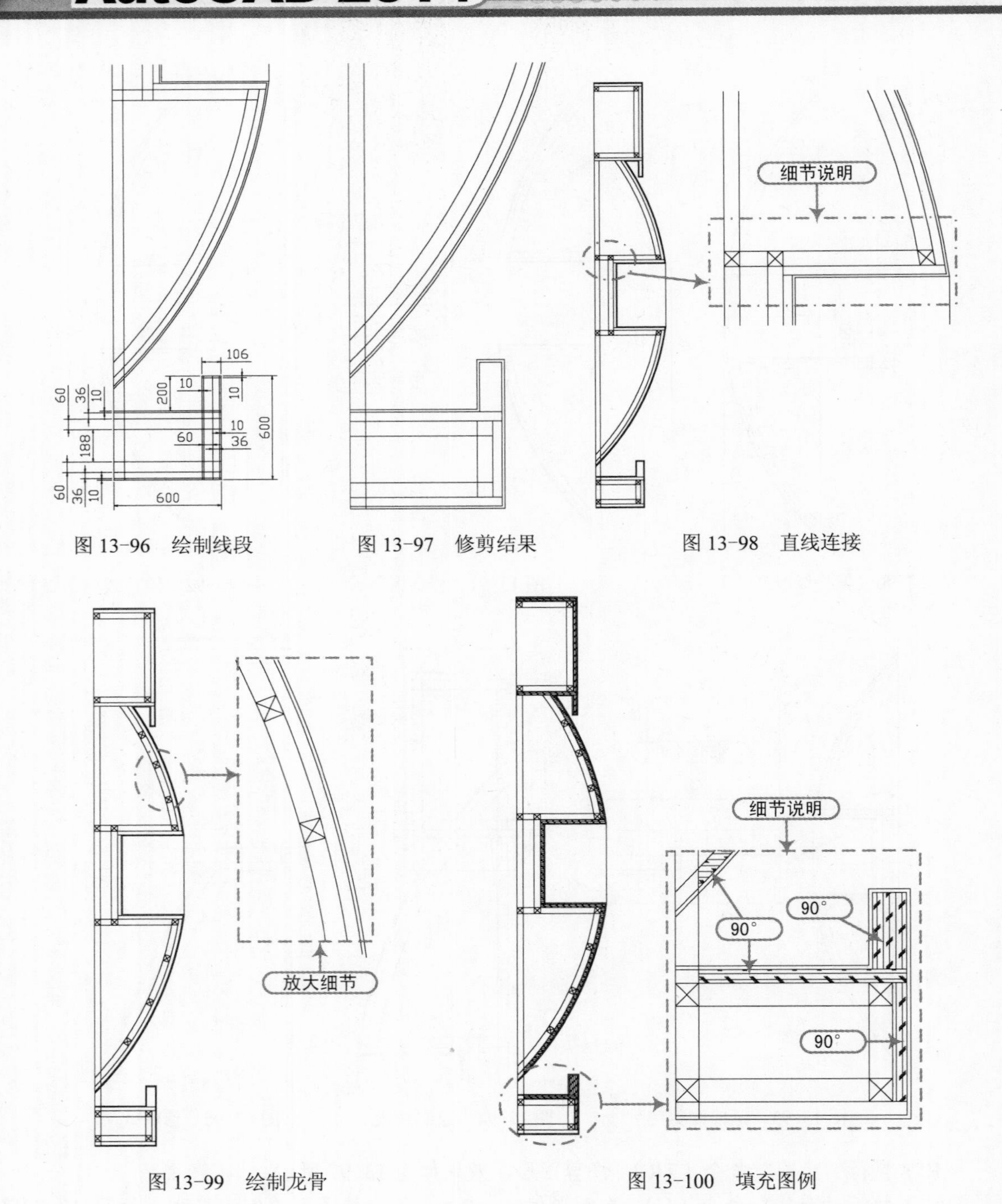

图 13-96　绘制线段　　图 13-97　修剪结果　　图 13-98　直线连接

图 13-99　绘制龙骨　　图 13-100　填充图例

16）执行“插入块”命令（I），将“案例\13”文件下面的“剖面射灯”“日光灯”“膨胀螺栓”和“汽车道具”图块插入并调整至相应位置；再将地面线拉长，效果如图 13-101 所示。

13.7.2 电视幕墙 A-A 剖面图的标注

电视幕墙 A-A 剖面图的标注步骤如下。

1）切换至“标注”图层，执行“线性标注”命令（DLI），对剖面图进行标注。

2）将“文字”图层置为当前图层，执行“多重引线”命令（MLD），设置字体为宋体，文字大小为 100，对立面图进行文字标注。

3）执行“多行文字”命令（MT），设置字体为宋体，文字大小为 150，对立面图进行图名标注；再执行“多段线”命令（PL）和“直线”命令（L），在图名下侧绘制与图名同长的线段，效果如图 13-102 所示。

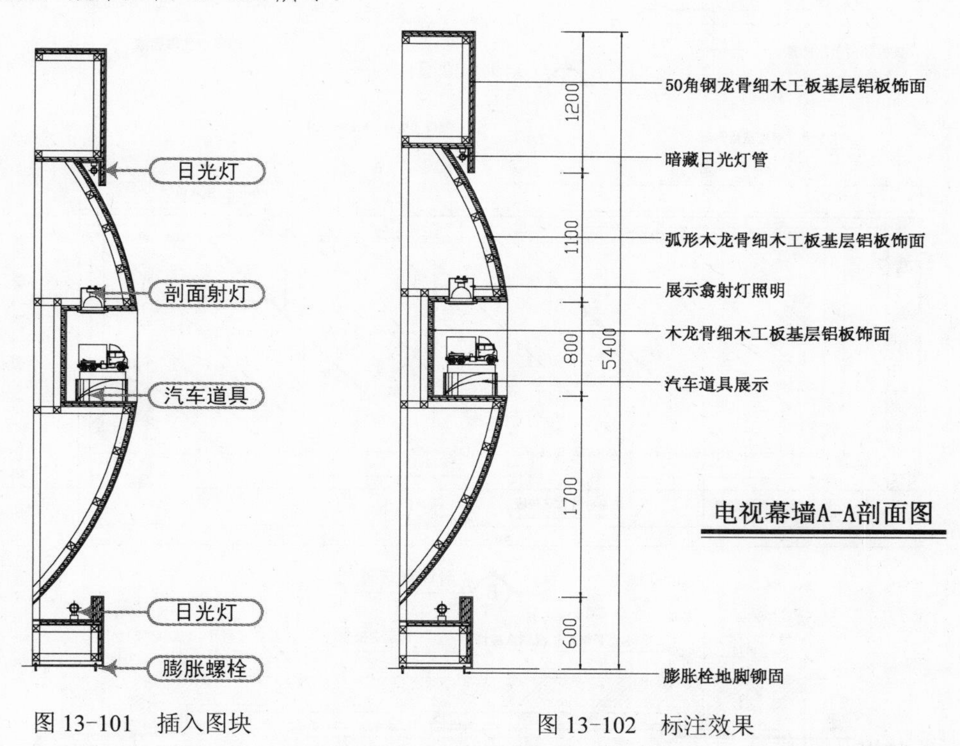

图 13-101 插入图块　　图 13-102 标注效果

4）至此，电视幕墙 A-A 剖面图已经绘制完成，按〈Ctrl+S〉组合键对其进行保存。

13.8 实战总结与案例拓展

本章讲解了汽车展厅装潢施工图纸的绘图方法，包括销售中心一层室内布置图、销售中心一层地面布置图、销售中心一层天花布置图、销售中心二层平面布置图、销售中心入口外立面图、展厅营业区电视幕墙立面图、电视幕墙 A-A 剖面图的绘制等，帮助用户熟练掌握运用 AutoCAD 2014 软件绘制相应图形的方法和技巧。

最后，用户可根据本章所学内容自行完成该汽车销售中心二层培训室的各个立面图，效果如图 13-103 所示（参见“案例\13\二层培训室立面图.dwg”文件）。

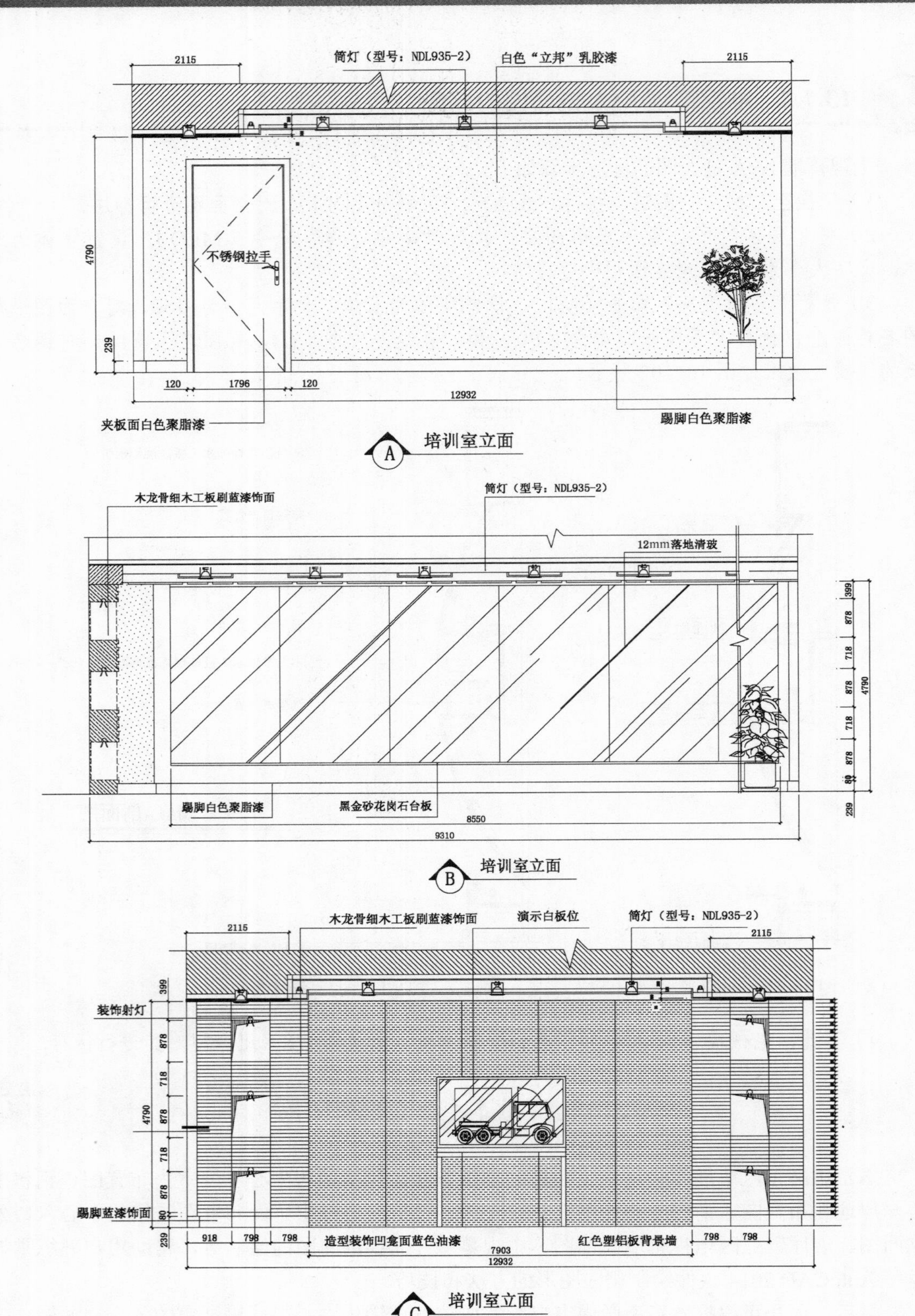

图 13-103　培训室各立面效果

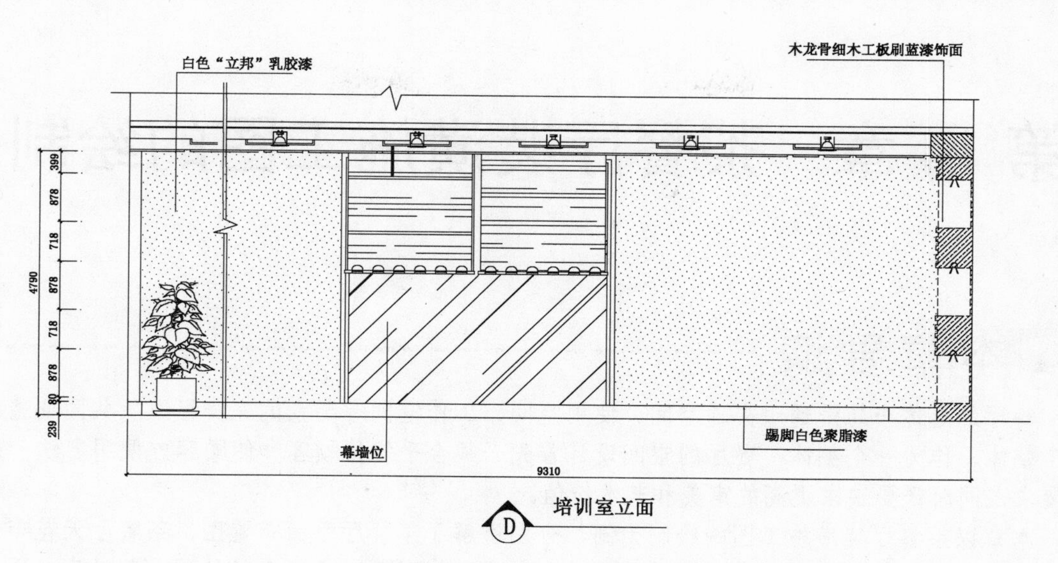

图 13-103　培训室各立面效果（续）

第 14 章　茶餐厅装潢施工图的绘制

本章导读

餐厅的总体布局是通过交通空间、使用空间、工作空间等要素的完美组织所共同创造的一个整体。作为一个整体，餐厅的空间设计首先必须合乎接待顾客和使顾客方便用餐这一基本要求，同时还要追求更高的审美和艺术价值。

本章以茶餐厅装潢施工图的绘制为例，分别讲解了茶餐厅平面布置图、茶餐厅天花布置图、1 厅 D 立面图、2 厅 C 立面图、3 厅 B 立面图以及包厢 C 立面图的绘制，帮助用户更加熟练地掌握茶餐厅装潢施工图的绘制方法。

主要内容

☑ 掌握茶餐厅平面布置图的绘制
☑ 掌握茶餐厅天花布置图的绘制
☑ 掌握 1 厅 D 立面图的绘制
☑ 掌握 2 厅 C 立面图的绘制
☑ 掌握 3 厅 B 立面图的绘制
☑ 掌握包厢 C 立面图的绘制

效果预览

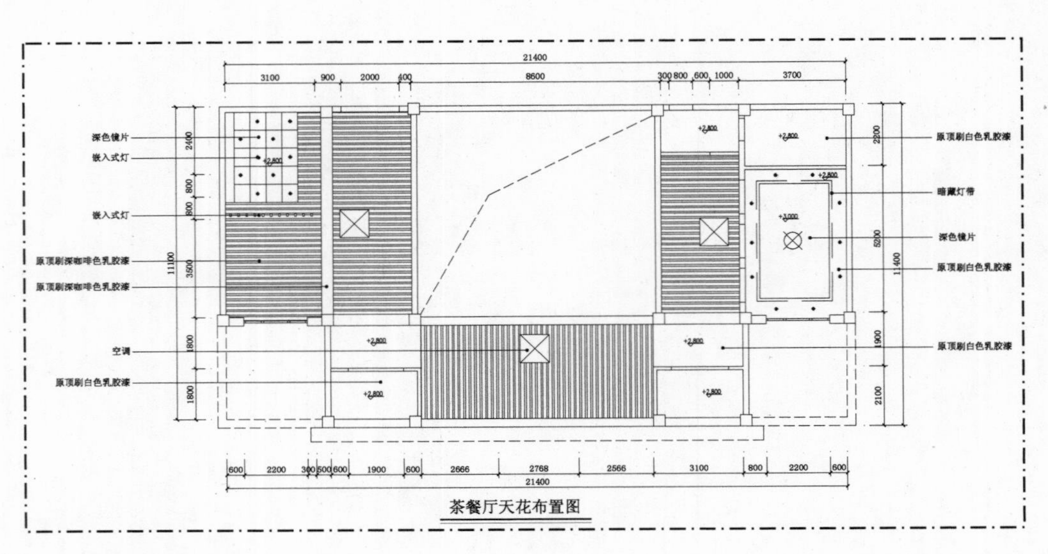

茶餐厅天花布置图

14.1 茶餐厅平面布置图的绘制

视频\14\茶餐厅平面布置图的绘制.avi
案例\14\茶餐厅平面布置图.dwg

在绘制茶餐厅平面布置图时，设计师应先将准备好的茶餐厅建筑平面图打开，然后根据各个平面图特点的功能性，分别进行平面布置图的设计。在进行家具摆放之前，设计师可根据需要先绘制固定家具的造型轮廓，再插入一些家具图块，最后进行尺寸标注、文字标注、图名等标注，其布置效果如图 14-1 所示。

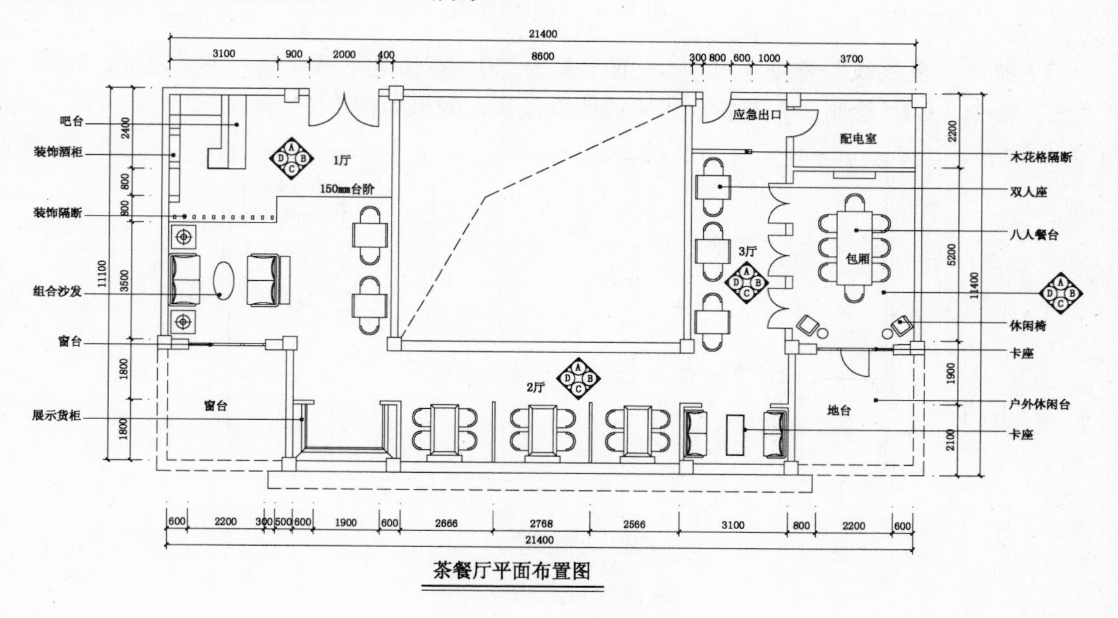

图 14-1 平面布置效果

14.1.1 调用并整理文件

在进行室内平面布置设计之前，设计师首先要绘制相应的建筑平面图。如果有相应的原始建筑平面图，即可将其借调并加以修改，将其另存为符合要求的文件。本实例中已有准备好的“茶餐厅建筑平面图.dwg”文件，设计师只需将其打开并另存为新的文件即可。具体步骤如下。

1）启动 AutoCAD 2014 软件，在快速访问工具栏中单击“打开”按钮，将“案例\14\茶餐厅建筑平面图.dwg”文件打开，如图 14-2 所示。再单击“另存为”按钮，将其另存为“案例\14\茶餐厅平面布置图.dwg”文件。

2）将“文字”图层置为当前图层，执行“多行文字”命令（MT），设置字体为宋体，文字大小为 400，在图形下侧输入图名；再设置文字大小为 250，在房间内标注房间名称。

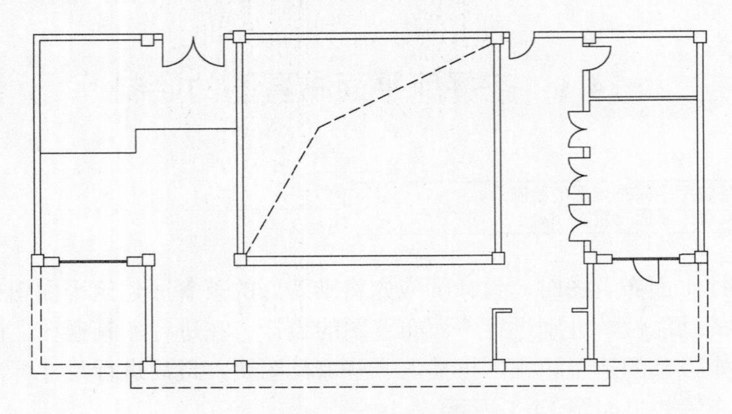

图 14-2　打开的图形

3）执行“多段线”命令（PL），设置宽度为 30，在图名下侧绘制一条多段线；再执行“直线”命令（L），绘制一条与多段线同长的直线段，效果如图 14-3 所示。

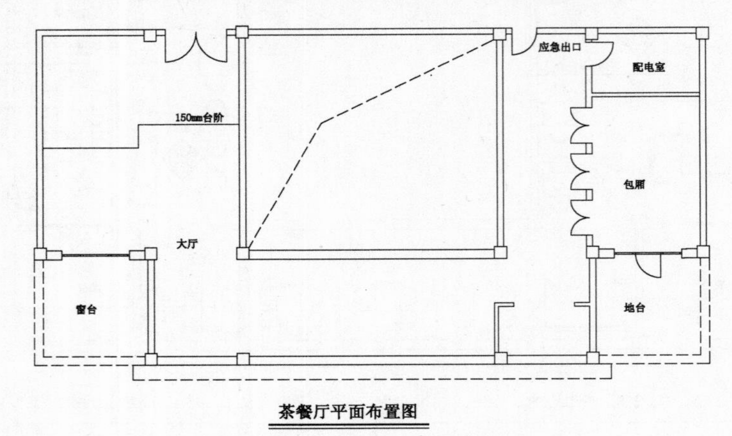

图 14-3　绘制图名效果

14.1.2　绘制室内布置图造型

在绘制室内布置图时，设计师应先绘制出室内家具造型的轮廓，然后通过“插入块”的方式将该家具店的成品家具插入到相应位置。具体步骤如下。

1）切换到“家具”图层，执行“偏移”命令（O）和“修剪”命令（TR），在入口左侧绘制如图 14-4 所示的吧台柜图形。

2）执行“矩形”命令（REC），绘制 60mm × 100mm 的矩形作为装饰隔断；执行“复制”命令（CO），将其移动、复制到吧台柜下侧的地台边缘处，效果如图 14-5 所示。

3）执行“插入块”命令（I），将“案例/14”文件下面的“组合沙发”和“双人座”图块插入并复制到图形相应位置，效果如图 14-6 所示。

4）执行“直线”命令（L）、“矩形”命令（REC）和“复制”命令（CO），在下侧绘制隔断，效果如图 14-7 所示。

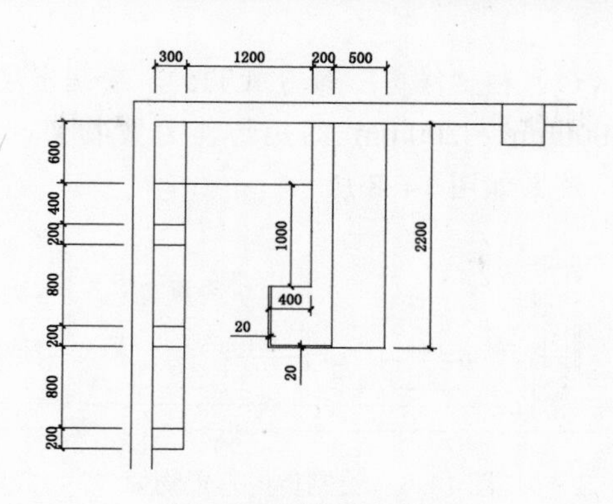

图 14-4 绘制吧台柜

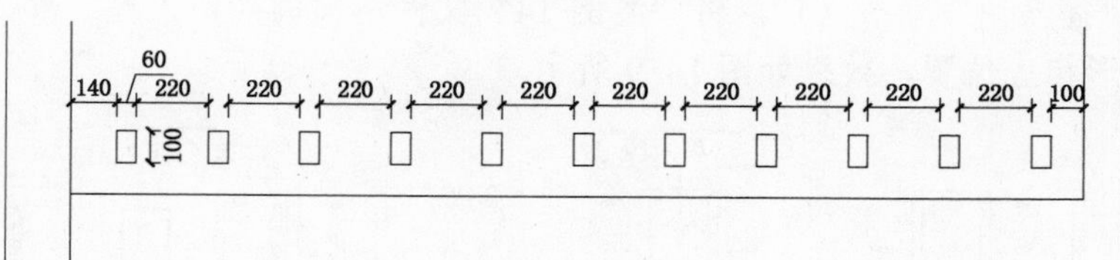

图 14-5 复制装饰柱子

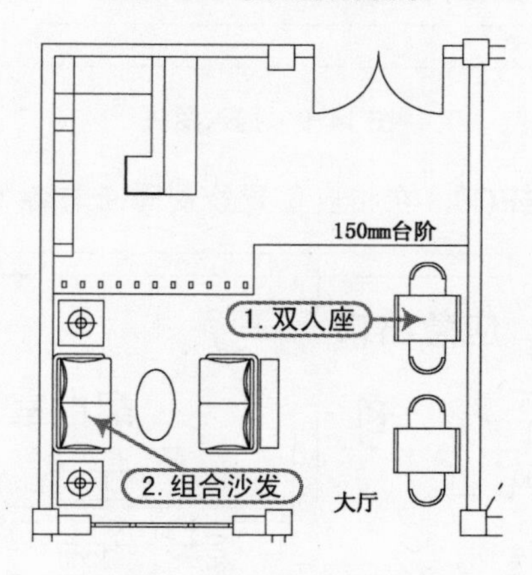

图 14-6 插入图块

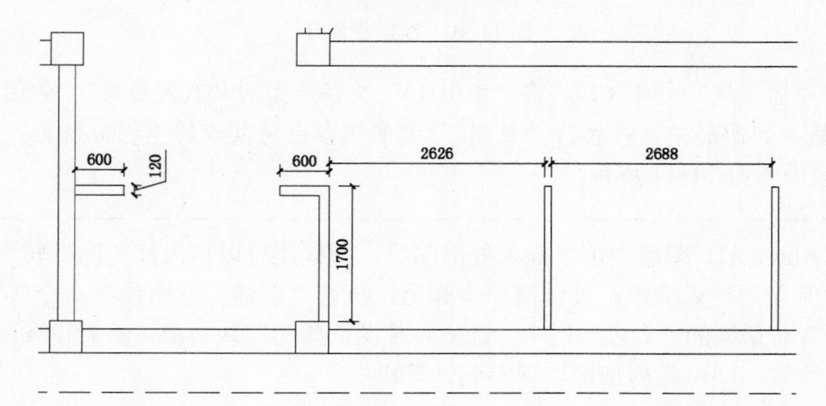

图 14-7 绘制隔断

5）执行“偏移”命令（O）和“修剪”命令（TR），绘制出展示货柜效果；再执行“矩形”命令（REC），绘制 1000mm × 200mm 的矩形作为置物架，并通过执行“复制”命令（CO），复制到其他隔断处，效果如图 14-8 所示。

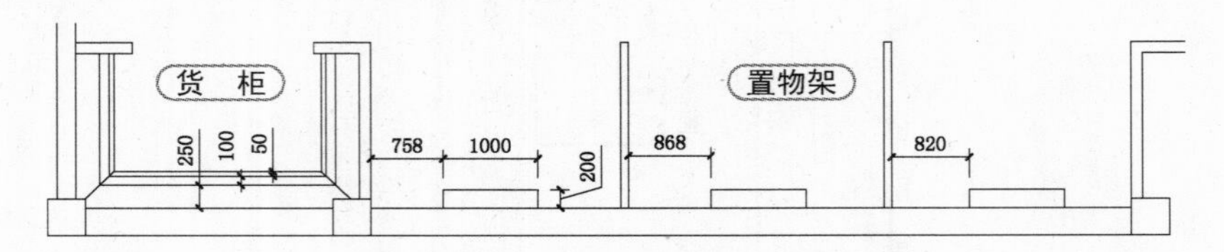

图 14-8 绘制货柜与置物架

6）执行“插入块”命令（I），将“案例/14”文件下面的“四人座”和“卡座”图块插入并复制到图形相应位置，效果如图 14-9 所示。

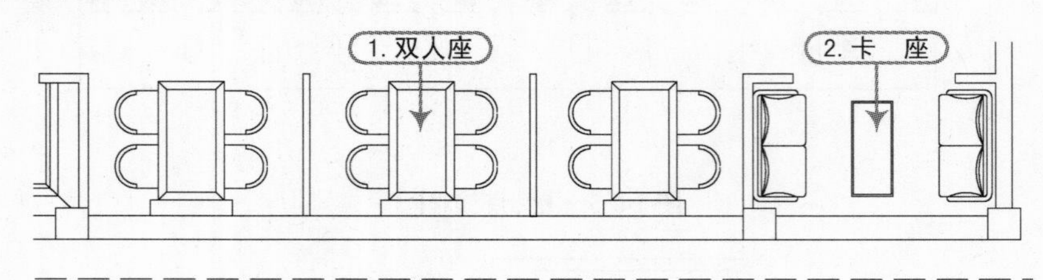

图 14-9 插入图块

7）执行“矩形”命令（REC），在相应位置绘制隔断与备餐台，效果如图 14-10 所示。

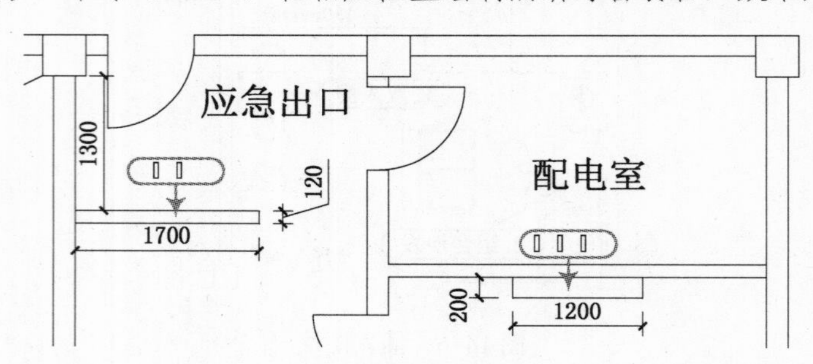

图 14-10 绘制收银台

8）执行“插入块”命令（I），将“案例/14”文件下面的“八人餐桌”“休闲椅”和“双人座”图块插入到图形中，并执行“复制”“镜像”命令将其旋转至相应位置，从而完成家具的布置，效果如图 14-11 所示。

AutoCAD 图形中可以插入外部图块，同样还可以将内部的图形转换为独立的文件保存到计算机中。具体操作步骤为：执行“创建外部图块”命令（W），在“写块”对话框的“对象”栏中，选择内部图块修为写块对象，然后设置图块保存名称及位置，即可将内部图块保存到计算机中。

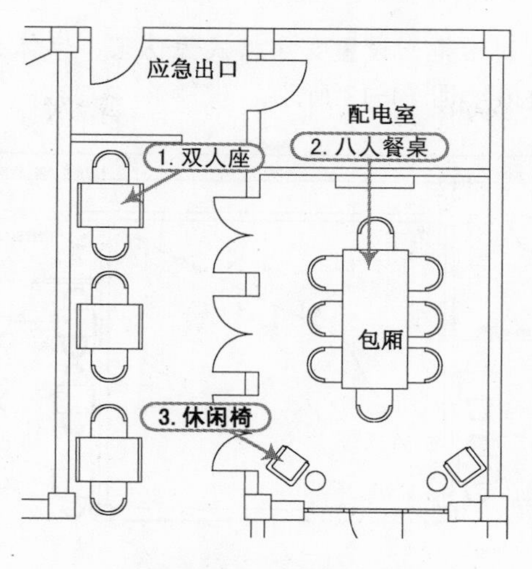

图 14-11 布置家具

14.1.3 布置图的标注

在布置好室内家具造型后，接下来进行的是尺寸标注与文字标注。具体操作步骤如下。

1）选择“标注”图层置为当前图层，执行“线性标注”命令（DLI）和“连续标注”命令（DCO）命令，对图形进行对象标注和总尺寸标注，效果如图 14-12 所示。

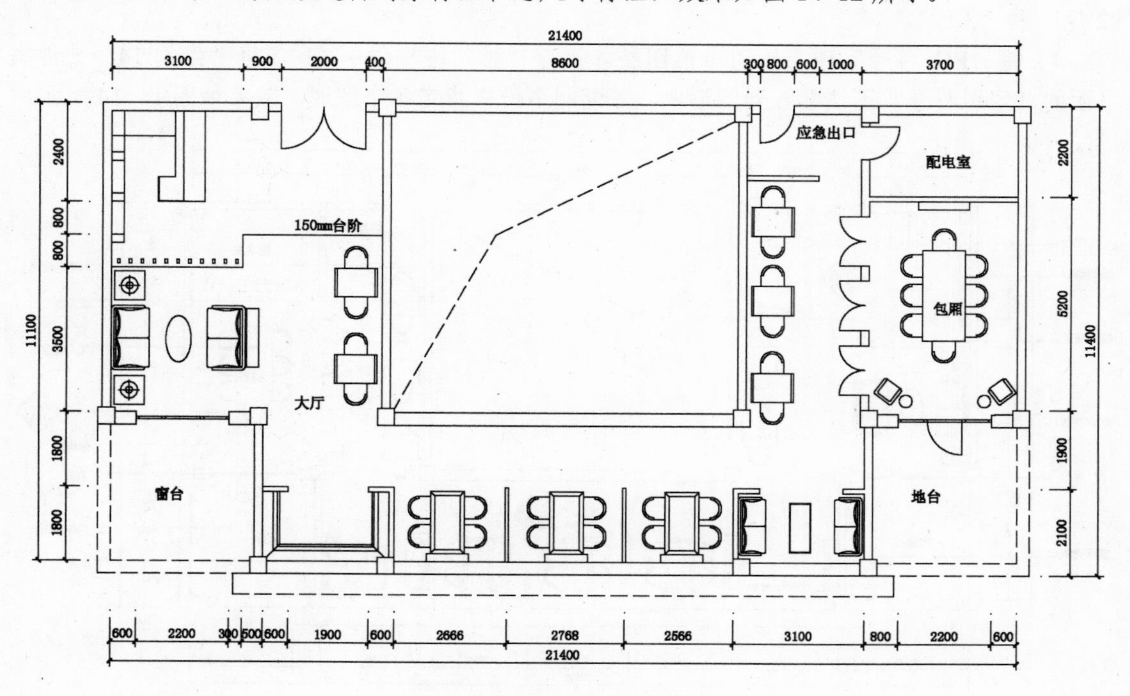

图 14-12 尺寸标注

2）将“文字”图层置为当前图层，执行“多重引线”命令（MLD），在拉出一条直线以后，在弹出“文字格式”对话框，设置文字格式为仿宋、字体大小为 250，根据要求对室内布置图进行文字标注，效果如图 14-13 所示。

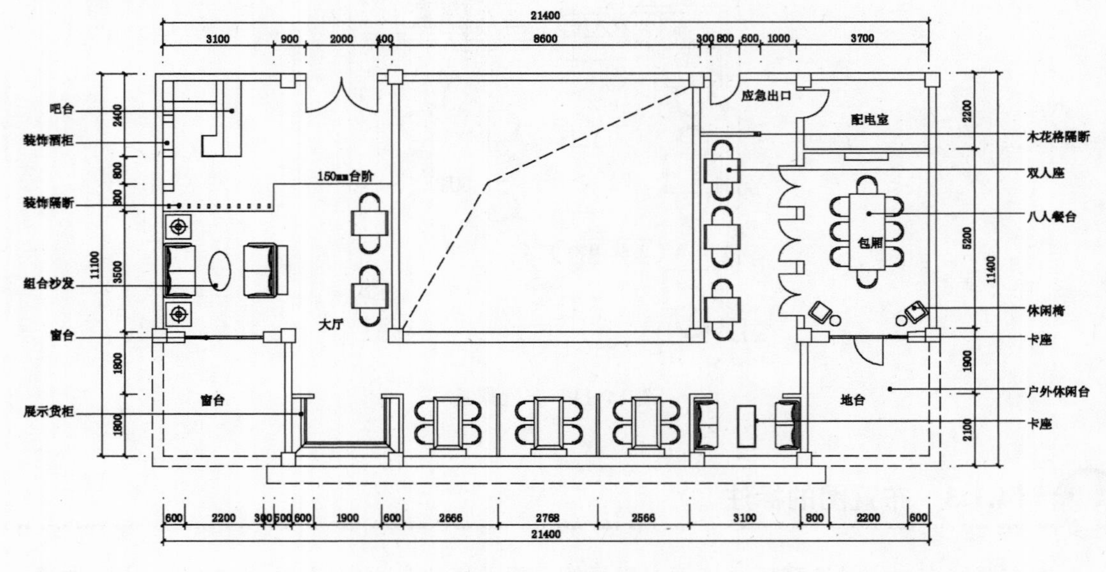

图 14-13　文字标注

3）执行“多行文字”命令（MT），设置文字高度为 250，分别在相应位置注写“1 厅”“2 厅”和“3 厅”。

4）将“FH-符号”图层置为当前图层，执行“插入块”命令（I），将“案例\14”文件夹下面的“索引符号”图块插入到图形中，并复制多份来指定各个区域，效果如图 14-14 所示。

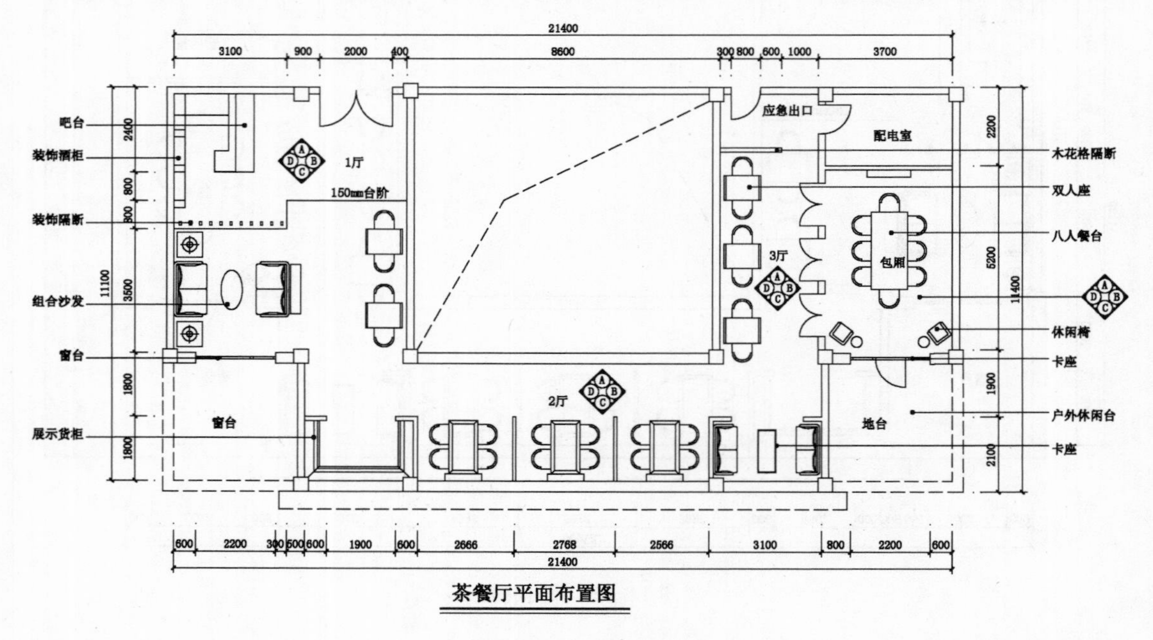

图 14-14　插入内视符号

5）至此，茶餐厅平面布置图已经绘制完成，按〈Ctrl+S〉组合键对其进行保存。

14.2 茶餐厅天花布置图的绘制

视频\14\茶餐厅天花布置图的绘制.avi
案例\14\茶餐厅天花布置图.dwg

在绘制茶餐厅天花布置图之前，设计师应先将茶餐厅平面布置图打开，通过整理，留下需要的轮廓，再来绘制天花造型，并插入灯具，最后进行文字标注和标高标注，其布置效果如图 14-15 所示。

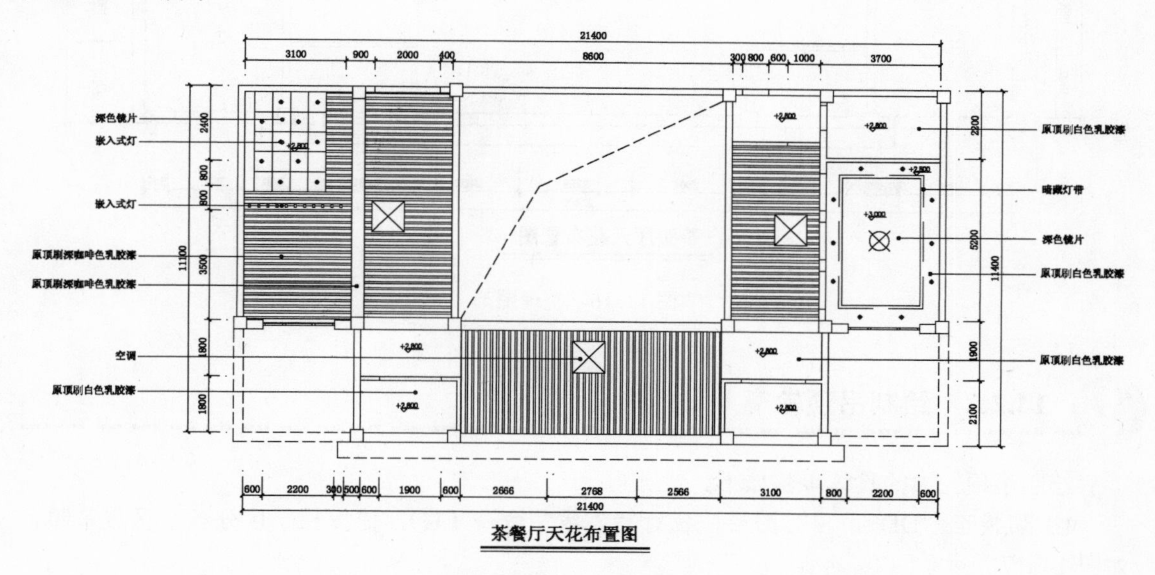

图 14-15 天花布置效果

14.2.1 调用并整理文件

在绘制天花布置图之前，设计师可借用绘制好的茶餐厅平面布置图，这样可以更为快捷地进行茶餐厅天花布置图的绘制。

具体操作步骤如下。

1）启动 AutoCAD 2014 软件，在快速访问工具栏中单击“打开”按钮，将前面绘制好的“案例\14\茶餐厅平面布置图.dwg”文件打开；再单击“另存为”按钮，将其另存为“案例\14\茶餐厅天花布置图.dwg”文件。

2）根据绘图要求，执行“删除”命令（E），将图形中的文字标注、门对象、家具对象进行删除。

3）执行“直线”命令（L），将门洞封闭起来，并将门洞线转换为“DD-吊顶”图层；在下侧修改图名为“天花布置图”，修改结果如图 14-16 所示。

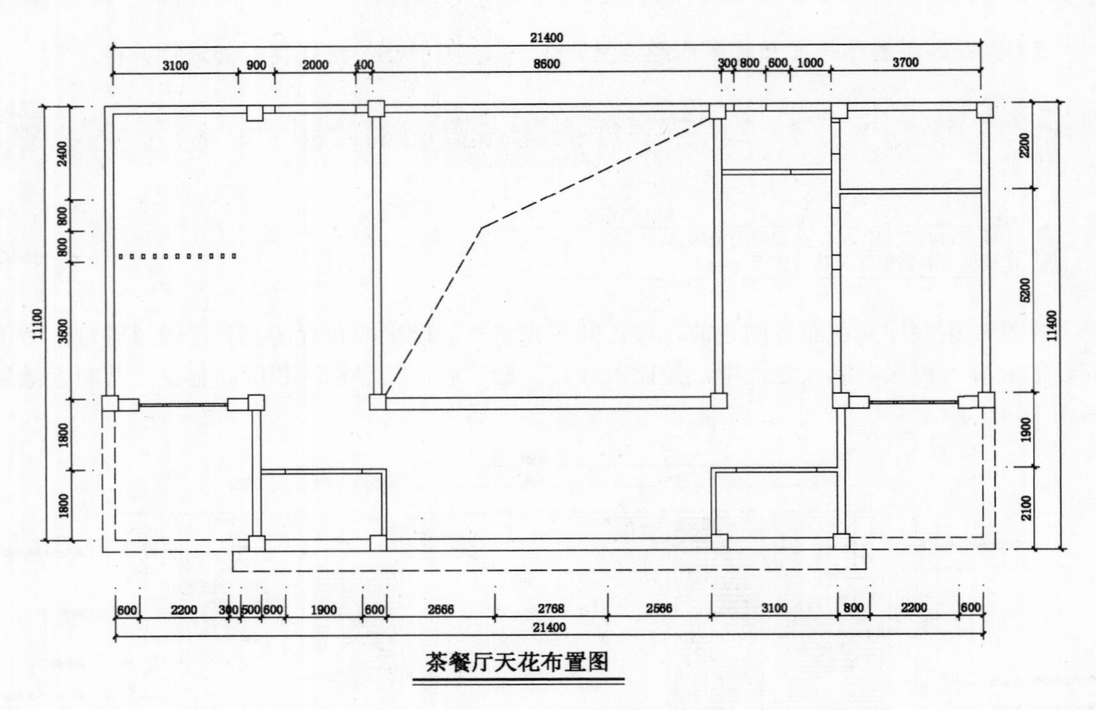

图 14-16 整理图形

14.2.2 绘制吊顶轮廓

绘制吊顶轮廓的具体步骤如下。

1）切换至“DD-吊顶”图层，执行“直线”命令（L），捕捉柱子区分各个区域吊顶，如图 14-17 所示。

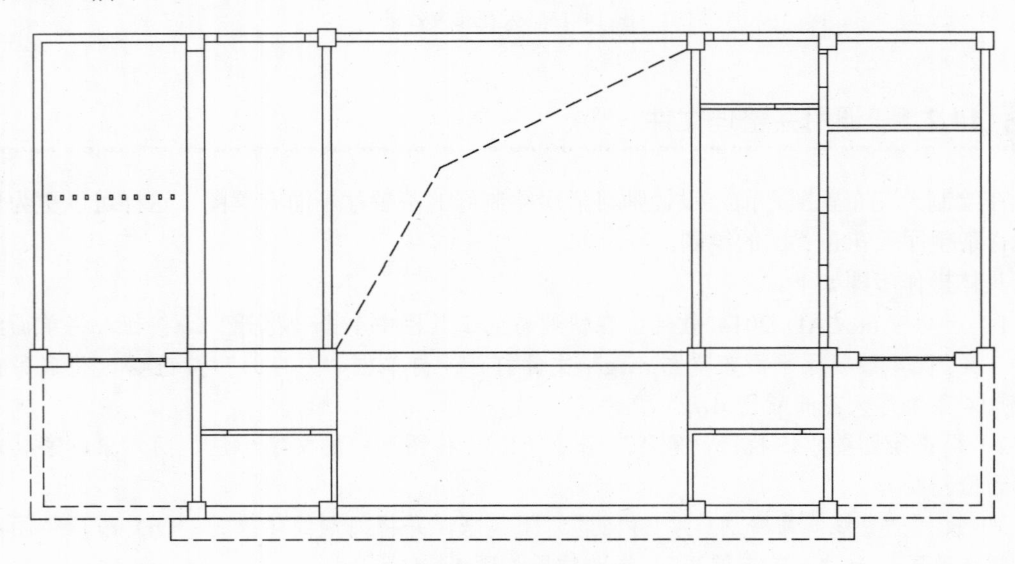

图 14-17 绘制线段

2）执行“偏移”命令（O）和“修剪”命令（TR），在装饰柱子上方绘制出如图 14-18 所示的吊顶轮廓。

3）执行“插入块”命令（I），将“案例/14”文件下面的“筒灯”图块插入并复制到吊顶相应位置，效果如图 14-19 所示。

4）执行“偏移”命令（O）和“修剪”命令（TR），在包间内绘制出灯带与吊顶轮廓线，如图 14-20 所示。

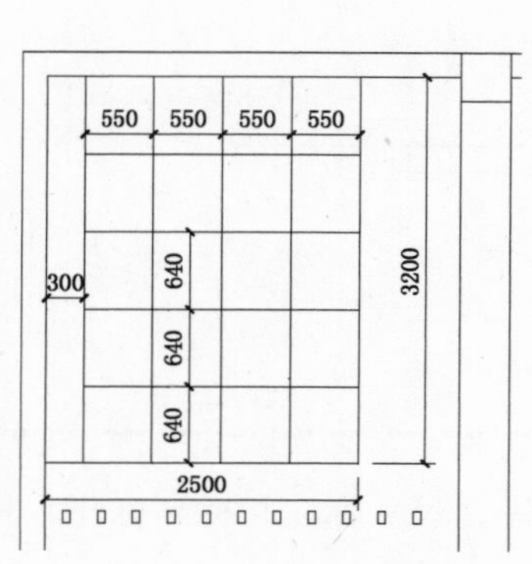

图 14-18 绘制展台位

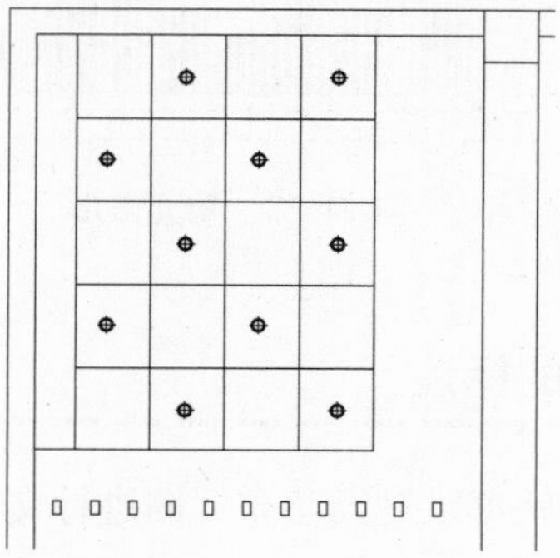

图 14-19 布置筒灯

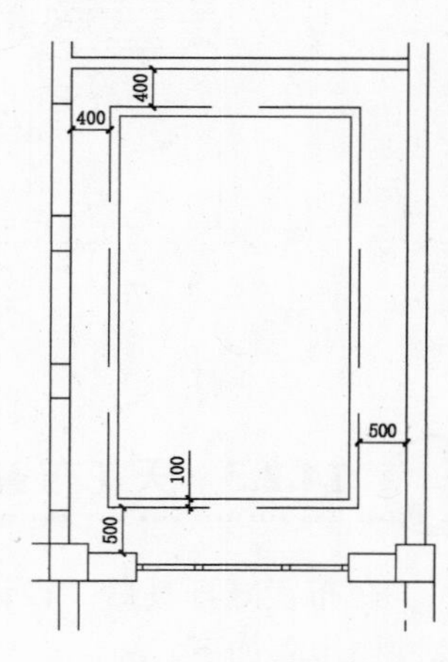

图 14-20 绘制吊顶

5）执行“插入块”命令（Ｉ），将“案例\14”文件下面的“工艺吸顶灯”图块插入并复制到相应位置，效果如图 14-21 所示。

6）执行“插入块”命令（Ｉ），将“案例\14”文件下面的“空调”图块插入并复制到相应位置，效果如图 14-22 所示。

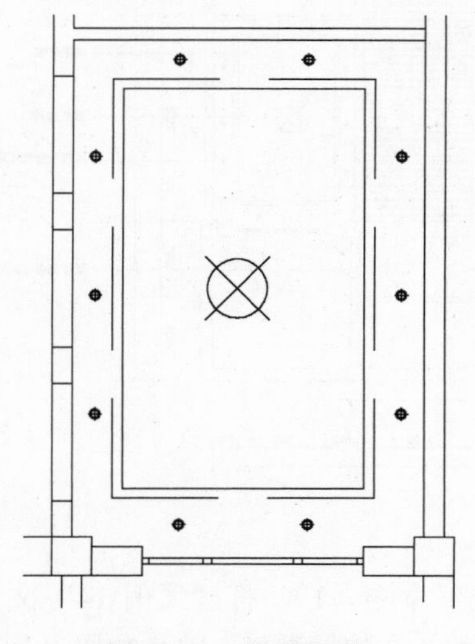

图 14-21 放置灯具

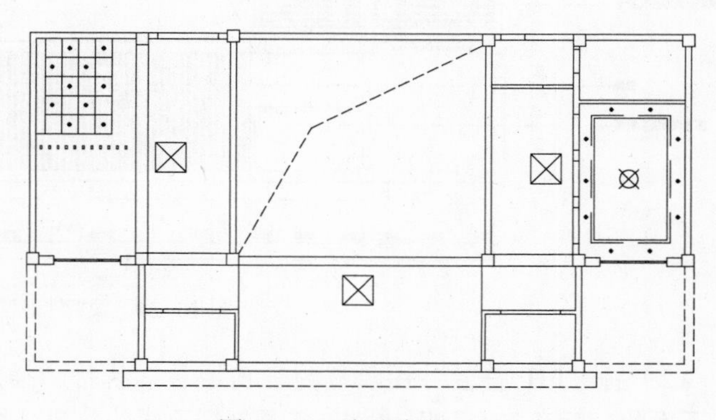

图 14-22 布置空调

7）切换至“填充”图层，执行“图案填充”命令（H），选择样例为“ANSI32”，比例为 20，再设置不同的角度值，对吊顶进行填充，效果如图 14-23 所示。

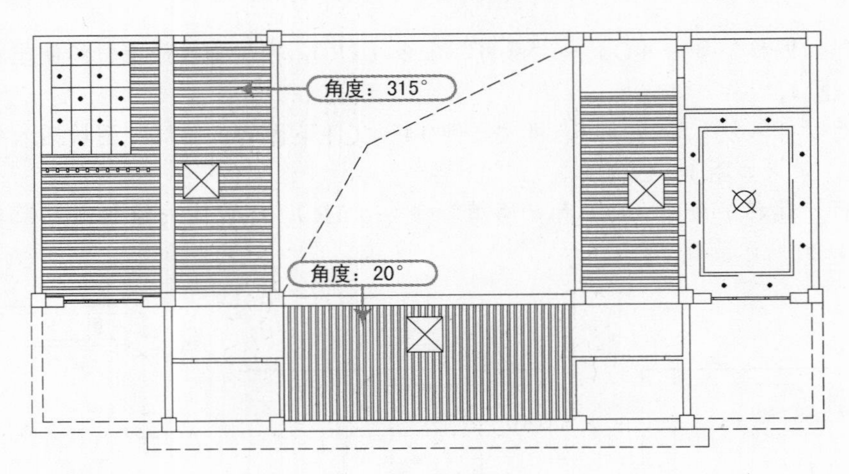

图 14-23　填充图形

14.2.3　天花布置图的标注

在布置好灯具后，设计师就可以对天花布置图进行文字标注、尺寸标注和标高标注。具体操作步骤如下。

1）将“WZ-文字”图层置为当前图层，执行“多重引线”命令（MLD），设置文字为宋体，文字大小为 250，对吊顶进行文字标注，如图 14-24 所示。

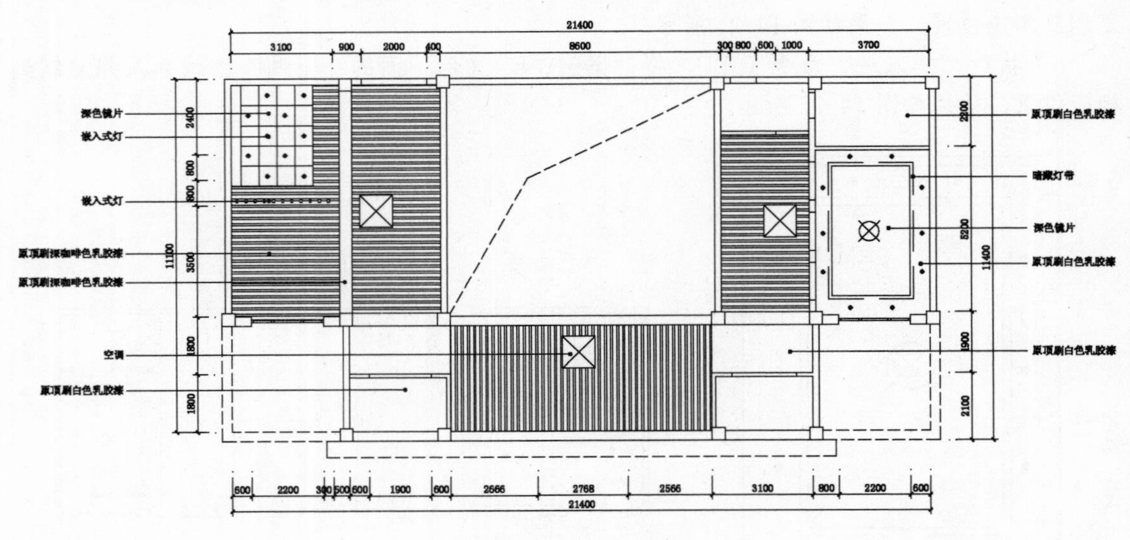

图 14-24　文字标注

2）将“FH-符号”图层置为当前图层，执行“插入块”命令（I），将“案例\14”文件夹下面的“标高符号”图块插入并复制到不同的位置，再修改不同的标高值，效果如图 14-25 所示。

3）至此，茶餐厅天花布置图已经绘制完成，按〈Ctrl+S〉组合键对其进行保存。

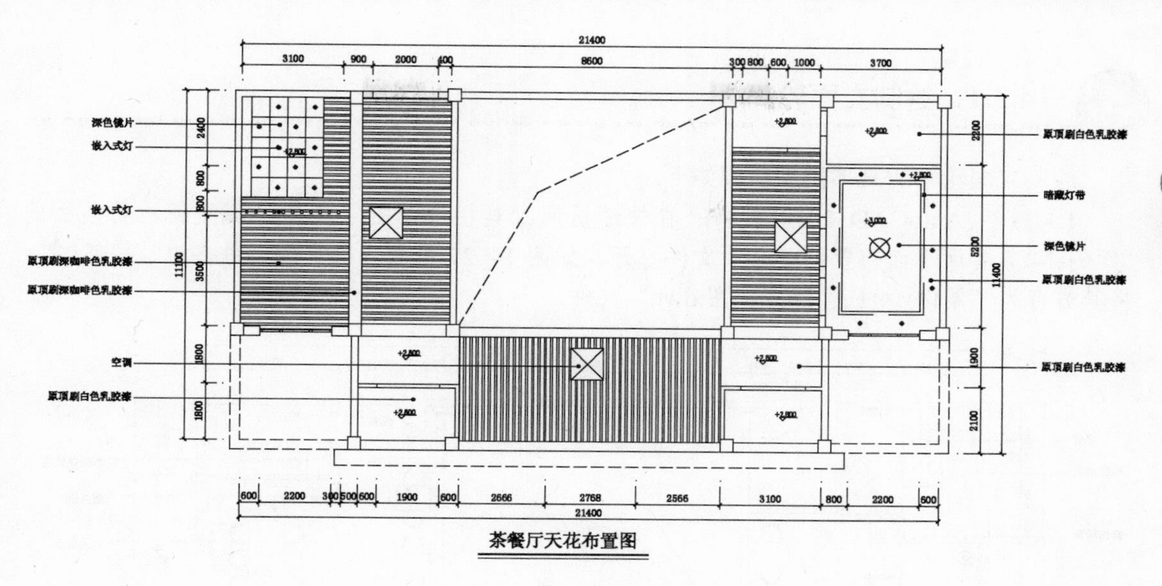

图 14-25 标高标注

14.3 茶餐厅 1 厅 D 立面图的绘制

视频\14\茶餐厅1厅D立面图的绘制.avi
案例\14\1厅D立面图.dwg

在绘制茶餐厅 1 厅 D 立面图之前，设计师可以将茶餐厅平面布置图打开，根据需要留下相应的 D 平面轮廓，再根据平面轮廓来绘制立面，效果如图 14-26 所示。

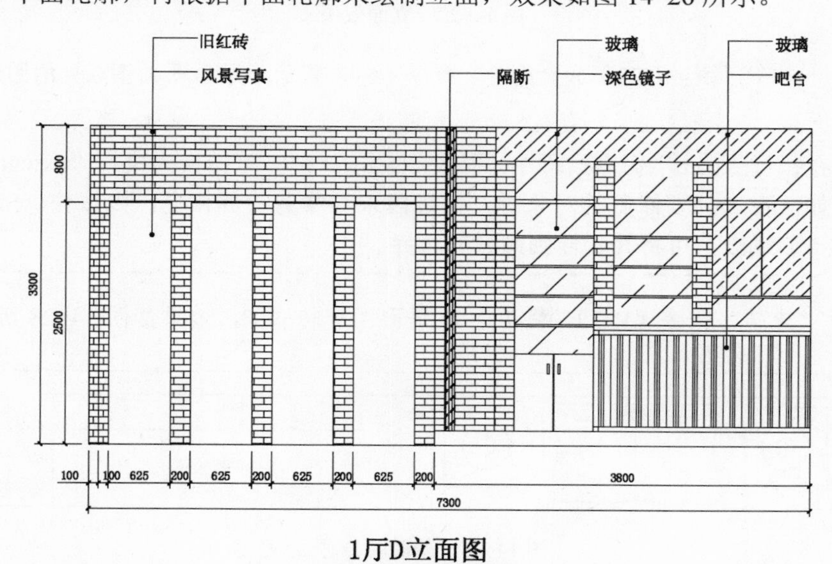

图 14-26 立面效果

14.3.1 绘制立面轮廓

绘制立面轮廓的具体操作步骤如下。

1）启动 AutoCAD 2014 软件，在快速访问工具栏中单击“打开”按钮，将前面的“案例\14\茶餐厅平面布置图.dwg”文件打开，如图 14-27 所示；再单击“另存为”按钮，将其另存为“案例\14\1 厅 D 立面图.dwg”文件。

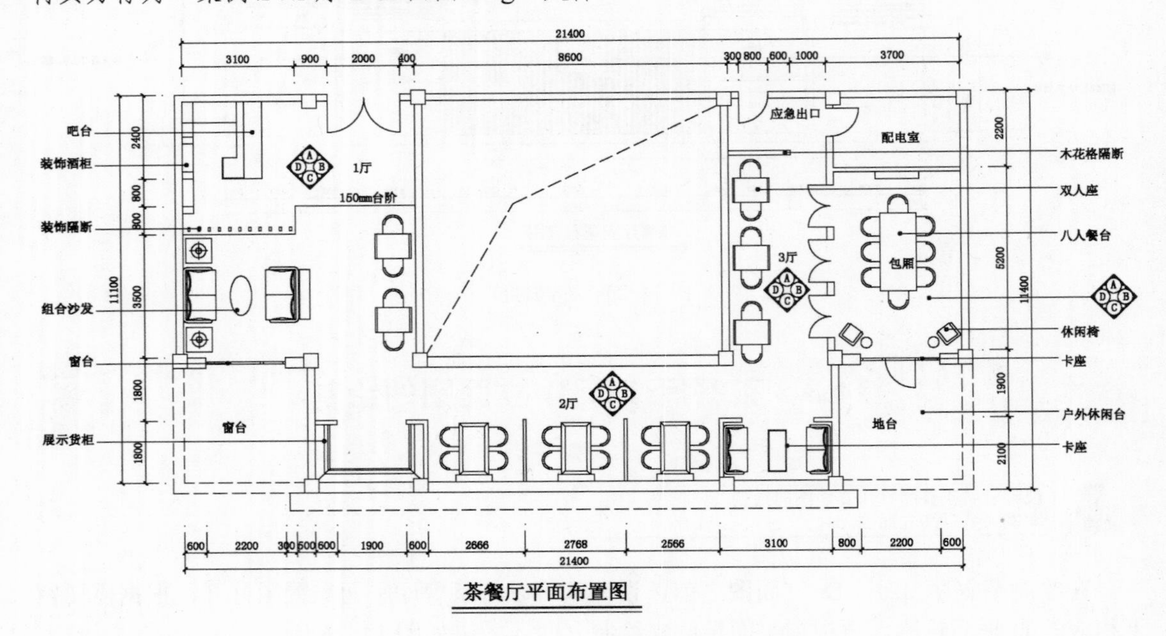

图 14-27　立面效果

2）执行“修剪”命令（TR）和“删除”命令（E），将除 1 厅 D 平面图以外的图形删除掉。

在执行“trim”命令过程中，按住〈Shift〉键，可转换为执行“extend”命令，例如，在选择要修剪的对象时，某线段未与修剪边界相交，则按住〈Shift〉键，单击该线段，可将其延伸到最近的边界。

3）执行“旋转”命令（RO），将 1 厅 D 平面图旋转-90°，效果如图 14-28 所示。

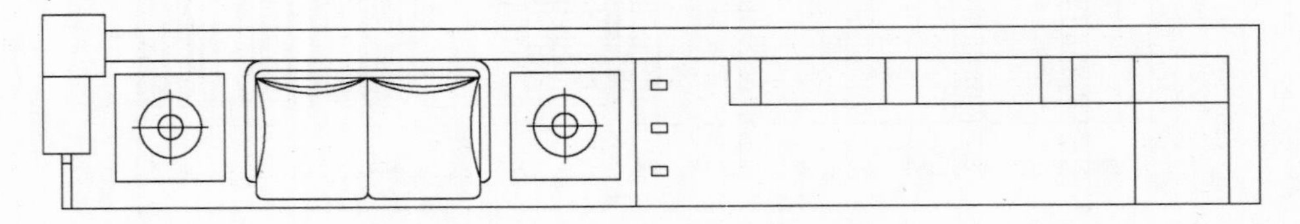

图 14-28　截取的 D 平面

4）将“立面”图层置为当前图层，执行“构造线”命令（XL），捕捉相应的角点来绘制垂直的构造线；再执行“直线”命令（L），在构造线上绘制两条相距 3300mm 的水平线段，效果如图 14-29 所示。

5）执行“修剪”命令（TR），修剪多余线条，效果如图 14-30 所示。

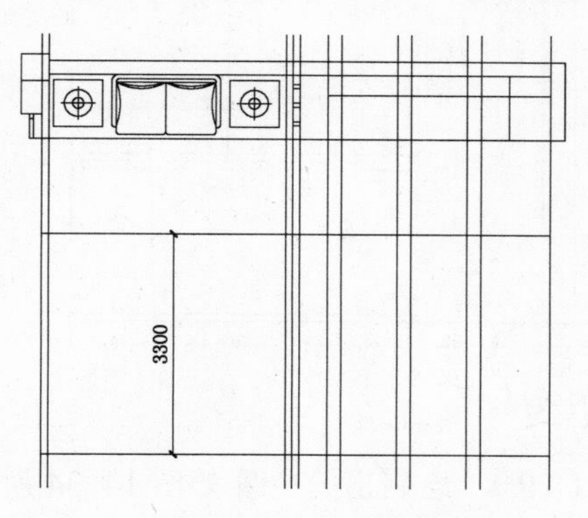

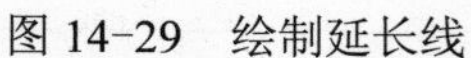
图 14-29 绘制延长线

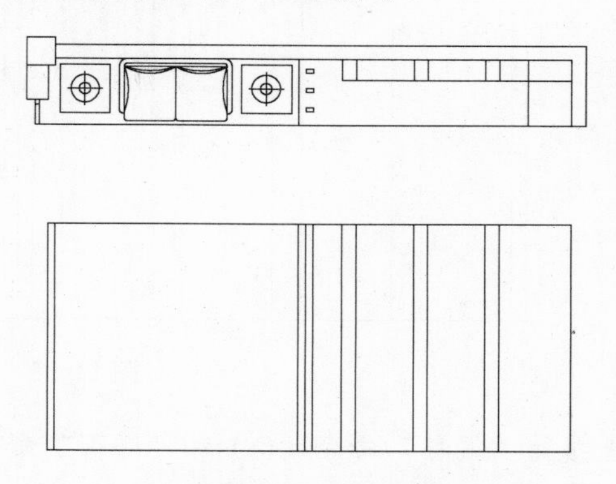

图 14-30 修剪结果

6）执行“矩形”命令（REC），绘制 625mm × 2500mm 的矩形；执行“复制”命令（CO），将其复制到相应位置，如图 14-31 所示。

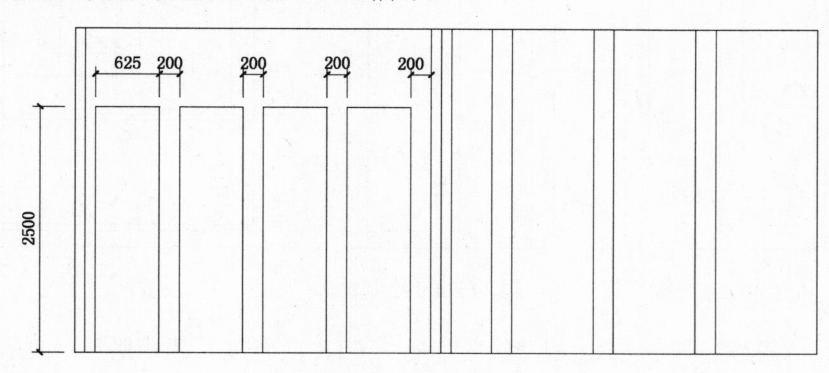

图 14-31 绘制矩形

7）执行“偏移”命令（O），将线段按照图 14-32 所示的尺寸进行偏移。

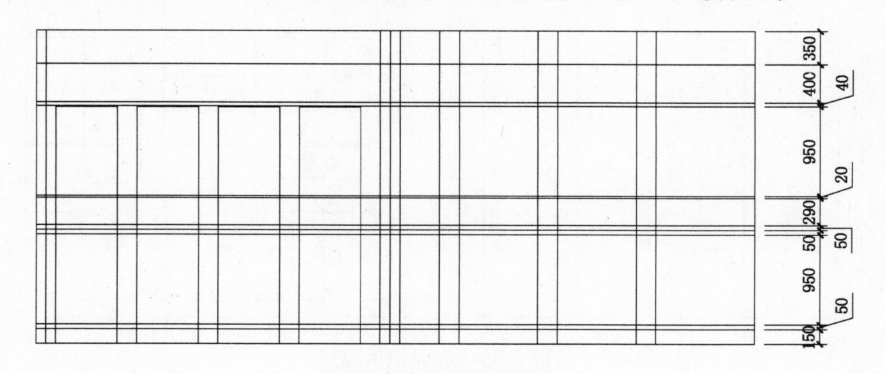

图 14-32 偏移线段

8）执行“修剪”命令（TR），修剪效果如图 14-33 所示。

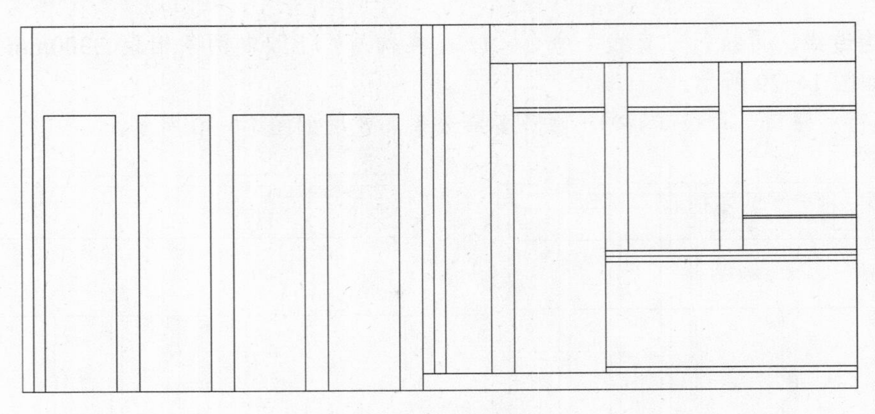

图 14-33　修剪效果

9）执行“偏移”命令（O）和“修剪”命令（TR），绘制出的轮廓如图 14-34 所示。

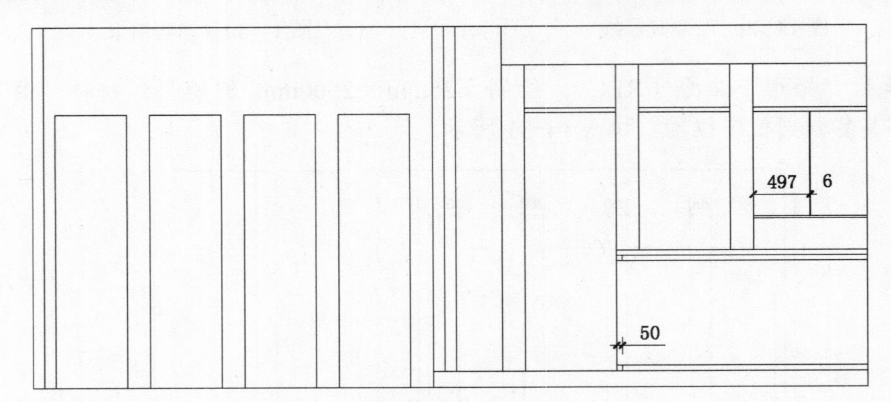

图 14-34　绘制轮廓

10）执行“偏移”命令（O）和“修剪”命令（TR），绘制出酒柜隔层，效果如图 14-35 所示。

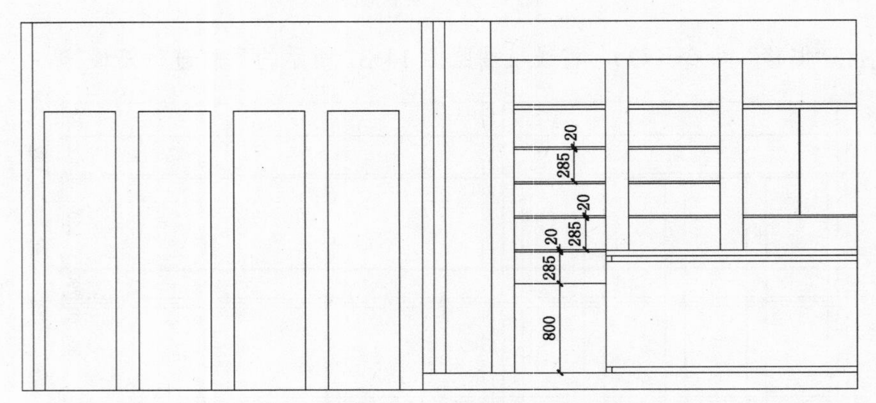

图 14-35　绘制酒柜隔层

11）执行“偏移”命令（O）和“修剪”命令（TR），绘制出柜门；再执行“直线”命令（L）和“矩形”命令（REC），绘制 20mm × 100mm 的矩形作为门把手，如图 14-36 所示。

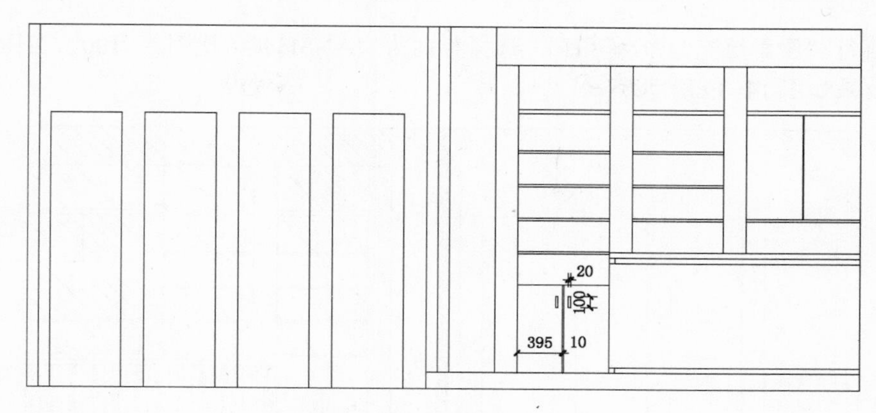

图 14-36　绘制柜门、把手

12）切换至“填充”图层，执行“图案填充”命令（H），选择样例为“ANSI31”，比例为 30，对相应位置填充玻璃效果，效果如图 14-37 所示。

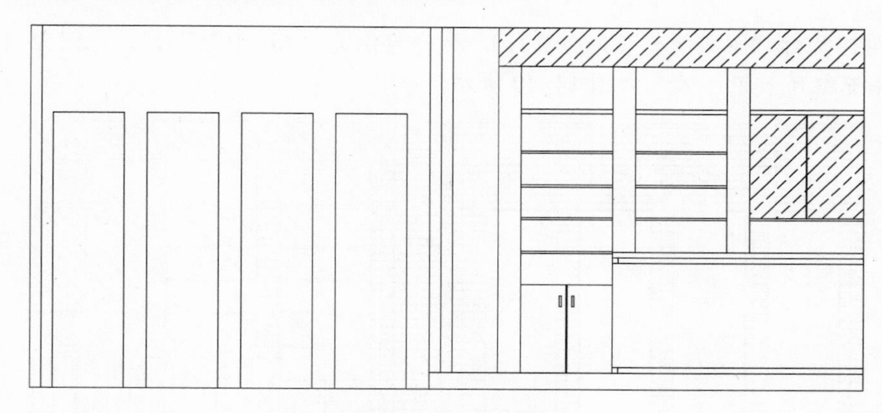

图 14-37　填充玻璃

13）执行“图案填充”命令（H），选择样例为“PLASTI”，比例为 30，角度设为 90°，对吧台填充木线条效果；再选择样例为“CORK”，角度设为 90°，比例为 10，对装饰隔断进行填充，效果如图 14-38 所示。

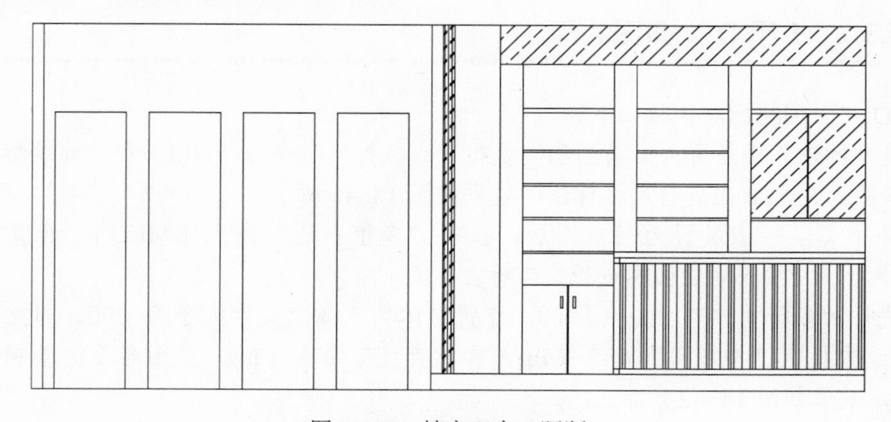

图 14-38　填充吧台、隔断

14）执行“图案填充”命令（H），选择样例为“ANSI33”，比例为 100，在图中填充镜子效果，效果如图 14-39 所示。

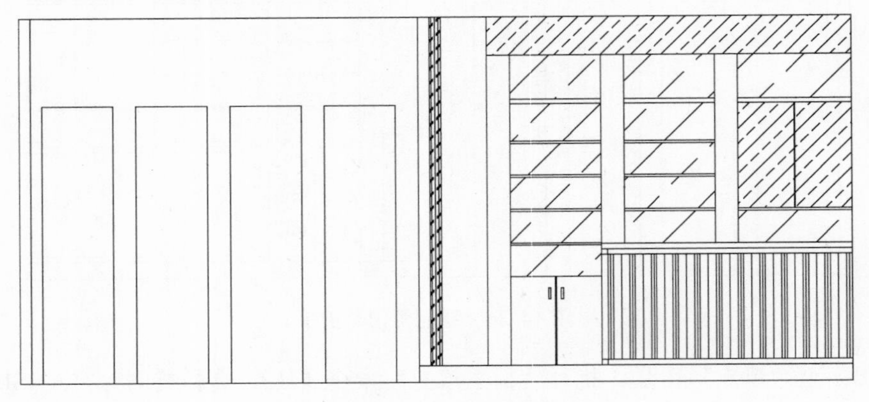

图 14-39　填充镜面

15）同样执行“图案填充”命令（H），选择样例为“AR-BRSTD”，比例为 1，对其他区域进行填充红砖效果，效果如图 14-40 所示。

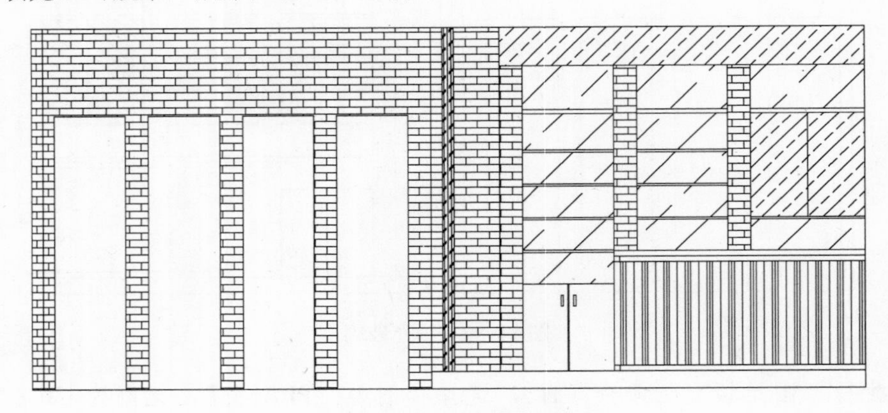

图 14-40　填充红砖

14.3.2　1 厅 D 立面图的标注

1 厅 D 立面图的标注步骤如下。

1）将“标注”图层置为当前图层，执行“线性标注”命令（DLI）和“连续标注”命令（DCO）命令，对立面图进行尺寸标注，效果如图 14-41 所示。

2）将“文字”图层置为当前图层，执行“多重引线”命令（MLD），设置字体为宋体，文字大小为 120，对立面图进行文字标注。

3）执行“多行文字”命令（MT），设置字体为宋体，文字大小为 200，对立面图进行图名标注；再执行“多段线”命令（PL）和“直线”命令（L），在图名下侧绘制同图名同长的线段，效果如图 14-42 所示。

4）至此，茶餐厅 1 厅 D 立面图已经绘制完成，按〈Ctrl+S〉组合键对其进行保存。

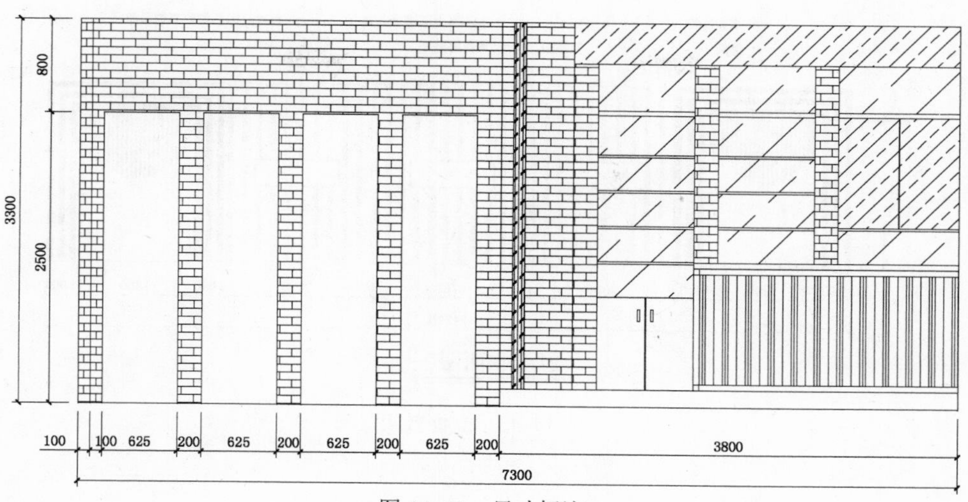

图 14-41 尺寸标注

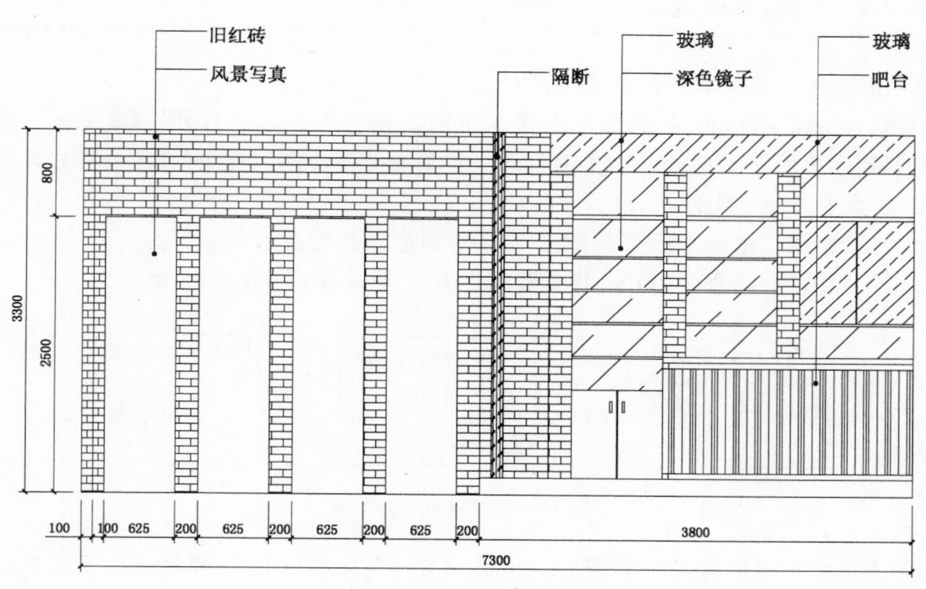

图 14-42 D 立面效果

14.4 茶餐厅 2 厅 C 立面图的绘制

视频\14\茶餐厅2厅C立面图的绘制.avi
案例\14\2厅C立面图.dwg

在绘制茶餐厅 1 厅 D 立面图之前，设计师可以将平面布置图打开，根据需要留下相应的 D 平面轮廓，再根据平面轮廓来绘制立面，效果如图 14-43 所示。

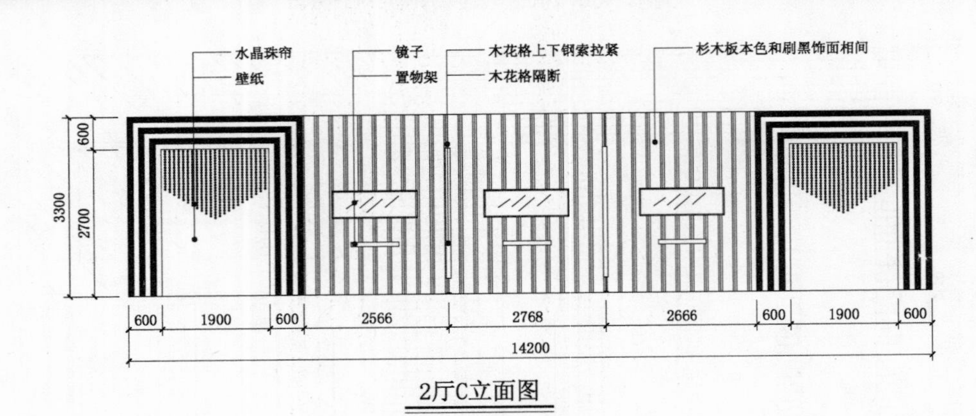

图 14-43　立面效果

14.4.1　绘制立面轮廓

绘制立面轮廓的具体操作步骤如下。

1）启动 AutoCAD 2014 软件，在快速访问工具栏中单击“打开”按钮，将前面的“案例\14\茶餐厅平面布置图.dwg”文件打开；再单击“另存为”按钮，将其另存为“案例\14\2 厅 C 立面图.dwg”文件。

2）执行“删除”命令（E），将除 2 厅 C 平面图以外的图形删除掉。

3）执行“旋转”命令（RO），将其旋转 180°，效果如图 14-44 所示。

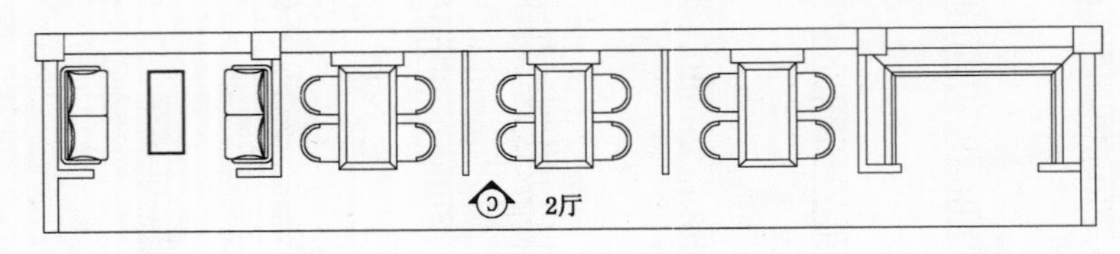

图 14-44　截取的 C 平面

4）将“立面”图层置为当前图层，执行“直线”命令（L），捕捉点向下绘制延伸线；然后在延伸线上绘制两条相距 3300mm 的水平线段，效果如图 14-45 所示。

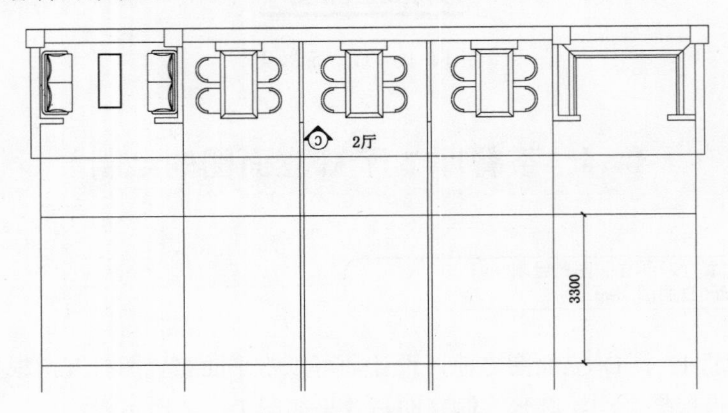

图 14-45　绘制线段

5）执行“修剪”命令（TR），修剪多余线条，效果如图 14-46 所示。

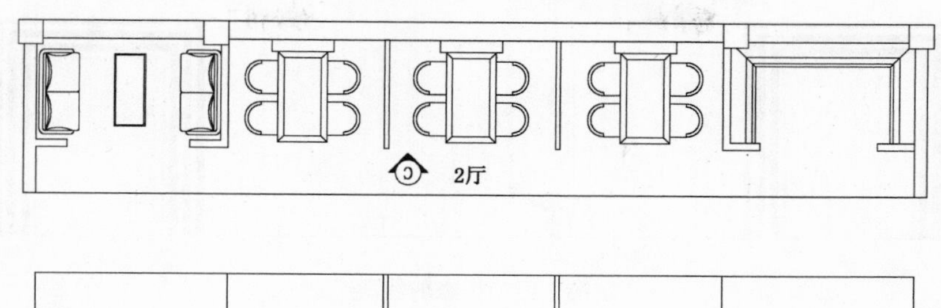

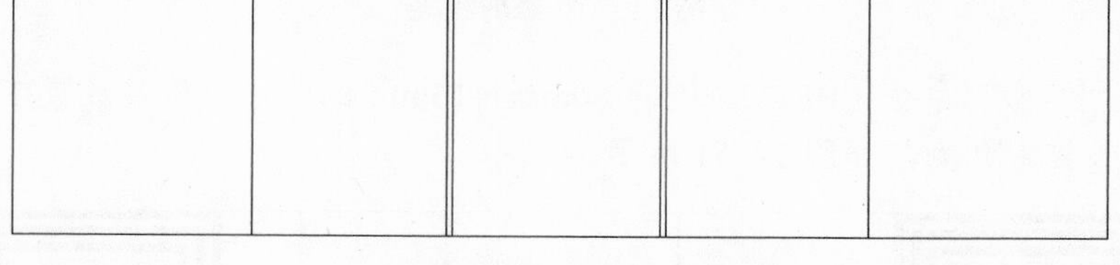

图 14-46 修剪线段

6）执行“偏移”命令（O），将两侧三条边各向内偏移 100mm，偏移 6 次，并修剪出如图 14-47 所示的轮廓。

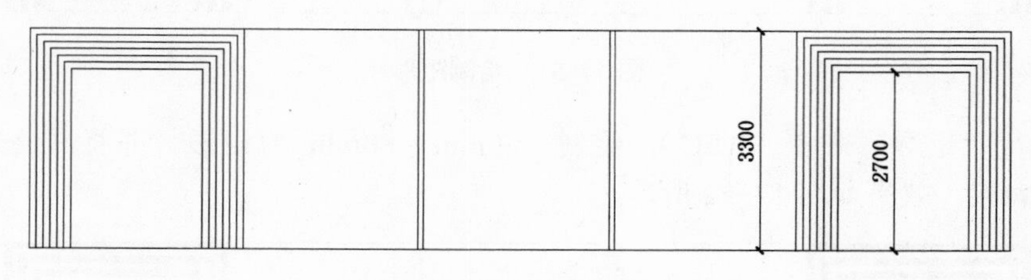

图 14-47 偏移、修剪

7）执行“图案填充”命令（H），选择样例为“SOLID”，对偏移的框内进行间隔填充，效果如图 14-48 所示。

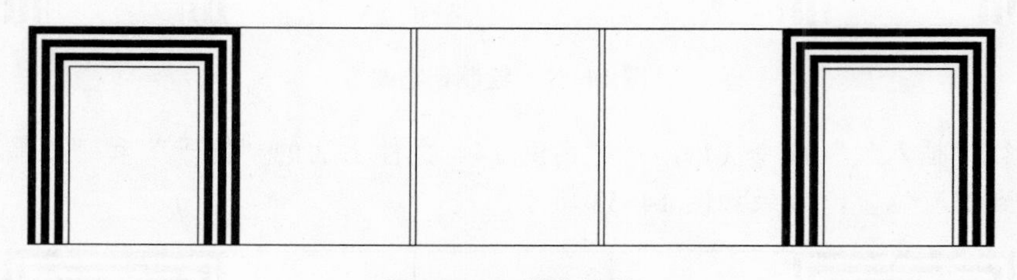

图 14-48 填充效果

8）执行“偏移”命令（O），将线段按照图 14-49 所示的尺寸进行偏移。

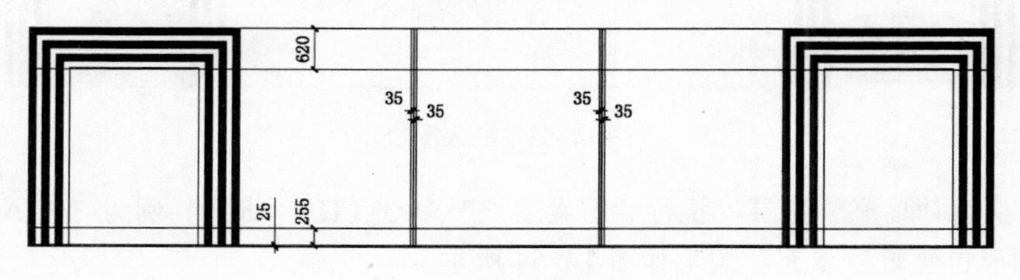

图 14-49 偏移线段

9）执行“修剪”命令（TR），修剪多余线段，效果如图 14-50 所示。

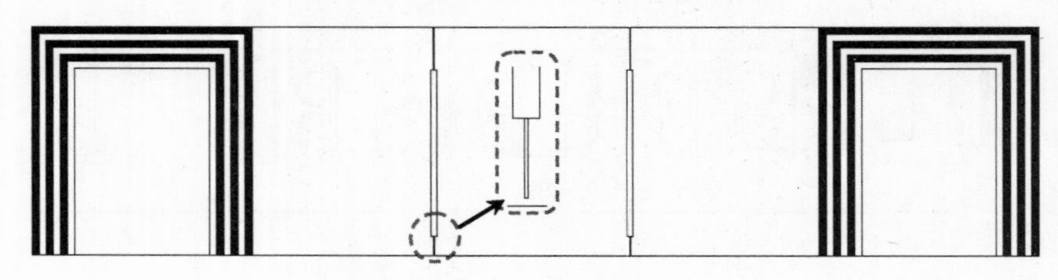

图 14-50　修剪线段

10）执行“矩形”命令（REC），绘制 80mm × 15mm 的矩形，将其放置在修剪图形的下方，并以直线连接对角点，如图 14-51 所示。

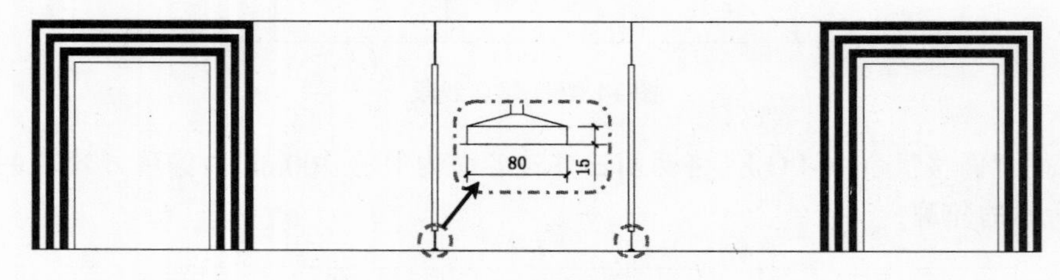

图 14-51　绘制矩形

11）执行“矩形”命令（REC），绘制 850mm × 80mm 的矩形，并将其复制到相应位置，形成置物架，效果如图 14-52 所示。

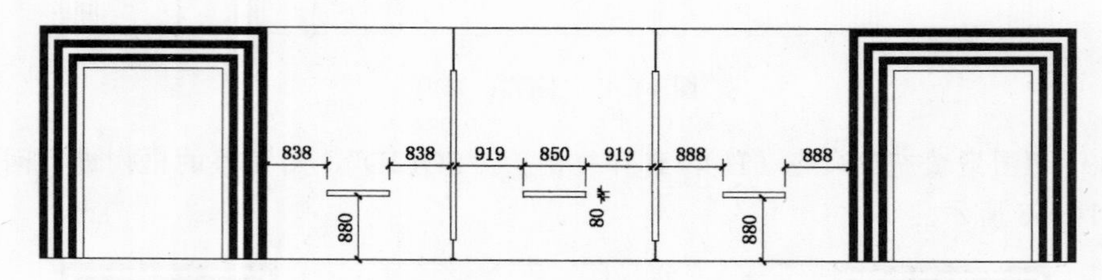

图 14-52　绘制置物架

12）执行“插入块”命令（I），将“案例/14”文件下面的“镜子”和“水晶珠帘”图块插入并复制到相应位置，效果如图 14-53 所示。

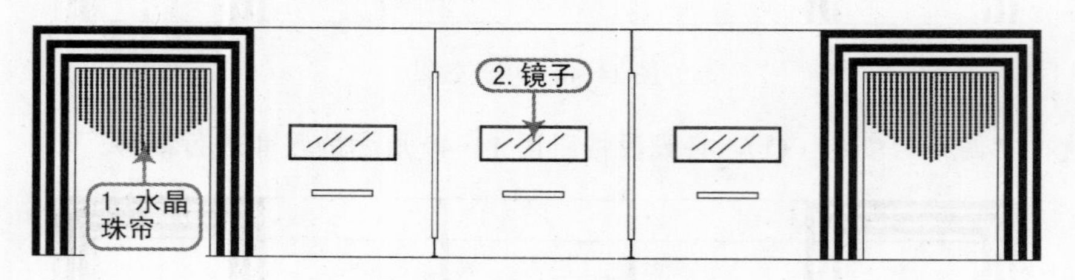

图 14-53　插入图块

13）切换至“填充”图层，执行“图案填充”命令（H），选择样例为“PLASTI”，比例为 40，在相应位置进行填充，效果如图 14-54 所示。

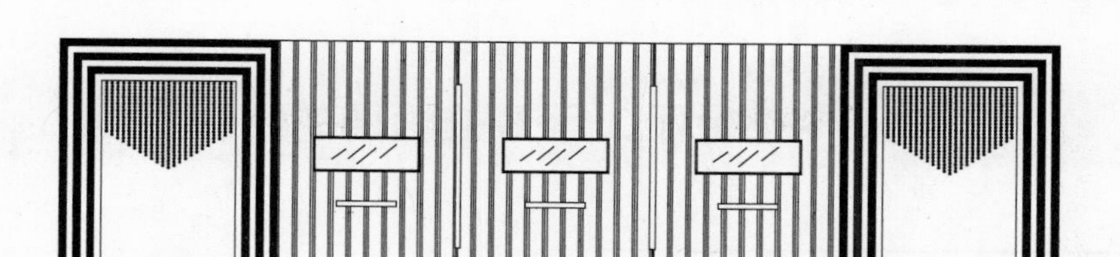

图 14-54 填充图形

14.4.2 2 厅 C 立面图的标注

2 厅 C 立面图的标注步骤如下。

1）将“标注”图层置为当前图层，执行“线性标注”命令（DLI）和“连续标注”命令（DCO）命令，对立面图进行尺寸标注，效果如图 14-55 所示。

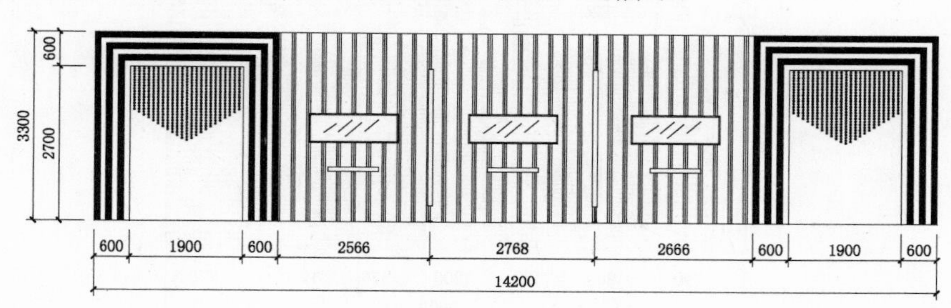

图 14-55 尺寸标注

2）将“文字”图层置为当前图层，执行“多重引线”命令（MLD），设置字体为宋体，文字大小为 180，对立面图进行文字标注。

3）执行“多行文字”命令（MT），设置字体为宋体，文字大小为 300，对立面图进行图名标注；再执行“多段线”命令（PL）和“直线”命令（L），在图名下侧绘制同图名同长的线段，效果如图 14-56 所示。

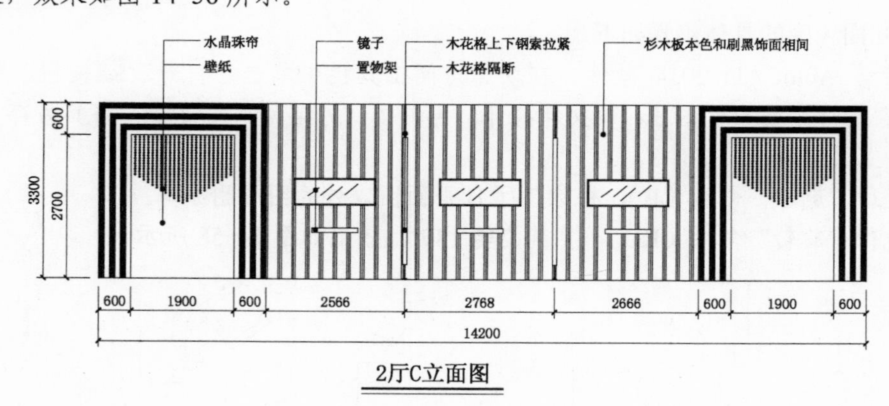

图 14-56 C 立面效果

4）至此，茶餐厅 2 厅 C 立面图已经绘制完成，按〈Ctrl+S〉组合键对其进行保存。

14.5　茶餐厅3厅B立面图的绘制

视频\14\茶餐厅3厅B立面图的绘制.avi
案例\14\3厅B立面图.dwg

绘制茶餐厅3厅B立面图同前面绘制立面图的方法大致相同，其绘制效果如图14-57所示。

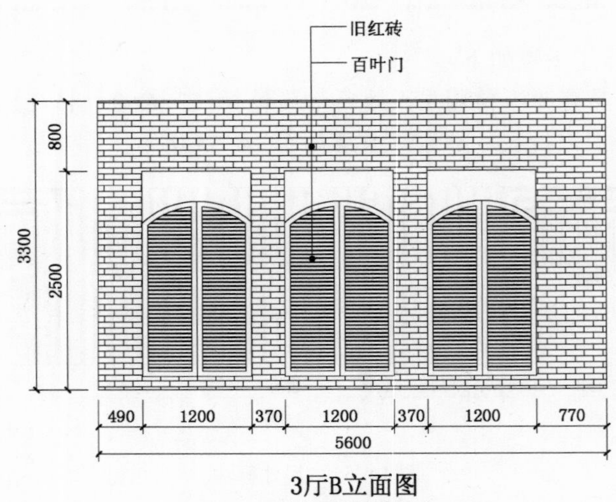

图14-57　立面效果

14.5.1　绘制立面轮廓

绘制立面轮廓的具体步骤如下。

1）启动AutoCAD 2014软件，在快速访问工具栏中单击“打开”按钮，将前面的“案例\14\茶餐厅平面布置图.dwg”文件打开；再单击“另存为”按钮，将其另存为“案例\14\3厅B立面图.dwg”文件。

2）执行“删除”命令（E），将除3厅B平面图以外的图形删除掉。

3）执行“旋转”命令（RO），将其旋转180°，效果如图14-58所示。

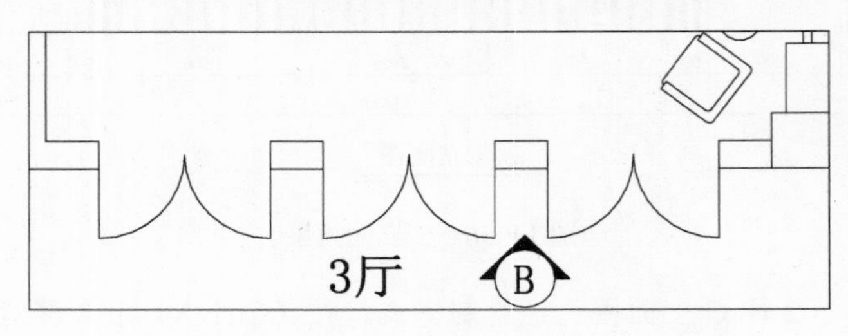

图14-58　截取的B平面

4）将“立面”图层置为当前图层，执行“直线”命令（L），捕捉点向下绘制延伸线；然后在延伸线上绘制两条相距3300mm的水平线，如图14-59所示。

5）执行“修剪”命令（TR），修剪多余线条，效果如图14-60所示。

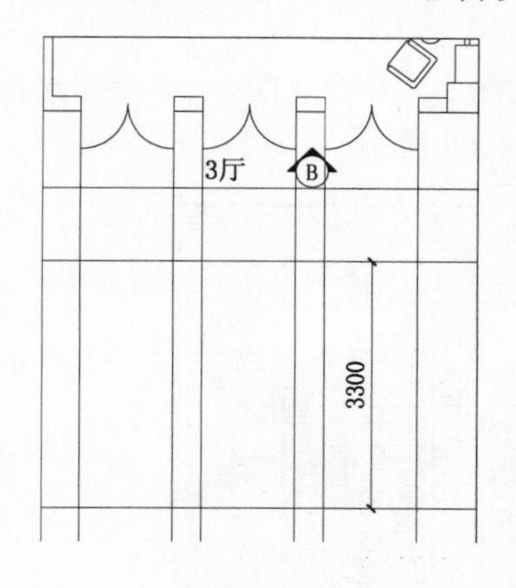

图14-59　绘制线段

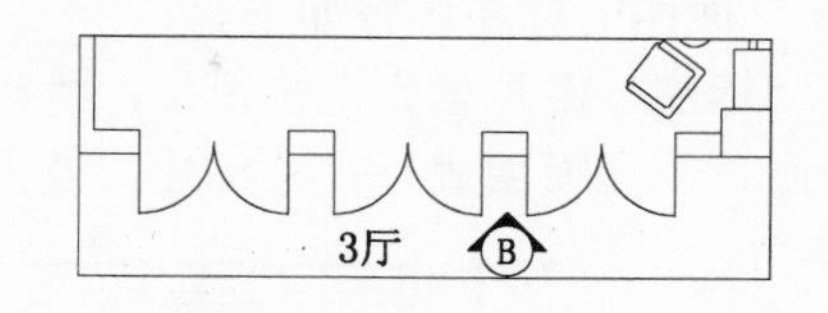

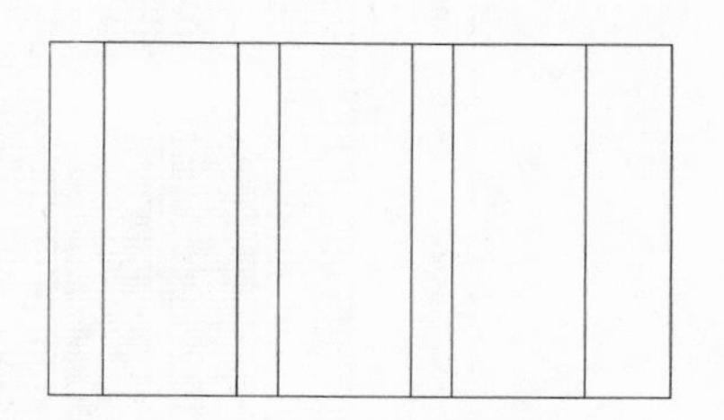

图14-60　修剪线条

6）执行“偏移”命令（O），将线段进行偏移，效果如图14-61所示。

7）执行“修剪”命令（TR），修剪多余线段，效果如图14-62所示。

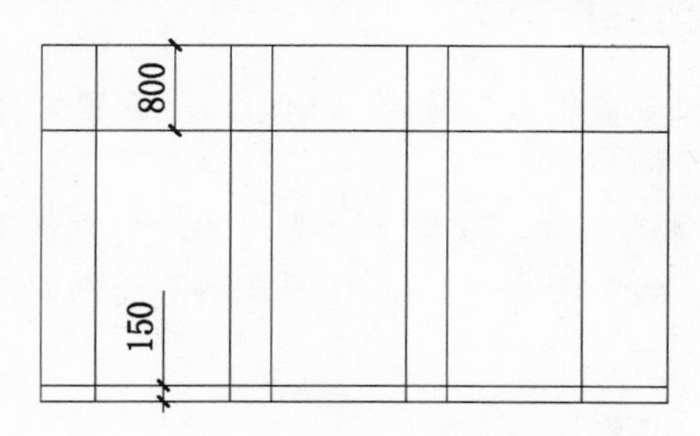

图14-61　偏移线段

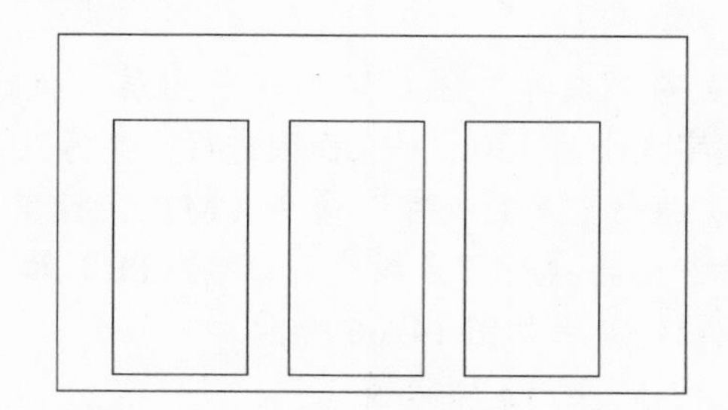

图14-62　修剪结果

8）执行“插入块”命令（I），将“案例/14”文件下面的“百叶门”图块插入并复制到相应位置，效果如图14-63所示。

9）切换至“填充”图层，执行“图案填充”命令（H），选择样例为“AR-BRSTD”，比例为1，对区域进行填充红砖效果，效果如图14-64所示。

图14-63　绘制线段

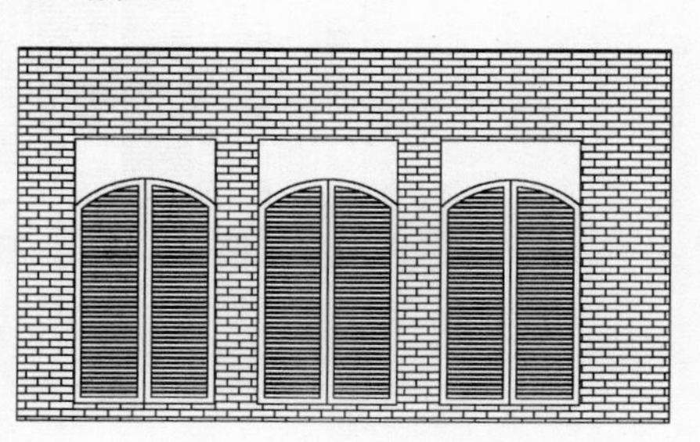

图14-64　绘制线段

14.5.2　3 厅 B 立面图的标注

3 厅 B 立面图的标注步骤如下。

1）将“标注”图层置为当前图层，执行“线性标注”命令（DLI）和“连续标注”命令（DCO）命令，对立面图进行尺寸标注，效果如图 14-65 所示。

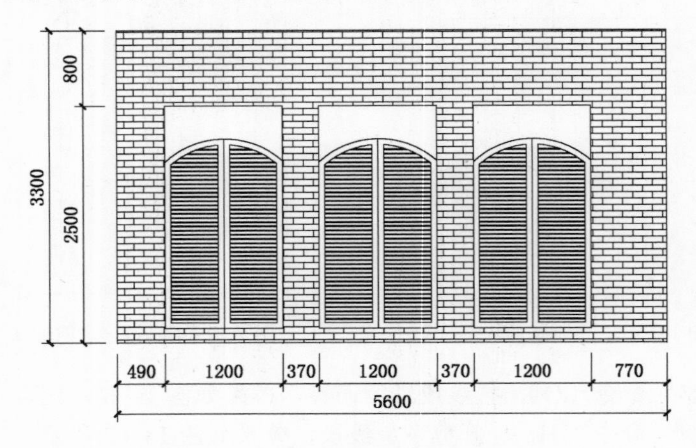

图 14-65　尺寸标注

2）将“文字”图层置为当前图层，执行“多重引线”命令（MLD），设置字体为宋体，文字大小为 130，对立面图进行文字标注。

3）执行“多行文字”命令（MT），设置字体为宋体，文字大小为 200，对立面图进行图名标注；再执行“多段线”命令（PL）和“直线”命令（L），在图名下侧绘制同图名同长的线段，效果如图 14-66 所示。

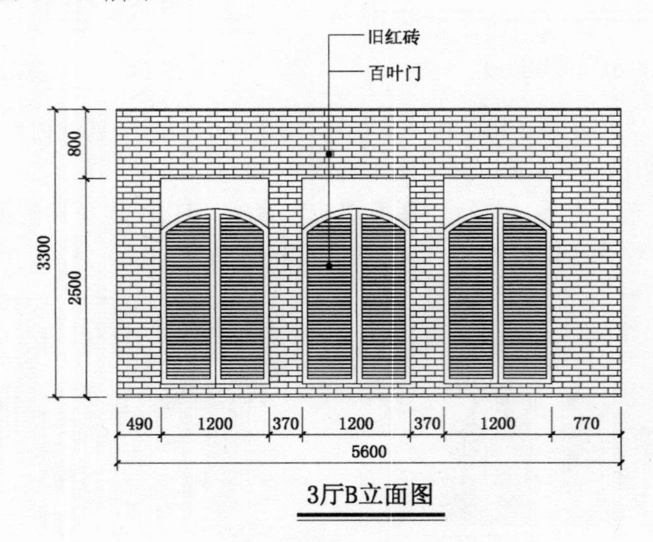

图 14-66　B 立面效果

4）至此，茶餐厅 3 厅 B 立面图已经绘制完成，按〈Ctrl+S〉组合键对其进行保存。

14.6 茶餐厅包厢 C 立面图的绘制

视频\14\茶餐厅包厢C立面图的绘制.avi
案例\14\包厢C立面图.dwg

绘制茶餐厅 4 厅 C 立面图同前面绘制立面图的方法大致相同，其绘制效果如图 14-67 所示。

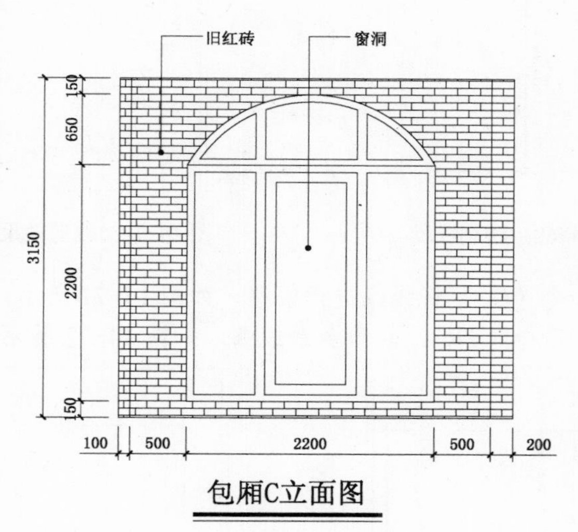

图 14-67 立面效果

14.6.1 绘制立面轮廓

绘制立面轮廓的具体操作步骤如下。

1）启动 AutoCAD 2014 软件，在快速访问工具栏中单击“打开”按钮，将前面的“案例\14\茶餐厅平面布置图.dwg”文件打开；再单击“另存为”按钮，将其另存为“案例\14\包厢 C 立面图.dwg”文件。

2）执行“删除”命令（E），将除包厢 C 平面图以外的图形删除掉。

3）执行“旋转”命令（RO），将该平面旋转 180°，效果如图 14-68 所示。

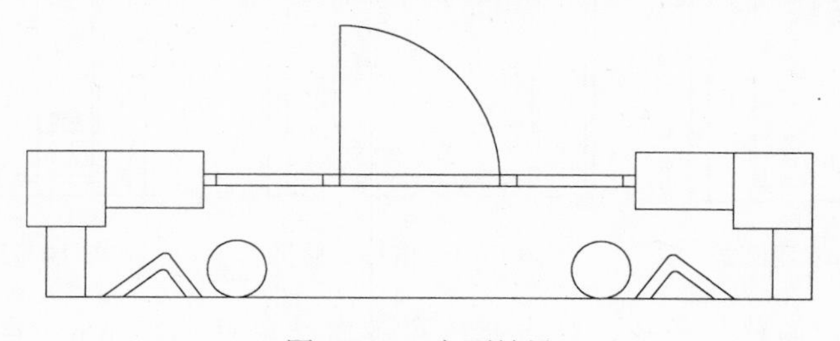

图 14-68 立面效果

4）将“立面”图层置为当前图层，执行“直线”命令（L），捕捉点向下绘制延伸线；然后在延伸线上绘制两条相距3150mm的水平线，如图14-69所示。

5）执行“修剪”命令（TR），修剪多余线条，效果如图14-70所示。

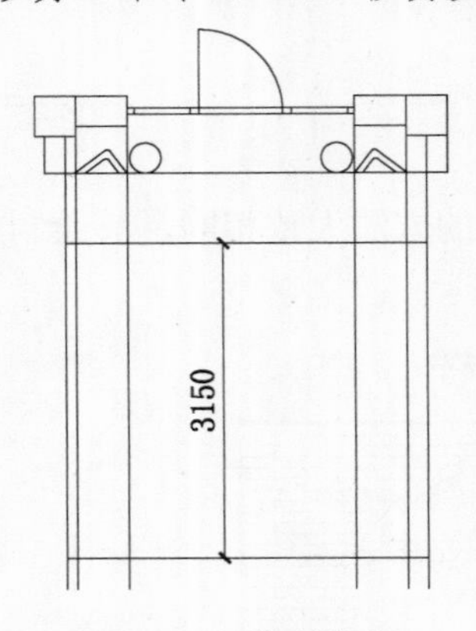

图14-69　绘制线段

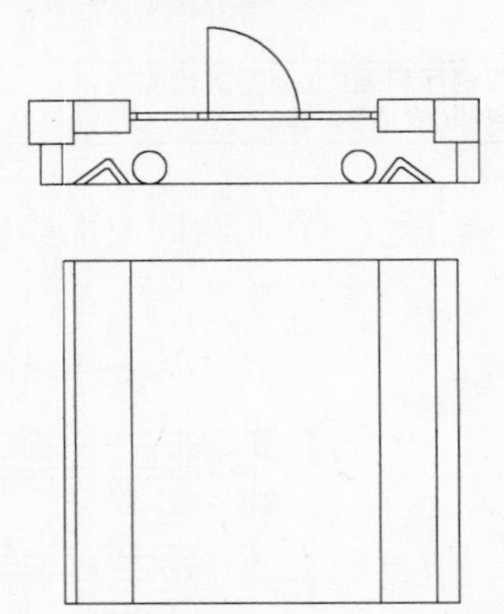

图14-70　修剪效果（一）

6）执行“偏移”命令（O），将线段进行偏移，如图14-71所示。

7）再执行“修剪”命令（TR），修剪多余线条，如图14-72所示。

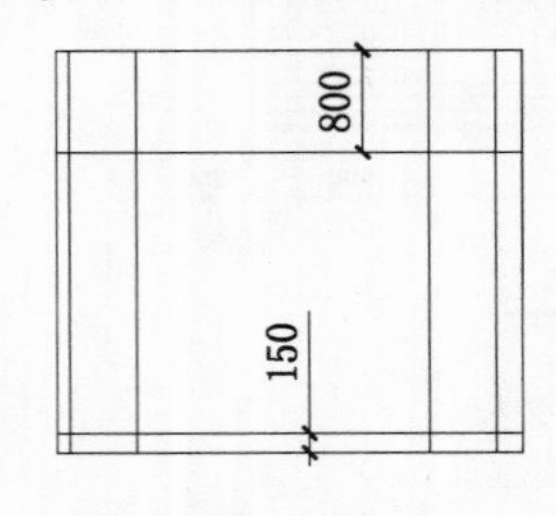

图14-71　偏移线段

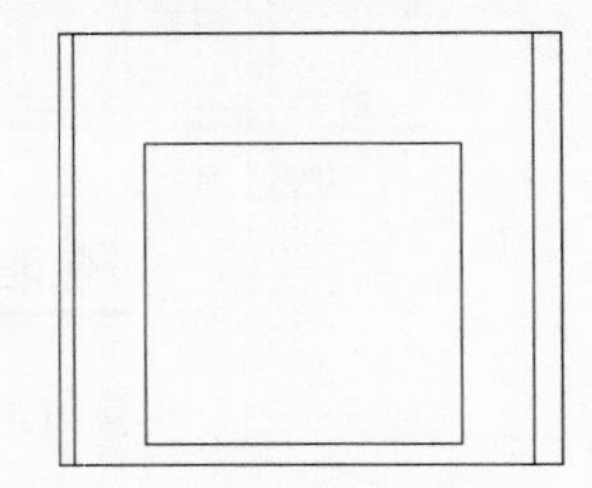

图14-72　修剪效果（二）

8）执行“圆弧”命令（A），根据“起点、端点、半径”，绘制出圆弧，效果如图14-73所示。

9）执行“偏移”命令（O）和“修剪”命令（TR），按照如图14-74所示的尺寸进行偏移，并修剪相应线段。

10）执行“偏移”命令（O），将线段按照如图14-75所示的尺寸进行偏移。

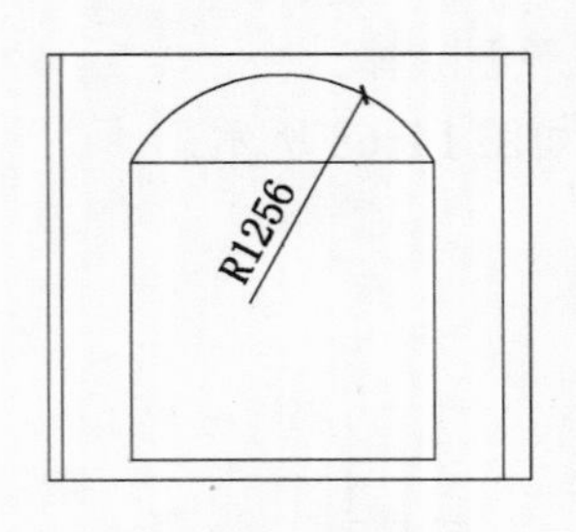

图14-73　绘制圆弧

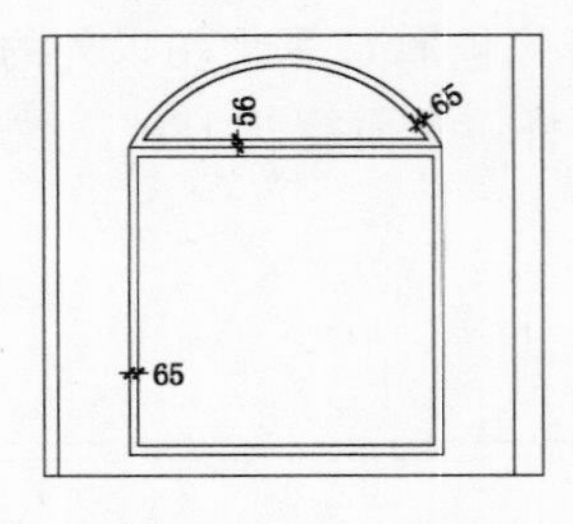

图14-74　偏移、修剪

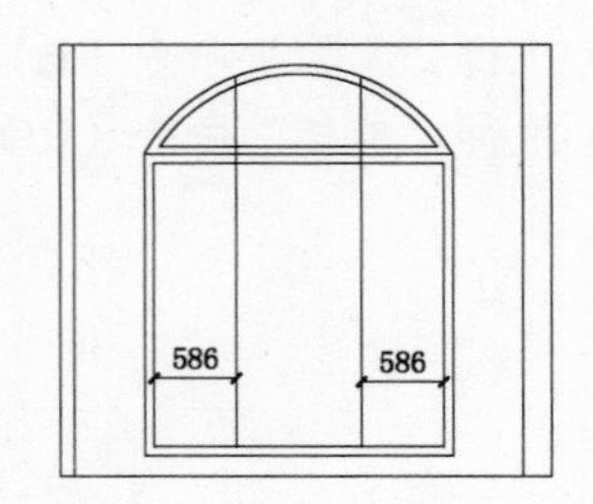

图14-75　偏移线段

11）重复执行“偏移”命令，将上步线段各向外偏移43.5mm；再执行“删除”命令（E），将原对象删除掉，效果如图14-76所示。

12）执行“修剪”命令（TR），修剪多余线条，效果如图 14-77 所示。

13）执行“偏移”命令（O）和执行“修剪”命令（TR），将内矩形向内偏移 94mm，形成窗台效果，效果如图 14-78 所示。

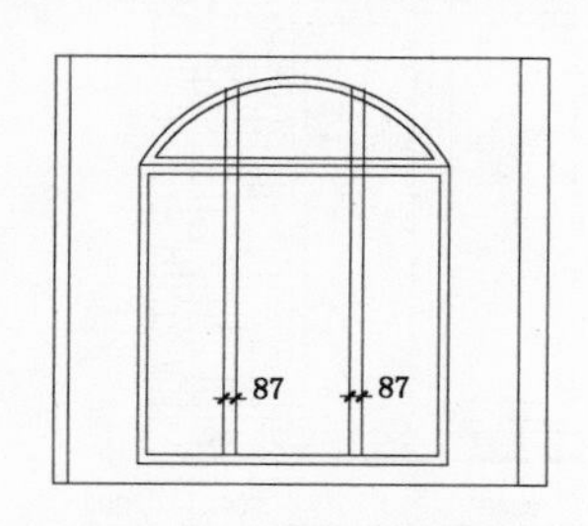

图 14-76　偏移、删除原对象

图 14-77　修剪效果

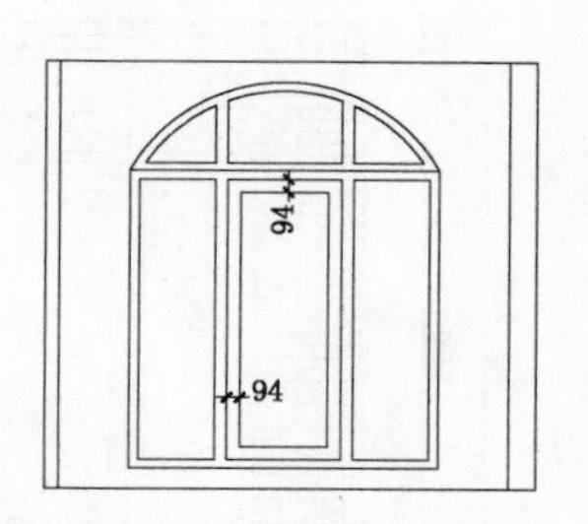

图 14-78　偏移、修剪

14）切换至“填充”图层，执行“图案填充”命令（H），选择样例为“AR-BRSTD”，比例为 1，对区域进行填充红砖效果，效果如图 14-79 所示。

图 14-79　填充效果

14.6.2　包厢 C 立面图的标注

包厢 C 立面图的标注步骤如下。

1）将“标注”图层置为当前图层，执行“线性标注”命令（DLI）和“连续标注”命令（DCO）命令，对立面图进行尺寸标注，效果如图 14-80 所示。

2）将“文字”图层置为当前图层，执行“多重引线”命令（MLD），设置字体为宋体，文字大小为 100，对立面图进行文字标注。

3）执行“多行文字”命令（MT），设置字体为宋体，文字大小为 180，对立面图进行图名标注；再执行“多段线”命令（PL）和“直线”命令（L），在图名下侧绘制同图名同长的线段，效果如图 14-81 所示。

4）至此，茶餐厅包厢 C 立面图已经绘制完成，按〈Ctrl+S〉组合键对其进行保存。

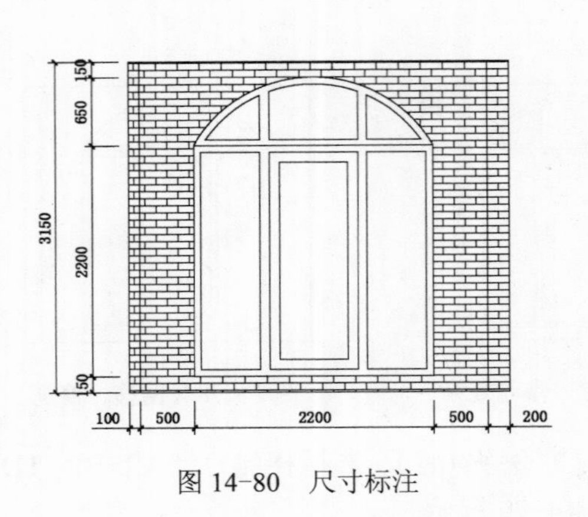

图 14-80　尺寸标注

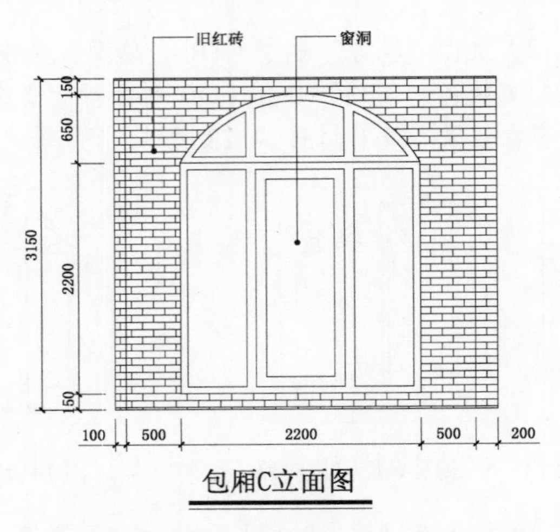

图 14-81　包厢 C 立面效果

14.7　实战总结与案例拓展

本章讲解了茶餐厅装潢施工图纸的绘图方法，包括餐厅平面布置图、天花布置图、茶餐厅 1 厅 D 立面图、茶餐厅 2 厅 C 立面图、茶餐厅 3 厅 B 立面图、茶餐厅包厢 C 立面图的绘制等，以帮助用户熟练掌握运用 AutoCAD 2014 软件绘制相应图形的方法和技巧。

用户可根据本章所学内容，自行完成茶餐厅其他立面图的绘制。在绘制如图 14-82 所示包厢 A 立面图时，用户可以先截取包厢 A 平面轮廓，再绘制延伸线轮廓，然后将“镜子”“柜子”插入到相应位置，最后进行填充、尺寸、文字和图名标注等操作，从而完成该图形的绘制。（参见“案例\14\包厢 A 立面图.dwg”文件）。

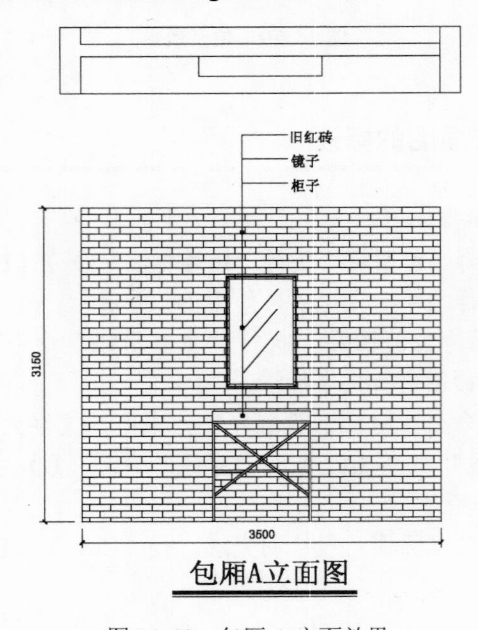

图 14-82　包厢 A 立面效果